青海野生植物系列丛书

张胜邦　陈世龙　主编

青海海东常见野生植物图鉴

王孝康　杨秀玲　任善民　主编

中国林业出版社
China Forestry Publishing House

图书在版编目(CIP)数据

青海海东常见野生植物图鉴 / 张胜邦，陈世龙主编；王孝康，杨秀玲，任善民本卷主编． -- 北京：中国林业出版社，2024.6. --（青海野生植物系列丛书）．
ISBN 978-7-5219-2819-8

Ⅰ. Q948.524.43-64
中国国家版本馆CIP数据核字第2024ZT1152号

青海野生植物系列丛书

青海海东常见野生植物图鉴

策划编辑：肖静
责任编辑：肖静　邹爱
封面设计：张胜邦

出版发行：中国林业出版社
　　　　　（100009，北京市西城区刘海胡同7号，电话 83223120）
电子邮箱：cfphzbs@163.com
网　址：www.forestry.gov.cn/lycb.html
印　制：深圳市国际彩印有限公司
版　次：2024年6月第1版
印　次：2024年6月第1次
开　本：889mm×1194mm 1/16
印　张：41
字　数：1100千字
定　价：439.00元

《青海野生植物系列丛书》

编辑委员会

主　　任：杜平贵

副 主 任：王湘国　赵海平　旦　增　韩　强　颜廷强

编　　委：杜平贵　王湘国　赵海平　旦　增　韩　强　颜廷强
　　　　　　林兆才　田　剑　才让旦周　张　毓　陈世龙　张胜邦

主　　编：张胜邦　陈世龙

副 主 编：赵昌宏　李永玺　黄文专

首席摄影：张胜邦

摄　　影：陈世龙　周玉碧　卫　然　黄晨亮　丁乾坤　黄尔峰　赵鑫磊
　　　　　　黄文专　王丽华　王文义　刘国强　殷光晶　饶文辉　李　健
　　　　　　吴欣仪　柳智勇　韩福忠　李荣元　舒　蕾　康海林　张得宁
　　　　　　马文明　马成龙　王丹霞　黄　雾　李增祥

《青海海东常见野生植物图鉴》
编辑委员会

主　　任： 王　雯

副 主 任： 陈雪俊　陈振华　焦兴龙　李福海　李园元
　　　　　　贺世军　冶　刚　刘　睿

编　　委： 王福昌　周庆文　严政财　李俊青　马明琪
　　　　　　韩平良　韩海勇　赵昌宏

主　　编： 王孝康　杨秀玲　任善民

副 主 编： 柳智勇　张玉海　张学银　韩　明

编写人员： 张胜邦　陈世龙　赵昌宏　李永玺　黄文专　王孝康
　　　　　　杨秀玲　任善民　柳智勇　张玉海　张学银　韩　明
　　　　　　周玉碧　舒　蕾　饶文辉　王丽华　张得宁　黄　雾
　　　　　　陈芝军　舒乃醒　赵国昌　朱军虎　马英花　高　金
　　　　　　丁乾坤　穆雪红　雷小平　王清华　马成龙　王丹霞
　　　　　　张蕴钏　冶有德　阿得安　石　勇　张楚涵　陈炳瑞
　　　　　　李增祥　张函治良

物种鉴定： 刘全儒　张宪春　陈世龙　彭　华　张树仁　贾　渝
　　　　　　石　磊　朱瑞良　齐耀东　王英伟　向巧萍　王美娜
　　　　　　金效华　于胜祥　方震东　顾　磊　周玉碧　张胜邦

丛书主编简介

张胜邦 1962年12月生于青海。曾供职于青海省野生动植物保护和自然保护区管理局,高级工程师、高级摄影师;国家林业和草原局国家公园标准委员会及野生植物标准委员会委员;中国野生植物保护协会常务理事,中国野生动物保护协会理事,中国林业摄影协会副主席,青海省野生动植物保护协会会长。40年来,坚持野外实地考察,注重调查研究,收集了大量第一手珍贵资料。积极探索青海林业草原生态和环境建设与保护方面的理论,独立或合作发表论文36篇,代表作有《青海省防治沙漠化区划研究》《论青海天然林保护工程存在问题与对策》。主编或副主编《青海野生药用植物》《青海栽培植物图谱》《青海野生植物系列丛书——青海西宁常见野生植物图鉴》《青海果洛常见野生动物多样性图鉴》等著作20余部;主编或副主编《守护青山绿水 构筑生态安全》等生态摄影画册52部。主持或参与林业生态课题研究32项,并获得省级科技成果。2010年被中国摄影家协会授予"抗灾救灾优秀摄影家"荣誉称号,2014年"青海野生植物新种发掘和地道药材驯化技术"获青海省科学技术进步奖二等奖。

陈世龙 1967年12月生于内蒙古。中国科学院西北高原生物研究所所长、三江源国家公园研究院院长。1997年获中国科学院植物研究所植物学博士学位,2002年聘为中国科学院西北高原生物研究所创新研究员。兼任青海省野生动植物保护协会名誉会长,*Flora of China* 编委会委员,*Journal of Systematics and Evolution*(原《植物分类学报》)编委。第十三、十四届中国植物学会理事。主持科技部科技基础性工作专项子课题和973前期项目各1项;国家自然科学基金面上项目1项;曾主持国家自然科学基金面上项目5项;中国科学院和国家人事部"西部之光"项目1项;中国科学院院长基金及青年创新基金2项。多次参加美国地理学会及英国和荷兰资助的青藏高原及其毗邻地区科考。熟悉青藏高原高山植物中存在的科学问题和研究方法。个人和他人合作发表论文50余篇。主编《青海野生植物系列丛书——青海西宁常见野生植物图鉴》等专著。1995年获中国科学院方树泉奖学金和中国科学院地奥奖学金一等奖,"中国龙胆科植物研究"作为第五完成人获2004年国家自然科学二等奖和青海省科技进步一等奖。

丛书副主编简介

赵昌宏 1967年11月生于青海。现供职于青海省互助土族自治县北山林场，正高级工程师。从事森林管护、营林生产管理、林场经营管理等工作30余年，先后主持或参与制定了林业行业标准10项，其中，国家林业行业标准1项、地方标准9项，取得林业科技成果证书14项，获得青海省林业厅林业科学技术三等奖2项，取得省级良种证3个。主持或参与完成了国家和省级科技推广项目9项，其中，中央财政林业科技推广项目4项。近期发表论文2篇，其中，《互助北山林区冬瓜杨遗传多样性测定》发表于《青海师范大学学报》。编制出版了《互助土族自治县北山林场场志（第二版）》《五裂茶藨子繁育及栽植技术》和《青海森林火灾预防和扑救技术手册》。2016年被国家林业局评为全国生态建设突出贡献先进个人。

李永玺 1972年2月出生于青海。现供职于海东市乐都区自然资源和林业草原局，正高级工程师。从事林业调查规划设计，林业技术推广，营造林等工作。主持或参于国家林业科学院ABT与GGR推广与研究，获表彰奖1项、三等奖1项、二等奖3项、一等奖2项，获"西藏自治区科学技术一等奖"1次；"四翅滨藜快速繁殖和造林技术推广""甜樱桃品种引选与栽培技术研究"等3项研究，获得省级科技成果证书；良种认定1项。发表《干旱半干旱地区植树造林技术及科学管护研究》《基于生态环境建设的林业发展与对策研究》等学术论文4篇；荣获2016年国家林业局授予的全国生态建设突出贡献先进个人、2020年青海省委省政府授予的青海省国土绿化先进个人等称号。

黄文专 1994年2月生于浙江。现供职于杭州师范大学进行博士后研究工作。研究方向为苔藓植物分类和系统发育研究。在 Phytotaxa、The Bryologist、Journal of Bryology 等分类学或苔藓植物专业期刊上，发表横断山曲尾藓 Dicranum hengduanense，中华虎尾藓 Hedwigia sinica，神农架曲尾藓 Dicranum shennongjiaenses 为苔藓植物新种；发表贝加尔曲尾藓 Dicranum baicalense，丝状虎尾藓 Hedwigia filiformis 为中国新记录种；参编《湖北苔藓植物图志（上卷）》，《湖北五峰山后河国家级自然保护区地衣和苔藓植物图谱》《青海野生植物系列丛书——青海西宁常见野生植物图鉴》《华东苔藓植物多样性编目》等学术专著；"一种植物叶片高表达AT2G34420/AT2G34430双向启动子及其应用"授权发明专利。

本书主编简介

王孝康 1973年12月生于陕西。供职于国家林业和草原局西北调查规划院，高级工程师。长期从事森林资源调查监测、生态保护与修复规划咨询、林草信息化建设与应用等工作。先后主持和参加了青海省的森林资源连续清查、生态保护与修复规划与咨询评估、生态建设工程评价、森林城市建设规划、生态旅游发展规划、林地征占用咨询、林长制考核评价体系建设、无人机防火应用规范编制等工作80余项。兼任第一届林草工程建设标准化技术委员会委员、全国林业计算机应用分会理事。编写或参与编写全国专题汇总分析报告6篇，在各类学术刊物发表论文10余篇，多次荣获全国林业优秀工程勘察设计成果奖。先后荣获西安市劳动模范、第六次全国森林资源清查工作先进个人、陕西省省直机关创先争优优秀共产党员、第四届中国林业产业突出贡献奖。

杨秀玲 1985年2月生于青海。现供职于青海省林业和草原局，高级工程师。长期从事天然林保护、森林经营、森林生态服务功能评价等工作。主持或参与天然林资源本底调查、天然林林分质量调查评价、天然林抚育措施及人工林近自然经营技术研究多项天然林保护修复基础研究工作，其中，"三江源地区低盖度灌木林生态服务功能调查及研究""青海省天然林资源保护工程区固碳释氧功能研究"等3项研究获得省级科技成果证书；先后主持和参加《天然林管护实施方案编制规范》等地方标准4项，发表《新时代林业现代化建设背景下传统管护面临的问题及路径探析——以青海省天然林保护工程为例》《共和盆地东缘人工植被演替序列的群落物种多样性格局》等学术论文7篇。

任善民 1974年9月生于青海。现供职于青海省海东市林业和草原局，高级工程师。参加工作以来，先后从事林业技术推广、林业有害生物防控、林业调查规划设计、三北工程造林技术指导、天然林资源保护工程管理和技术指导等工作。参与编制了兰青铁路、曹家堡机场扩建、川官公路等各类大型基础设施工程和各类民生工程征占用林地的可行性报告及采伐作业设计。主要负责或参与完成了《海东市南北两山绿化"十三五"规划》《青海省湟水规模化林场试点方案》等编制工作。同时，积极参与西宁机场周边绿化工程、平安区和乐都区主城区城市园林景观绿化、海东市南北两山绿化、青海省湟水规模化林场建设等工作。2018年荣获"海东市国土绿化先进个人"称号，2019年荣获"全省林业和草原系统先进个人"称号，2022年荣获"全国绿化先进个人"称号。

本书副主编简介

柳智勇 1971年8月生于青海。现供职于青海省民和回族土族自治县林业和草原局，高级工程师。30余年林业工作中，先后从事林业技术推广、森林病虫害监测和防治、林业工程调查规划设计、三北防护林、退耕还林、天然林资源保护工程管理和技术指导等工作。发表《民和县西沟林场板蓝根林下种植试验》等学术论文6篇；主持和参与"青海民和县城维管植物多样性保护研究"等课题4项，并获省级科技成果证书；参与编写《青海栽培植物植物图谱》等专著。2020年荣获青海省委省政府授予的"青海省国土绿化先进个人"称号。

张玉海 1970年8月生于青海，供职于青海省互助土族自治县北山林场，高级工程师。参加工作以来，先后从事林业调查规划、科技推广、林业有害生物防控、天然林保护等工作，先后主持完成"互助北山林区花楸人工驯化播种技术研究"等2项青海省科技成果，参与完成"青海省互助北山林区紫果云杉人工林生长特征与规律研究"等4项科学技术成果，参与制定《侧柏毒蛾防治技术规范》《高山毛顶蛾发生规律及寄生天敌控制作用》等3项省级地方标准制定；主持完成"'互助杨'1号省级良种"的选育。在林木育苗、造林、森林康养等领域取得了较好的成绩。

张学银 1976年8月生于青海，供职于青海省化隆回族自治县林业和草原局，高级工程师。长期从事林业调查规划设计、森林资源管理、国家级公益林保护管理、古树名木管理、林业科技推广、集体林权制度改革等工作；主持和参与完成化隆县森林资源连续清查第四至七次复查、历年森林资源年度更新调查、各类专项调查报告和设计方案编制等工作；发表《试议化隆县林业发展规划》《化隆县天保工程建设现状及发展对策》《集体林权制度改革后化隆县林业发展对策》等论文，2020年在青海省林业和草原行业能力大赛中获第六名荣誉。

韩　明 1972年12月生于青海。供职于青海省循化撒拉族自治县自然资源和林业草原局，高级工程师。长期从事森林资源调查、造林绿化、国有林场资源调查、天然林资源保护、国家级公益林保护和管理、国有林场改革、集体林权制度改革等工作。主持或参与完成各类规划、调查报告、实施方案100余项。"大红袍花椒播种育苗技术规程"等3项获得科技成果，发布《大红袍花椒育苗技术规程》等标准2项、发表《浅谈循化县云杉的造林种植技术方法》等论文5篇。曾被海东市评为"先进工作者"称号，并多次被县林业局评为"优秀工作者"。

序

青海地处有"世界屋脊"和"第三极"之称的青藏高原，是欧亚大陆上发育大江大河最多的区域，长江、黄河、澜沧江均发源自青海，被誉为"中华水塔"。青海多样的生境造就了青海高原森林生态系统、草原生态系统、荒漠生态系统和湿地生态系统等多种生态系统共存的分布格局。青海及其独特的环境条件和广阔的地域为野生动植物提供了巨大的生存空间，其野生植物很有特色。

青海植物的采集调查始于1872年的俄国学者，已有150余年的历史。郝景盛是到过青海采集植物标本的第一位中国学者。他在市区、积石山等地采集，由于社会环境及交通条件的限制，标本采集数量少、范围小，多限于青海东部地区。1949年后，青海植物调查与研究得到了蓬勃发展，1995—1999年中国科学院西北高原生物研究所编著的《青海植物志》（第1～4卷），记载114科632属2702种。在2023年5月23日国际生物多样性日，中国科学院西北高原生物所发布了《青海植物名录（2022版）》，收录青海省分布的野生植物109科600属2867种，与1997年出版的《青海植物名录》相比总计修改或修订了1500余处。

自2000年以来，在前人研究的基础上，青海作者联合省内林业工作者和国内有关类群的专家对青海的植物多样性进行了深入的调查，先后出版了《青藏高原维管束植物及其生态地理分布》《青海野生药用植物》《三江源区草地植物图集》《青海澜沧江源野生种子植物》《三江源国家公园主要植物图谱》等专著。

为深入践行"绿水青山就是金山银山""像对待生命一样对待生态环境"的生态理念，推进野生植物保护事业发展，在调查研究和标本整理鉴定的基础上，"青海野生植物系列丛书"计划按照西宁、海东、海北、海南、海西、黄南、果洛和玉树分八册出版。通过该套丛书的出版发行，系统梳理近年来青海野生植物研究调查的成果，为青海野生植物的分类学研究、保护政策的制定和科学普及提供最新的分类学成果，为青海省生物多样性保护以及国家植物园和国家公园的建设提供有力的科技支撑。

在本丛书陆续出版之际，谨致以诚挚的祝贺，是为序。

中国植物学会名誉理事长
中国科学院院士 洪德元

2023年10月31日

Foreword

Qinghai, located in the Qinghai-Tibet Plateau, often referred to as the "Roof of the World" and the "Third Pole", is a region in the Eurasian continent with the most extensive development of major rivers and lakes. The Yangtze River, Yellow River, and Lancang River all originate from Qinghai, earning it the nickname "China's Water Tower". The diverse habitats in Qinghai have given rise to a coexistence of various ecosystems, including the Qinghai Plateau forest ecosystem, grassland ecosystem, desert ecosystem, and wetland ecosystem. The unique environmental conditions and vast landscapes provide ample space for the survival of wild flora and fauna, making Qinghai's wildlife truly distinctive.

The collection and investigation of Qinghai's plants began with Russian scholars in 1872 and have a history of over 150 years. Jing-Sheng Hao was the first Chinese scholar to collect plant specimens in Qinghai. His collections were limited to the eastern part of Qinghai due to the social environment and transportation constraints. After 1949, the investigation and research of Qinghai's plants saw the significant development. The *Flora of Qinghai* (Volumes 1-4), compiled by the Northwest Institute of Plateau Biology, Chinese Academy of Sciences, between 1995 and 1999, documented 2702 species from 632 genera and 114 families. On May 23, 2023, International Day for Biological Diversity, the Northwest Institute of Plateau Biology, Chinese Academy of Sciences, released the *Catalog of Qinghai Plants* (*2022 Edition*), which includes 2867 species from 600 genera and 109 families distributed in Qinghai. In comparison to the *Catalog of Qinghai Plants* published in 1997, over 1500 revisions and updates were made.

Since the year 2000, based on previous research, Qinghai authors, in collaboration with provincial forestry workers and experts in relevant taxonomic groups, conducted in-depth investigations into the plant diversity of Qinghai. They subsequently published several monographs, such as *Vascular Plants and Their Ecogeographical Distributions in the Qinghai-Tibet Plateau*, *Wild Medicinal Plants of Qinghai*, *Atlas of Grassland Plants in the Three Rivers Source Region*, *Wild Seed Plants in the Headwaters of the Lancang River in Qinghai*, and *Main Plant Atlas of the Three Rivers Source National Park*.

In order to further promote the cause of wild plant conservation, adhere to the ecological concept of Green Waters and Lush Mountains Being Invaluable Assets and of treating the ecological environment with the same care as life itself, and advance the development of wild plant protection, a series of eight volumes titled *Qinghai Wild Plant Series* will be published. These volumes are divided into regions, including Xining, Haidong, Haibei, Hainan, Haixi, Huangnan, Golog, and Yushu. The publication of this series aims to systematically compile the results of recent research and investigations on wild plants in Qinghai. It provides the latest taxonomic achievements for the study of Qinghais wild plants, the formulation of protection policies, and scientific dissemination. This series will also offer robust technological support for biodiversity conservation in Qinghai Province and the establishment of national botanical gardens and national parks.

As this series of books is gradually published, I offer my sincere congratulations.

Honorary Chairman of the Chinese Botanical Society
Academician of the Chinese Academy of Sciences De-Yuan Hong

October 31, 2023

前言

海东是青海省地级市，因位于青海湖以东而得名。海东市位于青海省东北部，东部与甘肃省的天祝、永登、兰州、永靖、临夏、甘南等州（市）县毗邻，其他三面分别与西宁市大通、湟中、城东区（县），海北藏族自治州门源，黄南藏族自治州同仁、泽库等县接壤。东西长200km，南北宽180km，总面积1.32万km^2，辖乐都、平安、互助、民和、化隆、循化县（区）。

海东市地处祁连山支脉大板山南麓和昆仑山系余脉日月山东坡，属于黄土高原向青藏高原过渡镶嵌地带，海拔在1650～4636m。境内山峦起伏，沟壑纵横。海东市内气候属半干旱大陆性气候。多年平均气温3.2～8.6℃，多年平均降水量319.2～531.9mm，相对湿度一般为57%～63.66%，蒸发量为1275.6～1861mm。

2021年4月20日，青海省科学技术厅组织省内外有关专家，对青海山水自然资源调查规划设计研究院、中国科学院西北高原生物研究所、国家林业和草原局西北调查规划设计院和青海省野生动植物保护协会共同完成的"青海海东野生植物及其区系成分研究"课题进行了成果评价，认为研究成果达到国内领先水平。根据与会专家提出的建议和意见，编者2022—2024年进一步补充调查，对植物标本和研究资料进行整理鉴定，做了深入细致地修改和完善。

《青海海东常见野生植物图鉴》及其附件《青海海东野生植物名录》，依据《中国生物物种名录》（2023版）排列系统，按照真藓门Bryophyta、地钱门Marchantiophyta、维管植物门Tracheophyta排序共收录了3门9纲56目140科565属1952种（包括部分亚种、变种、变型等）野生植物，其中，真藓门3纲14目31科63属75种；地钱门2纲3目6科6属7种；维管植物门4纲39目103科496属1870种。维管植物门包括木贼纲3目11科16属44种；石松纲1目1科1属2种；松纲3目3科6属26种；木兰纲32目88科473属1798种。常见植物介绍其中文名、学名、别名、形态特征、分布与生境等，并配1～2幅彩色照片，近距离呈现植株的外观、生态环境或花、果、叶的局部特写，为读者提供最佳的辨识特征及必要的指引。

为了便于服务林草业生产，促进青海生态保护和建设以及生态产业的发展，也为科研、教学和生态保护与建设提供参考，决定正式出版发行《青海海东常见野生植物图鉴》。该书的编辑出版，得到了中国科学院洪德元院士的大力支持，在此表示衷心的感谢！

因编者业务水平有限，难免有疏漏之处，敬请专家、学者批评指正。

编者

2024年7月

Preface

Haidong is a prefecture-level city in Qinghai Province. It gets its name from being located the east of Qinghai Lake. Haidong City is situated in the northeastern part of Qinghai Province. To the east, it borders counties and cities in Gansu Province such as Tianzhu, Yongdeng, Lanzhou, Yongjing, Linxia and Gannan. To the other three sides, it borders Datong, Huangzhong and Chengdong Districts (Counties) of Xining City, Menyuan County of Haibei Tibetan Autonomous Prefecture, Tongren and Zeku Counties of Huangnan Tibetan Autonomous Prefecture. It spans 200 km from east to west and 180 km from north to south, with a total area of 13200 km^2, administering Ledu, Ping'an, Huzhug, Minhe, Hualong, and Xunhua Counties (Districts).

Haidong City is located at the southern foot of the Daban Mountains, a branch of the Qilian Mountains, and the eastern slopes of the Riyue Mountains, a spur of the Kunlun Mountain Range. It belongs to the transition zone embedded between the Loess Plateau and the Qinghai-Tibet Plateau, with an elevation ranging from 1650 to 4636 meters. The terrain within the region is undulating with ravines and gullies. It is the semi-arid continental climate in Haidong City. The annual average temperature is between 3.2°C and 8.6°C, the annual average precipitation is 319.2~531.9 mm, the relative humidity is generally 57% ~ 63.66% and the evaporation is 1275.6~1861 mm.

On April 20, 2021, the Qinghai Provincial Department of Science and Technology organized experts within and outside the Province to evaluate the research project "Study on Wild Plants and Flora Components in Haidong, Qinghai" jointly completed by the Qinghai Mountain and Water Natural Resources Survey and Planning Design Research Institute, the Northwest Institute of Plateau Biology of the Chinese Academy of Sciences, the Northwest Survey and Planning Design Institute of the National Forestry and Grassland Administration and the Qinghai Wild Flora and Fauna Protection Association. The experts recognized that the research results reached a leading level domestically. Based on the suggestions and opinions from the attending experts, further supplementary surveys were conducted from 2022 to 2024, and plant specimens and research materials were sorted and identified, with further indepth and meticulous revisions and improvements made.

The *Illustrated Book of Common Wild Plants in Haidong, Qinghai* and its appendix *List of Wild Plants in Haidong, Qinghai* are arranged according to the *Catalogue of Life in China* (2024 edition), following the order of Bryophyta, Marchantiophyta and Tracheophyta. It includes a total of 1952 species (including some subspecies, varieties and forms) of wild plants from 3 phyla, 9 classes, 56 orders and 140 families, with 565 genera. Specifically, Bryophyta has 3 classes, 14 orders, 31 families, 63 genera and 75 species; Marchantiophyta has 2 classes, 3 orders, 6 families, 6 genera and 7 species; Tracheophyta has 4 classes, 39 orders, 103 families, 496 genera and 1870 species. Tracheophyta includes Lycopodiophyta with 3 orders, 11 families, 16 genera and 44 species; Equisetophyta with 1 order, 1 family, 1 genus and 2 species; Pinophyta with 3 orders, 3 families, 6 genera and 26 species; Magnoliophyta with 32 orders, 88 families, 473 genera and 1798 species. The introduction of common plants includes Chinese names, scientific names, alternative names, morphological characteristics, distribution and habitats, accompanied by 1-2 colour photographs, presenting close-up views of plant appearances, ecological environments, flowers, fruits or leaf details, providing readers with the best identification guidance.

To facilitate services for forestry and grassland production, promote ecological protection and construction in Qinghai and the development of ecological industries, as well as provide references for scientific research, teaching and ecological protection and construction, it has been decided to officially publish and distribute the *Illustrated Book of Common Wild Plants in Haidong, Qinghai*. The editing and publishing of this book received strong support from Hong Deyuan, Academician of the Chinese Academy of Sciences, to whom we express our heartfelt gratitude!

Due to the limited professional level of the editors, there may be oversights and omissions. We sincerely request experts and scholars to provide criticism and corrections.

Editors
July 2024

目录

序 / I
前言 / III

真藓门 /1
真藓 /1
奥地利真藓 /2
尖叶平蒴藓 /3
异叶提灯藓 /4
刺叶提灯藓 /5
高山大帽藓 /6
山羽藓 /7
高山长蒴藓 /8
钟帽藓 /9
毛叉苔 /10

地钱门 /11
石地钱 /11
蛇苔 /12
地钱 /13
皮叶苔 /14

维管植物门 /15
问荆 /15
披散问荆 /16
木贼 /17
小阴地蕨 /18
高山铁角蕨 /19
广布铁角蕨 /20
西北铁角蕨 /21
剑叶蹄盖蕨 /22
中华蹄盖蕨 /23

冷蕨 /24
西宁冷蕨 /25
高山冷蕨 /26
宝兴冷蕨 /27
羽节蕨 /28
蕨 /29
尖齿鳞毛蕨 /30
多鳞鳞毛蕨 /31
西域鳞毛蕨 /32
华北鳞毛蕨 /33
浅裂鳞毛蕨 /34
近多鳞鳞毛蕨 /35
玉龙蕨 /36
毛叶耳蕨 /37
陕西耳蕨 /38
中华耳蕨 /39
中华荚果蕨 /40
秦岭槲蕨 /41
天山瓦韦 /42
长盖铁线蕨 /43
掌叶铁线蕨 /44
陇南铁线蕨 /45
银粉背蕨 /46
稀叶珠蕨 /47
蜘蛛岩蕨 /48
光岩蕨 /49
九龙卷柏 /50
红枝卷柏 /51
东方泽泻 /52

一把伞南星 /53
隐序南星 /54
水麦冬 /55
北柴胡 /56
黑柴胡 /57
矮泽芹 /58
宽叶羌活 /59
羌活 /60
瘤果滇藁本 /61
直立茴芹 /62
异叶囊瓣芹 /63
迷果芹 /64
黄毛楤木 /65
白背叶楤木 /66
红毛五加 /67
毛梗红毛五加 /68
狭叶五加 /69
疙瘩七 /70
竹节参 /71
天蓝韭 /72
卵叶山葱 /73
攀缘天门冬 /74
羊齿天门冬 /75
长花天门冬 /76
北天门冬 /77
舞鹤草 /78
合瓣鹿药 /79
卷叶黄精 /80
玉竹 /81
轮叶黄精 /82
马蔺 /83
青海鸢尾 /84
准噶尔鸢尾 /85
粗根鸢尾 /86
蓝花卷鞘鸢尾 /87
山西杓兰 /88

西藏杓兰 /89
掌裂兰 /90
凹舌兰 /91
火烧兰 /92
北方盔花兰 /93
西藏玉凤花 /94
角盘兰 /95
羊耳蒜 /96
原沼兰 /97
尖唇鸟巢兰 /98
高山鸟巢兰 /99
对叶兰 /100
花叶对叶兰 /101
硬叶山兰 /102
二叶舌唇兰 /103
蜻蜓兰 /104
广布小红门兰 /105
二叶兜被兰 /106
绶草 /107
乳白香青 /108
牛蒡 /109
弯茎假苦菜 /110
三脉紫菀 /111
阿尔泰狗娃花 /112
灰枝紫菀 /113
中亚紫菀木 /114
狼把草 /115
星毛短舌菊 /116
灌木小甘菊 /117
小红菊 /118
甘菊 /119
刺儿菜 /120
葵花大蓟 /121
欧亚旋覆花 /122
旋覆花 /123
蓼子朴 /124

中华苦荬菜 /125
变色苦荬菜 /126
乳苣 /127
香芸火绒草 /128
掌叶橐吾 /129
灰白风毛菊 /130
重齿风毛菊 /131
苦苣菜 /132
鸦葱 /133
帚状鸦葱 /134
灰果蒲公英 /135
深裂蒲公英 /136
黄花婆罗门参 /137
款冬 /138
苍耳 /139
黄缨菊 /140
喜马拉雅沙参 /141
泡沙参 /142
绿花党参 /143
黄花软紫草 /144
疏花软紫草 /145
甘青微孔草 /146
长叶微孔草 /147
祁连山附地菜 /148
蚓果芥 /149
荠 /150
紫花碎米荠 /151
播娘蒿 /152
异蕊芥 /153
穴丝荠 /154
野芝麻菜 /155
独行菜 /156
宽叶独行菜 /157
葶菜 /158
菥蓂 /159
杂配藜 /160

菊叶香藜 /161
蛛丝蓬 /162
驼绒藜 /163
灰绿藜 /164
瞿麦 /165
甘肃雪灵芝 /166
黑蕊无心菜 /167
蔓孩儿参 /168
异花孩儿参 /169
石生孩儿参 /170
西南独缀草 /171
黄花补血草 /172
二色补血草 /173
圆穗蓼 /174
珠芽蓼 /175
苦荞麦 /176
卷茎蓼 /177
西伯利亚蓼 /178
酸模叶蓼 /179
萹蓄 /180
小大黄 /181
单脉大黄 /182
皱叶酸模 /183
巴天酸模 /184
三春水柏枝 /185
具鳞水柏枝 /186
红砂 /187
卫矛 /188
冷地卫矛 /189
矮卫矛 /190
中亚卫矛 /191
红瑞木 /192
沙棘 /193
东陵绣球 /194
山梅花 /195
甘肃山梅花 /196

毛柱山梅花 /197
穿龙薯蓣 /198
五福花 /199
血满草 /200
蒙古荚蒾 /201
白花刺续断 /202
日本续断 /203
蓝果忍冬 /204
金花忍冬 /205
刚毛忍冬 /206
小叶忍冬 /207
红花岩生忍冬 /208
唐古特忍冬 /209
毛花忍冬 /210
华西忍冬 /211
莛子藨 /212
缬草 /213
四萼猕猴桃 /214
藤山柳 /215
水金凤 /216
北极果 /217
松下兰 /218
水晶兰 /219
皱叶鹿蹄草 /220
烈香杜鹃 /221
头花杜鹃 /222
陇蜀杜鹃 /223
千里香杜鹃 /224
中华花荵 /225
小点地梅 /226
西藏点地梅 /227
大苞点地梅 /228
海乳草 /229
羽叶点地梅 /230
天山报春 /231
狭萼报春 /232

黄甘青报春 /233
岷山报春 /234
斜茎黄芪 /235
马衔山黄芪 /236
青藏黄芪 /237
糙叶黄芪 /238
短叶锦鸡儿 /239
鬼箭锦鸡儿 /240
甘蒙锦鸡儿 /241
毛刺锦鸡儿 /242
红花羊柴 /243
甘草 /244
块茎岩黄芪 /245
兴安胡枝子 /246
花苜蓿 /247
白花草木樨 /248
猫头刺 /249
密花棘豆 /250
甘肃棘豆 /251
胶黄芪状棘豆 /252
苦马豆 /253
高山野决明 /254
披针叶野决明 /255
山野豌豆 /256
大花野豌豆 /257
广布野豌豆 /258
歪头菜 /259
红桦 /260
白桦 /261
糙皮桦 /262
毛榛 /263
虎榛子 /264
蒙古栎 /265
鹅绒藤 /266
竹灵消 /267
镰萼喉毛花 /268

长梗喉毛花 /269
喉毛花 /270
刺芒龙胆 /271
达乌里秦艽 /272
线叶龙胆 /273
岷县龙胆 /274
管花秦艽 /275
鳞叶龙胆 /276
麻花艽 /277
回旋扁蕾 /278
湿生扁蕾 /279
椭圆叶花锚 /280
大花肋柱花 /281
二叶獐牙菜 /282
四数獐牙菜 /283
六叶葎 /284
车轴草 /285
茜草 /286
牻牛儿苗 /287
草地老鹳草 /288
老鹳草 /289
黄花角蒿 /290
白苞筋骨草 /291
蒙古荔 /292
光果荔 /293
灯笼草 /294
白花枝子花 /295
毛建草 /296
甘青青兰 /297
密花香薷 /298
高原香薷 /299
鄂西香茶菜 /300
夏至草 /301
宝盖草 /302
大花益母草 /303
细叶益母草 /304

欧地笋 /305
薄荷 /306
荆芥 /307
尖齿糙苏 /308
并头黄芩 /309
百里香 /310
肉果草 /311
紫丁香 /312
羽叶丁香 /313
小叶巧玲花 /314
光药大黄花 /315
短腺小米草 /316
小米草 /317
弯管列当 /318
阿拉善马先蒿 /319
短茎马先蒿 /320
中国马先蒿 /321
甘肃马先蒿 /322
藓生马先蒿 /323
华马先蒿 /324
皱褶马先蒿 /325
大唇拟鼻花马先蒿 /326
草甸马先蒿 /327
半扭卷马先蒿 /328
丁座草 /329
杉叶藻 /330
短筒兔耳草 /331
平车前 /332
大车前 /333
小车前 /334
北水苦荬 /335
婆婆纳 /336
水苦荬 /337
互叶醉鱼草 /338
砾玄参 /339
山橿 /340

绢毛木姜子 /341	茵草 /377
甘肃贝母 /342	假苇拂子茅 /378
榆中贝母 /343	发草 /379
山丹 /344	箭竹 /380
洼瓣花 /345	赖草 /381
小顶冰花 /346	臭草 /382
扭柄花 /347	芨芨草 /383
七叶一枝花 /348	芦苇 /384
北重楼 /349	狗尾草 /385
鞘柄菝葜 /350	西北针茅 /386
甘肃大戟 /351	小香蒲 /387
高山大戟 /352	堆花小檗 /388
突脉金丝桃 /353	直穗小檗 /389
宿根亚麻 /354	鲜黄小檗 /390
山杨 /355	变刺小檗 /391
光皮冬瓜杨 /356	细叶小檗 /392
奇花柳 /357	匙叶小檗 /393
山生柳 /358	南方山荷叶 /394
硬叶柳 /359	淫羊藿 /395
中国黄花柳 /360	桃儿七 /396
鸡腿堇菜 /361	星叶草 /397
双花堇菜 /362	白屈菜 /398
圆叶小堇菜 /363	红花紫堇 /399
裂叶堇菜 /364	蛇果黄堇 /400
紫花地丁 /365	黄堇 /401
黄瑞香 /366	直茎黄堇 /402
乌饭瑞香 /367	唐古特延胡索 /403
华瑞香 /368	天祝黄堇 /404
唐古特瑞香 /369	秃疮花 /405
狼毒 /370	川西绿绒蒿 /406
柳兰 /371	多刺绿绒蒿 /407
高山露珠草 /372	全缘叶绿绒蒿 /408
扁秆荆三棱 /373	红花绿绒蒿 /409
透明鳞荸荠 /374	五脉绿绒蒿 /410
具刚毛荸荠 /375	青海绿绒蒿 /411
栗花灯芯草 /376	川鄂乌头 /412

目录 CONTENTS

高乌头 /413
类叶升麻 /414
升麻 /415
蓝侧金盏花 /416
小银莲花 /417
草玉梅 /418
大火草 /419
无距耧斗菜 /420
甘肃耧斗菜 /421
紫花耧斗菜 /422
硬叶水毛茛 /423
短尾铁线莲 /424
长瓣铁线莲 /425
白花长瓣铁线莲 /426
小叶绣球藤 /427
小叶铁线莲 /428
西伯利亚铁线莲 /429
甘青铁线莲 /430
白蓝翠雀花 /431
密花翠雀花 /432
露蕊乌头 /433
碱毛茛 /434
扁果草 /435
蓝堇草 /436
鸦跖花 /437
拟耧斗菜 /438
蒙古白头翁 /439
茴茴蒜 /440
云生毛茛 /441
贝加尔唐松草 /442
箭头唐松草 /443
毛茛状金莲花 /444
黑弹树 /445
中国沙棘 /446
西藏沙棘 /447
小叶鼠李 /448

西北沼委陵菜 /449
灰栒子 /450
匍匐栒子 /451
水栒子 /452
甘肃山楂 /453
金露梅 /454
银露梅 /455
小叶金露梅 /456
东方草莓 /457
野草莓 /458
山荆子 /459
陇东海棠 /460
花叶海棠 /461
多裂委陵菜 /462
朝天委陵菜 /463
蕤核 /464
齿叶扁核木 /465
藏杏 /466
四川臭樱 /467
臭樱 /468
甘肃桃 /469
稠李 /470
托叶樱桃 /471
毛樱桃 /472
西北蔷薇 /473
黄蔷薇 /474
峨眉蔷薇 /475
钝叶蔷薇 /476
秀丽梅 /477
菰帽悬钩子 /478
库页悬钩子 /479
地榆 /480
鸡冠茶 /481
窄叶鲜卑花 /482
华北珍珠梅 /483
湖北花楸 /484

陕甘花楸 /485
天山花楸 /486
高山绣线菊 /487
蒙古绣线菊 /488
大果榆 /489
麻叶荨麻 /490
宽叶荨麻 /491
羽裂荨麻 /492
熏倒牛 /493
小果白刺 /494
白刺 /495
骆驼蓬 /496
五尖槭 /497
四蕊槭 /498
苦条槭 /499
文冠果 /500
瓦松 /501
小丛红景天 /502
对叶红景天 /503
唐古红景天 /504
云南红景天 /505
费菜 /506
隐匿景天 /507
美丽茶藨子 /508
长果茶藨子 /509
川赤芍 /510
长梗金腰 /511
毛金腰 /512
柔毛金腰 /513
中华金腰 /514
黑亭阁草 /515
黑蕊亭阁草 /516
类毛瓣虎耳草 /517
山地虎耳草 /518
唐古特虎耳草 /519
打碗花 /520

田旋花 /521
刺旋花 /522
菟丝子 /523
金灯藤 /524
山莨菪 /525
曼陀罗 /526
天仙子 /527
北方枸杞 /528
野海茄 /529
龙葵 /530
乌头叶蛇葡萄 /531
蝎虎驼蹄瓣 /532
霸王 /533
刺柏 /534
祁连圆柏 /535
垂枝祁连圆柏 /536
木贼麻黄 /537
巴山冷杉 /538
青海云杉 /539
青杆 /540
华山松 /541
油松 /542
参考文献 /543
中文名索引 /545
学名索引 /551
青海海东野生植物名录 /561

真藓

分　　类：真藓纲　真藓目　真藓科　真藓属
学　　名：*Bryum argenteum* Hedw.
别　　名：银叶真藓。

形态特征：高 0.5～1.5cm。植物体密集丛生，灰绿色，有银白色光泽。茎纤细，有分枝。叶紧密覆瓦状排列，卵圆形，渐尖或急尖；叶边全缘；叶片上部呈银白色；中肋长达叶中部，叶细胞变形成六角形，薄壁。蒴柄红色，细长，1～2cm。孢蒴血红色，椭圆形，下垂。植物体多以无性芽进行繁殖。

生境分布：互助。生长于有机质丰富及肥沃的土壤上或阴湿具土岩面，海拔 2200～3500m。

奥地利真藓

分　　类：真藓纲　真藓目　真藓科　真藓属
学　　名：*Bryum austriacum* Köckinger
形态特征：植株纤弱，黄绿色至浅褐色。叶卵状披针形，强烈内凹，覆瓦状排列；叶细胞大，薄壁，疏松排列；大量深棕红色的卵状芽胞在叶腋处单个着生；叶原基小，半透明。
生境分布：互助。生长于高山草甸上腐殖质和富营养化土壤，海拔 3700 ～ 3800m。

真藓门 BRYOPHYTA

尖叶平蒴藓

分　　类：真藓纲　真藓目　真藓科　平蒴藓属
学　　名：*Plagiobryum demissum* (Hook.) Lindb.
形态特征：高约 2cm。植物体密集呈垫状，红褐色。茎有分枝，密被红色假根。叶倒卵状长椭圆形，渐尖，带红色，边缘略内卷；中肋于叶尖消失或突出叶尖外，带红色；叶片细胞狭长菱形。蒴柄长约 1cm，黄红色，顶端向下弯曲。孢蒴棒槌形，向下弯曲，蒴壶凸背，黑褐色。外齿层长为内齿层的 1/2，基部黄红色，上部无色，平滑。齿条狭长，有狭孔隙。环带 2 列。蒴盖小形，具短尖。孢子形大，黄褐色，具疣。秋季成熟。

生境分布：互助。生于高山草甸上腐殖质和富营养化土壤，海拔 3600～4100m。

异叶提灯藓

分　　类：真藓纲　真藓目　提灯藓科　提灯藓属

学　　名：*Mnium heterophyllum* Schwägr.

形态特征：高1.5～2cm。植物体纤细，疏松丛生，亮绿色，稀暗绿色。茎红色，直立，单一，稀分枝。叶异型，茎下部叶卵形，渐尖；全缘；茎中上部叶长卵状披针形，渐尖，叶基稍下延，叶缘2～3列细胞分化呈斜长方形，且多具双列齿，稀具单列齿；中肋红色，长达叶片上部；叶细胞中等大小，呈不规则多角形，胞壁角部有时稍加厚；雌雄异株。蒴柄细，长1～1.5cm。孢蒴垂倾或平展，卵状圆柱形。

生境分布：互助、循化。生于散射光下的阴湿环境中，常见于湿地，海拔2500～2700m。

真藓门 BRYOPHYTA

刺叶提灯藓

分　　类：真藓纲　真藓目　提灯藓科　提灯藓属
学　　名：*Mnium spinosum* Schwägr.

形态特征：高 3～5cm。植物体粗壮，疏丛生，鲜绿色或绿色。基部具假根。茎直立，分枝或不分枝，渐向基部呈黑红色，向下叶变小。基部小叶鳞片状；顶生叶大，丛状着生，干燥时卷缩，长 4～8mm、宽 2～3.5mm，基部收缩，略下延，全形纺锤状，渐尖；叶缘由几列狭形细胞分化而成，自 1/3 以上的上部叶缘具双列锐齿；中肋粗状，达于叶尖，突出成刺状小尖，基部红色，上部背面具齿；叶片细胞自中肋向斜上方呈放射状排列，形或长六边形，长 22～28μm，近中肋细胞可达 40μm 长，具壁孔。

生境分布：互助、循化。生于散射光下的阴湿环境中，常见于湿地，海拔 2700～3100m。

高山大帽藓

分　　类：真藓纲　葫芦藓目　大帽藓科　大帽藓属
学　　名：*Encalypta alpina* Smith.

形态特征：高 1～3cm。植物体较大，密集丛生。茎单一或稀疏分枝，无分化中轴。叶干燥时略扭曲，从鞘状长形基部向上狭缩成披针形，先端具长毛尖；叶缘平直；中肋单一，粗壮，突出于叶端；中上部细胞呈不规则圆方形，具细密瘤，不透明；叶基部细胞长方形，具红褐色。

生境分布：互助。生于高山地区土坡上，海拔 3700～4300m。

山羽藓

分　　类：真藓纲　灰藓目　薄罗藓科　山羽藓属
学　　名：*Abietinella abietina* (Hedw.) M. Fleisch.

形态特征：较粗壮，硬挺，青绿色或黄绿色，基部呈褐色，无光泽，交织成大片生长。茎匍匐贴基质或倾立，长8～10cm，一回羽状分枝，干燥时尖部向内弯曲；茎与枝均密被鳞毛。茎叶与枝叶异形，干燥时紧贴，潮湿时倾立；茎叶卵状心脏形，渐上呈披针形，有少数深纵褶，叶边全缘，略背卷，中肋粗壮，黄色，不达叶尖即消失；叶细胞卵形、圆卵形或多边形，胞壁强烈角隅加厚，具单粗疣；枝叶较小，卵形或圆卵形。雌雄异株。蒴柄细长，平滑。孢蒴圆柱形，近于直立或略呈弓形弯曲。蒴盖圆锥形，具尖喙。

生境分布：互助、乐都、民和、循化。生于针叶阔叶林下、高山灌丛中散射光下的阴湿或较干燥林地，海拔2100～3000m。

高山长蒴藓

分　　类：真藓纲　丛藓目　小烛藓科　长蒴藓属
学　　名：*Trematodon brevicollis* Hornschuch.

形态特征：高4～8mm。毛状，黄绿色，疏松丛生。茎直立，单一，稀具分枝。叶干时卷曲，湿润时伸展，基部阔椭圆形，鞘状，上部渐狭，呈披针形；叶边全缘，仅先端有微齿。中肋长达叶尖或突出。叶细胞平滑，薄壁，基部细胞长方形或长六边形，无色透明，上部细胞渐短，近于方形，绿色。雌雄同株；蒴柄细长，直立，黄色，高1～1.8cm。孢蒴圆柱形，弓形弯曲，苔部特长，其长度往往超过壶部的两倍。蒴齿单层。蒴盖圆锥形，顶端具斜长喙状尖。蒴帽兜形。

生境分布：互助。生于高山流石滩灌丛下，海拔3600～3800m。

真藓门 BRYOPHYTA

钟帽藓

分　　类：真藓纲　丛藓目　树生藓科　树生藓属

学　　名：*Venturiella sinensis* C. Muell.

形态特征：矮小，暗绿或褐绿色，无光泽，交织成片。茎匍匐，羽状分枝，近于等长。叶干燥时疏松贴生，湿润时四散倾立，卵形，上部渐尖，具白毛尖，尖部有稀疏细齿；叶边平展；无中肋；叶细胞近菱形，边缘细胞较小，近方形。雌雄异株。雌苞叶较大，具毛状尖。蒴柄极短。孢蒴半隐于苞叶内，卵圆形，黄棕色，口部较大。蒴齿单层。蒴盖圆锥形，有直喙。蒴帽钟形，基部分瓣。孢子有密疣。

生境分布：互助。生于阔叶树树干上，海拔 2400～2500m。

毛叉苔

分　　类：叶苔纲　叉苔目　叉苔科　毛叉苔属

学　　名：*Apometzgeria pubescens* (Schrank.) Kuwah.

形态特征：植物体中等大，密集交织丛生，黄绿色。叶状体叉状分枝或近羽状分枝，边常波状，全缘，背腹面密被刺毛；中肋明显。雌雄异株；雄株较小，雄枝生于叶状体腹面，内卷呈球形，表面具毛；雌株较宽而大，雌枝心形或近心形，表面具毛。

生境分布：互助。生于林下地湿草丛、岩石或树基上，海拔 2700～3200m。

地钱门 MARCHANTIOPHYTA

石地钱

分　　类：地钱纲　地钱目　疣冠苔科　石地钱属

学　　名：*Reboulia hemisphaerica* (Linn.) Raddi.

形态特征：叶状体扁平带状，二歧分枝，长2～4cm、宽3～7mm，先端心形，背部深绿色，革质状，无光泽；腹面紫红色，沿中轴着生多数假根；气孔单一型，突出，由4～5列、6～9个环绕细胞构成；气室六角形，无营养丝；鳞片呈覆瓦状排列，两侧各有1列，紫红色。雌雄同株；雄托无柄，贴生于叶状体背面中部，呈圆盘状，雌托生于叶状体顶端，托柄长1～2cm，托盘半球形，绿色，4瓣裂，每瓣腹面有2裂片无色透明的总苞；孢蒴球形，黑色，成熟自顶部1/3处不规则开裂；孢子直径60～90μm，约有10μm带点的黄边，弹丝约10μm粗，长达400μm，螺纹褐色。

生境分布：互助、乐都、民和、循化。生于石壁和土坡上，海拔2600～3900m。

蛇苔

分　　类：地钱纲　地钱目　蛇苔科　蛇苔属

学　　名：*Conocephalum conicum* (Linn.) Dum.

形态特征：叶状植物体大，密集着生，革质，深绿色。叶状体多回二叉分枝，背面有六角形或菱形气室，每室中央有一个单一型的气孔，气室内有多数直立的营养丝，营养丝顶端细胞长梨形，有细长尖。雌雄异株；雌托钝头圆锥形，有无色透明的长托柄；雄托柄圆盘状，无柄，贴生于叶状体背面。

生境分布：互助、乐都、民和、循化。生于溪边林下阴湿碎石或土上，海拔 2800 ～ 3100m。

地钱门 MARCHANTIOPHYTA

地钱

分　　类：地钱纲　地钱目　地钱科　地钱属
学　　名：*Marchantia polymorpha* Linn.
别　　名：米海苔、地梭罗、龙眼草、地浮萍、地钱草。
形态特征：叶状体扁平，带状，多回二歧分枝，淡绿色或深绿色，宽约1cm、长可达10cm，边缘略具波曲，多交织成片生长；背面具六角形气室，气孔口为烟突式，内着生多数直立的营养丝，叶状体的基本组织厚12～20层细胞；腹面具6列紫色鳞片，鳞片尖部有呈心脏形的附着物；假根密生鳞片基部。雌雄异株；雄托圆盘状，波状浅裂成7～8瓣；雌托扁平，深裂成6～10个指状瓣。
生境分布：互助、乐都、民和、循化。多生于阴湿的墙角、溪边，海拔2000～3200m。

皮叶苔

分　　类：地钱纲　地钱目　皮叶苔科　皮叶苔属
学　　名：*Targionia hypophylla* Linn.
形态特征：叶状体深绿色，老的部分常为褐色，长约5mm主体匍匐，紧贴基质，分枝上升，多为掌状分生，长0.9～1.5mm、宽约0.3mm，渐尖，先端圆钝。横切面为长片形或椭圆形，4～9层细胞厚，边缘细胞略小，皮部细胞小，直径20～30μm。油滴在皮部细胞中和幼细胞中常单个存在，老的细胞中2～3个，球形或椭圆形。雌雄同株；雌苞生于叶状体边缘，上中边缘裂片状，先端多单细胞。假蒴萼棒槌形，表面略平滑，蒴柄长。孢蒴壁内层细胞节状加厚。孢子球形，平滑，直径约15mm，弹丝长约15μm、粗约7μm，红褐色。

生境分布：互助。多生长在阴湿的碎石或土上，海拔2700～2800m。

问荆

分　　类：木贼纲　木贼目　木贼科　木贼属

学　　名：*Equisetum arvense* Linn.

形态特征：多年生草本。高 5～35cm。根茎斜升、直立和横走，黑棕色，节和根密生黄棕色长毛或光滑无毛。中部直径 3～5mm、节间长 2～6cm，黄棕色，无轮茎分枝，脊不明显，有密纵沟；鞘筒栗棕色或淡黄色，长约 0.8cm，鞘齿 9～12 枚，栗棕色，长 4～7mm，狭三角形，鞘背仅上部有 1 浅纵沟。轮生分枝多，主枝中部以下有分枝，脊的背部弧形，无棱，有横纹，无小瘤。侧枝柔软纤细，扁平状，有 3～4 条狭而高的脊，脊的背部有横纹；鞘齿 3～5 个，披针形，绿色，边缘膜质，宿存。孢子囊穗顶生，圆柱形，长 1.8～4cm、直径 0.9～1cm，顶端钝，成熟时柄伸长，柄长 3～6cm；孢子叶六角形，盾状着生，螺旋排列，下面生有 6～8 个孢子囊。

生境分布：平安、互助、乐都、民和、化隆、循化。生于林下、河滩、草甸，海拔 1700～3800m。

披散问荆

分　　类：木贼纲　木贼目　木贼科　木贼属
学　　名：*Equisetum diffusum* D. Don
别　　名：披散木贼、散生木贼。
形态特征：根茎横走、直立或斜升，黑棕色，节和根密生黄棕色长毛或光滑无毛。地上枝当年枯萎。枝一型。高10～70cm，中部直径1～2mm，节间长1.5～6cm，绿色，但下部1～3节节间黑棕色，无光泽，分枝多。主枝有脊4～10条，脊的两侧隆起成棱伸达鞘齿下部，每棱各有1行小瘤伸达鞘齿，鞘筒狭长，下部灰绿色，上部黑棕色；鞘齿5～10枚，披针形，先端尾状，革质，黑棕色，有一深纵沟贯穿整个鞘背，宿存。侧枝纤细，较硬，圆柱状，有脊4～8条，脊的两侧有棱及小瘤，鞘齿4～6枚，三角形，革质，灰绿色，宿存。孢子囊穗圆柱状，长1～9cm、直径4～8mm，顶端钝，成熟时柄伸长，柄长1～3cm。

生境分布：民和。生于林下阴湿处、湿地、溪边、路边等，海拔2300～2600m。

木贼

分　　类：木贼纲　木贼目　木贼科　木贼属
学　　名：*Equisetum hyemale* Linn.

形态特征：高达 1m 或更多。根茎横走或直立，黑棕色，节和根有黄棕色长毛。枝一型。中部直径 5～9mm，节间长 5～8cm，绿色，不分枝或直基部有少数直立的侧枝。地上枝有脊 16～22 条，脊的背部弧形或近方形，无明显小瘤或有小瘤 2 行；鞘筒 0.7～1cm，黑棕色、顶部及基部各有 1 圈或仅顶部有 1 圈黑棕色；鞘齿 16～22 枚，披针形，长 0.3～0.4cm。顶端淡棕色，膜质，芒状，早落，下部黑棕色，薄革质，基部的背面有 3～4 条纵棱，宿存或同鞘筒一起早落。孢子囊穗卵状，长 1～1.5cm、直径 0.5～0.7cm，顶端有小突尖，无柄。

生境分布：互助、乐都、民和。生于林下阴湿处、湿地、溪边阴湿的环境等，海拔 1900～3400m。

小阴地蕨

分　　类：木贼纲　瓶尔小草目　瓶尔小草科　小阴地蕨属
学　　名：*Botrychium lunaria* (Linn.) Sw..
别　　名：扇叶阴地蕨、扇羽阴地蕨。

形态特征：根状茎短而直立，有许多肉质的几不分枝的粗根。总叶柄长4～12cm、粗2～3mm，多汁，草质，干后扁平，淡绿色，光滑无毛，基部有棕色或深棕色的托叶状的苞片，长2～3cm，宿存。不育叶片为阔披针形，同总柄成锐角斜向上方，长3～8cm、宽1.5～2.5cm或稍宽，圆头或圆钝头，几无柄或通常有短柄，基部不变狭，一回羽状，羽片4～6对，对生或近于对生，初生时彼此密接，以后分开，下部1～2对相距1～2cm，向上渐接近，下部几对稍大，长宽1～2cm，扇形、肾圆形或半圆形，基部楔形，无柄，与中轴多少合生，外边缘全缘，或波状或多少分裂，向顶部的羽片较小，合生，外边缘分裂；叶质为半肉质，干后稍皱凸，淡绿色。叶脉扇状分离，不甚明显或隐约可见。孢子叶自不育叶片的基部抽出，柄长4～7cm，孢子囊穗长3～5～6cm、宽1.5～2cm，2～3次分裂，为狭圆锥形，直立，光滑无毛。

生境分布：互助。生于林下、灌丛，海拔2600～3800m。

高山铁角蕨

分　　类：木贼纲　水龙骨目　铁角蕨科　铁角蕨属
学　　名：*Asplenium aitchisonii* Fraser-Jenk. & R. Reichst.
别　　名：喜马拉雅蕨、新疆铁角蕨、掌裂铁角蕨。

形态特征：多年生草本。高7～10cm。根状茎短而直立，圆柱形，先端密被鳞片；鳞片披针形，长2～2.5mm，膜质，棕褐色，有虹色光泽，全缘。叶簇生；叶柄长4～6cm，纤细，粗约0.5mm，基部略呈淡栗色，上部为禾秆色，干后压扁；叶片披针形，长3～4cm、宽1.2cm，短尖头，二回羽状；羽片6～10对，下部分的羽片对生，上部近对生或互生，平展，短柄或近无柄，基部一对较大，长6～9mm、宽6～10mm，圆头，基部圆截形，对称，近掌状分裂；小羽片3片，长4～6mm、宽2～5mm，扇形，圆头，基部阔楔形，顶端深条裂；裂片5～6条，披针形，尖头；叶脉较为明显，略隆起，干后草绿色；叶轴暗绿色，上面有浅阔纵沟。孢子囊群椭圆形，长约2mm，生于小脉的中部或下部，极斜向上，成熟后为深棕色；囊群盖椭圆形，灰白色，后变淡棕色，膜质，全缘，开向主脉，宿存。

生境分布：互助、民和。生于山沟、潮湿处的岩石上，海拔2500～3800m。

广布铁角蕨

分　　类：木贼纲　水龙骨目　铁角蕨科　铁角蕨属
学　　名：*Asplenium anogrammoides* Christ.
别　　名：雷波铁角蕨。
形态特征：多年生草本。高6～8cm。根状茎短而直立，先端密被鳞片；鳞片线形，长约2mm，深褐色，略有虹色光泽，膜质，全缘。叶密集簇生；叶柄长2～4cm，纤细，粗约0.5mm，淡绿色，基部疏被与根状茎上同样的鳞片，向上近光滑，上面有浅阔纵沟；叶片披针形，长4～6cm、中部宽1.2～1.8cm，先端渐尖，基部几不变狭，二回羽状；小羽片1～2对，上先出，斜展，彼此接近，基部上侧一片较大，长3～4mm、中部宽2～3mm，卵形，圆头，基部阔楔形，下延，无柄或多少与羽轴合生，顶端有少数短而锐尖的锯齿，其余小羽片较小，基部均与羽轴合生。叶脉上面多少隆起，二至三回二叉分枝，斜向上，伸入锯齿先端，但不达边缘。叶厚草质，干后灰绿色；叶轴与叶柄同色，上面有浅纵沟，光滑或略被1～2褐棕色纤维状小鳞片。孢子囊群椭圆形，长1～1.5mm，斜向上，羽片基部一对小羽片各有2～4枚，位于小羽片的中央，向上各小羽片各有1～2枚，在羽片上部的沿羽轴两侧排列，成熟后满铺于小羽片下面，深绿色；囊群盖椭圆形，灰白色，薄膜质，全缘，开向主脉或羽轴，宿存。
生境分布：互助。生于较为阴湿的岩缝或岩石苔藓丛中，海拔2400～3400m。

西北铁角蕨

分　　类：木贼纲　水龙骨目　铁角蕨科　铁角蕨属
学　　名：*Asplenium nesii* Christ.
别　　名：马尔康铁角蕨、天山铁角蕨。
形态特征：多年生草本。高 6～12cm。叶多数密集簇生；叶柄长 2.5～8cm、粗达 1.2mm，下部黑褐色，上部为禾秆色，有光泽，疏被黑褐色纤维状小鳞片，上面有狭纵沟，干后压扁；叶片披针形，长 4～6cm、中部宽 1～2cm，两端渐狭，二回羽状；叶坚草质，干后草绿色；叶轴禾秆色，上面有纵沟，略被黑褐色纤维状小鳞片。孢子囊群椭圆形，长约 1mm，斜向上，在羽片基部一对小羽片各有 2～4 枚，位于小羽片中央，向上各小羽片各有 1 枚，紧靠羽轴，整齐，成熟后满铺羽片下面，深棕色；囊群盖椭圆形，灰棕色，薄膜质，全缘，开向羽轴或主脉。

生境分布：平安、互助、乐都、民和、化隆、循化。生于林下阴湿处岩石上，海拔 2600～4000m。

剑叶蹄盖蕨

分　　类：木贼纲　水龙骨目　蹄盖蕨科　蹄盖蕨属

学　　名：*Athyrium attenuatum* (Clarke) Tagawa

形态特征：多年生草本。根状茎短，直立，先端密被红褐色、阔披针形的鳞片。叶簇生；能育叶长35～60cm；叶柄长5～17cm，基部直径约2mm，被与根状茎上同样的鳞片，向上光滑，禾秆色；叶片披针形，长达44cm，中部宽7～9cm，先端渐尖，向基部渐变狭，上部一回羽状，下面二回羽状；羽片约30对，互生，平展，无柄，下部7～8对逐渐缩短，基部一对长约1.2cm，钝头，略斜向下，中部羽片最长，线状披针形，长达4.5cm，基部宽约1cm，渐尖头，基部近截形，略阔，羽裂几达羽轴；裂片约14对，近平展，长圆形，长4.5mm、宽2.2mm，钝头，基部以狭翅彼此相连，两侧近全缘，向顶部有4～5个张开的粗尖锯齿。叶脉在下面明显，在裂片上分叉。叶干后纸质，淡绿色，光滑；叶轴和羽轴下面禾秆色，上面向顶部有贴伏的钻状短硬刺，下面疏被棘头状短腺毛。孢子囊群长圆形，但基部上侧的常为马蹄形，每小羽片（或裂片）2～3对，其顶部往往不育；囊群盖同形，浅褐色，膜质，边缘啮蚀状，宿存；孢子周壁表面无褶皱，有颗粒状纹饰。

生境分布：互助、循化。生于林下、灌丛等，海拔2200～3300m。

中华蹄盖蕨

分　　类：木贼纲　水龙骨目　蹄盖蕨科　蹄盖蕨属

学　　名：*Athyrium sinense* Rupr.

形态特征：多年生草本。根状茎短，直立，先端和叶柄基部密被深褐色、卵状披针形或披针形的鳞片。叶簇生；能育叶长35～92cm；叶柄长10～26cm，基部直径1.5～2mm，黑褐色，向上禾秆色，略被小鳞片；叶片长圆状披针形，长25～65cm、宽15～25cm，先端短渐尖，基部略变狭，二回羽状；羽片约15对，基部的近对生，向上的互生，斜展，无柄，基部2～3对略缩短，基部一对长圆状披针形，长7～12cm、宽约2.5cm，先端长渐尖，基部对称，截形或近圆形，一回羽状；小羽片约18对，基部一对狭三角状长圆形，长8～10mm、宽3～4mm，钝尖头，并有短尖齿，基部不对称，上侧截形，下侧阔楔形，并下延至羽轴上成狭翅，两侧边缘浅羽裂；裂片4～5对，近圆形，边缘有数个短锯齿。叶脉两面明显，在小羽片上为羽状，侧脉约7对，下部的三叉或羽状，上部的二叉或单一。叶干后草质，浅褐绿色，两面无毛；叶轴和羽轴下面禾秆色，疏被小鳞片和卷曲的棘头状短腺毛。孢子囊群多为长圆形，少有弯钩形或马蹄形，生于基部上侧小脉，每小羽片6～7对；在主脉两侧各排成1行；囊群盖同形，浅褐色，膜质，边缘啮蚀状，宿存；孢子周壁表面无褶皱。

生境分布：互助、循化。生于林下、灌丛等，海拔2300～3300m。

冷蕨

分　　类：木贼纲　水龙骨目　冷蕨科　冷蕨属
学　　名：*Cystopteris fragilis* (Linn.) Bernh.
形态特征：根状茎短横走或稍伸长，带有残留的叶柄基部，先端和叶柄基部被有鳞片，鳞片浅褐色阔披针形。叶近生或簇生，能育叶长3.5～49cm；叶柄一般短于叶片，为叶片长的1/3～2/3，当生长在石缝时，有时纤细，稍长于叶片，长5～20cm、直径0.2～1.5mm，基部褐色，向上禾秆色或带栗色，鳞片稀疏，略有光泽；叶片披针形至阔披针形，长17～28cm、宽0.8～8cm，短渐尖头；叶干后草质，绿色或黄绿色；叶轴及羽轴，特别是下部羽片着生处多少具稀疏的单细胞至多细胞长节状毛，或有少数鳞毛。孢子囊群小，圆形，背生于每小脉中部，每一小羽片2～4对，向顶端的小羽片上侧有1～2枚；囊群盖卵形至披针形，膜质，灰绿色或稍带浅褐色；孢子深褐色，周壁表面有均匀、较密的刺状突起。
生境分布：平安、互助、乐都、民和、循化。生于草地山坡石缝、云杉林下，海拔3000～3900m。

西宁冷蕨

分　　类：木贼纲　水龙骨目　冷蕨科　冷蕨属
学　　名：*Cystopteris kansuana* (Linn.) C. Chr.
别　　名：甘肃冷蕨。
形态特征：多年生草本。根状茎纤细，短而横卧，被稀疏的鳞片。叶近生；能育叶长10～19cm；叶柄长6～11cm、直径不逾1mm，纤细如丝状，栗色，基部具少数褐色披针形鳞片，上部光滑；叶片披针形，长4～10cm、宽1.3～3cm，先端长渐尖，基部钝，一回羽状，羽片深羽裂至全裂；羽片5～8对，基部的近对生，中上部的互生，斜展，近无柄或有1～2mm长的短柄，基部一对羽片略缩短，卵形至长卵形，长9～20mm、宽4～8mm，先端渐尖，基部上侧阔楔形，下侧多少斜切，一回羽状深裂至全裂；裂片约3对，斜展，基部上侧一片较大，长卵形，长4～8mm、宽2～3mm，先端急尖或钝圆，边缘具钝齿或为齿状半裂，其余裂片为长圆形或线状长圆形，远较小，先端渐尖，有时具2～3个小齿，边缘全缘，各裂片均以狭翅相连；第二对羽片距基部一对羽片1～2.4cm，与基部羽片同形而稍大，从第三对羽片向上逐渐变小；叶干后淡绿色或深褐色，薄草质。孢子囊群圆形，黄褐色，着生于小脉中部；囊群盖卵形，全缘，浅黄褐色，宿存。

生境分布：平安、互助、循化。生于高山草甸、高寒灌丛、荫蔽石缝，海拔3000～4100m。

高山冷蕨

分　　类：木贼纲　水龙骨目　冷蕨科　冷蕨属

学　　名：*Cystopteris montana* (Lam.) Bernh.

形态特征：高 20～30cm。根状茎细长而横走，黑褐色，疏被棕色、膜质、全缘的卵形小鳞片。叶近生至远生，相距 1～7cm，柄长 15～22cm，禾秆色，光滑或稀被鳞片，叶片近五角形，长宽近相等，8～12cm，四回羽裂；羽片 4～7 对，开展，相距 1.5～2cm，有短柄，基部 1 对最大，长 5～8cm、宽约 4cm，近三角形，三回羽裂；小羽片 6～8 对，近对生，斜展，长圆形至阔披针形，基部下侧 1 片最大，长达 4cm，其余向上各片渐小，二回羽裂；末回裂片长圆形，两侧全缘，顶部有 3～5 个粗齿牙；自第二对羽片起，向上渐小，阔披针形至长圆形。叶脉羽状，侧脉单一或二叉，伸达齿端。叶草质，叶轴与叶柄同色，光滑。孢子囊群圆形，背生于叶脉上；囊群盖灰黄色，膜质。

生境分布：互助、乐都、循化。生于林缘、林下、阴坡灌丛中，海拔 2300～3800m。

维管植物门 TRACHEOPHYTA

宝兴冷蕨

分　　类：木贼纲　水龙骨目　冷蕨科　冷蕨属
学　　名：*Cystopteris moupinensis* Franch.
形态特征：多年生草本。能育叶长 20～50cm；叶柄长 10～25cm、直径 1～2mm，禾秆色或栗褐色，略有光泽；叶片卵形或三角状卵圆形，长 9～25cm，宽 5～15cm，渐尖头，一至三回羽状；叶脉两面可见，小脉一至数回分叉，伸达锯齿间的缺刻或微凹处；叶干后薄草质，绿色。孢子囊群小，圆形，着生于上侧小脉背上，每末回裂片上有 1～2 枚，羽片基部上侧的较大小羽片上常有 3～4 枚或更多，主脉两侧的小脉通常均能育。囊群盖近圆形或半杯形，灰绿色或褐黄色，膜质，不具头状细微腺体，幼时覆盖孢子囊群，成熟时被孢子囊群压在下面；孢子周壁表面具有刺状突起。
生境分布：互助、民和、循化。生于针阔叶混交林下阴湿处或阴湿石上，海拔 2300～3300m。

羽节蕨

分　　类：木贼纲　水龙骨目　冷蕨科　羽节蕨属
学　　名：*Gymnocarpium jessoense* Koidz.

形态特征：高 25～40cm。根状茎细长横走，先端及叶柄基部被淡棕色卵状披针形鳞片。叶远生；叶柄长 15～26cm，麦秆色；叶片卵状三角形，长 10～22cm、宽 12～21cm，渐尖头，三回羽状或羽状深裂；羽片约 8 对，对生或不完全对生，斜上开展，下部 1～4 对羽片有柄，柄长 1～3cm，以关节着生于叶轴，基部一对羽片最大，长三角形，渐尖头，带柄长 6.5～13.5cm、宽 4.5～8.5cm，其余羽片向上依次变小，卵状长圆形至披针形，尖头，小羽片披针形至广披针形，钝尖头；裂片长圆形，钝圆头，全缘或有浅圆齿，裂片侧脉 1～2 叉；叶草质，两面光滑无毛，叶轴及羽轴下部特别是二者相交处有淡黄色小腺体。孢子囊群圆形，背生于侧脉上部，无盖；孢子长圆形。

生境分布：平安、互助、乐都、民和、化隆、循化。生于山坡、林下、灌丛、河滩等，海拔 2300～2800m。

蕨

分　　类：木贼纲　水龙骨目　碗蕨科　蕨属
学　　名：*Pteridium aquilinum* var. *latiusculum* (Desv.) Underw. ex A. Heller
别　　名：猴腿、蕨菜。
形态特征：多年生植株。高可达 1m。根状茎长而横走，密被锈黄色柔毛，以后逐渐脱落。叶远生；柄长 20～80cm、基部粗 3～6mm，褐棕色或棕禾秆色，略有光泽，光滑，上面有浅纵沟 1 条；叶片阔三角形或长圆三角形，长 30～60cm、宽 20～45cm，先端渐尖，基部圆楔形，三回羽状；叶脉稠密，仅下面明显；叶干后近革质或革质，暗绿色，上面无毛，下面在裂片主脉上多少被棕色或灰白色的疏毛或近无毛；叶轴及羽轴均光滑，小羽轴上面光滑，下面被疏毛，各回羽轴上面均有深纵沟 1 条，沟内无毛。

生境分布：平安、互助、乐都、民和、化隆、循化。生于山地阳坡及森林边缘阳光充足的地方，海拔 2000～3100m。

尖齿鳞毛蕨

分　　类：木贼纲　水龙骨目　鳞毛蕨科　鳞毛蕨属
学　　名：*Dryopteris acutodentata* Ching
形态特征：多年生草本植物。高 23～45cm。根状茎短而直立，被深棕色、长圆披针形或披针形、边缘具锯齿的鳞片。叶簇生；叶柄长 8～12cm，棕褐色，被棕褐色、披针形鳞片；叶片三角状披针形，长 16～26cm、中部宽约 10cm，先端羽裂渐尖，下部略变狭，基部平截，二回羽状深裂；羽片 12～16 对，互生，下部数对彼此远离，中部羽片长 3.5～4cm、宽约 1.5cm，长圆披针形，钝尖头，羽状深裂；裂片约 8 对，略斜展，彼此以狭间隔分开，长方形，先端具整齐的三角形齿牙；叶干后黄绿色；叶轴鳞片披针形，棕色或棕褐色。孢子囊群圆形，在中肋两侧各排成 1 行；囊群盖圆肾形，边缘有不规则的小齿牙，常脱落。

生境分布：互助。生于灌丛石缝中、林下、水沟边，海拔 2700～3600m。

多鳞鳞毛蕨

分　　类：木贼纲　水龙骨目　鳞毛蕨科　鳞毛蕨属
学　　名：*Dryopteris barbigera* (T. Moore et Hook.) O. Ktze.
形态特征：多年生草本。高60～80cm。根状茎丛生，连同叶柄基部密被红棕色、卵圆披针形鳞片。叶簇生；叶柄长20～30cm、粗可达1cm，密被同样鳞片及棕色纤维状鳞毛；叶片卵圆形或长圆披针形，钝尖头，基部不狭缩，三回羽状深裂；侧生羽片20对以上，披针形，长约13cm、宽约3cm，钝尖头，具短柄，二回羽裂；小羽片约20对，长圆形，圆钝头，基部与羽轴合生，羽状深裂或半裂，边缘具三角形尖齿牙，干后常反折；叶干后黄绿色；叶脉两面明显；叶轴、羽轴及小羽轴均密被棕色纤维状鳞毛和狭披针形鳞片。孢子囊群生于小羽轴两侧，每裂片1枚；囊群盖圆肾形，红棕色，常早落。
生境分布：循化。生于灌丛石缝中、林下、林缘，海拔2500～3800m。

西域鳞毛蕨

分　　类：木贼纲　水龙骨目　鳞毛蕨科　鳞毛蕨属

学　　名：*Dryopteris blanfordii* (Bak.) C. Chr.

形态特征：多年生草本。叶簇生；叶柄长30cm、粗约4.5cm，淡褐色，有纵沟，密被褐色、长圆形、先端长渐尖、边缘具齿的鳞片，向上鳞片渐变小，披针形至线形，稀疏；叶片卵状长圆形、长圆状卵形或三角状广卵形，长65cm、中部宽28cm，先端渐尖，基部略变狭，三回羽状深裂；羽片约15对，互生，平展，具短柄，披针形或长圆披针形，长渐尖头，中下部羽片较长，长11～15cm、宽2.5～4cm，向基部稍微变狭，小羽片稍远离，基部下侧小羽片缩短，披针形或长圆状披针形，尖头至锐尖头，二回羽状深裂；小羽片长圆形，长1.5～2cm、宽6～8mm，顶端有尖锯齿，基部略偏斜，与羽轴狭合生，羽状半裂至深裂；裂片近长方形，先端具2～3尖锯齿；侧脉羽状，分叉，上面不显，下面显著；叶片草质至薄纸质；羽轴及小羽轴背面生有棕色线形鳞片。孢子囊群圆形，通常沿小羽片中肋两侧各排成1行；囊群盖圆肾形，膜质，边缘全缘。

生境分布：互助、循化。生于灌丛石缝中、林下、林缘，海拔2400～2600m。

华北鳞毛蕨

分　　类：木贼纲　水龙骨目　鳞毛蕨科　鳞毛蕨属
学　　名：*Dryopteris goeringiana* (Kunze) Koidz.
别　　名：美丽鳞毛蕨、花叶狗牙七、金毛狗脊。
形态特征：多年生草本。高50～90cm。根状茎状粗壮，横卧。叶近生；叶柄长25～50cm，淡褐色，有纵沟，具淡褐色、膜质、边缘微具齿的鳞片，下部的鳞片较大，广披针形至线形，长达1.5cm，上部连同中轴被线形或毛状鳞片；叶片卵状长圆形、长圆状卵形或三角状广卵形，长25～50cm，宽15～40cm，先端渐尖，三回羽状深裂；羽片互生，具短柄，披针形或长圆状披针形，长渐尖头，中下部羽片较长，长11～27cm，宽2.5～6cm，向基部稍微变狭，小羽片稍远离，基部下侧几个小羽片缩短，披针形或长圆状披针形，尖头至锐尖头，羽状深裂，裂片长圆形，宽1～3mm，通常顶端有尖锯齿，有时边缘也有；侧脉羽状，分叉；叶片草质至薄纸质；羽轴及小羽轴背面生有毛状鳞片。孢子囊群近圆形，通常沿小羽片中肋排成2行；囊群盖圆肾形，膜质，边缘啮蚀状。
生境分布：互助、乐都、民和、循化。生于阔叶林下或灌丛中，海拔2200～2800m。

浅裂鳞毛蕨

分　　类：木贼纲　水龙骨目　鳞毛蕨科　鳞毛蕨属
学　　名：*Dryopteris sublaeta* Ching et Y. P. Hsu.
形态特征：多年生草本。高 60～70cm。根状茎横走，粗约 1cm，顶部被褐棕色、狭披针形鳞片。叶近生；柄长约 25cm、粗约 4mm，禾秆色，向上连同叶轴疏被鳞片；鳞片棕色，质薄，狭披针形，渐尖头，全缘；叶片卵状长圆形，长约 45cm、中部宽约 30cm，向基部稍变狭，二回羽状；羽片约 18 对，基部的近对生，向上的互生，有长约 2mm 的柄，相距 3～4cm，彼此接触，披针形，中部的长达 16cm、宽 3～5cm，渐尖，基部 1 对略缩短，一回羽状；小羽片约 20 对，近平展，斜三角状披针形，长 1.5～2.5cm、宽 7～10mm，基部不对称偏楔形，多少与羽轴合生，向上渐狭，渐尖头，边缘略浅裂或呈疏锯齿，小裂片有 1～2 细锯齿；叶脉羽状，下面明显，侧脉在小羽片基部常羽状分枝，2～3 叉，顶端有水囊；叶草质，上面光滑，下面和羽轴被棕色小鳞片。孢子囊群分布于叶片中部以上，背生于侧脉的上侧 1 脉，每小羽片有 6～7 对，靠近主脉；囊群盖褐色，纸质，小而易脱落。

生境分布：互助、循化。生于阔叶林下，海拔 2200～2600m。

近多鳞鳞毛蕨

分　　类：木贼纲　水龙骨目　鳞毛蕨科　鳞毛蕨属
学　　名：*Dryopteris komarovii* Koidz.
形态特征：叶簇生；柄长8～18cm、粗约0.5cm，棕褐色，基部被棕色、大、卵圆形鳞片，向上渐疏；叶片长圆状披针形，长20～35cm、宽8～10cm，先端钝尖头，基部略狭缩，二回羽状；侧生羽片18～20对，中部羽片长3.5～5cm、宽1.2～2cm，披针形，钝尖头，基部最宽，无柄，基部一对羽片长2.5～4cm，卵圆形披针形，羽状深裂；小羽片8～10对，斜展，彼此以狭间隔分开，长圆形，先端钝圆，具整齐的三角形齿牙，基部与羽轴合生，边缘通常具圆齿；叶干后黄绿色，纸质；叶脉两面明显；叶轴、羽轴密被棕色披针形或线状披针形鳞片，少有纤维状鳞毛；羽片上面光滑，下面具纤维状鳞毛。
生境分布：互助、乐都、民和、循化。生于灌丛石缝中、林下、水沟边，海拔2600～4100m。

玉龙蕨

分　　类：木贼纲　水龙骨目　鳞毛蕨科　耳蕨属
学　　名：*Polystichum glaciale* Christ
别　　名：玉龙耳蕨、卵羽玉龙蕨。

形态特征：多年生草本植物。高 20cm。根状茎短，直立或斜升。植株全株密被鳞片或长柔毛；鳞片初为红棕色，老时变为苍白色，卵状或阔披针形，先端纤维状，边缘有睫毛。叶簇生；柄长 1～3cm，基部直径约 2mm，褐棕色，向上禾秆色，上面有 2 条纵向沟槽，直通叶轴；叶片线形，长 12～15cm、宽 2～2.5cm，一回羽状；羽片 14～20 对，互生，近无柄，长圆形，长约 1cm、宽约 3mm，圆头，基部对称，近圆形，全缘或略浅裂；叶脉分离，羽状，小脉单一，伸达叶边，通常被鳞毛覆盖，不见；叶厚革质，干后黑褐色，两面密被灰白色的长柔毛。孢子囊群圆形，生于小脉顶端，位主脉与叶边之间，每羽片 3～4 对；无囊群盖，通常被鳞片覆盖不见。

生境分布：互助。生于高山灌丛石缝中，海拔 3800～3900m。

毛叶耳蕨

分　　类：木贼纲　水龙骨目　鳞毛蕨科　耳蕨属
学　　名：*Polystichum mollissimum* Ching.
别　　名：条裂耳蕨。
形态特征：多年生草本。高8～20cm。根茎直立，密生披针形棕色鳞片。叶簇生；叶柄长2～8cm，基部直径约2mm，下部宿存，禾秆色，腹面有浅纵沟，密生披针形和线形黄棕色或棕色鳞片；叶片披针形，长7～18cm、宽1.5～3.5cm，先端渐尖，向基部略变狭，二回羽状分裂；羽片11～24对，互生，略斜向上或平伸，无柄，披针形，中部的长0.8～2cm、宽4～8mm，先端急尖，基部偏斜的宽楔形，上侧有耳凸，羽状分裂近羽轴；裂片3～6对，近对生，略斜向上，斜的矩圆形，长1～3mm、宽0.5～1.5mm，先端急尖，两侧有前倾的小齿；裂片具羽状脉，两面不明显。孢子囊群位于羽轴两侧或裂片主脉两侧；囊群盖圆形，盾状，边缘有钝齿缺。

生境分布：互助、乐都。生于山坡、灌丛、林下，海拔2700～3400m。

陕西耳蕨

分　　类：木贼纲　水龙骨目　鳞毛蕨科　耳蕨属

学　　名：*Polystichum shensiense* Christ.

形态特征：多年生草本。高12～24cm。根茎直立，密生披针形棕色或淡棕色鳞片。叶簇生；叶柄长3～10cm，基部直径约1mm，下部宿存，禾秆色，腹面有纵沟，疏生卵形及披针形淡棕色鳞片；叶片线状倒披针形或倒披针形，长11～30cm，宽1.2～2.4cm，先端渐尖，基部渐狭，二回羽状深裂；羽片24～32对，互生，斜向上，向下部较稀疏，无柄，狭卵形或狭三角卵形，中部的长6～15mm、宽4～6mm，先端急尖或钝，基部宽楔形或圆楔形，两侧有耳状凸，羽状深裂达羽轴或近羽轴；裂片4～6对，互生，略斜向上，倒卵形至卵形，先端尖，常有数枚尖齿；裂片具羽状脉，两面均不明显；叶草质，两面秃净或有少数披针形淡棕色的鳞片；叶轴腹面有纵沟，两面疏生披针形及线形淡棕色鳞片。孢子囊群圆形，生小脉顶端，每裂片有2～4枚；囊群盖棕色，胶质，边缘啮蚀状。

生境分布：互助、乐都。生于石缝、岩壁上，海拔3100～3900m。

中华耳蕨

分　　类：木贼纲　水龙骨目　鳞毛蕨科　耳蕨属
学　　名：*Polystichum sinense* Christ.
别　　名：裂叶耳蕨。
形态特征：高20～70cm。根茎直立，密被披针形棕色鳞片。叶簇生；叶柄长5～34cm，基部直径2～5mm，禾秆色，腹面有浅纵沟，密被卵形、披针形和线形棕色鳞片；叶片狭椭圆形或披针形，长25～58cm、宽4～14cm，先端渐尖，向基部变狭，二回羽状深裂或少为二回羽状；羽片24～32对，互生，略斜向上，柄极短，披针形，中部的长2.5～7cm、宽0.6～2cm，先端渐尖，基部偏斜近截形，上侧有耳突，羽状深裂达羽轴；裂片7～14对，近对生，斜向上，斜的卵形或斜的矩圆形，长4～12mm、宽2～5mm，先端尖，基部斜楔形并下延至羽轴，上侧略有耳突，两侧有前倾的尖齿；裂片具羽状脉，两面不明显；叶草质，两面有纤毛状的小鳞片，背面较密；叶轴禾秆色，腹面有纵沟，两面有线形棕色鳞片，背面混生宽披针形至狭卵形鳞片。孢子囊群位于裂片主脉两侧；囊群盖圆形，盾状，边缘有齿缺。

生境分布：平安、互助、民和、循化。生于石缝、岩壁上，海拔3100～3800m。

中华荚果蕨

分　　类：木贼纲　水龙骨目　球子蕨科　东方荚果蕨属
学　　名：*Pentarhizidium intermedium* (C. Christensen) Hayata.
别　　名：中华东方荚果蕨。

形态特征：多年生草本。高达 1m。根状茎短而直立，黑褐色，木质，坚硬，先端密被鳞片；鳞片阔披针形，长达 1.5cm、宽约 4mm，先端渐尖，全缘，厚膜质，褐棕色，有时中部颜色较深。叶多数簇生，二型：不育叶叶柄长 20～30cm、粗达 5mm，基部黑褐色，向上为深禾秆色，坚硬，疏被披针形鳞片，羽片 20～25 对，互生，彼此密接或略疏离，相距约 1.5cm，下部 2～3 对略缩短，平展或向下反折，中部的较长，长达 15cm、宽不及 2cm，披针形，先端渐尖，基部截形并紧靠叶轴，无柄，斜展，羽状半裂，裂片多数，长方形，圆头或近截头并具小突尖，全缘，叶脉明显，在裂片为羽状，小脉单一，偶有 2 叉，斜向上，伸达叶边，叶纸质，无毛，沿叶轴及羽轴下面被棕色线状披针形小鳞片，尤以叶轴较密；能育叶比不育叶小，柄长 20～25cm、粗 5～8mm，叶片椭圆形或椭圆状披针形，长 30～45cm、宽 8～15cm，一回羽状，羽片多数，斜展，彼此接近，线形，略呈镰刀状，通常长 3.5～6cm、宽 2～3mm，两侧强度反卷成荚果状，深紫色，平直，由羽轴伸出的侧脉 2～3 叉，在羽轴与叶边之间形成囊托。孢子囊群圆形，着生于囊托上，成熟时汇合成线形；无囊群盖，为变质的叶缘所包被。

生境分布：循化。生于林下，海拔 2200～3000m。

维管植物门 TRACHEOPHYTA

秦岭槲蕨

分　　类：木贼纲　水龙骨目　水龙骨科　槲蕨属
学　　名： *Drynaria baronii* (Christ) Diels
形态特征：通常石生或土生，偶有树上附生。根状茎直径1～2cm，肉质，密被鳞片；鳞片斜升，近盾状着生，基部有短耳，长4～11mm、宽0.5～1.5mm，边缘具重齿。常无基生不育叶，有时基生叶顶部也生孢子囊群；基生不育叶椭圆形，长5～15cm、宽3～6cm，羽状深裂达叶片的2/3或更深，裂片10～20对，边缘略成齿状，下部几对裂片缩短或缩成耳形；正常能育叶的叶柄长2～10cm，具明显的狭翅，叶片长22～50cm、宽7～12cm，裂片16～30对，中部裂片长4～7cm、宽0.5～1.2cm，边缘锯齿状，光滑或疏生短睫毛，顶生裂片常不发育；叶片上下两面多少被毛，沿叶轴和叶脉多少有短毛，叶脉明显隆起；通常仅叶片上部能育，能育裂片多少狭缩。孢子囊群在裂片中肋两侧各1行，通直，靠近中肋，在每2条相邻侧脉间仅有1枚，生于2～4小脉交汇处；孢子囊上无腺毛；孢子外壁光滑或有折皱，具刺状突起，周壁具小疣状纹饰。

生境分布：平安、互助、乐都、民和、化隆、循化。生于山坡林下岩石上，海拔2100～3800m。

天山瓦韦

分　　类：木贼纲　水龙骨目　水龙骨科　瓦韦属
学　　名：*Lepisorus clathratus* (C. B. Clarke) Ching
别　　名：川西瓦韦、多变瓦韦、多变宽带蕨。

形态特征：高5～10cm。根状茎横走，粗壮，约3mm，密被鳞片。鳞片披针形，基部阔卵形，上部渐狭，具长的芒状先端，网眼近方形或短长方形，大而透明，边缘具粗长刺，褐色。叶近生或远生；叶柄长0.5～5.5cm，纤细，禾秆色，光滑；叶片线状披针形，长5～14cm，中部宽4～12mm，两端渐狭，圆钝头，基部楔形，长下延，对称，边缘平直；干后两面深绿色或灰绿色，纸质；主脉上下均隆起，小脉不显。孢子囊群大，着生于小脉交结处，在主脉两侧各成1行，位于主脉与叶边中央。

生境分布：平安、互助、乐都、民和、化隆、循化。生于山坡背阴处岩石缝、沟边岩缝中，海拔1800～3800m。

长盖铁线蕨

分　　类：木贼纲　水龙骨目　凤尾蕨科　铁线蕨属
学　　名：*Adiantum fimbriatum* Christ
别　　名：陕西铁线蕨。

形态特征：高 25～35cm。根状茎细长横走，密被棕色、有光泽的卵状披针形鳞片。叶散生；柄长 10～20cm，基部粗 1.5～2mm，栗红色，基部被与根状茎上相同的鳞片，向上光滑，略有光泽；叶片卵状三角形，长 15～25cm、宽 10～20cm，钝尖头，三至四回羽状；羽片 5～7 对，互生，斜向上，相距约 3.4cm，基部一对最大，长 8～10cm、宽 4～8cm，卵状三角形，先端钝；叶脉扇形分叉，直达锯齿尖端，两面均明显；叶干后薄草质，淡绿色或灰绿色，两面均光滑；叶轴、各回羽轴和小羽柄均与叶柄同色，光滑，有光泽，略向左右两侧曲折。孢子囊群每羽片 1～3 枚，横生于羽片上缘；囊群盖长方形、肾形、圆形或圆肾形，上缘多平直，少略弯凹，淡棕色，膜质，全缘，宿存；孢子周壁具有不明显的颗粒状纹饰，处理后常破裂，有时也脱落。

生境分布：互助、民和、循化。生于林缘、山沟石缝、溪边山谷湿石上等，海拔 2200～3000m。

掌叶铁线蕨

分　　类：木贼纲　水龙骨目　凤尾蕨科　铁线蕨属

学　　名：*Adiantum pedatum* Linn.

形态特征：多年生草本。根状茎直立或横卧，被棕褐色阔披针形鳞片。叶簇生或近生；柄长20～40cm，栗色或棕色，基部粗可达3.5mm，被和根茎相同的鳞片，向上光滑，有光泽；叶片阔扇形，长可达30cm、宽可达40cm，从叶柄的顶部二叉成左右两个弯弓形的分枝，再从每个分枝的上侧生出4～6片一回羽状的线状披针形羽片，各回羽片相距1～2cm，中央羽片最长，可达28cm，侧生羽片向外略缩短，宽2.5～3.5cm，奇数一回羽状；小羽片20～30对，互生，斜展，具短柄，相距5～10mm，彼此接近；叶脉多回二歧分叉，直达边缘，两面均明显；叶干后草质，草绿色，下面带灰白色，两面均无毛；叶轴、各回羽轴和小羽片均为栗红色，有光泽，光滑。孢子囊群每小羽片4～6枚，横生于裂片先端的浅缺刻内；囊群盖长圆形或肾形，淡灰绿色或褐色，膜质，全缘，宿存；孢子具明显的细颗粒状纹饰，处理后常保存。

生境分布：互助、乐都、民和、循化。生于山沟、林下、田边、石缝等，海拔2200～2800m。

陇南铁线蕨

分　　类：木贼纲　水龙骨目　凤尾蕨科　铁线蕨属
学　　名：*Adiantum roborowskii* Maxim
形态特征：多年生草本。高9～25cm。根状茎短而直立或斜升，密被棕褐色披针形鳞片。叶簇生或近生；柄长4～20cm、粗约1cm，圆形，栗红色，有光泽，基部被与根状茎上同样的鳞片，向上光滑；叶片披针形或卵状椭圆形，长5～18cm，宽2～6cm，渐尖头，下部为简单的三回羽状，上部为奇数一回羽状；叶脉多回二歧分叉，几达边缘，两面均明显；叶干后灰绿色，纸质或近硬纸质，两面均无毛；叶轴、各回羽轴和小羽柄均为栗红色，有光泽，光滑。孢子囊群每羽片1～2枚，着生于能育的末回小羽片上缘的深缺刻内；囊群盖圆形或圆肾形，上缘呈深缺刻状，褐色，近革质，全缘，宿存。
生境分布：互助、民和。生于林下石缝中、悬崖上和沟边石上等，海拔2300～2600m。

银粉背蕨

分　　类：木贼纲　水龙骨目　凤尾蕨科　粉背蕨属

学　　名：*Aleuritopteris argentea* (S. G. Gmel.) Fée.

别　　名：假银粉背蕨、长尾粉背蕨、德钦粉背蕨、裂叶粉背蕨。

形态特征：多年生草本。高15～30cm。根状茎直立或斜升，先端被披针形、棕色、有光泽的鳞片。叶簇生；叶柄长10～20cm，粗约7mm，红棕色，有光泽，上部光滑，基部疏被棕色披针形鳞片；叶片五角形，长宽几相等，5～7cm，先端渐尖，羽片3～5对，基部三回羽裂，中部二回羽裂，上部一回羽裂；裂片三角形或镰刀形，基部一对较短；羽轴上侧小羽片较短，不分裂，长1cm左右，第二对羽片为不整齐的一回羽裂，披针形，基部下延成楔形，往往与基部一对羽片汇合，先端长渐尖，有不整齐的裂片3～4对；裂片三角形或镰刀形，以圆缺刻分开；自第二对羽片向上渐次缩短；叶干后草质或薄革质，上面褐色，光滑，叶脉不显，下面被乳白色或淡黄色粉末，裂片边缘有明显而均匀的细齿牙。孢子囊群较多；囊群盖连续，狭，膜质，黄绿色，全缘；孢子极面观为钝三角形，周壁表面具颗粒状纹饰。

生境分布：平安、互助、乐都、民和、化隆、循化。生于石缝中或墙缝中等，海拔2000～3500m。

维管植物门 TRACHEOPHYTA

稀叶珠蕨

分　　类：木贼纲　水龙骨目　凤尾蕨科　珠蕨属
学　　名：*Cryptogramma stelleri* (Gmel.) Prantl
别　　名：史塔珠蕨、疏叶珠蕨。
形态特征：多根状茎细长横走，略有1～2淡棕色、披针形或卵状披针形小鳞片。叶二型，疏生；不育叶较短，卵形或卵状长圆形，圆钝头，一回羽状或二回羽裂，羽片3～4对，近圆形，全缘或浅波状；能育叶的柄长6～8cm，粗1mm左右，棕禾秆色，叶片长4～7cm、宽1.8～4cm，阔披针形或长圆形，二回羽状，羽片4～5对，中部以下的有柄，基部一对最大，一回羽状，小羽片1～2对，上先出，阔披针形，短尖头或钝头，基部楔形，有短柄或几无柄；叶脉羽状分叉，少有单一；叶干后薄草质，黄绿色，两面无毛。孢子囊群生于小脉顶部，彼此分开，成熟时常汇合；囊群盖膜质，灰绿色，边缘多少不整齐，宽不达主脉，成熟时张开。
生境分布：平安、互助、循化。生于阴坡石崖下、岩石缝隙、林下等，海拔2600～3900m。

47

蜘蛛岩蕨

分　　类：木贼纲　水龙骨目　岩蕨科　岩蕨属
学　　名：*Woodsia andersonii* (Bedd.) Christ.
形态特征：多年生草本。高 10～20cm。叶密集簇生；柄长 5～10cm，粗约 1mm，禾秆色至棕禾秆色，有光泽，无关节，幼时与叶轴均被纤维状小鳞片和节状长毛，以后部分脱落，老时叶轴仅被疏毛，羽片脱落后叶柄与叶轴宿存；叶片披针形，长 5～10cm，宽 1～2cm，先端短渐尖并为羽裂，基部不变狭或略变狭，二回羽状深裂；羽片 6～9 对，无柄，对生或上部的互生，下部羽片疏离，不缩小或略缩小，中部羽片相距 1～1.5cm，卵圆形或近菱形，长 7～12mm，长略过于宽或长宽几相等，圆钝头，基部阔楔形，羽状半裂；裂片椭圆形，基部一对最大，先端有 2～3 粗齿，两侧全缘或为波状；叶脉不明显，在裂片上为简单的羽状，侧脉分叉，小脉不达叶边；叶草质，两面密被锈色节状长毛，尤以幼时最密。孢子囊群圆形，着生于小脉上侧分叉的中部或上部，每裂片有 1～3 枚；囊群盖由 8～10 条卷曲的长毛组成。

生境分布：平安、互助、乐都、民和、循化、循化。生于针叶林或针阔叶混交林下的岩石缝隙中或岩壁上，海拔 2500～3900m。

光岩蕨

分　　类：木贼纲　水龙骨目　岩蕨科　岩蕨属
学　　名：*Woodsia glabella* R. Br. ex Richards.

形态特征：多年生草本。高5～10cm。根状茎短，斜出，与叶柄基部均密被鳞片。鳞片披针形或卵状披针形，长2～3mm，先端渐尖并为纤维状，深棕色，膜质，边缘近全缘。叶密集簇生；叶柄纤细，长1～2cm，棕禾秆色，中部以下具水平状关节，中部向上光滑或偶被少数棕色线形小鳞片；叶片线状披针形，长3～6cm、中部宽7～11mm，先端渐尖，基部略变狭，二回羽裂；羽片4～9对，对生或互生，平展，无柄，彼此远离，下部数对略缩小，基部一对往往为扇形，中部羽片较大，三角状卵形，长3～5mm、基部宽2～5mm，钝头，基部上侧平截并紧靠或接近叶轴，下侧楔形，深羽裂几达羽轴；裂片2～3对，斜展，基部一对最大，长约3mm，椭圆形或舌形，边缘波状或顶部为圆齿状；叶脉明显，在裂片上为多回二歧分枝，小脉先端不达叶边，叶薄草质，干后绿色或浅棕色，无毛，罕有被疏毛。孢子囊群圆形，生于小脉的中部或分叉处，由少数孢子囊组成；囊群盖碟形，边缘流苏状，薄膜质，质脆，成熟后往往脱落。

生境分布：互助、民和。生于针叶林或针阔叶混交林下的岩石缝隙中或岩壁上，海拔2700～3900m。

九龙卷柏

分　　类：石松纲　卷柏目　卷柏科　卷柏属
学　　名：*Selaginella jiulongensis* (H. S. Kung & al.) M. H. Zhang & X. C. Zhang
别　　名：小卷柏。

形态特征：土生或石生。高5～15cm。短匍匐，能育枝直立，无游走茎；直立茎通体分枝，不呈"之"字形，无关节，禾秆色，茎下部直径0.2～0.4mm，具沟槽，无毛，维管束1条。叶全部交互排列，二型，表面光滑，边缘非全缘，不具白边。分枝上的腋叶近对称，卵状披针形或椭圆形，长1.4～1.6mm、宽0.4～0.8mm，边缘睫毛状；中叶多少对称，分枝上的中叶卵形或卵状披针形，长1.2～1.6mm、宽0.5～0.8mm，紧接或覆瓦状，背部不呈龙骨状，先端常向后弯曲，先端具长尖头到具芒，基部钝，边缘具睫毛。孢子叶穗疏松或上部紧密，圆柱形，单生于小枝末端或分叉，长12～35mm、宽2～4mm；大孢子橙色或橘黄色，小孢子橘红色。

生境分布：互助、乐都、民和、化隆、循化。生于岩石下阴湿处及石缝中，海拔2500～3900m。

红枝卷柏

分　　类：石松纲　卷柏目　卷柏科　卷柏属
学　　名：*Selaginella sanguinolenta* (Linn.) Spring.
别　　名：圆枝卷柏。

形态特征：植株丛生。高7～25cm。主茎匍匐，分枝直立或斜升，细圆柱形，绿色，老时带红色，老枝近光滑，向上多回分枝。叶近同型，歪卵形至长卵形，长约1mm、宽0.6～0.7mm，交互覆瓦状排列，基部着生处稍下延而抱茎，短尖头，边缘膜质，有微细锯齿或近全缘，背部呈龙骨状，质地稍厚。孢子叶三角状卵形或广卵形，短尖头，边缘膜质，稍有微细锯齿，背部呈龙骨状突起，4列成密覆瓦状排列成孢子囊穗；孢子囊穗四棱柱形，单生小枝顶端，长0.8～1.3cm、粗约1.5mm；大孢子囊球状四面体形，通常着生于孢子囊穗下部；小孢子囊圆形，着生于孢子囊穗上部；孢子二型，球状四面体形，具波状周壁。

生境分布：民和。生于岩石下阴湿处及石缝中，海拔1700～2000m。

东方泽泻

分　　类：木兰纲　泽泻目　泽泻科　泽泻属

学　　名：*Alisma orientale* (Samuel.) Juz.

形态特征：多年生水生、沼生草本。高 20～50cm。具块状根状茎，多须根。花茎直立。叶基生，具叶柄，长 5～15cm、宽 2～9cm，基部鞘状，全缘；叶片椭圆形、长圆形至宽卵形，基部心形或圆形，叶脉弧形，主脉与侧脉并行，脉间具小横脉。圆锥状花序顶生；花小，两性，辐射对称；花被片 6，离生，2 轮排列，外轮绿色花萼状，长 2～3mm、宽约 2mm，宿存，内轮花瓣状，白色，膜质，倒卵形，长 3～4mm，花后萎缩；雄蕊 6 枚，花药黄色；雌蕊心皮多数，分离，轮生，子房 1 室，具 1 基生胚珠；花柱顶侧生，着生于心皮腹缝线上部，宿存。瘦果，两侧压扁，倒卵形，聚集成头状；种子无胚乳。花果期 7～9 月。

生境分布：互助、民和。生于沼泽、河滩，海拔 2200～3000m。

一把伞南星

分　　类：木兰纲　泽泻目　天南星科　天南星属
学　　名：*Arisaema erubescens* (Wall.) Schott.
别　　名：洱海南星、溪南山南星、台南星、基隆南星、短柄南星。
形态特征：多年生草本。块茎扁球形，直径可达6cm，表皮黄色，有时淡红紫色。鳞叶绿白色、粉红色，有紫褐色斑纹。叶1～2，叶柄长40～80cm，中部以下具鞘，鞘部粉绿色，上部绿色，有时具褐色斑块；叶片放射状分裂，裂片无定数；幼株少则3～4枚。花序柄比叶柄短，直立，果时下弯或否；佛焰苞绿色，背面有清晰的白色条纹，或淡紫色至深紫色而无条纹，管部圆筒形，长4～8mm、粗9～20mm；喉部边缘截形或稍外卷；檐部通常颜色较深，三角状卵形至长圆状卵形，有时为倒卵形，长4～7cm、宽2.2～6cm，先端渐狭，略下弯，有长5～15cm的线形尾尖或否；肉穗花序单性，雄花序长2～2.5cm，花密；雌花序长约2cm、粗6～7mm；各附属器棒状、圆柱形，中部稍膨大或否，直立，长2～4.5cm，中部粗2.5～5mm，先端钝，光滑，基部渐狭；雄花序的附属器下部光滑或有少数中性花；雌花序上的具多数中性花。雄花具短柄，淡绿色、紫色至暗褐色，雄蕊2～4，药室近球形，顶孔开裂成圆形；雌花子房卵圆形，柱头无柄。果序柄下弯或直立；浆果红色；种子1～2，球形，淡褐色。花期5～7月，果期9月。

生境分布：民和、循化。生于林下、灌丛、草坡、荒地，海拔2300～3300m。

隐序南星

分　　类：木兰纲　泽泻目　天南星科　天南星属
学　　名：*Arisaema wardii* C. Marquand & Airy Shaw
别　　名：天南星。

形态特征：多年生草本。块茎球形，直径1.5～2.2cm。叶柄长20～35cm，下部2/3具鞘。叶片掌状或放射状分裂，裂片3～6，无柄，椭圆形，不等大，长7～11cm、宽2.5～5cm，两头渐狭，常具长1cm的尾尖，全缘，侧脉斜举，集合脉2圈，不整合。花序柄长27～45cm，比叶柄长或短；佛焰苞绿色，无条纹，稀具淡绿色纵条纹，长12～13cm，管部圆柱形，长5～6.5cm、粗约1.5cm，喉部边缘斜截形；肉穗花序单性，雄花序长约2.5cm，圆柱形，粗6～7mm，花较密；雌花序圆柱形，长2.2cm，粗5～6mm，花密，各附属器具长3mm的柄，绿色，圆柱形，长2.6～3.2cm、粗2.5～3mm，先端粗2mm，钝，基部粗4～5mm，非截形，整个附属器花期藏于管内，不外露，果期增长又增粗，此时，附属器几全部出露于宿存的佛焰苞外；雄花近无柄，花药2～3，药室长圆形，纵裂；雌花子房绿色，卵形，先端渐狭为粗短的花柱，柱头小，盘状。果序圆柱形，长5cm、粗1.5cm；浆果干时橘红色，卵形，长粗5mm；种子1～3，卵形，淡褐色或褐色，长2～3mm，种皮骨质，表面具网皱。花期6～7月，果期7～8月。

生境分布：民和、循化。生于林下或草地，海拔2200～3300m。

水麦冬

分　　类：木兰纲　泽泻目　水麦冬科　水麦冬属

学　　名：*Triglochin palustris* Linn.

形态特征：多年生湿生草本。根茎短，常有纤维质叶鞘残迹，须根多数；叶基生，条形，长达20cm，先端钝，基部具鞘，鞘缘膜质；花葶直立，细长，圆柱形，无毛；花序总状，花较疏散，无苞片；花梗长约2mm；花被片6，2轮，绿紫色，椭圆形或舟形，长2～2.5mm；雄蕊6，近无花丝，花药卵形，长约1.5mm，2室；雌蕊由3枚合生心皮组成，柱头毛笔状；蒴果棒状条形，长6～8mm，径约1.5mm，成熟时由下向上3瓣裂，顶部联合。花果期6～9月。

生境分布：平安、互助、乐都、民和、化隆、循化。生于沼泽、滩地、潮白及湿地，海拔2000～3800m。

北柴胡

分　　类：木兰纲　伞形目　伞形科　柴胡属
学　　名：*Bupleurum chinense* DC.
别　　名：韭叶柴胡、硬苗柴胡、竹叶柴胡、烟台柴胡。

形态特征：多年生草本。高50～85cm。主根较粗大，棕褐色，质坚硬。茎单一或数茎，表面有细纵槽纹，实心，上部多回分枝，微作"之"字形曲折。基生叶倒披针形或狭椭圆形，长4～7cm、宽6～8mm，顶端渐尖，基部收缩成柄，早枯落；茎中部叶倒披针形或广线状披针形，长4～12cm、宽6～18mm，有时达3cm，顶端渐尖或急尖，有短芒尖头，基部收缩成叶鞘抱茎，脉7～9，叶表面鲜绿色，背面淡绿色，常有白霜；茎顶部叶同形，但更小。复伞形花序很多，花序梗细，常水平伸出，形成疏松的圆锥状；总苞片2～3，或无，甚小，狭披针形，长1～5mm，宽0.5～1mm，3脉，很少1或5脉；伞辐3～8，纤细，不等长，长1～3cm；小总苞片5，披针形，长3～3.5mm、宽0.6～1mm，顶端尖锐，3脉，向叶背凸出；小伞直径4～6mm，花5～10；花柄长1mm；花直径1.2～1.8mm；花瓣鲜黄色，上部向内折，中肋隆起，小舌片矩圆形，顶端2浅裂；花柱基深黄色，宽于子房。果广椭圆形，棕色，两侧略扁，长约3mm、宽约2mm，棱狭翼状，淡棕色；每棱槽油管3，很少4，合生面4条。花果期8～9月。

生境分布：互助、乐都、循化。生长于向阳山坡路边、岸旁或草丛，海拔2200～2700m。

黑柴胡

分　　类：木兰纲　伞形目　伞形科　柴胡属
学　　名：*Bupleurum smithii* H. Wolff
形态特征：多年生草本。常丛生。高 25～60cm。根黑褐色，质松，多分枝。叶多，长 10～20cm、宽 1～2cm，质较厚，基部叶丛生，狭长圆形或长圆状披针形或倒披针形，顶端钝或急尖，有小突尖，基部渐狭成叶柄，叶柄宽狭变化很大，长短也不一致，叶基带紫红色，扩大抱茎，叶脉 7～9，叶缘白色，膜质；中部的茎生叶狭长圆形或倒披针形，下部较窄成短柄或无柄，顶端短渐尖，基部抱茎，叶脉 11～15。花瓣黄色，有时背面带淡紫红色；花柱基干燥时紫褐色。果棕色，卵形，长 3.5～4mm、宽 2～2.5mm，棱薄，狭翼状；每棱槽内油管 3，合生面油管 3～4。花期 7～8 月，果期 8～9 月。

生境分布：互助、乐都、民和、循化。生于灌丛、山坡草地、林缘、田边，海拔 2400～3800m。

矮泽芹

分　　类：木兰纲　伞形目　伞形科　矮泽芹属
学　　名：*Chamaesium paradoxum* H. Wolff

形态特征：二年生草本。高8～35cm。主根圆锥形，长3～9cm。茎单生，直立，有分枝，中空，基部常残留紫黑色的叶鞘。基生叶或茎下部的叶柄长4～6cm，叶鞘有脉数条，叶片长圆形，长3～4.5cm、宽1.5～3cm，一回羽状分裂，羽片4～6对，每对相隔0.5～1cm，羽片卵形或卵状长圆形至卵状披针形，长7～15mm、宽5～8mm，通常全缘，很少在顶端具2～3齿，基部近圆截形或不明显的心形；茎上部的叶有羽片3～4对，卵状披针形至阔线形，长5～15mm、宽1～4mm，全缘。复伞形花序顶生或腋生，顶生的花序梗粗壮，侧生的花序梗细弱，总苞片3～4，线形，全缘或分裂，短于伞辐；顶生的伞形花序有伞辐8～17，开展，不等长，最长可达10cm；小总苞片线形，长3～4mm；小伞形花序有多数小花，排列紧密，花柄长2～5mm，花白色或淡黄色，萼齿细小，常被扩展的花柱基所掩盖；花瓣倒卵形，长约1.2mm、宽1mm，顶端钝圆，基部稍窄，脉1条；花丝长约1mm，花药近卵圆形。果实长圆形，长1.5～2.2mm、宽1～1.5mm，基部略呈心形，主棱及次棱均隆起，合生面略收缩，心皮柄2裂；胚乳腹面内凹。花果期7～9月。

生境分布：互助。生于河滩草地、沼泽、灌丛、高山草甸、林下，海拔3600～3900m。

宽叶羌活

分　　类：木兰纲　伞形目　伞形科　羌活属
学　　名：*Hansenia forbesii* (H. Boissieu) Pimenov & Kljuykov
别　　名：大头羌。
形态特征：多年生草本。高80～180cm。有发达的根茎，基部多残留叶鞘。茎直立，少分枝，圆柱形，中空，有纵直细条纹，带紫色。叶大，三出式二至三回羽状复叶，一回羽片2～3对，长3～8cm，宽1～3cm，长圆状卵形至卵状披针形，顶端钝或渐尖，基部略带楔形，边缘有粗锯齿，脉上及叶缘有微毛；茎上部叶少数，叶片简化，仅有3小叶，叶鞘发达，膜质。复伞形花序顶生和腋生，直径5～14cm，花序梗长5～25cm；总苞片1～3，线状披针形，长约5mm，早落；伞辐10～23，长3～12cm，小伞形花序直径1～3cm，有多数花；小总苞片4～5，线形，长3～4mm；花柄长0.5～1cm，萼齿卵状三角形；花瓣淡黄色，倒卵形，长1～1.5mm，顶端渐尖或钝，内折；雄蕊的花丝内弯，花药椭圆形，黄色，长约1mm；花柱2，短，花柱基隆起，略呈平压状。分生果近圆形，长5mm、宽4mm，翅宽约1mm；油管明显，每棱槽3～4，合生面4；胚乳内凹。花期7月，果期8～9月。

生境分布：平安、互助、乐都、民和、化隆、循化。生于高山灌丛、高山碎石缝、草甸、林下、林缘，海拔2300～4100m。

羌活

分　　类：木兰纲　伞形目　伞形科　羌活属

学　　名：*Hansenia weberbaueriana* (Fedde ex H. Wolff) Pimenov & Kljuykov

别　　名：蚕羌、竹节羌活。

形态特征：多年生草本。高60～120cm。根茎粗壮，伸长呈竹节状。根颈部有枯萎叶鞘。茎直立，圆柱形，中空，有纵直细条纹，带紫色。基生叶及茎下部叶有柄，柄长1～22cm，下部有长2～7cm的膜质叶鞘；叶为三出式三回羽状复叶，末回裂片长圆状卵形至披针形，长2～5cm、宽0.5～2cm，边缘缺刻状浅裂至羽状深裂；茎上部叶常简化，无柄，叶鞘膜质，长而抱茎。复伞形花序直径3～13cm，侧生者常不育，总苞片3～6，线形，长4～7mm，早落；伞辐7～39，长2～10cm，小伞形花序直径1～2cm；小总苞片6～10，线形，长3～5mm；花多数，花柄长0.5～1cm，萼齿卵状三角形，长约0.5mm；花瓣白色，卵形至长圆状卵形，长1～2.5mm，顶端钝，内折，雄蕊的花丝内弯，花药黄色，椭圆形，长约1mm；花柱2，很短，花柱基平压稍隆起。分生果长圆状，长5mm、宽3mm，背腹稍压扁，主棱扩展成宽约1mm的翅，但发展不均匀；油管明显，每棱槽3，合生面6；胚乳腹面内凹成沟槽。花期7月，果期8～9月。

生境分布：互助、乐都、民和。生于林下、灌丛、草甸，海拔2300～3800m。

瘤果滇藁本

分　　类：木兰纲　伞形目　伞形科　滇藁本属
学　　名：*Hymenidium wrightianum* (H. Boissieu) Pimenov & Kljuykov
别　　名：瘤果棱子芹。
形态特征：多年生草本。高30～50cm。根粗壮，直伸，根颈部粗可达2cm，残存多数褐色叶鞘；茎直立，有条纹，带紫红色，上部有分枝，常有细疣状突起。基生叶有较长的柄，叶片轮廓狭长圆形至狭卵形，长约10cm，二至三回羽状分裂，一回羽片5～7对，稍远离，下部的裂片有短柄，末回裂片线状披针形，顶端尖锐，叶柄边缘有狭翅，基部扩展但不呈鞘状；茎生叶简化。顶生的复伞形花序大，直径15～20cm；总苞片7～9，线状披针形，长2～3cm，先端叶状分裂，基部变狭，有狭的膜质边缘，伞辐10～20，不等长，中间的较周围的短，长5～10cm，常有细疣状突起；小总苞片与总苞片同形，长7～10mm，简化；小伞形花序有花10～15，花柄长6～12mm；侧生的复伞形花序比较小。果实卵形，长5～6mm，表面密生细水泡状微突起，果棱有明显的鸡冠状翅，沿沟槽散生小瘤状突起；每棱槽有油管1，合生面2。果期9～10月。

生境分布：互助。生于高山草甸、山坡草地、沟谷河滩，海拔3000～3800m。

直立茴芹

分　　类：木兰纲　伞形目　伞形科　茴芹属

学　　名：*Pimpinella smithii* Wolff

形态特征：多年生草本。高 0.3～1.5m。根长圆锥形，长 10～20cm、径约 1cm，有或无侧根。茎直立，有细条纹，微被柔毛，中、上部分枝。基生叶和茎下部叶有柄，包括叶鞘长 5～20cm；叶片二回羽状分裂或二回三出式分裂，末回裂片卵形或卵状披针形，长 1～10cm，宽 0.5～4cm，基部楔形，顶端长尖，叶脉上有毛；茎中、上部叶有短柄或无柄，叶片二回三出分裂或一回羽状分裂，或仅 2～3 裂，裂片卵状披针形或披针形。复伞形花序无总苞，或偶有 1 片；伞辐 5～25，粗壮，极不等长，果期长达 7cm，或近于无；小总苞片 2～8，线形；小伞形花序有花 10～25；无萼齿；花瓣卵形、阔卵形，白色，基部楔形，顶端微凹，有内折小舌片；花柱基短圆锥形，较小，花柱较短，一般与花柱基近等长或短于花柱基，稀为花柱基长的 2 倍。果柄极不等长，长达 1cm 或近于无；果实卵球形，直径约 2mm，果棱线形，有稀疏的短柔毛；每棱槽油管 2～4，合生面油管 4～6；胚乳腹面平直。花果期 7～9 月。

生境分布：互助、乐都、循化。生于灌丛、林下、林缘、河滩、田边，海拔 2200～3700m。

异叶囊瓣芹

分　　类：木兰纲　伞形目　伞形科　囊瓣芹属
学　　名：*Pternopetalum heterophyllum* Hand.-Mazz.

形态特征：多年生草本。植株细柔、光滑，高 15～30cm。根茎纺锤形，长 1～5cm、径 2～4mm，棕褐色。茎不分枝，或中上部有 1～2 分枝。基生叶有柄，长 3～10cm，基部有阔卵形膜质叶鞘，叶片三角形，三出分裂，裂片扇形或菱形，长与宽约 1cm，中下部 3 裂，边缘有锯齿，或二回羽状分裂，裂片线形，披针形，全缘或顶端 3 裂；茎生叶 1～3，无柄或有短柄，一至二回三出分裂，裂片线形，长 2～5cm，宽 1～2mm。复伞形花序顶生或侧生，无总苞；伞辐通常 10～20，长 1～2cm；小总苞片 1～3，线形；小伞形花序有花 1～3，通常 2；萼齿钻形或三角形，直立，大小不等；花瓣长卵形，顶端不内折；花柱基圆锥形，花柱直立，较长。果实卵形，长约 1.5mm、宽 1mm 左右，有的仅 1 个心皮发育；每棱槽内有油管 2，合生面油管 4。花果期 5～9 月。

生境分布：循化。生于沟边，林下、灌丛中荫蔽潮湿处，海拔 1800～2800m。

迷果芹

分　　类：木兰纲　伞形目　伞形科　迷果芹属
学　　名：*Sphallerocarpus gracilis* (Besser) Koso-Pol.
别　　名：小叶山红萝卜。
形态特征：多年生草本。高 50～120cm。根块状或圆锥形。茎圆形，多分枝，有细条纹，下部密被或疏生白毛，上部无毛或近无毛。基生叶早落或凋存；茎生叶二至三回羽状分裂，二回羽片卵形或卵状披针形，长 1.5～2.5cm、宽 0.5～1cm，顶端长尖，基部有短柄或近无柄；末回裂片边缘羽状缺刻或齿裂，通常表面绿色，背面淡绿色，无毛或疏生柔毛；叶柄长 1～7cm，基部有阔叶鞘，鞘棕褐色，边缘膜质，被白色柔毛，脉 7～11 条；序托叶的柄呈鞘状，裂片细小。复伞形花序顶生和侧生；伞辐 6～13，不等长，有毛或无，小总苞片通常 5，长卵形以至广披针形，长 1.5～2.5mm、宽 1～2mm，常向下翻曲，边缘膜质，有毛；小伞形花序有花 15～25；花柄不等长；萼齿细小，花瓣倒卵形，长约 1.2mm、宽约 1mm，顶端有内折的小舌片；花丝与花瓣同长或稍超出，花药卵圆形，长约 0.5mm。果实椭圆状长圆形，长 4～7mm、宽 1.5～2mm，两侧微扁，背部有 5 条凸起的棱，棱略呈波状，棱槽内油管 2～3，合生面 4～6；胚乳腹面内凹。花果期 7～9 月。

生境分布：平安、互助、乐都、民和、化隆、循化。生于山沟边、滩地、山麓、林间地、农田、灌丛、草甸、湖滨沙地，海拔 1800～3800m。

黄毛楤木

分　　类：木兰纲　伞形目　五加科　楤木属
学　　名：*Aralia chinensis* Linn.
别　　名：楤木、刺树椿、刺龙柏、黄龙苞、通刺、鸟不宿、虎阳刺。

形态特征：灌木或乔木。高2～5m，胸径10～15cm。树皮灰色，疏生粗壮直刺。小枝通常淡灰棕色，有黄棕色绒毛，疏生细刺。叶为二回或三回羽状复叶，长60～110cm；叶柄粗壮，长可达50cm；托叶与叶柄基部合生，纸质，耳廓形，长1.5cm或更长，叶轴无刺或有细刺；羽片有小叶5～11，基部有小叶1对；小叶片纸质至薄革质，卵形、阔卵形或长卵形，长5～12cm，宽3～8cm，先端渐尖或短渐尖，基部圆形，上面粗糙，疏生糙毛，下面有淡黄色或灰色短柔毛，脉上更密，边缘有锯齿，侧脉7～10对，两面均明显，网脉在上面不甚明显，下面明显；小叶无柄或有长3mm的柄，顶生小叶柄长2～3cm。圆锥花序大，长30～60cm；分枝长20～35cm，密生淡黄棕色或灰色短柔毛；伞形花序直径1～1.5cm，有花多数；总花梗长1～4cm，密生短柔毛；苞片锥形，膜质，长3～4mm，外面有毛；花梗长4～6mm，密生短柔毛，稀为疏毛；花白色，芳香；萼无毛，长约1.5mm，边缘有5个三角形小齿；花瓣5，卵状三角形，长1.5～2mm；雄蕊5，花丝长约3mm；子房5室；花柱5，离生或基部合生。果实球形，黑色，直径约3mm，具5棱；宿存花柱长1.5mm，离生或合生至中部。花期7～9月，果期9～10月。

生境分布：循化。生于森林、灌丛或林缘路边，海拔2700～2900m。

白背叶楤木

分　　类：木兰纲　伞形目　五加科　楤木属
学　　名：*Aralia chinensis* var. *nuda* Nakai
别　　名：大叶槐木、刺包头。
形态特征：灌木或乔木。高2～5m，胸径10～15cm。本变种和原变种的区别在于小叶片下面灰白色，除侧脉上有短柔毛外余无毛；圆锥花序的主轴和分枝疏生短柔毛或几无毛；苞片长圆形，长6～7mm。花期6～8月，果期9～10月。

生境分布：循化。生于林缘，海拔2000～2500m。

红毛五加

分　　类：木兰纲　伞形目　五加科　五加属
学　　名：*Eleutherococcus giraldii* (Harms) Nakai
别　　名：纪氏五加、云南五加、毛梗红毛五加。

形态特征：落叶灌木。高 1～2.5m。枝上密生向下刺；刺直，粗短，基部略膨大；小枝密被向下针刺，稀无刺。小叶 3～5，倒卵形长圆形，稀卵形，长 2.5～8cm，基部楔形，具不整齐复锯齿，上面无毛或疏被刚毛，下面被柔毛，侧脉约 5 对；叶柄长 3～7cm，小叶近无柄。伞形花序单生枝顶，径 1.5～3.5cm，花序梗长 0.5～1cm；花梗长 0.5～1.5cm，无毛或幼时被柔毛；花白色；萼筒近全缘，无毛；子房 5 室，花柱 5，基部连合，顶端离生。果球形，径约 8mm，具 5 棱，黑色。花期 6～7 月，果期 9～10 月。

生境分布：互助、民和、循化。生于林下、灌木林中，海拔 2300～2800m。

毛梗红毛五加

分　　类：木兰纲　伞形目　五加科　五加属

学　　名：*Eleutherococcus giraldii* var. *hispodus* Hoo

形态特征：落叶灌木。本变种和原变种以及毛叶红毛五加（变种）*Eleutherococcus giraldii* var. *pilosulus* Rehd. 的区别在于嫩枝贴生绒毛；总花梗密生粗毛或硬毛；花梗密生或疏生长柔毛。

生境分布：民和、循化。生于山坡灌丛，海拔 2400～3700m。

狭叶五加

分　　类：木兰纲　伞形目　五加科　五加属

学　　名：*Eleutherococcus wilsonii* (Harms) Nakai

别　　名：太白山五加、狭叶太白山五加、阔叶太白山五加。

形态特征：小灌木。高 2～3m。无毛或在小枝上疏被微柔毛；无刺或仅在节上有皮刺。指状复叶具柄，叶柄长 1.5～6cm，无毛；小叶 3～5，纸质，无柄，倒披针形或披针形或长圆状倒披针形，长 4～7.5cm，宽 0.5～3cm，先端钝至渐尖，基部渐狭，两侧的常歪斜，边缘有不规则的细重锯齿，两面无毛，有侧脉 6～8 对，上面不显，下面明显。伞形花序单个顶生，有花多数，径 2.5～3.5cm；总花梗长 1～5cm，无毛，往往在其基部长出 1～2 朵花，其花梗长约 2cm；小花梗长 1～1.5cm；花淡绿色；花萼无毛，全缘或有 5 小齿；花瓣 5，三角状卵形，长 1.5～2mm；雄蕊 5，花丝长 2mm；子房 3～5 室，花柱 3～5，基部合生。果近球形，具棱，径 6～12mm，花柱宿存，长约 1.5mm。花期 6 月，果期 9～10 月。

生境分布：互助。生于林下、林缘，海拔 2200～2600m。

疙瘩七

分　　类：木兰纲　伞形目　五加科　人参属
学　　名：*Panax bipinnatifidus* Seemann
别　　名：羽叶三七。
形态特征：多年生草本。根状茎多为串珠状，稀为典型竹鞭状，也有竹鞭状及串珠状的混合型。叶偶有托叶残存，小叶片长圆形，二回羽状深裂，稀一回羽状深裂，裂片又有不整齐的小裂片和锯齿。花期6～7月，果期7～8月。
生境分布：互助、民和、循化。生于林下，海拔2400～2800m。
保护等级：列入2021年《国家重点保护野生植物名录》二级。列入《世界自然保护联盟濒危物种红色名录》（2022年，3.1版），易危（EN）。

竹节参

分　　类：木兰纲　伞形目　五加科　人参属
学　　名：*Panax japonicus* var. *major* (Burkill) C. Y. Wu & Feng
别　　名：珠子参、扣子七、三七工。
形态特征：多年生草本。高达1m。根茎竹鞭状,肉质。掌状复叶3～5轮生茎端;叶柄长8～11cm,无毛;小叶5,膜质,倒卵状椭圆形或长椭圆形,长5～18cm,先端渐尖或长渐尖,基部宽楔形或近圆,具锯齿或重锯齿,两面沿脉疏被刺毛。伞形花序单生茎顶,具50～80花,花序梗长12～21cm,无毛或稍被柔毛;花梗长0.7～1.2cm;萼具5小齿,无毛;花瓣5,长卵形;雄蕊5,花丝较花瓣短;子房2～5室;花柱2～5,连合至中部。果近球形,径5～7mm,红色;种子2～5,白色,卵球形,长3～5mm,径2～4mm。花期6～7月,果期7～8月。
生境分布：互助、民和、循化。生于林下,海拔2400～3000m。
保护等级：列入《国家重点保护野生植物名录》二级。

天蓝韭

分　　类：木兰纲　天门冬目　石蒜科　葱属
学　　名：*Allium cyaneum* Regel.
别　　名：白狼葱、野葱、野韭菜。
形态特征：多年生草本。高 7～30cm。鳞茎常单生，圆柱形，细长，鳞茎外皮淡褐色，老时破裂成纤维状，略呈网状。叶半圆柱形，上面具沟槽，比花莛短，宽约 2mm。花莛圆柱形，基部被叶鞘。伞形花序半球形，具少数花；总苞开裂；花梗短，无小苞片；花天蓝色或深蓝色，花被片长 4～5mm，卵形或卵状长圆形，先端钝；花丝伸出花被片外，内轮的基部扩大，无齿或每侧各具 1 齿；子房球形，基部具蜜腺；花柱伸出花被片外。花果期 7～9 月。
生境分布：互助、乐都、民和、循化。生于高山流石滩、草甸、山坡、灌丛，海拔 2900～3900m。

卵叶山葱

分　　类：木兰纲　天门冬目　石蒜科　葱属
学　　名：*Allium ovalifolium* Hand.-Mzt.
别　　名：卵叶韭。
形态特征：多年生草本。高20～50cm。鳞茎常单生，鳞茎外皮灰褐色，破裂成纤维状，形成明显的网状。叶2枚，近似对生，卵形、卵状披针形或长圆状披针形，长7～22cm、宽2～8.5cm，先端急尖或长渐尖，边缘具乳突，基部近圆形或浅心形；叶柄细，长约3cm，带红色，边缘具乳突。花葶细，高于叶；总苞2裂，宿存；伞形花序具多数密集的花；花梗近等长，无小苞片；花白色，稀带粉红色，花被片长约4mm，卵形或狭长圆形，外轮较内轮宽，宽达2mm；花丝伸出花被片外；子房球形，花柱略长于雄蕊。花果期7～8月。
生境分布：互助、民和、循化。生于林下、灌丛中，海拔2000～3800m。

攀缘天门冬

分　　类：木兰纲　天门冬目　天门冬科　天门冬属
学　　名：*Asparagus brachyphyllus* Turcz.
别　　名：寄马椿、海滨天冬、攀援天门冬。

形态特征：多年生攀援植物。高 20～60cm。根状茎粗短，须根多，膨大，圆柱状，直径 8～15mm、长逾 20cm。茎平滑，多分枝，枝有纵棱及软骨质齿。叶状枝 4～10 枚为一簇，圆柱形稍扁，有软骨质齿，长 3～12mm，有时稍长，直径约 0.5mm；鳞片状叶基部有短刺状距或距不明显。花淡紫色，常 2～4 朵腋生，其数较多；花梗长 2～6mm，关节位于中部偏上处；雄花花被片长圆形，长 7mm 左右，雄蕊长为花被片的 2/3；雌花较小，花被片长约 3mm，果期常宿存。浆果球形，直径 6～7mm，成熟时红色。花果期 6～7 月。

生境分布：平安、互助、乐都。生于山坡、田边及草滩，海拔 2200～3700m。

维管植物门 TRACHEOPHYTA

羊齿天门冬

分　　类：木兰纲　天门冬目　天门冬科　天门冬属
学　　名：*Asparagus filicinus* D. Don.
别　　名：千锤打、滇百部、小百部、滇百部、月牙一支蒿。
形态特征：多年生直立草本。高30～100cm。根簇生，纺锤状膨大，膨大部分长2～6cm、直径约0.8cm，幼株的根稍细。茎有分枝，无或有时稍具软骨质齿。叶状枝4～11枚为一簇，镰刀状，扁平，具中脉，长6～15mm、宽1～1.5mm，先端渐尖；鳞片叶基部无刺。花多数，每1～2朵腋生，紫色；花梗丝状，长12～18mm，关节位于中部；花被片长圆形，长约2.5mm，先端钝，雌雄花近等长；雄蕊长为花被片的2/3，花药长约0.5mm。浆果球形，直径5～7mm，成熟后黑色。花果期6～8月。
生境分布：互助、民和、循化。生于林下、林缘、山坡，海拔2200～3200m。

长花天门冬

分　　类：木兰纲　天门冬目　天门冬科　天门冬属
学　　名：*Asparagus longiflorus* Franch.
形态特征：多年生草本。高达80cm。根状茎较细；根不膨大，直径2～3mm。茎直立，中部以上多分枝，小枝常有棱及软骨质齿。叶状枝4～10枚一簇，扁圆柱形，长6～16mm、宽不逾1mm，有棱和软骨质齿；鳞片状叶基部有长的刺状距，在幼枝上刺状距有时不明显。花淡紫褐色，每2朵腋生；花梗近丝状，长6～12mm，关节位于中部或偏上部；雄花花被片长6～8mm，长圆形，先端钝，雄蕊长为花被片的2/3；雌花小，花被片长约3mm。浆果球形，直径6～8mm，成熟时红色。花果期6～9月。
生境分布：互助、乐都、循化。生于山坡草地、河岸、河滩、田边、林缘，海拔2200～3800m。

北天门冬

分　　类：木兰纲　天门冬目　天门冬科　天门冬属

学　　名：*Asparagus przewalskyi* N. A. Ivanova ex Grubov & T. V. Egorova

形态特征：多年生草本。高 10～15cm。根状茎细长，直径 1～1.5mm，横生，具多数不夸芽和须根。茎直立，不分枝，节间短，叶状枝密接。叶状枝每 5～7 枚为一簇，茎下部者长，向上渐短，扁圆柱形，无中脉，略呈镰状或仅上半部稍向上弯，长 4～10mm、宽约 1mm，先端尖；鳞片叶基部无刺。花少，每 2 朵腋生，浅紫色；花梗长约 3mm，关节位于顶部；雄花花被片长 6～7mm，长圆形，先端钝，雄蕊不等长，3 长 3 短，长花被片的 2/3；雌花花被片长 4～5mm。浆果球形，直径 5～6mm，成熟时红色。花期 5 月，果期 8 月。

生境分布：平安、互助、乐都、民和、循化。生于山坡草地、河岸、河滩、田边、林缘，海拔 2000～2200m。

舞鹤草

分　　类：木兰纲　天门冬目　天门冬科　舞鹤草属
学　　名：*Maianthemum bifolium* (Linn.) F. W. Schmidt
形态特征：多年矮小草本。高8～25cm。根状茎细弱匍匐。茎直立，不分枝，基部具白色膜质叶鞘。基生叶1枚，早落，茎生叶2枚，互生于茎的上部；叶片三角状卵形，长3～10cm、宽2～9cm，基部心形，先端锐尖，边缘生柔毛或有锯齿状乳头突起，下面脉上有柔毛或微毛；叶柄长1～2cm，有柔毛。总状花序顶生，长3～5cm，有20朵花左右，总花轴有柔毛或乳突状毛；花白色，花梗细，基部有宿存苞片，顶端有关节；花被片4，长约2mm，矩圆形，有1脉，外展或下弯；雄蕊4，花药长0.5mm。浆果球形，成熟时红色至紫红色；种子卵圆形，种皮黄白色，有皱纹。花期6～7月，果期7～8月。
生境分布：平安、互助、乐都、民和、循化。生于林下，海拔1900～2800m。

合瓣鹿药

分　　类：木兰纲　天门冬目　天门冬科　舞鹤草属

学　　名：*Maianthemum tubiferum* (Batalin) LaFrankie

形态特征：多年生矮小草本。高10～30cm。根状茎细长，通常粗约1mm，较少粗3～6mm。茎下部无毛，中部以上有短粗毛，具2～5叶。叶纸质，卵形或矩圆状卵形，长3～3.5cm、宽2～3.5cm，先端急尖或渐尖，基部截形或稍心形，近无柄或具短柄，两面疏生短毛，老叶有时近无毛。总状花序有毛，具2～3朵花，有时多达10朵花；长1～4cm；花梗长1～2mm，果期稍延长；花白色，有时带紫色，直径5～6mm，较少达10mm；花被片下部合生成杯状筒，筒高1～2mm；裂片矩圆形，长2.5～3mm；雄蕊长约0.5mm，花丝与花药近等长；花柱长0.5～1mm，与子房近等长，稍高出筒外。浆果球形，直径6～7mm；具种子2～3。花期5～7月，果期9月。

生境分布：民和、循化。生于林下，海拔2400～2500m。

卷叶黄精

分　　类：木兰纲　天门冬目　天门冬科　黄精属
学　　名：*Polygonatum cirrhifolium* (Wall.) Royle
别　　名：滇钩吻。
形态特征：多年生草本。高达1m。根茎圆柱状或连珠状，直径约1cm或节部（连珠）膨大至2cm，长可达15cm。茎直立，直径2～8mm。叶在茎上部者4～6枚轮生，多轮，中部者3叶轮生、对生，有时互生；也有叶大都生于茎中上部者，轮生、对生和互生兼有；叶线状披针形至狭披针形，长6～14cm、宽3～18mm，先端卷曲成环或钩状，边缘外卷，基部狭缩成短柄；茎下部常无叶。花序轮生，常具2花，有时多至4花；总花梗长1～1.2cm，花梗长2～10mm；苞片膜质，线形，位于花梗基部或早落；花紫红色或淡紫色，筒状，长6～8mm、直径2～3mm，裂片长约2mm，先端被短毛；雄蕊略高于花被筒部；子房长2～3mm，花柱稍短于子房。浆果球形，红色。花果期6～9月。
生境分布：平安、互助、乐都、民和、循化。生于林下、林缘、灌丛、山坡草丛、碎石堆中，海拔2400～3900m。

玉竹

分　　类：木兰纲　天门冬目　天门冬科　黄精属
学　　名：*Polygonatum odoratum* (Mill.) Druce.
别　　名：萎蕤、葳蕤、尾参、铃铛菜、地管子。
形态特征：多年生草本。高15～40cm。根茎圆柱形，直径6～8mm。叶生于茎的上部，互生，4～9枚，卵形、卵状披针形或椭圆形，长3.5～8.5cm、宽2～5.5cm，先端钝，基部近圆形或宽楔形，叶下面脉上有乳突或平滑。花序具1～2花；总花梗短，花梗长约2cm；花淡绿色或白色，长16～19mm，筒部直径4～5mm，裂片长3～4mm，先端具短毛；雄蕊与筒部等高；子房长约5mm，花柱长约12mm。浆果蓝黑色，球形，直径约1cm。花果期6～9月。
生境分布：互助、民和、循化。生于林下，海拔2400～2800m。

轮叶黄精

分　　类：木兰纲　天门冬目　天门冬科　黄精属
学　　名：*Polygonatum verticillatum* (Linn.) All.
别　　名：红果黄精、甘肃黄精。
形态特征：多年生草本。高 15～50cm。根茎节间长，节膨大，但不为连珠状，粗大的节上常有芽。茎直立，直径 2～4mm。叶生于茎上部或中部以上，茎下部无叶；叶 3 枚轮生，兼有对生或互生，或全为对生和互生，长圆状披针形、披针形或线形，长 4.5～10cm、宽 5～18mm，先端急尖或渐尖，不卷曲，边缘不外卷，基部渐狭成短柄。花多单生或 2 朵成花序，总花梗或花梗细，长 3～13mm；花紫红色或淡紫色，长 8～10mm，筒部直径 2～3mm，裂片长 2～4mm，先端具短毛；雄蕊与筒部等高；子房长约 3mm，与花柱等长。浆果球形，红色，直径 6～10mm。花果期 5～9 月。

生境分布：互助、乐都、民和、循化。生于林下、林缘、山坡草地、灌丛、河滩草丛，海拔 2400～3600m。

维管植物门 TRACHEOPHYTA

马蔺

分　　类：木兰纲　天门冬目　鸢尾科　鸢尾属
学　　名：*Iris lactea* Pall.
别　　名：马莲、马帚、箭秆风、兰花草、紫蓝草、蠡实、马兰花、马兰、白花马蔺。

形态特征：多年生密丛草本。根状茎粗壮，木质，斜伸，外包有大量致密的红紫色折断的老叶残留叶鞘及毛发状的纤维；须根粗而长，黄白色，少分枝。叶基生，坚韧，灰绿色，条形或狭剑形，长约50cm、宽4～6mm，顶端渐尖，基部鞘状，带红紫色，无明显的中脉。花茎光滑，高3～10cm；苞片3～5枚，草质，绿色，边缘白色，披针形，长4.5～10cm、宽0.8～1.6cm，顶端渐尖或长渐尖，内包含有2～4朵花；花乳白色至淡蓝色，直径5～6cm；花梗长4～7cm；花被管甚短，长约3mm，外花被裂片倒披针形，长4.5～6.5cm、宽0.8～1.2cm，顶端钝或急尖，爪部楔形，内花被裂片狭倒披针形，长4.2～4.5cm、宽5～7mm，爪部狭楔形；雄蕊长2.5～3.2cm，花药黄色，花丝白色；子房纺锤形，长3～4.5cm。蒴果长椭圆状柱形，长4～6cm、直径1～1.4cm，有6条明显的肋，顶端有短喙；种子为不规则的多面体，棕褐色，略有光泽。花期5～6月，果期6～9月。

生境分布：平安、互助、乐都、民和、化隆、循化。生于干旱山坡、高山草地、荒地、湿地，海拔1700～3800m。

青海鸢尾

分　　类：木兰纲　天门冬目　鸢尾科　鸢尾属
学　　名：*Iris qinghainica* Y. T. Zhao
形态特征：多年生草本。植株基部存留折断的老叶叶鞘常分裂成毛发状的纤维，棕褐色。地下生有不明显的木质，块状根状茎；须根绳索状，灰褐色。叶灰绿色，狭条形，长5～15cm、宽2～3mm，顶端渐尖，无明显的中脉。花茎甚短，不伸出地面，基部常包有披针形的膜质鞘状叶；苞片3枚，草质，绿色，对褶，边缘膜质，淡绿色，披针形，长6～10cm、宽6～18mm，内包含有1～2朵花，花蓝紫色或蓝色，直径4.5～5cm；花被管丝状，长4～6cm，外花被裂片狭倒披针形，长3～3.5cm、宽约5mm，上部向外反折，爪部狭楔形，内花被裂片狭倒披针形至条形，长3cm、宽约4mm，直立；雄蕊长1.8～2cm；花柱分枝长约2.5cm、宽约3mm，顶端裂片狭披针状三角形，子房细圆柱形，中间略粗，长约1.5cm。花期6～7月，果期7～8月。

生境分布：平安、循化。生于高原山坡及向阳草地，海拔2300～3500m。

准噶尔鸢尾

分　　类：木兰纲　天门冬目　鸢尾科　鸢尾属

学　　名：*Iris songarica* Schrenk ex Fisch. & C. A. Mey.

形态特征：多年生密丛草本。植株基部围有棕褐色折断的老叶叶鞘。地下生有不明显的木质、块状的根状茎，棕黑色；须根棕褐色，上下近于等粗。叶灰绿色，条形，花期叶较花茎短，长15～23cm、宽2～3mm，果期叶比花茎高，长70～80cm、宽0.7～1cm，有3～5条纵脉。花茎高25～50cm，光滑，生有3～4枚茎生叶；花下苞片3枚，草质，绿色，边缘膜质，颜色较淡，长7～14cm、宽1.8～2cm，顶端短渐尖，内包含有2朵花；花梗长4.5cm；花蓝色，直径8～9cm；花被管长5～7mm，外花被裂片提琴形，长5～5.5cm、宽约1cm，上部椭圆形或卵圆形，爪部近披针形，内花被裂片倒披针形，长约3.5cm、宽约5mm，直立；雄蕊长约2.5cm，花药褐色；花柱分枝长约3.5cm、宽约1cm，顶端裂片狭三角形，子房纺锤形，长约2.5cm。蒴果三棱状卵圆形，长4～6.5cm、直径1.5～2cm，顶端有长喙，果皮革质，网脉明显，成熟时自顶端沿室背开裂至1/3处；种子棕褐色，梨形，无附属物，表面略皱缩。花期6～7月，果期8～9月。

生境分布：互助、乐都、民和、循化。生于向阳的高山草地、坡地及石质山坡，海拔2300～3800m。

粗根鸢尾

分　　类：木兰纲　天门冬目　鸢尾科　鸢尾属
学　　名：Iris tigridia Bunge ex Ledeb.
别　　名：粗根马莲、拟虎鸢尾、甘肃鸢尾。
形态特征：多年生草本。植株基部常有大量老叶叶鞘残留的纤维，不反卷，棕褐色。根状茎不明显，短而小，木质；须根肉质，直径3～4mm，有皱缩的横纹，黄白色或黄褐色，顶端渐细，基部略粗，不分枝或少分枝。叶深绿色，有光泽，狭条形，花期叶长5～13cm、宽1.5～2mm，果期可长达30cm、宽约3mm，顶端长渐尖，基部鞘状，膜质，色较淡，无明显的中脉。花茎细，长2～4cm；苞片2枚，黄绿色，膜质，狭披针形，顶端短渐尖，内含1朵花；花蓝紫色，直径3.5～3.8cm；花梗长约5mm；花被管长约2cm，上部逐渐变粗，外花被裂片狭倒卵形，长约3.5cm、宽约1cm，有紫褐色及白色的斑纹，爪部楔形，中脉上有黄色须毛状的附属物，内花被裂片倒披针形，长2.5～2.8cm、宽4～5mm，顶端微凹，花盛开时略向外倾斜；雄蕊长约1.5cm；花柱分枝扁平，长约2.3cm，顶端裂片狭三角形，子房绿色，狭纺锤形，长约1.2cm。蒴果卵圆形或椭圆形，长3.5～4cm、直径1.5～2cm，果皮革质，顶端渐尖成喙，枯萎的花被宿存其上，成熟的果实只沿室背开裂至基部；种子棕褐色，梨形，有黄白色的附属物。花期5月，果期6～8月。

生境分布：循化。生于沙质草原或干山坡上，海拔2300～3400m。

蓝花卷鞘鸢尾

分　　类：木兰纲　天门冬目　鸢尾科　鸢尾属

学　　名：*Iris zhaoana* M. B. Crespo, Alexeeva & Y. E Xiao

形态特征：多年生草本。植株基部围有大量老叶叶鞘的残留纤维，棕褐色或黄褐色，毛发状，向外反卷。根状茎木质，块状，很短；根粗而长，黄白色，近肉质，少分枝。叶条形，花期叶长4～8cm、宽2～3mm，果期长可达20cm、宽3～4mm。花茎极短，不伸出地面，基部生有1～2枚鞘状叶；苞片2枚，膜质，狭披针形，长4～4.5cm、宽约6mm，顶端渐尖，内含1朵花；花黄色，直径约5cm；花梗甚短或无；花被管长1.5～3.7cm，下部丝状，上部逐渐扩大成喇叭形，外花被裂片倒卵形，长约3.5cm、宽约1.2cm，顶端微凹，中脉上密生有黄色的须毛状附属物，内花被裂片倒披针形，长约2.5cm、宽0.8～1cm，顶端微凹，直立；雄蕊长约1.5cm，花药短宽，紫色；花柱分枝扁平，黄色，长约2.8cm、宽约6mm，顶端裂片近半圆形，外缘有不明显的牙齿，子房纺锤形，长约7mm。果实椭圆形，长2.5～3cm、宽1.3～1.6cm，顶端有短喙，成熟时沿室背开裂，顶端相连；种子梨形，直径约3mm，棕色，表面有皱纹。花期5～6月，果期7～9月。

生境分布：循化。生于石质山坡或干山坡，海拔2400～2500m。

山西杓兰

分　　类：木兰纲　天门冬目　兰科　杓兰属

学　　名：*Cypripedium shanxiense* S. C. Chen

形态特征：多年生草本。地生兰。高达55cm。具稍粗壮而匍匐的根状茎。茎直立，被短柔毛和腺毛，基部具数枚鞘，鞘上方具3～4枚叶。叶片椭圆形至卵状披针形，长7～15cm、宽4～8cm，先端渐尖，两面脉上和背面基部有时有毛，边缘有缘毛。花序顶生，通常具2花，较少1花或3花；花序柄与花序轴被短柔毛和腺毛；花苞片叶状，长5.5～10cm、宽1～3cm，两面脉上被疏柔毛；花梗和子房长2.5～3cm，密被腺毛和短柔毛；花褐色至紫褐色，具深色脉纹，唇瓣常有深色斑点，退化雄蕊白色而有少数紫褐色斑点；中萼片披针形或卵状披针形，长2.5～3.5cm、宽约1cm，先端尾状渐尖，背面常有毛；合萼片与中萼片相似，先端深2裂，裂口深达5～10mm；花瓣狭披针形或线形，长2.7～3.5cm、宽4～5mm，先端渐尖，不扭转或稍扭转；唇瓣深囊状，近球形至椭圆形，长1.6～2cm、宽约1.3cm，囊底有毛，外面无毛；退化雄蕊长圆状椭圆形，长7～9mm、宽3.5～5mm，基部有明显的短柄。蒴果近梭形或狭椭圆形，长3～4cm、宽约1cm，疏被腺毛或变无毛。花期5～7月，果期7～8月。

生境分布：平安、互助、民和、循化。生于山坡林下、灌丛或草丛中，海拔2200～3500m。

保护等级：列入《国家重点保护野生植物名录》二级；列入《濒危野生动植物种国际贸易公约》附录Ⅱ；列入《世界自然保护联盟濒危物种红色名录》（2022年，3.1版），易危(VU)。

西藏杓兰

分　　类：木兰纲　天门冬目　兰科　杓兰属

学　　名：*Cypripedium tibeticum* King ex Rolfe

形态特征：多年生草本。地生兰。高 15～35cm。具粗壮、较短的根状茎。茎直立，无毛或上部近节处被短柔毛，基部具数枚鞘，鞘上方通常具 3 枚叶。叶片椭圆形、卵状椭圆形或宽椭圆形，长 8～16cm、宽 3～9cm，先端急尖、渐尖或钝，无毛或疏被微柔毛，边缘具细缘毛。花序顶生，具 1 花；花苞片叶状，椭圆形至卵状披针形，长 6～11cm、宽 2～5cm，先端急尖或渐尖；花梗和子房长 2～3cm，无毛或上部偶见短柔毛；花大，俯垂，紫色、紫红色或暗栗色，通常有淡绿黄色的斑纹，花瓣上的纹理尤其清晰，唇瓣的囊口周围有白色或浅色的圈；花瓣披针形或长圆状披针形，长 3.5～6.5cm、宽 1.5～2.5cm，先端渐尖或急尖，内表面基部密生短柔毛，边缘疏生细缘毛；唇瓣深囊状，近球形至椭圆形，长 3.5～6cm、宽相近或略窄，外表面常皱缩，后期尤其明显，囊底有长毛；退化雄蕊卵状长圆形，长 1.5～2cm、宽 8～12mm，背面多少有龙骨状突起，基部近无柄。花期 6～7 月。

生境分布：循化。生于山坡林下，海拔 2900～3100m。

保护等级：列入《国家重点保护野生植物名录》二级；列入《濒危野生动植物种国际贸易公约》附录Ⅱ；列入《世界自然保护联盟濒危物种红色名录》（2022 年，3.1 版），低危 (LC)。

掌裂兰

分　　类：木兰纲　天门冬目　兰科　掌裂兰属
学　　名：*Dactylorhiza hatagirea* (D. Don) Soó
别　　名：宽叶红门兰。
形态特征：多年生草本。地生兰。高 10～33cm。块茎前部掌状裂，裂片细长。叶 3～6 枚，长圆形、披针形至线状披针形，长 7～15cm、宽 1～3.5cm，先端渐尖或急尖，基部收狭成鞘、抱茎，疏生或集生。花葶直立，粗壮，总状花序具几朵至 20 余朵花，长 4.5～9cm，通常密集；花苞片披针形，先端长渐尖，最下部的长于花，有时带紫色；花紫红色或粉红色；萼片端钝稍内弯，中萼片直立，长圆形，长约 9mm、宽约 3.5mm；侧萼片为斜的卵状长圆形，长约 10mm、宽约 4.5mm；花瓣直立，为斜的狭卵形，较中萼片稍短，近等宽，先端钝内弯，与中萼片靠合成兜状；唇瓣前伸，卵圆形，长约 9mm、宽约 10mm，前部不裂或 3 浅裂，中裂片近卵形，较侧裂片长但小的多，侧裂片端钝，边缘具波状齿；距圆锥状筒形，较子房稍短或稍长；蕊柱短，长约 4mm；花药顶部尖；子房圆柱状，长 12～14mm，扭转。花期 7～8 月。

生境分布：民和、循化。生于山坡灌丛或河滩草地，海拔 2500～3000m。
保护等级：列入《濒危野生动植物种国际贸易公约》附录Ⅱ。

凹舌兰

分 类：木兰纲　天门冬目　兰科　掌裂兰属
学 名：*Dactylorhiza viridis* (Linn.) R. M. Bateman, Pridgeon & M. W. Chase
别 名：凹舌掌裂兰、台湾裂唇兰、绿花凹舌兰。

形态特征：地生兰。高10～40cm。块茎从基部2裂，而每裂部分的下部又2～3裂，裂片细长。茎直立，中部至上部具3～4叶。叶椭圆形或椭圆状披针形，长3～11cm，宽1.5～4cm，先端急尖或稍钝，基部收狭成鞘、抱茎。总状花序长4～12cm，具少数或多数花；花苞片线形或线状披针形，明显比花长；花绿色或黄绿色；萼片卵状椭圆形，先端钝，基部常合生，长5～6mm，中萼片宽2.5～3mm，侧萼片歪斜，长4.5mm，较中萼片稍长；花瓣线状披针形，长4～4.5mm、宽不及1mm；唇瓣肉质，紫褐色，倒披针形，长5～6mm，前部宽约2.5mm，基部具囊状距，近基部中央有1条短褶片，顶部3浅裂，裂片三角形，侧裂片比中裂片大而长；距卵形，长2～2.5mm；子房纺锤形，长7～9mm，扭转，无毛。花期6～7月，果期8～9月。

生境分布：互助、乐都、民和、循化。生于山坡、林下、灌丛、林缘、草地，海拔2300～3800m。

保护等级：列入《濒危野生动植物种国际贸易公约》附录Ⅱ；列入《世界自然保护联盟濒危物种红色名录》（2022年，3.1版），低危（LC）。

火烧兰

分　　类：木兰纲　天门冬目　兰科　火烧兰属
学　　名：*Epipactis helleborine* (Linn.) Crantz.
别　　名：台湾铃兰、小花火烧兰、台湾火烧兰、青海火烧兰。

形态特征：地生兰。高22～60cm。根状茎短，具数条细而长的根。茎直立，上部被短柔毛，下部具2～3枚鞘，鞘上生叶。叶2～7枚，互生，卵形至卵状披针形。总状花序具5～30朵花，花序轴被短柔毛；花苞片叶状，卵状披针形至披针形，常下部的较花长，上部的较短；花黄绿色，下垂，稍开放；中萼片卵状披针形，长8～9mm，宽约4mm，舟状，先端渐尖；侧萼片与中萼片相似，近等大，但稍歪斜；花瓣卵状披针形，较萼片稍小，唇瓣长5～6mm，下半部杯状、半球形，上半部三角形、卵形至心形，长约3mm，先端钝或急尖，近基部有2枚突起；蕊柱连花药长3～4mm；子房狭倒卵形，连花梗长12～13mm，扭转，被绒毛。花期7～8月，果期8～9月。

生境分布：平安、互助、乐都、民和、化隆、循化。生于山坡林下或林缘草地，海拔2200～2800m。

保护等级：列入《濒危野生动植物种国际贸易公约》附录Ⅱ；列入《世界自然保护联盟濒危物种红色名录》（2022年，3.1版），低危（LC）。

北方盔花兰

分　　类：木兰纲　天门冬目　兰科　盔花兰属

学　　名：*Galearis roborowskii*（Maxim.）S. C. Chen, P. J. Cribb & S. W. Gale.

别　　名：北方红门兰。

形态特征：多年生草本。地生兰。高5～23cm。根状茎延长，纤细、平展。叶通常1枚，基生，罕2枚，其中1枚茎生，基生叶大，卵圆形至长椭圆形，长3.5～7cm、宽2～3cm，先端稍钝或急尖，基部渐狭成柄。花葶直立；花序具2～6花，常偏向同一侧；花苞片卵状披针形，先端渐尖，最下面1枚常长于花；花粉红色或白色；中萼片卵状长圆形，直立，长约7mm、宽约3mm，先端钝且内弯；侧萼片为歪斜的卵状长圆形，长约8mm、宽约3.5mm，先端钝；花瓣卵形，较萼片稍短，近等宽，先端钝，与中萼片靠合成兜状；唇瓣轮廓宽卵形，长约7mm、宽约7mm，3裂，中裂片近长圆形，长约4mm，基部宽约2.5mm，较侧裂片长，先端钝；侧裂片很小，三角形，长不及1mm；距圆筒状，悬垂，向前弯曲，与子房近等长；子房纺锤形，长约1cm，扭转。花期6～7月。

生境分布：乐都。生于山坡林下、灌丛、林缘或河滩石缝中，海拔2900～3200m。

保护等级：列入《濒危野生动植物种国际贸易公约》附录Ⅱ；列入《世界自然保护联盟濒危物种红色名录》（2022年，3.1版），近危（NT）。

西藏玉凤花

分　　类：木兰纲　天门冬目　兰科　角盘兰属

学　　名：*Habenaria tibexica* Schltr. ex Limpricht

形态特征：多年生草本。地生兰。高18～35cm。块茎肉质，近球形、长圆形或椭圆形，长2～3cm、直径2～2.5cm；茎直立，圆柱形，和花序轴均被乳突状毛，基部具2枚近对生的叶。叶片平展，卵形或近圆形，长3～6.5cm，宽2.5～7cm，先端锐尖、短尖或钝，基部圆钝，骤狭并抱茎，叶上面绿色且具5～7条白色脉，显著。总状花序具3～8朵较疏生的花，长4～10cm；花苞片披针形或线状披针形，先端渐尖，下部的常较子房长，有时较子房短；子房狭的纺锤形，扭转，被细乳突状毛，连花梗长1.5～2cm；花较大，黄绿色至近白色；中裂片线形，直的，长10～19mm，先端钝；侧裂片线状披针形，前部渐狭呈丝状，近末端常卷曲，长25～40mm，稍叉开并伸展；距细圆筒状棒形，长2～2.5cm，近中部向末端明显膨大，向后平展或向前弯曲，较子房长很多，末端钝；花药直立，矮，药隔较宽，药室伸长的沟槽长，向上弯；柱头的突起向前伸，肉质，舌状，几与药室的沟槽等长。花期7～8月。

生境分布：平安、互助、乐都。生于山坡林下、灌丛下的阴湿处或沟边岩石缝中，海拔3000～3600m。

保护等级：列入《濒危野生动植物种国际贸易公约》附录Ⅱ；列入《世界自然保护联盟濒危物种红色名录》（2022年，3.1版），近危（NT）。

角盘兰

分　　类：木兰纲　天门冬目　兰科　角盘兰属

学　　名：*Herminium monorchis* (Linn.) R. Br., W. T. Aiton

形态特征：地生兰。高6～30cm。块茎圆球形，直径8～15mm。茎直立，下部具2～3枚叶。叶椭圆形或椭圆状披针形，长3～7cm，宽1～2.5cm，先端急尖，基部渐狭抱茎。总状花序长5～19cm，具多数花；花苞片线状披针形，先端渐尖，下部的与子房等长；花小，黄绿色，垂头；中萼片狭卵形，长约3mm、宽约1.3mm，先端钝；侧萼片斜披针形，较中萼片稍长而狭，先端稍尖；花瓣狭菱状披针形，长约5mm，下部1/3处宽约1.2mm，且骤狭为线状披针形，肉质增厚，先端钝尖；唇瓣长约4mm，近基部宽约1.2mm，下部1/4处3裂，中裂片线形，肉质增厚，长约3mm，侧裂片三角形，稍叉开，较中裂片短很多，唇瓣基部凹陷呈浅囊；柱头2；子房圆柱纺锤形，连花梗长5～6mm，扭转，无毛。花期7～8月，果期9月。

生境分布：平安、互助、民和、循化。生于山坡林下、林缘、灌丛、草地、河滩及沼泽地上，海拔2300～3000m。

保护等级：列入《濒危野生动植物种国际贸易公约》附录Ⅱ；列入《世界自然保护联盟濒危物种红色名录》（2022年，3.1版），近危（NT）。

羊耳蒜

分　　类：木兰纲　天门冬目　兰科　羊耳蒜属

学　　名：*Liparis campylostalix* Rchb. f.

形态特征：多年生草本。地生兰。假鳞茎宽卵形，较小，长5～10mm、直径6～12mm，外被白色的薄膜质鞘。叶2枚，卵形至卵状长圆形，长2～5.5cm、宽1～2cm，先端急尖或钝，近全缘，基部收狭成鞘状柄，无关节；鞘状柄长1.5～5cm。花葶长10～25cm；总状花序具数朵至10余朵花；花苞片卵状披针形，长12mm；花梗和子房长5～10mm；花淡紫色；中萼片线状披针形，长5～6mm、宽约1.4mm，具3脉；侧萼片略斜歪，比中萼片宽1.8mm，亦具3脉；花瓣丝状，长5～6mm、宽约0.5mm；唇瓣近倒卵状椭圆形，长5～6mm、宽约3.5mm，从中部多少反折，先端近浑圆并有短尖，边缘具不规则细齿，基部收狭，无胼胝体；蕊柱长约2.5mm，稍向前弯曲，顶端具钝翅，基部多少扩大、肥厚。花期7月。

生境分布：互助。生于河边林下阴湿处，海拔2500～2700m。

保护等级：列入《濒危野生动植物种国际贸易公约》附录Ⅱ。

原沼兰

分　　类：木兰纲　天门冬目　兰科　原沼兰属
学　　名：*Malaxis monophyllos* (Linn.) Sw
别　　名：沼兰。

形态特征：地生兰。高 18～32cm。假鳞茎卵形或椭圆形，外面被白色干膜质鞘。叶通常1枚，极少2枚，基生，椭圆形至狭椭圆状披针形，基部收狭成 1.5～5cm 的长柄，鞘状抱茎；叶片长 3.5～8cm、宽 2～3.5cm，先端急尖。总状花序长 4～15cm，具多数花；花苞片钻形或披针形，与连花梗的子房等长或较短；花很小，黄绿色，直径约 3mm；中萼片卵状披针形，长约 2mm、宽约 1.2mm，先端稍尖；侧萼片与中萼片相似，等大；花瓣线形，较中萼片短，宽约 0.2mm，先端稍尖；唇瓣位于上方，宽卵形，长约 2.2mm、宽约 1.5mm，先端骤狭呈尾状，尾占全长的 1/3，凹陷，上部边缘外折并具疣状突起，基部两侧各具 1 枚耳状侧裂片；蕊柱短；子房狭卵形，具长的花梗，连花梗长 4～5mm，花梗扭转，无毛。花期 7 月，果期 8 月。

生境分布：平安、互助、乐都、民和。生于山坡林下、林缘路边、灌丛和草地上，海拔 2400～3500m。

保护等级：列入《濒危野生动植物种国际贸易公约》附录Ⅱ。

尖唇鸟巢兰

分　　类：木兰纲　天门冬目　兰科　鸟巢兰属

学　　名：*Neottia acuminata* Schltr.

形态特征：多年生草本。腐生兰。高 14～30cm。茎直立，无毛，中部以下具 3～5 枚鞘，无绿叶；鞘膜质，长 1～5cm，抱茎。总状花序顶生，长 4～8cm，通常具 20 余朵花；花序轴无毛；花苞片长圆状卵形，长 3～4mm，先端钝，无毛；花梗长 3～4mm，无毛；子房椭圆形，长 2.5～3mm，无毛；花小，黄褐色，常 3～4 朵聚生而呈轮生状；中萼片狭披针形，长 3～5mm、宽约 0.8mm，先端长渐尖，具 1 脉，无毛；侧萼片与中萼片相似，但宽达 1mm；花瓣狭披针形，长 2～3.5mm、宽约 0.5mm；唇瓣形状变化较大，通常卵形、卵状披针形或披针形，长 2～3.5mm、宽 1～2mm，先端渐尖或钝，边缘稍内弯，具 1 或 3 脉；蕊柱极短，明显短于着生于其上的花药或蕊喙；花药直立，近椭圆形，长约 1mm；柱头横长圆形，直立，左右两侧内弯，围抱蕊喙，2 个柱头面位于内弯边缘的内侧；蕊喙舌状，直立，长可达 1mm。蒴果椭圆形，长约 6mm、宽 3～4mm。花果期 6～8 月。

生境分布：互助、乐都。生于山坡云杉林或杂木林下，海拔 2200～3600m。

保护等级：列入《濒危野生动植物种国际贸易公约》附录Ⅱ；列入《世界自然保护联盟濒危物种红色名录》（2022 年，3.1 版），低危（LC）。

高山鸟巢兰

分　　类：木兰纲　天门冬目　兰科　鸟巢兰属
学　　名：*Neottia listeroides* Lindl.
形态特征：多年生草本。腐生兰。高15～30cm。根状茎短，具多数肉质纤维根。茎较粗壮，直立，棕褐色，疏被棕色乳头状短柔毛，具3～5枚鞘；鞘与茎同色。总状花序长7～12cm，具10～30朵花，花序轴密被棕色乳头状短柔毛；花梗长3～4mm，花苞片长卵形，长5～6mm，较具花梗的子房短；花黄绿色，较密生；中萼片长圆形，长约4.5mm、宽约1.6mm，先端钝；侧萼片为歪斜的长圆形，长约4.5mm、宽约1.5mm，先端稍钝；花瓣狭长圆形，较萼片短而狭，宽约1mm，先端钝；唇瓣位于下方，狭楔状倒卵形，向前伸展，长约9mm，前部宽4mm，顶端2深裂，裂片半卵形，长约3mm，边缘具乳突状细缘毛，裂片间具一细小尖头；蕊柱长约3mm；花药直立；蕊喙甚大；子房椭圆形，长约4mm，扭转，密被棕色乳头状突起。花期7～8月，果期8～9月。
生境分布：互助。生于山坡林下、河滩草地，海拔2600～3900m。
保护等级：列入《濒危野生动植物种国际贸易公约》附录Ⅱ；列入《世界自然保护联盟濒危物种红色名录》（2022年，3.1版），低危（LC）。

对叶兰

分　　类：木兰纲　天门冬目　兰科　鸟巢兰属
学　　名：*Neottia puberula* (Maxim.) Szlach.
别　　名：华北对叶兰。
形态特征：多年生草本。地生兰。高 10～20cm，具细长的根状茎。茎纤细，近基部处具 2 枚膜质鞘，近中部处具 2 枚对生叶，叶以上部分被短柔毛。叶片心形、宽卵形或宽卵状三角形，长 1.5～2.5cm、宽度通常稍超过长度，先端急尖或钝，基部宽楔形或近心形，边缘常多少呈皱波状。总状花序长 2.5～7cm，被短柔毛，疏生 4～7 朵花；花苞片披针形，长 1.5～3.5mm，先端急尖，无毛；花梗长 3～4mm，具短柔毛；子房长约 6mm；花绿色，很小；中萼片卵状披针形，长约 2.5mm，中部宽约 1.2mm，先端近急尖，具 1 脉；侧萼片斜卵状披针形，与中萼片近等长；花瓣线形，长约 2.5mm、宽约 0.5mm，具 1 脉；唇瓣窄倒卵状楔形或长圆状楔形，通常长 6～8mm，中部宽约 1.7mm，中脉较粗，外侧边缘多少具乳突状细缘毛，先端 2 裂；裂片长圆形，长 2～2.5mm、宽约 1mm，两裂片叉开或几平行；蕊柱长 2～2.5mm，稍向前倾；花药向前俯倾；蕊喙大，宽卵形，短于花药。蒴果倒卵形，长 6mm、粗约 3.5mm；果梗长约 5mm。花期 7～8 月，果期 8～9 月。

生境分布：互助、民和。生于山坡林下阴湿处、林缘、沟谷灌丛下，海拔 2000～3200m。

保护等级：列入《濒危野生动植物种国际贸易公约》附录Ⅱ。

花叶对叶兰

分　　类：木兰纲　天门冬目　兰科　鸟巢兰属

学　　名：*Neottia puberula* var. *macula* (Tang & F. T. Wang) S. C. Chen.

形态特征：多年生草本。地生兰。高 8～20cm。茎纤细，直立，具 2 枚对生叶，叶以上被短柔毛；叶中脉与侧脉呈灰白色；唇瓣先端裂片顶端稍向内弯曲。花期 7～8 月，果期 9 月。

生境分布：互助。生于山坡林下阴湿处、林缘、沟谷灌丛下，海拔 2600～2700m。

保护等级：列入《濒危野生动植物种国际贸易公约》附录Ⅱ；列入《世界自然保护联盟濒危物种红色名录》（2022 年，3.1 版），易危（VU）。

硬叶山兰

分　　类：木兰纲　天门冬目　兰科　山兰属

学　　名：*Oreorchis nana* Schltr.

形态特征：多年生草本。地生兰。高9～11cm。假鳞茎长圆形或近卵球形，长6～9mm、宽5～6mm，具2～3节，以根状茎相连接；根状茎纤细，直径1～2mm。叶1枚，生于假鳞茎顶端，卵形至狭椭圆形，长2～4cm、宽0.8～1.5cm，先端渐尖，基部近圆形或宽楔形；叶柄长1～3cm。花葶从假鳞茎侧面发出，长10～20cm，近直立，中下部具2～3枚筒状鞘；总状花序长2.5～6cm，通常具5～14朵花，罕有减退为2～3花；花苞片卵状披针形，长约1mm；花梗和子房长3～5mm；花直径约1cm；萼片与花瓣上面暗黄色，背面栗色，唇瓣白色而有紫色斑；萼片近狭长圆形，长6～7mm、宽1.5～2mm，先端钝或急尖；侧萼片略斜歪；花瓣镰状长圆形，长5.5～6.5mm、宽约2mm，先端钝或急尖；唇瓣轮廓近倒卵状长圆形，长5～7mm，下部约1/3处3裂，基部无爪或有短爪；侧裂片近狭长圆形或狭卵形，稍内弯，长约0.8mm、宽约0.5mm；中裂片近倒卵状椭圆形，长约4.5mm，边缘稍波状，有黑色或紫色斑点；唇盘基部有2条短的纵褶片；蕊柱粗短，长2～2.5mm。花期6～7月。

生境分布：循化。生于高山草地、林下、灌丛中或岩石积土上，海拔2800～3000m。

保护等级：列入《濒危野生动植物种国际贸易公约》附录Ⅱ；列入《世界自然保护联盟濒危物种红色名录》（2022年，3.1版），近危（NT）。

二叶舌唇兰

分　　类：木兰纲　天门冬目　兰科　舌唇兰属
学　　名：*Platanthera chlorantha* Cust. ex Reichb.
别　　名：白花粉蝶兰、长距兰、二叶长距兰。

形态特征：地生兰。高 27～40cm。块茎 1～2 枚，卵状，长 2.5～3cm。茎直立，基部具 2 枚近对生的叶，茎上有时还具 2～4 枚苞片状的小叶。叶匙状椭圆形，叶片长 10～20cm、宽 4～8cm，先基部渐狭成长柄。花序具几朵至 10 余朵花，长 5～17cm；花苞片披针形，先端渐尖，最下部的苞片长于子房；花绿白色或白色，较大；中萼片直立，舟状，圆状心形，长 6～7mm、宽 5～6mm。端钝；侧萼片张开，为偏斜的卵形，长 7.5～8mm、宽 4～4.5mm，先端急尖；花瓣直立，为偏斜的狭披针形，长 5～6mm，基部宽约 2.5mm，不等侧，弯曲，向顶端渐狭成线形，宽约 1mm，先端急尖；唇瓣向前伸，舌状，长 11～12mm、宽约 2mm，先端钝；距棒状圆筒形，长 15～20mm，水平或斜向下伸展，稍微钩曲或弯曲，向末端明显增粗，末端钝，常为子房长的 1.5～2 倍；子房圆柱形，弯曲，长 10～12mm，扭转。花期 7 月。

生境分布：互助、循化。生于山坡林下或草丛中，海拔 2300～3200m。

保护等级：列入《濒危野生动植物种国际贸易公约》附录Ⅱ；列入《世界自然保护联盟濒危物种红色名录》（2022 年，3.1 版），低危（LC）。

蜻蜓兰

分　　类：木兰纲　天门冬目　兰科　舌唇兰属
学　　名：*Platanthera souliei* Kraenzl.
别　　名：蜻蜓舌唇兰。

形态特征：地生兰。高20～60cm。根状茎指状，肉质。茎粗壮，直立，茎部具1～2枚筒状鞘，鞘之上具叶，茎下部2～3枚叶较大。大叶片倒卵形或椭圆形，直立伸展，长6～15cm、宽3～7cm，先端钝，基部收狭成抱茎的鞘，在大叶之上具1至几枚苞片状小叶。总状花序狭长，具多数密生的花；花苞片狭披针形，直立伸展，常长于子房；花小，黄绿色；中萼片直立，凹陷呈舟状，卵形，长4mm、宽3mm，先端急尖或钝，具3脉；侧萼片斜椭圆形，张开，较中萼片稍长而狭，两侧边缘多少向后反折，先端钝，具3脉；花瓣直立，斜椭圆状披针形，与中萼片相靠合且较窄多，宽不及2mm，先端钝，稍肉质，具1脉；唇瓣向前伸展，多少下垂，舌状披针形，肉质，长4～5mm，基部两侧各具1枚小的侧裂片，侧裂片三角状镰形，长达1mm，先端锐尖；子房圆柱状纺锤形，扭转，稍弧曲，连花梗长约1cm。花期6～8月，果期9～10月。

生境分布：互助、乐都。生于山坡林下或灌丛中，海拔2300～3800m。

保护等级：列入《濒危野生动植物种国际贸易公约》附录Ⅱ；列入《世界自然保护联盟濒危物种红色名录》（2022年，3.1版），低危（LC）。

维管植物门 TRACHEOPHYTA

广布小红门兰

分　　类：木兰纲　天门冬目　兰科　小红门兰属

学　　名：*Ponerorchis chusua* (D. Don) Soó

别　　名：库莎红门兰、广布红门兰。

形态特征：地生兰。高12～30cm。块茎卵圆形，直径1～2cm。叶1～5枚，长圆形、长圆状披针形至线形，长3.5～11cm、宽1～2.5cm，先端急尖，基部渐狭成鞘、抱茎。花葶直立；花序具1～20花，多偏向同一侧；花苞片披针形，最下部的长于或短于子房，先端渐尖；花紫红色或淡紫色子；中萼片近长圆形，长约8mm、宽约3mm，直立，先端稍钝；侧萼片为歪斜的长卵形，长约9mm、宽约4mm，先端稍钝，背折；花瓣直立，斜卵形，较中萼片短而略较宽，先端稍钝，与中萼片靠合成兜状；唇瓣较萼片长，3裂，中裂片长圆形或四方形，先端具短尖或微凹，侧裂片扩展，镰状长圆形，边缘全缘或有波状齿；距圆筒状，长于或等长于子房，向后近平展；蕊柱短，长约3mm；子房圆柱状纺锤形，长11～12mm，弯曲，扭转。花期6～7月，果期8～9月。

生境分布：平安、互助、乐都、民和、循化。生于山坡林下、灌丛或河滩草地上，海拔2400～4000m。

保护等级：　列入《濒危野生动植物种国际贸易公约》附录Ⅱ；列入《世界自然保护联盟濒危物种红色名录》（2022年，3.1版），低危（LC）。

二叶兜被兰

分 类：木兰纲 天门冬目 兰科 小红门兰属

学 名：*Ponerorchis cucullata* (Linn.) X. H. Jin, Schuit. & W. T. Jin

别 名：兜被兰、二狭叶兜被兰、一叶兜被兰。

形态特征：地生兰。高4～24cm。茎直立或近直立，基部具1～2枚圆筒状鞘，其上具2枚近对生的叶，在叶之上常具1～4枚小的、披针形的、渐尖的不育苞片。叶片卵形、卵状披针形或椭圆形，长4～6cm、宽1.5～3.5cm，先端急尖或渐尖，基部骤狭成抱茎的短鞘，叶上面有时具少数或多而密的紫红色斑点。总状花序具几朵至10余朵花，常偏向一侧；花苞片披针形，直立伸展，先端渐尖，最下面的长于子房或长于花；花紫红色或粉红色；侧萼片斜镰状披针形，长6～7mm，先端急尖，具1脉；花瓣披针状线形，长约5mm、宽约0.5mm，先端急尖，具1脉，与萼片贴生；唇瓣向前伸展，长7～9mm，上面和边缘具细乳突，基部楔形，中部3裂，侧裂片线形，先端急尖，具1脉，中裂片较侧裂片长而稍宽，宽0.8mm，向先端渐狭，先端钝，具3脉；距细圆筒状圆锥形，长4～5mm，中部向前弯曲，呈"U"字形；子房圆柱状纺锤形，长5～6mm，扭转，稍弧曲，无毛。花期8～9月。

生境分布：互助、乐都。生于山坡林下、灌丛、林缘或沟谷阴湿石缝中，海拔2400～3800m。

保护等级：列入《濒危野生动植物种国际贸易公约》附录Ⅱ；列入《世界自然保护联盟濒危物种红色名录》（2022年，3.1版），低危（LC）。

绥草

分　　类：木兰纲　天门冬目　兰科　绥草属

学　　名：*Spiranthes sinensis* (Pers.) Ames.

形态特征：地生兰。高 13～30cm。根肉质，数条簇生。茎常单一，近基部生 2～5 枚叶。叶宽线形或宽线状披针形，直立伸展，长 3～10cm、宽 5～10mm，先端急尖或渐尖，基部收狭具柄成鞘、抱茎。花茎直立，上部被腺状柔毛至无毛；花序具多数密生的花，长 4～9cm，呈螺旋状扭转；花苞片卵状披针形，先端长、渐尖，下部的长于子房；花小，紫红色、粉红色或白色，在花被轴上呈螺旋状排生；萼片的下部靠合；中萼片狭长圆形，舟状，长约 4mm、宽约 1.5mm，先端稍尖，与花瓣靠合成兜状；侧萼片斜披针形，长约 5mm、宽约 2mm，先端稍尖；花瓣斜菱状长圆形，先端钝，与中萼片等长；唇瓣宽长圆形，凹陷，长约 4mm、宽约 2.5mm，先端极钝，前半部上面具长硬毛且边缘具强皱波状啮齿，基部凹陷呈浅囊状，囊内具 2 枚突起；子房纺锤形，连花梗长 4～5mm，扭转，被腺状柔毛。花期 7～8 月。

生境分布：平安、互助、乐都、民和、循化。生于山坡林下、灌丛、草地或河滩沼泽草甸中，海拔 2200～3600m。

保护等级：列入《濒危野生动植物种国际贸易公约》附录Ⅱ；列入《世界自然保护联盟濒危物种红色名录》（2022 年，3.1 版），低危（LC）。

乳白香青

分　　类：木兰纲　菊目　菊科　香青属

学　　名：*Anaphalis lactea* Maxim.

别　　名：大矛香艾。

形态特征：多年生草本。高 10～40cm。茎直立，稍粗壮，不分枝，草质，被白色或灰白色棉毛，下部有较密的叶。莲座状叶披针状或匙状长圆形，长 6～13cm、宽 0.5～2cm，下部渐狭成具翅而基部鞘状的长柄；茎下部叶较莲座状常稍小，边缘平，顶端尖或急尖，有或无小尖头；中部及上部叶直立或依附于茎上，长椭圆形，线状披针形或线形，长 2～10cm、宽 0.8～1.3cm，基部稍狭，沿茎下延成狭翅，顶端渐尖，有枯焦状长尖头；全部叶被白色或灰白色密棉毛，有离基 3 出脉或 1 脉。头状花序多数，在茎和枝端密集成复伞房状，花序梗长 2～4mm。总苞钟状，长 6mm，稀 5 或 7mm，径 5～7mm；总苞片 4～5 层，外层卵圆形，长约 3mm，浅或深褐色，被蛛丝状毛；内层卵状长圆形，长约 6mm、宽 2～2.5mm，乳白色，顶端圆形；最内层狭长圆形，长 5mm，有长约全长 2/3 的爪部。花托有繸状短毛。雌株头状花序有多层雌花，中央有 2～3 个雄花；雄株头状花序全部有雄花。花冠长 3～4mm。冠毛较花冠稍长；雄花冠毛上部宽扁，有锯齿。瘦果圆柱形，长约 1mm，近无毛。花果期 7～9 月。

生境分布：平安、互助、乐都、民和。生于亚高山及低山草地及针叶林下，海拔 2600～3900m。

牛蒡

分　　类：木兰纲　菊目　菊科　牛蒡属
学　　名：*Arctium lappa* Linn.
别　　名：大力子、恶实。

形态特征：二年生草本。高50～150cm。根粗壮，肉质。茎直立，上部多分枝。基生叶丛生，大型，宽卵形或长卵形，长达60cm、宽约40cm，先端钝圆，具小尖头，全缘或有不规则的波状齿，基部心形，上面光滑或有疏毛，下面密被灰白色绒毛，叶柄被白色蛛丝状毛；茎生叶互生，与基生叶同形，较小。头状花序多数，在茎或枝顶簇生或排成伞房状；总苞球形，直径2～4cm；总苞片多层，披针形或线形，坚硬，先端软骨状钩刺，不等长，外层窄而短；小花管状，紫红色，长约1.5cm。瘦果长圆形或长圆状倒卵形，具显著纵肋及斑点，灰褐色；冠毛多层，较短，刚毛状。花果期6～9月。

生境分布：平安、互助、乐都、民和、化隆、循化。生于荒地、田边、宅旁和路边，海拔2200～3600m。

弯茎假苦菜

分　　类：木兰纲　菊目　菊科　假苦菜属
学　　名：*Askellia flexuosa* (Ledeb.) W. A. Weber
别　　名：弯茎还阳参。
形态特征：多年生草本。高 3～30cm。基生叶及下部茎生叶叶柄长 0.5～1.5cm，羽状深裂、半裂或浅裂，侧裂片 3～5 对，对生或偏斜互生；中部与上部茎生叶与基生叶及下部茎后叶同形或线状披针形或狭线形，并等样分裂，但渐小且无柄或基部有短叶柄；全部叶青绿色，两面无毛。头状花序多数或少数在茎枝顶端排成伞房状花序或团伞状花序；总苞狭圆柱状，长 6～9mm；总苞片 4 层，外层及最外层短，卵形或卵状披针形，长 1.5～2mm、宽不足 1mm，顶端钝或急尖，内层及最内层长，长 6～9mm、宽不足 1mm，线状长椭圆形，顶端急尖或钝，内面无毛，外面近顶端有不明显的鸡冠状突起或无，全部总苞片果期黑色或淡黑绿色，外面无毛；舌状小花黄色，花冠管外面无毛。瘦果纺锤状，向顶端收窄，淡黄色，长约 5mm，顶端无喙，有 11 条等粗纵肋，沿肋有稀疏的微刺毛；冠毛白色，易脱落，长 5mm，微粗糙。花果期 5～9 月。

生境分布：互助、民和、循化。生于山坡、河滩草地、河滩卵石地、冰川河滩地、水边沼泽地，海拔 1700～3200m。

三脉紫菀

分　　类：木兰纲　菊目　菊科　紫菀属
学　　名：Aster ageratoides Turcz.
别　　名：山白菊、野白菊花、三脉马兰、三褶脉马兰。
形态特征：多年生草本。高30～80cm。根状茎发达，平伸，发出数个不育枝。茎数个丛生，直立，有棱，被毛，上部分枝或不分枝。下部叶在花期凋落；中部叶椭圆形或披针形，长7～14cm、宽1～3cm，先端渐尖，边缘有浅锯齿，有小腺齿，基部宽楔形，上面深绿色且被短糙毛，有时有泡状突起，下面浅绿色，沿脉或脉间也有短柔毛，网脉明显，主脉为离基三出脉。头状花序2～5，常呈伞房状花序，或多数在茎、枝顶端排列成复伞房状花序，稀单生；花序梗长至4cm；总苞倒锥形或近半球形，长5～7mm、宽7～10mm；总苞片3层，覆瓦状排列，线状长圆形，先端紫红色，钝圆，宽1.5～2mm，外层短，长约2mm，内层长约5mm；舌状花紫红色，舌片线状长圆形，长8～10mm；管状花黄色，长约5mm。瘦果被毛；冠毛浅红褐色，长约4mm。花果期8～9月。

生境分布：平安、互助、乐都、民和、循化。生于河滩、田边、山坡、灌丛中、林下，海拔2500～3800m。

阿尔泰狗娃花

分　　类：木兰纲　菊目　菊科　紫菀属
学　　名：*Aster altaicus* Willd.
别　　名：阿尔泰紫菀。

形态特征：多年生草本。高20～100cm。有横走或垂直的根。茎直立，被上曲或有时开展的毛，上部常有腺，上部或全部有分枝。基部叶在花期枯萎；下部叶条形、矩圆状披针形、倒披针形或近匙形，长2.5～10cm、宽0.7～1.5cm，全缘或有疏浅齿；上部叶渐狭小，条形；全部叶两面或下面被粗毛或细毛，常有腺点，中脉在下面稍突起。头状花序直径2～3.5cm，稀4cm，单生枝端或排成伞房状；总苞半球形，径0.8～1.8cm；总苞片2～3层，近等长或外层稍短，矩圆状披针形或条形，长4～8mm、宽0.6～1.8mm，顶端渐尖，背面或外层全部草质，被毛，常有腺，边缘膜质；舌状花约20个，管部长1.5～2.8mm，有微毛；舌片浅蓝紫色，矩圆状条形，长10～15mm、宽1.5～2.5mm；管状花长5～6mm，管部长1.5～2.2mm，裂片不等大，长0.6～1.4mm，有疏毛。瘦果扁，倒卵状矩圆形，长2～2.8mm、宽0.7～1.4mm，灰绿色或浅褐色，被绢毛，上部有腺；冠毛污白色或红褐色，长4～6mm，有不等长的微糙毛。花果期5～9月。

生境分布：平安、互助、乐都、民和、化隆、循化。生于河滩、山坡、荒地，海拔2200～4200m。

灰枝紫菀

分　　类：木兰纲　菊目　菊科　紫菀属
学　　名：*Aster poliothamnus* Diels.
形态特征：丛生亚灌木。高40～100cm。茎多分枝，帚状。当年枝直立，长15～40cm，纤细，被密短糙毛或柔毛，有腺点和密集的叶。下部叶枯落；中部叶长圆形或线状长圆形，长1～2cm、宽2～5mm，全缘，基部稍狭或急狭，顶端钝或尖，边缘平或稍反卷；上部叶小，椭圆形；全部叶上面被短糙毛，下面被柔毛，两面有腺点，中脉在下面突起，侧脉不显明。头状花序在枝端密集成伞房状或单生；花序梗细，长1～2.5cm；苞叶疏生；总苞宽钟状，长5～7mm、径5～7mm；总苞片4～5层，覆瓦状排列，外层卵圆或长圆状披针形，长2～3mm，全部或上部草质，顶端尖，外面或仅沿中脉被密柔毛和腺点；内层长达7mm，宽0.7mm，近革质，上部草质且带红紫色，有缘毛；舌状花淡紫色，管部长约2mm，舌片长圆形，长7～10mm、宽1.2～2mm，具4脉；管状花黄色，长5～6mm，管部长1.6～2mm，裂片长0.7mm；冠毛污白色，长约5mm，有近等长的微糙毛或另有少数外层短毛。瘦果长圆形，长2～2.5mm，常一面有肋，被白色密绢毛。花期6～8月，果期7～10月。

生境分布：平安、乐都、民和、循化。生于干山坡、峡谷阳坡石崖上和林间空地，海拔2200～3800m。

中亚紫菀木

分　　类：木兰纲　菊目　菊科　紫菀木属
学　　名：*Asterothamnus centraliasiaticus* Novopokr.
形态特征：多分枝半灌木。高20～40cm。叶较密集，斜上或直立，长圆状线形或近线形，长12～15mm、宽1.5～2mm，先端尖，基部渐狭，边缘反卷，具一明显的中脉，上面被灰绿色，下面被灰白色蜷曲密绒毛。头状花序较大，长8～10mm、宽约10mm，在茎枝顶端排成疏散的伞房花序，花序梗较粗壮，长或较短，少有具短花序梗而排成密集的伞房花序；总苞宽倒卵形，长6～7mm、宽9mm，总苞片3～4层，覆瓦状，外层较短，卵圆形或披针形，内层长圆形，顶端全部渐尖或稍钝，通常紫红色，背面被灰白色蛛丝状短毛，具1条紫红色或褐色的中脉，具白色宽膜质边缘。外围有7～10个舌状花，舌片开展，淡紫色，长约10mm；中央的两性花11～12个，花冠管状，黄色，长约5mm，檐部钟状，有5个披针形的裂片；花药基部钝，顶端具披针形的附片；花柱分枝顶端有短三角状卵形的附器。瘦果长圆形，长3.5mm，稍扁，基部缩小，具小环，被白色长伏毛；冠毛白色，糙毛状，与花冠等长。花果期7～9月。

生境分布：乐都、民和、循化。生于干山坡、洪积扇、河岸、荒漠中的水边，海拔1800～2800m。

狼把草

分　　类：木兰纲　菊目　菊科　鬼针草属
学　　名：*Bidens tripartita* Linn.

形态特征：一年生草本。高 15～30cm。茎直立，圆柱形，无毛，有分枝。叶对生，基部叶早落；中部叶具柄，叶片长椭圆状披针形或长圆形，长 2～8cm、宽 6～20mm，全缘、具缺刻状齿或 3～5 羽状全裂，两面无毛，顶裂片较大，披针形，侧裂片小，狭椭圆形；上部叶常不裂，较小。头状花序盘状，单生茎及枝端；总苞盘状，长约 1cm、宽 1～2.2cm；总苞片 2 层，外层 5～9 个，叶状，匙形、倒披针形或线状长圆形，长 7～44mm，先端钝，基部渐狭有柄，内层卵状长圆形或长圆形，膜质，条纹褐色，边缘透明，淡黄色；托片狭披针形，与瘦果等长，有褐色条纹；无舌状花；管状花黄色，长约 3mm，檐部 4 浅裂。瘦果扁，楔形或倒卵状楔形；顶端芒刺 2～4 枚，具倒钩刺。花果期 8～9 月。

生境分布：化隆、循化。生于水中，海拔 1900～2600m。

星毛短舌菊

分　　类：木兰纲　菊目　菊科　短舌菊属

学　　名：*Brachanthemum pulvinatum* (Hand.-Mazz.) Shih

形态特征：小半灌木。高15～45cm。根粗壮，直伸，木质化。自根头顶端发出多数的木质化的枝条。老枝灰色、扭曲，枝皮剥落；幼枝浅褐色。除老枝外，全株被稠密贴伏的尘状星状花，有发育的腋芽。叶全形楔形、椭圆形或半圆形，长0.5～1cm、宽0.4～0.6cm，3～5掌状、掌式羽状或羽状分裂；裂片线形，长3～6mm、宽0.5mm，顶端钝或圆形。叶柄长达8mm。花序下部的叶明显3裂。全部叶灰绿色，被贴伏的粉状微柔毛，或后变稀毛。叶腋有密集的叶簇。头状花序单生或枝生3～8个头状花序，排成不总是规则的疏散伞房花序，花梗长2.5～7cm，常弯曲下垂，少有枝生2个头状花序的；总苞半球形或倒圆锥形，径6～8mm；总苞片4层，外层卵形或宽卵形，长2.5mm，中层椭圆形，长4～4.5mm，内层倒披针形，长约4mm；中外层外面被稠密贴伏的粉状微柔毛，内层几无毛；全部苞片边缘褐色膜质，顶端钝圆；舌状花黄色，7～14个，舌片椭圆形，长约5mm，顶端2微尖齿。瘦果长2mm。花果期7～9月。

生境分布：民和、循化。生于洪积扇、干河滩、干旱山坡、盐碱滩，海拔2000～3000m。

灌木小甘菊

分　　类：木兰纲　菊目　菊科　小甘菊属

学　　名：*Cancrinia maximowiczii* C. Winkl.

形态特征：小半灌木。高40～50cm。多枝；上部小枝细长呈帚状，具细棱，被白色短绒毛和褐色的腺点。叶长圆状线形，有叶柄，长1.5～3cm、宽5～12mm，羽状深裂；裂片2～5对，不等大，镰状，顶端短渐尖，全缘或有1～2个小齿，边缘常反卷；最上部叶线形，全缘或有齿，全部叶上面被疏毛或几无毛，下面被白色短绒毛，两面有褐色腺点。头状花序2～5个在枝端排成伞房状；总苞钟状或宽钟状，直径5～7mm，总苞片3～4层，覆瓦状排列，外层卵状三角形或长圆状卵形，被疏柔毛和褐色腺点，有淡褐色的狭膜质边缘，内层长圆状倒卵形，边缘膜质，顶端钝。花冠黄色，宽筒状，长约2mm，冠檐5短裂齿，有棕色腺点瘦果长约2mm，具5条纵肋和腺体；冠毛膜片状，5裂达基部，长约1mm，不等大，有时边缘撕裂，顶端多少具芒尖。花果期7～9月。

生境分布：乐都、民和、循化。生于多砾石的山坡及河岸冲积扇上，海拔1800～3200m。

小红菊

分　　类：木兰纲　菊目　菊科　菊属

学　　名：*Chrysanthemum chanetii* H. Lév.

形态特征：多年生草本。高 15～60cm。有地下匍匐根状茎。茎直立或基部弯曲，自基部或中部分枝，但通常仅在茎顶有伞房状花序分枝；全部茎枝有稀疏的毛，茎顶及接头状花序处的毛稍多，少有几无毛的。中部茎生叶肾形、半圆形、近圆形或宽卵形，长 2～5cm、宽略等于长，通常 3～5 掌状或掌式羽状浅裂或半裂，少有深裂的；侧裂片椭圆形，宽 5～15mm，顶裂片较大，全部裂片边缘钝齿、尖齿或芒状尖齿。根生叶及下部茎生叶与茎中部叶同形，但较小；上部茎生叶椭圆形或长椭圆形，接花序下部的叶长椭圆形或宽线形，羽裂、齿裂或不裂；全部中下部茎生叶基部稍心形或截形，有长 3～5cm 的叶柄，两面几同形，有稀疏的柔毛至无毛。头状花序直径 2.5～5cm，在茎枝顶端排成疏松伞房花序，少有单生茎端；总苞碟形，直径 8～15mm；总苞片 4～5 层，外层宽线形，长 5～9mm，仅顶端膜质或膜质圆形扩大，边缘繸状撕裂，外面有稀疏的长柔毛，中内层渐短，宽倒披针形或三角状卵形至线状长椭圆形；全部苞片边缘白色或褐色膜质；舌状花白色、粉红色或紫色，舌片长 1.2～2.2cm，顶端 2～3 齿裂。瘦果长 2mm，顶端斜截，下部收窄，脉棱 4～6 条。花果期 7～10 月。

生境分布：互助、乐都、民和、循化。生于林下、旱山坡、河滩、草甸、灌丛，海拔 2400～2500m。

甘菊

分　　类：木兰纲　菊目　菊科　菊属

学　　名：*Chrysanthemum lavandulifolium* (Fisch. ex Trautv.) Makino

形态特征：多年生草本。高 0.3～1.5mm。有地下匍匐茎。茎直立，自中部以上多分枝或仅上部伞房状花序分枝。茎枝有稀疏的柔毛，但上部及花序梗上的毛稍多。基部和下部叶花期脱落；中部茎叶卵形、宽卵形或椭圆状卵形，长 2～5cm、宽 1.5～4.5cm。二回羽状分裂，一回全裂或几全裂，二回为半裂或浅裂，一回侧裂片 2～4 对；最上部的叶或接花序下部的叶羽裂、3 裂或不裂；全部叶两面同色或几同色，被稀疏或稍多的柔毛或上面几无毛；中部茎叶生叶柄长 0.5～1cm，柄基有分裂的叶耳或无耳。头状花序直径 10～20mm，通常多数在茎枝顶端排成疏松或稍紧密的复伞房花序；总苞碟形，直径 5～7mm；总苞片约 5 层，外层线形或线状长圆形，长 2.5mm，无毛或有稀柔毛，中内层卵形、长椭圆形至倒披针形；全部苞片顶端圆形，边缘白色或浅褐色膜质；舌状花黄色，舌片椭圆形，长 5～7.5mm，端全缘或具 2～3 个不明显的齿裂。瘦果长 1.2～1.5mm。花果期 5～10 月。

生境分布：互助、循化。生于山坡、岩石、河谷、河岸、荒地及黄土丘陵地，海拔 2000～2800m。

刺儿菜

分　　类：木兰纲　菊目　菊科　蓟属
学　　名：*Cirsium arvense* var. *integrifolium* C. Wimm. & Grabowski
别　　名：大刺儿菜、野红花、大小蓟、小蓟、大蓟、小刺盖、蓟蓟芽、刺刺菜。
形态特征：多年生草本。高30～80cm。茎直立。基生叶及中部基生叶通常无叶柄，长7～15cm、宽1.5～10cm；上部茎生叶渐小，椭圆形、披针形或线状披针形，叶缘有细密的针刺，针刺紧贴叶缘。头状花序单生茎端，或植株含少数或多数头状花序在茎枝顶端排成伞房花序；总苞卵形、长卵形或卵圆形，直径1.5～2cm；总苞片约6层，覆瓦状排列，向内层渐长，外层与中层宽1.5～2mm，包括顶端针刺长5～8mm，内层及最内层长椭圆形至线形，长1.1～2cm、宽1～1.8mm，中外层苞片顶端有长不足0.5mm的短针刺，内层及最内层渐尖，膜质，短针刺；小花紫红色或白色，雌花花冠长2.4cm，檐部长6mm，细管部细丝状，长18mm；两性花花冠长1.8cm，檐部长6mm，细管部细丝状，长1.2mm。瘦果淡黄色，椭圆形或偏斜椭圆形，压扁，长3mm、宽1.5mm，顶端斜截形；冠毛污白色，多层，整体脱落，刚毛长羽毛状，长3.5cm，顶端渐细。花果期5～9月。

生境分布：平安、互助、乐都、民和、化隆、循化。生于荒地、农田、水沟边，海拔1800～2700m。

葵花大蓟

分　　类：木兰纲　菊目　菊科　蓟属
学　　名：Cirsium souliei (Franch.) Mattf.
别　　名：聚头蓟。
形态特征：多年生无茎草本。叶基生，莲座状，狭披针形或长圆状披针形，长10～30cm、宽2～6cm，先端急尖，羽状浅裂至深裂，裂片卵形、卵状披针形或偏斜椭圆形，边缘有小裂片、齿和密针刺，两面被有节柔毛，上面叶轴和下面的毛稍多，有时上面近无毛，叶柄不明显或有短柄。头状花序多数，无或有短花序梗，簇生于莲座叶丛中间；总苞半球形，长2～3cm、宽4cm；总苞片多层，近等长或向内层稍长，外层卵状披针形或披针形，宽1.8～2.3mm，全部或上部边缘具针刺，内层线形，近膜质，先端针刺不坚硬；小花管状，紫红色，长1.8～2.1cm，管部长为檐部的近2倍。瘦果黑褐色；冠毛白色，多层，羽毛状，果期与花冠等长。花果期7～9月。
生境分布：平安、互助、乐都、民和、化隆、循化。生于山坡路旁、林缘、荒地、河滩地、田间、水旁潮湿地，海拔2200～3800m。

欧亚旋覆花

分　　类：木兰纲　菊目　菊科　旋覆花属
学　　名：*Inula britannica* Linn.
别　　名：大花旋覆花。

形态特征：多年生草本。高 20～70cm。根状茎短，横走或斜升。茎直立，单生或 2～3 个簇生，径 2～6mm，基部常有不定根，上部有伞房状分枝，稀不分枝，被长柔毛，全部有叶；节间长 1.5～5cm。基部叶在花期常枯萎，长椭圆形或披针形，长 3～12cm、宽 1～2.5cm，下部渐狭成长柄；中部叶长椭圆形，长 5～13cm、宽 0.6～2.5cm，基部宽大，无柄，心形或有耳，半抱茎，顶端尖或稍尖，有浅或疏齿，稀近全缘，上面无毛或被疏伏毛，下面被密伏柔毛，有腺点；中脉和侧脉被较密的长柔毛；上部叶渐小。头状花序 1～5 个，生于茎端或枝端，径 2.5～5cm；花序梗长 1～4cm。总苞半球形，径 1.5～2.2cm，长达 1cm；总苞片 4～5 层，外层线状披针形，基部稍宽，上部草质，被长柔毛，有腺点和缘毛，但最外层全部草质，且常较长，常反折，内层披针状线形，除中脉外干膜质；舌状花舌片线形，黄色，长 10～20mm；管状花花冠上部稍宽大，有三角披针形裂片；冠毛 1 层，白色，与管状花花冠约等长，有 20～25 个微糙毛。瘦果圆柱形，长 1～1.2mm，有浅沟，被短毛。花期 7～9 月，果期 8～10 月。

生境分布：化隆。生于水边、河边，海拔 2000～2100m。

旋覆花

分　　类：木兰纲　菊目　菊科　旋覆花属
学　　名：*Inula japonica* Thunb.
别　　名：六月菊、金佛草、金佛花、条叶旋覆花。
形态特征：多年生草本。高30～70cm。根状茎短，横走或斜升，有多少粗壮的须根。茎单生，有时2～3个簇生，直立，有时基部具不定根，基部径3～10mm，有细沟，被长伏毛，或下部有时脱毛，上部有上升或开展的分枝，全部有叶；节间长2～4cm。基部叶常较小，在花期枯萎；中部叶长圆形、长圆状披针形或披针形，长4～13cm、宽1.5～4cm，基部多少狭窄，常有圆形半抱茎的小耳，无柄，顶端稍尖或渐尖，边缘有小尖头状疏齿或全缘，上面有疏毛或近无毛，下面有疏伏毛和腺点；中脉和侧脉有较密的长毛；上部叶渐狭小，线状披针形。头状花序径3～4cm，多数或少数排列成疏散的伞房花序；花序梗细长；总苞半球形，径13～17mm、长7～8mm；总苞片约6层，线状披针形，近等长，但最外层常叶质而较长，外层基部革质，上部叶质，背面有伏毛或近无毛，有缘毛，内层除绿色中脉外干膜质，渐尖，有腺点和缘毛。舌状花黄色，较总苞长2～2.5倍；舌片线形，长10～13mm；管状花花冠长约5mm，有三角状披针形裂片；冠毛1层，白色，有20余枚微糙毛，与管状花近等长。瘦果长1～1.2mm，圆柱形，有10条沟，顶端截形，被疏短毛。花期6～9月，果期9～11月。
生境分布：互助、乐都、民和、循化。生于水边、农田边，海拔1900～2600m。

蓼子朴

分　　类：木兰纲　菊目　菊科　旋覆花属
学　　名：*Inula salsoloides* (Turcz.) Ostenf.
别　　名：山猫眼、秃女子草、黄喇嘛。

形态特征：亚灌木。地下茎分枝长，横走，木质，有疏生膜质尖披针形，长达20mm、宽达4mm的鳞片状叶；节间长达4cm。茎平卧，或斜升，或直立，圆柱形，下部木质，高达45cm，基部径达5mm，基部有密集的长分枝，中部以上有较短的分枝，分枝细，常弯曲，被白色基部常疣状的长粗毛，后上部常脱毛，有时茎和叶都被毛，全部有密生的叶；节间长5～20mm，或在小枝上更短。叶披针状或长圆状线形，长5～10mm、宽1～3mm，全缘，基部常心形或有小耳，半抱茎，边缘平或稍反卷，顶端钝或稍尖，稍肉质，上面无毛，下面有腺及短毛。头状花序径1～1.5cm，单生于枝端；总苞倒卵形，长8～9mm；总苞片4～5层，狭卵圆状至长圆状披针形，渐尖，干膜质，基部常稍革质，黄绿色，背面无毛，上部或全部有缘毛，外层渐小。舌状花较总苞长半倍，舌浅黄色，椭圆状线形，长约6mm，顶端有3个细齿；花柱分枝细长，顶端圆形；管状花花冠长约6mm，上部狭漏斗状，顶端有尖裂片；花药顶端稍尖；花柱分枝顶端钝。冠毛白色，与管状花药等长，有约70个细毛。瘦果长1.5mm，有多数细沟，被腺和疏粗毛，上端有较长的毛。花期5～8月，果期7～9月。

生境分布：互助、乐都、民和、循化。生于河滩、湖边沙地、水边，海拔1800～3600m。

中华苦荬菜

分　　类：木兰纲　菊目　菊科　苦荬菜属

学　　名：*Ixeris chinensis* (Thunb.) Nakai

形态特征：多年生草本。高5～47cm。根垂直直伸，通常不分枝。根状茎极短缩；茎直立单生或少数茎成簇生，基部直径1～3mm，上部伞房花序状分枝。基生叶长椭圆形、倒披针形、线形或舌形，包括叶柄长2.5～15cm、宽2～5.5cm，顶端钝或急尖或向上渐窄，基部渐狭成有翼的短柄或长柄，全缘，不分裂亦无锯齿或边缘有尖齿或凹齿，半裂或深裂，侧裂片2～7对，裂片长三角形、线状三角形或线形，自中部向上或向下的侧裂片渐小，向基部的侧裂片常为锯齿状，有时为半圆形；茎生叶2～4枚，极少1枚或无茎叶，长披针形或长椭圆状披针形，不裂，边缘全缘，顶端渐狭，基部扩大，耳状抱茎或至少基部茎生叶的基部有明显的耳状抱茎；全部叶两面无毛。头状花序通常在茎枝顶端排成伞房花序，含舌状小花21～25朵；总苞圆柱状，长8～9mm；总苞片3～4层，外层及最外层宽卵形，长1.5mm、宽0.8mm，顶端急尖，内层长椭圆状倒披针形，长8～9mm、宽1～1.5mm，顶端急尖；舌状小花黄色，干时带红色。瘦果褐色，长椭圆形，长2.2mm、宽0.3mm，有10条高起的钝肋，肋上有上指的小刺毛，顶端急尖成细喙，喙细，细丝状，长2.8mm；冠毛白色，微糙，长5mm。花果期5～7月。

生境分布：平安、互助、乐都、民和、循化。生于盐碱滩、旱山坡、路旁、河滩，海拔1800～3600m。

变色苦荬菜

分　　类：木兰纲　菊目　菊科　苦荬菜属

学　　名：Ixeris chinensis subsp. versicolor (Fisch.ex Link) Kitam.

别　　名：多色苦荬、丝叶苦荬、并齿小苦荬、丝叶小苦荬、窄叶小苦荬。

形态特征：多年生草本。高6～30cm。根垂直或弯曲，不分枝或有分枝，生多数或少数须根。茎低矮，主茎不明显，自基部多分枝，全部茎枝无毛。茎生叶少数，1～2枚，通常不裂，较小，与基生叶同形，基部无柄，稍见抱茎；全部叶两面无毛。头状花序多数，在茎枝顶端排成伞房花序或伞房圆锥花序，含15～27朵舌状小花；总苞圆柱状，长7～8mm；总苞片2～3层，外层及最外层小，宽卵形，长0.8mm、宽0.5～0.6mm，顶端急尖，内层长，线状长椭圆形，长7～8mm、宽1～2mm，顶端钝；舌状小花黄色，极少白色或红色。瘦果红褐色，稍压扁，长椭圆形，长2.5mm、宽0.7mm，有10条高起的钝肋，沿肋有上指的小刺毛，向上渐狭成细喙，喙细丝状，长2.5mm；冠毛白色，微粗糙，长近4mm。花果期6～8月。

生境分布：平安、互助、乐都、民和、循化。生于河边、田边、山坡，海拔1800～2900m。

乳苣

分　　类：木兰纲　菊目　菊科　莴苣属
学　　名：*Lactuca tatarica* (Linn.) C. A. Mey.
别　　名：蒙山莴苣、苦菜。
形态特征：多年生草本。高 15～60cm。茎直立，有细条棱或条纹，上部有圆锥状花序分枝，全部茎枝光滑无毛。中下部茎生叶长椭圆形或线状长椭圆形或线形，基部渐狭成短柄，柄长 1～1.5cm 或无柄，长 6～19cm、宽 2～6cm，羽状浅裂或半裂或边缘有多数或少数大锯齿，顶端钝或急尖，侧裂片 2～5 对；全部叶质地稍厚，两面光滑无毛。头状花序约含 20 朵小花，多数，在茎枝顶端狭或宽圆锥花序；总苞圆柱状或楔形，长 2cm、宽约 0.8mm，果期不为卵球形；总苞片 4 层，不呈明显的覆瓦状排列，中外层较小，卵形至披针状椭圆形，长 3～8mm、宽 1.5～2mm，内层披针形或披针状椭圆形，长 2cm、宽 2mm；全部苞片外面光滑无毛，带紫红色，顶端渐尖或钝。舌状小花紫色或蓝紫色，管部有白色短柔毛。瘦果长圆状披针形，稍压扁，灰黑色，长 5mm、宽约 1mm，每面有 5～7 条高起的纵肋，中肋稍粗厚，顶端渐尖成长 1mm 的喙；冠毛 2 层，纤细，白色，长 1cm，微锯齿状，分散脱落。花果期 6～9 月。

生境分布：平安、互助、乐都、民和、循化。生于河滩、沙滩、田边、山坡荒地，海拔 1800～2800m。

香芸火绒草

分　　类：木兰纲　菊目　菊科　火绒草属
学　　名：*Leontopodium haplophylloides* Hand.-Mazz.

形态特征：多年生草本。高20～60cm。根状茎粗，多分枝，具多数丛生的不育茎和花茎；茎直立，纤细，黄褐色，被白色蛛丝状毛，混生小腺毛，下部常脱毛。下部叶在花期枯萎；中上部叶稠密，披针形或线形，长至4cm、宽0.1～0.4mm，先端渐尖，边缘反卷，基部渐狭，两面被灰绿色茸毛，下面常有黑色、球形、易落的分泌物；苞叶椭圆状披针形，较上部叶宽，先端渐尖，基部狭，近似短柄，上面被厚茸毛，下面与叶同色，较花序长，开展成苞叶群。头状花序1～8，具短柄，单生或密集；总苞径4～5mm，长约5mm；总苞片3～4层，被白色柔毛，先端无毛，黄褐色；小花异形，或雌雄异株，长约3mm。瘦果有短粗毛。花果期7～9月。

生境分布：互助、乐都、循化。生于阳坡、山坡石崖上、灌丛，海拔2600～3800m。

掌叶橐吾

分　　类：木兰纲　菊目　菊科　橐吾属
学　　名：*Ligularia przewalskii* (Maxim.) Diels.
别　　名：裂叶橐吾、紫菀、山紫菀、甘青橐吾。

形态特征：多年生草本。高达130cm。茎直立，光滑，基部被枯叶柄纤维包围。丛生叶与茎下部叶具柄，柄长达50cm，光滑，基部具鞘，叶片轮廓卵圆形，掌状4～7裂，长4.5～15cm、宽8～25cm，侧裂片3～7深裂，中裂片二回3裂，全部小裂片边缘具条裂齿，两面光滑，稀有短毛，叶脉掌状；中上部叶少而小，掌状分裂，具膨大的鞘。总状花序长达50cm；苞片线形；头状花序多数，辐射状；总苞狭筒形，长7～11mm、宽2～4mm；总苞片3～6，2层，线状长圆形，宽约2mm，先端钝圆，具褐色睫毛，背部光滑；舌状花2～3，舌片黄色，线状长圆形，长达15mm、宽2～3mm，先端钝；管状花常3个，长7～12mm。瘦果长约5mm；冠毛紫褐色，长约4mm。花果期7～9月。

生境分布：平安、互助、乐都、民和、化隆、循化。生于河谷、草地、灌丛、林缘，海拔2200～3900m。

灰白风毛菊

分　　类：木兰纲　菊目　菊科　风毛菊属

学　　名：*Saussurea cana* Ledeb.

形态特征：多年生簇生草本。高 10～25cm。根状茎粗厚，木质，纤维状撕裂，向上多分枝，颈部发出多数花茎及不育的莲座状叶丛。茎直立，通常不分枝，基部直径达 3mm，被稀疏或稠密的白色棉毛或脱毛。莲座状叶丛叶、基生叶及下部茎叶有叶柄，柄长 1.5～3cm，叶片长椭圆形、线状长椭圆形或线形，长 4～7.5cm、宽 0.3～1.5cm，羽状浅裂或羽状尖齿或全缘，侧裂片或侧齿少而小；中上部茎叶与莲座叶、基生叶及下部茎生叶同形，渐小，有短叶柄或无叶柄；最上部叶线形，无柄；全部叶质地坚挺，上面绿色或灰绿色，无毛，下面白色，被稠密白色棉毛。头状花序 4～20，在茎端成伞房花序状排列，有短花序梗；总苞狭圆柱状，直径 8mm；总苞片 5 层，外层卵形，长 3mm、宽 2mm，顶端急尖，中层卵形、长圆形至长椭圆形，长 3.5～5mm，宽 1.5～2mm，顶端钝，内层宽线形，长 0.9～1cm、宽 1.5mm，顶端钝；全部总苞片上部或边缘或全部紫红色，外面被白色稀疏的蛛丝毛。小花浅红色，长 1.2cm，细管部与檐部各长 6mm。瘦果褐色，无毛，长 4mm；冠毛白色，2 层，外层短，糙毛状，长 2mm，内层长，羽毛状，长 9mm。花果期 7～9 月。

生境分布：平安、互助、乐都、民和。生于干旱山坡、谷底，海拔 1800～3800m。

重齿风毛菊

分　　类：木兰纲　菊目　菊科　风毛菊属
学　　名：*Saussurea katochaete* Maxim.
形态特征：多年生草本。高3～5cm。根状茎粗，圆柱形，颈部密被枯叶柄纤维。无茎或有短茎。叶基生，密而多，卵状心形、菱形、卵形或椭圆形，长2.5～8cm、宽1.5～4cm，先端钝或急尖，边缘有密的重锯齿，齿不整齐，先端有骨质尖头，基部微心形、圆形或楔形，上面绿色，无毛，下面密被白色绒毛；叶脉羽状，侧脉多对；叶柄扁平，紫红色，长至8cm，无毛，基部鞘状。头状花序单生叶丛中，有时2个；总苞半球形，基部近圆形，长1.5～2.5cm，口部宽至3cm；总苞片4层，无毛，先端渐尖，常紫色，边缘黑色，外层卵状披针形，长至1.5cm，内层狭披针形；小花蓝紫色，管状，长达2.2cm。瘦果无毛；冠毛2层，外层白色，短而下翻，贴于果上，内层淡褐色，羽状，短于花冠。花果期7～9月。

生境分布：互助、乐都、循化。生于河滩、灌丛、高山草甸及高山流石滩，海拔3700～3800m。

苦苣菜

分　　类：木兰纲　菊目　菊科　苦苣菜属
学　　名：*Sonchus oleraceus* Linn.
别　　名：滇苦荬菜。
形态特征：一年生或二年生草本。高 40～150cm。茎直立，单生。中下部茎叶羽状深裂或大头状羽状深裂，长椭圆形、倒披针形或大头羽状深裂，长 3～12cm、宽 2～7cm。头状花序少数在茎枝顶端排成紧密的伞房花序或总状花序或单生茎枝顶端。总苞宽钟状，长 1.5cm、宽 1cm；总苞片 3～4 层，覆瓦状排列，向内层渐长；外层长披针形或长三角形，长 3～7mm、宽 1～3mm，中内层长披针形至线状披针形，长 8～11mm、宽 1～2mm；全部总苞片顶端长急尖，外面无毛或外层或中内层上部沿中脉有少数头状具柄的腺毛；舌状小花多数，黄色。瘦果褐色，长椭圆形或长椭圆状倒披针形，长 3mm、宽不足 1mm，压扁，每面各有 3 条细脉，肋间有横皱纹，顶端狭，无喙，冠毛白色，长 7mm，单毛状，彼此纠缠。花果期 6～9 月。
生境分布：互助、乐都、民和。生于荒地、田边，海拔 1700～3200m。

鸦葱

分　　类：木兰纲　菊目　菊科　鸦葱属
学　　名：*Takhtajaniantha austriaca* (Willd.) Zaika, Sukhor. & N. Kilian
别　　名：罗罗葱、谷罗葱、兔儿奶、笔管草、老观笔、菊牛蒡、土参、少立菜、奥国鸦葱。
形态特征：多年生草本。高5～45cm。主根粗，肉质，颈部被密的残叶鞘，后呈纤维状。茎单生或多至10个，丛生，直立，不分枝，无毛。基生叶线状披针形至披针形，长至20cm、宽0.3～1cm，先端尾状渐尖，边缘平展或皱波状，两面无毛或边缘中下部被白色蛛丝状毛，基部扩大呈鞘状；茎生叶狭披针形，向上渐小，呈鳞片状，基部扩大，半抱茎。头状花序单生茎端；总苞筒状或初时呈钟状筒形，长2.5～3.5cm、直径达1.5cm；总苞片4～5层，不等长，外层小，卵形或卵状三角形，长5～7mm，先端尖，内层狭披针形，先端渐尖，无毛；小花全部舌状，黄色，长1.5～2cm。瘦果圆柱形，长约1.5cm，肋上有刺状突起；冠毛羽状，淡黄色。花果期5～7月。
生境分布：互助、民和、化隆、循化。生于干山坡、田边，海拔1800～3400m。

帚状鸦葱

分　　类：木兰纲　菊目　菊科　鸦葱属

学　　名：*Takhtajaniantha pseudodivaricata* (Lipsch.) Zaika, Sukhor. & N. Kilian

别　　名：假叉枝鸦葱。

形态特征：多年生草本。高7～50cm。全部茎枝被尘状短柔毛或稀毛至无毛，茎基被纤维状撕裂的残鞘，极少残鞘全缘，不裂。叶互生或植株含有对生的叶序，线形，长达16cm，宽0.5～5mm，向上的茎生叶渐短或全部茎生叶短小或极短小而几呈针刺状或鳞片状，基生叶的基部鞘状扩大，半抱茎，茎生叶的基部扩大半抱茎或稍扩大而贴茎，全部叶顶端渐尖或长渐尖，有时外弯成钩状，两面被白色短柔毛或脱毛、稀疏毛而至无毛。头状花序多数，单生茎枝顶端，形成疏松的聚伞圆锥状花序，含多数舌状小花。总苞狭圆柱状，直径5～7mm；总苞片约5层，外层卵状三角形，长1.5～4mm、宽1～4mm，中内层椭圆状披针形、线状长椭圆形或宽线形，长1～1.8cm，宽2～3mm；全部总苞片顶端急尖或钝，外面被白色尘状短柔毛；舌状小花黄色。瘦果圆柱状，长达8mm，初时淡黄色，成熟后黑绿色，无毛，有多数高起的纵肋，肋上有脊瘤状突起或无；冠毛污白色，冠毛长1.3cm，大部为羽毛状，羽枝蛛丝毛状，向顶端为锯齿状，在冠毛与瘦果连接处有蛛丝状毛环。花果期6～8月。

生境分布：乐都、民和、化隆、循化。生于荒漠砾石地、干山坡、石质残丘、戈壁和沙地，海拔1800～2800m。

灰果蒲公英

分　　类：木兰纲　菊目　菊科　蒲公英属
学　　名：*Taraxacum maurocarpum* Dahlst.
别　　名：川藏蒲公英。
形态特征：多年生草本。叶狭披针形，长7～12cm，被疏柔毛或几无毛，边缘羽状深裂，具齿，少数外叶近全缘，每侧裂片4～6片，裂片平展或倒向，狭三角形或近线状披针形，全缘，顶端裂片狭戟形或长圆状披针形，先端尖，全缘。花葶长于叶，高10～25cm，无毛或上端有蛛丝状毛；头状花序直径约30mm；总苞长10～11mm，总苞片干后淡墨绿色；外层总苞片披针形至卵状披针形，等宽或稍宽于内层总苞片，先端狭长，有短或较长的小角，粉红色，具较狭的膜质边缘，内层总苞片线形，先端具短或稍长的小角或多少有些扩大；舌状花黄色，边缘花舌片背面有暗紫色条纹，柱头和花柱黄色。瘦果倒卵状长圆形，灰色至深灰褐色，长2.5～4mm，上部1/5～1/3具小刺，其余部分具小瘤状突起乃至近平滑，顶端缢缩成长约1mm的圆锥形喙基，喙长4～8mm；冠毛长5～6mm，淡污黄色。花果期5～9月。

生境分布：互助、乐都、循化。生于山坡草地、河滩、水边、路边，海拔2000～3800m。

深裂蒲公英

分　　类：木兰纲　菊目　菊科　蒲公英属
学　　名：*Taraxacum scariosum* (Tausch) Kirschner & Štepanek
别　　名：亚洲蒲公英。

形态特征：多年生草本。叶线形、长圆形或披针形，长 4～21cm、宽 0.3～2.5cm，羽状浅裂至全裂，稀全缘，侧裂片三角形至线形，平展或下倾。花葶单生或数个丛生，高 3～30cm；总苞直径 0.8～2cm，外层总苞片卵状披针形至披针形，先端常具角状突起，边缘或全部膜质，下翻，常带紫红色；小花黄色，少有白色。瘦果淡黄褐色，上部具小刺，下部有小瘤或近光滑；喙丝状，长 5～10mm。花果期 6～9 月。

生境分布：大通、平安、互助、乐都、民和、化隆、循化。生于河滩、山坡、高山草甸，海拔 2000～3900m。

黄花婆罗门参

分　　类：木兰纲　菊目　菊科　婆罗门参属

学　　名：*Tragopogon orientalis* Linn.

形态特征：二年生草本。高 30 ～ 90cm。根圆柱状，垂直直伸，根颈被残存的基生叶柄。茎直立，不分枝或分枝，有纵条纹，无毛。基生叶及下部茎叶线形或线状披针形，长 10 ～ 40cm、宽 3 ～ 24mm，灰绿色，先端渐尖，全缘或皱波状，基部宽，半抱茎；中部及上部茎叶披针形或线形，长 3 ～ 8cm、宽 3 ～ 10mm。头状花序单生茎顶或植株含少数头状花序，生枝端。总苞圆柱状，长 2 ～ 3cm。总苞片 8 ～ 10，披针形或线状披针形，长 1.5 ～ 3.5cm、宽 5 ～ 10mm，先端渐尖，边缘狭膜质，基部棕褐色；舌状小花黄色。瘦果长纺锤形，褐色，稍弯曲，长 1.5 ～ 2cm，有纵肋，沿肋有疣状突起，上部渐狭成细喙，喙长 6 ～ 8mm，顶端稍增粗，与冠毛连接处有蛛丝状毛环；冠毛淡黄色，长 1 ～ 1.5cm。花果期 5 ～ 9 月。

生境分布：民和。生于山坡、草地和路旁，海拔 1700 ～ 1800m。

款冬

分　　类：木兰纲　菊目　菊科　款冬属
学　　名：*Tussilago farfara* Linn.
别　　名：九尽草、虎须、冬花、款冬花。
形态特征：多年生草本。根状茎横生地下，褐色。早春花叶抽出数个花葶，高5～10cm，密被白色茸毛，有鳞片状互生的苞叶，苞叶淡紫色；头状花序单生顶端，直径2.5～3cm，初时直立，花后下垂；总苞片1～2层，总苞钟状，结果时长15～18mm；总苞片线形，顶端钝，常带紫色，被白色柔毛及脱毛，有时具黑色腺毛；边缘有多层雌花，花冠舌状，黄色，子房下位；柱头2裂；中央的两性花少数，花冠管状，顶端5裂；花药基部尾状；柱头头状，通常不结实。瘦果圆柱形，长3～4mm；冠毛白色，长10～15mm。后生出基生叶阔心形，具长叶柄，叶片长3～12cm、宽4～14cm，边缘有波状，顶端具增厚的疏齿，掌状网脉，下面被密白色茸毛；叶柄长5～15cm，被白色棉毛。花果期4～6月。
生境分布：互助、循化。生于河边或山坡，海拔1800～2200m。

苍耳

分　　类：木兰纲　菊目　菊科　苍耳属
学　　名：*Xanthium strumarium* Linn.
别　　名：卷耳、苓耳、地葵、枲耳、白胡荽、常枲、狗耳朵草、苍子棵、菜耳。
形态特征：一年生草本。高30～50cm。茎直立，被短糙毛，常从基部分枝。叶片宽卵形或心形，长5～12cm、宽4～7cm，先端急尖，基部浅心形，边缘3～5浅裂或具不规则细齿，两面均粗糙，上面脉上及下面被糙毛；叶柄细长，被短毛。头状花序单性，雌雄同株；雄花序顶生，球形，径4～6mm，总苞片长圆状披针形，分离，具多数不结实的两性花，花冠具5个宽裂片，雄蕊5；雌头状花序卵形，外层总苞片小，分离，被毛，内层合生成囊状，成熟时连同喙长8～10mm，外面具钩状刺和细毛，内有2朵小花，雌花无花冠，花柱分枝线形，伸出坚硬的果喙外。瘦果2，包于总苞内。花果期7～9月。

生境分布：平安、互助、乐都、民和、化隆、循化。生于水边、荒地、农田及路边，海拔1800～3600m。

黄缨菊

分　　类：木兰纲　菊目　菊科　黄缨菊属
学　　名：*Xanthopappus subacaulis* C. Winkl.
别　　名：黄冠菊、九头妖。

形态特征：多年生草本。高 5～7cm。根粗壮，圆柱形，直径 1.5～2cm，颈部密被褐色枯叶柄。无茎或近无茎。叶基生呈莲座状，革质，叶片长圆形或长圆状披针形，长达 30cm、宽 2～8cm，羽状深裂，裂片三角形或三角状披针形，先端急尖成针刺，边缘具不规则的锯齿和针刺，上面绿色，无毛，下面密被灰白色蛛丝状毛，叶柄短，基部扩大，半抱根颈及花序柄，被绒毛或无毛。头状花序具短花序梗，丛生叶丛中，8～10 或更多；总苞宽钟形，长 3～6cm、宽达 5cm；总苞片多层，近革质，不等长，外层长为内层的 1/2，狭披针形，先端针刺状，常外反，内层披针形或线形，先端渐尖，全部总苞片背部被毛；小花管状，黄色，长 3.5～3.7cm。瘦果光滑，具褐色斑点；冠毛多层，淡黄色，糙毛状，长约 3cm。花果期 7～9 月。

生境分布：互助、循化。生于阳坡、荒地，海拔 1800～2800m。

喜马拉雅沙参

分　　类：木兰纲　菊目　桔梗科　沙参属
学　　名：*Adenophora himalayana* Feer.
形态特征：多年生草本。高15～60cm。根细，常稍稍加粗，最粗近1cm。茎常数枝发自一条茎基上，不分枝，通常无毛，少数有倒生短毛，极个别有倒生长毛。基生叶心形或近于三角形卵形；茎生叶卵状披针形，狭椭圆形至条形，无柄或有时茎下部的叶具短柄，全缘至疏生不规则尖锯齿，无毛或极少数有毛，长3～12cm、宽0.1～1.5cm。单花顶生或数朵花排成假总状花序，绝不呈圆锥花序；花萼无毛，筒部倒圆锥状或倒卵状圆锥形，裂片钻形，长5～10mm、宽1～2mm；花冠蓝色或蓝紫色，钟状，长17～22mm，裂片4～7mm，卵状三角形；花盘粗筒状，长3～8mm、直径可达3mm；花柱与花冠近等长或略伸出花冠。蒴果卵状矩圆形。花期7～9月，果期8～9月。

生境分布：互助、乐都。生于林下空地、山坡、草地、灌丛，海拔2400～3900m。

泡沙参

分　　类：木兰纲　菊目　桔梗科　沙参属
学　　名：*Adenophora potaninii* Korsh.
别　　名：泡参、奶腥菜花、灯笼花、灯花草、长叶沙参。
形态特征：多年生草本。高 30～100cm。有白色乳汁。根胡萝卜形。茎有疏或密的短柔毛，在花序之下通常不分枝。茎生叶互生，下部叶有短柄，中部以上叶无柄；叶片狭卵形、狭倒卵形或矩圆形，长 3～7.5cm，宽 1～2.6cm，基部楔形或钝形，边缘有少数粗锯齿，两面有疏或较密的短毛。圆锥花序长达 40cm，下部有稀疏分枝，无毛或有短毛；花萼无毛，裂片 5，狭三角形或条状三角形，长 4～6.5mm，边缘每侧有一狭长齿；花冠蓝紫色，钟状，长 1.4～2.2cm，无毛，5 浅裂；雄蕊 5，花丝下部变宽，边缘有密柔毛；子房下位，花柱与花冠近等长或稍伸出。蒴果球状椭圆形；种子长椭圆形。花期 7～10 月，果期 10～11 月。
生境分布：平安、互助、乐都、民和、循化。生于山坡、田边、灌丛，海拔 2200～2900m。

绿花党参

分　　类：木兰纲　菊目　桔梗科　党参属
学　　名：*Codonopsis viridiflora* Maxim.
别　　名：二色党参。

形态特征：多年生草本。高 30~70cm。叶在主茎上互生，茎上部小而呈苞片状，侧枝上的对生或近于对生，似羽状复叶；叶片阔卵形、矩圆形或披针形，长 1.5~5cm、宽 1.3~3cm，顶端钝，叶基微心形或较圆钝，叶缘疏具波状浅钝锯齿，叶脉明显，上面绿色，下面灰绿色，两面被稀疏或稍密的短硬毛。花 1~3 朵，着生于主茎及侧枝顶端；花梗长 6~15cm，近无毛或下部疏生硬毛；花萼贴生至子房中部，筒部半球状，具 10 条明显辐射脉，光滑无毛，长约 3mm、直径约 1.3cm；裂片间弯缺尖狭，裂片卵形至矩圆状披针形，长 12~15mm、宽 6~7mm；花冠钟状，长 1.7~2cm，直径约 2cm，黄绿色，仅近基部微带紫色，内外光滑无毛，浅裂，裂片三角形，顶端微钝，长宽皆约 7mm，花冠筒长约 1cm、直径约 1.5cm；雄蕊无毛，花丝基部微扩大，长约 5mm，花药亦长约 5mm。蒴果直径 1.5cm；种子多数，椭圆状，无翼，细小，棕黄色，光滑无毛。花果期 7~10 月。

生境分布：平安、互助、乐都、民和、循化。生于灌丛、山坡、田边、林下，海拔 2400~3800m。

黄花软紫草

分　　类：木兰纲　紫草目　紫草科　软紫草属
学　　名：*Arnebia guttata* Bge.
别　　名：内蒙古紫草。

形态特征：多年生草本。根含紫色物质。茎通常2～4条，有时1条，直立，多分枝，高10～25cm，密生开展的长硬毛和短伏毛。叶无柄，匙状线形至线形，长1.5～5.5cm、宽3～11mm，两面密生具基盘的白色长硬毛，先端钝。镰状聚伞花序长3～10cm，含多数花；苞片线状披针形；花萼裂片线形，长6～10mm，果期可达15mm，有开展或半贴伏的长伏毛；花冠黄色，筒状钟形，外面有短柔毛，檐部直径7～12mm，裂片宽卵形或半圆形，开展，常有紫色斑点；雄蕊着生花冠筒中部（长柱花）或喉部（短柱花），花药长圆形，长约1.8mm；子房4裂，花柱丝状，稍伸出喉部（长柱花）或仅达花冠筒中部（短柱花），先端浅2裂，柱头肾形。小坚果三角状卵形，长2.5～3mm，淡黄褐色，有疣状突起。花果期6～10月。

生境分布：循化。生于干旱山坡、河滩，海拔1700～1900m。

疏花软紫草

分　　类：木兰纲　紫草目　紫草科　软紫草属

学　　名：*Arnebia szechenyi* Kanitz.

形态特征：多年生草本。根稍含紫色物质。茎高 20～30cm，有疏分枝，密生灰白色短柔毛。叶无叶柄，狭卵形至线状长圆形，长 1～2cm、宽 2～6mm，先端急尖，两面都有短伏毛和具基盘的短硬毛，边缘具钝锯齿，齿端有硬毛。镰状聚伞花序长 1.5～5cm，有数朵花，排列较疏；苞片与叶同型。花萼长约 1cm，裂片线形，两面密生长硬毛和短硬毛；花冠黄色，筒状钟形，长 15～22mm，外面有短毛，檐部直径 5～7mm，常有紫色斑点；雄蕊着生花冠筒中部（长柱花）或喉部（短柱花），花药长约 1.6mm；子房 4 裂，花柱丝状，稍伸出喉部（长柱花）或仅达花冠筒中部，先端 2 浅裂。小坚果三角状卵形，长约 2.7mm，有疣状突起和短伏毛。花果期 6～9 月。

生境分布：乐都、循化。生于干旱山坡、河滩，海拔 1800～3100m。

甘青微孔草

分　　类：木兰纲　紫草目　紫草科　微孔草属

学　　名：*Microula pseudotrichocarpa* W. T. Wang

形态特征：多年生草本。高10～44cm。茎直立或渐升，自基部或中部以上分枝，有稀疏糙伏毛和稍密的开展刚毛。基生叶和茎下部叶有长柄，披针状长圆形或匙状狭倒披针形，或长圆形，长3～5.5cm、宽5～15cm，顶端微尖，基部渐狭，茎上部叶较小，无柄或近无柄，狭椭圆形或狭长圆形，长1～3cm，两面有糙伏毛，并散生刚毛。花序腋生或顶生，初密集，近球形，果期常伸长，长达1.5cm；苞片披针形至狭椭圆形，长1～4mm；花梗长达1mm；在花序之下有1朵无苞片的花，具长达5mm的花梗；有时在茎中部分枝处有1朵与叶对生具长梗的花。花萼长2～2.5mm，两面被短伏毛，外面散生少数长硬毛，5裂近基部，裂片线状三角形；花冠蓝色，无毛，檐部直径3.8～5.5mm，5裂，裂片宽倒卵形，筒部长1.5～3mm，附属物低梯形或半月形，长约0.3mm。小坚果卵形，长约2mm、宽约1.2mm，有小瘤状突起和极短的毛，背孔长圆形，长约1mm，着生面位于腹面近中部处。花期7～8月。

生境分布：平安、互助、乐都、民和。生于林下、林缘、灌丛、滩地、林间草地、田边，海拔2400～3800m。

长叶微孔草

分　　类：木兰纲　紫草目　紫草科　微孔草属

学　　名：*Microula trichocarpa* (Maxim.) I. M. Johnst.

形态特征：二年生草本。高15～46cm。茎直立，上部分枝或自基部起分枝，稍密被开展的刚毛或硬毛，有时还混生短糙毛。基生叶及茎下部叶有长柄，狭长圆形或狭匙形，长2～9cm，宽0.6～2cm，茎中部以上叶渐变小，具短柄或无柄，顶端急尖，基部渐狭，边缘全缘或有不明显小齿，两面被短伏毛，上面有时混生少数刚毛。花序密集，顶生，直径约达1cm，有时稍伸长，长达1.5cm；苞片除基部的以外，其他的很小，长达2mm；在茎中部以上有与叶对生具长梗的花；花萼长1.7～2.2mm，果期长达3.5mm，5裂近基部，裂片狭三角形，外面疏被长糙毛和少数硬毛，内面被短伏毛；花冠蓝色，檐部直径4～6.5mm，无毛，裂片近圆形，筒部长1.5～2.2mm，无毛，附属物三角形或半月形，高约0.3mm，有短糙毛。小坚果灰白色，宽卵形，长1.8～2.5mm、宽1.2～2mm，有小瘤状突起和极短的小毛，背孔椭圆形，几乎占据整个果的背面，着生面位于腹面顶端。花期6～7月。

生境分布：互助、乐都、民和、循化。生于林缘、河滩、灌丛，海拔2400～3800m。

祁连山附地菜

分　　类：木兰纲　紫草目　紫草科　附地菜属

学　　名：*Trigonotis petiolaris* Maxim.

形态特征：多年生密丛草本。高 15～20cm。茎基部短缩,向下生多数垂直的长根及纤维须根；茎细弱,多条簇生,直立或斜生,疏生细伏毛。基生叶具长柄,柄长 2～4cm,细弱,被稀疏短伏毛,叶片长圆形、椭圆形或近圆形,大小不等,长 0.7～4cm、宽 0.7～1.5cm,先端圆或具短尖,基部圆或略浅心形,稀宽楔形,两面被稀疏的短伏毛；茎上部叶椭圆形,具短柄。花序顶生,细弱,中下部具 2～3 枚叶状苞片,上部无苞片；花梗细长,丝状,长 1～2.5cm,斜升或近平伸；花萼裂片卵形,长 1.5～2mm,先端尖；花冠淡蓝色,直径约 3mm,筒部短粗,长约 1mm、粗约 1.5mm,裂片近圆形,喉部附属物 5,较明显,高约 0.5mm。小坚果斜三棱状四面体形,被短柔毛,暗褐色,背面凸,呈三角状卵形,长约 1.5mm,顶端尖,具 3 锐棱,腹面的基底面向下方隆起,其余 2 个侧面平且中央具 1 纵棱,有向一侧弯曲的短柄。花果期 6～8 月。

生境分布：互助、乐都、循化。生于林缘灌丛、山坡灌丛,海拔 2600～3400m。

蚓果芥

分　　类：木兰纲　十字花目　十字花科　肉叶荠属
学　　名：*Braya humilis* (C. A. Mey.) B. L. Rob
别　　名：无毛蚓果芥。

形态特征：多年生草本。高达 30cm，具紧贴的"丁"字毛。根粗长。叶片长圆条形，长 1.5～3cm、宽 1.5～6mm，顶端钝圆，基部渐窄成柄，全缘。花序伞房状，果期稍伸长，花梗长 1～4mm；花葶无叶，偶有 1～3 枚苞片；萼片长圆形，长 3～4mm，顶端钝或尖；花瓣白色，后变紫色，匙形，长 9～10mm，顶端钝圆，基部渐窄成爪，花丝扁，向下渐宽。长角果长 1.7～2cm、宽 2.5～3mm，稍作镰状弯曲；果瓣稍呈龙骨状突起，顶端尖，基部钝，被"丁"字毛；果梗长 5～8mm；种子每室为不明显的 2 行，种子表面光滑，红褐色；胚根长于子叶，长 2.5～3mm。花期 7 月。

生境分布：平安、互助、乐都、民和、循化。生于高山草甸，海拔 2600～3600m。

荠

分　　类：木兰纲　十字花目　十字花科　荠属
学　　名：*Capsella bursa-pastoriss* (Linn.) Medic.
别　　名：地米菜、芥、荠菜。

形态特征：一年生或二年生草本。高 20～50cm。稍有分枝毛或单毛。茎直立，有分枝。基生叶丛生，大头羽状分裂，长可达 10cm，顶生裂片较大，侧生裂片较小，狭长，先端渐尖，浅裂或有不规则粗锯齿，具长叶柄；茎生叶狭披针形，长 1～2cm、宽 2mm，基部抱茎，边缘有缺刻或锯齿，两面有细毛或无毛。总状花序顶生和腋生；花白色，直径 2mm。短角果倒三角形或倒心形，长 5～8mm、宽 4～7mm，扁平，先端微凹，有极短的宿存花柱；种子 2 行，长椭圆形，长 1mm，淡褐色。

生境分布：互助、乐都、民和、循化。生于农田、地边、沟边、园林、灌木间及路边荒地，海拔 1700～3900m。

紫花碎米荠

分　　类：木兰纲　十字花目　十字花科　碎米荠属
学　　名：*Cardamine tangutorum* O. E. Schulz.
别　　名：石格菜、唐古碎米荠。

形态特征：多年生草本。高20～40cm。根状茎细长；茎上升，不分枝或少分枝，无毛或上部稍疏生柔毛，下部通常无叶，上部有3～6叶。茎生叶为羽状复叶，长6～10cm，小叶3～5对，小叶片矩圆状披针形，长2～3.5cm、宽5～15mm，边缘有锯齿，无毛或疏生柔毛；叶柄长1～2.5cm。总状花序顶生，开花时近伞房状，有花12～15朵；花红紫色，长1cm。长角果直立，条形，长3.5～4.5cm、宽2～3mm，先端有宿存花柱，长2mm；果梗长约1.5cm；种子卵形或近圆形，长2～2.5mm，光亮，绿褐色。花果期5～8月

生境分布：平安、互助、乐都、民和、化隆、循化。生于高山山沟草地及林下阴湿处，海拔1800～4200m。

播娘蒿

分　　类：木兰纲　十字花目　十字花科　播娘蒿属
学　　名：*Descurainia sophia* (Linn.) Webb ex Prantl
别　　名：腺毛播娘蒿。

形态特征：一年生草本。高20～80cm。有毛或无毛，毛为叉状毛，以下部茎生叶为多，向上渐少。茎直立，分枝多，常于下部成淡紫色。叶为三回羽状深裂，长2～12cm，末端裂片条形或长圆形，裂片长3～5mm、宽0.8～1.5mm，下部叶具柄，上部叶无柄。花序伞房状，果期伸长；萼片直立，早落，长圆条形，背面有分叉细柔毛；花瓣黄色，长圆状倒卵形，长2～2.5mm，或稍短于萼片，具爪；雄蕊6枚，比花瓣长1/3。长角果圆筒状，长2.5～3cm、宽约1mm，无毛，稍内曲，与果梗不成1条直线，果瓣中脉明显；果梗长1～2cm。种子每室1行，种子形小，多数，长圆形，长约1mm，稍扁，淡红褐色，表面有细网纹。花期4～5月。

生境分布：平安、互助、乐都、民和、循化、化隆。生于田边、路旁、河边及山坡沙质草地，海拔2100～4100m。

异蕊芥

分　　类：木兰纲　十字花目　十字花科　花旗杆属
学　　名：*Dontostemon pinnatifidus* (Willdenow) Al-Shehbaz & H. Ohba
别　　名：羽裂花旗杆、山西异蕊芥。
形态特征：二年生草本。高10～35cm。具腺毛及单毛。茎单一或上部分枝。叶互生，长椭圆形，长1～6cm、宽5～10mm，近无柄，边缘具2～4对篦齿状缺刻，两面均被黄色腺毛及白色长单毛。总状花序顶生，结果时延长；萼片宽椭圆形，长2.5～3mm、宽约1.5mm，具白色膜质边缘，内轮2枚基部略呈囊状，背面无毛或具少数白色长单毛；花瓣白色或淡紫红色，倒卵状楔形，长6～8mm、宽3～4mm，顶端凹缺，基部具短爪；长雄蕊花丝顶部一侧具齿或顶端向下逐渐扩大，扁平。长角果圆柱形，长1.5～2mm、宽约1mm，具腺毛；果梗长6～16mm，在总轴上近水平状着生。种子每室1行，椭圆形，褐色而小，顶端具膜质边缘；子叶背倚胚根。花果期5～9月。

生境分布：互助、乐都。生于山坡草甸、灌丛中，海拔2100～4200m。

穴丝荠

分　　类：木兰纲　十字花目　十字花科　荠属
学　　名：*Draba draboides* (Maximowicz) Al-Shehbaz
别　　名：穴丝荠、穴丝草、草原荠。
形态特征：多年生矮小草本。常松散丛生。茎常多叉状分枝，具匍匐状枝，老枝上有宿存枯叶片残余；当年直立茎高4～6cm，具基生莲座叶及2～4枚茎生叶。茎和叶均被细长单毛和分叉毛。茎生叶莲座状，倒卵形，小，有缘毛。总状花序初时伞房状，后略伸长，密被细长单毛并杂有短叉毛；萼片卵状长圆形或椭圆形，长2～2.5mm，外轮2枚较宽，有时卵圆形，膜质，淡黄绿色，有单毛；花瓣鲜黄色，宽倒卵形或心形，长5～6mm，基部渐窄成爪；花丝基部扩大，稍内凹，中空；子房卵圆形，比雄蕊稍短，花柱极短，柱头头状。短角果卵形，长4～4.5mm、宽约2mm，绿色光滑，显具中脉；果瓣微穹突，隔膜完全，不裂或迟裂。花期5～7月，果期7～8月。

生境分布：互助。生于高山砾石地、草甸、矮灌丛，海拔3500～4100m。

野芝麻菜

分　　类：木兰纲　十字花目　十字花科　芝麻菜属
学　　名：*Eruca vesicaria* (Linn.) Cav.
形态特征：一年生草本。高 20～60cm。茎直立，上部常分枝，疏生硬长毛，下部毛较密。基生叶及下部叶大头羽状分裂或浅裂至不裂，长 2～7cm、宽 0.5～2.5cm，顶裂片宽卵形或卵圆形，具疏浅齿，侧裂片卵状三角形至长圆形，叶柄长 1～4cm；上部叶大头羽状深裂，裂片均为长圆形，具疏齿或浅波状至全缘，无柄。总状花序多花、疏生；花直径 1～1.5cm，花梗长 2～3mm，具长柔毛；萼片长 8～10mm，带棕紫色，长圆形，疏生珠丝状细毛和短柔毛；花瓣黄色，后变白色，有紫色或棕色脉纹，倒卵形，长 1.5～2cm，具细长爪。长角果圆柱形，长 2～3.5cm；果瓣无毛，有一隆起中脉；喙剑形，扁平，长 5～10mm；有 5 条纵脉。花期 6 月，果期 7 月。

生境分布：互助、民和、循化。生于浅山阴坡、农田，海拔 2200～3000m。

独行菜

分　　类：木兰纲　十字花目　十字花科　独行菜属
学　　名：*Lepidium apetalum* Willd.
别　　名：腺茎独行菜、辣辣根、羊拉拉、小辣辣、羊辣罐、辣麻麻。
形态特征：一年生或二年生草本。高5～30cm。茎多分枝，直立、斜展或平卧，多少有乳头状毛。基生叶窄匙形，一回羽状浅裂或深裂，长3～5cm、宽8～15mm，具柄；茎生叶长圆形或线形，羽状浅裂或有疏齿至全缘。总状花序果期长达5cm；萼片早落，卵形，长约0.8mm，外面有柔毛；花瓣无或呈丝状，短于萼片；雄蕊2或4。短角果宽椭圆形或近圆形，长2～3mm、宽约2mm，顶端缺凹，具短翅，隔膜宽不到1mm；果梗弧形，长3～4mm；种子椭圆形，长约1mm，褐色或棕红色。花期5～6月，果期6～8月。
生境分布：平安、互助、乐都、民和、化隆、循化。生于农田、荒地、路边，海拔1800～4200m。

宽叶独行菜

分　　类：木兰纲　十字花目　十字花科　独行菜属
学　　名：*Lepidium latifolium* Linn.
别　　名：光果宽叶独行菜、羊辣辣、大辣辣、止痢草。

形态特征：多年生草本。高 30～120cm。茎直立，上部多分枝，基部稍木质化，无毛或疏生单毛。基生叶和茎下部叶有柄，长圆披针形或卵状披针形至卵形，长 4～8cm，宽 1～4cm，顶端急尖或圆钝，边缘有牙齿或全缘，基部楔形，两面有柔毛，叶柄长 1～3cm；茎上部叶长圆椭圆形或披针形，无柄。总状花序于茎顶和分枝上端构成大型圆锥花序，小花密集；萼片倒卵形，长约 1mm，上部常红色；花瓣白色，倒卵形，长约 2mm；爪短；雄蕊 6。短角果卵形、宽卵形或宽椭圆形，长 2～3mm，顶端全缘，基部圆钝，有柔毛；宿存花柱极短；果梗长 1～3mm；种子宽椭圆形，长约 1mm，浅棕色。花期 5～7 月，果期 7～9 月。

生境分布：平安、互助、乐都、民和、化隆、循化。生于农田、田埂、水渠、荒地，海拔 1700～3100m。

蔊菜

分　　类：木兰纲　十字花目　十字花科　蔊菜属
学　　名：*Rorippa indica* (Linn.) Hiern.
别　　名：印度蔊菜。

形态特征：一年生或二年生草本。高 30～60cm。植株较粗壮，无毛或有开展的粗毛。茎单一或具分枝，具沟槽。基部和下部叶密集互生，具长柄；上部较疏，柄短至无柄；叶片大头羽状分裂，狭倒卵形或椭圆形，长 4～10cm、宽 1.5～3.5cm，顶裂片显著较大，长倒卵形、长圆形或卵形，边缘不整齐波状或浅粗齿，侧裂片 1～5 对；茎上部叶狭椭圆形或倒披针形，基部耳状抱茎。总状花序顶生或腋生，花小，密集呈伞房状，果期显著延长；萼片 4，卵状长圆形，长 3～4mm、宽 1～2mm；花瓣黄色，倒卵状匙形，稍长于萼片；雄蕊 6，2 枚稍短。长角果线状扁圆柱形，长 8～16mm、宽 1.5～2mm，直立或稍内弯；果梗短于或近等长于果；种子每室 2 行，细小，褐色，卵圆形而扁。花期 7～8 月，果期 8～9 月。

生境分布：互助。生于林缘、沟谷、河滩，海拔 2200～3800m。

菥蓂

分　　类：木兰纲　十字花目　十字花科　菥蓂属
学　　名：*Thlaspi arvense* Linn.
别　　名：遏蓝菜、败酱、布郎鼓、布朗鼓、铲铲草、臭虫草。

形态特征：一年生草本。高5～60cm。全株无毛。茎直立，不分枝或分枝，具棱。基生叶倒卵状长圆形，长1～9cm、宽3～20mm，顶端钝或急尖，边缘有疏锯齿，基部箭形，抱茎；茎生叶椭圆形，向上渐小。总状花序顶生和腋生；花小，白色，直径约2mm；花梗细，长5～10mm；萼片直立，长圆状倒卵形或长圆状卵形，长2～2.5mm、宽约1mm，淡黄绿色，顶端钝；花瓣长圆状倒卵形，长3～4mm，顶端钝或截形，基部渐窄呈爪状；雄蕊6；子房椭圆形，花柱短，柱头扁头状。短角果倒卵形或近圆形，长5～20mm、宽4～18mm，边缘具1～3mm宽的翅，扁平，顶端凹陷；宿存花柱陷入凹缺翅内；种子每室2～8个，倒卵形，黄褐色，扁平，长约1.5mm，有同心环纹。花期5～7月，果期6～8月。

生境分布：平安、互助、乐都、民和、化隆、循化。生于田边、路边、宅旁、沟边以及山坡荒地，海拔1800～3800m。

杂配藜

  分 类：木兰纲 石竹目 苋科 麻叶藜属
  学 名：*Chenopodiastrum hybridum* (Linn.) S. Fuentes, Uotila & Borsch
  形态特征：一年生草本。高 40～120cm。茎直立，粗壮，基部通常不分枝，无毛，有条棱；枝条细长，斜伸。叶大型，叶柄长 2～7cm；叶片宽卵形或卵状三角形，长 6～15cm、宽 5～12cm，先端急尖或渐尖，基部略呈心形或近圆形，边缘有不整齐的裂片。花序圆锥状，顶生或腋生；花两性，兼有雌性；花被片 5，卵形，先端圆钝，基部合生，边缘膜质，背部具纵隆脊；雄蕊 5；柱头 2，细小。胞果双凸镜形，果皮膜质；种子横生，黑色，无光泽，表面具明显的深洼点，直径约 2mm。花果期 7～9 月。
  生境分布：互助、乐都。生于田边、沙质河滩、山坡、山麓洪积扇，海拔 2300～3500m。

菊叶香藜

分　　类：木兰纲　石竹目　苋科　腺毛藜属
学　　名：*Dysphania schraderiana* (Roemer & Schultes) Mosyakin & Clemants
别　　名：菊叶刺藜、总状花藜。
形态特征：一年生草本。高 20～60cm。芳香，疏生腺毛。茎直立，有纵条纹；分枝斜升。叶有叶柄，叶片矩圆形，长 2～6cm，宽 1.5～3.5cm，羽状浅裂至深裂，上面深绿色，几无毛，下面浅绿色，生有节的短柔毛和棕黄色的腺点。花两性，单生于两歧分枝叉处和枝端，形成二歧聚伞花序，多数二歧聚伞花序再集成塔形圆锥状花序；花被片 5，背面有刺突状的隆脊和黄色腺点，果后花被开展；雄蕊 5。胞果扁球形，果皮薄，与种子紧贴；种子横生，直径 0.5～0.8mm；种皮硬壳质，红褐色至黑色，有网纹；胚半环形。花期 7～9 月，果期 9～10 月。

生境分布：平安、互助、乐都、民和、化隆、循化。生于田边、宅旁、荒地、半干旱山坡、河滩、林缘草地、沟渠边，海拔 2200～4100m。

蛛丝蓬

分　　类：木兰纲　石竹目　苋科　盐生草属
学　　名：*Halogeton arachnoideus* Moq.
别　　名：白茎盐生草、灰蓬。
形态特征：一年生草本。高 10～40cm。茎直立，自茎部分枝，枝条灰白色，秋季带紫红色，幼期密被蛛丝状毛，后期脱落或有时于局部残存。叶肉质，圆柱形，长 0.3～1cm、直径 1～2mm，先端钝圆，有时具小尖头，叶腋簇生绵毛。花杂性，2～3 朵簇生于叶腋；小苞片 2 枚，肉质；花被片 5 深裂，膜质，背面有 1 条明显的脉，果时近顶端背面横生出 5 片半圆形膜质的翅，呈白色、黄色或淡红色，大小近相等；雄花无花被，雄蕊 5；雌花花柱甚短，柱头 2，丝状。胞果近球形或球状卵形，压扁；果皮膜质；种子小，圆形，直径 1～1.5mm。

生境分布：平安、互助、乐都、循化。生于荒漠盐碱滩地、沙地、干旱山坡及谷地，海拔 2000～3400m。

驼绒藜

分　　类：木兰纲　石竹目　苋科　驼绒藜属
学　　名：*Krascheninnikovia ceratoides* (Linn.) Gueldenst.
别　　名：优若藜。

形态特征：半灌木。高 10～100cm。分枝多集中于茎下部，斜展或平展，被星状毛。叶较小，互生，线形、条状披针形、披针形或矩圆形，长 1～5cm、宽 0.2～1cm，先端急尖或钝，基部渐狭、楔形或圆形，全缘，两面均有星状毛，1 脉，有时近基处有 2 条侧脉，极稀为羽状；有短柄。花单性，雌雄同株；雄花成簇，在枝端集成穗状花序，长达 4cm，紧密；雌花腋生，无花被；苞片 2，密生星状毛，合生成管，两侧压扁，呈椭圆形，长 3～4mm、宽约 2mm；其上部有 2 个角状裂片，裂片长为管长的 1/3 至等长，叉开，果期管外两侧各有 2 束等长的长毛。胞果椭圆形或倒卵形，直立，被毛；种子和胞果同形，侧扁，直立；胚马蹄形。花果期 6～9 月。

生境分布：平安、互助、乐都、民和、化隆、循化。生于干旱山坡、河谷、河滩，海拔 2500～4100m。

灰绿藜

分　　类：木兰纲　石竹目　苋科　红叶藜属

学　　名：*Oxybasis glauca* (Linn.) S. Fuentes, Uotila & Borsch

形态特征：一年生草本。高 10～40cm。茎直立或平卧，下部分枝，茎枝具条棱及绿色或紫色条纹。叶片长椭圆形、卵形至披针形，长 2～4cm，宽 6～15mm，肥厚，先端钝或微尖，基部楔形，边缘具深波状锯齿，上面无粉，平滑，下面有粉粒而呈灰白色，有时稍带紫红色；中脉明显，黄绿色；叶柄长，4～12mm。花序穗状或复穗状，顶生或腋生；花被裂片 3～4，稀为 5，浅绿色稍肥厚，通常无粉；雄蕊 3～4，稀 1～5，花丝较短，花药球形；柱头 2，极短。胞果圆形，扁，顶端露出花被外，果皮膜质；种子扁球形，直径 0.75～1mm，横生，稀斜生，暗褐色或黑色，有光泽。花果期 5～10 月。

生境分布：平安、互助、乐都、民和、化隆、循化。生于田边、宅院、河湖岸边等盐碱荒地，海拔 1700～4100m。

瞿麦

分　　类：木兰纲　石竹目　石竹科　石竹属

学　　名：*Dianthus superbus* Linn.

形态特征：多年生草本。高50～60cm，有时更高。茎丛生，直立，绿色，无毛，上部分枝。叶片线状披针形，长5～10cm，宽3～5mm，顶端锐尖，中脉特显，基部合生成鞘状，绿色，有时带粉绿色。花1或2朵生枝端，有时顶下腋生；苞片2～3对，倒卵形，长6～10mm，约为花萼的1/4，宽4～5mm，顶端长尖；花萼圆筒形，长2.5～3cm、直径3～6mm，常染紫红色晕，萼齿披针形，长4～5mm；花瓣长4～5cm，爪长1.5～3cm，包于萼筒内，瓣片宽倒卵形，边缘纵裂至中部或中部以上，通常淡红色或带紫色，稀白色，喉部具丝毛状鳞片；雄蕊和花柱微外露。蒴果圆筒形，与宿存萼等长或微长，顶端4裂；种子扁卵圆形，长约2mm，黑色，有光泽。花期6～9月，果期8～10月。

生境分布：互助、乐都、民和、循化。生于高山草地、山坡、灌丛，海拔3000～3500m。

甘肃雪灵芝

分　　类：木兰纲　石竹目　石竹科　老牛筋属
学　　名：*Eremogone kansuensis* (Maxim.) Dillenb. & Kadereit
别　　名：甘肃蚤缀。
形态特征：多年生垫状草本。高4～5cm。主根粗壮，木质化，下部密集枯叶。叶片针状线形，长1～2cm、宽约1mm，基部稍宽，抱茎，边缘狭膜质，下部具细锯齿，稍内卷，顶端急尖，呈短芒状，上面微凹入，下面凸出，呈三棱形，质稍硬，紧密排列于茎上。花单生枝端；苞片披针形，长3～5mm、宽1～1.5mm，基部连合呈短鞘，边缘宽膜质，顶端锐尖，具1脉；花梗长2.5～4mm，被柔毛；萼片5，披针形，长5～6mm，基部较宽，边缘宽膜质，顶端尖，具1脉；花瓣5，白色，倒卵形，长4～5mm，基部狭，呈楔形，顶端钝圆；花丬杯状，具5个腺体；雄蕊10，花丝扁线形，长约4mm，花药褐色；子房球形，1室，具多数胚珠，花柱3，线形，长约3mm。花期5～7月，果期7～8月。

生境分布：互助、乐都。生于山顶、山坡、高山宽谷、高山顶部、高山草甸、流石坡、砾石带，海拔3000～4400m。

黑蕊无心菜

分　　类：木兰纲　石竹目　石竹科　齿缀草属
学　　名：*Odontostemma melanandrum* (Maxim.) Rabeler & W. L. Wagner.
别　　名：大板山蚤缀、黑蕊蚤缀。
形态特征：多年生草本。高6～10cm。根茎细长，茎单生或基部二分叉，下部倾斜，具碎片状剥落的鳞片，上部直立，褐色，被腺柔毛。叶片长圆形或长圆状披针形，长1～1.8cm、宽3～5mm，基部较狭，疏生缘毛，顶端钝，中脉明显；茎下部叶具短柄，上部叶无柄；叶腋生不育枝。花1～3朵，呈聚伞状，一般直立；苞片卵状披针形，长0.6～1cm、宽2～3mm，基部较狭，具缘毛，顶端急尖；花梗长0.5～2cm，密被腺柔毛；萼片5，椭圆形，长5～6mm、宽约2mm，基部较宽，边缘狭膜质，具缘毛，顶端钝，外面绿色，具1脉，疏被黑紫色腺柔毛；花瓣5，白色，宽倒卵形，长1～1.2cm、宽5～6mm，基部渐狭成短爪，顶端微凹；花盘碟状，具5个椭圆形腺体；雄蕊10，花丝钻形，近等长，通常长于萼片，花药卵形，黑紫色；子房卵形，长约3mm，花柱2～3，线形，长约3mm，柱头棒状。蒴果长圆状卵形，稍短于宿存萼，长4～5mm，4～6裂，具短柄；种子卵圆形，长约1mm，表面具皱纹，灰褐色。花期7月，果期8月。

生境分布：互助。生于高山草甸、河边岩石上、流石滩、高寒草甸砾石带，海拔3800～4200m。

蔓孩儿参

分　　类：木兰纲　石竹目　石竹科　孩儿参属
学　　名：*Pseudostellaria davidii* (Franch.) Pax
别　　名：蔓假繁缕。

形态特征：多年生草本。块根纺锤形。茎匍匐，细弱，长60～80cm，稀疏分枝，被2列毛。叶片卵形或卵状披针形，长2～3cm、宽1.2～2cm，顶端急尖，基部圆形或宽楔形，具极短柄，边缘具缘毛。开花受精花单生于茎中部以上叶腋；花梗细，长3.8cm，被1列毛；萼片5，披针形，长约3mm，外面沿中脉被柔毛；花瓣5，白色，长倒卵形，全缘，比萼片长1倍；雄蕊10，花药紫色，比花瓣短；花柱3，稀2；闭花受精花通常1～2朵，匍匐枝多时则花数2朵以上，腋生；花梗长约1cm，被毛；萼片4，狭披针形，长约3mm、宽0.8～1mm，被柔毛；雄蕊退化；花柱2。蒴果宽卵圆形，稍长于宿存萼片；种子圆肾形或近球形，直径约1.5mm，表面具棘凸。花期5～7月，果期7～8月。

生境分布：循化。生于山坡、林缘、石隙，海拔2100～3800m。

异花孩儿参

分　　类：木兰纲　石竹目　石竹科　孩儿参属
学　　名：*Pseudostellaria heterantha* (Maxim.) Pax
别　　名：棒棒草、假繁缕、异花假繁缕、矮小孩儿参。
形态特征：多年生草本。高8～15cm。块根纺锤形。茎单生，直立，基部分枝，具2列柔毛。茎中部以下叶片倒披针形，顶端尖，基部渐狭成柄；中部以上叶片倒卵状披针形，长2～2.5cm、宽0.8～1.2cm，具短柄，基部疏生缘毛。开花受精花顶生或腋生，花梗细，长3～3.5cm，被柔毛，萼片5，披针形，长3～4mm，绿色，外面被柔毛，边缘具缘毛，花瓣5，白色，长圆状倒披针形，长于萼片，顶端钝圆或急尖，雄蕊10，稍短于花瓣，花药紫色，花柱2～3；闭花受精花腋生，花梗短；萼片4，披针形，长2～3mm，花柱2，极短。蒴果卵圆形，直径3.5～4mm，稍长于宿存萼，4瓣裂；种子肾形，稍扁，表面具极低瘤状突起。花期5～6月，果期7～8月。

生境分布：互助、民和。生于山坡林下、灌丛、山坡草地，海拔2600～3800m。

石生孩儿参

分　　类：木兰纲　石竹目　石竹科　孩儿参属
学　　名：*Pseudostellaria rupestris* (Turcz.) Pax
别　　名：石假繁缕。
形态特征：多年生草本。高约8cm。块根球状或宽椭圆状，长约1cm。茎直立，纤细，不分枝或上部稀疏分枝，无毛或被1～2列短毛。叶片披针形、倒披针形或狭长圆形，长1～3cm，宽3～8mm，顶端急尖，基部渐狭成短柄，无毛或边缘具缘毛。开花受精花顶生或腋生，花梗无毛或被短柔毛，萼片长圆状披针形，边缘白色，膜质，沿脉被疏毛，花瓣白色，长圆形，比萼片约长1/3，全缘，稀顶端微凹，雄蕊10，与花瓣近等长，花柱3，稀为2；闭花受精花小型，生于茎下部叶腋，花梗长约12mm。蒴果卵圆形；种子小，褐色，表面具锚状刺突。花期5～6月，果期7～9月。
生境分布：循化。生于云杉林下、山坡石隙，海拔2000～2200m。

西南独缀草

分　　类：木兰纲　石竹目　石竹科　独缀草属
学　　名：*Shivparvatia forrestii* (Diels) Rabeler
别　　名：粉晕蚤缀、玫瑰无心菜、福氏蚤缀、垂花无心菜、小花无心菜、西南无心菜。
形态特征：多年生草本。高2～15cm。茎丛生，无毛或一侧被极稀的白色柔毛。茎下部的叶鳞片状，长3～4mm、宽1～1.5mm；茎上部的叶无毛，叶片革质，卵状长圆形或长圆状披针形，长5～12mm、宽1.5～3mm，基部狭，边缘稍硬，具软骨质，顶端急尖，中脉突起。花单生枝端；花梗长5～15cm，侧生成行柔毛；萼片5，长圆状披针形，长5～8mm、宽2～3mm，基部狭，边缘狭膜质，顶端锐尖，呈黄色；花瓣5，白色或粉红色，倒卵状椭圆形，长7～15mm、宽4～6mm，基部狭，呈楔形，顶端钝圆，有时稍平截或微凹；雄蕊10，花丝纤细，基部稍扁，长5～6mm，花药黄色；子房卵圆形，稍扁，长约2mm，含6～8枚胚珠，花柱3，线形，长2.5mm。花期7～8月。

生境分布：互助。生于山间石缝、碎石带、河漫滩、河边，海拔3700～3900m。

黄花补血草

分　　类：木兰纲　石竹目　白花丹科　补血草属
学　　名：*Limonium aureum* Hill.
别　　名：金色补血草、黄花矶松、黄花创蝇架、黄花矶松。
形态特征：多年生草本。高 10～30cm。全株无毛。基生叶矩圆状匙形至倒披针形，长 1～4cm、宽 0.5～1cm，顶端圆钝而具短尖头，基部楔形下延为扁平的叶柄。花 3～7 朵组成聚伞花序，排列于花序分枝顶端形成伞房状圆锥花序；花序轴着生小疣点，下部无叶，具多数不育小枝；苞片短于花萼，边缘膜质；花萼宽漏斗状，长 5～8mm；萼筒倒圆锥状，长 3～4mm，有长柔毛，裂片 5，金黄色，长 2～4mm；花瓣橘黄色，基部合生；雄蕊 5，着生于花瓣基部；花柱 5，离生，无毛，柱头圆柱形，子房倒卵形。果包藏于萼内。花期 6～7 月，果期 7～8 月
生境分布：平安、互助、乐都、民和。生于荒漠、半荒漠化草原上、草原、冲积扇、河漫滩、干山坡、田埂、盐碱滩地、湖滨草地，海拔 1900～3000m。

二色补血草

分　　类：木兰纲　石竹目　白花丹科　补血草属
学　　名：*Limonium bicolor* (Bunge) Kuntze.
别　　名：矾松、二色匙叶草、二色矾松、苍蝇花、苍蝇架。
形态特征：多年生草本。高20～50cm。全株（除萼外）无毛。叶基生，偶可花序轴下部1～3节上有叶，花期叶常存在，匙形至长圆状匙形，长3～15cm、宽0.5～3cm，先端通常圆或钝，基部渐狭成平扁的柄。花序圆锥状；花序轴单生，或2～5枚各由不同的叶丛中生出，通常有3～4棱角，有时具沟槽，偶可主轴圆柱状，往往自中部以上作数回分枝，末级小枝二棱形；不育枝少，通常简单，位于分枝下部或单生于分叉处；穗状花序有柄至无柄，排列在花序分枝的上部至顶端，由3～5个小穗组成；小穗含2～3花；外苞长2.5～3.5mm，长圆状宽卵形，第一内苞长6～6.5mm；萼长6～7mm，漏斗状，萼筒径约1mm，全部或下半部沿脉密被长毛，萼檐初时淡紫红色或粉红色，后来变白，宽为花萼全长的一半，开张幅径与萼的长度相等，裂片宽短而先端通常圆，偶可有一易落的软尖，间生裂片明显，脉不达于裂片顶缘，沿脉被微柔毛或变无毛；花冠黄色；果实具5棱。花期6～7月，果期7～8月。
生境分布：平安、互助、乐都、民和。生于路边、干山坡、农田边，海拔2000～2400m。

圆穗蓼

分　　类：木兰纲　石竹目　蓼科　拳参属
学　　名：*Bistorta macrophylla* (D. Don) Soják
别　　名：圆穗拳参。

形态特征：多年生草本。高 10～35cm。根状茎肥厚；茎不分枝，直立，通常 2～3，自根状茎发出。基生叶有长柄；叶矩圆形或披针形，长 5～15cm、宽 1～2cm，顶端急尖，基部近圆形，边缘微向下翻卷，无毛或下面有柔毛；茎生叶近无柄，较小，狭披针形或条形；托叶鞘筒状，膜质，有明显的脉。花序穗状，顶生；花排列紧密，白色或淡红色；花被 5 深裂，裂片矩圆形，背部有 1 条明显的脉；雄蕊 8，长于花被；花柱 3，柱头头状。瘦果卵形，有 3 棱，黄褐色，有光泽。花期 7～8 月，果期 9～10 月。

生境分布：平安、互助、乐都、民和、化隆、循化。生于高寒草甸、灌丛、高山流石坡，海拔 3000～4100m。

珠芽蓼

分　　类：木兰纲　石竹目　蓼科　拳参属
学　　名：*Bistorta vivipara* (Linn.) Gray
别　　名：珠芽拳参、山谷子。
形态特征：多年生草本。高 10～40cm。根状茎肥厚，紫褐色。茎直立，不分枝，通常 1～4，生于根状茎上。基生叶有长柄；叶矩圆形或披针形，长 3～6cm、宽 8～25mm，革质，顶端急尖，基部圆形或楔形，边缘微向下翻卷；茎生叶有短柄或近无柄，披针形，较小；托叶鞘筒状，膜质。花序穗状，顶生，中下部生珠芽；苞片宽卵形，膜质；花淡红色，花被 5 深裂，裂片宽椭圆形；雄蕊通常 8；花柱 3，基部合生。瘦果卵形，有 3 棱，深褐色，有光泽。花期 5～7 月，果期 7～9 月。

生境分布：平安、互助、乐都、民和、化隆、循化。生于湿地、草地、灌丛、林缘、林下、河滩，海拔 2000～4200m。

苦荞麦

分　　类：木兰纲　石竹目　蓼科　荞麦属
学　　名：*Fagopyrum tataricum* (Linn.) Gaertn.
别　　名：苦荞。

形态特征：一年生草本。高30～80cm。茎直立，分枝或不分枝，具纵细沟纹，绿色或略带紫色，光滑无毛，小枝具乳头状突起。叶片宽三角形或三角状戟形，长2.5～7cm、宽2.5～8cm，两面沿叶脉具乳头状突起，茎下部叶具长叶柄，上部叶较小，具短柄；托叶鞘膜质，黄褐色，无毛。总状花序细长而开展，腋生或顶生，花簇疏松；花被白色或淡粉红色，5深裂，疏被柔毛；雄蕊比花被短；花柱3，较短，柱头头状。瘦果圆锥状卵形，长5～7cmm，灰褐色，有3棱，棱上部锐利，下部圆钝，有3条深沟。花期6～9月，果期8～10月。

生境分布：互助、乐都、民和。生于林缘、灌丛、山坡、河边、田边荒地，海拔2200～3300m。

卷茎蓼

分　　类：木兰纲　石竹目　蓼科　藤蓼属
学　　名：*Fallopia convolvulus* (Linn.) Á. Löve.
别　　名：蔓首乌、卷旋蓼。

形态特征：一年生草本。茎缠绕，长1～1.5m，具纵棱，自基部分枝，具小突起。叶卵形或心形，长2～6cm，宽1.5～4cm，顶端渐尖，基部心形，两面无毛，下面沿叶脉具小突起，边缘全缘，具小突起；叶柄长1.5～5cm，沿棱具小突起；托叶鞘膜质，长3～4mm，偏斜，无缘毛。花序总状，腋生或顶生，花稀疏，下部间断，有时成花簇，生于叶腋；苞片长卵形，顶端尖，每苞具2～4花；花梗细弱，比苞片长，中上部具关节；花被5深裂，淡绿色，边缘白色，花被片长椭圆形，外面3片背部具龙骨状突起或狭翅，被小突起；果时稍增大，雄蕊8，比花被短；花柱3，极短，柱头头状。瘦果椭圆形，具3棱，长3～3.5mm，黑色，密被小颗粒，无光泽，包于宿存花被内。花期5～8月，果期6～9月。

生境分布：互助、乐都、循化。生于林缘、灌丛、山坡，海拔2100～3600m。

西伯利亚蓼

分　　类：木兰纲　石竹目　蓼科　西伯利亚蓼属

学　　名：*Knorringia sibirica* (Laxm.) Tzvelev.

别　　名：西伯利亚神血宁。

形态特征：多年生草本。高10～25cm。根状茎细长；茎外倾或近直立，自基部分枝，无毛。叶片长椭圆形或披针形，无毛，长5～13cm、宽0.5～1.5cm，顶端急尖或钝，基部戟形或楔形，全缘；叶柄长8～15mm；托叶鞘筒状，膜质，上部偏斜，开裂，无毛，易破裂。花序圆锥状，顶生，花排列稀疏，通常间断；苞片漏斗状，无毛，通常每一苞片内具4～6朵花；花梗短，中上部具关节；花被5深裂，黄绿色，花被片长圆形，长约3mm；雄蕊7～8，稍短于花被，花丝基部较宽；花柱3，较短，柱头头状。瘦果卵形，具3棱，黑色，有光泽，包于宿存的花被内或突出。花果期6～9月。

生境分布：平安、互助、乐都、民和、化隆、循化。生于河滩、水渠、沙滩、盐碱草地，海拔1800～4100m。

酸模叶蓼

分　　类：木兰纲　石竹目　蓼科　蓼属
学　　名：*Persicaria lapathifolia* (Linn.) Delarbre
别　　名：大马蓼、蓼草、白辣蓼、假辣蓼。

形态特征：一年生草本。高 30～200cm。茎直立，上部分枝，粉红色，节部膨大。叶片宽披针形，大小变化很大，顶端渐尖或急尖，表面绿色，常有黑褐色新月形斑点，两面沿主脉及叶缘有伏生的粗硬毛；托叶鞘筒状，无毛，淡褐色。花序为数个花穗构成的圆锥花序；苞片膜质，边缘疏生短缘毛；花被粉红色或白色，4 深裂；雄蕊 6；花柱 2 裂，向外弯曲。瘦果卵形，扁平，两面微凹，黑褐色，光亮，全部包于宿存花被内。花期 6～8 月，果期 7～10 月。

生境分布：互助、乐都、民和、循化。生于河边、田边水渠旁、林下阴湿地，海拔 1800～2800m。

扁蓄

分　　类：木兰纲　石竹目　蓼科　扁蓄属
学　　名：*Polygonum aviculare* Linn.
别　　名：大萹蓄、鸟蓼、扁竹、竹节草、猪牙草、道生草、尼阿罗哇（藏语音译）。
形态特征：一年生草本。高10～40cm，常有白粉。茎丛生，匍匐或斜升，绿色，有沟纹。叶互生，叶片线形至披针形，长1～4cm，宽6～10cm，顶端钝或急尖，基部楔形，近无柄；托叶鞘膜质，下部褐色，上部白色透明，有明显脉纹。花1～5朵簇生叶腋，露出托叶鞘外；花梗短，基部有关节；花被5深裂，裂片椭圆形，暗绿色，边缘白色或淡红色；雄蕊8；花柱3裂。瘦果卵形，长2.5～3mm，表面有棱，褐色或黑色，有不明显的小点。花果期5～10月。
生境分布：平安、互助、乐都、民和、化隆、循化。生于田边、路边荒地、河边、水渠边，海拔1700～4200m。

小大黄

分　　类：木兰纲　石竹目　蓼科　大黄属
学　　名：*Rheum pumilum* Maxim.
别　　名：矮大黄。

形态特征：矮小草本。高 10～25cm。茎细，直立，下部直径 2～3.5mm，具细纵沟纹，被有稀疏灰白色短毛，靠近上部毛较密。基生叶 2～3 片，叶片卵状椭圆形或卵状长椭圆形，长 1.5～5cm、宽 1～3cm，近革质，顶端圆，基部浅心形，全缘，基出脉 3～5 条，中脉发达粗壮，叶上面光滑无列毛或偶在主脉基部具稀疏短柔毛，下面具稀疏白色短毛，毛多生于叶脉及叶缘上，叶柄半圆柱状，与叶片等长或稍长，被短毛；茎生叶 1～2 片，通常叶部均具花序分枝，稀最下部一片叶腋无花序分枝，叶片较窄小，近披针形；托叶鞘短，长约 5m，干后膜质，常破裂，光滑无毛。窄圆锥状花序，分枝稀而不具复枝，具稀短毛，花 2～3 朵簇生；花梗极细，长 2～3mm，关节在基部；花被不开展，花被片椭圆形或宽椭圆形，长 1.5～2mm，边缘为紫红色；雄蕊为 9，稀较少，不外露；子房宽椭圆形，花柱短，柱头近头状。果实三角形或角状卵形，长 5～6mm，最下部宽约 4mm，顶端具小凹，基部平直或稍凹，翅窄，宽 1～1.5mm，纵脉在翅的中间部分；种子卵形，宽 2～2.5mm。花期 6～7 月，果期 8～9 月。

生境分布：平安、互助、乐都、民和、化隆、循化。生于高山流石坡、高山草甸、灌丛，海拔 3000～4300m。

单脉大黄

分　　类：木兰纲　石竹目　蓼科　大黄属

学　　名：*Rheum univerve* Maxim.

形态特征：矮小草本。高15～30cm，稀稍高。根较细长。无茎；根状茎顶端残存有黑褐色膜质的叶鞘。基生叶2～4片，叶片纸质，卵形或窄卵形，长8～12cm，宽4～7.5cm，顶端钝或钝急尖，基部略圆形至极宽楔形，边缘具弱波；叶脉掌羽状，白绿色，中脉粗壮，侧脉明显；叶柄短，长3～5cm、宽3.5～5mm，光滑无毛或稀具小乳突。窄圆锥花序，2～5枝，由根状茎生出，花序梗实心或髓腔不明显，基部直径2～5mm，1～2次分枝，具细棱线，光滑无毛；花2～4朵簇生；小苞片披针形，长1～2mm；花梗细长，长约3mm，关节近基部，光滑无毛；花被片淡红紫色，椭圆形至稍长椭圆形，外轮较小，长1～1.5mm，内轮长1.5～2mm；花盘肉质，环状，具浅缺刻；雄蕊9，内藏，花丝短于1mm；子房近菱状椭圆形，花柱长而反曲，柱头头状。果实宽矩圆状椭圆形，长14～16mm、宽12.5～14.5mm，顶端圆或微凹，基部心形，翅宽达5mm，膜质，浅红紫色，纵脉靠近翅的外缘；种子窄卵形，宽约3mm，深褐色，宿存花被长约3mm，白色。花期5～7月，果期8～9月。

生境分布：循化。生于干旱沙石山坡、河谷阶地，海拔1800～2100m。

皱叶酸模

分　　类：木兰纲　石竹目　蓼科　酸模属
学　　名：*Rumex crispus* Linn.
别　　名：土大黄。
形态特征：多年生草本。高 30～120cm。根粗壮，黄褐色。茎直立，不分枝或上部分枝，具浅沟槽。基生叶披针形或狭披针形，长 10～25cm，宽 2～5cm，顶端急尖，基部楔形，边缘皱波状；茎生叶较小，狭披针形，叶柄长 3～10cm；托叶鞘膜质，易破裂。花序狭圆锥状，花序分枝近直立或上升；花两性；淡绿色；花梗细，中下部具关节，关节果时稍膨大；花被片 6，外花被片椭圆形，长约 1mm，内花被片果时增大，宽卵形，长 4～5mm，网脉明显，顶端稍钝，基部近截形，边缘近全缘，全部具小瘤，稀 1 片具小瘤，小瘤卵形，长 1.5～2mm。瘦果卵形，顶端急尖，具 3 锐棱，暗褐色，有光泽。花期 5～6 月，果期 6～7 月。

生境分布：平安、互助、乐都、民和、化隆、循化。生于田边、路边、沟边、村边荒地，海拔 1700～3300m。

巴天酸模

分　　类：木兰纲　石竹目　蓼科　酸模属
学　　名：*Rumex patientia* Linn.
别　　名：羊蹄根、牛舌棵、牛耳大黄、金不换、针刺酸模、土大黄、酸模根、羊铁酸模、山大黄。
形态特征：多年生草本。高90～150cm。根肥厚，直径可达3cm。茎直立，粗壮，上部分枝，具深沟槽。基生叶长圆形或长圆状披针形，长15～30cm，宽5～10cm，顶端急尖，基部圆形或近心形，边缘波状，叶柄粗壮，长5～15cm；茎上部叶披针形，较小，具短叶柄或近无柄；托叶鞘筒状，膜质，长2～4cm，易破裂。花序圆锥状，大型；花两性；花梗细弱，中下部具关节，关节果时稍膨大；外花被片长圆形，长约1.5mm，内花被片果时增大，宽心形，长6～7mm，顶端圆钝，基部深心形，边缘近全缘，具网脉，全部或小部分具小瘤；小瘤长卵形，通常不能全部发育。瘦果卵形，具3锐棱，顶端渐尖，褐色，有光泽，长2.5～3mm。花期5～6月，果期6～7月。

生境分布：平安、互助、乐都、民和、化隆、循化。生于田边、山沟、林间、村边，海拔1800～3300m。

三春水柏枝

分　　类：木兰纲　石竹目　柽柳科　水柏枝属
学　　名：*Myricaria paniculata* P. Y. Zhang
别　　名：砂柳、臭红柳、三春柳。
形态特征：灌木。高1～3m。老枝红棕色或灰褐色，具条纹。叶小，长圆形或长圆状椭圆形，长1～4mm、宽0.5～1mm，先端急尖或钝。花序单生，多生于小枝顶端，偶有多枚集成圆锥花序而成侧生，长4～12cm，苞片阔卵形或倒卵状长圆形，先端突缩成三角状渐尖至尾状渐尖，长4～5mm；萼片5，披针状长圆形，长约4mm，略短于花瓣，具膜质边缘；花瓣5，粉红色，长圆状椭圆形，长约5mm；花丝从基部往上1/3～1/2处合生；子房圆锥状，长3～4mm，柱头头状。蒴果长约8mm；种子披针状长圆形，长约1.2mm，顶端芒柱上部被毛，下部光滑。花果期6～10月。

生境分布：平安、互助、乐都、民和、化隆、循化。生于河漫滩、田边、路旁，海拔1800～3500m。

具鳞水柏枝

分　　类：木兰纲　石竹目　柽柳科　水柏枝属

学　　名：*Myricaria squamosa* Desv.

形态特征：灌木。高1～4.5m。叶披针形、卵状披针形、长圆形，长1.5～10mm、宽0.5～2mm，先端钝或锐尖，基部略扩展，具狭膜质边。总状花序侧生于老枝上，单生或数个花序簇生于枝腋，花后伸长，疏松，基部被多数覆瓦状排列的鳞片；鳞片宽卵形或椭圆形，近膜质，中脉粗厚且带绿色；苞片椭圆形、宽卵形或倒卵状长圆形，长4～8mm、宽3～4mm，等于或长于花萼，稀短于花萼，顶端圆钝或急尖，基部狭缩，具宽膜质边或几为膜质；花梗长2～3mm；萼片卵状披针形，长圆形或长椭圆形，长2～4mm、宽不过1mm，先端锐尖或钝，有或宽或狭的膜质边；花瓣紫红色或粉红色，倒卵形或长椭圆形，长4～5mm、宽约2mm，先端圆钝，基部狭缩，常内曲；花丝约2/3部分合生；子房圆锥形，长3～5mm。蒴果狭圆锥形，长约10mm；种子狭椭圆形或狭倒卵形，长约1mm，顶端具芒柱，芒柱被白色长柔毛。花期6～8月，果期7～10月。

生境分布：平安、互助、乐都、民和、化隆、循化。生于河漫滩、沟谷、河谷石隙，海拔1800～3200m。

红砂

分　　类：木兰纲　石竹目　柽柳科　红砂属
学　　名：*Reaumuria soongarica* (Pall.) Maxim.
别　　名：枇杷柴。
形态特征：多分枝小灌木。植株仰卧，高 10～70cm。树皮不规则波状剥裂。老枝灰棕色，小枝多拐曲，皮灰白色，纵裂。叶常 4～6 枚簇生在缩短的枝上，肉质，短圆柱形，鳞片状，长 1～5mm、宽约 1mm，浅灰蓝绿色，花期有时变紫红色，具点状泌盐腺体。花两性；花单生叶腋或在幼枝上端呈少花的总状花序；无梗；直径约 4mm；苞片 3；花萼钟状，上部 5 裂；花瓣 5，张开，白色略带淡红，长圆形，内面有 2 个倒披针形附属物；雄蕊 6～12；花柱 3。蒴果纺锤形，具 3 棱，长 4～6mm，3 瓣裂；种子长圆形，密被黑褐色毛。花期 7～8 月，果期 8～9 月。
生境分布：平安、互助、乐都、民和、化隆、循化。生于阶地灌丛、盐湖滨滩地、盐碱滩地、干旱山坡、荒漠、半荒漠、戈壁滩地，海拔 1700～3000m。

卫矛

分　　类：木兰纲　卫矛目　卫矛科　卫矛属

学　　名：*Euonymus alatus* (Thunb.) Sieb.

别　　名：鬼见羽、鬼箭羽、艳龄茶、南昌卫矛、毛脉卫矛。

形态特征：落叶灌木。高1～3m。小枝常具2～4列宽阔木栓翅。冬芽圆形，长2mm左右，芽鳞边缘具不整齐细坚齿。叶卵状椭圆形、窄长椭圆形，偶为倒卵形，长2～8cm、宽1～3cm，边缘具细锯齿，两面光滑无毛；叶柄长1～3mm。聚伞花序1～3花；花序梗长约1cm，小花梗长5mm；花白绿色，直径约8mm，4数；萼片半圆形；花瓣近圆形；雄蕊着生花盘边缘处，花丝极短，开花后稍增长，花药宽阔长方形，2室顶裂。蒴果1～4深裂，裂瓣椭圆状，长7～8mm；种子椭圆状或阔椭圆状，长5～6mm，种皮褐色或浅棕色，假种皮橙红色，全包种子。花期5～6月，果期7～10月。

生境分布：互助、循化。生于山坡林下，海拔1800～2300m。

冷地卫矛

分　　类：木兰纲　卫矛目　卫矛科　卫矛属
学　　名：*Euonymus frigidus* Wall.
别　　名：紫花卫矛、大理卫矛。

形态特征：落叶灌木。高 0.1～3.5m。枝疏散。叶厚纸质，椭圆形或长方窄倒卵形，长 6～15cm，宽 2～6cm，先端急尖或钝，有时呈尖尾状，基部多为阔楔形或楔形，边缘有较硬锯齿，侧脉 6～10 对，在两面均较明显；叶柄长 6～10mm。聚伞花序松散；花序梗长而细弱，长 2～5cm，顶端具 3～5 分枝，分枝长 1.5～2cm；小花梗长约 1cm；花紫绿色，直径 1～1.2cm；萼片近圆形；花瓣阔卵形或近圆形；花丬微 4 裂，雄蕊着生裂片上，无花丝；子房无花柱。蒴果具 4 翅，长 1～1.4cm，翅长 2～3mm，常微下垂；种子近圆盘状，稍扁，直径 6～8mm，包于橙色假种皮内。

生境分布：民和、循化。生于山坡林下、灌丛中，海拔 2200～2800m。

矮卫矛

分　　类：木兰纲　卫矛目　卫矛科　卫矛属
学　　名：*Euonymus nanus* M. Bieb.

形态特征：小灌木。直立或有时匍匐，高约1m。枝条绿色，具多数纵棱。叶互生或三叶轮生偶有对生，线形或线状披针形，长1.5～3.5cm、宽2.5～6mm，先端钝，具短刺尖，基部钝或渐窄，边缘具稀疏短刺齿，常反卷，主脉明显，侧脉不明显；近无柄。聚伞花序1～3花；花序梗细长丝状，长2～3cm；小花梗丝状，长8～15mm，紫棕色；花紫绿色，直径7～8mm，4数；雄蕊无花丝，花药顶裂；子房每室3～4胚珠。蒴果粉红色，扁圆，4浅裂，长约7mm、直径约9mm；种子稍扁球状，种皮棕色，假种皮橙红色，包被种子一半。花期5月上旬至7月下旬，果期8～9月。

生境分布：互助、循化。生于林下、林缘、山坡灌丛，海拔2200～2800m。

中亚卫矛

分　　类：木兰纲　卫矛目　卫矛科　卫矛属
学　　名：*Euonymus semenovii* Regel & Herder
别　　名：八宝茶。
形态特征：小灌木。高30～150cm。枝条常具4条栓棱或窄翅。叶卵状披针形、窄卵形或线形，长1.5～6.5cm，宽4～25mm，先端渐窄，基部圆形或楔形，边缘有细密浅锯齿，侧脉较多而密接，7～10对，细弱；叶柄长3～6mm。聚伞花序多具2次分枝，7花，少为3花；花序梗细长，通常长2～4cm，分枝长，中央小花梗明显较短；花紫棕色，4数，直径约5mm；雄蕊无花丝，着生花盘四角的突起上；子房无花柱，柱头平坦，微4裂，中央"十"字沟状。蒴果稍呈倒心形，4浅裂，长7～10mm、直径9～12mm，顶端浅心形，基部突然窄缩成短柄状；种子黑棕色，种脐近三角形，假种皮橙黄色，大部包围种子，近顶端一侧开裂。
生境分布：互助、乐都、民和、循化。生于林下、林缘、山坡灌丛、路旁，海拔2300～2800m。

红瑞木

分　　类：木兰纲　山茱萸目　山茱萸科　山茱萸属
学　　名：*Cornus alba* Linn.
别　　名：凉子木、红瑞山茱萸。
形态特征：灌木。高达3m。树皮紫红色；叶对生，纸质，椭圆形，长5～8.5cm、宽1.8～5.5cm。伞房状聚伞花序顶生，较密，宽3cm，被白色短柔毛；总花梗圆柱形，长1.1～2.2cm，被淡白色短柔毛；花小，白色或淡黄白色，长5～6mm、直径6～8.2mm，花萼裂片4，尖三角形，长0.1～0.2mm，短于花瓣，外侧有疏生短柔毛；花瓣4，卵状椭圆形，长3～3.8mm、宽1.1～1.8mm，先端急尖或短渐尖，上面无毛，下面疏生贴生短柔毛；雄蕊4，长5～5.5mm，着生于花瓣外侧，花丝线形，微扁，长4～4.3mm，无毛，花药淡黄色，2室，卵状椭圆形，长1.1～1.3mm，"丁"字形着生；花盘垫状，高0.2～0.25mm；花柱圆柱形，长2.1～2.5mm，近于无毛，柱头盘状，宽于花柱，子房下位，花托倒卵形，长1.2mm、直径1mm，被贴生灰白色短柔毛；花梗纤细，长2～6.5mm，被淡白色短柔毛，与子房交接处有关节。核果长圆形，微扁，长约8mm、直径5.5～6mm，成熟时乳白色或蓝白色，花柱宿存；核棱形，侧扁，两端稍尖呈喙状，长5mm、宽3mm，每侧有脉纹3条；果梗细圆柱形，长3～6mm，有疏生短柔毛。花期6～7月；果期8～9月。

生境分布：互助、循化。生于林缘或灌丛，海拔2200～2600m。

沙梾

分　　类：木兰纲　山茱萸目　山茱萸科　山茱萸属
学　　名：*Cornus bretschneideri* L. Henry.
别　　名：毛山茱萸。

形态特征：乔木或灌木。高3～9m。叶对生，厚纸质，椭圆形、长圆椭圆形或长圆卵形，长10～15cm、宽6～8cm；叶柄粗壮，长1～2.5cm，幼时密被淡褐色贴生短柔毛，老时近于无毛，上面有浅沟，下面圆形，基部稍膨大而呈鞘状。伞房状聚伞花序顶生，连同5～6cm长的粗壮总花梗在内长10cm、宽10cm，密被黄色短柔毛；开花时间晚；花小，白色，直径7～8mm；花萼裂片4，三角形，不整齐，长0.8～1mm，长于花丬，外侧有浅褐色及灰色短柔毛；花瓣4，舌状长圆形或长卵形，长3.8～4mm，先端短渐尖，上面近于无毛，下面有褐色及灰白色贴生短柔毛；雄蕊4，与花瓣近等长，长3～4.5mm，花丝线形，白色，无毛，花药2室，蓝色，长圆形，长1.2～1.5mm；花丬垫状，无毛，厚约0.4mm；花柱圆柱形，长3～4mm，略有纵沟及灰白色平贴短柔毛，柱头头状，子房下位，花托倒卵形，长1～1.7mm，密被浅褐色及少数灰白色贴生短柔毛；花梗细圆柱形，长0.2～4mm，密被锈色短柔毛。核果近于球形，黑色，直径3.1mm，被有灰褐色平贴短柔毛；核扁圆形，直径2.6mm、高2.1mm，骨质，略有8条不完整的浅肋纹。花期7～8月，果期9～10月。

生境分布：互助、民和、循化。生于林下或林缘，海拔1800～2400m。

东陵绣球

分　　类：木兰纲　山茱萸目　绣球科　绣球花属
学　　名：*Hydrangea bretschneideri* Dippel
别　　名：东陵八仙花。

形态特征：落叶灌木。高1～3m。幼枝有短柔毛，二年生枝栗褐色，表皮常开裂或呈条状剥落。叶对生，矩圆状倒卵形或近椭圆形，长7～13cm、宽3.5～6cm，基部近楔形，边缘有锯齿，上面无毛或脉上有毛，下面有灰色卷曲柔毛；叶柄长1～3cm，有疏毛。伞房状聚伞花序顶生，长宽各7～12cm，花序轴与花梗被毛；花二型；放射花具4枚萼瓣，萼瓣近圆形，全缘，长1～1.5cm；孕性花白色，萼筒有疏毛，裂片5，披针形；花瓣5，离生；雄蕊10，不等长；花柱3，稀2，子房大半部下位。蒴果近卵形，长3mm，约一半或1/3突出于萼管之上，顶端孔裂；种子两端有翅。花期6～7月，果期8～9月。

生境分布：互助、循化。生于山坡、林下，海拔2000～2600m。

山梅花

分　　类：木兰纲　山茱萸目　绣球科　山梅花属
学　　名：*Philadelphus incanus* Koehne
别　　名：白毛山梅花、毛叶木通。
形态特征：落叶灌木。高1.5～3.5m。二年生小枝灰褐色，表皮呈片状脱落，当年生小枝浅褐色或紫红色，被微柔毛或有时无毛。叶卵形或阔卵形，长6～12.5cm、宽8～10cm，先端急尖，基部圆形，花枝上叶较小，卵形、椭圆形至卵状披针形，长4～8.5cm、宽3.5～6cm，先端渐尖，基部阔楔形或近圆形，边缘具疏锯齿，上面被刚毛，下面密被白色长粗毛，叶脉离基出3～5条；叶柄长5～10mm。总状花序有花5～11朵，下部的分枝有时具叶；花序轴长5～7cm，疏被长柔毛或无毛；花梗长5～10mm，上部密被白色长柔毛；花萼外面密被紧贴糙伏毛；萼筒钟形，裂片卵形，长约5mm、宽约3.5mm，先端骤渐尖；花冠盘状，直径2.5～3cm，花瓣白色，卵形或近圆形，基部急收狭，长13～15mm、宽8～13mm；雄蕊30～35，最长的长达10mm；花丝无毛；花柱长约5mm，无毛，近先端稍分裂，柱头棒形，长约1.5mm，较花药小。蒴果倒卵形，长7～9mm、直径4～7mm；种子长1.5～2.5mm，具短尾。花期5～6月，果期7～8月。

生境分布：互助、循化。生于山沟林下，海拔2000～2700m。

甘肃山梅花

分　　类：木兰纲　山茱萸目　绣球科　山梅花属
学　　名：*Philadelphus kansuensis* (Rehd.) S. Y. Hu
别　　名：甘肃太平花。

形态特征：灌木。高 2～7m。二年生小枝灰棕色，表皮片状脱落；当年生小枝暗紫色，疏被微柔毛或变无毛。叶卵形或卵状椭圆形，长 5～10cm、宽 3～6.5cm；花枝上叶较小，长 3～5cm、宽 1～2cm；先端渐尖，稀急尖，基部圆形或阔楔形，近全缘或具疏齿，两面均无毛或上面被糙伏毛，下面仅中脉被长柔毛；基脉 3～5 条；叶柄长 2～8mm。总状花序有花 5～7 朵；花序轴长 2～8cm，紫红色，疏被糙伏毛；花梗长 4～8mm；花萼紫红色，外面疏被糙伏毛，萼筒钟形，与裂片间无缢纹，裂片卵状三角形，长约 4mm、宽约 3mm，顶端急尖；花冠盘状，直径约 2.5mm；花瓣白色，长圆状卵形，长 1.2～1.5cm、宽 1～1.3cm，背面基部疏被柔毛；雄蕊 28～30，最长的长达 9mm；花盘边缘常具一圈毛；花柱长 6～7mm，上部稍分裂，基部有时被毛，柱头棒形，长约 1mm，较花药小。蒴果倒卵形，长 6～8mm、直径 4～5mm；种子长约 3mm，具短尾。花期 6～7 月，果期 10～11 月。

生境分布：互助、民和、循化。生于阴坡林中、灌丛、河谷，海拔 2300～3300m。

毛柱山梅花

分　　类：木兰纲　山茱萸目　绣球科　山梅花属
学　　名：*Philadelphus subcanus* Koehne
别　　名：河南山梅花、毛叶木通。
形态特征：落叶灌木。高3~6m。二年生小枝灰棕色。叶纸质，卵形或阔卵形，长3~14cm、宽2~7cm，先端急尖或渐尖，基部阔楔形或圆形，边缘具疏离小锯齿，上面疏被长硬毛，下面仅沿主脉和侧脉密被长柔毛；叶脉3~5条，离基；叶柄长5~10mm，稍被毛。总状花序有花9~15朵，有时下部1~3对分枝具花，排成聚伞状或圆锥状，其基部常具叶；花序轴疏被长柔毛或无毛；花梗长5~15mm，密被长柔毛；花萼外面被金黄色或灰黄色微柔毛；裂片卵形，长6~7mm、宽3~4mm，先端急尖或渐尖，尖头长约1.5mm，被毛较萼筒稀疏；花冠盘状，直径2.5~3cm；花瓣白色，倒卵形或椭圆形，稀卵状椭圆形，长1~1.8cm、宽7~13mm，背面基部有时被毛；雄蕊25~33，长短不一，最长的长达10mm；花药长圆形；花丝和花柱下部密被金黄色微柔毛；花柱长约6mm，近顶端稍2分裂，柱头近匙形，长1.5~2mm，较花药长。蒴果倒卵形，长8~10mm、直径约6mm，宿存萼裂片着生于近顶部；种子长3~3.5mm，尾长约1mm。花期6~7月，果期8~10月。

生境分布：互助、循化。生于山沟道旁，海拔2000~2600m。

穿龙薯蓣

分　　类：木兰纲　薯蓣目　薯蓣科　薯蓣属
学　　名：*Dioscorea niponica* Makino
别　　名：山常山、穿山龙、穿地龙。
形态特征：缠绕草质藤本。根状茎横生，圆柱形，多分枝，栓皮层显著剥离。茎左旋，近无毛，长达5m。单叶互生，叶柄长10～20cm；叶片掌状心形，变化较大；茎基部叶长10～15cm、宽9～13cm，边缘作不等大的三角状浅裂、中裂或深裂；顶端叶片小，近于全缘；叶表面黄绿色，有光泽，无毛或有稀疏的白色细柔毛，尤以脉上较密。花雌雄异株；雄花序为腋生的穗状花序，花序基部常由2～4朵集成小伞状，至花序顶端常为单花，苞片披针形，顶端渐尖，短于花被，花被碟形，6裂，裂片顶端钝圆，雄蕊6枚，着生于花被裂片的中央，药内向；雌花序穗状，单生，雌花具有退化雄蕊，有时雄蕊退化仅留有花丝，雌蕊柱头3裂，裂片再2裂。蒴果成熟后枯黄色，三棱形，顶端凹入，基部近圆形，每棱翅状，大小不一，一般长约2cm、宽约1.5cm；种子每室2枚，有时仅1枚发育，着生于中轴基部，四周有不等的薄膜状翅，上方呈长方形，长约比宽大2倍。花期6～8月，果期8～10月。

生境分布：互助、循化。生于林下、林缘，海拔2200～2700m。

五福花

分　　类：木兰纲　川续断目　五福花科　五福花属
学　　名：*Adoxa moschatellina* Linn.

形态特征：多年生矮小草本。高8～15cm。根状茎横生，末端加粗；茎单一，纤细，无毛，有长匍匐枝。基生叶1～3，为一至二回三出复叶；小叶片宽卵形或圆形，长1～2cm，3裂，小叶柄长0.6～1.2cm，叶柄长4～9cm；茎生叶2枚，对生，3深裂，裂片再3裂，叶柄长1cm左右。花序有限生长，5～7朵花排成顶生聚伞性头状花序，无花柄；花黄绿色，直径4～6mm；花萼浅杯状，顶生花的花萼裂片2，侧生花的花萼裂片3；花冠辐状，管极短，顶生花的花冠裂片4，侧生花的花冠裂片5，裂片上乳突略可见；内轮雄蕊退化为腺状乳突，外轮雄蕊在顶生花为4，在侧生花为5，花丝2裂几至基部，花药单室，盾形，外向，纵裂；子房半下位至下位，花柱在顶生花为4，侧生花为5，基部连合，柱头4～5，点状。核果。花期5～7月，果期7～8月。

生境分布：互助、循化。生于林下灌丛，海拔2500～2800m。

血满草

分　　类：木兰纲　川续断目　五福花科　接骨木属

学　　名：*Sambucus adnata* Wall. ex DC.

形态特征：多年生高大草本或半灌木。高1～2m。根和根茎红色，折断后有红色浆汁。茎草质，具明显的棱条。奇数羽状复叶对生；具叶片状或条形的托叶；小叶3～5对，长椭圆形、长卵形或披针形，长4～15cm、宽1.5～2.5cm，先端渐尖至长渐尖，基部不对称，平钝或阔楔形，边缘有锯齿，上面均疏被粗毛，脉上毛较密，顶端一对小叶基部常沿柄相连，有时也与顶生小叶片相连；小叶的托叶退化成瓶状突起的腺体。聚伞花序顶生，伞房状，长约15cm；具总花梗，三至五出分枝成锐角，初时必被黄色短柔毛，多少杂有腺毛；花小，有恶臭；花萼5裂，被短柔毛，裂片三角形，下部愈合成钟状；花冠白色，辐状，5裂；雄蕊5，互生，着生于花冠筒口，花丝基部膨大，花药黄色；子房3室，花柱极短，柱头3裂。浆果红色，球形。花期5～7月，果期9～10月。

生境分布：平安、互助、乐都、民和、化隆、循化。生于山沟林下、林内、沟沿、灌丛、河滩，海拔1800～2600m。

蒙古荚蒾

分　　类：木兰纲　川续断目　五福花科　荚蒾属
学　　名：*Viburnum mongolicum* (Pall.) Rehd.
别　　名：蒙古绣球花。
形态特征：灌木。高达2m。幼枝有星状毛，老枝灰白色，冬芽不具鳞片。叶宽卵形至椭圆形，长2～5cm，顶端尖或钝，上面被疏毛，下面疏生星状毛，边有浅锯齿。花序小，花不多，通常生于第一级辐射枝上；萼筒无毛，长约3mm，萼檐长约1mm，具5微齿；花冠淡黄色，管状钟形，长6～7mm，无毛，裂片5，长约1.5mm；雄蕊5，着生近花冠筒基部，约与花冠等长。核果椭圆形，长约10mm，先红后黑；核扁，，有2条浅背沟和3条浅腹沟。花期5月，果期9月。
生境分布：平安、互助、乐都、民和、循化。生于山坡、干坡、林内、路边、山地半阴坡，海拔2000～2700m。

白花刺续断

分　　类：木兰纲　川续断目　忍冬科　刺续断属
学　　名：*Acanthocalyx alba* (Hand.-Mazz.) M. J. Connon
别　　名：白花刺参。
形态特征：多年生草本。高10～40cm。植株较纤细。不育叶成丛，条形或窄披针形，长5～18cm，全缘，有刺毛，平行脉3～5条。花枝自叶丛旁抽出，高20～70cm；叶3～4对，较基叶短小，二叶基部合生抱茎。聚伞花序头状，顶生及近顶腋生；苞片卵形，顶端窄长突尖，边缘及背脉有长硬刺；小苞片倒卵形，上部有刺毛；花萼筒状，上口斜裂，上唇长，顶端3齿裂，下唇短，有2长齿，齿端有细长刺；花冠白色，筒细而弯，长2～3cm、直径达7mm，5浅裂；雄蕊4，集生花冠喉部一侧，1对有短花丝，1对无；子房下位，包于杯状小总苞内。果时小总苞长杯状，顶端平截，有细长刺，宿萼约1/2露于小总苞外。
生境分布：互助、乐都。生于山坡草地、灌丛草甸，海拔2800～3800m。

日本续断

分　　类：木兰纲　川续断目　忍冬科　川续断属
学　　名：*Dipsacus japonicus* Miq.
别　　名：天目续断。

形态特征：多年生草本。高 1m 以上。主根长圆锥状，黄褐色。茎中空，向上分枝，具 4～6 棱，棱上具钩刺。基生叶具长柄，叶片长椭圆形，分裂或不裂；茎生叶对生，叶片椭圆状卵形至长椭圆形，先端渐尖，基部楔形，长 8～20cm，宽 3～8cm，常为 3～5 裂，顶端裂片最大，两侧裂片较小，裂片基部下延成窄翅；边缘具粗齿或近全缘，有时全为单叶对生，正面被白色短毛，叶柄和叶背脉上均具疏的钩刺和刺毛。头状花序顶生，圆球形，直径 1.5～3.2cm；总苞片线形，具白色刺毛；小苞片倒卵形，开花期时长达 9～11mm，顶端喙尖长 5～7mm，两侧具长刺毛；花萼盘状，4 裂，被白色柔毛；花冠管长 5～8mm，基部细管明显，长 3～4mm，4 裂，裂片不相等，外被白色柔毛；雄蕊 4，着生在花冠管上，稍伸出花冠外；子房下位，包于囊状小总苞内；小总苞具 4 棱，长 5～6mm，被白色短毛，顶端具 8 齿。瘦果长圆楔形。花期 8～9 月，果期 9～10 月。

生境分布：平安、互助、乐都、民和、循化。生于河边、田边、水沟边、山坡、路边、海拔 1800～3200m。

蓝果忍冬

分　　类：木兰纲　川续断目　忍冬科　忍冬属
学　　名：*Lonicera caerulea* Linn.
别　　名：蓝靛果、阿尔泰忍冬。
形态特征：落叶灌木。高1.5m左右。幼枝被毛，老枝红棕色，后皮剥落。冬芽有2舟形外鳞片，有时具副芽，壮枝有叶柄间托叶。叶矩圆形、卵状椭圆形，稀卵形，长2～5cm，有毛。总花梗长2～10mm；苞片条形，长于萼筒2～3倍；小苞片合生成坛状壳斗，完全包围子房，成熟时肉质；花冠黄白色，筒状漏斗形，长1～1.3cm，外有柔毛，基部具浅囊，裂片5；雄蕊5，稍伸出花冠之外；花柱无毛，伸出花冠之外。浆果蓝黑色，椭圆形，长约1cm，果外覆白粉。花期5～6月，果期7～8月。
生境分布：互助、乐都、民和。生于林缘、灌丛、河谷、河滩，海拔2200～3200m。

维管植物门 TRACHEOPHYTA

金花忍冬

分　　类：木兰纲　川续断目　忍冬科　忍冬属
学　　名：*Lonicera chrysantha* Turcz.
别　　名：黄花忍冬。
形态特征：灌木。高达2m。冬芽狭卵形，顶端尖。鳞片具睫毛，背部疏生柔毛。叶菱状卵形至菱形状披针形，长4～10cm，顶端渐尖。总花梗长1.2～3cm；相邻两花的萼筒分离，有腺毛，萼檐有明显的圆齿；花冠先白色后黄色，长1.5～1.8cm，外疏生微毛，唇形，花冠筒3倍短于唇瓣；雄蕊5，与花柱均稍短于花冠。浆果红色，直径5～6mm；种子颗粒状，粗糙。花期5～6月，果期7～9月。

生境分布：互助、乐都、民和、循化。生于林下、阴坡林间、山沟林间、山麓沟地、河谷山坡、河边、水沟边，海拔2000～3700m。

刚毛忍冬

分　　类：木兰纲　川续断目　忍冬科　忍冬属
学　　名：*Lonicera hispida* Pall. ex Roem. et Schultz.
别　　名：刺毛忍冬、异萼忍冬。
形态特征：灌木。高达 1.5m。幼枝具刚毛和短柔毛；冬芽长达 15mm，具 2 外鳞片。叶卵状椭圆形至矩圆形，长 2.5～8cm，顶端尖，具刚毛状睫毛。总花梗从当年小枝最下面一对叶腋生出，长 1～1.5cm；苞片宽卵形，长 1.5～3cm；萼筒常具腺毛和刺刚毛，萼檐环状；花冠白色或淡黄色，漏斗状，长 1.5～3cm，外面有短柔毛，基部具囊。浆果红色，椭圆形，长约 1cm。花期 5～6 月，果期 7～9 月。
生境分布：平安、互助、乐都、民和、循化。生于河谷、阴坡、石崖、林缘、山坡灌丛中、林下、河滩、草甸、阳坡，海拔 2000～3700m。

小叶忍冬

分　　类：木兰纲　川续断目　忍冬科　忍冬属
学　　名：*Lonicera microphylla* Willd. ex Roem. & Schult.
形态特征：落叶灌木。高 1～2m。幼枝被短柔毛。冬芽小，内鳞片不反折。叶倒卵形、倒披针形或长圆形，长 5～20mm、宽 3～10mm，先端钝，全缘，具短缘毛，基部楔形，两面异色，上面深绿色，下面灰绿色，均被短柔毛；叶柄极短。总花梗长不逾 1cm；苞片线形，与花萼等长；小苞片缺；双花的萼合生，无毛，萼檐波状或有小齿；花冠黄色，二唇形，无毛，长约 1cm，冠筒比唇瓣稍短或等长，基部具囊；花药微露出，花丝有毛；花柱外露。果实成熟时红色，圆形，径约 5mm。花果期 5～7 月。
生境分布：互助、乐都、民和、循化。生于林缘、林下、河谷、山坡、岩石上、河漫滩、阴坡、山顶、砂石滩，海拔 2000～3800m。

红花岩生忍冬

分　　类：木兰纲　川续断目　忍冬科　忍冬属

学　　名：*Lonicera rupicola* var. *syringantha* (Maxim.) Zabel

别　　名：红花忍冬、钟花忍冬。

形态特征：落叶灌木。高达2.5m。幼枝和叶柄均被屈曲、白色短柔毛和微腺毛，或有时近无毛；小枝纤细，叶脱落后小枝顶常呈针刺状，有时伸长而平卧。叶纸质，3～4枚轮生，很少对生，条状披针形、矩圆状披针形至矩圆形，长0.5～3.7cm，顶端尖或稍具小凸尖或钝形，基部楔形至圆形或近截形，两侧不等，边缘背卷，上面无毛或有微腺毛，下面无毛或疏生短柔毛；叶柄长达3mm。花冠淡紫色或紫红色，筒状钟形，长8～15mm，外面常被微柔毛和微腺毛，筒长为裂片的1.5～2倍，内面尤其上端有柔毛，裂片卵形，长3～4mm，为筒长的2/5～1/2，开展；花药达花冠筒的上部；花柱高达花冠筒之半，无毛。果实红色，椭圆形，长约8mm；种子淡褐色，矩圆形，扁，长4mm。花期5～8月，果期8～10月。

生境分布：互助、乐都、民和。生于林缘、林下、山坡灌丛、高山草甸、山谷、河谷、山岩、河漫滩、水沟边、林间空地、干山坡、山沟流水线旁、阳坡，海拔2000～3800m。

唐古特忍冬

分　　类：木兰纲　川续断目　忍冬科　忍冬属
学　　名：*Lonicera tangutica* Maxim.
别　　名：陇塞忍冬、太白忍冬、杯萼忍冬、毛药忍冬、袋花忍冬、短苞忍冬、四川忍冬、晋南忍冬。
形态特征：小灌木。高达 2m。叶倒卵形、椭圆形至倒卵状矩圆形，长 1～5cm，边缘常具睫毛。总花梗通常细长、下垂，长 1.5～3cm；相邻两花的萼筒中部以上至全部合生；花冠黄白色或略带粉色，筒状漏斗形至半钟状，长 10～12mm，裂片 5 而直立，基部具浅囊或否，外无毛，稀疏生柔毛，里面生柔毛；雄蕊 5，着生花冠筒中部，花药达花冠裂片基部至稍伸出花冠之外；花柱伸出花冠之外。浆果红色，直径 6～7mm。花期 5～6 月，果期 7～8 月。
生境分布：平安、互助、乐都、民和、化隆、循化。生于阴沟、林下、杂木林中、山麓、河谷、山坡、山谷、灌丛、沟谷内灌丛，海拔 1800～3800m。

毛花忍冬

分　　类：木兰纲　川续断目　忍冬科　忍冬属
学　　名：*Lonicera trichosantha* Bur. & Franch.
别　　名：平卧忍冬。

形态特征：落叶灌木。高达 3～5m。枝水平状开展，小枝纤细。叶纸质，下面绿白色，形状变化很大，通常矩圆形、卵状矩圆形或倒卵状矩圆形，长 2～6cm，两面或仅下面中脉疏生短柔伏毛或无毛，下面侧脉基部有时扩大而下沿于中脉，边有睫毛；叶柄长 3～7mm。总花梗长 2～6mm，短于叶柄，果时则超过叶柄；苞片条状披针形，长约等于萼筒；小苞片近卵圆形，长约 2mm，为萼筒的 1/2～2/3，顶端稍截形，基部多少连和；相邻两萼筒分离，长约 2mm，无毛，萼檐钟形，干膜质，长 1.5～2mm，全裂成 2 片，一片具 2 齿，另一片具 3 齿，或仅一侧撕裂，萼齿三角形；凡苞片、小苞片和萼檐均疏生短柔毛及腺，稀无毛；花冠黄色，长 12～15mm，唇形，筒长约 4mm，常有浅囊，外面密被短糙伏毛和腺毛，内面喉部密生柔毛，唇瓣外面毛较稀或有时无毛，上唇裂片浅圆形，下唇矩圆形，长 8～10mm，反曲；雄蕊和花柱均短于花冠，花丝生于花冠喉部，基部有柔毛；花柱稍弯曲，长约 1cm，全被短柔毛，柱头大，盘状。果实由橙黄色转为橙红色至红色，圆形，直径 6～8mm。花期 5～7 月，果期 8 月。

生境分布：民和、循化。生于林缘、河谷、山地坡麓、林下，海拔 2500～2800m。

华西忍冬

分　　类：木兰纲　川续断目　忍冬科　忍冬属
学　　名：*Lonicera webbiana* Wall. ex DC.
别　　名：异叶忍冬、倒卵叶忍冬、吉隆忍冬、川西忍冬。

形态特征：落叶灌木。高达 3～4m。幼枝常秃净或散生红色腺，老枝具深色圆形小突起。冬芽外鳞片约 5 对，顶突尖，内鳞片反曲。叶纸质，卵状椭圆形至卵状披针形，长 4～9cm，顶端渐尖或长渐尖，基部圆或微心形或宽楔形，边缘常不规则波状起伏或有浅圆裂，有睫毛，两面有疏或密的糙毛及疏腺。总花梗长 2.5～5cm；苞片条形，长 2～5mm；小苞片甚小，分离，卵形至矩圆形，长 1mm 以下；相邻两萼筒分离，无毛或有腺毛，萼齿微小，顶端钝、波状或尖；花冠紫红色或绛红色，很少白色或由白色变黄色，长 1cm 左右，唇形，外面有疏短柔毛和腺毛或无毛，筒甚短，基部较细，具浅囊，向上突然扩张，上唇直立，具圆裂，下唇比上唇长 1/3，反曲；雄蕊长约等于花冠，花丝和花柱下半部有柔毛。果实先红色后转黑色，圆形，直径约 1cm；种子椭圆形，长 5～6mm，有细凹点。花期 5～6 月，果期 8～9 月。

生境分布：互助、乐都、民和、循化。生于坡麓、林冠下、山坡、林下、阴坡、半阴坡灌丛，海拔 2000～3800m。

莛子藨

分　　类：木兰纲　川续断目　忍冬科　莛子藨属
学　　名：*Triosteum pinnatifidum* Maxim.
别　　名：羽裂莛子藨。

形态特征：多年生草本。高达60cm。茎被刺刚毛及腺毛，中空，具白色的髓部。叶3～4对，近无柄；叶轮廓倒卵形至倒卵状椭圆形，长8～20cm，宽6～18cm，羽状深裂，基部楔形至宽楔形，裂片1～3对，先端渐尖，无锯齿；茎基部的初生叶有时不分裂。聚伞花序对生，各具3朵花，无总花梗，有时花序下具卵全缘的苞片，在茎或分枝顶端集合成短穗状花序；萼筒长约4mm，具5微小的萼齿；花冠狭钟状，长约10mm，黄绿色，筒基部具浅囊，裂片二唇形，裂片里面带紫色斑点；雄蕊5，与花柱均稍短于花冠。果球形，肉质，具3槽，成熟时白色，长约1cm；种子黑色，腹面具2槽。花期5～6月，果期8～9月。

生境分布：平安、互助、乐都、民和、化隆、循化。生于山麓、沟谷、林下、林缘、灌丛、河滩，海拔2000～3700m。

缬草

分　　类：木兰纲　川续断目　忍冬科　缬草属
学　　名：*Valeriana officinalis* Linn.
别　　名：香草、媳妇菜、拔地麻、欧缬草、广州拔地麻、宽叶缬草。
形态特征：多年生草本。高1～2m。根簇生，多数，较粗长，有特异浓香气。根状茎粗短；茎直立，中空，有纵棱，常被白色粗毛。基生叶丛生，具长叶柄，和叶柄基部稍宽，呈鞘状，叶枯后残存；茎生叶对生，叶柄向上渐短或近无柄；叶片羽状全裂，裂片3～15，披针形或条形，顶端裂片稍大或与侧裂片近等大，边缘有不规则锯齿或全缘，两面稍被柔毛，下面脉上和叶缘的毛较密。聚伞花序多数排列成顶生的伞房状圆锥花序；苞片羽状分裂；小苞片条状披针形；花萼内卷，萼齿不明显；花冠淡紫红色，筒状，先端5裂，裂片近圆形；雄蕊3枚，着生于花冠筒内，伸出于花冠筒外；子房下位，花柱细长，柱头2裂。瘦果卵形，长约4mm，基部平截，顶端有羽状冠毛。花期5～7月，果期8～9月。
生境分布：平安、互助、乐都、民和、循化。生于林下、灌丛、草甸，海拔2000～3800m。

四萼猕猴桃

分　　类：木兰纲　杜鹃花目　猕猴桃科　猕猴桃属
学　　名：*Actinidia tetramera* Maxim.
别　　名：巴东猕猴桃。
形态特征：落叶藤本。着花小枝长3～8cm，径约2.5mm，红褐色，无毛，皮孔显著，髓褐色，片层状；隔年枝径约3mm。叶薄纸质，长方卵形、长方椭圆形或椭圆披针形，长4～8cm、宽2～4cm，顶端长渐尖，基部楔状狭圆形、圆形或截形，两侧不对称，边缘有细锯齿，两面近同色，有时上部变为白色，腹面完全无毛，背面侧脉腋上有极显著的白色髯毛或缺髯毛，中脉的下段乃至叶柄上常有一些白色小刺毛或叶面中脉和侧脉有较多的刺毛，侧脉6～7对，叶干后两面均极易见，横脉与网状小脉很不发达，几不可见；叶柄水红色，长1.2～3.5cm。花白色，渲染淡红色，通常1花单生，极少为2～3朵成聚伞花序的，雌性花远比雄性花普遍常见；花柄丝状，无毛，长1.5～2.2cm；苞片废退；萼片4，少数5，长圆状卵形，长4～5mm，两面洁净无毛，唯边缘有极细睫毛；花瓣4片，少数5片，瓢状倒卵形，长7～10mm；花丝丝状，长约4mm，基部膨大如棒头，花药黄色，长圆形，长约1.5mm，两端钝圆；子房榄球形，长约3～5mm，洁净无毛，花柱细长，长约4mm。果熟时金黄色，卵珠状，长1.5～2cm，无毛，无斑点，有反折的宿存萼片；种子长2.5mm。花期5月中旬至6月中旬，果期9月。
生境分布：循化。生于山谷灌丛、林缘，海拔2100～2600m。

藤山柳

分　　类：木兰纲　杜鹃花目　猕猴桃科　藤山柳属
学　　名：*Clematoclethra scandens* (Franch.) Maxim.
别　　名：刚毛藤山柳、变异藤山柳、多脉藤山柳、心叶藤山柳。

形态特征：木质藤本。老枝黑褐色，无毛；小枝褐色，被刚毛，基本无绒毛。叶纸质，卵形、长圆形、披针形或倒卵形，长9～15cm、宽3～7cm，顶端渐尖至长渐尖，基部钝形或圆形，边缘有胼胝质睫状小锯齿，腹面叶脉上有刚毛，背面全部被或厚或薄的细绒毛，叶脉上又兼被刚毛；叶柄长2～7cm，被刚毛，基本无绒毛。花序被细绒毛或兼被刚毛，总柄长15～20mm，具3～6花；花柄长7～10mm；小苞片被细绒毛，披针形，长3～5mm；花白色；萼片矩卵形，长3～4mm，无毛或略被细绒毛；花瓣瓢状倒矩卵形，长约7mm。果干后直径6～8mm。花期6月，果期7～8月。

生境分布：民和、循化。生于林下、灌丛，海拔2100～2600m。

水金凤

分　　类：木兰纲　杜鹃花目　凤仙花科　凤仙花属

学　　名：*Mpatiens nolitangere* Linn.

形态特征：一年生草本。高40～70cm。茎较粗壮，肉质，直立，上部多分枝，无毛，下部节常膨大，有多数纤维状根。叶互生；叶片卵形或卵状椭圆形，长3～8cm、宽1.5～4cm，先端钝，稀急尖，基部圆钝或宽楔形，边缘有粗圆齿，齿端具小尖，两面无毛，上面深绿色，下面灰绿色；叶柄纤细，长2～5cm，最上部的叶柄更短或近无柄。总花梗长1～1.5cm，具2～4花，排列成总状花序；花梗长1.5～2mm，中上部有1枚苞片；苞片草质，披针形，长3～5mm，宿存；花黄色；侧生2萼片卵形或宽卵形，长5～6mm，先端急尖；旗瓣圆形或近圆形，直径约10mm，先端微凹，背面中肋具绿色鸡冠状突起，顶端具短喙尖；翼瓣无柄，长20～25mm，2裂，下部裂片小，长圆形，上部裂片宽斧形，近基部散生橙红色斑点，外缘近基部具钝角状的小耳；唇瓣宽漏斗状，喉部散生橙红色斑点，基部渐狭成长10～15mm内弯的距；雄蕊5，花丝线形，上部稍膨大，花药卵球形，顶端尖；子房纺锤形，直立，具短喙尖。蒴果线状圆柱形，长1.5～2.5cm；种子多数，长圆球形，长3～4mm，褐色，光滑。花期7～9月。

生境分布：互助、乐都、循化。生于灌丛，海拔2000～2800m。

维管植物门 TRACHEOPHYTA

北极果

分　　类：木兰纲　杜鹃花目　杜鹃花科　北极果属
学　　名：*Arctous alpinus* (Linn.) Nied.
别　　名：黑果天栌、黑北极果。
形态特征：落叶垫状小灌木。高20～40cm。无毛。地下茎扭曲，黄褐色，皮层剥落。地上枝条密被宿存叶基。芽黄褐色，长3～4mm；枝淡黄棕色。叶互生，倒卵形或倒披针形，厚纸质，长12～30mm、宽7～13mm，先端钝尖或近锐尖头，基部下延成短柄，通常有疏长睫毛，边缘有毛，具细锯齿，表面绿色，背面灰绿色，网脉明晰；叶柄长6～12mm，腹面具槽。花少数，组成短总状花序，生于去年生枝的顶端；基部有2～4苞片，苞片叶状，长约5mm，先端具尖头，边缘干膜质，被绒毛，背面有光泽；花梗长约5mm，顶端稍粗大，无毛；花萼小，5裂，裂片宽而短，无毛；花冠坛形，长4～6mm，绿白色，口部齿状5浅裂，外面无毛，里面有短硬毛；雄蕊8枚，长1～2mm，花药深红色，具芒状附属物，花丝被毛，花柱比雄蕊长，但短于花冠。浆果球形，直径6～9mm，有光泽，初时红色，后变为黑紫色，多汁。花期5～6月，果期7～8月。

生境分布：互助、乐都。生于云杉或柳树林下或灌木丛中，海拔2800～4200m。

松下兰

分　　类：木兰纲　杜鹃花目　杜鹃花科　松下兰属
学　　名：*Hypopitys monotropa* Crantz.
别　　名：毛花松下兰。
形态特征：多年生草本。腐生。高8～27cm。全株无叶绿素，白色或淡黄色，肉质，干后变黑褐色。根细而分枝密。叶鳞片状，直立，互生，上部较稀疏，下部较紧密，卵状长圆形或卵状披针形，长1～1.5cm、宽0.5～0.7cm，先端钝头，边缘近全缘，上部的常有不整齐的锯齿。总状花序有3～8花；花初下垂，后渐直立，花冠筒状钟形，长1～1.5cm、直径0.5～0.8cm；苞片卵状长圆形或卵状披针形，长10～16mm、宽4～7mm；萼片长圆状卵形，长7～10mm、宽2.5～3.5mm，先端急尖，早落；花瓣4～5。长圆形或倒卵状长圆形，长12～14mm、宽4.5～6mm，先端钝，上部有不整齐的锯齿，早落；雄蕊8～10，短于花冠，花药橙黄色，花丝无毛；子房无毛，中轴胎座，4～5室；花柱直立，长2.5～4mm，柱头膨大成漏斗状，4～5圆裂。蒴果椭圆状球形，长7～10mm、直径5～7mm。花期6～8月，果期7～9月。

生境分布：互助。生于山地阔叶林或针阔叶混交林下，海拔2500～3000m。

水晶兰

分　　类：木兰纲　杜鹃花目　杜鹃花科　水晶兰属
学　　名：*Monotropa uniflora* Linn.
形态特征：多年生草本。腐生。高10～30cm。茎直立，单一，不分枝，全株无叶绿素，白色，肉质，干后变黑褐色。根细而分枝密，交结成鸟巢状。叶鳞片状，直立，互生，长圆形或狭长圆形或宽披针形，长1.4～1.5cm、宽4～4.5mm，先端钝头，无毛或上部叶稍有毛，边缘近全缘。花单一，顶生，先下垂，后直立，花冠筒状钟形，长1.4～2cm、直径1.1～1.6cm；苞片鳞片状，与叶同形；萼片鳞片状，早落；花瓣5～6，离生，楔形或倒卵状长圆形，长1.2～1.6cm，上部最宽5.5～7mm，有不整齐的齿，内侧常有密长粗毛，早落；雄蕊10～12，花丝有粗毛，花药黄色；花丬10齿裂；子房中轴胎座，5室；花柱长2～3mm，柱头膨大成漏斗状。蒴果椭圆状球形，直立，向上，长1.3～1.4cm。花期8～9月，果期9～10月。

生境分布：互助。生于河滩、林下，海拔2200～2800m。

皱叶鹿蹄草

分　　类：木兰纲　杜鹃花目　杜鹃花科　鹿蹄草属

学　　名：*Pyrola rugosa* H. Andr.

形态特征：常绿草本状小半灌木。高14～27cm。根茎细长，横生，斜升，有分枝。叶4～7，基生，厚革质，有皱，宽卵形或近圆形，长3～4.5cm、宽2.8～3.5cm，先端钝，基部圆形或圆截形，稀楔形，边缘有疏腺锯齿，上面绿色，有光泽，叶脉凹陷呈皱褶，下面常带红色，叶脉隆起；叶柄长4.5～6.5cm，稍长或近等于叶片。花莛有1～2枚褐色鳞片状叶，长圆形，长8～10mm、宽3～4mm，先端钝或急尖，基部稍抱花莛。总状花序长4～9cm，有5～13花，花倾斜，稍下垂，花冠碗形，直径9～11mm，白色；花梗长5～7mm，腋间有膜质苞片，狭披针形，稍长于花梗或近等长；萼片卵状披针形或披针状三角形，长3～4mm，基部宽1.6～2mm，先端渐尖，边缘全缘或有疏齿；花瓣圆卵形至近圆形，长6～8mm、宽4～6mm，先端圆；雄蕊10，长7～8mm，花丝扁平，无毛，花药长圆形，长2.5～3.5mm、宽1～1.2mm，黄色，具小角；子房扁球形，花柱长7～10mm，倾斜，上部稍向上弯曲，或近直立，不伸出花冠或稍伸出，顶端有环状突起，柱头5圆浅裂。蒴果扁球形，直径5～9mm、高2.5～3mm。花期6～7月，果期8～9月。

生境分布：互助、循化。生于山地针叶林、阔叶林下或灌丛下，海拔1900～3000m。

烈香杜鹃

分　　类：木兰纲　杜鹃花目　杜鹃花科　杜鹃花属
学　　名：*Rhododendron anthopogonoides* Maxim.
形态特征：常绿灌木。高1～2m。叶芳香，革质，卵状椭圆形、宽椭圆形至卵形，长1.5～4.7cm、宽1～2.3cm，顶端圆钝而具小突尖头，基部圆或稍截形，上面蓝绿色，无光泽，疏被鳞片或无，下面黄褐色或灰褐色，被密而重叠成层的暗褐色和带红棕色的鳞片；叶柄长2～5mm，被疏鳞片，上面有沟槽并被白色柔毛。花序头状顶生，有花10～20朵，花密集，花芽鳞在花期宿存；花梗短，长1～2mm，常无鳞片及毛；花萼发达，长3～4.5mm，淡黄红色或淡绿色，裂片长圆状倒卵形或椭圆状卵形，外面无鳞片，边缘蚀痕状，具少数鳞片或睫毛；花冠狭筒状漏斗形，长1～1.4cm，淡黄绿色或绿白色，罕粉色，有浓烈的芳香，花管长5～11mm，内面特别在喉部密被髯毛，裂片开展，长1.5～3mm，远较花管短，长约为管长的1/4；雄蕊5，内藏于花冠；子房长1～2mm，5室，被鳞片，花柱短，约与子房等长，光滑。蒴果卵形，长3～4.5mm，具鳞片，被包于宿萼内。花期6～7月，果期8～9月。
生境分布：平安、互助、乐都、民和、循化。生于高山山坡，海拔3000～4100m。

头花杜鹃

分　　类：木兰纲　杜鹃花目　杜鹃花科　杜鹃花属
学　　名：*Rhododendron capitatum* Maxim.
形态特征：常绿灌木。高 0.5～1.5m。分枝多，小枝较短，密被黑色或褐色鳞片。叶革质，椭圆形或长圆形，长 10～14mm、宽 5～9mm，顶端圆形而无尖头，基部楔形；上面绿色，被白色鳞片，有时具淡黄色鳞片，鳞片邻接或覆盖；下面淡褐色，具鳞片，鳞片二色，邻接或不邻接，无色至禾秆色，具有淡黄色或褐色中心。花序具 3～7 花；花梗长 1～3mm，被微柔毛和鳞片；花萼长 3～6mm，5 裂，裂片膜质，在基部具鳞片，边缘具纤毛；花冠紫色或深紫色，宽漏斗形，长 4mm，管长 3～4mm；雄蕊 10，花丝基部被柔毛；雌蕊长 8～9mm，子房长 2mm，具白色鳞片和微柔毛，花柱无毛或基部被柔毛。蒴果卵球形，长 3.5～6mm、直径 2mm。花期 5～6 月，果期 7～9 月。
生境分布：平安、互助、乐都、化隆、循化。生于高山阴坡、灌丛，海拔 2900～3900m。

陇蜀杜鹃

分　　类：木兰纲　杜鹃花目　杜鹃花科　杜鹃花属

学　　名：*Rhododendron przewalskii* Maxim.

形态特征：常绿灌木。高1～3m。幼枝淡褐色，无毛；老枝黑灰色。叶革质，常集生于枝端，叶片卵状椭圆形至椭圆形，长6～10cm、宽3～4cm，先端钝，只具小尖头，基部圆形或略呈心形，上面深绿色，无毛，微皱，中脉凹入，侧脉11～12对，微凹，下面初被薄层灰白色、黄棕色至锈黄色，多少黏结的毛被由具长芒的分枝毛组成，以后毛陆续脱落，变为无毛，中脉突起，侧脉略突；叶柄带黄色，长1～1.5cm，无毛。顶生伞房状伞形花序，有花10～15朵，总轴长约1cm，无毛；花梗长1～1.5cm，无毛；花萼小，长1～1.5mm，具5个半圆形齿裂，无毛；花冠钟形，长2.5～3.5cm，白色至粉红色，筒部上方具紫红色斑点，裂片5，近圆形，长约1cm、宽1.5cm，顶端微缺；雄蕊10，不等长，长1.2～1.8cm，花丝无毛或下半部略被柔毛，花药椭圆形，淡褐色，长2mm；子房圆柱形，具槽，无毛，长4～5mm，花柱无毛，柱头头状，绿色。蒴果长圆柱形，长1.5～2cm、直径4～5mm，光滑。花期6～7月，果期9月。

生境分布：平安、互助、乐都、民和、化隆、循化。生于高山阴坡、灌丛，海拔2800～3800m。

千里香杜鹃

分　　类：木兰纲　杜鹃花目　杜鹃花科　杜鹃花属

学　　名：*Rhododendron thymifolium* Maxim.

形态特征：常绿直立小灌木。高 0.3～1.3m。分枝多而细瘦，疏展或成帚状；枝条纤细，灰棕色，无毛，密被暗色鳞片。叶芽鳞脱落。叶常聚生于枝顶，近革质，椭圆形、长圆形、窄倒卵形至卵状披针形，长 3～18mm、宽 1.8～7mm，顶端钝或急尖，通常有短突尖，基部窄楔形，上面灰绿色，无光泽，密被银白色或淡黄色鳞片，下面黄绿色，被银白色、灰褐色至麦黄色的鳞片，相邻接至重叠；叶柄长 1～2mm，密被鳞片，无毛。花单生枝顶或偶成双，花芽鳞常宿存；花梗长 0.5～2mm，密被鳞片，无毛；花萼小，环状，长 0.5～1.2mm，带红色，裂片三角形、卵形至圆形，外面鳞片及缘毛多变，有或无；花冠宽漏斗状，长 6～12mm，鲜紫蓝色至深紫色，花管短，长 2～4mm，外面散生鳞片或无，内面被柔毛；雄蕊 10，长 10～14mm，伸出花冠，花丝基部被柔毛或光滑；子房长约 1mm，密被淡黄色鳞片，花柱短，长 3～16mm，细长，紫色，无毛或近基部被少数鳞片或毛。蒴果卵圆形，长 2～4.5mm，被片。花期 5～7 月，果期 9～10 月。

生境分布：平安、互助、乐都、民和、化隆、循化。生于阴坡，海拔 2700～4100m。

中华花荵

分　　类：木兰纲　杜鹃花目　花荵科　花荵属
学　　名：*Polemonium chinense* (Brand) Brand
别　　名：小花荵。

形态特征：多年生草本。茎直立，不分枝，细长，无毛。羽状复叶，生于茎下部的长6～18cm，向上渐短，小叶互生，15～25片，狭披针形或卵状披针形，长2～2.5cm、宽0.4～0.7cm，两面无毛，均无小叶柄；生茎上部的小叶较小，线状披针形或线形；下部叶柄长6～14cm，向上渐短，无毛或疏生柔毛。聚伞圆锥花序顶生，因花序分枝短而较狭窄，被短的腺柔毛，多花，花梗纤细而短，开花时长2～3mm，被短腺毛；花较小；花萼钟状，长2～3mm，被短毛或有时毛很少，裂片三角形，比萼筒短；花冠蓝紫色，钟状，长0.8～1.2cm，裂片倒卵形，顶端圆，边缘具缘毛；雄蕊和花柱伸出花冠或偶有与花冠等长。蒴果卵球形，长3～5mm，突出于宿存花萼；种子褐色，纺锤形，长2～2.5mm，干后边缘一侧膜质。

生境分布：互助、乐都、民和、循化。生于林下、灌丛、林间空地、河漫滩，海拔2200～3700m。

小点地梅

分　　类：木兰纲　杜鹃花目　报春花科　点地梅属

学　　名：*Androsace gmelinii* (Linn.) Roem. & Schult.

别　　名：高山点地梅。

形态特征：一年生草本。主根细长，具少数支根。叶基生，叶片近圆形或圆肾形，直径 4～7mm，基部心形或深心形，边缘具 7～9 圆齿，两面疏被贴伏的柔毛；叶柄长 2～3cm，被稍开展的柔毛。花葶柔弱，高 3～9cm，被开展的长柔毛；伞形花序 2～3 花；苞片小，披针形或卵状披针形，长 1～2mm，先端锐尖；花梗长 3～15mm；花萼钟状或阔钟状，长 2.5～3mm，密被白色长柔毛和稀疏腺毛，分裂约达中部，裂片卵形或卵状三角形，先端锐尖，果期略开张或稍反折；花冠白色，与花萼近等长或稍伸出花萼，裂片长圆形，长约 1mm、宽 0.5mm，先端钝或微凹。蒴果近球形。花期 5～6 月。

生境分布：互助、乐都、循化。生于半阴坡流石滩、阶地、河滩林下、河谷灌丛下、草甸、河边湿草地，海拔 2400～3800m。

西藏点地梅

分　　类：木兰纲　杜鹃花目　报春花科　点地梅属
学　　名：*Androsace mariae* Kanitz.
别　　名：疏丛长叶点地梅。
形态特征：多年生草本。根茎蔓延，走茎纵横成块状。叶丛通常形成密丛；叶二型；外层叶无柄，舌状，长3～5mm，先端尖，两面无毛；内层叶近无柄，叶片匙状披针形，长10～15mm、宽2～3mm。顶端钝尖或渐尖，基部狭窄，下延成柄，干时常向上卷，被柔毛，两面灰蓝绿色，边缘具睫毛。花葶高2～8cm，被长柔毛；伞形花序，有花4～10朵；苞片条状披针形，被柔毛，长4～5mm；花梗长2～6mm，被柔毛；花萼宽钟状，被柔毛，裂片卵状三角形，被柔毛；花冠紫红色，杯状碟形，直径5mm，裂片倒卵形，顶端略呈波状。蒴果稍长于宿存花萼。花期6月。

生境分布：平安、互助、乐都、民和、化隆、循化。生于阶地草甸、林下、灌丛、路边、石质山地、溪边、干山坡、河滩、寒漠化草场、沙丘，海拔2000～4100m。

大苞点地梅

分　　类：木兰纲　杜鹃花目　报春花科　点地梅属

学　　名：*Androsace maxima* Linn.

形态特征：一年生草本。主根细长，具少数支根。莲座状叶丛单生；叶片狭倒卵形、椭圆形或倒披针形，长5～15mm、宽2～5mm，先端锐尖或稍钝，基部渐狭，无明显叶柄，中上部边缘有小牙齿，质地较厚，两面近于无毛或疏被柔毛。花葶2～4自叶丛中抽出，高2～7.5cm，被白色卷曲柔毛和短腺毛；伞形花序多花，被小柔毛和腺毛；苞片大，椭圆形或倒卵状长圆形，长5～7mm、宽1～2.5mm，先端钝或微尖；花梗直立，长1～1.5cm；花萼杯状，长3～4mm，果时增大，长可达9mm，分裂约达全长的2/5，被稀疏柔毛和短腺毛；裂片三角状披针形，先端渐尖，质地稍厚，老时黄褐色；花冠白色或淡粉红色，直径3～4mm，筒部长约为花萼的2/3，裂片长圆形，长1～1.8mm，先端钝圆。蒴果近球形，与宿存花萼等长或稍短。果期8月。

生境分布：乐都、循化。生于冲积沟、干滩，海拔2200～4000m。

海乳草

分　　类：木兰纲　杜鹃花目　报春花科　珍珠菜属
学　　名：*Lysimachia maritima* (Linn.) Galasso, Banfi & Soldano
别　　名：西尚。
形态特征：多年生小草本。高5～25cm。根常数条束生，较粗壮，径1～2mm。根状茎横走，粗达2mm，节部被对生的卵状膜质鳞片；茎直立或斜生，通常单一或下部分枝，无毛，基部节上被淡褐色卵形膜质鳞片状叶。叶密集，肉质，交互对生、近对生或互生，近无柄或有短柄；叶片线形、长圆状披针形至卵状披针形，长5～15mm、宽1.8～3.5mm，基部楔形，先端钝，全缘。花小，腋生，花梗长约1mm；花萼广钟形，花冠状，粉白色至蔷薇色，直径5～6mm，5中裂，裂片长圆状卵形至卵形，长2～2.5mm、宽约2mm，全缘；无花冠；雄蕊5，与萼近等长或稍短；花丝基部扁宽，长约4mm，花药心形，背部着生；子房卵形，长约1.3mm，花柱细长，长约2.5mm，超出花萼，胚珠8～9枚。蒴果卵状球形，长2mm、径约2.5mm，顶端瓣裂；种子6～8，棕褐色，近椭圆形，长约1mm、宽约0.8mm，背面扁平，腹面突出，有2～4棱，种皮具网纹。花期6月，果期7～8月。

生境分布：平安、互助、乐都、民和、化隆、循化。生于河滩沼泽、草甸、盐碱地、沟边，海拔2600～3800m。

羽叶点地梅

分　　类：木兰纲　杜鹃花目　报春花科　羽叶点地梅属

学　　名：*Pomatosace filicula* Maxim.

形态特征：一年生或二年生草本。高 3～9cm。叶基生，沿中脉疏被长柔毛，羽状深裂，裂片线形，全缘或具不整齐的疏齿；叶柄疏被长柔毛。伞形花序着生于花葶端；苞片线形，疏被柔毛，花梗长 2～12mm；花萼杯状，5 裂，裂片三角形，内面被微柔毛；花冠稍短于花萼，白色，坛状，喉部收缩且具环状附属物，冠檐 5 裂，裂片长圆形；雄蕊 5，着生于花冠管的中上部，与花冠裂片对生，花丝极短，花药卵形，先端钝；子房下位，扁球形，有胚珠数枚，花柱短于子房，宿存，柱头头状。蒴果近球形，在中部以下横裂成两半；种子 6～12。花期 5～6 月，果期 6～8 月。

生境分布：互助、乐都、民和、化隆、循化。生于高山草地、山坡、河滩、半阳坡、河漫滩、溪边、草甸、荒地，海拔 3100～3800m。

保护级别：列入《国家重点保护野生植物名录》二级。

天山报春

分　　类：木兰纲　杜鹃花目　报春花科　报春花属
学　　名：*Primula nutans* Georgi
形态特征：多年生草本。全株无粉。根状茎短小，具多数须根。叶丛基部通常无芽鳞及残存枯叶；叶片卵形、矩圆形或近圆形，长 0.5～2.5cm、宽 0.4～1.5cm，先端钝圆，基部圆形至楔形，全缘或微具浅齿，两面无毛，鲜时稍带肉质，中肋稍宽，侧脉通常不明显；叶柄稍纤细，通常与叶片近等长，有时长于叶片 1～3 倍。花葶高 10～25cm，无毛；伞形花序 2～6 花；苞片矩圆形，长 5～8mm，先端钝或具骤尖头，边缘具小腺毛，基部下延成垂耳状，长 1～1.5mm；花梗长 0.5～2.2cm；花萼狭钟状，长 5～8mm，具 5 棱，外面通常有褐色小腺点，基部稍收缩，下延成囊状，分裂深达全长的 1/3，裂片矩圆形至三角形，先端锐尖或钝，边缘密被小腺毛；花冠淡紫红色，冠筒口周围黄色，冠筒长 6～10mm，喉部具环状附属物，冠檐直径 1～2cm，裂片倒卵形，先端 2 深裂；长花柱花雄蕊着生于冠筒中部，花柱微伸出筒口；短花柱花雄蕊着生于冠筒上部，花药顶端微露出筒口，花柱长略超过冠筒中部。蒴果筒状，长 7～8mm，顶端 5 浅裂。花期 5～6 月，果期 7～8 月。

生境分布：平安、互助、乐都、循化。生于坡地、沼泽草甸、河滩、草地，海拔 2700～4100m。

狭萼报春

分　　类：木兰纲　杜鹃花目　报春花科　报春花属

学　　名：*Primula stenocalyx* Maxim.

形态特征：多年生草本。高 1～15cm。根状茎粗短，具多数须根。叶丛紧密或疏松，基部无鳞片，有少数枯叶柄；叶片倒卵形、倒披针形或匙形，连柄长 1～5cm、宽 0.5～1.5cm，先端圆形或钝，基部楔状下延，边缘全缘或具小圆齿或钝齿，两面无粉，仅具小腺体或下面被白粉或黄粉，中肋明显；叶柄通常甚短，具翅，有时伸长，仅稍短于叶片。花葶直立，顶端具小腺体或有时被粉；伞形花序 4～16 花；苞片狭披针形，长 5～15mm，基部稍膨大；花梗通常长 3～15mm，多少被小腺体；花萼筒状，长 6～10mm，具 5 棱，外面多少被小腺体，分裂达全长的 1/3 或近 1/2，裂片矩圆形或披针形，先端锐尖或钝，边缘具小腺毛；花冠紫红色或蓝紫色，冠筒长达 9～15mm，冠檐直径 1.5～2cm，裂片阔倒卵形，先端深 2 裂；长花柱花雄蕊着生处距冠筒基部约 2mm，花柱约与花萼等长；短花柱花雄蕊着生处略高于冠筒中部，花柱长 1.5～3mm。蒴果长圆形，与花萼近等长。花期 5～7 月，果期 8～9 月。

生境分布：互助、乐都、民和、循化。生于林下、阴坡、灌丛、草甸、流石坡、河滩沼泽，海拔 2300～4100m。

黄甘青报春

分　　类：木兰纲　杜鹃花目　报春花科　报春花属
学　　名：*Primula tangutica* var. *flavescens* Chen & C. M. Hu
形态特征：多年生草本。全株无粉。根状茎短，具多数须根。花冠黄绿色或淡红色；花柱长2～7mm。蒴果筒状，长于宿存花萼。花果期6～8月。
生境分布：互助。生于石灰岩石缝中，海拔2600～4000m。

岷山报春

分　　类：木兰纲　杜鹃花目　报春花科　报春花属
学　　名：*Primula woodwardii* Balf. f.
别　　名：西藏紫花报春。
形态特征：多年生草本。高 8～25cm。具肉质长根。叶丛基部由鳞片、叶柄包叠成假茎状，高 2～6cm；鳞片披针形，干时膜质，褐色。叶披针形、矩圆状披针形或倒披针形，长 6～12cm，宽 1～3cm，先端锐尖或钝，基部渐狭窄，边缘具小圆齿或近全缘，厚纸质，幼时两面被微柔毛，渐变为无毛，无粉，中肋宽扁，侧脉不明显；叶柄具宽翅，通常稍短于叶片并为鳞片所覆盖。花葶上部被微柔毛和小腺体；伞形花序 1 轮，具 3～15 花；苞片线状披针形，长 5～8mm；花梗长 5～20mm，被小腺毛；花萼狭钟状，长 7～11mm，分裂略超过中部，裂片披针形，先端锐尖或稍钝；花冠蓝紫色、淡紫红色或淡紫色，筒部颜色较深，冠檐直径 2～3cm，裂片披针形或窄矩圆形，常与筒部等长；长花柱花冠筒长约 1cm，雄蕊着生处距冠筒基部约 4mm，花柱长约 5.5mm；短花柱花冠筒长 12～13mm，雄蕊着生处距冠筒基部约 8mm，花柱长约 2.5mm。蒴果筒状，长 8～15mm。花期 6～7 月。
生境分布：互助、乐都、循化。生于阴坡、草甸、碎石坡、路边、灌丛，海拔 3100～4200m。

斜茎黄芪

分　　类：木兰纲　豆目　豆科　黄芪属
学　　名：*Astragalus laxmannii* Jacq.
别　　名：沙打旺、直立黄芪、地丁、马拌肠、斜茎黄芪、直立黄耆、漠北黄耆。

形态特征：多年生草本。高 20～50cm。茎数个至多数丛生，上升或斜上，稍有毛或近无毛。奇数羽状复叶，具 19～29 对小叶；托叶三角状，渐尖，基部彼此稍连合或有时分离，长 3～7mm；小叶长圆形、近椭圆形或狭长圆形，长 10～35mm、宽 2～8mm。总状花序于茎上部腋生，花序长圆状，花多数，密集，有时稍稀疏，蓝紫色、近蓝色或红紫色，长 11～15mm；苞片狭披针形或三角形；花梗很短；萼筒状钟形，长 5～6mm，被黑褐色毛或白色毛，或两者混生，萼齿狭披针形或刚毛状，为萼筒长的 1/3～1/2，或比萼筒稍短；旗瓣中上部宽，顶端深凹，基部渐狭，翼瓣比旗瓣短，比龙骨瓣长；子房密被毛，基部有极短的柄。荚果长圆状，具 3 棱，稍侧扁，长 7～18mm，背部凹入成沟，顶端具下弯的短喙，基部具极短的果梗，两面被黑色、褐色或白色毛或彼此混生，由于背缝线凹入，将荚果分隔为 2 室。花期 6～8 月，果期 8～10 月。

生境分布：平安、互助、乐都、民和、化隆、循化。生于林缘沟谷、河滩灌丛、山坡草地、草原，海拔 1900～3800m。

马衔山黄芪

分　　类：木兰纲　豆目　豆科　黄芪属

学　　名：*Astragalus mahoschanicus* Hand.-Mazz.

别　　名：马河山黄芪。

形态特征：多年生草本。高10～30cm。茎直立，有疏柔毛。羽状复叶；小叶13～19，椭圆形，长8～20mm、宽5～10mm，先端钝，基部圆，上面无毛，下面有平伏柔毛；叶轴有疏毛；小叶近无柄；托叶披针形，长约7mm、宽约3mm，有毛。总状花序腋生，短，花密集；花萼钟状，萼齿短，有黑色柔毛；花冠白色，旗瓣顶端凹，基部无爪，翼瓣较龙骨瓣长，有爪；子房有柔毛，有短柄。荚果近球形，直径约3mm，有柔毛。花期6～7月，果期7～8月。

生境分布：平安、互助、乐都、民和、化隆、循化。生于林缘灌丛、高山草甸、草原带、荒漠草原带的山地阴坡、河滩草地、沙地，海拔2000～4100m。

青藏黄芪

分　　类：木兰纲　豆目　豆科　黄芪属
学　　名：*Astragalus peduncularis* Royle.
形态特征：多年生草本。高 20～75cm。茎具微突起的条纹，直立，下部微倾斜，被伏贴短毛。羽状复叶有 15～25 片小叶，长 5～10cm；托叶长 6～8mm，下部合生，三角状披针形；小叶椭圆状长圆形，稀宽线形，长 7～19mm，先端钝圆，通常有小尖头，上面散生伏贴毛或近无毛，下面被伏贴毛。总状花序生多花，排列疏松；总花梗生于顶端叶腋，长 10～18cm；苞片披针形，长 2～3mm，较花梗长，白色，膜质，被稀疏黑色缘毛；花下垂；花萼管状钟形，长 8～10mm，被白色或黑色或黑白色混生毛，萼齿三角状钻形，长 1～1.5mm；花冠黄白色，有时旗瓣边缘稍带紫色，旗瓣长 15～16mm，瓣片宽倒卵形，先端有时微凹，基部渐狭成瓣柄，翼瓣长 10～12mm，瓣片线状长圆形，有时顶端微凹，与瓣柄等长，龙骨瓣较翼瓣稍短，瓣片先端钝圆，与瓣柄等长。荚果下垂，长圆形，长 11～20mm，近无柄，腹缝线呈龙骨状突起或近扁平，背缝线具沟槽，革质，被细软伏贴毛，近假 2 室，含种子 6～10。花期 5～7 月，果期 8～9 月。

生境分布：循化。生于山地草坡、河谷两岸，海拔 3500～3700m。

糙叶黄芪

分　　类：木兰纲　豆目　豆科　黄芪属
学　　名：*Astragalus scaberrimus* Bunge.
别　　名：春黄耆、春黄芪、粗糙紫云英、糙叶黄耆。

形态特征： 多年生草本。密被白色伏贴毛。根状茎短缩，多分枝，木质化；地上茎不明显或极短，有时伸长而匍匐。羽状复叶有 7～15 小叶，长 5～17cm；叶柄与叶轴等长或稍长；托叶下部与叶柄贴生，长 4～7mm，上部呈三角形至披针形；小叶椭圆形或近圆形，有时披针形，长 7～20mm、宽 3～8mm，先端锐尖、渐尖，有时稍钝，基部宽楔形或近圆形，两面密被伏贴毛。总状花序生 3～5 花，排列紧密或稍稀疏；总花梗极短或长达数厘米，腋生；花梗极短；苞片披针形，较花梗长；花萼管状，长 7～9mm，被细伏贴毛，萼齿线状披针形，与萼筒等长或稍短；花冠淡黄色或白色，旗瓣倒卵状椭圆形，先端微凹，中部稍短缩，下部稍狭成不明显的瓣柄，翼瓣较旗瓣短，瓣片长圆形，先端微凹，较瓣柄长，龙骨瓣较翼瓣短，瓣片半长圆形，与瓣柄等长或稍短；子房有短毛。荚果披针状长圆形，微弯，长 8～13mm、宽 2～4mm，具短喙，背缝线凹入，革质，密被白色伏贴毛，假 2 室。花期 4～8 月，果期 5～9 月。

生境分布： 平安、互助、乐都、民和、化隆、循化。生于草原带山坡、草滩及田边、河滩沙质地，海拔 1800～3600m。

短叶锦鸡儿

分　　类：木兰纲　豆目　豆科　锦鸡儿属

学　　名：*Caragana brevifolia* Kom.

别　　名：猪儿刺。

形态特征：丛生矮灌木。高约1.5m。树皮褐灰色，全株无毛。托叶宿存并硬化成针刺状，长5～8mm；长枝上叶轴长3～8mm，短枝上叶柄极短，有时近无柄；小叶披针形或倒卵状披针形，长2～8mm、宽1～4mm，先端锐尖，基部楔形。花单生于叶腋；花梗长约9mm，近基部有关节；花萼钟状，长约5mm，无毛，有白霜，萼齿三角形，边缘白色，有尖头；花冠黄色，长约1.5cm。荚果条形，稍膨胀，长2～2.5cm，成熟后黑色，无毛。花期6～7月，果期8～9月。

生境分布：平安、互助、乐都、民和、化隆、循化。生于沟谷林缘、灌丛，海拔1800～3800m。

鬼箭锦鸡儿

分　　类：木兰纲　豆目　豆科　锦鸡儿属
学　　名：*Caragana jubata* (Pall.) Poiret.
别　　名：鬼见愁。

形态特征：多刺灌木。高 0.2～1.5m。直立或横卧。基部多分枝。树皮绿灰色、深灰色或黑色，枝粗壮。托叶纸质，与叶柄基部贴生，宿存，不硬化成针刺状；叶轴全部宿存并硬化成针状，长 5～7cm，幼时密生长柔毛；叶密集于枝上部，小叶 4～7 对，羽状排列，长椭圆形至条状长椭圆形，长 7～24mm、宽 1.5～7mm，先端圆或急尖，有针尖，两面疏生柔毛。花单生；花梗极短，长不及 1mm，基部有关节；花萼筒状，长 14～17mm，密生长柔毛，基部偏斜，萼齿 5，披针形，长为萼齿筒的 1/2；花浅红色或近白色，长 2.5～3.2cm，旗瓣倒卵形，翼瓣的耳与爪近似相等或稍短，龙骨瓣具爪，爪与瓣片近等长；子房长椭圆形，密生长柔毛。荚果长椭圆形，长 2～3cm、宽 5～7mm，顶端具长尖头，密生丝状长柔毛。花期 6～7 月，果期 7～8 月。

生境分布：平安、互助、乐都、民和、化隆、循化。生于阴山坡、高山灌丛，海拔 2400～4100m。

甘蒙锦鸡儿

分　　类：木兰纲　豆目　豆科　锦鸡儿属
学　　名：*Caragana opulens* Kom.
形态特征：直立灌木。高1～2m。树皮灰褐色，有光泽。小枝细长，灰白色，有条棱。长枝上的托叶宿存并硬化成针刺，长4～5mm，短枝上的托叶脱落；叶轴短，长3～4.5mm，在长枝上者宿存并硬化成针刺；小叶4，假掌状排列，倒卵状披针形，长3～10mm，宽1～4mm，上面近无毛，下面疏生短柔毛，先端圆，微凹，有针尖，基部渐狭。花单生；花梗中部以上有关节，无毛，长15～20mm；花萼钟状，基部显著偏斜呈囊状，无毛；花冠黄色，旗瓣近圆形，长和宽均20～25mm，顶端凹，略带紫色，基部狭成爪，翼瓣长椭圆形，顶端圆，瓣片与爪近相等，龙骨瓣基部具爪和齿状耳；子房筒状无毛。荚果圆柱状，长2.5～4cm，两端狭尖，带紫褐色，无毛。花期5～6月，果期7～8月。

生境分布：平安、互助、乐都、民和、化隆、循化。生于草原石质坡地、灌丛、干山坡、林缘陡坡，海拔1800～3600m。

毛刺锦鸡儿

分　　类：木兰纲　豆目　豆科　锦鸡儿属
学　　名：*Caragana tibetica* Kom.
别　　名：黑毛头刺、藏锦鸡儿、康青锦鸡儿。

形态特征：丛生垫状矮灌木。高 15～30cm。植丛基部多堆积有 30～40cm 高的小沙包。树皮灰黄色或灰褐色，多裂，密被长柔毛。枝条短而密。托叶卵形或圆形，膜质；叶轴很密，全部宿存，并硬化成针刺状，长 2～3cm，幼时密生长柔毛；叶密被长柔毛，小叶 6～8，羽状排列，条形，长 7～16mm、宽 1mm，自叶轴成锐角展开，常卷折呈管状，先端尖，有刺尖。花单托，花萼筒状，长 10～15mm、宽约 5mm，密生长柔毛，基部稍偏斜，萼齿近披针形，无针尖；花冠黄色，长为萼的 2 倍或更长；旗瓣椭圆形，先端凹，翼瓣的耳短，呈齿状；子房椭圆形，密生长柔毛。荚果短，椭圆形，外密生长柔毛，里面生绒毛。花期 5～7 月，果期 7～8 月。

生境分布：平安、互助、乐都。生于草原、半荒漠地带的干旱阳坡、河谷滩地，海拔 2200～3700m。

红花羊柴

分　　类：木兰纲　豆目　豆科　羊柴属
学　　名：*Corethrodendron multijugum* (Maxim.) B. H. Choi & H. Ohashi
别　　名：红花岩黄芪、红花山竹子。
形态特征：半灌木。高50～100cm。茎有白色柔毛。羽状复叶；小叶11～35，宽椭圆形，长6～12mm、宽3～6mm，上面无毛，下面有白色短柔毛；小叶柄短，与叶轴均有柔毛；托叶三角形，膜质，长约3mm。总状花序腋生；花疏生；花萼斜钟状，萼齿比萼筒短；花冠红色或紫红色，旗瓣倒卵形，无爪，长15～20mm，翼瓣狭长，长约6mm，耳与爪近等长，龙骨瓣有爪，与旗瓣近等长；子房有柔毛。荚果扁平；荚节2～3，近圆形，长宽均约4mm，有肋纹和小刺，有白色柔毛。花期6～8月，果期8～9月。

生境分布：平安、互助、乐都、民和、化隆、循化。生于阳坡、沟谷、河滩、沙砾地，海拔1800～3900m。

甘草

分　　类：木兰纲　豆目　豆科　甘草属

学　　名：*Glycyrrhiza uralensis* Fisch.

别　　名：甜草根、红甘草、粉甘草、美草、密甘、密草、国老、粉草、甜草、甜根子。

形态特征：多年生草本。高30～100cm。根粗壮，呈圆柱形，味甜，外皮红棕色或暗棕色。茎直立，基部带木质，被白色短毛和刺毛状腺体。单数羽状复叶互生，叶柄长约6cm，托叶早落；小叶7～17，卵状椭圆形，长2～5.5cm、宽1～3cm，先端钝圆，基部浑圆，两面被腺体及短毛。叶腋抽出总状花序，花密集；花萼钟状，被短毛和刺毛状腺体；蝶形花冠淡红紫色，长1.4～2.5cm，旗瓣大，矩状椭圆形，基部有短爪，翼瓣及龙骨瓣均有长爪；二体雄蕊。荚果条状长圆形，常密集，有时呈镰状以至环状弯曲，宽6～9mm，密被棕色刺毛状腺体；种子2～8，扁圆形或稍肾形。花期6～8月，果期7～10月。

生境分布：平安、互助、乐都、民和、化隆、循化。生于沙地、草原、田埂、路边、山麓，海拔1800～3000m。

保护级别：列入《国家重点保护野生植物名录》二级。

块茎岩黄芪

分　　类：木兰纲　豆目　豆科　岩黄芪属

学　　名：*Hedysarum algidum* L. R. Xu

形态特征：多年生草本。高5～10cm。根通常呈不同程度的圆锥状，深埋于土层中，根颈通常生出若干纤细的茎，其节间膨大，呈念珠状。茎细弱，仰卧，有1～2个分枝，被柔毛。托叶披针形，棕褐色干膜质，长6～10mm，合生至上部，外被短柔毛；小叶5～11，近无柄，小叶片椭圆形或卵形，长8～10mm、宽4～5mm，上面无毛，下面被贴伏短柔毛，先端圆形或截平状，基部圆楔形。总状花序腋生，高于叶近1倍；花6～12，长12～15mm，外展，疏散排列，具3～4mm长的被短柔毛的花梗；苞片披针形，棕褐色干膜质，稍长于花梗，被短柔毛；花萼钟状，长4～6mm，萼筒淡污紫红色，萼齿三角状披针形，与萼筒约等长，被柔毛，下萼齿稍长于其余萼齿，齿间呈锐角；花冠紫红色，下部色较淡或近白色，旗瓣倒卵形，长13～14mm，翼瓣线形，与旗瓣近等长，龙骨瓣稍长于旗瓣；子房线形，腹缝线具柔毛，其余部分几无毛。

生境分布：平安、互助、乐都、民和、化隆、循化。生于高山草甸、阴坡灌丛、河滩草地，海拔2500～3900m。

兴安胡枝子

分　　类：木兰纲　豆目　豆科　胡枝子属
学　　名：*Lespedeza davurica* (Laxm.) Schindl
别　　名：毛果胡枝子、达呼尔胡枝子、达呼里胡枝子。

形态特征：小灌木。高1～2m。枝条稍倾斜或铺展，有短柔毛。三出复叶，小叶披针状矩形，长2～3cm，宽0.7～1cm，先端圆钝，有短尖，基部圆形，上面无毛；下面密生短柔毛；托叶2，线形，顶端小叶较两侧小叶稍大。总状花序腋生，短于叶，花梗无关节；无瓣花簇生于下部枝条叶腋，小苞片条形；花萼浅杯状，萼齿5，披针形，几与花瓣等长，有白色柔毛；花冠黄绿色，旗瓣矩圆形，长约1cm，翼瓣较短，龙骨瓣长于翼瓣；子房有毛。荚果倒卵状矩形，长约4mm、宽约2.5mm，有白色柔毛。花期7～8月，果期8～10月。

生境分布：平安、互助、乐都、民和、化隆、循化。生于干山坡、河滩沙砾地、灌丛沙砾地、田边草地，海拔1800～2900m。

花苜蓿

分　　类：木兰纲　豆目　豆科　苜蓿属

学　　名：*Medicago ruthenica* (Linn.) Trautv

形态特征：多年生草本。高20～100cm。茎直立或上升，四棱形，基部分枝，丛生，羽状三出复叶；托叶披针形，锥尖，先端稍上弯，基部阔圆，耳状，具1～3枚浅齿，脉纹清晰；小叶形状变化很大，长圆状倒披针形、楔形、线形以至卵状长圆形，长10～15mm、宽3～7mm，先端截平，钝圆或微凹，中央具细尖，基部楔形、阔楔形至钝圆。花序伞形，有时长达2cm，具花6～9；总花梗腋生，通常比叶长，挺直，有时也纤细并比叶短；苞片刺毛状，长1～2mm；花长6～9mm；花梗长1.5～4mm，被柔毛；萼钟形，长2～4mm、宽1.5～2mm，被柔毛，萼齿披针状锥尖，与萼筒等长或短；花冠黄褐色，中央深红色至紫色条纹，旗瓣倒卵状长圆形、倒心形至匙形，先端凹头，翼瓣稍短，长圆形，龙骨瓣明显短，卵形，均具长瓣柄；子房线形，无毛，花柱短，胚珠4～8。荚果长圆形或卵状长圆形，扁平，长8～15mm、宽3.5～5mm，顶端具短喙，基部狭尖并稍弯曲，具短颈，脉纹横向倾斜，分叉，腹缝有时具流苏状的狭翅，熟后变黑；有种子2～6。花期6～9月，果期8～10月。

生境分布：平安、互助、乐都、民和、化隆、循化。生于干旱山坡草甸、田边，海拔1900～3700m。

白花草木樨

分　　类：木兰纲　豆目　豆科　草木樨属
学　　名：*Melilotus albus* Desr.

形态特征：一、二年生草本。高 70～200cm。茎直立高大，圆柱形，中空，多分枝，几无毛。叶为羽状三出复叶；托叶尖刺状锥形，长 6～10mm，全缘；叶柄比小叶短，纤细；小叶长圆形或倒披针状长圆形，长 15～30cm，先端钝圆，基部楔形，边缘疏生浅锯齿，上面无毛，下面被细柔毛，侧脉 12～15 对，平行直达叶缘齿尖，两面均不隆起，顶生小叶稍大，具较长小叶柄，侧小叶柄短。总状花序长 8～20cm，腋生，具花 40～100，排列疏松；苞片线形；花梗短；萼钟形，微被柔毛，萼齿三角状披针形，短于萼筒；花冠白色，旗瓣椭圆形，稍长于翼瓣，龙骨瓣与翼瓣等长或稍短；子房卵状披针形，上部渐窄至花柱，无毛，胚珠 3～4。荚果椭圆形至长圆形，先端锐尖，具尖喙，表面脉纹细，网状，棕褐色，老熟后变黑褐色；有种子 1～2，种子卵形，长约 2mm，棕色，表面具细瘤点。花期 5～7 月，果期 7～9 月。

生境分布：平安、互助、乐都、循化。生于河滩疏林、山坡草地，海拔 2500～3000m。

猫头刺

分　　类：木兰纲　豆目　豆科　棘豆属
学　　名：*Oxytropis aciphylla* Ledeb.
别　　名：老虎爪子、鬼见愁、刺叶柄棘豆、胀萼猫头刺。

形态特征：垫状矮小半灌木。高8～20cm。茎多分枝，开展，全体呈球状植丛。偶数羽状复叶；托叶膜质，彼此合生，下部与叶柄贴生，先端平截或呈二尖，后撕裂，被贴伏白色柔毛或无毛，边缘有白色长毛；叶轴宿存，木质化，长2～6cm，下部粗壮，先端尖锐，呈硬刺状，老时淡黄色或黄褐色，嫩时灰绿色，密被贴伏绢状柔毛；小叶4～6对生，线形或长圆状线形，长5～18mm、宽1～2mm，先端渐尖，具刺尖，基部楔形，边缘常内卷，两面密被贴伏白色绢状柔毛和不等臂的"丁"字毛。1～2花组成腋生总状花序；总花梗长3～10mm，密被贴伏白色柔毛；苞片膜质，披针状钻形，小；花萼筒状，长8～15mm、宽3～5mm，花后稍膨胀，密被贴伏长柔毛，萼齿锥状，长约3mm；花冠红紫色、蓝紫色、以至白色，旗瓣倒卵形，长13～24mm、宽7～10mm，先端钝；子房圆柱形，花柱先端弯曲，无毛。荚果硬革质，长圆形，长10～20mm、宽4～5mm，腹缝线深陷，密被白色贴伏柔毛，隔膜发达，不完全2室；种子圆肾形，深棕色。花期5～6月，果期6～7月。

生境分布：循化。生于盐碱荒漠、沙丘、干山坡，海拔1800～2200m。

密花棘豆

　　分　　类：木兰纲　豆目　豆科　棘豆属
　　学　　名：*Oxytropis imbricata* Kom.
　　形态特征：多年生草本。高10～15cm。丛生，呈球状。根粗壮，圆柱形，直伸，暗褐色。茎缩短，基部多分枝。羽状复叶长约10cm，密生；托叶膜质，线状披针形，与叶柄贴生，密被长柔毛；叶柄上面有沟，被贴伏疏柔毛；小叶15～30，长椭圆形或卵状披针形，长5～11mm、宽3～5mm，先端急尖或钝，基部圆，两面被贴伏疏柔毛，呈绢状灰色或白色。多花组成紧密总状花序，但结果的花序延伸而稀疏，通常偏向一侧；总花梗细弱，与叶等长或较叶长，被贴伏疏柔毛，向顶端呈白色；苞片卵形，小；花长约8mm；花萼钟状，长约5mm，被黑色和白色疏柔毛，萼齿披针状线形，与萼筒几等长；花冠红紫色，旗瓣长圆形，先端圆，翼瓣与旗瓣等长，先端钝，龙骨瓣与翼瓣近等长，喙长2.5mm；子房披针形，密被柔毛，具钩状喙和短柄。荚果宽卵形或近圆形，长5～6mm，喙短，钩状，被贴伏白色短疏柔毛，1室；果梗短；种子1～2，肾形，直径约2mm，深栗色。花期5～7月，果期7～8月。
　　生境分布：平安、互助、乐都、民和、化隆、循化。生于山坡草地、河滩沙地、山坡石隙、河岸石砾裸地、林间草地，海拔1800～3900m。

甘肃棘豆

分　　类：木兰纲　豆目　豆科　棘豆属
学　　名：*Oxytropis kansuensis* Bunge.
别　　名：马绊肠、疯马豆、施巴草、田尾草、长梗棘豆。

形态特征：多年生草本。高15～20cm。茎基部有分枝，疏生白色长柔毛，间有黑色短柔毛。奇数羽状复叶，长5～10cm；叶轴上面具沟，密生白色间黑色长柔毛；托叶卵状披针形，基部连合，与叶柄分离；小叶13～25，卵状矩圆形至披针形，长8～13mm、宽4～6mm，先端渐尖，基部圆形，两面有密长柔毛。总状花序近头状，腋生；总花梗长5.5～15cm，有白色间黑色长柔毛；花萼钟状，长约9mm、宽约3mm，密生黑色间有白色长柔毛，萼齿条形，与筒部近等长；花冠黄色，长约12mm。荚果长椭圆形或矩圆状卵形，长8～12mm，膨胀，密生黑色长柔毛。花期6～7月，果期7～8月。

生境分布：平安、互助、乐都、民和、化隆、循化。生于高山草甸、山沟、林下、灌丛、河滩，海拔2300～3900m。

胶黄芪状棘豆

分　　类：木兰纲　豆目　豆科　棘豆属

学　　名：*Oxytropis tragacanthoides* Fisch.

别　　名：胶黄耆状棘豆、乌格提肯。

形态特征：矮小半灌木。高5～20cm。老枝粗壮，丛生，密被针刺状宿存的叶轴，红褐色，形成半球状株丛，一年枝短缩，长0.5～1.5cm。奇数羽状复叶，长1.5～7cm，具小叶7～13；托叶膜质，疏被白毛，具明显脉，下部与叶柄连合，上部离生，先端三角状，有缘毛；叶柄稍短于叶轴，叶轴粗壮，初时密被白色平伏的柔毛，叶落后变成无毛的刺状；小叶卵形至矩圆形，长5～15mm、宽1.5～5mm，先端钝，两面密被白色绢毛。总状花序具花2～5朵，紫红色，总花梗短于叶，长1～1.5cm，密被绢毛，苞片条状披针形，长3～4mm，被白色和黑色长柔毛；花萼管状，长约11mm、宽约4mm，密被白色和黑色长柔毛，萼齿条状钻形，长约3mm，旗瓣倒卵形，长20～25mm，先端稍圆，爪长与瓣片相等，翼瓣长20～23mm，上部较宽，先端斜截形，具锐尖耳，爪较瓣片稍长，龙骨瓣长约18mm。荚果球状卵形，长17～25mm、宽10～12mm，近无果柄，喙长2～3mm，膨胀成膀胱状，密被白色和黑色长柔毛。花期5～6月，果期7～8月。

生境分布：循化。生于砾石坡、沙砾地、干山坡，海拔1800～2000m。

苦马豆

分　　类：木兰纲　豆目　豆科　苦马豆属

学　　名：*Sphaerophysa salsula* (Pall.) DC.

形态特征：多年生草本。高30～60cm。茎直立或下部匍匐；枝开展，具纵棱脊，被疏至密的灰白色"丁"字毛；羽状复叶有11～21小叶，小叶倒卵形或倒卵状长圆形，长0.5～2.5cm，先端圆或微凹，基部圆或宽楔形，上面几无毛，下面被白色"丁"字毛；托叶披针形，长约2mm，小叶13～21，椭圆形或倒卵状椭圆形，长5～15mm、宽3～8mm，先端钝或微凹，有小尖头，基部圆形至宽楔形，全缘，上面无毛，下面被伏生短柔毛，小叶柄极短。总状花序腋生，较叶长，长10～20cm；总花梗密被灰白色短毛，具数花至10朵花；苞片披针形，长1～2mm；花梗长2～3mm，被短毛，基部生1苞片，上部有2小苞片；花萼杯状钟形；花冠淡红色或红色，长约12mm，旗瓣圆形，长13～15mm、宽约11mm，先端微凹，基部具爪，翼瓣具耳，龙骨瓣较翼瓣长；子房具柄，被短柔毛。荚果膜质，膨胀呈膀胱状，长2.5～3.5cm，具细长果颈；种子多数，肾状形，棕褐色。花期5～8月，果期6～9月。

生境分布：平安、互助、乐都、民和、化隆、循化。生于河谷滩地的沙质土壤、干旱山坡、水渠边，海拔1800～2800m。

高山野决明

分　　类：木兰纲　豆目　豆科　野决明属
学　　名：*Thermopsis alpina* (Pall.) Ledeb..
别　　名：高山黄花。

形态特征：多年生草本。高30～45cm。茎直立，多为三棱形，节上有长柔毛。叶柄长达2.1cm，无毛；小叶倒卵状楔形或长椭圆状倒卵形，长3～6cm、宽1.2～2.2cm，先端钝圆，有短尖，基部楔形或近圆形，腹面无毛，背面沿中脉和叶缘疏被柔毛，叶脉明显；托叶卵形，先端尖，长2.2～3.6cm、宽1～1.8cm。总状花序顶生，长5～15cm，3花为1轮；苞片卵形，长1.4～2cm，先端尖，通常3枚轮生；花梗长6～12mm，疏被毛；花萼长12～16mm，被较密的白色长柔毛；花冠黄色，旗瓣圆形，先端微凹，长2～2.3cm、宽1.3～1.5cm，翼瓣长2.2～2.4cm，爪长约8mm，耳长约3.5mm，钝圆，副耳小，齿状，龙骨瓣长1.9～2.2cm，耳钝圆；子房密被白色长柔毛。荚果微弯，疏被长柔毛，具网纹；含种子3～4，种子卵状肾形，扁，长约5mm，有光泽。花期5～6月，果期7～8月。

生境分布：平安、互助、乐都、民和、化隆、循化。生于阴坡杜鹃灌丛、山地阴坡灌丛，海拔2600～3800m。

维管植物门 TRACHEOPHYTA

披针叶野决明

分　　类：木兰纲　豆目　豆科　野决明属

学　　名：*Thermopsis lanceolata* R. Br.

别　　名：牧马豆、披针叶黄华、东方野决明。

形态特征：多年生草本。高18～20cm。全株被黄白色长柔毛。茎直立，单一或分枝，基部具厚膜质鞘。掌状三出复叶，具3小叶，小叶倒披针形或矩圆状倒卵形，长2.5～4.5cm、宽0.5～1cm，基部渐狭，全缘，下面密生平伏长柔毛，小叶柄短；托叶2，卵状披针形，先端锐尖，基部稍联合，长1.5～2.5cm、宽4～7mm，被长柔毛。总状花序顶生；苞片3，轮生，卵形，基部连合；花黄色，每2～3朵轮生，长25～28mm；花萼筒状蝶形，略成二唇形，长1.6cm，密生平伏长柔毛，萼齿披针形，长5～8mm；旗瓣近圆形，基部渐狭或呈爪状，顶端微凹；翼瓣与龙骨瓣比旗瓣短，有耳有爪；子房条形，密被毛，具短柄。荚果扁，条状矩圆形，长5～9cm、宽7～12mm，顶端具喙，密生短柔毛；含种子6～14，种子近肾形，黑褐色，有光泽。花期6～7月，果期7～8月。

生境分布：平安、互助、乐都、民和、化隆、循化。生于干山坡、草地、田埂、路边，海拔1700～3800m。

山野豌豆

分　　类：木兰纲　豆目　豆科　野豌豆属

学　　名：*Vicia amoena* Fisch.ex DC.

别　　名：豆豌豌、落豆秧、白花山野豌豆、狭叶山野豌豆、绢毛山野豌豆。

形态特征：多年生草本。高 30～100cm。茎具棱，多分枝，斜升或攀援。偶数羽状复叶，长 5～12cm，几无柄，顶端卷须有 2～3 分支；托叶半箭头形，长 0.8～2cm，边缘有 3～4 裂齿；小叶 4～7 对，互生或近对生，椭圆形至卵披针形，长 1.3～4cm、宽 0.5～1.8cm；先端圆，微凹，基部近圆形，上面被贴伏长柔毛，下面粉白色；沿中脉毛被较密，侧脉扇状展开直达叶缘。总状花序通常长于叶；花 10～20，密集着生于花序轴上部；花冠红紫色、蓝紫色或蓝色花期颜色多变；花萼斜钟状，萼齿近三角形，上萼齿长 0.3～0.4cm，明显短于下萼齿；旗瓣倒卵圆形，长 1～1.6cm、宽 0.5～0.6cm，先端微凹，瓣柄较宽，翼瓣与旗瓣近等长，瓣片斜倒卵形，瓣柄长 0.4～0.5cm，龙骨瓣短于翼瓣，长 1.1～1.2cm；子房无毛，胚珠 6，花柱上部四周被毛，子房柄长约 0.4cm。荚果长圆形，长 1.8～2.8cm、宽 0.4～0.6cm。两端渐尖，无毛；种子 1～6，圆形，直径 0.35～0.4cm，种皮革质，深褐色，具花斑，种脐内凹，黄褐色，长相当于种子周长的 1/3。花期 4～6 月，果期 7～10 月。

生境分布：平安、互助、乐都、民和、化隆、循化。生于林缘灌丛、草地、沟谷、河边草甸、田埂，海拔 1800～3800m。

大花野豌豆

分　　类：木兰纲　豆目　豆科　野豌豆属
学　　名：*Vicia bungei* Ohwi.
别　　名：野豌豆、毛苕子、三齿草藤、三齿野豌豆、三齿萼野豌豆。
形态特征：一年生或二年生草本。高15～40cm。全株疏被长毛。茎有棱，多分枝。羽状复叶有卷须；小叶3～6对；小叶倒卵状长圆形，长0.6～2.5cm，宽4～7mm，先端截形或微凹，有短尖，基部圆形；托叶半箭头形，有齿牙。总状花序腋生，有2～4花；花序轴和花梗有疏柔毛；花大，长2～2.5cm；花萼斜钟状，萼齿5，阔三角形，上面2齿较短，疏生长柔毛；花冠紫色，旗瓣倒卵状披针形，先端圆形而凹；子房背、腹缝线有毛，有长约4mm的子房柄，花柱顶端周围有柔毛，背面毛多而较密。荚果长圆形，略肿胀，长约3.5cm；种子球形。花期5～8月，果期6～9月。

生境分布：互助、循化。生于林缘草地、沟谷、河滩草地、田边湿沙地，海拔1700～2800m。

广布野豌豆

分　　类：木兰纲　豆目　豆科　野豌豆属
学　　名：*Vicia cracca* Linn.
别　　名：鬼豆角、落豆秧、草藤、灰野豌豆。

形态特征：多年生草本。高40～150cm。根细长，多分枝。茎攀援或蔓生，有棱，被柔毛。偶数羽状复叶，叶轴顶端卷须有2～3分枝；托叶半箭头形或戟形，上部2深裂；小叶5～12对互生，线形、长圆形或披针状线形，长1.1～3cm，宽0.2～0.4cm，先端锐尖或圆形，具短尖头，基部近圆形或近楔形，全缘；叶脉稀疏，呈三出脉状，不甚清晰。总状花序与叶轴近等长，花多数，10～40，密集，着生于总花序轴上部；花萼钟状，萼齿5，近三角状披针形；花冠紫色、蓝紫色或紫红色，长0.8～1.5cm；旗瓣长圆形，中部缢缩呈提琴形，先端微缺，瓣柄与瓣片近等长；翼瓣与旗瓣近等长，明显长于龙骨瓣，先端钝；子房有柄，胚珠4～7，花柱弯与子房连接处呈大于90°夹角，上部四周被毛。荚果长圆形或长圆菱形，长2～2.5cm，宽约0.5cm，先端有喙，果梗长约0.3cm；种子3～6，扁圆球形，直径约0.2cm，种皮黑褐色，种脐长相当于种子周长的1/3。花果期5～9月。

生境分布：平安、互助、乐都、民和、化隆、循化。生于林缘灌丛、河滩草甸、沟谷草地、田边，海拔1700～2800m。

歪头菜

分　　类：木兰纲　豆目　豆科　野豌豆属
学　　名：*Vicia unijuga* A. Br.
别　　名：偏头草、山豌豆、豆苗菜、两叶豆苗。
形态特征：多年生草本。高15～80cm。茎通常丛生或成大丛，疏被柔毛，老时渐脱落。卷须不发达而变为针状；托叶戟形或近披针形，长0.8～2cm，边缘有不规则齿蚀状；小叶1对，大小和形状变化较大，卵状披针形或近菱形，长1.5～11cm、宽1.5～5cm，先端渐尖或急尖，边缘具小齿状或全缘，基部楔形，两面疏被微柔毛。总状花序单一，稀有分枝，呈圆锥状复总状花序，明显长于叶；花8～20朵单侧密集生于花序轴上部；花萼紫色，斜钟状或钟状，长4～6mm，无毛或近无毛，萼齿明显短于萼筒；花冠蓝紫色、紫红色或淡蓝色，长1～1.6cm，旗瓣倒提琴形，中部缢缩，先端圆，有凹缺，长1～1.5cm、宽8～10mm，翼瓣先端钝圆，长13～14mm、宽约4mm，龙骨瓣短于翼瓣；子房线形，无毛，具子房柄，花柱上部四周被毛。荚果扁长圆形，长2～3.5cm、宽5～7mm，无毛，表皮棕黄色，近革质，两端渐尖，先端具喙，成熟时腹背开裂，果瓣扭曲；种子扁圆球形，直径2～3mm，种皮黑褐色，革质，种脐长相当于种子周长的1/4。花期6～7月，果期8～9月。
生境分布：平安、互助、乐都、民和、化隆、循化。生于林下、林缘草甸、河谷灌丛、河边、山坡湿地，海拔1800～3400m。

红桦

分　　类：木兰纲　壳斗目　桦木科　桦木属
学　　名：*Betula albosinensis* Burkill
别　　名：红皮桦、纸皮桦。
形态特征：乔木。高达 30m。树皮淡红褐色或紫红色，有光泽和白粉，呈薄层状剥落，纸质。枝条红褐色，无毛；小枝紫红色，无毛，有时疏生树脂腺体。芽鳞无毛，仅边缘具短纤毛。叶卵形或卵状矩圆形，长 3～8cm、宽 2～5cm；叶柄长 5～15cm。雄花序圆柱形，长 3～8cm、直径 3～7mm，无梗；苞鳞紫红色，仅边缘具纤毛。果序圆柱形，单生或同时具有 2～4 枚排成总状，长 3～4cm、直径约 1cm；序梗纤细，长约 1cm，疏被短柔毛；果苞长 4～7cm，中裂片矩圆形或披针形，顶端圆，侧裂片近圆形，长及中裂片的 1/3。小坚果卵形，长 2～3mm，上部疏被短柔毛，膜质翅宽及果的 1/2。花期 4～5 月，果期 6～7 月。

生境分布：平安、互助、乐都、民和、化隆、循化。生于山坡、沟谷，海拔 2500～3600m。

白桦

分　　类：木兰纲　壳斗目　桦木科　桦木属
学　　名：*Betula platyphylla* Sukaczev
别　　名：粉桦、桦皮树。
形态特征：落叶乔木。高 10～25m。树干直立，树皮灰白色，平滑，有横线形皮孔，呈纸片状剥落。叶互生，三角状卵形或近菱状卵形，长 3～7cm、宽 2.5～5.5cm，先端渐尖，基部宽楔形或截形，边缘有不规则重锯齿，两面散生腺点。花单性，雌雄同株，柔荑花序。果序圆柱形；果苞长 3～7mm，中裂片三角形，侧裂片平展或下垂；小坚果椭圆形，膜质翅与果等宽或较果稍宽。

生境分布：平安、互助、乐都、民和、化隆、循化。生于山坡、河谷林带，海拔 2300～3600m。

糙皮桦

分　　类：木兰纲　壳斗目　桦木科　桦木属
学　　名：*Betula utilis* D. Don
形态特征：落叶乔木。高可达33m。树皮红褐色，呈薄层片状剥裂。小枝密生黄色或棕色树脂状腺体和短柔毛。叶卵形至矩圆形，稀宽卵形，长4～9cm，上面无毛，下面沿脉腋密生黄色短须状毛，两面均密生腺点；侧脉8～14对；叶柄长8～20mm。果序单生或2～4个排成总状，圆柱形；果苞长5～8mm；翅果卵形，长2～3mm，翅为果宽的一半或近等宽。花期5～6月，果期7～8月。

生境分布：平安、互助、乐都、民和、化隆、循化。生于山坡、沟谷，海拔2500～3900m。

毛榛

分　　类：木兰纲　壳斗目　桦木科　榛属
学　　名：*Corylus mandshurica* Maxim.
别　　名：毛榛子、火榛子。
形态特征：灌木。高2～4m。丛生，多分枝。树皮灰褐色或暗灰色，龟裂。幼枝黄褐色，密被长柔毛。叶宽卵形或矩圆状倒卵形，长3～11cm、宽2～9cm，先端具5～11骤尖的裂片，中央的裂片常呈短尾状，基部心形，边缘具不规则的重锯齿，上面深绿色，下面淡绿色，幼时两面疏被柔毛，侧脉5～7对，叶柄稍细长。雌雄同株。雄柔荑花序2～4枚生于叶腋，下垂，无花被，雄蕊4～8；雄花序头状，2～4枚生于枝顶或叶腋。坚果单生或2～6枚簇生，常2～3枚发育为果实；果苞管状，在果上部收缩，外被黄色刚毛及白色短柔毛，先端有不规则的裂片；坚果近球形，长约12mm。
生境分布：民和、循化。生于林下、林缘，海拔2000～3500m。

虎榛子

分　　类：木兰纲　壳斗目　桦木科　虎榛子属
学　　名：*Ostryopsis davidiana* Decne.
别　　名：棱榆。

形态特征：灌木。高 1～3m。枝条灰褐色，无毛，密生皮孔，枝褐色，具条棱，密被短柔毛，疏生皮孔；芽卵状，细小，长约 2mm，具数枚膜质、被短柔毛、覆瓦状排列的芽鳞。叶卵形或椭圆状卵形，长 2～6.5cm，宽 1.5～5cm，顶端渐尖或锐尖，基部心形、斜心形或几圆形，边缘具重锯齿，中部以上具浅裂；上面绿色，多少被短柔毛，下面淡绿色，密被褐色腺点，疏被短柔毛，侧脉 7～9 对，上面微陷，下面隆起，密被短柔毛，脉腋间具簇生的髯毛；叶柄长 3～12mm，密被短柔毛。雄花序单生于小枝的叶腋，倾斜至下垂，短圆柱形，长 1～2cm，直径约 4mm；花序梗不明显；苞鳞宽卵形，外面疏被短柔毛。果 4 至多枚排成总状，下垂，着生于当年生小枝顶端；果梗短；序梗细瘦，长可达 2.5cm，密被短柔毛，间有稀疏长硬毛；果苞厚纸质，长 1～1.5cm，下半部紧包果实，上半部延伸呈管状，外面密被短柔毛，具条棱，绿色带紫红色，成熟后一侧开裂，顶端 4 裂，裂片长达果苞的 1/4～1/3。小坚果宽卵圆形或几球形，长 5～6mm、直径 4～6mm，褐色，有光泽，疏被短柔毛，具细肋。花期 3～6 月，果期 4～10 月。

生境分布：互助、乐都、民和、循化。生于林缘、山坡、河边，海拔 2000～3100m。

蒙古栎

分　　类：木兰纲　壳斗目　壳斗科　栎属
学　　名：*Quercus mongolica* Fischer ex Ledebour
别　　名：青柠子、柞树、辽东栎、大果蒙古栎、粗齿蒙古栎、小叶槲树。
形态特征：落叶乔木，高20m；树皮暗灰色，深纵裂。当年生枝深绿褐色；二年以上老枝灰紫褐色，无毛，具突起的灰白色皮孔。叶革质，略厚、硬，倒卵形至椭圆状倒卵形，长5～15cm，宽2.7～10cm，先端钝圆，基部圆形或耳形，边缘具5～7对波状裂片，裂片先端钝圆或锐尖，上面暗绿色，下面黄绿色，叶脉突起，幼时沿叶脉有毛；叶柄甚短或无叶柄。花单性，雌雄同株，柔荑花序下垂，长6～8cm，花被6～7裂，雄蕊8枚；雌花单生或3朵簇生于当年生枝的叶腋，花被6裂；总苞在果实成熟时木质化，碗状，被称为"壳斗"，其上苞片小、卵形、扁平。坚果卵形或长卵形，无毛。

生境分布：循化。生于林地半阳坡，海拔2000～2600m。

鹅绒藤

分　　类：木兰纲　龙胆目　夹竹桃科　鹅绒藤属
学　　名：*Cynanchum chinense* R. Br.
别　　名：祖子花。

形态特征：缠绕草本。全株被短柔毛。主根圆柱状，长约20cm、直径约5mm，干后灰黄色。叶对生，薄纸质，宽三角状心形，长4～9cm、宽4～7cm，顶端锐尖，基部心形，上面深绿色，下面苍白色；侧脉每边约10条。伞形聚伞花序腋生，两歧，有花约20朵；花萼外面被柔毛；花冠白色，裂片5，矩圆状披针形；副花冠二型，杯状，顶端裂成10个丝状体，分为2轮，外轮约与花冠裂片等长，内轮略短；花粉块每室1个，下垂；柱头略为突起，顶端2裂。蓇葖果双生或仅有1个发育，细圆柱形，长11cm、直径5mm；种子矩圆形，顶端具白绢质种毛。花期6～8月，果期8～10月。

生境分布：平安、互助、乐都、民和、循化。生于黄河边滩地草丛、干阳坡、河滩、路边、田边、坡地，海拔1800～2400m。

竹灵消

分　　类：木兰纲　龙胆目　夹竹桃科　白前属
学　　名：*Vincetoxicum inamoenum* Maxim.
别　　名：雪里蟠桃、老君须、白龙须。

形态特征：多年生草本。高达70cm。基部分枝甚多。根须状。茎干后中空，被单列柔毛。叶薄膜质，广卵形，长4～5cm，宽1.5～4cm，顶端急尖，基部近心形，在脉上近无毛或仅被微毛，有边毛；侧脉约5对。伞形聚伞花序，近顶部互生，着花8～10朵；花黄色，长和直径约3mm；花萼裂片披针形，急尖，近无毛；花冠辐状，无毛，裂片卵状长圆形，钝头；副花冠较厚，裂片三角形，短急尖；花药在顶端具一圆形的膜片；花粉块每室1个，下垂，花粉块柄短，近平行，着粉腺近椭圆形；柱头扁平。蓇葖双生，稀单生，狭披针形，向端部长渐尖，长6cm，直径5mm。花期5～7月，果期7～9月。

生境分布：民和、循化。生于山坡灌丛、河谷阶地、林下路边、山坡草地，海拔1900～2500m。

镰萼喉毛花

分　　类：木兰纲　龙胆目　龙胆科　喉毛花属
学　　名：*Comastoma falcatum* (Turcz. ex Kar. & Kir) Toyok.
别　　名：镰萼龙胆、镰萼假龙胆。

形态特征：一年生草本。高4～25cm。茎从基部分枝，分枝斜升，基部节间短缩，上部伸长，花葶状，四棱形，常带紫色。叶大部分基生，叶片矩圆状匙形或矩圆形，长5～15mm、宽3～6mm，先端钝或圆形，基部渐狭成柄，叶脉1～3条，叶柄长达20mm；茎生叶无柄，矩圆形。花5数，单生分枝顶端；花梗常紫色，四棱形，长达12cm，一般长4～6cm；花萼绿色或有时带蓝紫色，长为花冠的1/2，稀达2/3或较短，深裂近基部，裂片不整齐，形状多变，常为卵状披针形，弯曲成镰状，先端钝或急尖，边缘平展，稀外反，近于皱波状，基部有浅囊，背部中脉明显；花冠蓝色、深蓝色或蓝紫色，有深色脉纹，高脚杯状，长12～25mm，冠筒筒状，喉部突然膨大，直径达9mm，裂达中部，裂片矩圆形或矩圆状匙形，长5～13mm、宽达7mm，先端钝圆，偶有小尖头，全缘，开展，喉部具1圈副冠，副冠白色，10束，长达4mm，流苏状裂片的先端圆形或钝，宽约0.5mm，冠筒基部具10枚小腺体。蒴果狭椭圆形或披针形；种子褐色，近球形，径约0.7mm，表面光滑。花果期7～9月。

生境分布：互助、乐都、化隆、循化。生于高山草甸、高山流石滩、山坡草地、沼泽草甸，海拔3200～4100m。

长梗喉毛花

分　　类：木兰纲　龙胆目　龙胆科　喉毛花属

学　　名：*Comastoma pedunculatum* (Royle ex D. Don) Holub.

形态特征：一年生草本。高4～15cm。茎常从基部分枝，枝少而疏，斜升，四棱形。基生叶少，近无柄，矩圆状匙形，长5～16mm、宽至3mm，先端钝或圆形，基部渐狭成柄，叶脉在两面不明显或仅中脉在下面明显；茎生叶无柄，椭圆形或卵状矩圆形，长2～12mm、宽2～5mm，先端尖，下面中脉不明显。花5数，单生分枝顶端，大小不等；花梗斜伸，近四棱形，长达20cm；花冠上部深蓝色或蓝紫色，下部黄绿色，具深蓝色脉纹，筒状，长6～10mm，果时长14～18mm、宽达4mm，中裂，裂片近直立，卵状矩圆形，长3～11mm，先端钝圆，喉部具1圈白色副冠，副冠5束，长2～2.5mm，上部流苏状条裂，冠筒基部具10枚小腺体；雄蕊着生冠筒中部，花丝线形，白色，长约3mm，基部下延于冠筒成狭翅，花药黄色，宽椭圆形，长约1mm；子房无柄，狭椭圆形，花柱不明显，柱头2裂。蒴果无柄，略长于花冠；种子深褐色，宽矩圆形，长约0.5mm，表面平滑。花果期7～10月。

生境分布：互助、乐都。生于山坡草地、沼泽草甸、高山草甸，海拔3700～3800m。

喉毛花

分　　类：木兰纲　龙胆目　龙胆科　喉毛花属
学　　名：*Comastoma pulmonarium* (Turcz.) Toyokuni.
别　　名：喉花草。

形态特征：一年生草本。高 10 ~ 35cm。茎单生，直立，分枝或不分枝，枝斜升。基生叶早落，匙形或长圆状匙形；茎生叶无柄，卵形或卵状披针形，稀近圆形或椭圆形，长 0.6 ~ 3cm、宽 0.3 ~ 1cm，先端钝急尖，基部钝圆，半抱茎。聚伞花序或单花；花梗不等长，长达 4cm；花 5 朵；花萼长为花冠的 1/4，深裂，裂片开展，披针形或狭椭圆形，稀为卵状三角形，长 3 ~ 8mm，先端急尖，边缘有乳突；花冠淡蓝色，具蓝色条纹，筒状，长 9 ~ 26mm，一般长 15 ~ 20mm，浅裂，裂片直立，卵状椭圆形，长为花冠的 1/4，先端急尖或钝，基部具 1 束副冠；花丝白色，被柔毛，花药黄色。蒴果长于花冠，2 裂；种子多数，褐色，表面光滑。花果期 7 ~ 8 月。

生境分布：平安、互助、乐都、民和、化隆、循化。生于林下、灌丛、山坡、河滩、高山草地，海拔 2600 ~ 3900m。

刺芒龙胆

分　　类：木兰纲　龙胆目　龙胆科　龙胆属
学　　名：*Gentiana aristata* Maxim.
形态特征：一年生小草本。高达10cm。茎基部多分枝，枝铺散，斜上升。基生叶卵形或卵状椭圆形，先端具芒尖，两面光滑，边缘膜质，花期枯萎，宿存；茎生叶对生，疏离，线状披针形，越向茎上部叶越长，先端具芒尖，边缘膜质，两面光滑。花单生枝顶；花萼漏斗形，裂片线状披针形，边缘膜质，中脉绿色，脊状突起，向萼筒下延；花冠下部黄绿色，上部蓝色、深蓝色或紫红色，喉部具蓝灰色宽条纹，倒锥形，裂片卵形或卵状椭圆形，褶宽长圆形，先端平截，不整齐缺裂。蒴果长圆形或倒卵状长圆形，顶端具宽翅，两侧具窄翅；种子具密细网纹。花果期6～9月。
生境分布：平安、互助、乐都、民和、化隆、循化。生于山坡草地、河滩草地、沼泽草地、高山草地、灌丛中，海拔2700～3900m。

达乌里秦艽

分　　类：木兰纲　龙胆目　龙胆科　龙胆属
学　　名：*Gentiana dahurica* Fischer
别　　名：达乌里龙胆、达弗里亚龙胆、小叶秦艽、小秦艽。
形态特征：多年生草本植物。高 10～30cm。全株无毛。根细长，径 5～10mm，褐色。茎斜上或直立，具棱，基部具残叶纤维。营养枝叶多数，呈莲座状，长披针形，长 5～20cm，宽 0.7～2cm，基部狭，先端尖，全缘，具三出或五出脉，中脉明显；茎生叶对生，形状似基生叶，稍小。花序聚伞状，顶生或腋生于上部叶腋，多花，稀 1～3 朵；花萼膜质，具 5 齿，线形，长 4～7mm，不等长，比萼筒短或近等长；花冠蓝色，筒状钟形，长 3.5～4.5cm，裂片 5，卵形，长 7～9mm，稍尖，褶三角形，近全缘或有小齿；雄蕊 5；子房长圆柱形，无柄，花柱不明显，柱头 2 裂。蒴果长圆柱形；种子长圆形，有光泽，无翅。花期 7～8 月，果期 9 月。

生境分布：平安、互助、乐都、民和、化隆、循化。生于干草原、阳坡、河谷阶地、林中干旱山坡、沙丘、田边，海拔 2500～3900m。

线叶龙胆

分　　类：木兰纲　龙胆目　龙胆科　龙胆属

学　　名：*Gentiana lawrencei* var. *farreri* (Balf. f.) T. N. Ho.

形态特征：多年生草本。高 5～10cm。根略肉质，须状。花枝多数丛生，铺散，斜升，黄绿色，光滑。叶先端急尖，边缘平滑或粗糙，叶脉在两面均不明显或仅中脉在下面明显，叶柄背面具乳突；莲座丛叶极不发达，披针形，长 4～20mm、宽 2～3mm；茎生叶多对，越向茎上部叶越密、越长，下部叶狭矩圆形，长 3～6mm、宽 1.5～2mm；中、上部叶线形，稀线状披针形，长 6～20mm、宽 1.5～2mm。花单生于枝顶，基部包围于上部茎生叶丛中；花梗常极短，稀长至 1cm；花萼长为花冠之半，萼筒紫色或黄绿色，筒形，长 15～16mm，裂片与上部叶同形，长 10～20mm，弯缺截形；花冠上部亮蓝色，下部黄绿色，具蓝色条纹，无斑点，倒锥状筒形，长 4.5～6cm，裂片卵状三角形，长 6～7.5mm，先端急尖，全缘，褶整齐，宽卵形，长 4～5mm，先端钝，边缘啮蚀形；雄蕊着生于冠筒中部，整齐，花丝钻形，长 7～11mm，基部连合成短筒包围子房，花药狭矩圆形，长 2.5～3mm；子房线形，长 12～14mm，两端渐狭，柄长 25～26mm，花柱线形，连柱头长 5～6mm，柱头 2 裂，裂片外卷，线形。蒴果内藏，椭圆形，长 18～20mm，两端钝，柄细，长至 2.8mm；种子黄褐色，有光泽，矩圆状，长 1～1.2mm，表面具蜂窝状网隙。花果期 8～10 月。

生境分布：互助、乐都。生于高山、草甸、山谷、草滩，海拔 3000～4100m。

岷县龙胆

分　　类：木兰纲　龙胆目　龙胆科　龙胆属

学　　名：*Gentiana purdomii* C. Marquand.

形态特征：多年生草本。高4～25cm。枝2～4个丛生，其中有1～3个营养枝及1个花枝，花枝直立，低矮或较高，黄绿色，中空，近圆形，光滑。叶大部分基生，常对折，线状椭圆形，稀狭矩圆形，长2～6cm，宽0.2～0.9cm，先端钝，基部渐狭，中脉在两面明显，并在下面突起，叶柄膜质，长2～3.5cm；茎生叶1～2对，狭矩圆形，长1～3cm，宽0.3～0.6cm，先端钝，叶柄短，长至6mm。花1～8朵，顶生和腋生；无花梗至具长达4cm的花梗；花萼倒锥形，长1.4～1.7cm，萼筒叶质，不开裂，裂片直立，稍不整齐，狭矩圆形或披针形，长2.5～8mm，先端钝，背面脉不明显，弯缺截形或圆形；花冠淡黄色，具蓝灰色宽条纹和细短条纹，筒状钟形或漏斗形，长3～4.5cm，裂片宽卵形，长3～3.5mm，先端钝圆，边缘有不整齐细齿，褶偏斜，截形，边缘有不明显波状齿；雄蕊着生于冠筒中部，整齐，花丝丝状钻形，长9～11mm，花药狭矩圆形，长3～3.5mm；子房线状披针形，长1.3～1.5mm，两端渐狭，柄长10～12mm，花柱线形，长3～4mm，柱头2裂，裂片外反，线形。蒴果内藏，椭圆状披针形，长1.8～2.5cm，先端急尖，基部钝，柄长至2cm；种子黄褐色，有光泽，宽矩圆形或近圆形，长1.5～2mm，表面具海绵状网隙。花果期7～10月。

生境分布：民和、循化。生于山顶草地、草甸、沼泽，海拔2400～4100m。

管花秦艽

分　　类：木兰纲　龙胆目　龙胆科　龙胆属
学　　名：*Gentiana siphonantha* Maxim. ex Kusn.
别　　名：管花龙胆。

形态特征：多年生草本。高10～25cm。全株光滑无毛，基部被枯存的纤维状叶鞘包裹。莲座丛叶线形，稀宽线形，长4～14cm、宽0.7～2.5cm，先端渐尖，基部渐狭，边缘粗糙，叶脉3～5条，在两面均明显，并在下面突起，叶柄长3～6cm，包被于枯存的纤维状叶鞘中；茎生叶与莲座丛叶相似而略小，长3～8cm、宽0.3～0.9cm，无叶柄至叶柄长达2cm。花多数，无花梗，簇生枝顶及上部叶腋中呈头状；花萼小，长为花冠的1/5～1/4，萼筒常带紫红色，一侧开裂或不裂，先端截形，萼齿不整齐，丝状或钻形，长1～3.5mm；花冠深蓝色，筒状钟形，长2.3～2.6cm，裂片矩圆形，长3.5～4mm，先端钝圆，全缘，褶整齐或偏斜，狭三角形，长2.5～3mm，先端急尖，全缘或2裂；雄蕊着生于冠筒下部，整齐，花丝线状钻形，长11～14mm，花药矩圆形，长1.5～2.5mm；子房线形，长12～14mm，两端渐狭，柄长5～6mm，花柱短，连柱头长2～3mm，柱头2裂，裂片矩圆形。蒴果椭圆状披针形，长14～17mm，柄长6～7mm；种子褐色，矩圆形或狭矩圆形，长1.1～1.5mm，表面具细网纹。花果期7～9月。

生境分布：互助、乐都、循化。生于河滩、山坡、草甸、灌丛，海拔3000～4100m。

鳞叶龙胆

分　　类：木兰纲　龙胆目　龙胆科　龙胆属

学　　名：*Gentiana squarrosa* Ledeb.

别　　名：白花小龙胆、鳞片龙胆、石龙胆。

形态特征：一年生小草本。高3～8cm。茎细弱，分枝，被短腺毛。叶对生，茎下部者较大，卵圆形或卵状椭圆形，排列作辐状；茎上部的叶匙形至倒卵形，具软骨质边，粗糙，顶端有芒刺，反卷，基部连合。花单生枝端；花萼钟状，裂片卵圆形，外弯，先端有芒刺，背面有棱；花冠钟状，长8～10mm，裂片卵圆形，褶全缘或2裂，短于裂片；雄蕊5；子房上位，花柱短。蒴果倒卵形，具长柄，外露；种子褐色，椭圆形，具网纹。花果期4～9月。

生境分布：互助、乐都、化隆、循化。生于山坡、干草原、河滩、荒地、高山草甸，海拔2200～3600m。

麻花艽

分　　类：木兰纲　龙胆目　龙胆科　龙胆属
学　　名：*Gentiana straminea* Maxim.

形态特征：多年生草本。高 15～35cm。基部被残叶纤维所包围。根粗壮，棕褐色。茎常斜升。营养枝的叶莲座状，披针形至宽披针形，长 10～20cm、宽 1～2.5cm，短尖或渐尖，具 5 脉，全缘，基部连合成鞘状；茎生叶对生，条状披针形，长 2.5～5cm、宽 0.5～0.9cm。聚伞花序顶生或腋生；具花梗；花萼一侧裂开，白色膜质，萼齿 2～5，不等长，齿状或条状钻形，有时不显著；花冠钟状，淡黄白色，喉部及筒的基部有绿色斑点，裂片三角状卵形或卵形，褶三角形；雄蕊 5；子房矩圆形，花柱短，柱头 2 裂。蒴果，具柄；种子多数。花果期 7～10 月。

生境分布：平安、互助、乐都、民和、化隆、循化。生于山坡草地、河滩、灌丛、林缘、高山草甸，海拔 2000～4100m。

回旋扁蕾

分　　类：木兰纲　龙胆目　龙胆科　扁蕾属
学　　名：*Gentianopsis contorta* (Royle) Ma.
别　　名：迴旋扁蕾。
形态特征：一年生草本。高 8～35cm。茎直立，单一或下部单一，上部有分枝，黑紫色，四棱形。基生叶早落，匙形或倒卵形，长 5～15mm、宽 4～7mm，先端圆形，边缘具乳突，基部渐狭成短柄；茎生叶 2～6 对，无柄，椭圆形或卵状椭圆形，长 8～30mm、宽 4～10mm，先端圆形或钝，边缘具乳突，基部楔形，仅中脉在下面明显。花单生茎或分枝顶端；花梗长 1～8.5cm，一般长 2～3cm，四棱形；花萼筒形，长 2～3cm，长为花冠的 2/3，或与冠筒等长，裂片 2 对，内对三角形或卵状三角形，长 4～10mm，先端急尖，边缘膜质，外对披针形，长 5～11mm，先端稍渐尖；花冠蓝色或深蓝色，筒状漏斗形，长 2.5～5cm，口部宽 6～10mm，裂片椭圆形，长 5～13mm，宽达 7mm，先端圆形，稍有浅齿，下部两侧无细条裂齿；花丝线形，长达 15mm，花药黄色，矩圆形，长约 2mm；子房具短柄，圆柱形，长 1.6～3cm，花柱短。蒴果圆柱形，具长柄，与花冠等长，果柄长达 13mm；种子近球形。花果期 8～10 月。
生境分布：互助、循化。生于山坡、疏林下，海拔 2200～3200m。

湿生扁蕾

分　　类：木兰纲　龙胆目　龙胆科　扁蕾属
学　　名：*Gentianopsis paludosa* (Hook. f.) Ma.
别　　名：龙胆草、沼生扁蕾。

形态特征：一年生草本。高20～60cm。茎近直立，少分枝。叶对生，茎基部3～5对，排列成辐射状，匙形，长1.5～2.8cm、宽0.5～1cm，早枯落；茎上部的叶椭圆状披针形，长1.5～3.5cm、宽0.5～1.2cm，几无柄。花单生枝端，蓝色，长达3.5～6cm；花萼圆筒状钟形，长为花冠之半，背脊具4条龙骨状突起，顶端4裂，裂片等长，内对卵形，外对狭三角形；花冠圆筒状钟形，筒长2.5～3.8cm，顶端4裂，裂片椭圆形，边缘具微齿，基部边缘具流苏状毛；腺体4，下垂；雄蕊4；子房具柄，柱头2裂。蒴果圆柱形，具柄；种子具指状突起。花果期7～10月。

生境分布：平安、互助、乐都、民和、化隆、循化。生于山坡草地、山麓、灌丛中、河滩，海拔2000～3900m。

椭圆叶花锚

分　　类：木兰纲　龙胆目　龙胆科　花锚属
学　　名：*Halenia elliptica* D. Don.
别　　名：卵萼花锚。
形态特征：一年生草本。高 20～50cm。茎直立，分枝，四棱形。茎生叶对生，卵形至椭圆形，长 1.5～8cm、宽 0.8～3.5cm，无柄，下部叶匙形，具柄。花序为顶生伞形或腋生聚伞花序；花蓝色，径达 5cm，具梗；花萼 4 深裂，裂片卵状椭圆形，顶端尖；花冠 4 深裂，裂片椭圆形，顶端具尖头，基部具平展的距，较花冠长；雄蕊 4，内藏，与裂片互生，花丝生于花冠筒基部；子房卵形，花柱极短，柱头 2 裂，裂片直立。种子小，卵圆形。
生境分布：平安、互助、乐都、民和、化隆、循化。生于林中空地、林缘、灌丛中、山坡草地、河滩、水边，海拔 1900～3800m。

维管植物门 TRACHEOPHYTA

大花肋柱花

分　　类：木兰纲　龙胆目　龙胆科　肋柱花属

学　　名：*Lomatogonium macranthum* (Diels & Gilg) Fern

形态特征：一年生草本。高7～35cm。茎常带紫红色，分枝少而稀疏，斜升，近四棱形，节间长于叶。叶无柄，卵状三角形、卵状披针形或披针形，长7～27mm、宽2～12mm，茎上部及小枝的叶较小，先端急尖或钝，基部钝，叶脉不明显或仅中脉在下面明显。花5数，生于分枝顶端，常不等大，直径一般2～2.5cm；花梗细瘦，弯垂或斜升，近四棱形，常带紫色，不等长，长至9cm；花萼长为花冠的1/2～2/3，裂片狭披针形至线形，稍不整齐，长7～11mm，先端急尖，边缘微粗糙，背面中脉明显；花冠蓝紫色，具深色纵脉纹，裂片矩圆形或矩圆状倒卵形，长13～20mm，先端急尖或钝，具小尖头，基部两侧各具1个腺窝，腺窝管形，基部稍合生，边缘具长约3mm的裂片状流苏；花丝线形，长8～11mm，仅下部稍增宽，花药蓝色，狭矩圆形，长3～3.2mm；子房无柄，长至16mm，柱头小，下延至子房下部。蒴果无柄，狭矩圆形或狭矩圆状披针形，长17～21mm；种子深褐色，矩圆形，长0.7～0.9mm，表面微粗糙，稍有光泽。花果期8～10月。

生境分布：互助、循化。生于高山草甸、河谷阶地、林下空地、山坡，海拔2500～4100m。

二叶獐牙菜

分　　类：木兰纲　龙胆目　龙胆科　獐牙菜属
学　　名：*Swertia bifolia* Batalin
别　　名：二叶享乐菜、二叶西伯菜。
形态特征：多年生草本。高 10～30cm。茎直立，有时带紫红色，近圆形，具条棱，不分枝。基生叶 1～2 对，具柄，叶片矩圆形或卵状矩圆形，长 1.5～6cm、宽 0.7～3cm，先端钝或钝圆，基部楔形，渐狭成柄，叶脉 3～7 条，于下面明显突起，有时 3～5 条于顶端略联结，叶柄细，扁平，长 2.5～4cm，基部连合。简单或复聚伞花序具 2～13 花；花梗直立或斜伸，有时带蓝紫色，不等长，长 0.5～5.5cm；花 5 数，直径 1.5～2cm，花萼有时带蓝色，长为花冠的 1/2～2/3，裂片略不整齐，披针形或卵形，长 8～11mm，先端渐尖，背面有细而明显的 3～5 脉；花冠蓝色或深蓝色，裂片椭圆状披针形或狭椭圆形，一般长 1.5～2cm，有时长达 3cm、宽 0.5～0.8cm，先端钝，全缘或有时边缘啮蚀形，基部有 2 个腺窝，腺窝基部囊状，顶端具长 3.5～4mm 的柔毛状流苏；花丝线形，长 9～11mm，基部背面具流苏状短毛，花药蓝色，狭矩圆形，长 2.5～3mm。蒴果无柄，披针形，与宿存的花冠等长或有时稍长，先端外露；种子多数，褐色，矩圆形，长 1.2～1.5mm，无翅，具纵皱折。花果期 7～9 月。

生境分布：湟中。生于山坡、草甸、灌丛、流石滩，海拔 3200～4000m。

四数獐牙菜

分　　类：木兰纲　龙胆目　龙胆科　獐牙菜属
学　　名：*Swertia tetraptera* Maxim.
别　　名：斗大结考日、二型腺鳞草。
形态特征：一年生草本。高5～30cm。茎直立，四棱形。叶片矩圆形或椭圆形，长0.9～3cm、宽0.8～1.8cm，先端钝，基部渐狭成柄，3脉，在下面明显，叶柄长1～5cm；茎中上部叶无柄，卵状披针形，长1.5～4cm、宽达1.5cm，先端急尖，基部近圆形，半抱茎，3～5脉；分枝的叶较小，矩圆形或卵形。圆锥状复聚伞花序或聚伞花序，稀单花顶生；花梗细长，长0.5～6cm；小花4数，大小相差甚远，主茎上部的花比茎基部和基部分枝上的花大2～3倍，呈明显二型：大花的花萼绿色，叶状，裂片披针形或卵状披针形，花时平展，长6～8mm，先端急尖，基部稍狭缩，背面具3脉，花冠黄绿色，有时带蓝紫色或蓝紫色斑点，开展，裂片卵形，长9～12mm、宽约5mm；花药黄色，矩圆形，长约1mm；花柱明显，柱头裂片半圆形。蒴果卵状矩圆形，长10～14mm，先端钝；种子矩圆形，长约1.2mm，表面平滑。小型花花萼裂片宽卵形，长1.5～4mm，先端纯，具小尖头，花冠黄绿色，闭花授扮，裂片卵形，长2.5～5mm，先端啮蚀状，腺窝常不明显；蒴果宽卵圆形或近圆形，种子较小。花果期6～8月。

生境分布：平安、互助、乐都、民和、化隆、循化。生于山顶草地、山坡湿地、山麓、河滩、灌丛中，海拔2000～3900m。

六叶葎

分　　类：木兰纲　龙胆目　茜草科　拉拉藤属

学　　名：*Galium hoffmeisteri* (Klotzsch) Ehrendorfer & Schonbeck-Temesy ex R. R. Mill

别　　名：六叶律。

形态特征：一年生草本。高10～60cm。常直立，有时披散状。近基部分枝，有红色丝状的根。茎直立，柔弱，具4角棱，具疏短毛或无毛。叶片薄，纸质或膜质，生于茎中部以上的常6片轮生，生于茎下部的常4～5片轮生，长圆状倒卵形、倒披针形、卵形或椭圆形，长1～3.2cm、宽4～13mm，顶端钝圆而具突尖，稀短尖，基部渐狭或楔形，上面散生糙伏毛，常在近边缘处较密，下面有时亦散生糙伏毛，中脉上有或无倒向的刺，边缘有时有刺状毛，具1中脉，近无柄或有短柄。聚伞花序顶生和生于上部叶腋，少花，2～3次分枝，常广歧式叉开，总花梗长可达6cm，无毛；苞片常成对，小，披针形；花小；花梗长0.5～1.5mm；花冠白色或黄绿色，裂片卵形，长约1.3mm、宽约1mm；雄蕊伸出；花柱顶部2裂，长约0.7mm。果爿近球形，单生或双生，密被钩毛；果柄长达1cm。花期5～8月，果期6～9月。

生境分布：循化。生于山坡、沟边、河滩、草地的草丛或灌丛中及林下，海拔2500～2600m。

维管植物门 TRACHEOPHYTA

车轴草

分　　类：木兰纲　龙胆目　茜草科　拉拉藤属
学　　名：*Galium odoratum* (Linn.) Scop.
别　　名：香车叶草。
形态特征：多年生草本。高10～60cm。茎直立，少分枝，具4角棱，无毛，仅在节上具一环白色刚毛。叶纸质，6～10片轮生，倒披针形、长圆状披针形或狭椭圆形，长1.5～6.5cm、宽4.5～17mm，在下部的较小，长6～15mm、宽3～5mm，顶端短尖或渐尖，或钝而有短尖头，基部渐狭，沿边缘和有时在下面沿脉上具短的、向上的刚毛或在两面被稀薄紧贴的刚毛，1脉，无柄或具极短的柄。伞房花序式的聚伞花序顶生，长达9cm；苞片在花序基部4～6片，在分枝处常成对，最小的长1.5～2mm，披针形；花直径3～7mm；花梗长2～3mm，与总花梗均无毛；花冠白色或蓝白色，短漏斗状，长约4.5mm，花冠裂片4，长圆形，长2.5mm，比冠管长；雄蕊4，具短的花丝；花柱短，2深裂，柱头球形。果双生或单生，球形，直径约2mm，密被钩毛；果柄长约4mm。花果期6～9月。
生境分布：循化。生于林下，海拔2500～2700m。

茜草

分　　类：木兰纲　龙胆目　茜草科　茜草属
学　　名：*Rubia cordifolia* Linn.
形态特征：草质攀援藤本。长通常 1.5～3.5m。根状茎和其节上的须根均红色。茎数至多条，从根状茎的节上发出，细长，方柱形，有 4 棱，棱上生倒生皮刺，中部以上多分枝。叶通常 4 片轮生，纸质，披针形或长圆状披针形，长 0.7～3.5cm，顶端渐尖，有时钝尖，基部心形，边缘有齿状皮刺，两面粗糙，脉上有微小皮刺；基出脉 3，极少外侧有 1 对很小的基出脉。叶柄长通常 1～2.5cm，有倒生皮刺。聚伞花序腋生和顶生，多回分枝，有花 10 余朵至数十朵，花序和分枝均细瘦，有微小皮刺；花冠淡黄色，干时淡褐色，盛开时花冠檐部直径 3～3.5mm，花冠裂片近卵形，微伸展，长约 1.5mm，外面无毛。果球形，直径通常 4～5mm，成熟时橘黄色。花期 8～9 月，果期 9～10 月。

生境分布：平安、互助、乐都、民和、循化。生于疏林、林缘、灌丛或草地上，海拔 1800～4200m。

维管植物门 TRACHEOPHYTA

牻牛儿苗

分　　类：木兰纲　牻牛儿苗目　牻牛儿苗科　牻牛儿苗属
学　　名：*Erodium stephanianum* Willd.
别　　名：太阳花、老鹳咀、绵绵牛、车车路。
形态特征：一年生草本。高15～45cm。平铺地面或稍斜升。根直立，细圆柱状。茎多分枝，有节，有柔毛。叶对生，长卵形或矩圆状三角形，长约6cm，二回羽状深裂；羽片5～9对，基部下延，小羽片条形，全缘或有1～3粗齿；叶柄长4～6cm。伞形花序腋生，明显长于叶，总花梗被开展长柔毛和倒向短柔毛，每梗具2～5花；苞片狭披针形，分离；花梗与总花梗相似，等于或稍长于花，花期直立，果期开展，上部向上弯曲；萼片矩圆形，先端有长芒；花瓣紫蓝色，长不超过萼片。蒴果长约4cm，顶端有长喙，成熟时5个果瓣与中轴分离，喙部呈螺旋状卷曲；种子长2～2.5mm，褐色。花期6～8月，果期6～9月。

生境分布：平安、互助、乐都、民和。生于山坡草地、田边、路边，海拔1700～3800m。

草地老鹳草

分　　类：木兰纲　牻牛儿苗目　牻牛儿苗科　老鹳草属
学　　名：*Geranium pratense* Linn.
别　　名：草甸老鹳草。

形态特征：多年生草本。高50～60cm。根状茎短，被棕色鳞片状托叶。茎通常单一，微具倒生伏毛。托叶披针形，渐尖，淡棕色；基生叶具长柄，柄长约20cm，茎生叶柄较短，顶生叶无柄，柄稍具倒生伏毛；叶片肾圆形，通常掌状深裂几达基部，宽6～10cm，表面具稀疏伏毛，背面仅沿脉具稀疏伏毛，裂片菱状卵形，具羽状缺刻或大的牙齿，顶部叶3深裂或全裂。聚伞花序生于小枝顶端，花序梗长2～5cm，常生2花；花梗长1～2cm，果期弯曲，皆具短柔毛及开展腺毛；萼片狭卵形，具3脉，密被短毛及开展腺毛，长约8mm，具短芒；花瓣蓝紫色，偶见白色，倒卵形，顶端圆形，比萼片几长1倍，基部有毛；花丝基部扩大部分具长毛；花柱长约7mm，柱头分枝长约2mm。蒴果具短柔毛并混有开展腺毛，长约2cm。花期6～7月，果期7～9月。

生境分布：互助、乐都。生于林下、灌丛、山坡、草地、河滩，海拔2400～3900m。

老鹳草

分　　类：木兰纲　牻牛儿苗目　牻牛儿苗科　老鹳草属
学　　名：*Geranium wilfordii* Maxim.
形态特征：多年生草本。高30～50cm。根茎直生，粗壮，具簇生纤维状细长须根，上部围以残存基生托叶。茎直立，单生，具棱槽，假二叉状分枝，被倒向短柔毛，有时上部混生开展腺毛。叶基生和茎生叶对生；托叶卵状三角形或上部为狭披针形，长5～8mm、宽1～3mm，基生叶和茎下部叶具长柄，柄长为叶片的2～3倍，被倒向短柔毛，茎上部叶柄渐短或近无柄；基生叶片圆肾形，长3～5cm、宽4～9cm，5深裂达2/3处，裂片倒卵状楔形，下部全缘，上部不规则状齿裂，茎生叶3裂至3/5处，裂片长卵形或宽楔形，上部齿状浅裂，先端长渐尖，表面被短伏毛，背面沿脉被短糙毛。花序腋生和顶生，稍长于叶，总花梗被倒向短柔毛，有时混生腺毛，每梗具2花；苞片钻形，长3～4mm；花梗与总花梗相似，长为花的2～4倍，花、果期通常直立；萼片长卵形或卵状椭圆形，长5～6mm、宽2～3mm，先端具细尖头，背面沿脉和边缘被短柔毛，有时混生开展的腺毛；花瓣白色或淡红色，倒卵形，与萼片近等长，内面基部被疏柔毛；雄蕊稍短于萼片，花丝淡棕色，下部扩展，被缘毛；雌蕊被短糙状毛，花柱分枝紫红色。蒴果长约2cm，被短柔毛和长糙毛。花期6～8月，果期8～9月。

生境分布：民和。生于山坡草地、林缘，海拔2200～2400m。

黄花角蒿

分　　类：木兰纲　唇形目　紫葳科　角蒿属

学　　名：*Incarvillea sinensis* var. *przewalskii* (Batalin) C. Y. Wu & W. Q. Yin

形态特征：一年生直立草本。高 15～50cm。叶及毛被形态多变异。顶生总状花序，疏散，长达 20cm；花梗长 1～5mm；小苞片绿色，线形，长 3～5mm；花萼钟状，淡黄色，长宽均约 5mm，萼齿钻状，基部具腺体，萼齿间皱褶 2 浅裂；花冠淡玫瑰色或粉红色，有时带紫色，钟状漏斗形，基部细筒长约 4cm、径 2.5cm，花冠裂片圆形；雄蕊着生花冠近基部，花药成对靠合。蒴果淡绿色，细圆柱形，顶端尾尖，长 3.5～10cm、径约 5mm。种子扁圆形，细小，径约 2mm，四周具透明膜质翅，顶端具缺刻。花期 7～9 月。

生境分布：平安、互助、民和。生于砾石滩、路旁，海拔 2000～3000m。

白苞筋骨草

分　　类：木兰纲　唇形目　唇形科　筋骨草属
学　　名：*Ajuga lupulina* Maxim.
别　　名：甜格宿宿草。
形态特征：多年生草本。高4～20cm。茎直立，四棱形，基部分枝，具长柔毛。叶对生，椭圆状披针形、矩圆形至倒披针形，长2.5～8cm、宽0.9～3cm，先端圆钝或尖，基部渐狭，全缘或具不整齐钝齿，两面和边缘均被柔毛。穗状花序长3～11.5cm；苞片卵形至椭圆形，长约3.9cm、宽约2.7cm，先端渐尖；花萼近钟形，5齿裂，裂片近披针形，顶端渐尖，边缘具柔毛；花冠白色，二唇形，上唇小，2裂，下唇大，3裂，中裂片约等于侧裂片2倍，花冠筒基部膝曲，长约1.2cm、宽约2.3mm，被柔毛；雄蕊4，2强，上面2枚与花冠的侧裂片等长，下面2枚超过它，着生于花冠筒中部以上，伸出花冠外，花丝长5～8mm，基部扁平，花药"丁"字着生；雌蕊1，花柱长约1.8cm，柱头2裂。小坚果，黑色，倒卵状椭圆形，具网状皱纹和微毛；种子卵形，黑褐色。花期7～8月，果期8～10月。

生境分布：平安、互助、乐都、民和、化隆、循化。生于草甸、山坡、灌丛、河谷、滩地，海拔2900～3900m。

蒙古莸

分　　类：木兰纲　唇形目　唇形科　莸属
学　　名：*Caryopteris mongholica* Bunge.
别　　名：兰花茶、山狼毒、白沙蒿。
形态特征：落叶小灌木。高 0.3～1.5m。常自基部即分枝；嫩枝紫褐色，圆柱形，有毛，老枝毛渐脱落。叶片厚纸质，线状披针形或线状长圆形，全缘，很少有稀齿，长 0.8～4cm，宽 2～7cm，表面深绿色，稍被细毛，背面密生灰白色绒毛；聚伞花序腋生，无苞片和小苞片；花萼钟状，长约 3mm，外面密生灰白色绒毛，深 5 裂，裂片阔线形至线状披针形，长约 1.5mm；花冠蓝紫色，长 1cm，外面被短毛，5 裂，下唇中裂片较长大，边缘流苏状，花冠管长约 5mm，管内喉部有细长柔毛；雄蕊 4，几等长，与花柱均伸出花冠管外；子房长圆形，无毛，柱头 2 裂。蒴果椭圆状球形，无毛，果瓣具翅。花果期 8～10 月。
生境分布：民和、循化。生于干旱山坡，海拔 1900～3000m。

光果莸

分　　类：木兰纲　唇形目　唇形科　莸属
学　　名：*Caryopteris tangutica* Maxim.
别　　名：唐古特莸。
形态特征：直立小灌木。高 0.5～2m。嫩枝密生灰白色绒毛。单叶对生；叶柄长 0.4～1cm；叶片披针形、卵状披针形至长卵形，长 2～5.5cm、宽 0.5～2cm，先端钝或渐尖，基部楔形或圆形，边缘具深锯齿，表面绿色，被柔毛，背面密生灰白色茸毛；侧脉 5～8 对，聚伞花序腋生及顶生，排列紧密呈头状，花萼长约 2.5mm，宿存，结果时增大，长约 6mm，外面密生柔毛，先端深 5 裂，裂片披针形；花冠蓝紫色，二唇形，下唇中裂片较大，边缘流苏状，花冠管长 5～7mm；雄蕊 4，与花柱同伸出花冠管外；子房无毛，柱头 2 裂。蒴果倒卵圆状球形，长约 5mm、宽约 4mm，无毛，果瓣具宽翅。花期 7～9 月，果期 9～10 月。

生境分布：平安、互助、乐都、民和、循化。生于山坡灌丛，海拔 1800～3000m。

灯笼草

分　　类：木兰纲　唇形目　唇形科　风轮菜属

学　　名：*Clinopodium polycephalum* (Vaniot) C. Y. Wu & Hsuan ex P. S. Hsu

形态特征：多年生草本。高0.5～1m。茎基部有时匍匐生根，多分枝，被糙硬毛及腺毛。叶对生；叶柄长3～8mm；叶片卵形，长2～5cm、宽1.5～3.2cm，先端尖或钝，基部楔形，边缘具圆齿状牙，两面被糙硬毛。轮伞花序多花，圆球状，花时径达2cm，沿茎及分枝形成宽而多头的圆锥花序；苞片针状，被具节柔毛及腺毛；花萼管状，长约6mm，外面被具节柔毛及腺毛，上唇3齿，先端具尾尖，下唇2齿，先端芒尖；花冠紫红色，长约8mm，外面被微柔毛，上唇先端微缺，下唇3裂；雄蕊4，不露出，前对较长，花药2室，后对雄蕊短，花药小；子房4裂，花柱着生于子房底，柱头2裂。小坚果4，卵形，棕色。花期7～8月，果期8～9月。

生境分布：民和、循化。生于山谷坡地，海拔2000～2600m。

白花枝子花

分　　类：木兰纲　唇形目　唇形科　青兰属
学　　名：*Dracocephalum heterophyllum* Benth.
别　　名：异叶青兰、祖帕尔、马尔赞居西、白花夏枯草。

形态特征：多年生草本。高 10～15cm，有时高达 30cm。茎在中部以下具长的分枝，四棱形或钝四棱形，密被倒向的小毛。茎下部叶具超过或等于叶片的长柄，柄长 2.5～6cm，叶片宽卵形至长卵形，长 1.3～4cm、宽 0.8～2.3cm，先端钝或圆形，基部心形，下面疏被短柔毛或几无毛，边缘被短睫毛及浅圆齿；茎中部叶与基生叶同形，具与叶片等长或较短的叶柄，边缘具浅圆齿或尖锯齿；茎上部叶变小，叶柄变短，锯齿常具刺而与苞片相似。轮伞花序生于茎上部叶腋，长 4.8～11.5cm，具 4～8 花，因上部节间变短而花又长过节间，故各轮花密集；花具短梗；苞片较萼稍短或为其的 1/2，倒卵状匙形或倒披针形，疏被小毛及短睫毛，边缘每侧具 3～8 个小齿，齿具长刺，刺长 2～4mm；花萼长 15～17mm，浅绿色，外面疏被短柔毛，下部较密，边缘被短睫毛，2 裂几至中部，上唇 3 裂至本身长度的 1/3 或 1/4，齿几等大，三角状卵形，先端具刺，刺长约 15mm，下唇 2 裂至本身长度的 2/3 处，齿披针形，先端具刺；花冠白色，长 1.8～3.7cm，外面密被白色或淡黄色短柔毛，二唇近等长；雄蕊无毛。花期 6～8 月。

生境分布：平安、互助、乐都、民和、化隆、循化。生于山坡、河滩、田边，海拔 1800～3900m。

毛建草

分　　类：木兰纲　唇形目　唇形科　青兰属
学　　名：*Dracocephalum rupestre* Hance.
别　　名：毛尖茶、毛尖、岩青兰、岩青蓝、君梅茶。
形态特征：多年生草本。茎不分枝，渐升，长 15～42cm，四棱形，疏被倒向的短柔毛，常带紫色。叶片三角状卵形，先端钝，基部常为深心形，或为浅心形，长 1.4～5.5cm、宽 1.2～4.5cm，边缘具圆锯齿，两面疏被柔毛；茎中部叶具明显的叶柄，叶柄通常长过叶片，有时较叶片稍短，长 2～6cm，叶片似基出叶，长 2.2～3.5cm；花序处叶变小，具鞘状短柄，柄长 4～8mm，或几无柄。轮伞花序密集，通常呈头状，稀疏离而长达 9cm；呈穗状，此时茎的节数常增加，腋多具花轮甚至个别的有分枝花序；花具短梗；苞片大者倒卵形，长达 1.6cm，疏被短柔毛及睫毛，每侧具 4～6 枚带长 1～2mm 刺的小齿，小者倒披针形，长 7～10mm，每侧有 2～3 枚带刺小齿；花萼长 2～2.4cm，常带紫色，被短柔毛及睫毛，2 裂至 2/5 处，上唇 3 裂至本身基部，中齿倒卵状椭圆形，先端锐短渐尖，宽为侧齿的 2 倍，侧齿披针形，先端锐渐尖，下唇 2 裂稍超过本身基部，齿狭披针形；花冠紫蓝色，长 3.8～4cm，最宽处 5～10mm，外面被短毛，下唇中裂片较小，无深色斑点及白长柔毛；花丝疏被柔毛，顶端具尖的突起。花期 7～9 月。

生境分布：平安、互助、乐都、民和。生于灌丛中或林下，海拔 2300～3800m。

甘青青兰

分　　类：木兰纲　唇形目　唇形科　青兰属
学　　名：*Dracocephalum tanguticum* Maxim.
别　　名：则羊古、陇塞青兰、唐古特青兰。
形态特征：多年生草本。高35～55cm。有臭味。茎直立，钝四棱形，上部被倒向小毛，中部以下几无毛，节多，节间长2.5～6cm，在叶腋中生有短枝。叶具柄，柄长3～8mm，叶片轮廓椭圆状卵形或椭圆形，基部宽楔形，长2.6～7.5cm、宽1.4～4.2cm，羽状全裂；裂片2～3对，与中脉成钝角斜展，线形，长7～30mm、宽1～3mm，顶生裂片长14～44mm，上面无毛，下面密被灰白色短柔毛，边缘全缘，内卷。轮伞花序生于茎顶部5～9节上，通常具4～6花，形成间断的穗状花序；苞片似叶，但极小，只有1对裂片，两面被短毛及睫毛，长约为萼长的1/2；花萼长1～1.4cm，外面中部以下密被伸展的短毛及金黄色腺点，常带紫色，2裂至1/3处，齿被睫毛，先端锐尖，上唇3裂至本身2/3稍下处，中齿与侧齿近等大，均为宽披针形，下唇2裂至本身基部，齿披针形；花冠蓝紫色至暗紫色，长2～2.7cm，外面被短毛，下唇长为上唇2倍；花丝被短毛。花期6～8月。
生境分布：平安、互助、乐都、民和、化隆、循化。生于阳坡、林下、河谷，海拔2000～3900m。

密花香薷

分　　类：木兰纲　唇形目　唇形科　香薷属
学　　名：*Elsholtzia densa* Benth.
别　　名：蝇蟋巴、臭香茹、细穗密花香薷、矮株密花香薷。
形态特征：草本。高20～60cm。密生须根。茎直立，自基部多分枝，分枝细长，茎及枝均四棱形，具槽，被短柔毛。叶长圆状披针形至椭圆形，长1～4cm、宽0.5～1.5cm，先端急尖或微钝，基部宽楔形或近圆形，边缘在基部以上具锯齿，草质，上面绿色下面较淡，两面被短柔毛，侧脉6～9对，与中脉在上面下陷、下面明显；叶柄长0.3～1.3cm，背腹扁平，被短柔毛。穗状花序长圆形或近圆形，长2～6cm、宽1cm，密被紫色串珠状长柔毛，由密集的轮伞花序组成；花冠小，淡紫色，长约2.5mm，外面及边缘密被紫色串珠状长柔毛，内面在花丝基部具不明显的小疏柔毛环，冠筒向上渐宽大，冠檐二唇形，上唇直立，先端微缺，下唇稍开展，3裂，中裂片较侧裂片短；雄蕊4，前对较长，微露出，花药近圆形；花柱微伸出，先端近相等2裂。小坚果卵珠形，长2mm、宽1.2mm，暗褐色，被极细微柔毛，腹面略具棱，顶端具小疣状突起。花果期7～10月。

生境分布：平安、互助、乐都、民和、化隆、循化。生于荒地、田边、路边、水沟边，海拔1800～3800m。

高原香薷

分　　类：木兰纲　唇形目　唇形科　香薷属
学　　名：*Elsholtzia feddei* Levl.
别　　名：野木香叶、小红苏、疏苞高原香薷、异叶高原香薷、粗壮高原香薷。
形态特征：细小草本。高3～20cm。茎自基部分枝，小枝依附或上升，被短柔毛。叶卵形，长4～24mm、宽3～14mm，先端钝，基部圆形或宽楔形，叶面绿色，密被短柔毛，背面淡绿色常带紫色，被短柔毛，但沿脉上较长而密，腺点稀疏或不明显，边缘具圆齿，侧脉约5对；叶柄长2～8mm，被短柔毛。穗状花序顶生，偏于一侧，长1～1.5cm，由具多花的轮伞花序组成；苞片圆形，长宽均约3mm，先端具芒尖，外面被柔毛，在脉上更明显，边缘具缘毛，脉紫色；萼管状，长约2mm，外面被白色柔毛，萼齿5，钻状披针形，具缘毛，通常前面2枚较长，先端刺芒状；花冠红紫色，长约8mm，外面被柔毛及稀疏的腺点，花冠管自基部向上扩展，冠檐二唇形，上唇先端微缺，被长缘毛，下唇3裂，中裂片圆形，侧裂片半圆形；雄蕊4，前对较长，外露；花柱纤细，外露，先端2等裂；花丝4裂，前1裂片较长。小坚果长圆形，长约1mm，深棕色。花果期9～11月。

生境分布：平安、互助、乐都、民和、化隆、循化。生于荒地、田边、路边，海拔1800～3900m。

鄂西香茶菜

分　　类：木兰纲　唇形目　唇形科　香茶菜属
学　　名：*Isodon henryi* (Hemsley) Kudo

形态特征：多年生草本。高50～100cm。下部半木质，上部草质，钝四棱形，具4浅槽，沿棱上略被微柔毛，下部变无毛，上部多分枝，分枝纤弱，节间比叶短。茎生叶对生，菱状卵圆形或披针形，中部者长约6cm、宽约4cm，向两端渐变小，先端渐尖，顶端一齿伸长，基部在中部以下骤然收缩或近截形，下延成具渐狭长翅的假柄，边缘具圆齿状锯齿，齿尖具胼胝体，坚纸质，上面榄绿色，沿脉上密生小糙伏毛，下面淡绿色，仅沿脉上疏被小糙伏毛，余部无毛，侧脉每侧3～4，与横向的细脉在两面隆起。圆锥花序顶生于侧生小枝上，长6～15cm，由聚伞花序组成，聚伞花序具3～5花，具短梗，总梗长1～2mm，与长达5mm的花梗及序轴均被具腺微柔毛；苞叶状，具短柄或近无柄，苞片及小苞片线形或线状披针形，微小，长1～3mm；花冠白色或淡紫色，具紫斑，长约7mm，外被短柔毛及腺点，内面无毛，冠筒长约3.5mm，基部上方浅囊状，至喉部宽约2mm，冠檐二唇形，上唇外反，长3mm，先端具相等斗圆裂，下唇宽卵圆形，长约3.5mm，内凹，舟形；雄蕊4，内藏，花丝扁平，中部以下具髯毛；花盘环状。成熟小坚果扁长圆形，长约1.3mm，褐色，无毛，有小疣点。花期8～9月，果期9～10月。

生境分布：民和、循化。生于山谷中、灌丛中，海拔2200～2600m。

夏至草

分　　类：木兰纲　唇形目　唇形科　夏至草属
学　　名：*Lagopsis supina* (Steph.) Ikonn.-Gal.
别　　名：白花益母、白花夏枯、夏枯草、灯笼棵。
形态特征：多年生草本。高15～35cm。茎直立，方柱形，分枝，被倒生细毛。叶对生；有长柄，被细毛；叶片轮廓近圆形，直径1.5～2cm，掌状3深裂，裂片再2深裂或有钝裂齿，两面均密生细毛，下面叶脉突起。春夏开花，轮伞花序，有花6～10朵，无梗或有短梗，腋生；苞片与萼筒等长，刚毛状，被有细毛；花萼钟形，外面被子有细毛，喉部有短毛，具5脉和5齿，齿端有尖刺，上唇3齿较下唇2齿长；花冠白色，钟状，长约7mm，外面被有短柔毛，冠筒内面无毛环，上唇较下唇长，直立，长圆形，内面有长柔毛，下唇平展，有3裂片；雄蕊4，2强，不伸出；花柱先端2裂，裂片相等，圆形。小坚果褐色，长圆状三棱形，有鳞秕。花期5～6月，果期6～7月。
生境分布：互助、乐都、民和、循化。河谷草原、水沟荒地，海拔1700～2500m。

宝盖草

分　　类：木兰纲　唇形目　唇形科　野芝麻属
学　　名：*Lamium amplexicaule* Linn.
别　　名：莲台夏枯草、接骨草、珍珠莲。

形态特征：一年或二年生植物。高 10～30cm。茎常为深蓝色，几无毛，中空。茎下部叶具长柄，柄与叶片等长或超过，上部叶无柄；叶片均圆形或肾形，长 1～2cm，宽 0.7～1.5cm，先端圆，基部截形或截状阔楔形，半抱茎，边缘具极深的圆齿，顶部的齿通常较其余的大，上面暗橄榄绿色，下面稍淡，两面均疏生小糙伏毛。轮伞花序 6～10 花，其中常有闭花授精的花；苞片披针状钻形，长约 4mm、宽约 0.3mm，具缘毛；花萼管状钟形，长 4～5mm，宽 1.7～2mm，外面密被白色直伸的长柔毛，内面除萼上被白色直伸长柔毛外，余部无毛，萼齿 5，披针状锥形，长 1.5～2mm，边缘具缘毛；花冠紫红色或粉红色，长 1.7cm，外面除上唇被有较密带紫红色的短柔毛外，余部均被微柔毛，内面无毛环，冠筒细长，长约 1.3cm、直径约 1mm；雄蕊花丝无毛，花药被长硬毛；花柱丝状，先端不相等 2 浅裂；花丬杯状，具圆齿；子房无毛。小坚果倒卵圆形，具 3 棱，先端近截状，基部收缩，长约 2mm、宽约 1mm，淡灰黄色，表面有白色大疣状突起。花期 3～5 月，果期 7～8 月。

生境分布：市区、湟中、大通。生于田边、田间、水沟边，海拔 2100～4300m。

大花益母草

分　　类：木兰纲　唇形目　唇形科　益母草属
学　　名：*Leonurus macranthus* Maxim.
形态特征：多年生草本。高 60～120cm。根茎木质，斜行，其上密生纤细须根。茎直立，单一，不分枝或间有在上部分枝，茎、枝均钝四棱形，具槽，有贴生短而硬的倒向糙伏毛。叶形变化很大，最下部茎叶心状圆形，长 7～12cm、宽 6～9cm，3 裂，裂片上常有深缺刻，先端锐尖，基部心形，草质或坚纸质，上面绿色，下面淡绿色，两面均疏被短硬毛，侧脉 3～6 对，与侧脉在上面下陷，背面明显突出，叶柄长约 2cm；茎中部叶通常卵圆形，先端锐尖。轮伞花序腋生，无梗，具 8～12 花，多数远离而组成长穗状；小苞片刺芒状，长约 1cm，被糙硬毛；花梗近于无；花冠淡红色或淡红紫色，长 2.5～2.8cm，冠筒逐渐向上增大，长约达花冠之半，外面密被短柔毛，内面近基部 1/3 具近水平向的鳞状毛毛环，近下唇片处具鳞状毛，冠檐二唇形，上唇直伸，长圆形，内凹，长约 1.2cm、宽 0.5cm，全缘，外面密被短柔毛，内面无毛，下唇长 0.8cm、宽 0.5cm，短于上唇片 1/3，外面被短柔毛，内面无毛，3 裂，中裂片大于侧裂片 1 倍，倒心形，先端明显微缺，边缘薄膜质，基部收缩，侧裂片卵圆形，细小。花柱丝状，略超出于雄蕊，先端相等 2 浅裂，裂片钻形；花盘平顶；子房褐色，无毛。小坚果长圆状三棱形，长 2.5mm，黑褐色，顶端截平，基部楔形。花期 7～9 月，果期 9～10 月。

生境分布：互助、循化。生于草坡及灌丛中，海拔 2300～3000m。

细叶益母草

分　　类：木兰纲　唇形目　唇形科　益母草属
学　　名：*Leonurus sibiricus* Linn.
别　　名：风车草、益母草、石麻、红龙串彩、龙串彩、风葫芦草、四美草、白花细叶益母。
形态特征：一、二年生草本。高可达 1m。茎直立，单一或多条，微具槽，被短伏毛。茎中部以上叶有柄，叶片掌状 3 全裂，裂片再次羽裂或 3 裂，小裂片线形，宽 1～3mm，表面绿色，疏被短伏毛，边缘稍反卷，背面密被伏毛或腺点；茎上部叶渐向上分裂渐少；最上部叶 3 深裂至全裂。轮伞花序多数，生于茎或分枝顶端叶腋，每轮多花；苞片针刺状，长约 7mm，被短伏毛；花萼长约 10mm，外面密被短柔毛及腺点，萼齿 5，具刺尖，前 2 齿较长，靠合，稍开展，后 3 齿较短，三角形；花冠粉红色，长约 1.8cm，花冠筒长 7mm，外面上部有长毛，里面近基部有毛环，冠檐二唇形，上唇长圆形，直伸，外面密被长柔毛，里面无毛，下唇比上唇短 1/4～1/3，3 裂，中裂片较大，圆形，先端微凹，外面密被长柔毛，里面下部密被鳞片状毛；前雄蕊较长，花丝中部被白色绵毛，下部被鳞片状短毛；花柱稍超出雄蕊，先端相等 2 浅裂。小坚果长圆状三棱形，长约 2.5mm，先端平截，黑褐色，无毛。花果期 7～9 月。
生境分布：互助、乐都、民和。生于山坡、田边、路边，海拔 2300～2600m。

欧地笋

分　　类：木兰纲　唇形目　唇形科　地笋属

学　　名：*Lycopus europaeus* Linn.

形态特征：多年生草本。高15～80cm。茎直立，四棱形，具槽，节上多少被柔毛，节间无毛或微被柔毛，通常不分枝或于上部分枝。叶长圆状椭圆形或披针状椭圆形，长3～9cm、宽1～3cm；叶柄短，长0～5mm，上部的苞叶近于无柄。轮伞花序无梗，圆球形，多花密集，花时径8～10mm，下承以小苞片；小苞片线状钻形，具肋，被微柔毛，外方长达4mm，内方通常3mm，先端刺尖；花梗无；花萼钟形，长约3mm，外面被微柔毛，内面无毛，10～15脉，多少显著，萼齿4～5，长约2mm，直伸，线状披针形，先端硬刺尖；花冠白色，下唇具红色小斑点，钟状，几不超出花萼，长约3mm，外面被微柔毛，内面于花丝着生的冠筒中部具白色交错纤毛，冠筒长2.5mm，冠檐不明显二唇形，唇片长约0.5mm，上唇圆形，先端微凹，下唇3裂，裂片近相等；前对雄蕊能育，伸出，先端略下弯，花丝丝状，无毛，花药卵圆形，2室，室略叉开，后对雄蕊通常不存在或甚退化呈丝状；花柱略伸出花冠而与雄蕊等长，先端相等2浅裂，裂片钻形。小坚果背腹扁平，四边形，基部略狭，顶端圆形，长1.5mm、宽1mm，棕褐色，边缘加厚，腹面中央略隆起而具腺点，基部有一小白痕。花期6～8月，果期8～9月。

生境分布：化隆。生于荒滩、田边、路边，海拔2000～2200m。

薄荷

分　　类：木兰纲　唇形目　唇形科　薄荷属
学　　名：*Mentha canadensis* Linn.
别　　名：香薷草、鱼香草、土薄荷、水薄荷、接骨草、水益母、见肿消、野仁丹草、夜息香、南薄荷、野薄荷。

形态特征：多年生草本。高 30～60cm。茎直立，锐四棱形，具 4 槽，上部被倒向微柔毛，下部仅沿棱上被微柔毛，多分枝。叶片长圆状披针形、披针形、椭圆形或卵状披针形，稀长圆形，长 3～7cm、宽 0.8～3cm，先端锐尖，基部楔形至近圆形，边缘在基部以上疏生粗大的牙齿状锯齿，侧脉 5～6 对，通常沿脉上密生微柔毛；叶柄长 2～10mm，腹凹背凸，被微柔毛。轮伞花序腋生，轮廓球形，花时径约 18mm，具梗或无梗，具梗时梗可长达 3mm，被微柔毛；花梗纤细，长 2.5mm，被微柔毛或近于无毛；花萼管状钟形，长约 2.5mm，外被微柔毛及腺点，内面无毛，10 脉，不明显，萼齿 5，狭三角状钻形，先端长锐尖，长 1mm；花冠淡紫色，长 4mm，外面略被微柔毛，内面在喉部以下被微柔毛，冠檐 4 裂，上裂片先端 2 裂，较大，其余 3 裂片近等大，长圆形，先端钝；雄蕊 4，前对较长，长约 5mm，均伸出于花冠之外，花丝丝状，无毛，花药卵圆形，2 室，室平行；花柱略超出雄蕊，先端近相等 2 浅裂，裂片钻形；花盘平顶。小坚果卵珠形，黄褐色，具小腺窝。花期 7～9 月，果期 10 月。

生境分布：平安、互助、乐都、民和、循化。生于田边、水沟边，海拔 1700～3800m。

荆芥

分　　类：木兰纲　唇形目　唇形科　荆芥属
学　　名：*Nepeta cataria* Linn.

形态特征：多年生草本。高40～150cm。多分枝。叶卵状至三角状心脏形，长2.5～7cm、宽2.1～4.7cm，先端钝至锐尖，基部心形至截形，边缘具粗圆齿或牙齿，草质，上面黄绿色，被极短硬毛，下面略发白，被短柔毛但在脉上较密，侧脉3～4对，斜上升，在上面微凹陷，下面隆起；叶柄长0.7～3cm，细弱。花序为聚伞状，下部的腋生，上部的组成连续或间断的、较疏松或极密集的顶生分枝圆锥花序，聚伞花序呈二歧状分枝；苞叶叶状，或上部的变小而呈披针状，苞片、小苞片钻形，细小。花萼花时管状，长约6mm、径1.2mm，外被白色短柔毛，内面仅萼齿被疏硬毛，齿锥形，长1.5～2mm，后齿较长，花后花萼增大成瓮状，纵肋十分清晰。花冠白色，下唇有紫点，外被白色柔毛，内面在喉部被短柔毛，长约7.5mm，冠筒极细，径约0.3mm，自萼筒内骤然扩展成宽喉，冠檐二唇形，上唇短，长约2mm、宽约3mm，先端具浅凹，下唇3裂，中裂片近圆形，长约3mm、宽约4mm，基部心形，边缘具粗牙齿，侧裂片圆裂片状；雄蕊内藏，花丝扁平，无毛；花柱线形，先端2等裂；花盘杯状，裂片明显；子房无毛。小坚果卵形，几三棱状，灰褐色，长约1.7mm，径约1mm。花期7～9月，果期9～10月。

生境分布：民和。生于宅旁或灌丛中，海拔2300～3300m。

尖齿糙苏

分　　类：木兰纲　唇形目　唇形科　糙苏属
学　　名：*Phlomoides dentosa* (Franch.) Kamelin & Makhm.
别　　名：毛尖。
形态特征：多年生草本。高达80cm。基生叶三角形或三角状卵形，长5.5～10cm、宽3～6cm。轮伞花序多花，多数生于主茎及侧枝上部；苞片针刺状，略坚硬，长7～10mm，密被星状微柔毛及混生的中枝特长的星状短缘毛；花萼管状钟形，长约9mm、宽约6mm，外面密被星状短绒毛，脉上具中枝特长的星状短硬毛，齿长约1mm，先端为长4～5mm的平展的钻状刺尖，齿间形成二小齿，小齿顶端自内面具柔毛束；花冠粉红色，长约1.6cm，冠筒外面背面近喉部被短柔毛，余部无毛，内面有斜向、间断的毛环，冠檐二唇形，上唇长约8mm，外面密被星状短柔毛及具节长柔毛，边缘为不整齐的小齿状，下唇长约6mm、宽约7mm，外面密被星状短柔毛，3圆裂，中裂片阔倒卵形，较大，侧裂片卵形，较小；雄蕊常因上唇外翻而露出，花丝被毛，后对雄蕊基部在毛环上具反折的长距状附属器；花柱先端不等的2裂。小坚果无毛。花期5～10月，果期9月以后。

生境分布：平安、互助、乐都、民和、化隆、循化。生于干旱山坡、田边、河滩，海拔1800～2800m。

并头黄芩

分　　类：木兰纲　唇形目　唇形科　黄芩属
学　　名：*Scutellaria scordifolia* Fisch. ex Schrank.
别　　名：头巾草、山麻子。

形态特征：多年生草本。高 10 ～ 35cm。根状茎细长，淡黄白色，斜行或直伸。茎直立，不分枝或少有分枝，四棱形，沿棱疏被上曲的微柔毛。叶对生，三角状披针形或披针形，长 1.5 ～ 4cm、宽 5 ～ 11mm，先端钝，稀微尖，基部近圆形、浅心形或截形，边缘具疏锯齿不规则浅锯齿，稀近全缘，上面无毛，稀被短柔毛，下面沿脉疏被短柔毛，具多数凹腺点，具 1 ～ 3mm 的叶柄，或近无柄。花单生于茎上部的叶腋内，偏向一侧；花萼钟状，二唇形，长约 3mm，果后长达 5mm，外密被短柔毛，上裂片背上有一盾片，高约 1mm；花冠蓝紫色或蓝色，长 2 ～ 2.2cm，外面被短柔毛，冠筒基部浅囊状膝曲，上唇盔状，内凹，先端微缺，下唇 3 裂，中裂片圆状卵圆形，侧裂片卵形；雄蕊 4，前对较长，均内藏；花柱细长，先端锐尖，微裂。小坚果近圆形或椭圆形，具瘤状突起。花期 6 ～ 8 月，果期 8 ～ 9 月。

生境分布：互助、乐都、民和、循化。生于田边、路边、山坡、林下，海拔 1800 ～ 2800m。

百里香

分　　类：木兰纲　唇形目　唇形科　百里香属
学　　名：*Thymus mongolicus* Ronn.
别　　名：地角花、地椒叶、千里香。
形态特征：半灌木。茎多数，匍匐或上升。不育枝从茎的末端或基部生出，匍匐或上升，被短柔毛；花枝高1.5～10cm，花序下密被向下曲或稍平展的柔毛，下部毛变短而疏，具2～4对叶，基部有脱落的先出叶。叶为卵圆形，长4～10mm、宽2～4.5mm，先端钝或稍锐尖，基部楔形或渐狭，全缘或稀有1～2对小锯齿，两面无毛，侧脉2～3对，在下面微突起，腺点多少有些明显；叶柄明显，靠下部的叶柄长约为叶片的1/2，向上较短；苞叶与叶同形，边缘在下部1/3具缘毛。花序头状，多花或少花，花具短梗；花萼管状钟形或狭钟形，长4～4.5mm，下部被疏柔毛，上部近无毛，下唇较上唇长或与上唇近相等，上唇齿短，齿不超过上唇全长的1/3，三角形，具缘毛或无毛；花冠紫红色、紫色或淡紫色、粉红色，偶见白色，长6.5～8mm，被疏短柔毛，筒部长4～5mm，向上稍增大。小坚果近圆形或卵圆形，压扁状，光滑。花期7～8月。

生境分布：平安、民和、化隆、循化。生于河滩、干山坡，海拔1900～3000m。

肉果草

分　　类：木兰纲　唇形目　通泉草科　肉果草属
学　　名：*Lancea tibetica* Hook. f. et Thoms.

形态特征：多年生草本。高不过10cm。除叶柄有毛外其余无毛。根状茎细长，节上有一对鳞片。叶对生，几成莲座状；叶片近革质，倒卵形或匙形，长2～6cm，顶端常有小突尖，基部渐狭成短柄，全缘。花数朵簇生或伸长成总状花序，或单生而花梗上有小苞片；花萼钟状，革质，长约1cm，萼齿5，钻状三角形；花冠深蓝色或紫色，长1.5～2.5cm，筒部筒状，略过花部一半长，上唇直立，下唇开展。果实肉质不裂，红色或深紫色，卵状球形，顶端尖，长约1cm。花期5～9月，果期7～9月。

生境分布：平安、互助、乐都、民和、化隆、循化。生于草甸、砾石滩、草地、灌丛、林缘、河漫滩、弃耕地，海拔2200～4100m。

紫丁香

分　　类：木兰纲　唇形目　木樨科　丁香属
学　　名：*Syringa oblata* Lindl.
别　　名：白丁香、毛紫丁香、华北紫丁香。
形态特征：灌木或小乔木。高可达5m。树皮灰褐色或灰色。小枝、花序轴、花梗、苞片、花萼、幼叶两面以及叶柄均无毛而密被腺毛。小枝较粗，疏生皮孔。叶片革质或厚纸质，卵圆形至肾形，宽常大于长，长2～14cm、宽2～15cm，先端短突尖至长渐尖或锐尖，基部心形、截形至近圆形或宽楔形，上面深绿色，下面淡绿色；萌枝上叶片常呈长卵形，先端渐尖，基部截形至宽楔形；叶柄长1～3cm。圆锥花序直立，由侧芽抽生，近球形或长圆形，长4～16cm、宽3～7cm；花梗长0.5～3mm；花萼长约3mm，萼齿渐尖、锐尖或钝；花冠紫色，长1.1～2cm，花冠管圆柱形，长0.8～1.7cm，裂片呈直角开展，卵圆形、椭圆形至倒卵圆形，长3～6mm、宽3～5mm，先端内弯略呈兜状或不内弯；花药黄色，位于距花冠管喉部0～4mm处。果倒卵状椭圆形、卵形至长椭圆形，长1～1.5cm、宽4～8mm，先端长渐尖，光滑。花期5～6月，果期6～10月。

生境分布：互助、乐都、民和、循化。生于山地灌丛中，海拔2000～2500m。

维管植物门 TRACHEOPHYTA

羽叶丁香

分　　类：木兰纲　唇形目　木樨科　丁香属

学　　名：*Syringa pinnatifolia* Hemsley.

形态特征：直立灌木。高1～4m。树皮呈片状剥裂。枝灰棕褐色，与小枝常呈四棱形，无毛，疏生皮孔。叶为羽状复叶，长2～8cm、宽1.5～5cm，具小叶7～11枚；叶轴有时具狭翅，无毛；叶柄长0.5～1.5cm，无毛；小叶片对生或近对生，卵状披针形、卵状长椭圆形至卵形，长0.5～3cm、宽0.3～1.5cm，先端锐尖至渐尖或钝，常具小尖头，基部楔形至近圆形，常歪斜，叶缘具纤细睫毛，上面深绿色，无毛或疏被短柔毛，下面淡绿色，无毛，无小叶柄。圆锥花序由侧芽抽生，稍下垂，长2～6.5cm、宽2～5cm；花序轴、花梗和花萼均无毛；花梗长2～5mm；花萼长约2.5mm，萼齿三角形，先端锐尖、渐尖或钝；花冠白色、淡红色，略带淡紫色，长1～1.6cm，花冠管略呈漏斗状，长0.8～1.2cm，裂片卵形、长圆形或近圆形，长3～4mm，先端锐尖或圆钝，不呈或略呈兜状；花药黄色，长约1.5mm，着生于花冠管喉部以至距喉部达4mm处。果长圆形，长1～1.3cm，先端突尖或渐尖，光滑。花期5～6月，果期8～9月。

生境分布：循化。生于山坡、干河滩，海拔2100～2500m。

313

小叶巧玲花

分　　类：木兰纲　唇形目　木樨科　丁香属
学　　名：*Syringa pubescens* subsp. *microphylla* (Diels) M. C. Chang & X. L. Chen
别　　名：四季丁香、小叶丁香。
形态特征：落叶灌木。高约2m。小枝、花序轴近圆柱形，连同花梗、花萼呈紫色，被微柔毛或短柔毛，稀密被短柔毛或近无毛。叶片卵形、椭圆状卵形至披针形或近圆形、倒卵形，下面疏被或密被短柔毛、柔毛或近无毛。花冠紫红色，盛开时外面呈淡紫红色，内带白色，长0.8～1.7cm，花冠管近圆柱形，长0.6～1.3cm，裂片长2～4mm；花药紫色或紫黑色，着生于距花冠管喉部0～3mm处。花期5～6月，果期7～9月。栽培的每年开花2次，第一次春季，第二次8～9月，故称"四季丁香"。
生境分布：互助、乐都、民和、循化。生于山坡灌丛，海拔2000～2500m。

光药大黄花

分　　类：木兰纲　唇形目　列当科　大黄花属
学　　名：*Cymbaria mongolica* Maxim.
别　　名：蒙古芯芭。
形态特征：多年生小草本。高6～19cm。茎簇生，多少被毛。叶无柄，线状披针形至狭线形，长5～37mm、宽至6mm，顶端渐急尖，具小突头或否，全缘，两面多少被毛。花单生，1～6朵；小苞片2枚，线形，有时基部有1～2枚大齿；花梗长不过1mm；花萼钟形，筒部长4～9mm，被毛及腺毛，裂片5～6，三角状线形，长5～24mm，有时大齿间还有1～2枚小齿；花冠黄色，筒部长1.5～2.4cm，上唇宽三角状圆形，兜状，顶端浅2裂，外面被长柔毛及头状腺毛，内面具2列长柔毛，下唇侧裂长圆形，中裂片三角形扇状；花柱光滑。蒴果长约11mm；种子长4mm，具1圈狭翅，表面具网纹。花期5～6月，果期6～9月。
生境分布：平安、乐都、民和、化隆、循化。生于干旱山坡、滩地、田边，海拔1800～3200m。

短腺小米草

分　　类：木兰纲　唇形目　列当科　小米草属

学　　名：*Euphrasia regelii* Wettst.

形态特征：一年生草本。高5～30cm。茎常不分枝，或少有分枝，被伏生硬毛及腺毛。叶无柄，宽卵形，长6～20mm、宽6～17mm，基部楔形，边缘有条齿状，齿端有尾尖，两面多少被伏生硬毛和腺毛，背面靠边缘脉间密被腺状突起；苞叶叶状，显较叶大，杂有腺毛。花萼管状钟形，长约6mm，裂片狭三角形，顶端渐尖而有尾尖，背面杂生腺毛；花冠白色至浅粉红色，有数条深色脉纹，长约9mm，上唇盔状，顶端2浅裂，较短，下唇较长，裂片顶端凹陷。蒴果长约7mm；种子具多数狭的纵翅。花期6～8月，果期7～9月。

生境分布：平安、互助、乐都、民和、循化。生于草甸、河滩、林缘、林下，海拔1800～3900m。

小米草

分　　类：木兰纲　唇形目　列当科　小米草属
学　　名：*Euphrasia pectinata* Ten.
形态特征：一年生草本。高10～30cm。植株直立，不分枝或下部分枝，被白色柔毛。叶与苞叶无柄，卵形至卵圆形，长5～20mm，基部楔形，每边有数枚稍钝、急尖的锯齿，两面脉上及叶缘多少被刚毛，无腺毛。花序长3～15cm，初花期短而花密集，逐渐伸长至果期果疏离；花萼管状，长5～7mm，被刚毛，裂片狭三角形，渐尖；花冠白色或淡紫色，背面长5～10mm，外面被柔毛，背部较密，其余部分较疏，下唇比上唇长约1mm，下唇裂片顶端明显凹缺；花药棕色。蒴果长矩圆状，长4～8mm；种子白色，长1mm。花期6～9月。

生境分布：互助、乐都、循化。生于高山草甸、山谷流水旁、林缘及林下、河漫滩，海拔1800～3800m。

弯管列当

分　　类：木兰纲　唇形目　列当科　列当属
学　　名：*Orobanche cernua* Loefli.
别　　名：欧亚列当、二色列当。

形态特征：寄生草本。高7～15cm。全株仅被腺毛。茎直立，不分枝。叶片卵状披针形，长约12mm，顶端渐尖。总状花序短，花密集；苞片形同鳞片叶，边缘及背面被腺毛；花萼几2瓣裂，裂片顶端再次深裂，边缘及背面被腺毛；花冠檐部紫色，筒部黄色，弯曲，膜质，长不过15mm，外面疏被腺毛，檐部极短，上唇宽兜状，顶端微凹，边缘啮蚀状或有不规则小齿，常外翻，下唇裂片肾形至扁圆形，边缘有不规则小齿，极少有腺状缘毛；雄蕊着生于花冠筒中部稍上，花丝基部有毛，花药无毛，基部有小突尖；花柱伸至花冠喉部，无毛，柱头2裂，裂片近圆形。蒴果卵状长圆形；种子微小，表面有几条纵翅，翅间有横隔。花期6～7月，果期7～9月。

生境分布：互助、循化。常寄生于蒿属（*Artemisia* spp.）植物根上，海拔2000～2600m。

阿拉善马先蒿

分　　类：木兰纲　唇形目　列当科　马先蒿属
学　　名：*Pedicularis alaschanica* Maxim.
形态特征：多年生草本。高 10～30cm。根圆柱形，多少木质化。茎由基部发出数条斜升的分枝，被毛。叶对生或 3～4 枚轮生，叶片卵状长圆形或披针形，长 2.5～6cm、宽 0.7～1.2cm，羽状全裂，裂片线形，有钝齿。花序穗状，下部较疏；苞片下部者长于花，至上部仅与花等长；花萼坛状，长 9～15mm，花期后膨大，前侧开裂至 1/2，背面脉上被长毛，齿 5 枚，后方 1 枚三角形全缘或有细齿，侧方 2 枚独立或结合成大齿；花冠黄色，长 17～22mm，管部于近端处多少向前弓曲，盔稍弓曲，前缘具厚褶，褶上具乳突，顶端突狭成长 1.5～3.5mm 的喙，下唇近肾形，长 9～12mm、宽达 18mm，中裂甚小，宽达 5mm；宽卵形或扁圆形至倒卵形；花丝前方 1 对顶端多少被长柔毛。种子表面具多条纵翅，翅上有网纹。花果期 6～10 月。

生境分布：平安、互助、乐都、民和、化隆、循化。生于阳性干旱山坡、田边、草原、河漫滩，海拔 1800～3900m。

短茎马先蒿

分　　类：木兰纲　唇形目　列当科　马先蒿属
学　　名：*Pedicularis artselaeri* Maxim.
形态特征：多年生草本。根茎上方在强大的植株中分枝，发出茎2～4条，在新生的植株中茎单一，基部被有披针形至卵形的黄褐色膜质鳞片及枯叶柄，不发达，细弱而短，长3～6cm，为多数叶柄与花梗所蔽而不显著，有毛。叶有长柄，软弱而铺散地面，叶柄下半部扁平而薄，在中肋两旁有膜质翅，中部以上渐厚而为绿色草质，长约5.5cm，密被短柔毛；叶片长圆状披针形，长7～10cm、宽2～2.5cm，上面有疏长之毛，下面沿脉有锈色短毛，羽状全裂，裂片卵形，每边8～14个，羽状深裂，小裂片每边2～4枚，或有缺刻状重锯齿，齿端有尖刺状胼胝。花腋生，具有长梗，梗长可达6.5cm，细柔弯曲，被有长柔毛；花大，长3～3.5cm，浅紫红色；花冠之管伸直，下部圆筒状，近端处稍扩大，略长于萼或为它的一倍半，无毛，下唇很大，稍长于盔，以锐角伸展，裂片圆形，几相等，中裂两侧略迭置于侧裂之下；盔长约13mm，作镰形弓曲，盔端尖而顶端微钝，指向前上方；花丝两对均被长毛；花柱稍伸出于盔端以下的前缘。蒴果卵圆形，稍扁平，顶端有偏指下方的突尖，长约13mm，全部为膨大的宿萼所包裹。

生境分布：循化。生于山坡草丛中、林下，海拔1800～2200m。

中国马先蒿

分　　类：木兰纲　唇形目　列当科　马先蒿属
学　　名：*Pedicularis chinensis* Maxim.

形态特征：一年生草本。体高达30cm。茎有毛或几光滑。叶基出者柄长达4cm，有长毛，茎上部的柄较短；叶片披针状矩圆形至条状矩圆形，长达7cm，羽状浅裂至半裂，裂片7～13对，有重锯齿。花序总状；苞片有长而密的睫毛；花萼长15～18mm，有白色长毛，前方约开裂至2/5，齿仅2枚，上端叶状，有缺刻状重锯齿；花冠黄色，筒长4.5～5cm，外面有毛，喙长9～10mm，半环状而指向喉部，下唇宽过于长几达两倍，宽约20mm，侧裂的基部深耳形，中裂完全不伸出于侧裂之前；花丝两对均有密毛。蒴果矩圆状披针形。

生境分布：平安、互助、乐都、民和、循化通。生于高山灌丛、河滩草地或灌丛湿处、林缘灌丛、林间空地湿草地，海拔1800～3600m。

甘肃马先蒿

分　　类：木兰纲　唇形目　列当科　马先蒿属
学　　名：*Pedicularis kansuensis* Maxim.

形态特征：一年生或二年生草本。高10～50cm。多少被毛。根单一，有时分枝。茎常自基部发出多条，侧枝斜生，有4条成行的毛。叶常4枚轮生，偶见最下部者对生，基生叶常宿存，叶柄长达25mm，被密毛，向上渐短至无柄；叶片矩圆形或长圆形，长达10cm、宽7～16mm，羽状全裂，裂片披针形，小裂片羽状深裂，边缘有锯齿，齿尖有胼胝而反卷。花序长达25cm，可占高度的2/3，花期后伸长，下部疏离或否；苞片下部者叶状，中上部者近掌状或指状开裂，常3裂，中裂片长，有锯齿；花梗短；花萼钟形至近球状，果期常膨大为球形，膜质，前方不裂，脉纹明显，萼齿5，不等大，三角形而有锯齿；花冠红色，颜色深浅不一，有时白色，长约15mm，花管自基部以上1/3处向前膝曲，长为花萼的2倍，向上渐扩大，下唇略长于盔，裂片近圆形，中裂较小，基部狭缩，盔长约6mm，多少镰状弓曲，基部稍宽，额高凸，常具波状齿的鸡冠状突起，下缘尖锐无喙；花丝1对，有毛；柱头略伸出。蒴果斜卵状，略自萼中伸出，长锐尖。花期6～8月，果期7～10月。

生境分布：平安、互助、乐都、民和、化隆、循化。生于草甸、阳坡、灌丛、林下、林缘、弃耕地、河滩，海拔1800～4100m。

藓生马先蒿

分　　类：木兰纲　唇形目　列当科　马先蒿属

学　　名：*Pedicularis muscicola* Maxim.

形态特征：多年生草本。根粗壮，分枝。茎柔弱，丛生，铺地生长，长达20cm，被绵毛。叶互生，具长达2.5cm的柄，叶片卵状披针形，长4～8cm、宽1～3.2cm，羽状全裂，裂片披针形或卵形，小裂片边缘具重锯齿，有胼胝或无。花几生于所有叶腋，直立；花梗长达2cm；花萼筒状钟形，长12mm，前方不裂，外面脉上被长毛，齿5枚，近等大，基部三角形，中部细，上部狭披针形或卵形，具疏齿；花冠红色至紫红色，下唇近喉部白色，盔直立，自基部向左强烈扭转，顶端渐狭为稍扭旋的长喙，喙顶端具圆齿，下唇宽达2cm，中裂长圆形，侧裂极大，为中裂的2倍宽；花丝2对，均无毛。花果期6～10月。

生境分布：平安、互助、民和、乐都、化隆、循化。生于林下、林缘，海拔1800～3600m。

华马先蒿

分　　类：木兰纲　唇形目　列当科　马先蒿属
学　　名：*Pedicularis oederi* var. *sinensis* (Maxim.) Hurus
别　　名：中国欧氏马先蒿。
形态特征：多年生草本。高 5～15cm。根粗壮，多少纺锤状肉质，根颈外常具数枚长达 1.3cm 的膜质鳞片。茎单出或由根颈部发出数条，被长柔毛。基生叶发达，有长达 2.8cm 的柄，叶片线状长圆形，长达 7cm、宽达 1.4cm，羽状全裂，裂片浅裂，两面多少被毛；茎生叶互生，2～4 枚，集中于花茎下部。花序总状，紧密；苞片基部卵状披针形，上部有齿；花萼筒状，长 11mm，前侧不开裂，背面及齿上被较密长柔毛，齿 5 枚，后方 1 枚三角形全缘，其余 4 枚基部三角形，上部稍扩大或线形，有齿；花冠除盔端紫色或黑紫色外，其余黄色，长 22mm，筒部在近端处稍弓曲，盔直，长 6～9mm，前缘中部具不明显三角形突起，顶端圆钝，下缘有突尖，下唇近肾形，宽几至长的 2 倍，中裂近圆形，基部具柄，向前突出；花丝前方 1 对上部被长柔毛。种子表面具细条纹，有横纹。花期 6～8 月，果期 7～10 月。

生境分布：互助、乐都、民和、化隆、循化。生于高山灌丛、草甸、沼泽草甸土丘上、流石滩草甸和石隙中，海拔 2800～4100m。

皱褶马先蒿

分　　类：木兰纲　唇形目　列当科　马先蒿属
学　　名：*Pedicularis plicata* Maxim.

形态特征：多年生草本。高20cm。叶基出者长期宿存，叶片长1～3cm，羽状深裂或几全裂，裂片6～12对，卵状长圆形。花序穗状而短粗，长达7cm，在生于侧茎顶端者常为头状而短，长3cm左右，花盛开时宽达4.5cm，最下一个花轮有时有相当间距；苞片下部者叶状而与花等长，上部者柄变宽而为膜质，披针形，端叶片状而3裂，最上者披针形，短于花，疏生白色长毛；萼长9～13mm，前方开裂几达一半，主次脉10条，明显，齿5枚，有时不分明，大小不等，有锯齿而缘常反卷，前侧方2枚常向裂口延下；花冠大小相差很多，长16～23mm，管在近基的1/3处向前上方弓曲而自萼的裂口中斜倾伸出，使花前俯，至上部1/3处又向上方转折而喉部强烈扩大，下唇长7～9mm，侧裂为直置的肾脏形，前后端均突出作耳形，中裂向前伸出，有明显的柄，柄长1.4～2mm或稍长，片圆形，长3.5～3.8mm、宽3.2～4.5mm，盔粗壮，长5.5～9mm、宽2.5～3.5mm，作极微的膝盖状镰状弓曲，前缘近基部处向下变宽而连于下唇，上方粗细几一致，稍向内褶，颏部亦有不明显的皱褶1条，端圆钝而略带方形，几无突尖；雄蕊药室具刺尖，花丝无毛；柱头多少伸出。花期7～8月。

生境分布：平安、互助、乐都、化隆、循化。生于高山灌丛、草甸、山地阴湿处石壁，海拔2900～4100m。

大唇拟鼻花马先蒿

分　　类：木兰纲　唇形目　列当科　马先蒿属
学　　名：*Pedicularis rhinanthoides* subsp. *labellata* (Jacq.) P. C. Tsoong
别　　名：大唇马先蒿、大拟鼻花马先蒿、漏日才保（藏语音译）。
形态特征：多年生草本。高15～30cm。根肉质。茎常多条发出。叶基生者成丛；叶片披针状矩圆形，羽状全裂，裂片缘有锐齿；茎生叶少。总状花序短；苞片叶状，无毛或有疏长毛；花萼长卵状，齿5，后方1枚较小，全缘，其余的基部狭缩，上部卵形且有锯齿；花冠玫瑰色，筒几长于萼1倍，盔上端多少膝状屈曲向前，喙长达8～10mm，常作"S"形卷曲，下唇宽14～17mm，基部宽心形，伸至筒的后方，侧裂约大于中裂1倍；雄蕊着生于筒端，前方1对花丝有毛。蒴果披针状卵形。花果期7～8月。
生境分布：互助、乐都、循化。生于高山草甸湿处、沼泽草甸、林缘溪流处、河滩灌丛，海拔2700～3900m。

草甸马先蒿

分　　类：木兰纲　唇形目　列当科　马先蒿属
学　　名：*Pedicularis roylei* Maxim.
别　　名：罗氏马先蒿。
形态特征：多年生草本。高 7～15cm。茎黑色，纵沟中有成行的白毛。叶基出者成丛，茎生者常 3～4 枚轮生；叶片披针状矩圆形至卵状矩圆形，长 2.5～4cm，羽状深裂，裂片 7～12 对，边缘有缺刻状锯齿。花序总状，常较紧密；花 2～4 朵轮生；苞片叶状；花萼钟状，长 8～9mm，外被白色柔毛，前方极微开裂，齿 5，后方 1 枚较小，密被长柔毛；花冠紫红色，筒长 10～11mm，约近基 1/3 处向前上方膝屈，盔长 5～6mm，略作镰状，额多少高凸，有狭条的鸡冠状突起，顶端下缘无齿，下唇长 8～9mm，中裂近圆形，侧裂较大，椭圆形；花丝无毛。果实卵状披针形。花期 7～8 月，果期 8～9 月。
生境分布：互助、循化。生于高山草甸、灌丛，海拔 3600～4200m。

半扭卷马先蒿

分　　类：木兰纲　唇形目　列当科　马先蒿属
学　　名：*Pedicularis semitorta* Maxim.
别　　名：半扭转马先蒿。

形态特征：一年生草本。高可达60cm。茎单条或有时发出3～5条。叶基出者早枯，茎生叶3～5枚轮生；叶片卵状矩圆形至条状矩圆形，羽状全裂，轴有狭翅及齿，裂片每边8～15，羽状深裂，有锯齿。花序穗状；苞片短于花；花萼长9～10mm，开裂至一半以上，齿条形而偏聚于后方；花冠黄色，筒长10～11mm，喉稍扩大而前俯，盔的中上部略向前隆起如齿，花后期强烈向右扭折，其含有雄蕊部分狭于直立部分，前方渐细成长而卷成半环的喙，喙反指向上方，下唇宽过于长，长约11mm，中裂有时较侧裂略大；花丝1对，有长柔毛。蒴果尖卵形，有突尖。花果期7～9月。

生境分布：互助、乐都、民和。生于沙棘或圆柏林下、干旱山坡、温性草原河滩，海拔3000～3900m。

丁座草

分　　类：木兰纲　唇形目　列当科　丁座草属
学　　名：*Xylanche himalaica* (Hook. f. & Thomson) G. Beck
别　　名：半夏、枇杷芋、千斤坠。

形态特征：寄生草本。高15～45cm。全株近无毛。块茎球形或近球形，直径2～5cm，常仅有1条直立的茎；茎肉质。叶宽三角形，长1～2cm、宽0.6～1.2cm。花序总状，长8～20cm，具密集的多数花；苞片1枚，着生于花梗基部，三角状卵形，长1～1.5cm、宽5～8mm；小苞片无或2枚；花梗长6～10mm，花序上部的渐变短；花萼浅杯状，长4～5mm，顶端5裂，裂片不等长；花冠长1.5～2.5cm，黄褐色或淡紫色，筒部稍膨大，上唇盔状，近全缘，长7～9mm，下唇远短于上唇，长2～3mm，3浅裂，裂片三角形，常反折；子房长圆形，柱头盘状，常3浅裂。蒴果近圆球形或卵状长圆形，长1.5～2.2cm、直径1～1.5cm，常3瓣开裂；果梗粗壮，长0.8～1.7cm；种子不规则球形，直径0.8～1.2mm，亮浅黄色或浅褐色，种皮具蜂窝状纹饰，网眼多边形。花期4～6月，果期6～9月。

生境分布：平安、互助。常寄生于杜鹃花属（*Rhododendron* spp.）植物根上，海拔2800～3900m。

杉叶藻

分　　类：木兰纲　唇形目　车前科　杉叶藻属
学　　名：*Hippuris vulgaris* Linn.
别　　名：螺旋杉叶藻、分枝杉叶藻。

形态特征：多年生水生草本。高10～30cm。根状茎匍匐，生于泥中。茎单一，直立，圆柱形，具关节，不分枝，上部常露出水面。叶线形或长圆形，4～12枚轮生，质软，全缘，不分裂，长6～18mm，略弯曲或伸直，顶端钝头，基部无柄，生于水中的叶常较长而质地脆弱。花小，单生于叶腋；通常两性，较少单性；无花梗；萼片与子房大部分合生；无花瓣；雄蕊1，生于子房上，略偏向一侧，很小，花丝被疏毛或无毛；子房下位，椭圆状，长0.6～0.9mm，花柱稍长于花丝，被疏毛，丝状，顶端常靠在花药背部两药室之间。核果椭圆形，长1.2～1.5mm、直径约1mm，平滑，顶端近截形，具宿存的雄蕊及花柱。花期6月。

生境分布：互助、乐都。生于湖边、沼泽草甸，海拔2200～3800m。

短筒兔耳草

分　　类：木兰纲　唇形目　车前科　兔耳草属
学　　名：*Lagotis brevituba* Maxim.
形态特征：多年生草本。高3～15cm。根状茎横卧；根颈有数枚鳞片状叶或早落。茎1～4条，高出叶。基生叶4～7枚，具长1.5～4.5cm的柄，基部稍有扩大，叶片卵圆形或披针形，长1～5.5cm、宽1.5～3.2cm，基部宽楔形至近心形，边缘有圆齿，顶端圆钝；茎生叶宽卵形至倒卵形，远小于基生叶或有时稍小于基生叶，具短柄。穗状花序密集，果期伸长；苞片叶质，倒卵圆形至近圆形；花萼佛焰苞状，后方微裂，罕裂至2/3处，长7～9mm，具缘毛；花冠浅蓝色、蓝紫色至白色，筒部伸直，略短于唇部，上唇线形或稍呈披针形，顶端钝，极少2裂，下唇2～3裂，极少4～5裂，稍长；雄蕊内藏，部分贴生于下唇边缘，极短，花药肾形；花柱内藏，柱头浅2裂。果实长圆形，长5mm，外果皮薄。花果期6～8月。

生境分布：互助、化隆。生于高山流石滩及草甸处，海拔3700～4100m。

平车前

分　　类：木兰纲　唇形目　车前科　车前属
学　　名：*Plantago depressa* Willd.
别　　名：车前草、车串串、小车前。

形态特征：一年生草本。高5～20cm。有圆柱状直根。基生叶直立或平铺，椭圆形、椭圆状披针形或卵状披针形，长4～10cm，宽1～3cm，边缘有远离小齿或不整齐锯齿，有柔毛或无毛，纵脉5～7条；叶柄长2～6cm，基部有宽叶鞘及叶鞘残余。花莛少数，弧曲，长4～17cm，疏生柔毛；穗状花序长4～10cm，顶端花密生，下部花较疏；苞片三角状卵形，长2mm，和萼裂片均有绿色突起；萼裂片椭圆形，长约2mm；花冠裂片椭圆形或卵形，顶端有浅齿；雄蕊稍超出花冠。蒴果圆锥状，长3mm，周裂；种子5，矩圆形，长1.5mm，黑棕色。花期5～7月，果期7～9月。

生境分布：互助、乐都、民和、循化。生于灌丛草甸、山坡、田边、路边，海拔1700～3900m。

维管植物门 TRACHEOPHYTA

大车前

分　　类：木兰纲　唇形目　车前科　车前属
学　　名：*Plantago major* Linn.
别　　名：大车前草、大叶车前。
形态特征：多年生草本。高 15～30cm。根状茎粗短，须根系。基生叶直立，密集，纸质；叶柄长 3～10cm；叶片卵形或宽卵形，先端钝圆，边缘波状或有不规则的锯齿，两面疏被柔毛。花葶数条，近直立，长 4～20cm；花小，密集，淡绿色，排成穗状花序；萼片 4，宿存；花冠干膜质，裂片 4；雄蕊 4，着生在冠筒上。蒴果圆锥状，环裂；种子 6～10，矩圆形，黑棕色。花期 6～9 月，果期 7～10 月。
生境分布：乐都、民和。生于山坡、田边、路边，海拔 1700～2800m。

小车前

分　　类：木兰纲　唇形目　车前科　车前属
学　　名：*Plantago minuta* Pall.
别　　名：条叶车前、细叶车前。

形态特征：一年生矮小草本。高 4～12cm。全株密被柔毛。根细长。基生叶平铺地面，条形或条状披针形，长 2～10cm、宽 2～5mm，先端渐尖，基部渐狭，全缘，干时脆。花葶少数或多数，直立或斜升，较叶短或长；穗状花序卵形或短圆柱形，长 0.5～2cm，花密集；苞片卵圆形，无毛；花萼 4 裂，萼片椭圆形，无毛；花冠裂片矩圆状卵形或矩圆状椭圆形，全缘。蒴果卵形，长约 4mm。花期 6～8 月。果期 7～9 月。

生境分布：乐都、民和、循化。生于山坡、田边、路边，海拔 1700～3200m。

维管植物门 TRACHEOPHYTA

北水苦荬

分　　类：木兰纲　唇形目　车前科　婆婆纳属
学　　名：*Veronica anagallis-aquatica* Linn.
别　　名：仙桃草。
形态特征：多年生水生或沼生草本。高10～100cm。通常全株无毛；根状茎横走；茎直立或基部倾斜，分枝或不分枝。叶对生；叶片椭圆形或长卵形，稀为披针形，长2～10cm、宽1～3.5cm，全缘或有疏锯齿；无柄，上部叶半抱茎。总状花序腋生，长于叶；花梗与苞片近等长，与花序轴成锐角，果期弯曲向上，使蒴果靠近花序轴，花序通常不宽于1cm；花萼裂片卵状披针形，急尖，长约3mm，果期直立或叉开，不紧贴蒴果；花冠浅蓝色、浅紫色或白色，4裂，直径4～5mm，辐状；雄蕊2，短于花冠；花柱长约2mm。蒴果近圆形，几与萼等长，顶端钝而微凹。花果期4～9月。
生境分布：互助、民和、循化。生于沼泽地、水中，海拔2200～3400m。

婆婆纳

分　　类：木兰纲　唇形目　车前科　婆婆纳属
学　　名：*Veronica polita* Fries.
别　　名：豆豆蔓、老蔓盘子、老鸦枕头。

形态特征：铺散多分枝草本。高 10～25cm。多少被长柔毛。叶 2～4 对，具 3～6mm 长的短柄，叶片心形至卵形，长 5～10mm、宽 6～7mm，每边有 2～4 个深刻的钝齿，两面被白色长柔毛。总状花序很长；苞片叶状，下部的对生或全部互生；花梗比苞片略短；花萼裂片卵形，顶端急尖，果期稍增大，三出脉，疏被短硬毛；花冠淡紫色、蓝色、粉色或白色，直径 4～5mm，裂片圆形至卵形；雄蕊比花冠短。蒴果近于肾形，密被腺毛，略短于花萼，宽 4～5mm，凹口约为 90°角，裂片顶端圆，脉不明显，宿存的花柱与凹口齐或略过之。种子背面具横纹，长约 1.5mm。花期 5～10 月。

生境分布：互助、乐都、民和、循化。生于山坡草地、河边滩地，海拔 2000～3400m。

水苦荬

分　　类：木兰纲　唇形目　车前科　婆婆纳属
学　　名：*Veronica undulata* Wall.
别　　名：水菠菜、水莴苣、芒种草。

形态特征：多年生草本。高5～25cm。叶片有时为条状披针形，通常叶缘有尖锯齿。茎、花序轴、花萼和蒴果上多少有大头针状腺毛。花梗在果期挺直，横叉开，与花序轴几乎成直角，因而花序宽过1cm，可达1.5cm；花柱也较短，长1～1.5mm。

生境分布：互助、民和。生于水边及沼地，海拔2200～2600m。

互叶醉鱼草

分　　类：木兰纲　唇形目　玄参科　醉鱼草属
学　　名：*Buddleja alternifolia* Maxim
别　　名：白芨、白芨梢、白积梢。

形态特征：灌木。高1～4m。叶在长枝上互生，在短枝上为簇生，在长枝上的叶片披针形或线状披针形，长3～10cm、宽2～10mm；叶柄长1～2mm；在花枝上或短枝上的叶很小，椭圆形或倒卵形，长5～15mm、宽2～10mm。花多朵组成簇生状或圆锥状聚伞花序；花序较短，密集，长1～4.5cm、宽1～3cm，常生于二年生的枝条上；花序梗极短，基部通常具有少数小叶；花梗长3mm；花芳香；花萼钟状，长2.5～4mm，具4棱，花萼裂片三角状披针形，长0.5～1.7mm、宽0.8～1mm，内面被疏腺毛；花冠蓝紫色，外面被星状毛，后变无毛或近无毛，花冠管长6～10mm、直径1.2～1.8mm，喉部被腺毛，后变无毛，花冠裂片近圆形或宽卵形，长和宽1.2～3mm；雄蕊着生于花冠管内壁中部，花丝极短，花药长圆形，长1～1.8mm，顶端急尖，基部心形；子房长卵形，长约1.2mm、直径约0.7mm，无毛，花柱长约1mm，柱头卵状。蒴果椭圆状，长约5mm、直径约2mm，无毛；种子多数，狭长圆形，长1.5～2mm，灰褐色，周围边缘有短翅。花期5～7月，果期7～10月。

生境分布：互助、乐都、民和、化隆、循化。生于渠岸、住宅边、山坡、阳坡林下，海拔1700～3000m。

砾玄参

分　　类：木兰纲　唇形目　玄参科　玄参属

学　　名：*Scrophularia incisa* Weinm

形态特征：半灌木状草本。高20～50cm。茎近圆形，无毛或上部生微腺毛。叶片狭矩圆形至卵状椭圆形，长2～5cm，顶端锐尖至钝，基部楔形至渐狭呈短柄状，边缘变异很大，从有浅齿至浅裂，稀基部有1～2枚深裂片，无毛，稀仅脉上有糠秕状微毛。顶生、稀疏而狭的圆锥花序长10～20cm，聚伞花序有花1～7朵，总梗和花梗都生微腺毛；花萼长约2mm，无毛或仅基部有微腺毛，裂片近圆形，有狭膜质边缘；花冠玫瑰红色至暗紫红色，下唇色较浅，长5～6mm，花冠筒球状筒形，长约为花冠之半，上唇裂片顶端圆形，下唇侧裂片长约为上唇之半，雄蕊约与花冠等长，退化雄蕊长矩圆形，顶端圆至略尖；子房长约1.5mm，花柱长约为子房的3倍。蒴果球状卵形，连同短喙长约6mm。花期6～8月，果期8～9月。

生境分布：互助、民和、循化。生于山坡林边、干旱山坡、沙质草滩，海拔1800～3500m。

山橿

分　　类：木兰纲　樟目　樟科　山胡椒属
学　　名：*Lindera reflexa* Hemsl.
别　　名：大叶钓樟、铁脚樟、生姜树、木姜子、甘橿、钓樟、野樟树。
形态特征：落叶灌木或小乔木。叶互生，通常卵形或倒卵状椭圆形，有时为狭倒卵形或狭椭圆形，长9～12cm，宽5.5～8cm，先端渐尖，基部圆或宽楔形，有时稍心形，纸质，上面绿色，幼时在中脉上被微柔毛，不久脱落，下面带绿苍白色，被白色柔毛，后渐脱落成几无毛，羽状脉，侧脉每边6～8条；叶柄长6～17mm，幼时被柔毛，后脱落。伞形花序着生于叶芽两侧各一，具总梗，长约3mm，红色，密被红褐色微柔毛，果时脱落；总苞片4，内有花约5朵。雄花花梗长4～5mm，密被白色柔毛；花被片6，黄色，椭圆形，近等长，长约2mm，花丝无毛，第三轮的基部着生2个宽肾形具长柄腺体，柄基部与花丝合生；退化雌蕊细小，长约1.5mm，狭角锥形。雌花花梗长4～5mm，密被白柔毛；花被片黄色，宽矩圆形，长约2mm，外轮略小，外面在背脊部被白柔毛，内面被稀疏柔毛；退化雄蕊条形，一、二轮长约1.2mm，第三轮略短，基部着生2腺体，腺体几与退化雄蕊等大，下部分与退化雄蕊合生，有时仅见腺体而不见退化雄蕊；雌蕊长约2mm，子房椭圆形，花柱与子房等长，柱头盘状。果球形，直径约7mm，熟时红色；果梗无皮孔，长约1.5cm，被疏柔毛。花期4～5月，果期8月。
生境分布：循化。生于溪旁和山地阳坡杂木林中或林缘，海拔2400～2800m。

绢毛木姜子

分　　类：木兰纲　樟目　樟科 木姜子属
学　　名：*Litsea sericea* (Nees) Hook. f.
形态特征：落叶灌木或小乔木。高可达6m。树皮黑褐色。幼枝绿色，密被锈色或黄白色长绢毛。顶芽圆锥形，鳞片无毛或仅上部具短柔毛。叶互生，长圆状披针形，长8～12cm、宽2～4cm，先端渐尖，基部楔形，纸质，幼时两面密被黄白色或锈色长绢毛，后毛渐脱落至上面仅中脉有毛或无毛，下面有稀疏长毛，沿脉毛密且颜色较深，羽状脉，侧脉每边7～8条，在下面突起，连结侧脉之间的小脉微突或不甚明显；叶柄长1～1.2cm，被黄白色长绢毛。伞形花序单生于去年枝顶，先叶开放或与叶同时开放；总梗长6～7mm，无毛；每一花序有花8～20朵；花梗长5～7mm，密被柔毛；花被裂片6，椭圆形，淡黄色，有3条脉；能育雄蕊9，有时6或12，花丝短，无毛，第3轮基部腺体黄色；退化子房卵形。果近球形，直径约5mm，顶端有明显小尖头；果梗长1.5～2cm。花期5～6月，果期8～9月。

生境分布：循化。生于山谷、山麓，海拔2300～2700m。

甘肃贝母

分　　类：木兰纲　百合目　百合科　贝母属
学　　名：*Fritillaria przewalskii* Maxim.
别　　名：西北贝母。
形态特征：多年生草本。高20～50cm。鳞茎由2枚鳞片组成，直径5～15mm。下部叶对生，上部叶互生，条形，长3～10cm、宽3～12mm，先端钝或渐尖，不卷曲或最上部的先端卷曲；叶状苞片1枚，狭而长，先端尾状渐尖，卷曲或不卷曲。花单生，偶有2朵，浅黄色或红黄色，有黑紫色或紫褐色斑点；花被片长圆形或长圆状倒卵形，长2～3.2cm、宽7～11mm，先端钝或有小尖，内层较外层的宽；雄蕊长为花被片的一半，花丝有乳突；柱头裂片短，长不逾1mm。蒴果长宽近相等，直径1～1.3cm。花果期6～7月。
生境分布：平安、互助、乐都、民和、循化。生于高山灌丛、草地、林缘，海拔2400～4000m。
保护级别：列入《国家重点保护野生植物名录》二级。

榆中贝母

分　　类：木兰纲　百合目　百合科　贝母属
学　　名：*Fritillaria yuzhongensis* G. D. Yu & Y. S. Zhou.
形态特征：多年生草本。高33～44cm。鳞茎卵球形，直径7～13mm；鳞片少（2～3枚），白色，肉质。蔓无毛，具6～9枚叶。叶最下面2枚对生，其余的散生或对生，线形或近钻状，长3.5～8cm、宽1.5～3.2mm，除最下面一对叶子外，先端均呈丝状并强烈卷曲。花单生，俯垂，钟形，黄绿色，稍具紫色方格斑；苞片叶状，3枚或2枚，比叶小，先端通常强烈卷曲；花梗长7～10cm；花被片外轮3枚近矩圆形或倒卵状矩圆形，长2.2～2.7cm、宽8～9mm，先端钝，具13条脉；内轮3枚矩圆状倒卵形，与外轮花被片近等长，宽10～12mm，先端钝，具17条脉；蜜腺窝多少明显；雄蕊长14～17mm；花丝几乎不具小乳突，比花药长2～3倍，花药近基生，花柱长10～13mm；柱头裂片长2～2.3mm。
生境分布：循化。生于灌丛，海拔2400～2600m。
保护级别：列入《国家重点保护野生植物名录》二级。

山丹

分　　类：木兰纲　百合目　百合科　百合属
学　　名：*Lilium pumilum* Redouté.
别　　名：山丹花、细叶百合、焉支花、簪簪花。
形态特征：多年生草本。高 15～40cm。鳞茎卵形或圆锥形，高 2～3cm、直径 1～2cm，鳞片长圆形或长卵形，白色。茎有乳突及紫色条纹。叶多生于茎中部，条形，长 3～6cm，宽约 3mm，先端尖，边缘有细乳突。花单生或数朵，排成总状花序，鲜红色，无斑点，下垂；花被片反卷，长 3～4cm、宽约 1cm，长圆形或长圆状披针形；蜜腺两边有乳突；花丝长约 2.5cm，无毛，花药黄色，长圆形，长约 1cm；子房圆柱形，花柱长达子房的 1 倍，柱头膨大，3 裂。蒴果长达 2cm；种子多数。花果期 6～8 月。
生境分布：平安、互助、乐都、民和、循化。生于干山坡、山坡农田边，海拔 1900～3500m。

洼瓣花

分　　类：木兰纲　百合目　百合科　顶冰花属
学　　名：*Gagea serotina* (Linn.) Ker Gawl.
别　　名：小洼瓣花。
形态特征：多年生草本。高 8～15cm。鳞茎被多层褐色、条裂的枯叶鞘。基生叶常 2 枚，或因不育叶丛尚未分立而叶数有所增加，叶片与茎等高或短，基部扩大形成长鞘，包被鳞茎；茎生叶多枚，多短小，长 1～4cm、宽约 2mm，半抱茎。1～2 花，白色而有紫斑，向基部斑纹色加深，向上常有 3 条紫色脉；花被片长 9～14mm、宽约 7mm，倒卵状长圆形或椭圆形，先端急尖，基部内面常有 1 个凹穴；雄蕊长为花被片的 2/3，花丝无毛；子房长圆形，长约 3mm，与花柱等长，柱头 3 浅裂。蒴果倒卵状长圆形。花果期 6～8 月。
生境分布：互助、循化。生于高山草甸、山坡灌丛、山坡岩石缝中，海拔 2600～4100m。

小顶冰花

分　　类：木兰纲　百合目　百合科　顶冰花属

学　　名：*Gagea terraccianoana* Pascher.

形态特征：多年生草本。高8～15cm。鳞茎卵形，直径4～7mm，鳞茎皮褐黄色，通常在鳞茎皮内基部具一团小鳞茎。基生叶1枚，长12～18cm、宽1～3mm，扁平。总苞片狭披针形，约与花序等长，宽2～2.5mm；花通常3～5朵，排成伞形花序；花梗略不等长，无毛；花被片条形或条状披针形，长6～9mm、宽1～2mm，先端锐尖或钝圆，内面淡黄色，外面黄绿色；雄蕊长为花被片的一半，花丝基部扁平，花药矩圆形；子房长倒卵形，花柱长为子房的一倍半。蒴果倒卵形，长为宿存花被的一半。花期4～5月，果期5～6月。

生境分布：互助、乐都。生于林缘、灌丛中和山地草原等处，海拔2300～2500m。

扭柄花

分　　类：木兰纲　百合目　百合科　扭柄花属
学　　名：*Streptopus obtusatus* Fass&t.
形态特征：多年生草本。高15～35cm。根状茎纤细，粗1～2mm；根多而密，有毛。茎直立，不分枝或中部以上分枝，光滑。叶卵状披针形或矩圆状卵形，长5～8cm、宽2.5～4cm，先端有短尖，基部心形，抱茎，边缘具有睫毛状细齿。花单生于上部叶腋，貌似从叶下生出，淡黄色，内面有时带紫色斑点，下垂；花梗长2～2.5cm，中部以上具有关节，关节处呈膝状弯曲，具一腺体；花被片近离生，长8～9mm、宽1～2mm，矩圆状披针形或披针形，上部呈镰刀状；雄蕊长不及花被片的一半，花药长箭形，长3～4mm；花丝粗短，稍扁，呈三角形；子房球形，无棱；花柱长4～5mm，柱头3裂至中部以下。浆果直径6～8mm；种子椭圆形。花期7月，果期8～9月。

生境分布：互助、民和、循化。生于林下，海拔1800～2600m。

七叶一枝花

分　　类：木兰纲　百合目　藜芦科　重楼属
学　　名：*Paris polyphylla* Smith.
别　　名：九连环、蚤休。
形态特征：多年生草本。高35～100cm。无毛。根状茎粗厚，直径1～2.5cm，外面棕褐色，密生多数环节和许多须根。茎通常带紫红色，直径1～1.5cm，基部有灰白色干膜质的鞘1～3枚。叶5～10枚，矩圆形、椭圆形或倒卵状披针形，长7～15cm、宽2.5～5cm，先端短尖或渐尖，基部圆形或宽楔形；叶柄明显，长2～6cm，带紫红色。花梗长5～16cm；外轮花被片绿色，4～6枚，狭卵状披针形，长4.5～7cm；内轮花被片狭条形，通常比外轮长；雄蕊8～12枚，花药短，长5～8mm，与花丝近等长或稍长，药隔突出部分长0.5～1mm；子房近球形，具棱，顶端具一盘状花柱基，花柱粗短，具4～5分枝。蒴果紫色，直径1.5～2.5cm，3～6瓣裂开；种子多数，具鲜红色多浆汁的外种皮。花期4～7月，果期8～10月。

生境分布：循化。生于林下，海拔2300～2500m。

保护级别：列入《国家重点保护野生植物名录》二级。

北重楼

分　　类：木兰纲　百合目　藜芦科　重楼属
学　　名：*Paris verticillata* M.-Bieb

形态特征：多年生草本。高25～60cm。根状茎细长，直径3～5mm。茎绿白色，有时带紫色。叶5～8枚轮生，披针形、狭矩圆形、倒披针形或倒卵状披针形，长7～15cm、宽1.5～3.5cm，先端渐尖，基部楔形，具短柄或近无柄。花梗长4.5～12cm；外轮花被片绿色，极少带紫色，叶状，通常4枚，纸质，平展，倒卵状披针形、矩圆状披针形或倒披针形，长2～3.5cm、宽1～3cm，先端渐尖，基部圆形或宽楔形；内轮花被片黄绿色，条形，长1～2cm；花药长约1cm，花丝基部稍扁平，长5～7mm；药隔突出部分长6～8mm；子房近球形，紫褐色，顶端无盘状花柱基，花柱具4～5分枝，分枝细长，并向外反卷，比不分枝部分长2～3倍。蒴果浆果状，不开裂，直径约1cm，具几颗种子。花期5～6月，果期7～9月。

生境分布：循化。生于林下，海拔2000～2700m。

鞘柄菝葜

分　　类：木兰纲　百合目　菝葜科　菝葜属

学　　名：*Smilax stans* Maxim

形态特征：落叶灌木或半灌木。高0.3～3m。直立或披散。茎和枝条稍具棱，无刺。叶纸质，卵形、卵状披针形或近圆形，长1.5～4cm，宽1.2～3.5cm，下面稍苍白色或有时有粉尘状物；叶柄长5～12mm，向基部渐宽成鞘状，背面有多条纵槽，无卷须，脱落点位于近顶端。花序具1～3朵或更多的花；总花梗纤细，比叶柄长3～5倍；花序托不膨大；花绿黄色，有时淡红色；雄花外花被片长2.5～3mm、宽约1mm，内花被片稍狭；雌花比雄花略小，具6枚退化雄蕊，退化雄蕊有时具不育花药。浆果直径6～10mm，熟时黑色，具粉霜。花期5～6月，果期10月。

生境分布：互助、循化。生于林下，海拔2200～2500m。

甘肃大戟

分　　类：木兰纲　金虎尾目　大戟科　大戟属
学　　名：*Euphorbia kansuensis* Prokh
别　　名：阴山大戟。
形态特征：多年生草本。高20～60cm。全株无毛。根圆柱状，肉质，分枝或否，长10～30cm、直径3～7cm。茎单一直立，直径3～7mm。叶互生，线形、线状披针形或倒披针形，变化较大，较典型的呈长圆形，长6～9cm、宽1～2cm，先端圆或渐尖，基部渐狭或呈楔形；侧脉羽状，不明显；无柄；总苞叶3～8枚，同茎生叶；苞叶2枚，卵状三角形，长2～2.5cm、宽2.2～2.7cm，先端尖，基部平截或略内凹。花序单生二歧分枝顶端，无柄；总苞钟状，高与直径均2.5～3mm，边缘4裂，裂片三角状卵形，全缘；腺体4，半圆形，暗褐色。雄花多枚，伸出总苞之外；雌花1枚，子房柄长约3mm，伸出总苞外；子房光滑无毛；花柱3，中部以下合生；柱头2裂。蒴果三角状球形，长5～5.8mm、直径5～6mm，具微皱纹，无毛；花柱宿存；成熟时分裂为3个分果爿；种子三棱状卵形，长、宽和直径均约4mm，淡褐色至灰褐色，光滑，腹面具一条纹；种阜具柄。花果期4～6月。

生境分布：民和、循化。生于山坡草甸、砂砾地、高山流石坡，海拔2100～3200m。

高山大戟

分　　类：木兰纲　金虎尾目　大戟科　大戟属
学　　名：*Euphorbia stracheyi* Boiss.
别　　名：黄缘毛大戟、柴胡大戟、喜马拉雅大戟、柴胡状大戟、藏西大戟。
形态特征：多年生草本。高5～10cm。上部被白色卷曲微柔毛；茎基部被膜质鳞片；自基部分枝，分枝铺散或上升。叶互生；柄极短；叶片椭圆形或倒卵形，绿色带紫色，长0.5～1.2cm、宽0.3～0.7cm，先端钝圆或急尖，基部楔形。花序基部的叶3～4枚轮生，菱状圆形或倒卵形，长0.5～0.8cm、宽0.3～0.8cm；总苞半球状；腺体4枚，横长圆形；花柱基部连合，先端多少头状而全缘。蒴果球形，直径约3mm，具细颗粒；种子光滑，种阜突起。花果期5～9月。
生境分布：互助、乐都。生于山坡灌丛、草甸、裸地，海拔2900～4100m。

突脉金丝桃

分　　类：木兰纲　金虎尾目　金丝桃科　金丝桃属
学　　名：*Hypericum przewalskii* Maxim.
别　　名：大萼金丝桃、具梗金丝桃。
形态特征：多年生草本。高0.3～0.5m。全株无毛。茎多数，圆柱形，少分枝。叶对生，坚纸质，无柄，稍抱茎；基部叶片倒卵形，上部为卵形或卵状椭圆形，长2～5cm、宽1～2.5cm，先端钝形且常微缺，基部心形，全缘，上面绿色，下面白绿色，散布淡色腺点，叶脉下面突起。花序顶生，单个或数个合成聚伞花序；花直径约2cm，开展；花蕾长卵球形，先端锐尖；花梗伸长，长达3cm；萼片5，直伸，长圆形，不等大，长8～10mm、宽2～4mm，全缘，波状，果时萼片增大，长达15mm；花瓣5，黄色，长圆形，稍弯曲，长约14mm、宽约为长的1/2；雄蕊5束，每束有雄蕊约15枚，与花瓣等长或稍长，花药近球形，无腺点；子房卵球形，长6～8mm，5室，花柱5，长约6mm，自中部以上分离。蒴果卵形，长约1.8cm、宽约1.2cm，成熟后先端5裂；种子淡褐色，圆柱形。花期6～7月，果期8～9月。

生境分布：平安、互助、乐都、民和、化隆、循化。生于林下、河滩灌丛、田边，海拔2000～3500m。

宿根亚麻

分　　类：木兰纲　金虎尾目　亚麻科　亚麻属
学　　名：*Linum perenne* Linn.
别　　名：豆麻、多年生草本亚麻、蓝亚麻。

形态特征：多年生草本。高 20～90cm。根为直根，粗壮，根颈木质化。茎多数，直立或仰卧，中部以上多分枝，基部木质化，具密集狭条形叶的不育枝。叶互生；叶片狭条形或条状披针形，长 8～25mm、宽 8～3mm，全缘内卷，先端锐尖，基部渐狭，1～3脉。花多数，组成聚伞花序，蓝色、蓝紫色、淡蓝色，直径约2cm；花梗细长，长 1～2.5cm，直立或稍向一侧弯曲；萼片5，卵形，长 3.5～5mm，外面3片先端急尖，内面2片先端钝，全缘，5～7脉，稍突起；花瓣5，倒卵形，长 1～1.8cm，顶端圆形，基部楔形；雄蕊5，长于或短于雌蕊、或与雌蕊近等长，花丝中部以下稍宽，基部合生；退化雄蕊5，与雄蕊互生；子房5室，花柱5，分离，柱头头状。蒴果近球形，直径 3.5～7mm，草黄色，开裂；种子椭圆形，褐色，长约4mm、宽约2mm。花期 6～7月，果期 8～9月。

生境分布：乐都、化隆、循化。生于山坡草地、林间草地、荒地、沙丘，海拔 1800～2800m。

山杨

  分　　类：木兰纲　金虎尾目　杨柳科　杨属
  学　　名：*Populus davidiana* Dode
  别　　名：响杨、明杨、小叶杨、骚白杨、大叶杨。
  形态特征：落叶乔木。高达25cm。树皮光滑，灰褐色或灰白色。老树基部黑色粗糙。树冠圆形。小枝圆筒形，光滑，赤褐色，萌枝被柔毛。叶柄侧扁，长2～6cm；叶三角状卵圆形或近圆形，长宽近相等，长3～6cm，先端钝尖，急尖或短渐尖，基部圆形、截形或浅心形，边缘有波状浅齿，萌枝叶大，三角状卵圆形，下面被柔毛。花序轴有疏毛或密毛；苞子片棕褐色，掌状条裂，边缘有长毛；雄花序长5～9cm，雄蕊5～12，花药紫红色；雌花序长4～7cm，子房圆锥形，柱头2深裂，带红色。果序长达12cm；蒴果卵状圆锥形，长约5mm，有短柄，2瓣裂。花期4～5月，果期5～6月。

  生境分布：平安、互助、乐都、民和、化隆、循化。生于山坡、山脊、沟谷地带，海拔2000～3200m。

光皮冬瓜杨

分　　类：木兰纲　金虎尾目　杨柳科　杨属

学　　名：*Populus purdomii* var. *rockii* (Rehd.) C. F. Fang & H. L. Yang.

形态特征：落叶乔木。高达25m。树皮幼时灰绿色，老时暗灰色，纵裂，呈片状；树冠圆形。小枝圆柱形，无毛，浅黄褐色或灰色。芽急尖，无毛，有黏质。叶卵形或宽卵形，长7～14cm、宽4～9cm，先端渐尖，基部圆形或近心形，边缘细锯齿或圆锯齿，齿端有腺点，具缘毛，上面亮绿色，沿脉具疏柔毛，下面带白色，沿脉有毛，后渐脱落；叶柄圆柱形，长2～5cm；萌枝叶长卵形，长达25cm，宽达15cm。果序长11～13cm，无毛；蒴果球状卵形，长约7mm，无梗或近无梗，2～4瓣裂。花期4～5月，果期5～6月。

生境分布：互助、循化。生于山坡、山谷、溪流边，海拔2800～3000m。

奇花柳

分　　类：木兰纲　金虎尾目　杨柳科　柳属
学　　名：*Salix atopantha* C. K. Schneid.
形态特征：灌木。高 1～2m。小枝黑紫色或黄红色，初有毛，后无毛。叶椭圆状长圆形或长圆形，稀披针形，长 1.5～2.5cm、宽 5～10mm，先端急尖或钝，基部楔形至圆形，上面深绿色，初有柔毛，后无毛，下面带白色，无毛，边缘有不明显的腺锯齿或少数小叶全缘，侧脉一般 6～7 对，上年的落叶发锈色；叶柄长 2～6mm。花与叶同时开放，花序长圆形至短圆柱形，长 1.5～2cm、粗 5～6mm，有花序梗，长 4～10mm，具 3～4 叶；雄蕊 2，花药球形，黄色或在花序上部者有的为红色，花丝中部以上有绵毛；苞片倒卵形，先端圆截形，或有不规则的浅圆齿，黄色或先端带褐色，稍有短柔毛及缘毛，约为花丝的 1/3～1/2 长；腺体 2，通常圆柱形，稀先端分裂，约为苞片的 1/2 长；子房卵形，有密绵毛，无柄，花柱及柱头明显，2 深裂，红色；苞片倒卵形或椭圆形，先端圆形，常有不明显的细圆齿，黑红褐色，外面被白绵毛，或外面上部毛少，内面近无毛，与子房近等长；腺体 2，腹腺常 2～3 裂，背腺小，有时无。花期 6～7 月，果期 7～8 月。

生境分布：乐都、循化。生于山坡、山谷、河滩中，海拔 2200～3700m。

山生柳

分　　类：木兰纲　金虎尾目　杨柳科　柳属

学　　名：*Salix oritrepha* C. K. Schneid.

形态特征：直立矮小灌木。高60～120cm。幼枝被灰绒毛，后无毛。叶椭圆形或卵圆形，长1～1.5cm、宽4～8mm，萌枝叶和强枝叶最大者长可达2.4cm、宽达1.5cm，先端钝或急尖，基部圆形或钝，上面绿色，具疏柔毛或无毛，下面灰色或稍苍白色，有疏柔毛，后无毛，叶脉网状突起，全缘；叶柄长5～8mm，紫色，具短柔毛或近无毛。雄花序圆柱形，长1～1.4cm、粗约5mm，花密集，花序梗短，具2～3倒卵状椭圆形小叶；雌花序长1～1.5cm、粗约1cm，花密生，花序梗长3～7mm，具2～3叶，轴有柔毛，子房卵形，无柄，具长柔毛，花柱2裂，柱头2裂，苞片宽倒卵形，两面具毛，深紫色，与子房近等长，腺体2，常分裂，而基部结合，形成假花片状。花期6～7月，果期7～8月。

生境分布：平安、互助、乐都、民和、化隆、循化。生于山坡、山谷、草地中，海拔2100～4100m。

硬叶柳

分　　类：木兰纲　金虎尾目　杨柳科　柳属

学　　名：*Salix sclerophylla* Anderss

形态特征：灌木。高0.3～2m。小枝多节，呈珠串状，暗紫红色，或有白粉，无毛。芽卵形，微三棱状，褐红色。叶革质，形状多变化，椭圆形、倒卵形或广椭圆形，长2～3.4cm、宽1～1.6cm，基部楔形至圆形，先端急尖至圆形，两面有柔毛或近无毛，上面绿色，下面浅绿色，全缘；叶柄1～2mm，开花时叶小，长仅达1cm，椭圆形或卵形，两面有毛，或近无毛。花序椭圆形至长圆状椭圆形，长1cm左右，无梗或有短梗，基部无小叶或有1～2小叶；雄蕊2，花丝基部有柔毛，长约3mm；苞片椭圆形或倒卵形，先端圆截形，长约为花丝的一半，褐色或褐紫色，外面有柔毛或内面无毛，常有短缘毛；腺体2，背腺有时分裂；子房狭卵形或卵形，有密柔毛，比苞片长近1倍，花柱短，柱头4裂；苞片同雄花；有背腺和腹腺，稀背腺缺。蒴果卵状圆锥形，长约3.2mm，有柔毛，无柄或有短柄。

生境分布：互助、民和。生于山坡林中、高山河滩、山顶灌丛，海拔2400～2800m。

中国黄花柳

分　　类：木兰纲　金虎尾目　杨柳科　柳属

学　　名：*Salix sinica* (Hao) C. Wang & C. F. Fang

形态特征：灌木或小乔木。当年生幼枝有柔毛，后无毛，小枝红褐色。叶形多变化，一般为椭圆形、椭圆状披针形、椭圆状菱形、倒卵状椭圆形，稀披针形或卵形、宽卵形，长3.5～6cm、宽1.5～2.5cm，先端短渐尖或急尖，基部楔形或圆楔形，幼叶有毛，后无毛，上面暗绿色，下面发白色，多全缘，在萌枝或小枝上部的叶较大，并常有皱纹，下面常被绒毛，边缘有不规整的牙齿；叶柄有毛；托叶半卵形至近肾形。花先叶开放；雄花序无梗，宽椭圆形至近球形，长2～2.5cm、径1.8～2cm，开花顺序自上往下，雄蕊2，离生，花丝细长，长约6mm，基部有极疏的柔毛，花药长圆形，黄色，苞片椭圆状卵形或微倒卵状披针形，长约3mm，深褐色或近黑色，两面被白色长毛，仅1腺，近方形，腹生；雌花序短圆柱形，长2.5～3.5cm、径7～9mm，无梗，基部有2具绒毛的鳞片，子房狭圆锥形，长约3.5mm，柄长约1.2mm，有毛，花柱短，柱头2裂，苞片椭圆状披针形，长约2.5mm，深褐色或黑色，两面密被白色长毛，仅1腹腺。蒴果线状圆锥形，长达6mm，果柄与苞片几等长。花果期4～5月。

生境分布：平安、互助、乐都、民和、循化。生于山坡、山谷、林下、溪流边，海拔2200～3400m。

鸡腿堇菜

分　　类：木兰纲　金虎尾目　堇菜科　堇菜属
学　　名：*Viola acuminata* Ledeb

形态特征：多年生草本。高10～40cm。茎直立，通常2～4条丛生，无毛或上部被白色柔毛。叶片心形、卵状心形或卵形，长1.5～3.5cm、宽1.5～2.5cm，先端锐尖至短渐尖，基部通常心形，边缘具钝锯齿及短缘毛，两面密生褐色腺点，沿叶脉被疏柔毛；下部的叶柄长达6cm，上部的叶柄较短，长1.5～2.5cm；托叶草质，长1～1.5cm、宽2～5mm，通常羽状深裂呈流苏状，边缘被缘毛，两面有褐色腺点，沿脉疏生柔毛。花淡紫色或近白色，具长梗，干后有香味；花梗细，被细柔毛；萼片线状披针形，长7～12mm、宽约1.5mm，外面3片较长而宽，先端渐尖，基部附属物长2～3mm，末端截形或有时具1～2齿裂，上面及边缘有短毛，具3脉；花瓣有褐色腺点，上方花瓣与侧方花瓣近等长，上瓣向上反曲，侧瓣里面近基部有长须毛，下瓣里面常有紫色脉纹，连距长0.9～1.6cm；距通常直，长1.5～3.5mm，呈囊状，末端钝；下方2枚雄蕊的距短而钝，长约1.5mm；子房圆锥状，无毛，花柱基部微向前膝曲，向上渐增粗，顶部具数列明显的乳头状突起，先端具短喙，喙端微向上噘，具较大的柱头孔。蒴果椭圆形，长约1cm，无毛，通常有黄褐色腺点，先端渐尖。花期5～6月。

生境分布：循化。生于林下、林下潮湿处，海拔1700～2500m。

双花堇菜

分　　类：木兰纲　金虎尾目　堇菜科　堇菜属

学　　名：*Viola biflora* Linn.

别　　名：肾叶堇菜。

形态特征：多年生草本。高 10～25cm。根状茎细或稍粗壮，垂直或斜生，具结节，有多数细根；地上茎较细弱，2 或数条簇生，直立或斜升，具 3 节，通常无毛或幼茎上被疏柔毛。基生叶 2 至数枚，具长 4～8cm 的长柄，叶片肾形、宽卵形或近圆形，长 1～3cm，宽 1～4.5cm，先端钝圆，基部深心形或心形，边缘具钝齿，上面散生短毛，下面无毛，有时两面被柔毛；茎生叶具短柄，叶柄无毛至被短毛，叶片较小；托叶与叶柄离生，卵形或卵状披针形，长 3～6mm，先端尖，全缘或疏生细齿。花黄色或淡黄色，在开花末期有时变淡白色；花梗细弱，长 1～6cm，上部有 2 枚披针形小苞片；萼片线状披针形或披针形，长 3～4mm，先端急尖，基部附属物极短，具膜质缘，无毛或中下部具短缘毛；花瓣长圆状倒卵形，长 6～8mm，具紫色脉纹，侧方花瓣里面无须毛，下方花瓣连距长约 1cm；距短筒状，长 2～2.5mm；下方雄蕊之距呈短角状；子房无毛，花柱棍棒状，基部微膝曲，上半部 2 深裂，裂片斜展，其间具明显的柱头孔。蒴果长圆状卵形，长 4～7mm，无毛。花果期 5～9 月。

生境分布：互助、乐都、民和、化隆、循化。生于阴坡灌丛下、山沟草地、山坡岩石缝隙、草甸、林下、林缘、河滩，海拔 2400～3200m。

圆叶小堇菜

分　　类：木兰纲　金虎尾目　堇菜科　堇菜属

学　　名：*Viola biflora* var. *rockiana* (W. Becker) Y. S. Chen

形态特征：矮小草本。高5cm或略高。茎很细弱。基生叶近于圆形或近肾形，宽1～2cm，基部心形或近于截形；茎生叶少数，有时仅2枚，圆形、略带肾形或卵状圆形，基部浅心形或近于截形，上面和叶缘有短柔毛；托叶卵状披针形或披针形，近全缘。花两侧对称，具长梗；萼片5，狭条形，顶端钝，基部附器不明显；花瓣黄色，距很短。花期6～7月，果期7～8月。

生境分布：平安、互助、乐都、循化。生于草甸、灌丛、林下、山坡、河滩，海拔2300～3700m。

裂叶堇菜

分　　类：木兰纲　金虎尾目　堇菜科　堇菜属
学　　名：*Viola dissecta* Ledeb.
别　　名：疗毒草、深裂叶堇菜。

形态特征：多年生草本。无地上茎。根茎粗短。生数条黄白色较粗的须状根。叶簇生，具长柄；叶片圆肾形，掌状3～5全裂，裂片再羽状深裂，终裂片线形。花淡紫堇色；萼片5，宿存，覆瓦状排列；花瓣5，多不等大，最下者常大而有距。蒴果成熟后裂成3瓣。花期6～8月，果期7～9月。

生境分布：平安、互助、民和、循化。生于林缘、灌丛、山坡、草地，海拔1800～3200m。

紫花地丁

分　　类：木兰纲　金虎尾目　堇菜科　堇菜属

学　　名：*Viola philippica* Cav.

形态特征：多年生草本。高4～14cm。根状茎短，垂直，淡褐色，长4～13mm、粗2～7mm，节密生，有数条淡褐色或近白色的细根。叶多数，基生，莲座状；叶片下部者通常较小，呈三角状卵形或狭卵形，上部者较长，呈长圆形、狭卵状披针形或长圆状卵形，长1.5～4cm、宽0.5～1cm。花中等大，紫堇色或淡紫色，稀呈白色，喉部色较淡并带有紫色条纹；花梗通常多数，细弱，与叶片等长或高出叶片，无毛或有短毛，中部附近有2枚线形小苞片；萼片卵状披针形或披针形，长5～7mm，先端渐尖，基部附属物短，长1～1.5mm，末端圆或截形，边缘具膜质白边，无毛或有短毛；花瓣倒卵形或长圆状倒卵形，侧方花瓣长，1～1.2cm，里面无毛或有须毛，下方花瓣连距长1.3～2cm，里面有紫色脉纹；距细管状，长4～8mm，末端圆；花药长约2mm，药隔顶部的附属物长约1.5mm，下方2枚雄蕊背部的距细管状，长4～6mm，末端稍细；子房卵形，无毛，花柱棍棒状，比子房稍长，基部稍膝曲，柱头三角形，两侧及后方稍增厚成微隆起的缘边，顶部略平，前方具短喙。蒴果长圆形，长5～12mm，无毛；种子卵球形，长1.8mm，淡黄色。花果期4～9月。

生境分布：乐都。生于林缘、山坡草地，海拔2000～2100m。

黄瑞香

分　　类：木兰纲　锦葵目　瑞香科　瑞香属
学　　名：*Daphne giraldii* Nitsche.
别　　名：祖师麻。

形态特征：落叶直立灌木。高45～70cm。枝圆柱形，无毛，幼时橙黄色，有时上段紫褐色，老时灰褐色，叶迹明显，近圆形，稍隆起。叶互生，常密生于小枝上部，膜质，倒披针形，长3～6cm，稀更长，宽0.7～1.2cm，先端钝形或微突尖，基部狭楔形，边缘全缘，上面绿色，下面带白霜，干燥后灰绿色，两面无毛，中脉在上面微凹下，下面隆起，侧脉8～10对，在下面较上面显著；叶柄极短或无。花黄色，微芳香，常3～8朵组成顶生的头状花序；花序梗极短或无，花梗短，长不到1mm；无苞片；花萼筒圆筒状，长6～8mm、直径2mm，无毛，裂片4，卵状三角形，覆瓦状排列，相对的2片较大或另一对较小，长3～4mm，顶端开展，急尖或渐尖，无毛；雄蕊8，2轮，均着生于花萼筒中部以上，花丝长约0.5mm，花药长圆形，黄色，长约1.2mm；花盘不发达，浅盘状，边缘全缘；子房椭圆形，无毛，无花柱，柱头头状。果实卵形或近圆形，成熟时红色，长5～6mm、直径3～4mm。花期6月，果期7～8月。

生境分布：平安、互助、乐都、民和、化隆、循化。生于高山灌丛、草甸、林下、林间空地，海拔2000～3200m。

乌饭瑞香

分　　类：木兰纲　锦葵目　瑞香科　瑞香属
学　　名：*Daphne myrtilloides* Nitsche.
形态特征：落叶矮小灌木。高10～25cm。主根粗壮，近于纺锤形，具2～3个分枝，须根纤细，丝毛状。枝一般自基部发出，多而纤细，幼时圆柱形，具白色粗长柔毛，老枝淡褐色，无毛或具粗柔毛；芽卵形或近圆形，直径0.6mm，密被灰白色绒毛。叶互生，常生于枝顶端，因节间缩短而近于轮生，膜质或近纸质，倒卵形或广椭圆形，长1～3cm、宽0.5～1.6cm，先端钝形，基部楔形，边缘全缘，稍反卷，具白色长纤毛，上面绿色，无毛，下面粉绿色，幼时沿中脉散生淡黄色长柔毛，中脉在上面扁平或微凹下，下面显著隆起，侧脉3～5对，在中脉两旁对生或互生，下面较上面明显隆起；叶柄极短，长1～2mm，翅状，无毛。花簇生于枝顶端；无苞片；无花梗；花萼筒细瘦，管状，长6～7mm、直径1mm，外面疏生淡黄色细柔毛，裂片5，长圆形，长4～5mm，顶端钝形或圆形，无毛，干燥后脉纹显著；雄蕊10，2轮，分别着生于花萼筒的中部和喉部，花丝短，花药线状长圆形，长约1mm，不伸出喉部；花盘一侧发达，倒卵状三角形；子房瓶状，长约2mm，仅在顶端具淡黄色短绒毛，花柱短，长约0.5mm，柱头球形。果实未见。花期4～5月。

生境分布：循化。生于河谷山地、半阴坡灌丛，海拔2500～2600m。

华瑞香

分　　类：木兰纲　锦葵目　瑞香科　瑞香属
学　　名：*Daphne rosmarinifolia* Rehd.

形态特征：常绿灌木。高 30～100cm。密分枝，分枝不规则；当年生枝灰色，有棱角，密被灰色或淡黄色粗伏毛，一年以上生枝无毛或微被毛，叶迹明显，近圆形。芽腋生，小，卵球形，密被黄灰色絮状绒毛。叶小，互生，纸质，线状长圆形或倒卵状披针形，长 10～18mm、宽 2～4mm，先端圆形或近截形，通常具细尖头，基部楔形，边缘全缘，反卷，幼时具长纤毛，上面深绿色，下面淡绿色，两面无毛，或幼时有长毛，中脉在上面凹下，下面隆起，侧脉不明显或下面稍明显；叶柄长约 1mm，无毛。花黄色，数花簇生于小枝顶端，不超出或超出叶丛；苞片早落，线状长圆形或匙状长圆形，长 4～6mm，无总花梗和花梗；花萼筒圆筒状，长 8～10mm，外面无毛，裂片 5，开展，卵形或卵状长圆形，长 3～4.5mm，先端圆形或钝形；雄蕊 10，2 轮，均着生于花萼筒的中部以下，花丝短，花药黄色，长圆形，长约 1.3mm；花盘环状，一侧发达，稍不规则，长 0.5～0.8mm；子房卵形，长 2～2.5mm，无毛，基部渐狭，花柱长 0.5mm，柱头近头状。浆果幼时绿色，卵形，长 5mm、直径 2.5mm。花期 5～6 月，果期 7 月。

生境分布：循化。生于灌木林中、林缘、石砾山地、河漫滩，海拔 1700～3000m。

唐古特瑞香

分　　类：木兰纲　锦葵目　瑞香科　瑞香属
学　　名：*Daphne tangutica* Maxim.
别　　名：陕甘瑞香、甘肃瑞香。

形态特征：常绿灌木。高 0.5～2.5m。叶互生，革质或亚革质，披针形至长圆状披针形或倒披针形，长 2～8cm、宽 0.5～1.7cm，先端钝形，尖头通常钝形；中脉在上面凹下，下面稍隆起，侧脉不甚显著或下面稍明显；叶柄短或几无叶柄，长约 1mm，无毛。花外面紫色或紫红色，内面白色，头状花序生于小枝顶端；苞片早落，卵形或卵状披针形，长 5～6mm、宽 3～4mm，顶端钝尖，具 1 束白色柔毛，边缘具白色丝状纤毛，其余两面无毛；花萼筒圆筒形，长 9～13mm、宽 2mm，无毛，具显著的纵棱，裂片 4，卵形或卵状椭圆形，长 5～8mm、宽 4～5mm，开展，先端钝形，脉纹显著；雄蕊 8，2 轮，下轮着生于花萼筒的中部稍上面，上轮着生于花萼筒的喉部稍下面，花丝极短，花药橙黄色，长圆形，长 1～1.2mm，略伸出于喉部；花盘环状，小，长不到 1mm，边缘为不规则浅裂；子房长圆状倒卵形，长 2～3mm，无毛，花柱粗短。果实卵形或近球形，无毛，长 6～8mm、直径 6～7mm，幼时绿色，成熟时红色，干燥后紫黑色；种子卵形。花期 4～5 月，果期 5～7 月。

生境分布：平安、互助、乐都、民和、化隆、循化。生于林下、阴坡灌丛、高山草甸、林缘，海拔 2600～3800m。

狼毒

分　　类：木兰纲　锦葵目　瑞香科　狼毒属
学　　名：*Stellera chamaejasme* Linn.
别　　名：馒头花、断肠草、火柴头花、狗蹄子花、瑞香狼毒。

形态特征：多年生草本。高20～50cm。叶散生，稀对生或近轮生，薄纸质，披针形或长圆状披针形，稀长圆形，长12～28mm，宽3～10mm。花白色、黄色至带紫色，芳香，多花的头状花序，顶生，圆球形；具绿色叶状总苞片；无花梗；花萼筒细瘦，长9～11mm，具明显纵脉，基部略膨大，无毛，裂片5，卵状长圆形，长2～4mm、宽约2mm，顶端圆形，稀截形，常具紫红色的网状脉纹；雄蕊10，2轮，下轮着生花萼筒的中部以上，上轮着生于花萼筒的喉部，花药微伸出，花丝极短，花药黄色，线状椭圆形，长约1.5mm；花盘一侧发达，线形，长约1.8mm、宽约0.2mm，顶端微2裂；子房椭圆形，几无柄，长约2mm、直径1.2mm，上部被淡黄色丝状柔毛，花柱短，柱头头状，顶端微被黄色柔毛。果实圆锥形，长5mm、直径约2mm，上部或顶部有灰白色柔毛，为宿存的花萼筒所包围；种皮膜质，淡紫色。花期5～6月，果期7～9月。

生境分布：平安、互助、乐都、民和、化隆、循化。生于山坡草地、滩地、田边、道旁，海拔1800～3900m。

柳兰

分　　类：木兰纲　桃金娘目　柳叶菜科　柳兰属
学　　名：*Chamerion angustifolium* (Linn.) Holub
别　　名：糯芋、火烧兰、铁筷子。

形态特征：多年生草本。高达1.5m。茎直立，通常不分枝。叶互生，披针形，长7～15cm、宽1～3cm，边缘有细锯齿，两面无毛，具短柄。总状花序顶生，伸长，花序轴被短柔毛；苞片条形，长1～2cm；花大，两性，红紫色，具长1～2cm的花柄；萼筒稍延伸于子房之上，裂片4，条状披针形，长1～1.5cm，外面被短柔毛；花瓣4，倒卵形，长约1.5cm，顶端钝圆，基部具短爪；雄蕊8，向一侧弯曲；子房下位，被毛。蒴果圆柱形，长7～10cm；种子多数，顶端具一簇长1～1.5cm白色种缨。花期6～9月，果期8～10月。

生境分布：平安、互助、乐都、民和、化隆、循化。生于林下、林缘、阴山灌丛、河滩，海拔1800～3900m。

高山露珠草

分　　类：木兰纲　桃金娘目　柳叶菜科　露珠草属
学　　名：*Circaea alpina* Linn.
形态特征：多年生草本。高5～25cm。茎纤弱，被短柔毛。叶对生，卵状三角形或宽卵状心形，长1～3.5cm、宽1～2.5cm，边缘除基部外具粗锯齿，上面疏被短柔毛，下面常带紫色；叶柄与叶片近等长。总状花序顶生或腋生；花序轴被开展柔毛（有时带腺头）；苞片三角状卵形，长约0.3mm，先端具腺头；延伸的托杯较浅；萼片2，开展至反曲，卵形至椭圆形，长1.4～1.5mm、宽约1mm，先端钝，3脉于先端汇合；花瓣2，白色，倒卵形，与萼裂片近等长，顶端凹缺；雄蕊2；子房下位，1室。果实坚果状、棒状，长约2mm、宽约1mm，外面密生钩状毛；果柄稍长于果实。花果期7～9月。

生境分布：平安、互助、乐都、民和、循化。生于林下、灌丛、石隙、河边、田边，海拔2300～3900m。

扁秆荆三棱

分　　类：木兰纲　禾本目　莎草科　三棱草属

学　　名：*Bolboschoenus planiculmis* (F. Schmidt) T. V. Egorova.

别　　名：扁秆藨草。

形态特征：多年生草本。高60～100cm。具匍匐根状茎和块茎。秆一般较细，三棱形，平滑，靠近花序部分粗糙，基部膨大，具秆生叶。叶扁平，宽2～5mm，向顶部渐狭，具长叶鞘。叶状苞片1～3枚，常长于花序，边缘粗糙；长侧枝聚伞花序短缩成头状，或有时具少数辐射枝，通常具1～6个小穗；小穗卵形或长圆状卵形，锈褐色，长10～16mm、宽4～8mm，具多数花；鳞片膜质，长圆形或椭圆形，长6～8mm，褐色或深褐色，外面被稀少的柔毛，背面具1条稍宽的中肋，顶端或多或少缺刻状撕裂，具芒；下位刚毛4～6条，上生倒刺，长为小坚果的1/2～2/3；雄蕊3，花药线形，长约3mm，药隔稍突出于花药顶端；花柱长，柱头2。小坚果宽倒卵形，或倒卵形，扁，两面稍凹，或稍凸，长3～3.5mm。花期5～6月，果期7～9月。

生境分布：民和。生于水边湿地或浅水处，海拔1700～2000m。

透明鳞荸荠

分　　类：木兰纲　禾本目　莎草科　荸荠属
学　　名：*Eleocharis pellucida* J. Presl & C. Presl.
别　　名：针蔺。

形态特征：多年生草本。小穗矩圆状卵形或条状披针形，长7～20mm、宽2.5～3.5mm，具多数密生的花，鳞片紫褐色，边缘干膜质，绿色或苍绿色，除基部两鳞片无花外，其余鳞片内均有花，下位刚毛通常4条，稍弯，淡锈色，略长于小坚果，密生倒刺，柱头2。小坚果倒卵圆形，双凸状，淡黄色。花期6～7月，果期8～9月。

生境分布：化隆。生于河边、湖边浅水中，海拔2000～2100m。

具刚毛荸荠

分　　类：木兰纲　禾本目　莎草科　荸荠属
学　　名：*Eleocharis valleculosa* var. *setosa* Ohwi.

形态特征：多年生水生草本。高6～50cm。有匍匐根状茎。秆多数或少数，一单生或丛生，圆柱状，干后略扁，直径1～3mm，有少数锐肋条。叶缺如，在秆的基部有1～2个长叶鞘，鞘膜质，鞘的下部紫红色，鞘口平，高3～10cm。小穗长圆状卵形或线状披针形，少有椭圆形和长圆形，长7～20mm、宽2.5～3.5mm，后期为麦秆黄色，有多数或极多数密生的两性花；在小穗基部有2枚鳞片中空无花，抱小穗基部的1/2～2/3周以上；其余鳞片全有花，卵形或长圆状卵形，顶端钝，长3mm、宽1.7mm，背部淡绿色或苍白色，有一条脉，两侧狭，淡血红色，边缘很宽，白色，干膜质；下位刚毛4条，其长明显超过小坚果，很淡锈色，略弯曲，不向外展开，具密的倒刺；柱头2。小坚果圆倒卵形，双凸状，长1mm、宽大致相同，淡黄色；花柱基为宽卵形，长为小坚果的1/3，宽约为小坚果的1/2，海绵质。花果期6～8月。

生境分布：民和。生于湖边或沼泽地，海拔2500～3200m。

栗花灯芯草

分　　类：木兰纲　禾本目　莎草科　灯芯草属

学　　名：*Juncus castaneus* Sm.

形态特征：多年生草本。高25～45cm。基部锈红色。须根多数，黑色。根状茎横走，黄色，节与节间明显。茎秆直立，圆柱形，光滑无毛，中空，下部包以革质芽苞叶，直径2～3mm，绿色。茎生叶，多生于秆中部以下，抱茎，具鞘，无叶耳，叶片内卷，先端部对折；基部叶较短，长5～30cm、宽3～4mm，表面光滑。头状花序由3～10个小花聚合而成，再由多数头状花序组成疏伞状复合花序；小花梗长约2mm；总苞片叶状，具锈红色膜质边缘，长10～15cm、宽于叶片；花被片6，膜质，披针形，栗褐色，长4～5mm；雄蕊6，短于花被片；子房卵圆锥形，淡黄色，花柱柱状，柱头3裂，裂片钻状扭曲，长约2mm。蒴果三棱状圆锥形，栗褐色，长于花被；种子椭圆形，两端具长的尾状附属物。花果期7～9月。

生境分布：平安、互助、乐都、民和、化隆、循化。生于山地湿草甸、沼泽地，海拔2200～4100m。

菵草

分　　类：木兰纲　禾本目　禾本科　菵草属
学　　名：*Beckmannia syzigachne* (Steud.) Fern.

形态特征：一年生。高 15～70cm。须根细软。秆直立，平滑无毛，具 2～4 节。叶鞘无毛，疏松，多长于节间；叶舌透明膜质，顶端钝圆，长 3～6mm；叶片扁平，两面粗糙或下面平滑，长 5～20cm、宽 3～8mm。圆锥花序狭窄，由多数贴生或斜生的穗状花序组成；分枝稀疏；小穗扁平，圆形，灰绿色，常含 1 小花，长约 3mm；颖草质，边缘质薄而白色，顶端钝或锐尖，背部灰绿色，具淡色的横纹，具 3 脉，中脉粗糙或具短刺毛；外稃披针形，背部平滑无毛，边缘白色膜质，顶端常具伸出颖外的短尖头，具 5 脉；内稃稍短于外稃，具 2 脊，边缘透明膜质；花药黄色，长约 1mm。颖果黄褐色，长圆形，长约 1.5mm。花果期 6～9 月。

生境分布：平安、互助、乐都、民和。生于水沟边、河滩、林缘、路边草丛，海拔 1800～3000m。

假苇拂子茅

分　　类：木兰纲　禾本目　禾本科　拂子茅属
学　　名：*Calamagrostis pseudophragmites* (Haller f.) Koeler.
别　　名：假苇子。

形态特征：多年生草本。秆直立，高 40～100cm、径 1.5～4mm。叶鞘平滑无毛，或稍粗糙，短于节间，有时在下部者长于节间；叶舌膜质，长 4～9mm，长圆形，顶端钝而易破碎；叶片长 10～30cm、宽 1.5～5mm，扁平或内卷，上面及边缘粗糙，下面平滑。圆锥花序长圆状披针形，疏松开展，长 10～20cm、宽 3～5cm，分枝簇生，直立，细弱，稍糙涩；小穗长 5～7mm，草黄色或紫色；颖线状披针形，成熟后张开，顶端长渐尖，不等长，第二颖较第一颖短 1/4～1/3，具 1 脉或第二颖具 3 脉，主脉粗糙；外稃透明膜质，长 3～4mm，具 3 脉，顶端全缘，稀微齿裂，芒自顶端或稍下伸出，细直，细弱，长 1～3mm，基盘的柔毛等长或稍短于小穗；内稃长为外稃的 1/3～2/3；雄蕊 3，花药长 1～2mm。花果期 7～9 月。

生境分布：互助、乐都、民和、循化。生于山坡草地或河岸阴湿之处，海拔 1700～2800m。

发草

分　　类：木兰纲　禾本目　禾本科　发草属
学　　名：*Deschampsia cespitosa* (Linn.) P. Beauv.
别　　名：深山米芒。

形态特征：多年生草本。高30～150cm。秆丛生，直立或基部膝曲，具2～3节。叶鞘无毛；叶舌膜质，顶端渐尖或二裂，长5～7mm；叶片常纵卷或扁平，长3～7cm，分蘖者长达20cm。圆锥花序疏松开展，常下垂，长10～20cm，分枝细弱，平滑或微粗糙，中部以下裸露，上部疏生少数小穗；小穗草绿色或褐紫色，含2小花，长4～4.5mm；小穗轴节间长约1mm，被柔毛；颖不等长，第一颖具1脉，长3.5～4.5mm，第二颖具3脉，稍长于第一颖；外稃顶端啮蚀状，基盘两侧的毛长达稃体的1/3，芒劲直，稍短于或略长于稃体，自稃体基部1/5～1/4处伸出；内稃等于或稍短于外稃；花药长约2mm。花果期7～9月。

生境分布：互助、乐都、民和、循化。生于高山草甸、灌丛、河滩地、林缘、路旁、田边、山坡草地，海拔2300～3500m。

箭竹

分　　类：木兰纲　禾本目　禾本科　箭竹属
学　　名：*Fargesia spathacea* Franch.
别　　名：法氏竹、华桔竹、龙头竹。

形态特征：多年生草本。秆丛生或近散生，直立，高1～3m、直径1.5～3mm；节间长15～18cm，圆筒形，无毛，纵向细肋不发达。枝条以5～17枝生于秆的每节，伸展，直径1～2mm，实心或几实心。箨鞘宿存或迟落，稍短于或近等长于节间，先端微作拱形，背面有时被棕色刺毛，纵向脉纹明显；箨耳无，鞘口通常无缘毛；箨舌截形，高约1mm；箨片外翻或秆之下部者直立，线状披针形，平直或秆下部箨者微内卷，宽约4mm，腹面基部被灰白色微毛。小枝具2～5叶；叶鞘长2～3cm，上部纵脊不明显；叶耳微小，紫色，边缘具4～7条长1～5mm的灰色向上的缘毛；叶舌截形或略呈圆拱形，无毛，高约1mm；叶柄长1～2mm；叶片线状披针形，两面均无毛，长3～10cm、宽3～10mm，次脉3～5对，小横脉略明显，叶缘一侧具小锯齿，另一侧近于平滑。

生境分布：民和、循化。生于山坡林下、林缘，海拔2300～2700m。

赖草

分　　类：木兰纲　禾本目　禾本科　赖草属
学　　名：*Leymus secalinus* (Georgi) Tzvelev.

形态特征：多年生草本。高40～100cm。具下伸和横走的根茎。秆单生或丛生，直立，具3～5节，光滑无毛或在花序下密被柔毛。叶鞘光滑无毛，或在幼嫩时边缘具纤毛；叶舌膜质，截平，长1～1.5mm；叶片长8～30cm、宽4～7mm，扁平或内卷，上面及边缘粗糙或具短柔毛，下面平滑或微粗糙。穗状花序直立，长10～15cm、宽10～17mm，灰绿色；穗轴被短柔毛，节与边缘被长柔毛，节间长3～7mm，基部者长达20mm；小穗通常2～3（稀1或4枚）生于每节，长10～20mm，含4～7朵小花；小穗轴节间长1～1.5mm，贴生短毛；颖短于小穗，线状披针形，先端狭窄如芒，不覆盖第一外稃的基部，具不明显的3脉，上半部粗糙，边缘具纤毛，第一颖短于第二颖，长8～15mm；外稃披针形，边缘膜质，先端渐尖或具长1～3mm的芒，背具5脉，被短柔毛或上半部无毛，基盘具长约1mm的柔毛，第一外稃长8～10mm；内稃与外稃等长，先端常微2裂，脊的上半部具纤毛；花药长3.5～4mm。花果期7～9月。

生境分布：平安、互助、乐都、民和、化隆、循化。生于山坡草地、河滩湖岸、林缘路旁，海拔1700～3300m。

臭草

分　　类：木兰纲　禾本目　禾本科　臭草属
学　　名：*Melica scabrosa* Trin.
别　　名：毛臭草。

形态特征：多年生草本。高20～90cm。须根细弱，较稠密。秆丛生，直立或基部膝曲，径1～3mm，基部密生分蘖。叶鞘闭合近鞘口，常撕裂，光滑或微粗糙，下部者长于而上部者短于节间；叶舌透明膜质，长1～3mm，顶端撕裂而两侧下延；叶片质较薄，扁平，干时常卷折，长6～15cm、宽2～7mm，两面粗糙或上面疏被柔毛。圆锥花序狭窄，长8～22cm、宽1～2cm；分枝直立或斜向上升，主枝长达5cm；小穗柄短，纤细，上部弯曲，被微毛；小穗淡绿色或乳白色，长5～8mm，含孕性小花2～4枚，顶端由数个不育外稃集成小球形；小穗轴节间长约1mm，光滑，颖膜质，狭披针形，两颖几等长，长4～8mm，具3～5脉，背面中脉常生微小纤毛；外稃草质，顶端尖或钝且为膜质，具7条隆起的脉，背面颖粒状粗糙，第一外稃长5～8mm；内稃短于外稃或相等，倒卵形，顶端钝，具2脊，脊上被微小纤毛；雄蕊3，花药长约1.3mm。颖果褐色，纺锤形，有光泽，长约1.5mm。花果期6～8月。

生境分布：互助、乐都、民和、化隆、循化。生于山坡、荒野、路旁，海拔1700～3600m。

芨芨草

分　　类：木兰纲　禾本目　禾本科　芨芨草属

学　　名：*Neotrinia splendens* (Trin.) M. Nobis, P. D. Gudkova & A. Nowakl.

形态特征：多年生草本。高50～250cm。植株具粗而坚韧外被砂套的须根。秆直立，坚硬，内具白色的髓，形成大的密丛，径3～5mm，节多聚于基部，具2～3节，平滑无毛，基部宿存枯萎的黄褐色叶鞘。叶鞘无毛，具膜质边缘；叶舌三角形或尖披针形，长5～10mm；叶片纵卷，质坚韧，长30～60cm、宽5～6mm，上面脉纹突起，微粗糙，下面光滑无毛。圆锥花序长15～60cm，开花时呈金字塔形开展，主轴平滑，或具角棱而微粗糙，分枝细弱，2～6枚簇生，平展或斜向上升，长8～17cm，基部裸露；小穗长4.5～7mm，灰绿色，基部带紫褐色，成熟后常变草黄色；颖膜质，披针形，顶端尖或锐尖，第一颖长4～5mm，具1脉，第二颖长6～7mm，具3脉；外稃长4～5mm，厚纸质，顶端具2微齿，背部密生柔毛，具5脉，基盘钝圆，具柔毛，长约0.5mm，芒自外稃齿间伸出，直立或微弯，粗糙，不扭转，长5～12mm，易断落；内稃长3～4mm，具2脉而无脊，脉间具柔毛；花药长2.5～3.5mm，顶端具毫毛。花果期6～9月。

生境分布：平安、互助、乐都、民和、化隆、循化。生于微碱性的草滩、石质山坡、干山坡、林缘草地、荒漠草原，海拔1700～3500m。

芦苇

分　　类：木兰纲　禾本目　禾本科　芦苇属

学　　名：*Phragmites australis* (Cav.) Trin. ex Steud.

形态特征：多年生草本。高1～3m。根状茎十分发达。秆直立，直径1～4cm，具20多节，基部和上部的节间较短，最长节间位于下部第4～6节，长20～25cm，节下被蜡粉。叶鞘下部者短于而上部者，长于其节间；叶舌边缘密生1圈长约1mm的短纤毛，两侧缘毛长3～5mm，易脱落；叶片披针状线形，长30cm、宽2cm，无毛，顶端长渐尖成丝形。圆锥花序大型，长20～40cm，宽约10cm，分枝多数，长5～20cm，着生稠密下垂的小穗；小穗柄长2～4mm，无毛；小穗长约12mm，含4花；颖具3脉，第一颖长4mm；第二颖长约7mm；第一不孕外稃雄性，长约12mm，第二外稃长11mm，具3脉，顶端长渐尖，基盘延长，两侧密生等长于外稃的丝状柔毛，与无毛的小穗轴相连接处具明显关节，成熟后易自关节上脱落；内稃长约3mm，两脊粗糙；雄蕊3，花药长1.5～2mm，黄色；颖果长约1.5mm。花果期7～9月。

生境分布：平安、互助、乐都、民和、循化。生于湖边、沼泽、沙地、河岸、田边等处，海拔1700～2100m。

维管植物门 TRACHEOPHYTA

狗尾草

分　　类：木兰纲　禾本目　禾本科　狗尾草属
学　　名：*Setaria viridis* (Linn.) Beauv

形态特征：一年生草本。高 10～100cm。根为须状，高大植株具支持根。秆直立或基部膝曲，基部径达 3～7mm。叶鞘松弛，无毛或疏具柔毛或疣毛，边缘具较长的密绵毛状纤毛；叶舌极短，缘有长 1～2mm 的纤毛；叶片扁平，长三角状狭披针形或线状披针形，先端长渐尖或渐尖，基部钝圆形，几呈截状或渐窄，长 4～30cm、宽 2～18mm，通常无毛或疏被疣毛，边缘粗糙。圆锥花序紧密呈圆柱状或基部稍疏离，直立或稍弯垂，主轴被较长柔毛，长 2～15cm、宽 4～13mm，刚毛长 4～12mm，粗糙或微粗糙，直或稍扭曲，通常绿色或褐黄色到紫红色或紫色；小穗 2～5 个簇生于主轴上或更多的小穗着生在短小枝上，椭圆形，先端钝，长 2～2.5mm，铅绿色；第一颖卵形、宽卵形，长约为小穗的 1/3，先端钝或稍尖，具 3 脉；第二颖几与小穗等长，椭圆形，具 5～7 脉；第一外稃与小穗第长，具 5～7 脉，先端钝，其内稃短小狭窄；第二外稃椭圆形，顶端钝，具细点状皱纹，边缘内卷，狭窄；鳞被楔形，顶端微凹；花柱基分离；叶上下表皮脉间均为微波纹或无波纹的、壁较薄的长细胞。花果期 7～9 月。

生境分布：平安、乐都、民和、化隆、循化。生于山坡、河滩、田边、路旁、水沟边、荒野，海拔 1700～3500m。

西北针茅

分　　类：木兰纲　禾本目　禾本科　针茅属

学　　名：*Stipa sareptana* var. *krylovii* (Roshev.) P. C. Kuo & Y. H. Sun

形态特征：多年生草本。高 40～60cm。须根稠密。秆丛生，直立，具 3～4 节，基部宿存枯萎的叶鞘。叶鞘平滑无毛；叶舌膜质，基生者顶端钝，长 1～2mm，秆生者披针形，长 5～7mm；叶片纵卷呈针状，质地柔韧光滑，秆生者长 10～20cm，基生者长为秆高的 1/2。圆锥花序基部为顶生叶鞘所包，长 10～20cm；分枝细弱，2～4 枚簇生；小穗草绿色或成熟时变为紫色；颖膜质，披针形，近等长，顶端细丝状，具 5 脉，长 2～2.5cm；外稃长 9～11mm，具 5 脉，顶端关节处生有 1 圈短毛，其下无刺毛，背部具贴生成纵行的短毛，基盘尖锐，密生柔毛，芒二回膝曲，光亮，长 10～15cm，芒柱扭转，芒针卷曲；内稃背部无毛；花药长 3～4.5mm。花果期 7～9 月。

生境分布：平安、互助、乐都、循化。生于干山坡、平滩地、河谷阶地、山前洪积扇、路边，海拔 2200～3600m。

小香蒲

分　　类：木兰纲　禾本目　香蒲科　香蒲属

学　　名：*Typha minima* Funck.

形态特征：多年沼生或水生草本。高16～65cm。根状茎姜黄色或黄褐色，先端乳白色；地上茎直立，细弱，矮小。叶通常基生，鞘状，无叶片，如叶片存在，长15～40cm、宽1～2mm，短于花莛，叶鞘边缘膜质，叶耳向上伸展，长0.5～1cm。雌雄花序远离，雄花序长3～8cm，花序轴无毛，基部具1枚叶状苞片，长4～6cm、宽4～6mm，花后脱落；雌花序长1.6～4.5cm，叶状苞片明显宽于叶片；雄花无被，雄蕊通常1枚单生，有时2～3枚合生，基部具短柄，长约0.5mm，向下渐宽，花药长1.5mm，花粉粒成四合体，纹饰颗粒状；雌花具小苞片；孕性雌花柱头条形，长约0.5mm，花柱长约0.5mm，子房长0.8～1mm，纺锤形，子房柄长约4mm，纤细；不孕雌花子房长1～1.3mm，倒圆锥形；白色丝状毛先端膨大呈圆形，着生于子房柄基部，或向上延伸，与不孕雌花及小苞片近等长，均短于柱头。小坚果椭圆形，纵裂，果皮膜质；种子黄褐色，椭圆形。花果期6～8月。

生境分布：民和、化隆。生于淡水池沼、湖泊和河边，海拔2000～2100m。

堆花小檗

分　　类：木兰纲　毛茛目　小檗科　小檗属
学　　名：Berberis aggregata C. K. Schneid.
形态特征：半常绿或落叶灌木。高 2～3m。老枝暗棕色，具棱槽，幼枝淡褐色，微被短柔毛，具稀疏黑色疣点；茎刺三分叉，长 8～15mm，淡黄色。叶近革质，倒卵状长圆形至倒卵形，长 8～25mm、宽 4～15mm，先端圆钝，具 1 刺尖头，基部楔形，上面暗黄绿色，中脉微凹陷或扁平，背面淡黄绿色或灰白色，中脉隆起，两面网脉显著，叶缘平展，每边具 2～8 刺齿，有时全缘；叶柄短或近无柄。短圆锥花序具 10～30 朵花，紧密，长 1～2.5cm，近无总梗；花梗长 1～3mm；苞片稍长于花梗；花淡黄色；小苞片卵形，先端急尖，长约 1mm；萼片 2 轮，外萼片长约 2.5mm、宽约 1.8mm，内萼片长约 3.5mm、宽约 2.5mm，两者均为椭圆形；花瓣倒卵形，长约 3.5mm、宽约 2mm，先端缺裂，基部缢缩呈爪，具 2 枚长圆形腺体；雄蕊长 2～2.5mm，药隔延伸，先端钝；胚珠 2 枚，近无柄。浆果近球形或卵球形，长 6～7mm，红色，顶端具明显宿存花柱，不被白粉。花期 5～6 月，果期 7～9 月。

生境分布：互助、循化。生于阳坡、山谷灌丛，海拔 2000～2600m。

直穗小檗

分　　类：木兰纲　毛茛目　小檗科　小檗属

学　　名：*Berberis dasystachya* Maxim.

形态特征：落叶灌木。高约 2m。幼枝常带红色，老枝灰黄色，有稀疏细小疣状突起；刺有时单生，长 5～12mm，与枝同色，或无刺。叶纸质，近圆形、矩圆形或宽椭圆形，长 3～6cm、宽 2.5～4cm，顶端圆形或钝形，基部圆形，边缘有 25～50 刺状细锯齿，刺长约 1mm，齿距约 1.5mm，两面网脉明显，上面暗黄绿色，下面亮黄绿色，无白粉；叶柄通常长 2～3cm。总状花序有花 15～30 朵，连总花梗长 3.5～6cm；花黄色，直径 5～6mm；花梗长 4～7mm；萼片 2 轮排列；花瓣倒卵形，全缘，长 3mm、宽 2mm；子房有 1～2 胚珠。果序直立，浆果椭圆形，长 6～7mm、直径约 5mm，红色，无白粉。花期 4～6 月，果期 6～9 月。

生境分布：平安、互助、乐都、民和、化隆、循化。生于山坡灌丛、杨树林下、河边、河谷，海拔 1800～3800m。

鲜黄小檗

分　　类：木兰纲　毛茛目　小檗科　小檗属
学　　名：*Berberis diaphana* Maxim.
别　　名：黄花刺、三颗针、黄檗。

形态特征：落叶灌木。高1～2m。幼枝绿色，老枝灰黄色，有槽及疣状突起。刺三分叉，粗壮，长1～2cm，与枝同色。叶倒卵形或矩圆状倒卵形，长16～40mm、宽5～16mm，边缘有4～12刺状细锯齿，刺长0.5～1mm、齿距3～6mm，上面暗灰绿色，网脉隆起，下面淡绿色，有白粉；叶柄长1～3mm。花2～5朵簇生，或成近总状花序；花梗长12～22mm；萼片排列成2轮，长约8mm；花瓣卵状椭圆形，长约7mm、宽5.5mm，先端急尖，顶端锐裂；雄蕊长4.5mm，略呈截形；子房有6～10胚珠。浆果卵状矩圆形，长10～12mm、直径6～7mm，鲜红色或淡红色，顶端有宿存短花柱。花期5～6月，果期7～9月。

生境分布：平安、互助、乐都、民和、化隆、循化。生于河谷、山坡、林中，海拔2300～3900m。

变刺小檗

分　　类：木兰纲　毛茛目　小檗科　小檗属

学　　名：*Berberis mouillacana* C. K. Schneider.

形态特征：落叶灌木。高 1.5～3m。老枝暗灰色，具棱槽，幼枝有时带红色，无疣点。茎刺单一，圆柱形，有时缺如或三分叉，淡黄色，长 3～18mm。叶纸质，倒卵形或长圆状倒卵形，长 1～6cm、宽 5～35mm，先端圆钝，基部楔形，上面亮绿色，中脉扁平或微凹陷，侧脉和网脉不显，背面绿色，不被白粉，无乳突，中脉微隆起，侧脉和网脉明显，叶缘平展，全缘，偶有 1～8 不明显细刺齿；叶柄长 2～5mm 或近无柄。通常总状花序，或基部有数花簇生或偶有伞状总状花序，具 4～12 朵花，长 2～5cm；花梗长 3～15mm，无毛；花黄色；小苞片披针形，长约 3mm、宽约 1mm，先端渐尖；萼片 2 轮，外萼片狭椭圆形，长 4～4.5mm、宽 2～2.2mm，内萼片椭圆形，长 6～6.5mm、宽 3～3.5mm；花瓣宽椭圆形，长约 4.5mm、宽约 3mm，先端缺裂，基部具 2 枚分离腺体；雄蕊长约 3mm，药隔先端平截；胚珠 2～4 枚浆果卵状椭圆形，长 9～10mm、直径 5～6mm，顶端具宿存花柱，不被白粉。花期 5～6 月，果期 7～8 月。

生境分布：平安。生于河滩、云杉林下、灌丛中、林缘、山坡路旁、林中，海拔 2600～2800m。

细叶小檗

分　　类：木兰纲　毛茛目　小檗科　小檗属

学　　名：*Berberis poiretii* Schneid.

形态特征：落叶灌木。高 1～2m。老枝灰黄色，幼枝紫褐色，生黑色疣点，具条棱。茎刺缺或单一，有时三分叉，长 4～9mm。叶纸质，倒披针形至狭倒披针形，偶披针状匙形，长 1.5～4cm、宽 5～10mm，先端渐尖或急尖，具小尖头，基部渐狭，上面深绿色，中脉凹陷，背面淡绿色或灰绿色，中脉隆起，侧脉和网脉明显，两面无毛，叶缘平展，全缘，偶中上部边缘具数枚细小刺齿；近无柄。穗状总状花序具 8～15 朵花，长 3～6cm，包括总梗长 1～2cm，常下垂；花梗长 3～6mm，无毛；花黄色；苞片条形，长 2～3mm；小苞片 2，披针形，长 1.8～2mm；萼片 2 轮，外萼片椭圆形或长圆状卵形，长约 2mm、宽 1.3～1.5mm，内萼片长圆状椭圆形，长约 3mm、宽约 2mm；花瓣倒卵形或椭圆形，长约 3mm、宽约 1.5mm，先端锐裂，基部微部缩，略呈爪，具 2 枚分离腺体；雄蕊长约 2mm，药隔先端不延伸，平截；胚珠通常单生，有时 2 枚。浆果长圆形，红色，长约 9mm、直径 4～5mm，顶端无宿存花柱，不被白粉。花期 5～6 月，果期 7～9 月。

生境分布：互助、民和、循化。生于山坡、河岸、林下，海拔 1700～2500m。

匙叶小檗

分　　类：木兰纲　毛茛目　小檗科　小檗属
学　　名：*Berberis vernae* Schneid.
别　　名：西北小檗。

形态特征：落叶灌木。高 0.5～1.5m。老枝暗灰色，细弱，具条棱，无毛，散生黑色疣点；幼枝常带紫红色。茎刺粗壮，单生，淡黄色，长 1～3cm。叶纸质，倒披针形或匙状倒披针形，长 1～5cm、宽 0.3～1cm，先端圆钝，基部渐狭，上面亮暗绿色，中脉扁平，侧脉微显，背面淡绿色，中脉和侧脉微隆起，两面网脉显著，无毛，不被白粉，也无乳突，叶缘平展，全缘，偶具 1～3 刺齿；叶柄长 2～6mm，无毛。穗状总状花序具 15～35 朵花，长 2～4cm，包括总梗长 5～10mm，无毛；花梗长 1.5～4mm，无毛；苞片披针形，短于花梗，长约 1.3mm；小苞片披针形，长约 1mm，常红色；萼片 2 轮，外萼片卵形，长 1.5～2.1mm、宽约 1mm，先端急尖，内萼片倒卵形，长 2.5～3mm、宽 1.5～2mm；花黄色，花瓣倒卵状椭圆形，长 1.8～2mm、宽约 1.2mm，先端近急尖，全缘，基部缢缩略呈爪状，具 2 枚分离腺体；雄蕊长约 1.5mm，药隔先端不延伸，平截；胚珠 1～2 枚，近无柄。浆果长圆形，淡红色，长 4～5mm，顶端不具宿存花柱，不被白粉。花期 5～6 月，果期 8～9 月。

生境分布：互助、乐都、民和。生于河漫滩、山麓、沟谷、河谷灌丛，海拔 2200～3500m。

南方山荷叶

分　　类：木兰纲　毛茛目　小檗科　山荷叶属
学　　名：*Diphylleia sinensis* H. L. Li.
形态特征：多年生草本。高 40～80cm。下部叶柄长 7～20cm，上部叶柄长 6～13cm 长；叶片盾状着生，肾形或肾状圆形至横向长圆形，下部叶片长 19～40cm、宽 20～46cm，上部叶片长 6.5～31cm、宽 19～42cm，呈 2 半裂，每半裂具 3～6 浅裂或波状，边缘具不规则锯齿，齿端具尖头，上面疏被柔毛或近无毛，背面被柔毛。聚伞花序顶生，具花 10～20 朵，分枝或不分枝，花序轴和花梗被短柔毛；花梗长 0.4～3.7cm；外轮萼片披针形至线状披针形，长 2.3～3.5mm、宽 0.7～1.2mm，内轮萼片宽椭圆形至近圆形，长 4～4.5mm、宽 3.8～4mm；外轮花瓣狭倒卵形至阔倒卵形，长 5～8mm、宽 2.5～5mm；内轮花瓣狭椭圆形至狭倒卵形，长 5.5～8mm、宽 2.5～3.5mm，雄蕊长约 4mm；花丝扁平，长 1.7～2mm，花药长约 2mm；子房椭圆形，长 3～4mm，胚珠 5～11 枚，花柱极短，柱头盘状。浆果球形或阔椭圆形，长 10～15mm、直径 6～10mm，熟后蓝黑色，微被白粉，果梗淡红色。种子 4，通常三角形或肾形，红褐色。花期 5～6 月，果期 7～8 月。

生境分布：循化。生于林缘、林下，海拔 2400～2600m。

淫羊藿

分　　类：木兰纲　毛茛目　小檗科　淫羊藿属
学　　名：*Epimedium brevicornu* Maxim.
别　　名：短角淫羊藿。
形态特征：多年生草本。高20～60cm。根状茎粗短，木质化，暗棕褐色。二回三出复叶基生和茎生，具9枚小叶；基生叶1～3枚丛生，具长柄，茎生叶2枚，对生；小叶纸质或厚纸质，卵形或阔卵形，长3～7cm、宽2.5～6cm，先端急尖或短渐尖，基部深心形，顶生小叶基部裂片圆形，近等大，侧生小叶基部裂片稍偏斜，急尖或圆形，上面常有光泽，网脉显著，背面苍白色，光滑或疏生少数柔毛，基出7脉，叶缘具刺齿。花茎具2枚对生叶，圆锥花序长10～35cm，具20～50朵花，序轴及花梗被腺毛；花梗长5～20mm；花白色或淡黄色；萼片2轮，外萼片卵状三角形，暗绿色，长1～3mm，内萼片披针形，白色或淡黄色，长约10mm、宽约4mm；花瓣远较内萼片短，距呈圆锥状，长仅2～3mm，瓣片很小；雄蕊长3～4mm，伸出，花药长约2mm，瓣裂。蒴果长约1cm，宿存花柱喙状，长2～3mm。花期5～6月，果期6～8月。

生境分布：民和、循化。生于灌丛下、林下，海拔2200～2500m。

桃儿七

分　　类：木兰纲　毛茛目　小檗科　桃儿七属
学　　名：*Sinopodophyllum hexandrum* (Royle) Ying
别　　名：鬼臼。
形态特征：多年生草本。高 40～80cm。根状茎粗壮，横走，通常多少结节状；不定根多数，长 30cm 以上，直径 2～3mm，红褐色或淡褐色。茎直立，基部具抱茎的鳞片，上部有 2～3 叶。叶具长达 30cm 的柄；叶片轮廓心脏形，长 13～20cm、宽 16～30cm，3 或 5 深裂几达基部，顶生裂片 3 浅裂，侧生裂片 2 中裂，小裂片先端渐尖，边缘具尖锯齿，下面被柔毛。花两性，6 基数，单生茎端，先叶开放；萼片早落；花瓣粉红色，倒卵状长圆形，外轮大，内轮较小；雄蕊长约 9mm，花药线形，长约 4mm，具四合花粉；子房 1 室，生多数胚珠。浆果卵圆形，熟时红色，长 5.5～6.5cm、直径约 3.5cm；种子多数。
生境分布：平安、互助、乐都、民和、循化。生于山坡、灌丛、阴坡林下，海拔 2600～3600m。
保护级别：列入《国家重点保护野生植物名录》二级。

星叶草

分　　类：木兰纲　毛茛目　星叶草科　星叶草属
学　　名：*Circaeaster agrestis* Maxim.

形态特征：一年生小草本。高 3～10cm。根直伸，支根纤细。茎细弱，叶簇生于茎顶；子叶线形或披针状线形，长 4～11mm，宽 0.6～2mm，无毛；叶纸质，菱状倒卵形、匙形或楔形，长 3.5～23mm、宽 1～11mm，边缘上部有小齿，齿端有刺状短尖，下面粉绿色；叶脉二叉状分枝。花小，两性，单生于叶腋；萼片 2～3，狭卵形，先端急尖，宿存；花瓣缺；雄蕊 1～3，与萼片互生，高出于萼片，花丝线形，花药 2 室，内向；心皮 1～3，分离，子房上位，长圆形，稍偏斜，1 室，有一下垂胚珠，无花柱，柱头近椭圆球形。瘦果近纺锤形或狭长圆形，长 2.5～5mm，通常具钩状毛；种子含丰富胚乳。花期 4～6 月。

生境分布：平安、互助、乐都、民和、循化。生于灌丛、林下、石隙，海拔 2500～3600m。

白屈菜

分　　类：木兰纲　毛茛目　罂粟科　白屈菜属
学　　名：*Chelidonium majus* Linn.
别　　名：山黄连。
形态特征：多年生草本。高 30～60cm。茎有黄色汁液，分枝，无毛或被短柔毛。叶互生，长达 15cm，羽状全裂，裂片 2～3 对，不规则再深裂，深裂边缘有不整齐缺刻，上面近无毛，下面疏生短柔毛，带粉白色。花数朵，近伞状排列；苞片小，卵形，长约 1.5mm；花梗长达 4.5cm；萼片 2，早落；花瓣 4，黄色，倒卵形；雄蕊多数；子房条形，无毛。蒴果条状圆筒形，有 2 瓣，由下向上开裂，1 室，长达 3.6cm、宽约 3mm；种子卵球形，长约 2mm，生网纹，有光泽。花期 4～7 月，果期 5～8 月。

生境分布：互助。生于林下、林缘，海拔 2200～2700m。

维管植物门 TRACHEOPHYTA

红花紫堇

分　　类：木兰纲　毛茛目　罂粟科　紫堇属
学　　名：*Corydalis livida* Maxim.
别　　名：二色紫堇。
形态特征：多年生草本。高35～60cm。主根多少扭曲。根茎粗壮，盖以残枯的叶基。茎数条，劲直，上部具分枝和叶，下部裸露。基生叶数枚，具长7～9cm的叶柄，基部扩大成鞘，叶片轮廓狭长卵形或披针形，长9～14cm，三回羽状分裂；茎生叶数枚，疏离互生，下部者具短柄，上部者近无柄，其他同基生叶，但较小。总状花序长4～8cm，10～20花；苞片最下部者同上部茎生叶，其他楔状卵形，顶端骤然渐尖，全缘；花梗近等于苞片；花紫红色；萼片鳞片状；上花瓣长2～2.3cm，无鸡冠状突起，距圆筒形，末端增粗，略下弯，占整个花瓣长度的3/5，下花瓣基部略呈囊状；雄蕊长0.8～0.9cm；子房线形，长0.5～0.8cm。蒴果线形，长1.2～1.5cm，具种子4～6。
生境分布：互助、乐都、民和、化隆、循化。生于林下、高山砾石带、阴坡灌丛中、碎石带，海拔2500～3800m。

蛇果黄堇

分　　类：木兰纲　毛茛目　罂粟科　紫堇属
学　　名：*Corydalis ophiocarpa* Hook. f. & Thomson
别　　名：弯果黄堇、断肠草、小前胡、扭果黄堇。
形态特征：二年生灰绿色草本。高 30～120cm。具主根。茎分枝，具叶。枝条花葶状，与叶对生。基生叶多数，长 10～50cm，叶柄约与叶片等长；叶片轮廓长圆形，二回羽状全裂，末回羽片椭圆形、斜卵圆形或长圆形，3～5 裂，裂片披针形，长 3～10mm、宽 1～5mm；茎生叶与基生叶同形，叶柄具膜质翅。总状花序长 10～30cm，多花；苞片线状披针形，长约 5mm；花梗长 5～7mm；萼片小，近圆形，具齿和短尖，常早落；花黄色或苍白色，长 9～12mm，上花瓣渐尖，距短囊状，多少上升，约占花瓣全长的 1/3 或 1/4；柱头浅而宽展，具 4 乳突，顶生 2 枚呈广角状叉分，侧生 2 枚先下弯，后弧形上升。蒴果线形，长 1.5～2.5cm，蛇形弯曲。花果期 5～7 月。

生境分布：互助、循化。生于河滩、河边石隙，海拔 2300～3700m。

黄堇

分　　类：木兰纲　毛茛目　罂粟科　紫堇属
学　　名：*Corydalis pallida* (Thunb.) Pers.
别　　名：山黄堇、珠果黄堇、黄花地丁。

形态特征：灰绿色丛生草本。高20～60cm。茎生叶稍密集，下部的具柄，上部的近无柄，上面绿色，下面苍白色，二回羽状全裂，一回羽片4～6对，具短柄至无柄，二回羽片无柄，卵圆形至长圆形，顶生的较大，长1.5～2cm、宽1.2～1.5cm，3深裂，裂片边缘具圆齿状裂片，裂片顶端圆钝，近具短尖，侧生的较小，常具4～5圆齿。总状花顶生和腋生，有时对叶生，长约5cm，疏具多花和或长或短的花序轴；苞片披针形至长圆形，具短尖，约与花梗等长；花梗长4～7mm；花黄色至淡黄色，较粗大，平展；萼片近圆形，中央着生，直径约1mm，边缘具齿；外花瓣顶端勺状，具短尖，无鸡冠状突起，或仅上花瓣具浅鸡冠状突起；上花瓣长1.7～2.3cm；距约占花瓣全长的1/3，背部平直，腹部下垂，稍下弯；蜜腺体约占距长的2/3，末端钩状弯曲；下花瓣长约1.4cm；内花瓣长约1.3cm，具鸡冠状突起，爪约与瓣片等长；雄蕊束披针形；子房线形；柱头具横向伸出的2臂，各枝顶端具3乳突。蒴果线形，念珠状，长2～4cm、宽约2mm，斜伸至下垂，具1列种子，种子黑亮，直径约2mm，表面密具圆锥状突起，中部较低平；种阜帽状，约包裹种子的1/2。

生境分布：民和。生于林缘、河岸或多石坡地，海拔2200～2400m。

直茎黄堇

分　　类：木兰纲　毛茛目　罂粟科　紫堇属
学　　名：*Corydalis stricta* Stephan ex Fisch.
别　　名：直立紫堇、直茎紫堇、劲直黄堇。
形态特征：多年生草本。具粗根。高 25～36cm。茎粗 2～5mm，有白粉，具纵棱，生多数叶。茎下部叶长达 15cm，具长柄；叶片有白粉，轮廓狭卵形或矩圆形，长达 8.5cm，二回羽状全裂，一回裂片轮廓宽卵形，约 4 对，具短柄，二回裂片狭倒卵形或斜菱形，浅裂或不裂。总状花序长 4～7cm，具密集的花；苞片披针状条形，比花梗长；萼片小，卵形；花瓣黄色，上面花瓣长 1.3～1.6cm，距短，长约 2.5mm，末端圆形。蒴果狭椭圆形，长约 2cm、宽约 3.5mm；种子扁球形，直径约 2mm，光滑。
生境分布：互助、化隆。生于山坡草地、阴坡、沙地、岩石缝隙，海拔 3200～3800m。

唐古特延胡索

分　　类：木兰纲　毛茛目　罂粟科　紫堇属
学　　名：*Corydalis tangutica* Peshkova.
形态特征：多年生草本。高5～10cm。块茎小，长5～7mm、宽4～5mm，圆锥形或圆球形，基部2浅裂。茎下部较短，具2～3枚鳞片，鳞片以上具2～4叶，不分枝或具少数腋生枝。叶具长柄，基部鞘状宽展，具3小叶或3深裂，叶质较薄。总状花序具2～3花和长的花序轴，不高出叶；苞片倒卵圆形或卵圆形，长5～10mm、宽3～6mm，约与花梗等长或较长；花淡蓝色或紫红色，俯垂，稀近平展，长1.5～1.6cm，距较细长，约长于瓣片1.5倍，末端弯曲，多少呈"S"形；下花瓣基部常具明显的浅囊；柱头扁四方形，顶端具4乳突。蒴果椭圆形，长5～10mm、宽5mm。花果期5～7月。
生境分布：互助。生于高山砾石带、山坡草地、灌丛，海拔3000～4300m。

天祝黄堇

分　　类：木兰纲　毛茛目　罂粟科　紫堇属

学　　名：*Corydalis tianzhuensis* M. S. Yang et C. J. Wang.

形态特征：多年生草本。高5～10cm。块茎圆球形，直径6～10mm，不分裂或基部2裂。茎中部以下具2～3鳞片，中部以上具2～3枚密集的叶，分枝。叶具长柄，基部鞘状宽展，叶片较厚，肉质，苍白色，干时多少具皱缩的纹理，三出，小叶无柄或顶生的具短柄，3深裂，裂片再3浅裂，末回裂片圆钝或近具短尖。总状花序不高出叶，具2～5花；花序轴长1.5～2cm；苞片倒卵形至卵圆形，长5～10mm、宽4～5mm；花梗直立，长3～6mm；萼片小，长约1mm；花黄色，近平展，外花瓣较宽展，顶端近急尖，无鸡冠状突起，上花瓣长约1.7cm，距近漏斗状，向后稍变狭，长1～1.1cm，蜜腺体约与距等长，末端不增粗，常弯曲，下花瓣长约7mm，瓣片内侧紫黑色；子房卵圆形，具2列胚珠，花柱长约1.5mm；柱头近圆形或倒三角形，顶端微凹，具4乳突。

生境分布：平安、互助、乐都。生于山坡林下、山坡草甸、流石滩地，海拔2500～3800m。

秃疮花

分　　类：木兰纲　毛茛目　罂粟科　秃疮花属
学　　名：*Dicranostigma leptopodum* (Maxim.) Fedde.
别　　名：秃子花、勒马回。
形态特征：二年生或多年生草本。植物体含淡黄色汁液。茎2～5条，高达25cm，疏生短柔毛，上部分枝。基生叶多数，长达18cm；叶片下面有白粉，轮廓倒披针形，长达12.5cm、宽达5cm，羽状全裂，裂片斜倒梯形，羽状浅裂或深裂，二回裂片疏生小齿。茎生叶长达2cm，无柄，羽状全裂。花1～3朵生茎或分枝上部，排列成聚伞花序；萼片2，早落；花瓣4，黄色，倒卵形，长约1.5cm；雄蕊多数。蒴果细圆筒形，长4～5cm，粗约4mm。
生境分布：化隆。生于林边，海拔3100～3400m。

川西绿绒蒿

分　　类：木兰纲　毛茛目　罂粟科　绿绒蒿属

学　　名：*Meconopsis henrici* Bur. & Franch.

形态特征：一年生草本。主根短而肥厚，圆锥形，长4～6cm、粗约1cm。叶全部基生，叶片倒披针形或长圆状倒披针形，长3～8cm，宽0.5～1.5cm，先端钝或圆，基部渐狭而入叶柄，边缘全缘或波状，稀具疏锯齿，两面被黄褐色、卷曲的硬毛；叶柄线形，长2～6cm。花葶高15～20cm，被黄褐色平展、反曲或卷曲的硬毛。花单生于基生花葶上；花芽宽卵形，长约1cm、宽约1.5cm；萼片边缘薄膜质，外面被黄褐色、卷曲的硬毛；花瓣5～9，深蓝紫色或紫色，卵形或倒卵形，长4～5cm、宽2～3.8cm，先端圆或钝；花丝上部1/3丝状，下部2/3渐宽成条形，长约1.5cm，与花瓣同色或白色，花药长约1mm，橘红色或浅黄色；子房卵珠形或近球形，长约5mm，密被黄褐色紧贴的硬毛，花柱长约5mm，柱头长5～8mm，裂片分离或连合成棒状，直或扭转。蒴果椭圆状长圆形或狭倒卵珠形，长约2cm，疏被硬毛，4～6瓣自顶端微裂；种子镰状长圆形，种皮具纵条纹或浅凹痕。花果期6～9月。

生境分布：互助、循化。生于高山灌丛下，海拔3200～4400m。

维管植物门 TRACHEOPHYTA

多刺绿绒蒿

分　　类：木兰纲　毛茛目　罂粟科　绿绒蒿属
学　　名：*Meconopsis horridula* Hook. f. & Thoms.
别　　名：喜马拉雅蓝罂粟。
形态特征：一年生草本。全株被黄褐色或淡黄色、坚硬而平展的刺，刺长0.5～1cm。主根肥厚而延长，圆柱形，长达20cm或更多，上部粗1～1.5cm，果时达2cm。叶全部基生，叶片披针形，长5～12cm、宽约1cm，先端钝或急尖，基部渐狭而入叶柄，边缘全缘或波状，两面被黄褐色或淡黄色平展的刺；叶柄长0.5～3cm。花葶5～12或更多，长10～20cm，坚硬，绿色或蓝灰色，密被黄褐色平展的刺，有时花葶基部合生；花单生于花葶上，半下垂，直径2.5～4cm；花芽近球形，直径约1cm或更大，萼片外面被刺；花瓣5～8，有时4，宽倒卵形，长1.2～2cm、宽约1cm，蓝紫色；花丝丝状，长约1cm，色比花瓣深，花药长圆形，稍旋扭；子房圆锥状，被黄褐色平伸或斜展的刺，花柱长6～7mm，柱头圆锥状。蒴果倒卵形或椭圆状长圆形，稀宽卵形，长1.2～2.5cm，被锈色或黄褐色、平展或反曲的刺，刺基部增粗，通常3～5瓣自顶端开裂至全长的1/4～1/3；种子肾形，种皮具窗格状网纹。花果期6～9月。

生境分布：互助、乐都、循化。生于山坡、高山砾石带、高山倒石堆、河滩，海拔3700～4100m。

全缘叶绿绒蒿

分　　类：木兰纲　毛茛目　罂粟科　绿绒蒿属
学　　名：*Meconopsis integrifolia* (Maxim.) Franch.
别　　名：黄牡丹、毛瓣绿绒蒿。

形态特征：一年生草本。高25～90cm。茎粗0.6～1.5cm，生棕色长柔毛。基生叶多数，长达30cm、宽达4cm，叶片倒披针形或倒卵形，顶端急尖或钝，基部渐狭成长柄，具3～5条主脉；茎上部叶无柄，披针形或倒披针形，最上部数枚近轮生。花通常1朵生茎顶端，其他3～4朵生茎上部叶腋部；花瓣6～10，黄色，倒卵形，长达6cm；雄蕊多数，长约2cm，花药矩圆形，长约4mm，花丝狭条形；子房卵形，密生黄色糙毛，花柱短或较长，柱头头形。花期5～11月。

生境分布：互助、乐都、循化。生于高山草甸、阳坡草甸，海拔3200～4100m。

维管植物门 TRACHEOPHYTA

红花绿绒蒿

分　　类：木兰纲　毛茛目　罂粟科　绿绒蒿属

学　　名：*Meconopsis punicea* Maxim.

形态特征：多年生草本。高 30～75cm，基部覆以宿存枯叶柄，其上密被淡黄色或棕褐色、具多数短分枝的刚毛。须根纤维状。叶全部基生，莲座状，叶片倒披针形或狭倒卵形，长 3～18cm、宽 1～4cm，先端急尖，基部渐狭，下延至叶柄，全缘，两面密被淡黄色或棕褐色、具多数短分枝的刚毛，明显具数条纵脉；叶柄长 6～34cm，基部略扩大成鞘。花葶 1～6，从莲座叶丛中生出，通常具肋，被棕黄色、具分枝且反折的刚毛；花单生于花葶上，下垂，花芽卵形；萼片卵形，长 1.5～4cm，外面密被淡黄色或棕褐色；具分枝的刚毛；花瓣 4，有时 6，深红色至红色，偶有白色或浅红色，有光泽，椭圆形，长 3～10cm、宽 1.5～5cm，先端急尖或圆；花丝条形，长 1～3cm，宽 2～2.5mm，扁平，粉红色，花药长圆形，长 3～4mm，黄色；子房宽长圆形或卵形，长 1～3cm，密被淡黄色、具分枝的刚毛，花柱极短，柱头 4～6 圆裂。蒴果椭圆状长圆形，长 1.8～2.5cm，径 1～1.3cm，无毛或密被淡黄色、具分枝的刚毛，4～6 瓣自顶端微裂；种子密具乳突。花果期 6～9 月。

生境分布：互助、循化。生于山坡草地、高山灌丛、草甸，海拔 3300～3800m。

保护级别：列入 2021 年《国家重点保护野生植物名录》二级。

五脉绿绒蒿

分　　类：木兰纲　毛茛目　罂粟科　绿绒蒿属
学　　名：*Meconopsis quintuplinervia* Regel.
别　　名：野毛金莲、毛叶兔耳风。
形态特征：多年生草本。高30～50cm。基部盖以宿存的叶基，其上密被淡黄色或棕褐色且具密短分枝的硬毛。主根不明显，呈须根状。叶均基生，呈莲座状；叶片倒卵形至披针形，长2～9cm，宽1～3cm，全缘，两面密被淡黄色或棕褐色硬毛；叶柄长3～6cm。花莛1～3；被黄棕色具密短分枝、反折的硬毛；花下垂，单生于花莛上；花瓣4～6，淡蓝色或紫色，倒卵形或近圆形，长3～4cm、宽2.5～3.7cm；花丝丝状；子房近球形、卵球形或长圆形，密被棕黄色或淡黄色具分枝的刚毛。蒴果椭圆形或长圆状椭圆形，长1.5～2.5cm，密被棕黄色紧贴的硬毛。花果期6～9月。
生境分布：互助、乐都、民和、循化。生于山坡草地、阴坡草地、阴坡高山草甸、灌丛，海拔2500～4000m。

青海绿绒蒿

分　　类：木兰纲　毛茛目　罂粟科　绿绒蒿属
学　　名：*Meconopsis xcookei* G. Taylor.
形态特征：多年生草本植物。高 20～50cm。叶全部基生，长达 15cm、宽 2cm。叶片多少被粗刚毛，椭圆至倒披针形，全缘，具 3 条纵脉，向叶柄基部渐狭，顶端急尖。花莛长达 39cm，被柔软反折的刚毛；花瓣 4，卵形，下垂，长达 5cm，最宽处达 3.8cm，粉红色至宝石红色。花果期 7～8 月。
生境分布：循化。生于山坡灌丛，海拔 3500～3600m。

川鄂乌头

分　　类：木兰纲　毛茛目　毛茛科　乌头属
学　　名：*Aconitum henryi* E. Pritz.
别　　名：松潘乌头、白花松潘乌头、陕西乌头。

形态特征：多年生草本。块根胡萝卜形或倒圆锥形，长1.5～3.8cm。茎缠绕，分枝。茎中部叶有短或稍长柄；叶片坚纸质，卵状五角形，长4～10cm，宽6.5～12cm，3全裂，中央全裂片披针形或菱状披针形，渐尖，边缘疏生或稍密生钝牙齿，两面无毛，或表面疏被紧贴的短柔毛；叶柄长为叶片的1/3～2/3，无毛。花序有3～6朵花，轴和花梗无毛或有极稀疏的反曲短柔毛；苞片线形；花梗长1.8～3.5cm；小苞片生花梗中部，线状钻形，长3.5～6.5mm；萼片蓝色，外面疏被短柔毛或几无毛，上萼片高盔形，高2～2.5cm、中部粗6～9mm、下缘长1.4～1.9cm，稍凹，外缘垂直，在中部或中部之下稍缢缩，继向外下方斜展，与下缘形成尖喙，侧萼片长1.3～1.8cm；花瓣无毛，唇长约8mm，微凹，距长4～5mm，向内弯曲；雄蕊无毛，花丝全缘；心皮3，无毛或子房疏被短柔毛。花期8～9月。

生境分布：互助、乐都、民和、循化。生于山地草地中，海拔2400～2600m。

高乌头

分　　类：木兰纲　毛茛目　毛茛科　乌头属
学　　名：*Aconitum sinomontanum* Nakai.
别　　名：七连环、龙蹄叶、九连环、篾衣七、花花七、龙骨七。

形态特征：多年生草本。高60～150cm。中部以下几无毛，上部近花序处被反曲的短柔毛，生4～6枚叶。基生叶1枚，与茎下部叶具长柄；叶片肾形或圆肾形，长12～14.5cm、宽20～28cm，基部宽心形，3深裂约至本身长度的6/7处，中深裂片较小，楔状狭菱形，渐尖，3裂边缘有不整齐的三角形锐齿，侧深裂片斜扇形，不等3裂稍超过中部，两面疏被短柔毛或变无毛；叶柄长30～50cm，具浅纵沟，几无毛。总状花序长20～50cm，具密集的花；轴及花梗多少密被紧贴的短柔毛；苞片比花梗长，下部苞片叶状，其他的苞片不分裂，线形，长0.7～1.8cm；下部花梗长2～5.5cm，中部以上的长0.5～1.4cm；小苞片通常生花梗中部，狭线形，长3～9mm；萼片蓝紫色或淡紫色，外面密被短曲柔毛，上萼片圆筒形，高1.6～3cm、粗4～9mm，外缘在中部之下稍缢缩，下缘长1.1～1.5cm；花瓣无毛，长达2cm，唇舌形，长约3.5mm，距长约6.5mm，向后拳卷；雄蕊无毛，花丝大多具1～2枚小齿；心皮3。蓇葖果长1.1～1.7cm；种子倒卵形，具3条棱，长约3mm，褐色，密生横狭翅。花期6～9月。

生境分布：平安、互助、乐都、民和、化隆、循化。生于灌丛、山坡、岩石下，海拔2200～3700m。

类叶升麻

分　　类：木兰纲　毛茛目　毛茛科　类叶升麻属

学　　名：*Actaea asiatica* Hara.

形态特征：多年生草本。高 30～80cm。根状茎横走，外皮黑褐色，生多数细长的根。茎圆柱形，粗 4～9mm，微具纵棱，下部无毛，中部以上被白色短柔毛，不分枝。叶 2～3 枚，茎下部的叶为三回三出近羽状复叶，具长柄，叶片三角形，宽达 27cm，顶生小叶卵形至宽卵状菱形，长 4～8.5cm、宽 3～8cm，三裂边缘有锐锯齿，侧生小叶卵形至斜卵形，表面近无毛，背面变无毛，叶柄长 10～17cm；茎上部叶的形状似茎下部叶，但较小，具短柄。总状花序长 2.5～6cm；轴和花梗密被白色或灰色短柔毛；苞片线状披针形，长约 2mm；花梗长 5～8mm；萼片倒卵形，长约 2.5mm，花瓣匙形，长 2～2.5mm，下部渐狭成爪；花药长约 0.7mm，花丝长 3～5mm；心皮与花瓣近等长。果序长 5～17cm，与茎上部叶等长或超出上部叶；果梗粗约 1mm；果实紫黑色，直径约 6mm；种子约 6，卵形，有 3 纵棱，长约 3mm、宽约 2mm，深褐色。花期 5～6 月，果期 7～9 月。

生境分布：互助、循化。生于山坡林下、沟谷，海拔 2100～2800m。

升麻

分　　类：木兰纲　毛茛目　毛茛科　类叶升麻属
学　　名：*Actaea cimicifuga* Linn.
别　　名：绿升麻。
形态特征：多年生草本。高1～2m。茎基部粗达1.4cm，微具槽，分枝，被短柔毛。叶为二至三回三出羽状复叶；茎下部叶的叶片三角形，宽达30cm，顶生小叶具长柄，菱形，长7～10cm、宽4～7cm，常浅裂，边缘有锯齿，侧生小叶具短柄或无柄，斜卵形，比顶生小叶略小，表面无毛，背面沿脉疏被白色柔毛，叶柄长达15cm；上部的茎生叶较小，具短柄或无柄。花序具分枝3～20，长达45cm，下部的分枝长达15cm；轴密被灰色或锈色的腺毛及短毛；苞片钻形，比花梗短；花两性；萼片倒卵状圆形，白色或绿白色，长3～4mm；退化雄蕊宽椭圆形，长约3mm，顶端微凹或2浅裂，几膜质；雄蕊长4～7mm，花药黄色或黄白色；心皮2～5，密被灰色毛，无柄或有极短的柄。蓇葖长圆形，长8～14mm、宽2.5～5mm，有伏毛，基部渐狭成长2～3mm的柄，顶端有短喙；种子椭圆形，褐色，长2.5～3mm，有横向的膜质鳞翅，四周有鳞翅。花期7～9月，果期8～10月。

生境分布：平安、互助、乐都、民和、循化。生于林缘、山坡、灌丛、林下，海拔2700～3700m。

蓝侧金盏花

分　　类：木兰纲　毛茛目　毛茛科　侧金盏花属
学　　名：*Adonis coerulea* Maxim.
别　　名：毛蓝侧金盏花。

形态特征：多年生草本。高3～15cm。除心皮外，全株无毛。根状茎粗壮。茎常在近地面处分枝，基部和下部有数个鞘状鳞片。茎下部叶有长柄，上部的有短柄或无柄；叶片长圆形或长圆状狭卵形，少有三角形，长1～4.8cm、宽1～2cm，二至三回羽状细裂，羽片4～6对，稍互生，末回裂片狭披针形或披针状线形，顶端有短尖头；叶柄长达3.2cm，基部有狭鞘。花直径1～1.8cm；萼片5～7，倒卵状椭圆形或卵形，长4～6mm，顶端圆形；花瓣约8，淡紫色或淡蓝色，狭倒卵形，长5.5～11mm，顶端有少数小齿；花药椭圆形，花丝狭线形；心皮多数，子房卵形，花柱极短。瘦果倒卵形，长约2mm，下部有稀疏短柔毛。花期6～7月。

生境分布：互助、乐都、化隆、循化。生于山坡草地、灌丛、河滩，海拔2200～4100m。

小银莲花

分　　类：木兰纲　毛茛目　毛茛科　银莲花属
学　　名：*Anemone exigua* Maxim.
别　　名：台湾银莲花。
形态特征：多年生草本。高5～24cm。根状茎斜，细长，粗约0.5mm，节间长0.8～1cm。基生叶2～5，有长柄；叶片心状五角形，长1～3cm、宽1.7～4cm，3全裂，中全裂片有短柄，宽菱形，顶端钝，3浅裂，边缘在中部以上有少数钝牙齿，侧全裂片稍小，不等2浅裂，两面有疏柔毛；叶柄长3.5～13cm。花葶1～2，上部有疏柔毛；苞片3，有柄长3.5～15mm，叶片三角状卵形或卵形，长0.7～1.6cm、宽0.8～3cm，3深裂；花梗1～4，长1～3cm，有柔毛；萼片5，白色，椭圆形或倒卵形，长5.5～9.5mm、宽2～5.5mm，外面有短柔毛；雄蕊长为萼片之半，花药椭圆形，花丝丝形；心皮5～10，子房有短疏毛，花柱短。瘦果黑色，近椭圆球形，长约2.6mm，疏被短毛。花期6～8月。

生境分布：平安、互助、乐都、民和、循化。生于山坡、林下、灌丛，海拔2000～3200m。

草玉梅

分　　类：木兰纲　毛茛目　毛茛科　银莲花属
学　　名：*Anemone rivularis* Buch.-Ham.
别　　名：溪畔银莲花、虎掌草、白花虎掌草、见风青、见风黄、蜜马常、汉虎掌、野棉花。
形态特征：多年生草本。高10～70cm。根状茎木质，垂直或稍斜，粗0.8～1.4cm。基生叶3～5，有长柄；叶片肾状五角形，长1.6～7.5cm、宽2～14cm，3全裂，中全裂片宽菱形或菱状卵形，有时宽卵形，宽0.7～7cm，3深裂，裂片上部有少数小裂片和齿，侧全裂片不等2深裂，两面都有糙伏毛；叶柄长3～22cm，有白色柔毛，基部有短鞘。花葶1～3，直立；聚伞花序长4～30cm，一至三回分枝；苞片3～4，有柄，近等大，长2.2～9cm，似基生叶，宽菱形，3裂近基部，一回裂片多少细裂，柄扁平，膜质，长0.7～1.5cm、宽4～6mm；花直径1.3～3cm；萼片6～10，白色，倒卵形或椭圆状倒卵形，长0.6～1.4cm、宽3.5～10mm，外面有疏柔毛，顶端密被短柔毛；雄蕊长约为萼片的一半，花药椭圆形，花丝丝形；心皮30～60，无毛，子房狭长圆形，有拳卷的花柱。瘦果狭卵球形，稍扁，长7～8mm，宿存花柱钩状弯曲。花期5～8月。
生境分布：平安、互助、乐都、民和、化隆、循化。生于水边、林下、灌丛、山坡，海拔2300～4000m。

大火草

分　　类：木兰纲　毛茛目　毛茛科　银莲花属
学　　名：*Anemone tomentosa* (Maxim.) Pei.
别　　名：野棉花、大头翁。
形态特征：多年生草本。高40～150cm。根状茎粗壮。基生叶3～4，具长柄，三出复叶，有时有单叶，叶柄长，长5.2～7.5cm；小叶卵形至三角状卵形，长9～16cm、宽7～12cm，顶端急尖，基部浅心形，心形或圆形，3浅裂至3深裂，边缘有不规则小裂片和锯齿，表面有糙伏毛，背面密被白色绒毛，侧生小叶稍斜，叶柄长6～48cm，与花葶都密被白色或淡黄色短绒毛。花葶粗壮；聚伞花序长26～38cm，具二至三回分枝；苞片3，与基生叶相似，不等大，有时为单叶，3深裂；花梗长3.5～6.8cm，有短绒毛；萼片5，淡粉红色或白色，倒卵形、宽倒卵形或宽椭圆形，长1.5～2.2cm、宽1～2cm，背面有短绒毛；雄蕊长约为萼片长度的1/4；心皮400～500，长约1mm，子房密被绒毛，柱头斜，无毛。聚合果球形，直径约1cm；瘦果长约3mm，有细柄，密被绵毛。花期7～10月。

生境分布：互助、民和、循化。生于河漫滩、田边、林缘山坡，海拔1800～2600m。

无距耧斗菜

分　　类：木兰纲　毛茛目　毛茛科　耧斗菜属
学　　名：*Aquilegia ecalcarata* Maxim.
别　　名：细距耧斗菜。
形态特征：多年生草本。高20～60cm。茎疏被短柔毛，常分枝。基生叶长达25cm，为二回三出复叶，小叶倒卵形、扇形或卵形，长1.5～3cm，3裂，裂片具圆齿，上面无毛，下面疏生柔毛或无毛；茎生叶1～3，较小。花序具2～6花；花梗长达6cm，生短柔毛；花直径1.5～2.8cm；萼片5，深紫色，近水平展开，卵形或椭圆形，长1～1.4cm；花瓣与萼片同色，顶端截形，无距；雄蕊多数，退化雄蕊狭披针形；心皮4～5。果长8～11mm。花期5～7月，果期6～8月。
生境分布：互助、乐都、民和、循化。生于灌丛、河谷、林缘、山坡，海拔1800～3800m。

甘肃楼斗菜

分　　类：木兰纲　毛茛目　毛茛科　楼斗菜属

学　　名：*Aquilegia oxysepala* var. *kansuensis* Brühl.

形态特征：多年生草本。高40～80cm。根粗壮，圆柱形，外皮黑褐色。茎粗3～4mm，近无毛或被极稀疏的柔毛，上部多少分枝。基生叶数枚，为二回三出复叶，叶片宽5.5～20cm，中央小叶通常具1～2mm的短柄，楔状倒卵形，长2～6cm、宽1.8～5cm，3浅裂或3深裂，裂片顶端圆形，常具2～3枚粗圆齿，表面绿色，无毛，背面淡绿色，无毛或近无毛，叶柄长10～20cm，被开展的白色柔毛或无毛，基部变宽呈鞘状；茎生叶数枚，具短柄，向上渐变小。花3～5朵，较大而美丽，微下垂；苞片3全裂，钝；萼片紫色，稍开展，狭卵形，长1.6～2.5cm、宽8～12mm，顶端急尖；花瓣黄白色，长1～1.3cm、宽7～9mm，顶端近截形，距长1.5～2cm，末端强烈内弯呈钩状；雄蕊与瓣片近等长，花药黑色，长1.5～2mm；心皮5，被白色短柔毛。蓇葖果长1.2～1.7cm；种子黑色，长约2mm。花期5～6月，果期7～8月。

生境分布：互助、民和。生于林下，海拔2300～2500m。

紫花耧斗菜

分　　类：木兰纲　毛茛目　毛茛科　耧斗菜属

学　　名：*Aquilegia viridiflora* var. *atropurpurea* (Willdenow) Finet & Gagnepain.

别　　名：紫花菜、石头花。

形态特征：多年生草本。高 15～50cm。茎常在上部分枝，除被柔毛外还密被腺毛。基生叶少数，二回三出复叶，叶片宽 4～10cm，中央小叶具 1～6mm 的短柄，楔状倒卵形，长 1.5～3cm、宽几相等或更宽，上部 3 裂，裂片常有 2～3 枚圆齿，表面绿色，无毛，背面淡绿色至粉绿色，被短柔毛或近无毛，叶柄长达 18cm，疏被柔毛或无毛，基部有鞘；茎生叶数枚，为一至二回三出复叶，向上渐变小。花 3～7 朵，倾斜或微下垂；苞片 3 全裂；花梗长 2～7cm；萼片黄绿色，长椭圆状卵形，长 1.2～1.5cm、宽 6～8mm，顶端微钝，疏被柔毛；花瓣瓣片与萼片同色，直立，倒卵形，比萼片稍长或稍短，顶端近截形，距直或微弯，长 1.2～1.8cm；雄蕊长达 2cm，伸出花外，花药长椭圆形，黄色；退化雄蕊白膜质，线状长椭圆形，长 7～8mm；心皮密被伸展的腺状柔毛，花柱比子房长或等长。蓇葖果长 1.5cm；种子黑色，狭倒卵形，长约 2mm，具微突起的纵棱。花期 5～7 月，果期 7～8 月。

生境分布：互助、乐都、循化。生于林中、林缘岩石缝或小溪边，海拔 2000～2600m。

硬叶水毛茛

分　　类：木兰纲　毛茛目　毛茛科　水毛茛属

学　　名：*Batrachium trichophyllum* (Chaix ex Vill.) Bosch.

形态特征：多年生沉水草本。茎长 50cm 以上，节间伸长，无毛。叶无柄或有抱茎的鞘状短柄，鞘上有糙毛；叶片轮廓呈圆形，直径 1～2cm，约为节间长度的 1/3，二至四回 2～3 裂，小裂片短硬，在水外叉开，无毛。花直径 1.1～1.5cm；花梗长 3～5cm，果期增长，大多无毛；萼片卵状椭圆形，长 3～4mm，边缘宽膜质，无毛，反折；花瓣白色，倒卵形，长 7～8mm，基部有狭爪，蜜槽呈点状凹穴；雄蕊 10 余枚，花药长约 0.6mm；花托近圆形，密生柔毛。聚合果卵球形，直径 4～5mm；瘦果倒卵形，长约 1.5mm、宽约 1.1mm，稍两侧扁，有 5～7 条横皱纹，沿背肋上方有短毛，喙细，弯。花果期 6～7 月。

生境分布：民和。生于河滩沼泽，海拔 1800～2700m。

短尾铁线莲

分　　类：木兰纲　毛茛目　毛茛科　铁线莲属
学　　名：*Clematis brevicaudata* DC.
别　　名：连架拐、石通、林地铁线莲。
形态特征：藤本。枝有棱，小枝疏生短柔毛或近无毛。一至二回羽状复叶或二回三出复叶，有5～15小叶，有时茎上部为三出叶；小叶片长卵形、卵形至宽卵状披针形或披针形，长1～6cm、宽0.7～3.5cm，顶端渐尖或长渐尖，基部圆形、截形至浅心形，有时楔形，边缘疏生粗锯齿或齿，有时3裂，两面近无毛或疏生短柔毛。圆锥状聚伞花序腋生或顶生，常比叶短；花梗长1～1.5cm，有短柔毛；花直径1.5～2cm；萼片4，开展，白色，狭倒卵形，长约8mm，两面均有短柔毛，内面较疏或近无毛；雄蕊无毛，花药长2～2.5mm。瘦果卵形，长约3mm、宽约2mm，密生柔毛，宿存花柱长1.5～3cm。花期7～9月，果期9～10月。

生境分布：平安、互助、乐都、民和、循化。生于林缘、河谷、山坡草地、灌丛，海拔2200～3000m。

长瓣铁线莲

分　　类：木兰纲　毛茛目　毛茛科　铁线莲属
学　　名：*Clematis macropetala* Ledeb.
别　　名：大瓣铁线莲、大萼铁线莲、石生长瓣铁线莲。

形态特征：木质藤本。长约2m。幼枝微被柔毛，老枝光滑无毛。二回三出复叶，小叶片9，纸质，卵状披针形或菱状椭圆形，长2～4.5cm，宽1～2.5cm，顶端渐尖，基部楔形或近于圆形，两侧的小叶片常偏斜，边缘有整齐的锯齿或分裂，两面近于无毛，脉纹在两面均不明显；小叶柄短；叶柄长3～5.5cm，微被稀疏柔毛。花单生于当年生枝顶端，花梗长8～12.5cm，幼时微被柔毛，以后无毛；花萼钟状，直径3～6cm；萼片4，蓝色或淡紫色，狭卵形或卵状披针形，长3～4cm、宽1～1.5cm，顶端渐尖，两面有短柔毛，边缘有密毛，脉纹成网状，两面均能见；退化雄蕊成花瓣状，披针形或线状披针形，与萼片等长或微短，外面被密绒毛，内面近于无毛，雄蕊花丝线形，长1.2cm、宽2mm，外面及边缘被短柔毛，花药黄色，长椭圆形，内向着生，药隔被毛。瘦果倒卵形，长5mm、粗2～3mm，被疏柔毛，宿存花柱长4～4.5cm，向下弯曲，被灰白色长柔毛。花期7月，果期8月。

生境分布：平安、互助、乐都、民和、循化。生于灌丛、山坡、林缘、山沟，海拔2300～3100m。

白花长瓣铁线莲

分 类：木兰纲 毛茛目 毛茛科 铁线莲属

学 名：*Clematis macropetala* var. *albiflora* (Maxim.) Hand.-Mazz.

形态特征：木质藤本。与长瓣铁线莲的区别在于花白色或淡黄色；小叶片卵状披针形，长3～5cm、宽1.5～2cm，顶端渐尖，基部圆形而全缘，中部边缘有整齐的锯齿。花期6月。

生境分布：互助。生于灌丛、山坡、林缘、山沟，海拔2600～2700m。

小叶绣球藤

分　　类：木兰纲　毛茛目　毛茛科　铁线莲属
学　　名：*Clematis montana* var. *sterilis* Hand-Mazz.

形态特征：木质藤本。茎圆柱形，有纵条纹；小枝有短柔毛，后变无毛。老时外皮剥落。三出复叶，数叶与花簇生或对生；小叶片狭卵形、卵形或长椭圆形，长1～3cm、宽0.5～2cm，边缘疏生不等锯齿、浅锯齿或两侧各有1个锯齿以至全缘，两面疏生短柔毛至无毛，或幼时较密；花1～6朵与叶簇生，直径2～3cm；萼片4，开展，白色或外面带淡红色，长圆状倒卵形至倒卵形，长1.5～2.5cm、宽0.8～1.5cm，外面疏生短柔毛，内面无毛；雄蕊无毛。瘦果扁，卵形或卵圆形，长4～5mm、宽3～4mm，无毛。花期5～6月，果期8～9月。

生境分布：循化。生于山坡林下，海拔2500～3000m。

小叶铁线莲

分　　类：木兰纲　毛茛目　毛茛科　铁线莲属

学　　名：*Clematis nannophylla* Maxim.

形态特征：直立小灌木。高 30～100cm。枝有棱，带红褐色，小枝有较密贴伏短柔毛，后脱落。单叶对生或数叶簇生，几无柄或柄长达 4mm；叶片轮廓近卵形，长 0.5～1cm、宽 3～8mm，羽状全裂，有裂片 2～3 或 4 对，或裂片又作 2～3 裂，裂片或小裂片为椭圆形至宽倒楔形或披针形，长 1～4mm，有不等 2～3 缺刻状小牙齿或全缘，无毛或有短柔毛。花单生或聚伞花序有 3 花；萼片 4，斜上展呈钟状，黄色，长椭圆形至倒卵形，长 0.8～1.5cm、宽 5～7mm，外面有短柔毛，边缘密生绒毛，内面有短柔毛至近无毛；雄蕊无毛，花丝披针形，长于花药。瘦果椭圆形，扁，长约 5mm，有柔毛，宿存花柱长约 2cm，有黄色绢状毛。花期 7～8 月。

生境分布：平安、互助、乐都、民和、化隆、循化。生于山地阳坡、山坡、沟内，海拔 1800～2700m。

西伯利亚铁线莲

分　　类：木兰纲　毛茛目　毛茛科　铁线莲属
学　　名：*Clematis sibirica* Miller.

形态特征：亚灌木。长达3m。根棕黄色，直深入土中。茎圆柱形，光滑无毛。当年生枝基部有宿存的鳞片，外层鳞片三角形，革质，长4～5mm，顶端锐尖，内层鳞片膜质，长方椭圆形，长1.5～1.8cm、宽3mm，顶端常3裂，有稀疏柔毛。二回三出复叶，小叶片或裂片9，卵状椭圆形或窄卵形，纸质，长3～6cm、宽1.2～2.5cm，顶端渐尖，基部楔形或近于圆形，两侧的小叶片常偏斜，顶端及基部全缘，中部有整齐的锯齿，两面均不被毛，叶脉在表面不显，在背面微隆起；小叶柄短或不显，微被柔毛；叶柄长3～5cm，有疏柔毛。单花，与二叶同自芽中伸出，花梗长6～10cm，花基部有密柔毛，无苞片；花钟状下垂，直径3cm；萼片4，淡黄色，长方椭圆形或狭卵形，长3～6cm、宽1～1.5cm，质薄，脉纹明显，外面有稀疏短柔毛，内面无毛；退化雄蕊花瓣状，长仅为萼片的一半，条形，顶端较宽呈匙状，钝圆，花丝扁平，中部增宽，两端渐狭，被短柔毛，花药长方椭圆形，内向着生，药隔被毛；子房被短柔毛，花柱被绢状毛。瘦果倒卵形，长5mm、粗2～3mm，微被毛，宿存花柱长3～3.5cm，有黄色柔毛。花期6～7月，果期7～8月。

生境分布：互助。生于山坡林缘、林下、河滩，海拔2500～2700m。

甘青铁线莲

分　　类：木兰纲　金毛茛目　毛茛科　铁线莲属
学　　名：*Clematis tangutica* (Maxim.) Korsh.
别　　名：唐古特铁线莲、陇塞铁线莲。
形态特征：落叶藤本。长 1～4m（生于干旱沙地的高 30cm 左右）。主根粗壮，木质。茎有明显的棱，幼时被长柔毛，后脱落。一回羽状复叶，有 5～7 小叶；小叶片基部常浅裂、深裂或全裂，侧生裂片小，中裂片较大，卵状长圆形、狭长圆形或披针形，长 2～5.5cm，宽 0.5～1.5cm，顶端钝，有短尖头，基部楔形，边缘有不整齐缺刻状的锯齿，上面有毛或无毛，下面有疏长毛；叶柄长 2～7.5cm。花单生，有时为单聚伞花序，有 3 花，腋生；花序梗粗壮，长 4.5～20cm，有柔毛；萼片 4，黄色外面带紫色，斜上展，狭卵形、椭圆状长圆形，长 1.5～3.5cm，顶端渐尖或急尖，外面边缘有短绒毛，中间被柔毛，内面无毛，或近无毛；花丝下面稍扁平，被开展的柔毛，花药无毛；子房密生柔毛。瘦果倒卵形，长约 4mm，有长柔毛，宿存花柱长达 4cm。花期 6～9 月，果期 9～10 月。
生境分布：平安、互助、乐都、民和、化隆、循化。生于林下、疏林中、河边、湖滨、山坡、灌丛、林缘、河滩，海拔 1700～4100m。

白蓝翠雀花

分　　类：木兰纲　毛茛目　毛茛科　翠雀属

学　　名：*Delphinium albocoeruleum* Maxim.

形态特征：多年生草本。高 10～100cm。茎被反曲的短柔毛。基生叶在开花时存在或枯萎，茎生叶在茎上等距排列，下部叶有长柄；叶片五角形，长 1.4～5.8cm、宽 2～10cm，3 裂至距基部 1.5～4mm 处，一回裂片偶尔浅裂，通常一至二回多深裂，小裂片狭卵形至披针形或线形，宽 2.5～5mm，常有 1～2 小齿，两面疏被短柔毛；叶柄长 3.5～13cm。伞房花序有 3～7 花；下部苞片叶状；花梗长 3～12cm，被反曲、偶尔开展的短柔毛，有时近无毛；小苞片生花梗近顶部或与花邻接，匙状线形，长 6～14mm、宽 1.5～3mm；萼片宿存，蓝紫色或蓝白色，长 2～3cm，外面被短柔毛，上萼片圆卵形，其他萼片椭圆形，距圆筒状钻形或钻形，长 1.7～3.3cm，基部粗 2.5～4mm，末端稍向下弯曲；花瓣无毛；退化雄蕊黑褐色，瓣片卵形，浅裂或裂至中部，腹面有黄色髯毛；花丝疏被短毛；心皮 3，子房密被紧贴的短柔毛。蓇葖果长约 1.4cm；种子四面体形，长约 1.5mm，有鳞状横翅。花期 7～9 月。

生境分布：平安、互助、乐都、民和、化隆、循化。生于高山草甸、砾石流、灌丛、河滩，海拔 2800～3700m。

密花翠雀花

分　　类：木兰纲　毛茛目　毛茛科　翠雀属
学　　名：*Delphinium densiflorum* Duthie ex Huth.
形态特征：多年生草本。高30～46cm。茎直立，粗达1cm，疏被柔毛或变无毛。叶基生并茎生，下部的有长柄，近花序的叶具短柄；叶片亚革质，肾形，长3.2～3.7cm、宽6～7cm，掌状3深裂，深裂片互相稍覆压，边缘有圆齿，表面近无毛，背面沿脉疏被短柔毛；基生叶的柄长达17cm。总状花序长为植株的1/4～1/2，有30～40朵密集的花；花梗长2～2.5cm，密被反曲的淡黄色腺毛；小苞片生花梗上部，线状长圆形，长1.4～1.5cm，有长缘毛；萼片宿存，淡灰蓝色，外面被长柔毛，内面无毛，上萼片船状卵形，长2.8～3cm、宽约1.6cm，距圆锥状，长0.8～1cm，顶端钝，其他的萼片较小，卵形，长约2.4cm；花瓣顶端2浅裂，有缘毛；退化雄蕊长约1.4cm，瓣片卵形，与爪近等长，2深裂，裂片宽披针形，在腹面中央有1丛长柔毛；雄蕊无毛；心皮3，子房有柔毛。蓇葖果长约1.2cm；种子三棱形，长约2mm，沿棱有狭翅。花期7～8月。

生境分布：互助。生于倒石堆、草甸，海拔3700～4200m。

露蕊乌头

分　　类：木兰纲　毛茛目　毛茛科　露蕊乌头属
学　　名：*Gymnaconitum gymnandrum* (Maxim.) Wei Wang & Z. D. Chen
别　　名：泽兰。
形态特征：一年生草本。高25～100cm。具直根。茎有短柔毛，通常分枝。叶互生，具长叶柄，基部膨大，但不成鞘状；叶片宽卵形，长3.5～6.4cm、宽4～5cm，3全裂，裂片细裂，小裂片狭卵形，全缘或生1～2齿，上面疏被短伏毛，下面沿脉疏被长柔毛或变无毛。总状花序具6～16花，疏生柔毛；下部花梗长2～9cm；小苞片生于花梗上部，与花邻接，条形，有时下部的叶状；萼片5，蓝紫色，具长爪，外面有柔毛，上萼片船形，高约1.8cm；花瓣2～5，爪粗，瓣片扇形，具纤毛，距极短；雄蕊多数，露出花被之外；花丝有微柔毛；心皮6～13。蓇葖果3～5，长0.8～1.2cm；无柄；种子多数。花期6～8月。

生境分布：平安、互助、乐都、民和、化隆、循化。生于山坡、草甸、灌丛、河滩、田埂，海拔2000～4100m。

碱毛茛

分　　类：木兰纲　毛茛目　毛茛科　碱毛茛属
学　　名：*Halerpestes sarmentosa* (Adams) Komarov & Alissova
别　　名：圆叶碱毛茛、水葫芦苗。
形态特征：多年生草本。高5～15cm。匍匐茎细长，横走。叶多数均基生；叶片纸质，多近圆形，或肾形、宽卵形，长0.5～2.5cm，宽稍大于长，基部圆心形、截形或宽楔形，边缘有3～11枚圆齿，有时3～5浅裂，有时3裂近中部，无毛，基出脉3条；叶柄长2～13cm，稍有毛。花葶1～4条，无毛；苞片线形；花小，直径6～8mm；萼片绿色或淡绿色，卵形，长3～4mm，无毛，反折；花瓣5，黄色，狭椭圆形，与萼片近等长，顶端圆形，基部有长约1mm的爪，爪上端有点状蜜槽；花药长0.5～0.8mm，花丝长约2mm；花托圆柱形，长约5mm，有短柔毛。聚合果椭圆球形，直径约5mm；瘦果小而极多，斜倒卵形，长1.2～1.5mm，两面稍鼓起，有3～5条纵肋，无毛，喙极短，呈点状。花果期5～9月。
生境分布：互助、民和、循化。生于林下、沼泽、水沼、林缘湿地，海拔2200～3300m。

维管植物门 TRACHEOPHYTA

扁果草

分　　类：木兰纲　毛茛目　毛茛科　北扁果草属

学　　名：*Isopyrum anemonoides* Kar. & Kir.

形态特征：多年生草本。高 10～23cm。根状茎细长，粗 1～1.5mm，外皮黑褐色。茎直立，柔弱，无毛。基生叶多数，有长柄，为二回三出复叶，无毛；叶片轮廓三角形，宽达 6.5cm，中央小叶具细柄，等边菱形至倒卵状圆形，长及宽均 1～1.5cm，3 全裂或 3 深裂，裂片有 3 枚粗圆齿或全缘，不等的 2～3 深裂或浅裂，表面绿色，背面淡绿色；叶柄长 3.2～9cm。茎生叶 1～2 枚，似基生叶，但较小。花序为简单或复杂的单歧聚伞花序，有 2～3 花；苞片卵形，3 全裂或 3 深裂；花梗纤细，长达 6cm，无毛；花直径 1.5～1.8cm；萼片白色，宽椭圆形至倒卵形，长 7～8.5mm、宽 4～5mm，顶端圆形或钝；花瓣长圆状船形，长 2.5～3mm，基部筒状；雄蕊 20 枚左右，花药长约 0.5mm，花丝长 4.5～5mm；心皮 2～5。蓇葖果扁平，长约 6.5mm、宽约 3mm，宿存花柱微外弯，无毛；种子椭圆球形，长约 1.5mm，近黑色。花期 6～7 月，果期 7～9 月。

生境分布：互助、民和、循化。生于山坡、林下、河漫滩，海拔 2600～3600m。

蓝堇草

分　　类：木兰纲　毛茛目　毛茛科　蓝堇草属
学　　名：*Leptopyrum fumarioides* (Linn.) Reichb.

形态特征：一年生草本。高5～35cm。全株无毛，呈灰蓝绿色。直根细长，径2～3.5mm，生少数侧根。茎4～9条，多少斜升，通常从基部分枝，具少数分枝。基生叶多数，无毛；叶片轮廓卵形或三角状卵形，长0.8～4cm、宽1～3cm，3全裂，中全裂片等边菱形，长达12mm、宽达11mm，下延成的细柄常再2～3深裂，深裂片长椭圆状倒卵形至线状狭倒卵形，先端钝圆，全缘或具1～4枚钝锯齿，侧全裂片通常无柄，不等2深裂，叶柄长2.5～13cm；茎生叶1～2，小，下部叶互生，具短柄，叶柄基部加宽成鞘，叶鞘上侧具2细线状叶耳，茎上部叶对生至轮生，叶柄甚短，几乎全部加宽成鞘。单歧聚伞花序；花小，直径3～5mm；花梗纤细，长3～30mm；萼片椭圆形，花瓣状，淡黄色，卵形或椭圆形，长3～4.5mm、宽1.7～2mm，具3脉，顶端钝或急尖；花瓣长约1mm，近二唇形，上唇顶端钝圆，下唇较短，微凹缺；雄蕊通常10～15，花药淡黄色，长0.5mm左右，花丝长约2.5mm；心皮5～20，长约2mm，无毛。蓇葖果直立，线状长椭圆形，长8～10mm、宽约2mm；种子4～14，卵球形或狭卵球形，长0.5～10mm、宽5～7mm，两端稍尖，表面密被疣状突起。花期5～6月，果期6～7月。

生境分布：互助、民和。生于村舍附近、田边，海拔2200～2500m。

鸦跖花

分　　类：木兰纲　毛茛目　毛茛科　鸦跖花属
学　　名：*Oxygraphis glacialis* (Fisch. ex DC.) Bunge.
别　　名：冰雪鸦跖花。

形态特征：多年生草本。高2～9cm。须根细长，簇生，有短根状茎。叶全部基生，卵形、倒卵形至椭圆状长圆形，长0.3～3cm、宽5～25mm，全缘，有三出脉，无毛，常有软骨质边缘；叶柄较宽扁，长1～4cm，基部鞘状，最后撕裂成纤维状残存。花莛1～5条，无毛；花单生，直径1.5～3cm；萼片5，宽倒卵形，长4～10mm，近革质，无毛，果后增大，宿存；花瓣橙黄色或表面白色，10～15枚，披针形或长圆形，长7～15mm、宽1.5～4m，有3～5脉，基部渐狭成爪，蜜槽呈杯状凹穴；花药长0.5～1.2mm；花托较宽扁。聚合果近球形，直径约1cm；瘦果楔状菱形，长2.5～3mm、宽1～1.5mm，有4条纵肋，背肋明显，喙顶生，短而硬，基部两侧有翼。花果期6～8月。

生境分布：互助、循化。生于河漫滩、草甸、沼泽、山坡、倒石堆，海拔2300～4300m。

拟耧斗菜

分　　类：木兰纲　毛茛目　毛茛科　拟耧斗菜 属
学　　名：*Paraquilegia microphylla* (Royle) Drumm. & Hutch.
别　　名：假耧斗菜、益母宁精、榆莫得乌锦。
形态特征：多年生草本。根状茎细圆柱形至近纺锤形，粗2～6mm。叶多数，通常为二回三出复叶，无毛；叶片轮廓三角状卵形，宽2～6cm，中央小叶宽菱形至肾状宽菱形，长5～8mm、宽5～10mm，3深裂，每深裂片再2～3细裂，小裂片倒披针形至椭圆状倒披针形，通常宽1.5～2mm，表面绿色，背面淡绿色；叶柄细长，长2.5～11cm。花葶直立，比叶长，长3～18cm；苞片2，生于花下3～33mm处，对生或互生，倒披针形，长4～12mm，基部有膜质的鞘；花直径2.8～5cm；萼片淡堇色或淡紫红色，偶为白色，倒卵形至椭圆状倒卵形，长1.4～2.5cm、宽0.9～1.5cm，顶端近圆形；花瓣倒卵形至倒卵状长椭圆形，长约5mm，顶端微凹，下部浅囊状；花药长0.8～1mm，花丝长5～8.5mm；心皮5枚，无毛。蓇葖果直立，连同2mm长的短喙共长11～14mm、宽约4mm；种子狭卵球形，长1.3～1.8mm，褐色，一侧生狭翅，光滑。花期6～8月，果期8～9月。

生境分布：互助、乐都、循化。生于山顶石隙、灌丛、山坡，海拔2900～4100m。

蒙古白头翁

分　　类：木兰纲　毛茛目　毛茛科　白头翁属

学　　名：*Pulsatilla ambigua* (Turcz. ex Hayek) Juz.

形态特征：多年生草本。高16～22cm。根状茎粗5～8mm。基生叶6～8，有长柄，与花同时发育；叶片卵形，长2～3.2cm、宽1.2～3.2cm，3全裂，一回中全裂片有细柄，宽卵形，又3全裂，二回中全裂片有细柄，五角形，二回细裂，末回裂片披针形，宽0.8～1.5mm，有1～2小齿，二回侧全裂片和一回侧全裂片相似，都无柄，表面近无毛，背面有稀疏长柔毛；叶柄长3～10cm。花莛1～2，直立，有柔毛；苞片3，长1.5～2.8cm，基部合生成长约2mm的短筒，裂片披针形或线状披针形，全缘或有1～2小裂片，背面有柔毛；花梗长约4cm，结果时长达16cm；花直立；萼片紫色，长圆状卵形，长2.2～2.8cm、宽约8mm，顶端微尖，外面有密绢状毛；雄蕊长约为萼片的一半。聚合果直径4～4.5cm；瘦果卵形或纺锤形，长约2.5mm，有长柔毛，宿存花柱长2.5～3cm，下部有向上斜展的长柔毛，上部有近贴伏的短柔毛。花期5～7月。

生境分布：平安、循化。生于山坡、石隙、草地，海拔2400～3400m。

茴茴蒜

分　　类：木兰纲　毛茛目　毛茛科　毛茛属

学　　名：*Ranunculus chinensis* Bunge.

形态特征：一年生草本。高20～70cm。须根多数簇生。茎直立粗壮，直径在5mm以上，中空，有纵条纹，分枝多，与叶柄均密生开展的淡黄色糙毛。基生叶与下部叶有长达12cm的叶柄，为三出复叶，叶片宽卵形至三角形，长3～12cm，小叶2～3深裂，裂片倒披针状楔形，宽5～10mm，上部有不等的粗齿或缺刻或2～3裂，顶端尖，两面伏生糙毛，小叶柄长1～2cm，或侧生小叶柄较短，生开展的糙毛；上部叶较小，叶柄较短，叶片3全裂，裂片有粗齿牙或再分裂。花序有较多疏生的花，花梗贴生糙毛；花直径6～12mm；萼片狭卵形，长3～5mm，外面生柔毛；花瓣5，宽卵圆形，与萼片近等长或稍长，黄色或上面白色，基部有短爪，蜜槽有卵形小鳞片；花药长约1mm；花托在果期显著伸长，圆柱形，长达1cm，密生白短毛。聚合果长圆形，直径6～10mm；瘦果扁平，长3～3.5mm、宽约2mm，为厚的5倍以上，无毛，边缘有宽约0.2mm的棱；喙极短，呈点状，长0.1～0.2mm。花果期5～9月。

生境分布：平安、互助、乐都、民和、循化。生于山坡、潮湿地、水渠边，海拔2100～3600m。

云生毛茛

分　　类：木兰纲　毛茛目　毛茛科　毛茛属

学　　名：*Ranunculus nephelogenes* Edgew.

形态特征：多年生草本。高15～20cm。须根多而密，稍肉质。茎直立，单一或有2～3个腋生短分枝，近无毛。基生叶多数，叶片近革质，披针形至线形，或外层叶卵形或长椭圆形，长1～7.5cm、宽3～10mm，先端钝，基部楔形，全缘，通常无毛，具3～5脉，叶柄长1～4cm，具膜质鞘；茎生叶1～3，无柄，叶片线形，长1～4cm、宽0.5～5mm，全缘，偶有3深裂，无毛。单花顶生，直径1～1.5cm；花梗长2～5cm，贴生黄色柔毛；萼片5，卵形，长约4mm，常带紫色，外面被黄色柔毛；花瓣5，黄色，倒卵形，长7～8mm，蜜槽呈点状袋穴；雄蕊多数，长约4mm；花托短圆锥形，被细毛。聚合果卵球形，长约8mm、直径4～6mm；瘦果卵球形，稍扁，长1～2mm、宽约1mm，无毛，背腹有纵棱，喙直伸，长约1mm。花果期6～8月。

生境分布：互助、循化。生于高山草甸、林中潮湿处、河滩、水沟边、沼泽草甸、湿地，海拔2200～3900m。

贝加尔唐松草

分　　类：木兰纲　毛茛目　毛茛科　唐松草属
学　　名：*Thalictrum baicalense* Turcz.
别　　名：马尾黄连。
形态特征：多年生草本。高 50～120cm。无毛。根茎短，长 2～6cm、径 5～12mm，须根丛生。三回三出复叶；小叶宽倒卵形、宽菱形，有时宽心形，长 1.8～4cm、宽 1.2～5cm，3 浅裂，裂片具粗齿，脉下面隆起；叶轴基部扩大呈耳状，抱茎，膜质，边缘分裂呈罐状。复单歧聚伞花序近圆锥状，长 5～10cm；花直径约 6mm；萼片椭圆形或卵形，长 2～3mm；无花瓣；雄蕊 10～20，花丝倒披针状条形；心皮 3～7，柱头近球形。瘦果具短柄，圆球状倒卵形，两面膨胀，长 2.5～3mm；果皮暗褐色，木质化。花果期 6～7 月。
生境分布：平安、互助、乐都、民和、化隆、循化。生于河漫滩、灌丛、林下，海拔 1900～2800m。

箭头唐松草

分　　类：木兰纲　毛茛目　毛茛科　唐松草属
学　　名：*Thalictrum simplex* Linn.
别　　名：水黄连、短梗箭头唐松草、金鸡脚下黄、硬杆水黄连、黄脚鸡。

形态特征：多年生草本。高 54～100cm。不分枝或在下部分枝。茎生叶向上近直展，为二回羽状复叶；茎下部的叶片长达 20cm，小叶较大，圆菱形、菱状宽卵形或倒卵形，长 2～4cm、宽 1.4～4cm，基部圆形，3 裂，裂片顶端钝或圆形，有圆齿，脉在背面隆起，脉网明显，茎上部叶渐变小，小叶倒卵形或楔状倒卵形，基部圆形、钝或楔形，裂片顶端急尖；茎下部叶有稍长柄，上部叶无柄。圆锥花序长 9～30cm，分枝与轴成 45°角斜向上；花梗长达 7mm；萼片 4，早落，狭椭圆形，长约 2.2mm；雄蕊约 15，长约 5mm，花药狭长圆形，长约 2mm，顶端有短尖头，花丝丝形；心皮 3～6，无柄，柱头宽三角形。瘦果狭椭圆球形或狭卵球形，长约 2mm，有 8 条纵肋。花期 7 月。

生境分布：平安、互助、乐都。生于草地、山坡，海拔 1800～3100m。

毛茛状金莲花

分　　类：木兰纲　毛茛目　毛茛科　金莲花属
学　　名：*Trollius ranunculoides* Hemsl.
别　　名：鸡爪草、金莲花、西藏鸡爪草。
形态特征：多年生草本。高6～18cm。全株无毛。茎2～3条，不分枝或自基部以上生1～2条长枝。基生叶3～10，茎生叶1～3，生于茎下部，均具长柄；叶片轮廓圆五角形或五角形，长1～2.5cm、宽1.4～4.2cm，基部深心形，3全裂，裂片近邻接，中央全裂片阔菱形或菱状宽倒卵形，二回细裂，末回裂片近邻接或分开，有尖牙齿，侧全裂片斜扇形，不等2裂达近基部；叶柄长3～13cm，基部具鞘。花单生茎或枝顶端；萼片5～8枚，黄色，干时多少变绿色，倒卵形或扇形倒卵形，长1～1.5cm、宽1～1.8cm，脱落；花瓣匙状条形，长4.5～6mm、宽约1mm；雄蕊多数，长5～9mm，花药长圆形，长2.5～3mm；心皮7～9。蓇葖果7～9，长约1cm。花期5～7月。

生境分布：互助、乐都、民和、循化。生于山坡草甸、林下、沼泽草甸，海拔2600～4100m。

黑弹树

分　　类：木兰纲　蔷薇目　大麻科　朴树属
学　　名：*Celtis bungeana* Bl.
别　　名：小叶朴、棒棒木、黑檀树、白麻子、木黄瓜树、白麻树。
形态特征：落叶乔木。高达 10m。树皮灰色或暗灰色。当年生小枝淡棕色，老后色较深，无毛，散生椭圆形皮孔；去年生小枝灰褐色。冬芽棕色或暗棕色，鳞片无毛。叶厚纸质，狭卵形、长圆形、卵状椭圆形至卵形，长 3～7cm、宽 2～4cm，基部宽楔形至近圆形，稍偏斜至几乎不偏斜，先端尖至渐尖，中部以上疏具不规则浅齿，有时一侧近全缘，无毛；叶柄淡黄色，长 5～15mm，上面有沟槽，幼时槽中有短毛，老后脱净；萌发枝上的叶形变异较大，先端可具尾尖且有糙毛。果单生叶腋，果柄较细软，无毛，长 10～25mm，果成熟时蓝黑色，近球形，直径 6～8mm；核近球形，肋不明显，表面极大部分近平滑或略具网孔状凹陷，直径 4～5mm。花期 5～6 月，果期 9～10 月。
生境分布：互助、循化。生于沟谷、林地山坡，海拔 1800～2300m。

中国沙棘

分　　类：木兰纲　蔷薇目　胡颓子科　沙棘属
学　　名：*Hippophae rhamnoides* subsp. *sinensis* Rousi.
别　　名：酸刺、黑刺、酸刺柳、黄酸刺、醋柳。
形态特征：落叶灌木或乔木。高 1～5m，生于山地沟谷的可达 10m 以上，甚至 18m。老枝灰黑色，顶生或侧生许多粗壮直伸的棘刺；幼枝密被银白色带褐锈色的鳞片，呈绿褐色，有时具白色星状毛。单叶，狭披针形或条形，先端略钝，基部近圆形，上面绿色，初期被白色盾状毛或柔毛，下面密被银白色鳞片而呈淡白色，叶柄长 1～1.5mm。雌雄异株；短总状花序，着生于短枝基部，雄株的花序轴脱落，雌株花序轴不脱落而变为小枝或棘刺；花先叶开放，淡黄色，雄花先开，无花梗，花萼 2 裂，雄蕊 4；雌花后开，单生于叶腋，具短梗，花萼筒囊状，2 齿裂。果实为肉质化的花萼筒所包围，圆球形，橙黄色或橘红色；种子小，卵形，有时稍压扁，黑色或黑褐色，种皮坚硬，有光泽。花期 4～5 月，果期 9～10 月。

生境分布：平安、互助、乐都、民和、化隆、循化。生于灌丛、山坡、河滩，海拔 2200～3900m。

西藏沙棘

分　　类：木兰纲　蔷薇目　胡颓子科　沙棘属
学　　名：*Hippophae tibetana* Schlechtendal.

形态特征：矮小灌木。高40～60cm，稀达1m。叶腋通常无棘刺。单叶，3叶轮生或对生，稀互生，线形或矩圆状线形，长10～25mm、宽2～3.5mm，两端钝形，边缘全缘且不反卷，上面幼时疏生白色鳞片，成熟后脱落，暗绿色，下面灰白色，密被银白色和散生少数褐色细小鳞片。雌雄异株；雄花黄绿色，花萼2裂，雄蕊4，2枚与花萼裂片对生，2枚与花萼裂片互生；雌花淡绿色，花萼囊状，顶端2齿裂。果实成熟时黄褐色，多汁，阔椭圆形或近圆形，长8～12mm、直径6～10mm，顶端具6条放射状黑色条纹；果梗纤细，褐色，长1～2mm。花期5～6月，果期9月。

生境分布：互助、乐都、民和、化隆、循化。生于山坡灌丛、草甸、河滩，海拔2800～4100m。

小叶鼠李

分　　类：木兰纲　蔷薇目　鼠李科　鼠李属
学　　名：*Rhamnus parvifolia* Bunge.
别　　名：麻绿、大绿、黑格铃、琉璃枝、驴子刺。

形态特征：灌木。高1.5～2m。小枝对生或近对生，紫褐色，初时被短柔毛，后变无毛，平滑，稍有光泽，枝端及分叉处有针刺。芽卵形，长达2mm，鳞片数枚，黄褐色。叶纸质，对生或近对生，稀兼互生，或在短枝上簇生，菱状倒卵形或菱状椭圆形，稀倒卵状圆形或近圆形，长1.2～4cm、宽0.8～2cm，顶端钝尖或近圆形，稀突尖，基部楔形或近圆形，边缘具圆齿状细锯齿，上面深绿色，无毛或被疏短柔毛，下面浅绿色，干时灰白色，无毛或脉腋窝孔内有疏微毛，侧脉每边2～4条，两面突起，网脉不明显；叶柄长4～15mm，上面沟内有细柔毛；托叶钻状，有微毛。花单性，雌雄异株，黄绿色，4基数，有花瓣，通常数朵簇生于短枝上；花梗长4～6mm，无毛；雌花花柱2半裂。核果倒卵状球形，直径4～5mm，成熟时黑色，具2分核，基部有宿存的萼筒；种子矩圆状倒卵圆形，褐色，背侧有长为种子4/5的纵沟。花期4～5月，果期6～9月。

生境分布：互助、民和、循化。生于河边林缘、山坡灌丛、林下，海拔2000～2900m。

西北沼委陵菜

分　　类：木兰纲　蔷薇目　蔷薇科　沼委陵菜属

学　　名：*Comarum salesovianum* (Steph.) Aschers. & Graebn.

形态特征：亚灌木。高 30 ～ 100cm。茎直立，有分枝。奇数羽状复叶，连叶柄长 4.5 ～ 9.5cm，叶柄长 1 ～ 1.5cm，小叶片 7 ～ 11，纸质，互生或近对生，长 1.5 ～ 3.5cm，宽 4 ～ 12mm；叶轴带红褐色，有长柔毛；小叶柄极短或无；托叶膜质，先端长尾尖，大部分与叶柄合生，有粉质蜡层及柔毛；上部叶具 3 小叶或成单叶。聚伞花序顶生或腋生，有数朵疏生花；总梗及花梗有粉质蜡层及密生长柔毛，花梗长 1.5 ～ 3cm；苞片及小苞片线状披针形，长 6 ～ 20mm，红褐色，先端渐尖；花直径 2.5 ～ 3cm；萼筒倒圆锥形，肥厚，外面被短柔毛及粉质蜡层，萼片三角卵形，长约 1.5cm，带红紫色，先端渐尖，外面有短柔毛及粉质蜡层，内面贴生短柔毛，副萼片线状披针形，长 7 ～ 10mm，紫色，先端渐尖，外被柔毛；花瓣倒卵形，长 1 ～ 1.5cm，约和萼片等长，白色或红色，无毛，先端圆钝，基部有短爪；雄蕊约 20，花丝长 5 ～ 6mm；花托肥厚，半球形，密生长柔毛；子房长圆卵形，有长柔毛。瘦果多数，长圆卵形，长约 2mm，有长柔毛，埋藏在花托长柔毛内，外有宿存副萼片及萼片包裹。花期 6 ～ 8 月，果期 8 ～ 10 月。

生境分布：平安、互助、乐都、民和、化隆、循化。生于山坡、河滩灌丛、水沟、砾石滩地，海拔 1900 ～ 3800m。

灰栒子

分　　类：木兰纲　蔷薇目 蔷薇科　栒子属
学　　名：*Cotoneaster acutifolius* Turcz.
别　　名：北京栒子、河北栒子。
形态特征：灌木。高 1.5～2m。小枝褐色或紫褐色，老枝灰黑色，嫩枝被长柔毛。单叶，互生；叶片卵形，长 1.5～5cm、宽 1.2～3.7cm，先端急尖或渐尖，基部宽楔形或圆形，全缘，幼时两面有长柔毛，逐渐脱落，老时变稀疏；叶柄长 2～5mm，被柔毛。聚伞花序，有 2～5 花；花梗长 2～7mm，被毛；花直径约 7mm；花萼筒外被柔毛，萼片 5，三角形；花瓣 5，直立，近圆形，白色外带红晕；雄蕊多数。梨果倒卵形或椭圆形，紫黑色，疏被毛，有 2 小核。花期 6～7 月，果期 8～9 月。

生境分布：平安、互助、乐都、民和、循化。生于河谷地带、河滩林下、林缘、山坡，海拔 2000～3800m。

匍匐枸子

分　　类：木兰纲　蔷薇目　蔷薇科　枸子属
学　　名：*Cotoneaster adpressus* Boisi.
别　　名：匍匐灰枸子、洮河枸子。

形态特征：落叶匍匐灌木。茎不规则分枝，平铺地上。小枝细瘦，圆柱形，幼嫩时具糙伏毛，逐渐脱落，红褐色至暗灰色。叶片宽卵形或倒卵形，稀椭圆形，长5～15mm、宽4～10mm，先端圆钝或稍急尖，基部楔形，边缘全缘而呈波状，上面无毛，下面具稀疏短柔毛或无毛；叶柄长1～2mm，无毛；托叶钻形，成长时脱落。花1～2；几无梗；直径7～8mm；萼筒钟状，外具稀疏短柔毛，内面无毛；萼片卵状三角形，先端急尖，外面有稀疏短柔毛，内面常无毛；花瓣直立，倒卵形，长约4.5mm、宽几与长相等，先端微凹或圆钝，粉红色；雄蕊10～15，短于花瓣；花柱2，离生，比雄蕊短；子房顶部有短柔毛。果实近球形，直径6～7mm，鲜红色，无毛，通常有2小核，稀3小核。花期5～6月，果期8～9月。

生境分布：平安、互助、乐都、民和、循化。生于阳坡岩石缝隙、山坡、林地、山顶岩石处，海拔1800～4100m。

水枸子

分　类：木兰纲　蔷薇目　蔷薇科　枸子属
学　　名：*Cotoneaster multiflorus* Bge.
别　　名：枸子木、多花枸子、多花灰枸子、灰枸子、香李。
形态特征：落叶灌木。高达 4m。枝条细，常呈弓形弯曲；小枝红褐色或棕褐色，无毛或幼时被微毛。托叶线形，脱落；叶柄长 3～8mm，幼时有柔毛，后脱落；叶片卵形、广卵形或菱状卵圆形，长 2～4cm、宽 1.5～3cm，基部广楔形或圆形，先端急尖或圆钝，上面无毛，背面幼时稍有绒毛，后脱落。花多数，5～21 朵成疏松的聚伞花序；总花梗和花梗无毛或微被柔毛，花梗长 4～6mm；苞片线形，无毛或有微毛；花径 1～1.2cm；萼筒钟状，无毛，萼裂片三角形，先端急尖，通常无毛；花瓣平展，近圆形，宽 4～5mm，先端圆钝或微缺，基部有短爪，白色；雄蕊约 20，稍短于花瓣；花柱通常 2，离生，比雄蕊短；子房上端有柔毛。果实近球形或倒卵形，直径约 8mm，红色，由 2 心皮合生成 1 小核。花期 5～6 月，果期 8～9 月。

生境分布：平安、互助、乐都、民和、化隆、循化。生于河滩、谷地、山坡、林下，海拔 1800～3700m。

甘肃山楂

分　　类：木兰纲　蔷薇目　蔷薇科　山楂属
学　　名：*Crataegus kansuensis* Wils.
别　　名：面旦子。
形态特征：落叶灌木或乔木。高 2.5～8m。枝刺多，锥形；小枝细，圆柱形，无毛，绿色带红色；二年生枝光亮，紫褐色。冬芽近圆形，先端钝，无毛，紫褐色。叶片宽卵形，长 4～6cm、宽 3～4cm，先端急尖，基部截形或宽楔形，边缘有尖锐重锯齿和 5～7 对不规则羽状浅裂片，裂片三角卵形，先端急尖或短渐尖。伞房花序；花直径 8～10mm；萼筒钟状；花瓣近圆形，直径 3～4mm，白色。果实近球形，直径 8～10mm，红色或橘黄色，萼片宿存；果梗细，长 1.5～2cm；小核 2～3，内面两侧有凹痕。花期 5 月，果期 7～9 月。

生境分布：互助、民和、循化。生于林下、林缘、山坡、阶地，海拔 2100～2800m。

金露梅

分　　类：木兰纲　蔷薇目　蔷薇科　金露梅属
学　　名：*Dasiphora fruticosa* (Linn.) Rydb.
别　　名：棍儿茶、药王茶、金蜡梅、金老梅、格桑花、扁麻。
形态特征：灌木。高 0.5～2m。多分枝。树皮纵向剥落。小枝红褐色，幼时被长柔毛。羽状复叶，有小叶 2 对，稀 3 小叶，上面一对小叶基部下延与叶轴汇合；叶柄被绢毛或疏柔毛；小叶片长圆形、倒卵状长圆形或卵状披针形，长 0.7～2cm，宽 0.4～1cm，全缘，边缘平坦，顶端急尖或圆钝，基部楔形，两面绿色，疏被绢毛或柔毛或脱落近于无毛；托叶薄膜质，宽大，外面被长柔毛或脱落。单花或数朵生于枝顶，花梗密被长柔毛或绢毛；花直径 2.2～3cm；萼片卵圆形，顶端急尖至短渐尖，副萼片披针形至倒卵状披针形，顶端渐尖至急尖，与萼片近等长，外面疏被绢毛；花瓣黄色，宽倒卵形，顶端圆钝，比萼片长；花柱近基生，棒形，基部稍细，顶部缢缩，柱头扩大。瘦果近卵形，褐棕色，长 1.5mm，外被长柔毛。花果期 6～9 月。
生境分布：平安、互助、乐都、民和、化隆、循化。生于山坡、河漫滩、山谷、灌丛，海拔 2500～3800m。

银露梅

分　　类：木兰纲　蔷薇目　蔷薇科　金露梅属
学　　名：*Dasiphora glabra* (G. Lodd.) Soják
别　　名：白花棍儿茶、银老梅。
形态特征：灌木。高0.3～2m，稀达3m。树皮纵向剥落。小枝灰褐色或紫褐色，被稀疏柔毛。叶为羽状复叶，有小叶2对，稀3小叶，上面一对小叶基部下延与轴汇合，叶柄被疏柔毛；小叶片椭圆形、倒卵状椭圆形或卵状椭圆形，长0.5～1.2cm、宽0.4～0.8cm，顶端圆钝或急尖，基部楔形或几圆形，边缘平坦或微向下翻卷，全缘，两面绿色，被疏柔毛或几无毛；托叶薄膜质，外被疏柔毛或脱落几无毛。顶生单花或数朵；花梗细长，被疏柔毛；花直径1.5～2.5cm；萼片卵形，急尖或短渐尖，副萼片披针形、倒卵状披针形或卵形，比萼片短或近等长，外面被疏柔毛；花瓣白色，倒卵形，顶端圆钝；花柱近基生，棒状，基部较细，在柱头下缢缩，柱头扩大。瘦果表面被毛。花果期6～11月。

生境分布：平安、互助、乐都、民和、化隆、循化。生于山坡、河漫滩、草坡、林缘、灌丛，海拔2400～3700m。

小叶金露梅

分　　类：木兰纲　蔷薇目　蔷薇科　金露梅属

学　　名：*Dasiphora parvifolia* (Fisch. ex Lehm.) Juz.

形态特征：灌木。高0.3～1.5m。分枝多。树皮纵向剥落。羽状复叶，有小叶2对，常混生有3对，基部两对小叶呈掌状或轮状排列；小叶小，披针形、带状披针形或倒卵状披针形，长0.7～1cm、宽2～4mm，顶端常渐尖，稀圆钝，基部楔形，边缘全缘，明显向下翻卷，两面绿色，被绢毛，或下面粉白色，有时被疏柔毛；托叶膜质，褐色或淡褐色，全缘，外面被疏柔毛。顶生单花或数朵，花梗被灰白色柔毛或绢状柔毛；花直径1.2～2.2cm；萼片卵形，顶端急尖，副萼片披针形、卵状披针形或倒卵状披针形，顶端渐尖或急尖，短于萼片或近等长，外面被绢状柔毛或疏柔毛；花瓣黄色，宽倒卵形，顶端微凹或圆钝，比萼片长1～2倍；花柱近基生，棒状，基部稍细，在柱头下缢缩，柱头扩大。瘦果表面被毛。花果期6～8月。

生境分布：平安、互助、乐都、民和、化隆、循化。生于干旱山坡、河漫滩、灌丛、草甸、山坡沟谷林缘或林中，海拔1800～4100m。

东方草莓

分　　类：木兰纲　蔷薇目 蔷薇科　草莓属
学　　名：*Fragaria orientalis* Losinsk.
别　　名：红颜草莓、野草莓。
形态特征：多年生草本。高 10～20cm。根状茎横走，黑褐色；匍匐茎细长。掌状三出复叶，基生，叶柄长 5～15cm，密被开展的长柔毛；小叶近无柄，宽卵形或菱状卵形，长 1.5～7cm、宽 1～4cm，边缘中上部有粗圆齿状锯齿；托叶膜质，条状披针形。聚伞花序生花莛顶部，花少数；花白色，直径 1.5～2cm；花萼被长柔毛，副萼片 5，条状披针形，萼片 5，卵状披针形；花瓣 5，近圆形；雄蕊、雌蕊均多数。瘦果卵形，直径约 0.5mm，多数聚生于肉质花托上。花期 5～6 月，果期 6～8 月。
生境分布：平安、互助、乐都、民和、化隆、循化。生于林缘、灌木林下、山坡沟谷、河滩、路边，海拔 1900～3800m。

野草莓

分　　类：木兰纲　蔷薇目　蔷薇科　草莓属
学　　名：*Fragaria vesca* Linn.
别　　名：欧洲草莓、瓢子。

形态特征：多年生草本。高 5～30cm。茎被开展柔毛，稀脱落。叶为 3 小叶，稀羽状 5 小叶，小叶无柄或顶端小叶具短柄；小叶片倒卵圆形，椭圆形或宽卵圆形，长 1～5cm、宽 0.6～4cm，顶端圆钝，顶生小叶基部宽楔形，侧生小叶基部楔形，边缘具缺刻状锯齿，锯齿圆钝或急尖，上面绿色，疏被短柔毛，下面淡绿色，被短柔毛或有时脱落几无毛；叶柄长 3～20cm，疏被开展柔毛，稀脱落。花序聚伞状，有花 2～5 朵，基部具一有柄小叶或为淡绿色钻形苞片，花梗被紧贴柔毛；长 1～3cm；萼片卵状披针形，顶端尾尖，副萼片窄披针形或钻形，花瓣白色；倒卵形；基部具短爪；雄蕊 20；不等长；雌蕊多数。聚合果卵球形，红色；瘦果卵形，表面脉纹不显著。花期 4～6 月，果期 6～9 月。

生境分布：互助、民和。生于山坡草地、山沟林下、河滩，海拔 1900～2800m。

山荆子

分　　类：木兰纲　蔷薇目　蔷薇科　苹果属
学　　名：*Malus baccata* (Linn.) Borkh.
别　　名：山丁子、山定子、林荆子。
形态特征：落叶乔木。高可达14m。树皮灰褐至紫褐色，浅裂。树冠扁球形。小枝细弱，微屈曲，红褐色，光滑，无毛。冬芽卵形，顶端渐尖，边缘微有绒毛。叶椭圆形或卵形，长3～8cm，宽2～4cm，先端渐尖，稀尾尖，基部楔形或圆形，缘多细锐锯齿，稀近全缘，侧脉3～4对，上下两面绿色，光滑或有稀疏毛，质地较薄；叶柄长2～5cm，无毛或有短柔毛及少数腺体；托叶披针形，膜质，全缘或有少数腺齿。伞形花序由4～6花组成；无总花梗，花梗长1.5～4cm，无毛；花直径3～3.5cm；萼筒外面光滑，萼片通常长于萼筒，披针形，先端渐尖，全缘，外面无毛，内面稍有绒毛；花瓣倒卵形，先端钝圆，白色；雄蕊15～20，花丝长短不齐；花柱4或5，基部有长柔毛。果实近球形，径8～10mm，熟时红色或黄色，萼片脱落，有微下陷的梗洼和萼洼，梗长3～4cm。花期4～5月，果期9～10月。

生境分布：互助、循化。生于山坡林中，海拔2200～2500m。

陇东海棠

分　　类：木兰纲　蔷薇目　蔷薇科　苹果属
学　　名：*Malus kansuensis* (Batal.) Schneid.
别　　名：甘肃海棠、大石枣。
形态特征：灌木至小乔木。高3～5m。小枝粗壮，圆柱形，嫩时有短柔毛，不久脱落，老时紫褐色或暗褐色。冬芽卵形，先端钝，鳞片边缘具绒毛，暗紫色。叶片卵形或宽卵形，长5～8cm、宽4～6cm，先端急尖或渐尖，基部圆形或截形，边缘有细锐重锯齿；通常3浅裂，稀有不规则分裂或不裂，裂片三角卵形，先端急尖，下面有稀疏短柔毛；叶柄长1.5～4cm，有疏生短柔毛；托叶草质，线状披针形，先端渐尖，边缘有疏生腺齿，长6～10mm，稍有柔毛。伞形总状花序，具花4～10朵，直径5～6.5cm，总花梗和花梗嫩时有稀疏柔毛，不久即脱落，花梗长2.5～3.5cm；苞片膜质，线状披针形，很早脱落；花直径1.5～2cm；萼筒外面有长柔毛；萼片三角卵形至三角披针形，先端渐尖，全缘，外面无毛，内面具长柔毛，与萼筒等长或稍长；花瓣宽倒卵形，基部有短爪，内面上部有稀疏长柔毛，白色；雄蕊20，花丝长短不一，约等于花瓣的一半；花柱3，稀4或2，基部无毛，比雄蕊稍长。果实椭圆形或倒卵形，直径1～1.5cm，黄红色，有少数石细胞，萼片脱落，果梗长2～3.5cm。花期5～6月，果期7～8月。

生境分布：循化。生于林中、林缘，海拔2400～2600m。

花叶海棠

分　　类：木兰纲　蔷薇目　蔷薇科　苹果属
学　　名：*Malus transitoria* (Batalin) Schneider.
别　　名：细弱海棠、涩枣子、小白石枣、马杜梨、花叶杜梨。
形态特征：小乔木。高达10m。小枝细长，嫩时密被绒毛，老枝暗紫色或紫褐色。冬芽卵形，先端钝，密被绒毛，有数枚外露鳞片。叶片卵形至广卵形，长2.5～5cm、宽2～4.5cm，先端急尖，基部圆形至宽楔形，边缘有不整齐锯齿，通常3～5不规则深裂，稀不裂，裂片长卵形至长椭圆形，先端急尖，上面被绒毛或近无毛，下面密被绒毛；叶柄长1.5～3.5cm，有窄叶翼，密被绒毛；托叶叶质，卵状披针形，先端急尖，全缘，被绒毛。花序近伞形，具花3～6；花梗长1.5～2cm，密被绒毛；苞片膜质，线状披针形，具毛，早落；花直径1～2cm；萼筒钟状，密被绒毛，萼片三角卵形，先端圆钝或微尖，全缘，长约3mm，内外两面均密被绒毛，比萼筒稍短；花瓣卵形，长8～10mm、宽5～7mm，基部有短爪，白色；雄蕊20～25，花丝长短不等，稍短于花瓣；花柱3～5，基部无毛，稍长或近等长于雄蕊。果实近球形，直径6～8mm，黄白色或浅红色，萼片脱落，萼洼下陷；果梗长1.5～2cm，外被绒毛或无，红色。花期5～6月，果期9～10月。

生境分布：互助、乐都、民和、化隆、循化。生于河滩、灌丛、沟底、山坡，海拔1800～2800m。

多裂委陵菜

分　　类：木兰纲　蔷薇目　蔷薇科　委陵菜属
学　　名：*Potentilla multifida* Linn.
别　　名：白马肉、细叶委陵菜。

形态特征：多年生草本。高 12～40cm。花茎上升，稀直立，被紧贴或开展短柔毛或绢状柔毛。基生叶羽状复叶，有小叶 3～5 对，稀 6 对，间隔 0.5～2cm，连叶柄长 5～17cm，叶柄被紧贴或开展短柔毛；小叶片对生，稀互生，羽状深裂几达中脉，长椭圆形或宽卵形，长 1～5cm、宽 0.8～2cm，向基部逐渐减小，裂片带形或带状披针形，顶端舌状或急尖，边缘向下翻卷，上面伏生短柔毛，稀无毛，中脉侧脉下陷，下面被白色绒毛，沿脉伏生绢状长柔毛；茎生叶 2～3，与基生叶形状相似，唯小叶对数向上逐渐减少；基生叶托叶膜质，褐色，外被疏柔毛，或脱落几无毛；茎生叶托叶草质，绿色，卵状披针形，顶端急尖或渐尖，2 裂或全缘。花序为伞房状聚伞花序，花后花梗伸长疏散；花梗长 1.5～2.5cm，被短柔毛；花直径 12～15cm；萼片三角状卵形，顶端急尖或渐尖，副萼片披针形或椭圆状披针形，先端圆钝或急尖，比萼片略短或近等长，外面被伏生长柔毛；花瓣黄色，倒卵形，顶端微凹，长不超过萼片 1 倍；花柱圆锥形，近顶生，基部具乳头膨大，柱头稍扩大。瘦果平滑或具皱纹。花期 5～8 月。

生境分布：平安、互助、乐都、民和。生于山坡、草地、河漫滩、林缘、草甸、灌丛，海拔 2200～3800m。

朝天委陵菜

分　　类：木兰纲　蔷薇目　蔷薇科　委陵菜属
学　　名：*Potentilla supina* Linn.
别　　名：鸡毛菜、铺地委陵菜、仰卧委陵菜、伏萎陵菜。
形态特征：多年生草本。高 10～20cm。根粗壮，圆柱形。花茎直立或上升，被白色绒毛及疏柔毛。基生叶为 3～5 掌状复叶，连叶柄长 2～5cm，被白色绒毛及疏柔毛，小叶无柄，小叶片长圆状倒卵形，长 0.5～2cm、宽 0.4～1cm，顶端圆钝或急尖，基部楔形，边缘有多数缺刻状锯齿，齿顶端急尖或微钝，上面绿色，伏生稀疏柔毛，下面密被白色绒毛，沿脉伏生疏柔毛；茎生叶 1～2，小叶 3～5，与基生叶小叶相似；基生叶托叶膜质，褐色，外面被白色长柔毛或脱落几无毛；茎生叶托叶草质，绿色，卵形或卵状披针形，通常全缘，顶端渐尖或急尖，下面被白色绒毛及疏柔毛。聚伞花序顶生，有花多朵，疏散；花梗长 1～3cm，外被白色绒毛；花直径 1～1.4cm；萼片三角状卵形或三角状披针形，副萼片披针形，顶端尖锐，比萼片短或几等长，外被白色绒毛及柔毛；花瓣黄色，倒卵形，顶端下凹，比萼片略长或长 1 倍；花柱近顶生，基部膨大不明显，柱头略扩大。瘦果光滑。花果期 6～8 月。

生境分布：乐都、民和、循化。生于山坡草地、杂草丛中，海拔 1800～2800m。

蕤核

分　　类：木兰纲　蔷薇目　蔷薇科　扁核木属
学　　名：*Prinsepia uniflora* (Maxim.) Batali
别　　名：茹茹、马茹、山桃、单花扁核木、扁核木、蕤李子、马茹刺。
形态特征：灌木。高 1～2m。老枝紫褐色，树皮光滑；小枝灰绿色或灰褐色，无毛或有极短柔毛；枝刺钻形，长 0.5～1cm，无毛，刺上不生叶。冬芽卵圆形，有多数鳞片。叶互生或丛生，近无柄；叶片长圆状披针形或狭长圆形，长 2～5.5cm、宽 6～8mm，先端圆钝或急尖，基部楔形或宽楔形，全缘，有时呈浅波状或有不明显锯齿，上面深绿色，下面淡绿色，中脉突起，两面无毛；托叶小，早落。花单生或 2～3 朵，簇生于叶丛内；花梗长 3～5mm，无毛；花直径 8～10mm；萼筒陀螺状；萼片短三角卵形或半圆形，先端圆钝，全缘，萼片和萼筒内外两面均无毛；花瓣白色，有紫色脉纹，倒卵形，长 5～6mm，先端啮蚀状，基部宽楔形，有短爪，着生在萼筒口花丬边缘处；雄蕊 10，花药黄色，圆卵形，花丝扁而短，比花药稍长，着生在花丬上；心皮 1，无毛，花柱侧生，柱头头状。核果球形，红褐色或黑褐色，直径 8～12mm，无毛，有光泽；萼片宿存，反折；核为左右压扁的卵球形，长约 7mm，有沟纹。花期 4～5 月，果期 8～9 月。

生境分布：循化。生于山坡，海拔 1800～2200m。

齿叶扁核木

分　　类：木兰纲　蔷薇目　蔷薇科　扁核木属
学　　名：*Prinsepia uniflora* var. *serrata* Rehd
别　　名：齿叶蕤核。
形态特征：灌木。高 0.5～1.5m。本变种与原变种的区别在于，叶片边缘有明显锯齿；不育枝上叶片卵状披针形或卵状长圆形，先端急尖或短渐尖；花枝上叶片长圆形或窄椭圆形。花梗长 5～15mm。

生境分布：民和、循化。生于山坡路边及山沟丘陵，海拔 1800～2800m。

藏杏

分　　类：木兰纲　蔷薇目 蔷薇科 李属

学　　名：*Prunus holosericea* (Batal.) Kost

形态特征：乔木。高4～5m。小枝红褐色或灰褐色，幼时被短柔毛，逐渐脱落。叶片卵形或椭圆卵形，长4～6cm、宽3～5cm，先端渐尖，基部圆形至浅心形，叶边具细小锯齿，幼时两面被短柔毛，逐渐脱落，老时毛较稀疏；叶柄长1.5～2cm，被柔毛，常有腺体。果实卵球形或卵状椭圆形，直径2～3cm，密被短柔毛，稍肉质，成熟时不开裂；果梗长4～7mm；核卵状椭圆形或椭圆形，两侧扁，顶端急尖，基部近对称或稍不对称，表面具皱纹，腹棱微钝。果期6～7月。

生境分布：循化。生于干山坡，海拔2000～2200m。

四川臭樱

分　　类：木兰纲　蔷薇目　蔷薇科　李属
学　　名：*Prunus hypoxantha* (Koehne) J. Wen
别　　名：华西臭樱。

形态特征：落叶灌木。高3～6m。多年生枝条紫褐色，无毛，有光泽；冬芽卵圆形，紫红色，边缘基部有带腺体锯齿，外面无毛，宿存或很晚脱落。叶片长圆形或椭圆形，长5～11cm、宽2.5～5cm，先端急尖、渐尖或短尾尖，基部近圆形或宽楔形，叶边有重锯齿，侧脉12～20对，中脉和侧脉明显突起；叶柄长2～7mm，密被棕褐色长柔毛；托叶草质，稀膜质，线形或披针形，长1～1.3cm，很迟脱落。总状花序，长3～5cm，生于侧枝顶端；花梗长约2mm，总花梗和花梗密被棕褐色短柔毛；苞片膜质，披针形或卵状披针形，长可达4mm，先端急尖，全缘或有不明显浅齿，有毛，脱落很迟；萼筒钟状，外面有柔毛，内面无毛；萼片小，10～12，卵形，先端急尖，全缘，内、外两面被柔毛，比萼筒短2～3倍；无花瓣；两性花；雄蕊多数，排成紧密不规则2轮，着生在萼筒口部，雌蕊1，心皮无毛，柱头偏斜，花柱细长，伸出雄蕊之外，比雄蕊长1/3或稍长。核果卵球形，直径约8mm，先端有花柱基部宿存，紫黑色，无毛；果梗短粗，3～5mm，被棕褐色柔毛；萼片脱落；核卵形，略尖，有突起，易碎。花期4～6月，果期6月。

生境分布：民和、循化。生于山坡、灌丛中，海拔2300～2600m。

臭樱

分　　类：木兰纲　蔷薇目　蔷薇科　李属
学　　名：*Prunus hypoleuca* (Koehne) J. Wen
别　　名：假稠李、锐齿臭樱。
形态特征：落叶灌木。高2～5m。枝条黑色或紫黑色，无毛，当年生小枝红褐色，密被棕褐色柔毛，逐渐脱落。冬芽长圆形或卵圆形，红褐色，有数枚覆瓦状排列鳞片，边缘有密腺齿，有明显并行脉，很迟脱落。叶片卵状长圆形或长圆形，稀椭圆形，长5～10cm、宽3～5cm，先端急尖或尾尖，基部近圆形或宽楔形，边缘有缺刻状重锯齿，上面深绿色，无毛或偶有贴生稀疏柔毛，下面淡绿色，侧脉10～15对，中脉和侧脉均明显突起，而带赭黄色；叶柄长2～3mm，被棕褐色长柔毛；托叶膜质，披针形或线形，长可达1.5cm，先端渐尖，边缘有腺齿或下半部有腺齿，上半部全缘。总状花序，长3～5cm，花多数密集；花梗长约2mm，总花梗和花梗密被棕褐色柔毛；苞片膜质，披针形或线形，边缘有腺齿或无，有毛；萼筒钟状，外面有毛，内面近无毛；萼片长圆形，先端急尖，全缘，外面有柔毛，内面基部有毛，比萼筒短2～3倍；两性花，雄蕊30～35，排成紧密不规则2轮，着生在萼筒口部；雌蕊1，心皮无毛，柱头偏斜，花柱细长，伸出雄蕊之外。核果卵球形，紫黑色，直径约8mm，顶端有尖头，花柱基部宿存；果梗长3～4mm，密被棕褐色长柔毛；萼片宿存。花期5月，果期6月。
生境分布：民和、循化。生于山坡、灌丛中，海拔2300～2600m。

甘肃桃

分　　类：木兰纲　蔷薇目　蔷薇科　李属

学　　名：*Prunus kansuensis* (Rehd.) Skeels

形态特征：乔木或灌木。高 3～7m。小枝细长，无毛，绿褐色，向阳处转变成红褐色，具不明显小皮孔。冬芽卵形至长卵形，顶端稍钝，无毛。叶片卵状披针形或披针形，长 5～12cm、宽 1.5～3.5cm，在中部以下最宽，先端渐尖，基部宽楔形，上面无毛，下面近基部沿中脉具柔毛或无毛，叶边有稀疏细锯齿，齿端有或无腺体；叶柄长 0.5～1cm，无毛，常无腺体。花单生，先于叶开放，直径 2～3cm；花梗极短或几无梗；萼筒钟形，外被短柔毛，稀几无毛；萼片卵形至卵状长圆形，先端圆钝，外被短柔毛；花瓣近圆形或宽倒卵形，白色或浅粉红色，先端圆钝，边缘有时呈波状或浅缺刻状，基部渐狭成爪；雄蕊 20～30；子房被柔毛，花柱长于雄蕊。果实卵圆形或近球形，直径约 2cm，熟时淡黄色，外面密被短柔毛，肉质，熟时不开裂；果梗长 4～5mm；核近球形，两侧明显，扁平，顶端圆钝，基部近截形，两侧对称，表面具纵、横浅沟纹，但无孔穴。花期 3～4 月，果期 8～9 月。

生境分布：民和、循化。生于山坡及林内，海拔 1800～2200m。

保护级别：列入 2021 年《国家重点保护野生植物名录》二级。

稠李

　　分　　类：木兰纲　蔷薇目　蔷薇科　李属
　　学　　名：*Prunus padus* Linn.
　　别　　名：臭李子、臭耳子。
　　形态特征：乔木，少有灌木。高达15m。小枝有棱，紫褐色，微生短柔毛或无毛。叶椭圆形、倒卵形或矩圆状倒卵形，长6～14cm、宽3～7cm，边缘有锐锯齿，上面深绿色，下面灰绿色，无毛或仅下面脉腋间有丛毛；叶柄长1～1.5cm，无毛，近顶端或叶片基部有2腺体；托叶条形，早落。总状花序下垂；花梗长7～13mm，总花梗和花梗无毛；花直径1～1.5cm；萼筒杯状，无毛，裂片卵形，花后反折；花瓣白色，有香味，倒卵形；雄蕊多数，比花瓣短；心皮1，花柱比雄蕊短。核果球形或卵球形，直径6～8mm，黑色，有光泽；核有明显皱纹。花期4～5月，果期6～7月。
　　生境分布：民和、循化。生于山坡、山沟或灌丛中，海拔2200～2600m。

托叶樱桃

分　　类：木兰纲　蔷薇目 蔷薇科　李属
学　　名：*Prunus stipulacea* (Maxim.) Yü & Li
别　　名：托叶樱。
形态特征：灌木或小乔木。高1～7m。叶片卵形、卵状椭圆形或倒卵状椭圆形，长3～6.5cm、宽2～4cm，先端渐尖或骤尾尖，基部圆形，边有缺刻状尖锐重锯齿，重锯齿由2～3齿组成，上面深绿色，被稀疏短毛，下面浅绿色，无毛或脉腋有簇毛，侧脉6～10对；叶柄长1～1.3cm，无毛；托叶在营养枝上较大，呈小叶状，卵圆形，长5～10mm、宽4～8mm，边有羽裂状锯齿；托叶在生殖枝上较小，绿色，卵状披针形，长4～6mm、宽2～3mm，边有尖锐锯齿。伞形花序，通常有2花，稀3花，先叶开放或近先叶开放；总苞片椭圆形，褐色，长5～7mm、宽3～4mm，边缘有腺体，外面无毛，内面伏生长柔毛；总梗无或极短；苞片褐色或绿褐色，长椭圆形，长5～6mm、宽3～4mm，边有腺齿，开花后脱落；花梗长7～13mm，无毛；萼筒管形钟状，长5～7mm、宽3～4mm，无毛，萼片三角形，长3～4mm，先端急尖，全缘，短于萼筒；花瓣淡红色或白色，宽倒卵形，先端圆钝或急尖；雄蕊35～40，比花瓣稍短；花柱伸出，远长于雄蕊，基部有稀疏柔毛。核果椭圆球形，红色，纵径1～1.2cm、横径0.8～1cm；核表面略有棱纹；果梗长10～15mm，先端肥厚，无毛。花期5～6月，果期7～8月。
生境分布：互助、乐都、民和、循化。生于河谷、山坡林下或灌木丛中，海拔2000～3500m。

毛樱桃

分　　类：木兰纲　蔷薇目　蔷薇科　李属
学　　名：*Prunus tomentosa* Thunb.
别　　名：樱桃、山樱桃、野樱挑、山豆子。

形态特征：落叶灌木，稀呈小乔木状。高0.3～1m。小枝紫褐色或灰褐色，幼枝密被黄色绒毛或无毛。单叶互生，或于短枝上簇生；叶柄长2～8mm，被绒毛；托叶线形，被长柔毛；叶片卵状椭圆形或倒卵状椭圆形，长2～7cm、宽1～3.5cm，先端急尖或渐尖，基部楔形，有急尖或粗锐锯齿，上面暗绿色或深绿色，被疏柔毛，下面灰绿色，密被灰色柔毛或渐变稀疏；侧脉4～7对。花两性；单生或两朵簇生；花叶同开或近先叶开放；花梗长2.5mm或近无梗；萼片5，三角状卵形，内外两面被短柔毛或无毛，基部连合成管状或杯状，外被短柔毛；花瓣5，白色或粉红色，倒卵形，先端圆钝；雄蕊20～25，短于花瓣；花柱与雄蕊近等长或稍长；子房被毛或仅先端或基部被毛。核果近球形，红色，直径5～12mm。花期4～5月，果期6～9月。

生境分布：互助、循化。生于林下、山间河谷、山坡，海拔2200～3000m。

西北蔷薇

分　　类：木兰纲　蔷薇目　蔷薇科　蔷薇属
学　　名：*Rosa davidii* Crép.
别　　名：山刺玫、万朵刺、花别刺。

形态特征：灌木。高 1.5～3cm。小枝圆柱形，开展，细弱，无毛；刺直立或弯曲，通常扁而基部膨大。小叶 7～9，稀 5 或 11，连叶柄长 7～1.4cm；小叶片卵状长圆形或椭圆形；长 2.5～6cm、宽 1～3cm，先端急尖，基部近圆形或宽楔形，边缘有尖锐单锯齿，而近基部全缘，上面深绿色，通常无毛，下面灰白色，密被短柔毛或至少散生柔毛，小叶柄和叶轴有短柔毛、腺毛和稀疏小皮刺；托叶大部分贴生于叶柄，离生部分卵形；先端有短尖，边缘有腺体。花多朵，排成伞房状花序；有大型苞片，苞片卵形或披针形，先端渐尖，两面有短柔毛；花梗长 1.5～2.5cm，有柔毛和腺毛；花直径 2～3cm；萼片卵形，先端伸长成叶状，全缘，两面均有短柔毛，内面较密，外面有腺毛；花瓣深粉色，宽倒卵形，先端微凹，基部宽楔形；花柱离生，密被柔毛，外伸，比雄蕊短或近等长。果长椭圆形或长倒卵球形，顶端有长颈，直径 1～2cm，深红色或橘红色，有腺毛或无腺毛；果梗密被柔毛和腺毛；萼片宿存直立。花期 6～7 月，果期 9 月。

生境分布：互助、乐都、循化。生于山坡、林下，海拔 2100～2900m。

黄蔷薇

分　　类：木兰纲　蔷薇目　蔷薇科　蔷薇属
学　　名：*Rosa hugonis* Hemsl.
别　　名：大马茹子、红眼刺。
形态特征：矮小灌木。高约 2.5m。枝粗壮，常呈弓形；小枝圆柱形，无毛；皮刺扁平，常混生细密针刺。小叶 5～13，连叶柄长 4～8cm；小叶卵形、椭圆形或倒卵形，长 8～20mm、宽 5～12mm，先端圆钝或急尖，边缘有锐锯齿，两面无毛，上面中脉下陷，下面中脉突起；托叶狭长，大部分贴生于叶柄，离生部分极短，呈耳状，无毛，边缘有稀疏腺毛。花单生于叶腋；无苞片；花梗长 1～2cm，无毛；花直径 4～5.5cm；萼筒、萼片外面无毛，萼片披针形，先端渐尖，全缘，有明显的中脉，内面有稀疏柔毛；花瓣黄色，宽倒卵形，先端微凹，基部宽楔形；雄蕊多数，着生在坛状萼筒口的周围；花柱离生，被白色长柔毛，稍伸出萼筒口外面，比雄蕊短。果实扁球形，直径 12～15mm，紫红色至黑褐色，无毛，有光泽，萼片宿存反折。花期 5～6 月，果期 7～8 月。
生境分布：互助、民和、循化。生于山坡灌丛、林间，海拔 1800～2600m。

峨眉蔷薇

分　　类：木兰纲　蔷薇目 蔷薇科　蔷薇属
学　　名：*Rosa omeiensis* Rolfe.
别　　名：刺石榴、山石榴。

形态特征：直立灌木。高3～4m。小枝细弱，无刺或有扁而基部膨大的皮刺，幼嫩时常密被针刺或无针刺。小叶9～17，连叶柄长3～6cm；小叶片长圆形或椭圆状长圆形，长8～30mm、宽4～10mm，先端急尖或圆钝，基部圆钝或宽楔形，边缘有锐锯齿，上面无毛，中脉下陷，下面无毛或在中脉有疏柔毛，中脉突起；叶轴和叶柄有散生小皮刺；托叶大部贴生于叶柄，顶端离生部分呈三角状卵形，边缘有齿或全缘，有时有腺。花单生于叶腋，无苞片；花梗长6～20mm，无毛；花直径2.5～3.5cm；萼片4，披针形，全缘，先端渐尖或长尾尖，外面近无毛，内面有稀疏柔毛；花瓣4，白色，倒三角状卵形，先端微凹，基部宽楔形；花柱密生长柔毛，比雄蕊短很多。果倒卵球形或梨形，直径8～15mm，亮红色，成熟时果梗肥大，萼片直立宿存。花期5～6月，果期7～9月。

生境分布：互助、乐都、民和、循化。生于山坡灌丛下、山沟林间、路边、高山草甸、阴山崖下、河谷、林缘，海拔2200～3900m。

钝叶蔷薇

分　　类：木兰纲　蔷薇目　蔷薇科　蔷薇属

学　　名：*Rosa sertata* Rolfe.

形态特征：灌木。高1～4m。小枝圆柱形，细弱，无毛，散生直立皮刺或无刺。小叶7～11，连叶柄长5～8cm；小叶片广椭圆形至卵状椭圆形，长1～2.5cm、宽7～1.5mm，先端急尖或圆钝，基部近圆形或宽楔形，边缘具尖锐单锯齿，近基部全缘，两面无毛，或下面沿中脉有稀疏柔毛，中脉和侧脉均突起；小叶柄和叶轴有稀疏柔毛，腺毛和小皮刺；托叶大部贴生于叶柄，离生部分耳状，卵形，无毛，边缘有腺毛。花单生或3～5朵，直径2～3.5cm，排成伞房状；小苞片1～3枚，苞片卵形，先端短渐尖，无毛，边缘有腺毛；花梗长1.5～3cm，花梗和萼筒无毛，或有稀疏腺毛；萼片卵状披针形，先端延长成叶状，全缘，外面无毛，内面密被黄白色柔毛，边缘较密；花瓣粉红色或玫瑰色，宽倒卵形，先端微凹，基部宽楔形，比萼片短或近等长；花柱离生，被柔毛，比雄蕊短。果卵球形，顶端有短颈，长1.2～2cm、径约1cm，深红色。花期6～7月，果期7～10月。

生境分布：互助、循化。生于林下，海拔2200～3400m。

秀丽莓

分　　类：木兰纲　蔷薇目 蔷薇科　悬钩子属
学　　名：*Rubus amabilis* Focke.
别　　名：美丽悬钩子

形态特征：灌木。高1～3m。茎无毛，散生基部宽的细尖皮刺，上部无刺。单数羽状复叶，小叶7～11，卵形或卵状披针形，长1～5.5cm、宽7～20mm，顶端小叶长2.5～4cm，先端锐尖或渐尖，基部圆形或宽楔形，上面近无毛，下面脉上有柔毛，中脉上有小钩刺，边缘有缺刻状重锯齿；叶柄长1～2.5cm，和叶轴有皮刺。花单生，白色，直径3～4cm，下垂；花梗长5～15mm，和萼裂片内外面有柔毛及小钩刺；萼裂片窄卵形，顶端渐尖。聚合果短圆柱形，长1.5～2.5cm，红色，具心皮柄，幼时具稀疏短柔毛，老时无毛；核肾形，稍有网纹。花期4～5月，果期7～8月。

生境分布：互助、民和、循化。生于山沟林下、山坡河谷，海拔2000～2600m。

菰帽悬钩子

分　　类：木兰纲　蔷薇目　蔷薇科　悬钩子属

学　　名：*Rubus pileatus* Focke.

形态特征：攀援灌木。高1～3m。小枝紫红色，无毛，被白粉，疏生皮刺。小叶常5～7，卵形、长圆状卵形或椭圆形，长2.5～6cm、宽1.5～4cm，顶端急尖至渐尖，基部近圆形或宽楔形，两面沿叶脉有短柔毛，顶生小叶稍有浅裂片，边缘具粗重锯齿；叶柄长3～10cm，顶生小叶柄长1～2cm，侧生小叶近无柄，与叶轴均被疏柔毛和稀疏小皮刺；托叶线形或线状披针形。伞房花序顶生，具花3～5朵，稀单花腋生；花梗细，长2～3.5cm，无毛，疏生细小皮刺或无刺；苞片线形，无毛；花直径1～2cm；花萼外面无毛，紫红色；萼片卵状披针形，长7～10mm、宽2～4mm，顶端长尾尖，外面无毛或仅边缘具绒毛，在果期常反折；花瓣倒卵形，白色，基部具短爪并疏生短柔毛，比萼片稍短或几等长；雄蕊长5～7mm，花丝线形；花柱下部和子房密被灰白色长绒毛，花柱在果期增长。果实卵球形，直径0.8～1.2cm，红色，具宿存花柱，密被灰白色绒毛；核具明显皱纹。花期6～7月，果期8～9月。

生境分布：互助、民和、循化。生于山沟林下，海拔2000～2600m。

库页悬钩子

分　　类：木兰纲　蔷薇目　蔷薇科　悬钩子属

学　　名：*Rubus sachalinensis* Lévl.

形态特征：灌木或矮小灌木。高0.6～2m。枝紫褐色，小枝色较浅，具柔毛，老时脱落，被较密黄色、棕色或紫红色直立针刺，并混生腺毛。小叶常3，不孕枝上有时具5小叶，卵形、卵状披针形或长圆状卵形，长1～7cm，宽1.5～4cm，顶端急尖，顶生小叶顶端常渐尖，基部圆形，有时浅心形，上面无毛或稍有毛，下面密被灰白色绒毛，边缘有不规则粗锯齿或缺刻状锯齿；叶柄长2～5cm；顶生小叶柄长1～2cm，侧生小叶几无柄，均具柔毛、针刺或腺毛；托叶线形，有柔毛或疏腺毛。花5～9朵成伞房状花序，顶生或腋生，稀单花腋生；总花梗和花梗具柔毛，密被针刺和腺毛；花梗长1～2cm；苞片小，线形，有柔毛和腺毛；花直径约1cm；花萼外面密被短柔毛，具针刺和腺毛，萼片三角披针形，长约1cm，顶端长尾尖，外面边缘常具灰白色绒毛，在花果时常直立开展；花瓣舌状或匙形，白色，短于萼片，基部具爪；花丝几与花柱等长；花柱基部和子房具绒毛。果实卵球形，较干燥，直径约1cm，红色，具绒毛；核有皱纹。花期6～7月，果期8～9月。

生境分布：平安、互助、乐都。生于半山坡、山沟、林下，海拔2200～3400m。

地榆

分　　类：木兰纲　蔷薇目 蔷薇科　地榆属
学　　名：*Sanguisorba officinalis* Linn.
别　　名：一串红、山枣子、玉札、黄瓜香、豚榆系。
形态特征：多年生草本。高1～2m。根茎粗壮，生多数肥厚的纺锤形成长圆柱形的根。茎直立，有棱。单数羽状复叶，互生；根生叶较茎生叶大，具长柄，茎生叶近于无柄，有半圆形环抱状托叶，托叶边缘具三角状齿；小叶5～19片，椭圆形至长卵圆形，长2～7cm、宽0.5～3cm，先端尖或钝圆，基部截形、阔楔形或略似心形，边缘具尖圆锯齿，小叶柄短或几无柄。花小，密集成倒卵形，短圆柱形或近球形的穗状花序，疏生于茎顶；花序梗细长、光滑或稍被细毛；花暗紫色，苞片2，膜质，披针形，被细柔毛；花被4裂，裂片椭圆形或广卵形；雄蕊4，着生于花被筒的喉部，花药黑紫色；子房上位，卵形，有毛，花柱细长，柱头乳头状。瘦果椭圆形或卵形，褐色，有4纵棱，呈狭翅状；种子1枚。花果期6～9月。
生境分布：互助、乐都、民和、循化。生于山坡、田边路旁、草甸、河漫滩，海拔2000～3400m。

鸡冠茶

分　　类：木兰纲　蔷薇目 蔷薇科　毛莓草属
学　　名：*Sibbaldianthe bifurca* (Linn.) Kurtto & T. Erikss.
别　　名：高二裂委陵菜、二裂委陵菜、长叶二裂委陵菜、矮生二裂委陵菜、痔疮草、叉叶委陵菜。
形态特征：多年生草本或亚灌木。高5～20cm。根圆柱形，纤细，木质。花茎直立或上升，密被疏柔毛或微硬毛。羽状复叶，有小叶5～8对，最上面2～3对小叶基部下延与叶轴汇合，连叶柄长3～8cm；叶柄密被疏柔毛或微硬毛，小叶片无柄，对生，稀互生，椭圆形或倒卵状椭圆形，长0.5～1.5cm、宽0.4～0.8cm，顶端常2裂，稀3裂，基部楔形或宽楔形，两面绿色，伏生疏柔毛；下部叶托叶膜质，褐色，外面被微硬毛，稀脱落几无毛，上部茎生叶托叶草质，绿色，卵状椭圆形，常全缘，稀有齿。近伞房状聚伞花序，顶生，疏散；花直径0.7～1cm；萼片卵圆形，顶端急尖，副萼片椭圆形，顶端急尖或钝，比萼片短或近等长，外面被疏柔毛；花瓣黄色，倒卵形，顶端圆钝，比萼片稍长；心皮沿腹部有稀疏柔毛；花柱侧生，棒形，基部较细，顶端缢缩，柱头扩大。瘦果表面光滑。花果期5～9月。

生境分布：平安、互助、乐都、民和、化隆、循化。生于干山坡、撂荒地、路边、河滩上、灌丛草甸，海拔2100～3800m。

窄叶鲜卑花

分　　类：木兰纲　蔷薇目　蔷薇科　鲜卑花属

学　　名：*Sibiraea angustata* (Rehd.) Hand.-Mazz.

形态特征：灌木。高达2～2.5m。小枝圆柱形，微有棱角，幼时微被短柔毛，暗紫色，老时光滑无毛，黑紫色。冬芽卵形至三角卵形，先端急尖或圆钝，微被短柔毛，有2～4枚外露鳞片。叶在当年生枝条上互生，在老枝上通常丛生；叶片窄披针形、倒披针形，稀长椭圆形，长2～8cm、宽1.5～2.5cm，先端急尖或突尖，稀渐尖，基部下延呈楔形，全缘，上下两面均不具毛，仅在幼时边缘具柔毛，老时近于无毛，下面中脉明显，侧脉斜出；叶柄很短，不具托叶。顶生穗状圆锥花序，长5～8cm、直径4～6cm；花梗长3～5mm，总花梗和花梗均密被短柔毛；苞片披针形，先端渐尖，全缘，内外两面均被柔毛；花直径约8mm；萼筒浅钟状，外被柔毛，萼片宽三角形，先端急尖，全缘，内外两面均被稀疏柔毛；花瓣宽倒卵形，先端圆钝，基部下延呈楔形，白色；雄花具雄蕊20～25，着生在萼筒边缘，花丝细长，药囊黄色，约与花瓣等长或稍长，雌花具退化雄蕊，花丝极短；花丬环状，肥厚，具10裂片；雄花具3～5退化雌蕊，四周密被白色柔毛；雌花具雌蕊5，花柱稍偏斜，柱头肥厚，子房光滑无毛。蓇葖果直立，长约4mm，具宿存直立萼片；果梗长3～5mm，具柔毛。花期6月，果期8～9月。

生境分布：平安、互助、乐都。生于山坡草丛、灌丛、高山草甸、河滩、林下、沟谷、水沟边，海拔2500～3800m。

维管植物门 TRACHEOPHYTA

华北珍珠梅

分　　类：木兰纲　蔷薇目　蔷薇科　鲜卑花属
学　　名：*Sorbaria kirilowii* (Regel & Tiling) Maxim.
别　　名：吉氏珍珠梅、珍珠梅。
形态特征：灌木。高达3m。羽状复叶，具有小叶片13～21，连叶柄在内长21～25cm、宽7～9cm，光滑无毛；小叶片对生，相距1.5～2cm，披针形至长圆披针形，长4～7cm、宽1.5～2cm；羽状网脉，侧脉15～23对近平行，下面显著；小叶柄短或近于无柄，无毛；托叶膜质，线状披针形，长8～15mm，先端钝或尖，全缘或顶端稍有锯齿，无毛或近于无毛。顶生大型密集的圆锥花序，分枝斜出或稍直立，长15～20cm、直径7～11cm，无毛，微被白粉；花梗长3～4mm；苞片线状披针形，先端渐尖，全缘，长2～3mm；花直径5～7mm；萼筒浅钟状，内外两面均无毛；萼片长圆形，先端圆钝或截形，全缘，萼片与萼筒近等长；花瓣倒卵形或宽卵形，先端圆钝，基部宽楔形，长4～5mm，白色；雄蕊20，与花瓣等长或稍短于花瓣，着生在花盘边缘；花盘圆杯状；心皮5，无毛，花柱稍短于雄蕊。蓇葖果长圆柱形，无毛，长约3mm，花柱稍侧生，向外弯曲；萼片宿存，反折，稀开展；果梗直立。花期6～7月，果期9～10月。
生境分布：互助、乐都、民和、循化。生于山坡灌丛、河谷阶地、河边，海拔1900～2600m。

湖北花楸

分　　类：木兰纲　蔷薇目　蔷薇科　花楸属
学　　名：*Sorbus hupehensis* Schneid.
别　　名：雪压花。

形态特征：乔木。高 5～10m。小枝圆柱形，暗灰褐色，具少数皮孔，幼时微被白色绒毛，不久脱落。奇数羽状复叶，连叶柄共长 10～15cm，叶柄长 1.5～3.5cm；小叶片 4～8 对，间隔 0.5～1.5cm，基部和顶端的小叶片较中部的稍长，长圆披针形或卵状披针形，长 3～5cm、宽 1～1.8cm，先端急尖、圆钝或短渐尖，边缘有尖锐锯齿，近基部 1/3 或 1/2 几为全缘，上面无毛，下面沿中脉有白色绒毛，逐渐脱落无毛；侧脉 7～16 对，几乎直达叶边锯齿；叶轴上面有沟，初期被绒毛，以后脱落；托叶膜质，线状披针形，早落。复伞房花序具多数花；总花梗和花梗无毛或被稀疏白色柔毛，花梗长 3～5mm；花直径 5～7mm；萼筒钟状，外面无毛，内面几无毛，萼片三角形，先端急尖，外面无毛，内面近先端微具柔毛；花瓣卵形，长 3～4mm、宽约 3mm，先端圆钝，白色；雄蕊 20，长为花瓣的 1/3；花柱 4～5，基部有灰白色柔毛，稍短于雄蕊或几与雄蕊等长。果实球形，直径 5～8mm，白色，有时带粉红晕，先端具宿存闭合萼片。花期 5～7 月，果期 8～9 月。

生境分布：互助、民和、循化。生于阴坡灌林中、林下、河谷、林边、峡谷，海拔 2000～3500m。

陕甘花楸

分　　类：木兰纲　蔷薇目　蔷薇科　花楸属
学　　名：*Sorbus koehneana* Schneid.
别　　名：昆氏花楸。
形态特征：灌木或小乔木。高达4m。小枝圆柱形，暗灰色或黑灰色。奇数羽状复叶，连叶柄共长10～16cm，叶柄长1～2cm；小叶片8～12对，间隔7～12mm，长圆形至长圆状披针形，长1.5～3cm、宽0.5～1cm，先端圆钝或急尖，基部偏斜圆形，边缘每侧有尖锐锯齿10～14，全部有锯齿或仅基部全缘，上面无毛，下面灰绿色，仅在中脉上有稀疏柔毛或近无毛，不具乳头状突起；叶轴两面微具窄翅，有极稀疏柔毛或近无毛，上面有浅沟；托叶草质，少数近于膜质，披针形，有锯齿，早落。复伞房花序多生在侧生短枝上，具多数花；总花梗和花梗有稀疏白色柔毛，花梗长1～2mm；萼筒钟状，内外两面均无毛，萼片三角形，先端圆钝，外面无毛，内面微具柔毛；花瓣宽卵形，长4～6mm、宽3～4mm，先端圆钝，白色，内面微具柔毛或近无毛；雄蕊20，长约为花瓣的1/3；花柱5，几与雄蕊等长，基部微具柔毛或无毛。果实球形，直径6～8mm，白色，先端具宿存闭合萼片。花期6月，果期9月。
生境分布：平安、互助、乐都、民和、化隆、循化。生于山坡、林下、灌丛、河漫滩，海拔2000～3800m。

天山花楸

分　　类：木兰纲　蔷薇目　蔷薇科　花楸属
学　　名：*Sorbus tianschanica* Rupr.
别　　名：花楸。
形态特征：灌木或小乔木。高达 5m。小枝粗壮，圆柱形，褐色或灰褐色，有皮孔，嫩枝红褐色，微具短柔毛。冬芽大，长卵形，先端渐尖，有数枚褐色鳞片，外被白色柔毛。奇数羽状复叶，连叶柄长 14～17cm，叶柄长 1.5～3.3cm；小叶片 4～7 对，间隔 1.5～2cm，顶端和基部的稍小，卵状披针形，长 5～7cm、宽 1.2～2cm，先端渐尖，基部偏斜圆形或宽楔形，边缘大部分有锐锯齿，仅基部全缘，两面无毛，下面色较浅；叶轴微具窄翅，上面有沟，无毛；托叶线状披针形，膜质，早落。复伞房花序大，有多数花，排列疏松，无毛；花梗长 4～8mm；花直径 15～20mm；萼筒钟状，内外两面均无毛，萼片三角形，先端钝，稀急尖，外面无毛，内面有白色柔毛；花瓣卵形或椭圆形，长 6～9mm、宽 5～7mm，先端圆钝，白色，内面微具白色柔毛；雄蕊 15～20，通常 20，长约为花瓣的一半或更短；花柱 3～5，通常 5，稍短于雄蕊或几乎等长，基部密被深色绒毛。果实球形，直径 10～12mm，鲜红色，先端宿存闭合萼片。花期 5～6 月，果期 9～10 月。

生境分布：互助、乐都。生于山坡、林下、林缘，海拔 2200～3800m。

高山绣线菊

分　　类：木兰纲　蔷薇目　蔷薇科　绣线菊属
学　　名：*Spiraea alpina* Pall.
别　　名：绒线菊。
形态特征：灌木。高 50～120cm。枝条直立或开张，小枝有明显棱角，幼时被短柔毛，红褐色，老时灰褐色，无毛。冬芽小，卵形，通常无毛，有数枚外露鳞片。叶片多数簇生，线状披针形至长圆倒卵形，长 7～16mm、宽 2～4mm，先端急尖或圆钝，基部楔形，全缘，两面无毛，下面灰绿色，具粉霜，叶脉不显著；叶柄甚短或几无柄。伞形总状花序具短总梗，有花 3～15；花梗长 5～8mm，无毛；苞片小，线形；花直径 5～7mm；萼筒钟状，外面无毛，内面具短柔毛，萼片三角形，先端急尖，内面被短柔毛；花瓣倒卵形或近圆形，先端圆钝或微凹，长与宽各 2～3mm，白色；雄蕊 20，几与花瓣等长或稍短于花瓣；花盘显著，圆环形，具 10 枚明显的裂片；子房外被短柔毛，花柱短于雄蕊。蓇葖果开张，无毛或仅沿腹缝线具稀疏短柔毛，花柱近顶生，较雄蕊短。花期 6～7 月，果期 8～9 月。

生境分布：平安、互助、乐都、民和、化隆、循化。生于阴坡灌丛、高山草甸、河漫滩、河谷阶地、山顶，海拔 2900～4100m。

蒙古绣线菊

分　　类：木兰纲　蔷薇目　蔷薇科　绣线菊属

学　　名：*Spiraea mongolica* Maxim.

形态特征：灌木。高达3m。小枝细瘦，有棱角，幼时无毛，红褐色，老时灰褐色。冬芽长卵形，先端长渐尖，较叶柄稍长，外被2枚棕褐色鳞片，无毛。叶片长圆形或椭圆形，长8～20mm、宽3.5～7mm，先端圆钝或微尖，基部楔形，全缘，稀先端有少数锯齿，上面无毛，下面色较浅，无毛，稀具短柔毛，有羽状脉；叶柄极短，长1～2mm，无毛。伞形总状花序具总梗，有花8～15；花梗长5～10mm，无毛；苞片线形，无毛；花直径5～7mm；萼筒近钟状，外面无毛，内面有短柔毛，萼片三角形，先端急尖，内面具短柔毛；花瓣近圆形，先端钝，稀微凹，长与宽各2～4mm，白色；雄蕊18～25，几与花瓣等长；花盘具有圆形裂片10，排列成环形；子房具短柔毛，花柱短于雄蕊。蓇葖果直立开张，沿腹缝线稍有短柔毛或无毛，花柱生于背部顶端，倾斜开张，萼片宿存，直立或反折。花期5～7月，果期7～9月。

生境分布：平安、互助、乐都、民和、化隆、循化。生于山坡、林下、林缘、河滩、灌丛，海拔2000～4100m。

大果榆

分　　类：木兰纲　蔷薇目　榆科　榆属
学　　名：*Ulmus macrocarpa* Hance.
别　　名：黄榆、毛榆、山榆、芜荑。

形态特征：落叶乔木或灌木。高达20m，胸径可达40cm。树皮暗灰色或灰黑色，纵裂，粗糙。小枝有时两侧具对生而扁平的木栓翅。叶宽倒卵形、倒卵状圆形、倒卵状菱形或倒卵形，稀椭圆形，厚革质，大小变异很大，先端短尾状，稀骤凸，基部渐窄至圆，偏斜或近对称，多少心脏形或一边楔形，两面粗糙，叶面密生硬毛或有突起的毛迹，叶背常有疏毛，脉上较密，脉腋常有簇生毛，侧脉每边6～16条，边缘具大而浅钝的重锯齿，或兼有单锯齿，叶柄长2～10mm。花自花芽或混合芽抽出，在去年生枝上排成簇状聚伞花序或散生于新枝的基部；翅果宽倒卵状圆形、近圆形或宽椭圆形，长1.5～4.7cm，宽1～3.9cm，基部多少偏斜或近对称，微狭或圆，有时子房柄较明显，顶端凹或圆，缺口内缘柱头面被毛，两面及边缘有毛，果核部分位于翅果中部，宿存花被钟形，外被短毛或几无毛，上部5浅裂，裂片边缘有毛，果梗长2～4mm，被短毛。花果期4～5月。

生境分布：循化。生于河谷或山坡，海拔1900～2000m。

麻叶荨麻

分　　类：木兰纲　蔷薇目　荨麻科　荨麻属
学　　名：*Urtica cannabina* Linn.
别　　名：蝎子草、焮麻、火麻、赤麻子。

形态特征：多年生草本。高50～150cm。茎四棱形，疏生刺毛和微柔毛，具少数分枝。叶片轮廓五角形，掌状3全裂，自下而上变小，在其上部呈裂齿状；托叶每节4，离生，条形，长5～15mm，两面被微柔毛。花雌雄同株；雄花序圆锥状，生下部叶腋，长5～8cm，斜展，最上部雄花序中常混生雌花；雌花序生上部叶腋，有极短的梗，常穗状，有时在下部有少数分枝，长2～7cm，花序轴粗硬，直立或斜展；雄花具短梗，在芽时直径1.2～1.5mm，花被片4，合生至中部，裂片卵形，外面被微柔毛，退化雌蕊近碗状，长约0.2mm，近无柄，淡黄色或白色，透明。瘦果狭卵形，顶端锐尖，稍扁，长2～3mm，熟时变灰褐色，表面有明显或不明显的褐红色点。花期6～7月，果期7～10月。

生境分布：互助、乐都、民和、循化。生于村舍边、路边、河边，海拔1800～3100m。

宽叶荨麻

分　　类：木兰纲　蔷薇目　荨麻科　荨麻属
学　　名：*Urtica laetevirens* Maxim.

形态特征：多年生草本。高 30 ～ 100cm。根状茎匍匐；茎纤细，节间常较长，四棱形，近无刺毛或有稀疏的刺毛和疏生细糙毛，在节上密生细糙毛，不分枝或少分枝。叶常近膜质，卵形或披针形，向上的常渐变狭，长 4 ～ 10cm、宽 2 ～ 6cm，先端短渐尖至尾状渐尖，基部圆形或宽楔形，边缘除基部和先端全缘外，有锐或钝的牙齿或牙齿状锯齿，两面疏生刺毛和细糙毛，钟乳体常短秆状，基出脉 3 条，侧脉 2 ～ 3 对；叶柄纤细，长 1.5 ～ 7cm，向上的渐变短，疏生刺毛和细糙毛；托叶每节 4 枚，离生或有时上部的多少合生，条状披针形或长圆形，长 3 ～ 8mm，被微柔毛。雌雄同株，稀异株；雄花序近穗状，纤细，生上部叶腋，长达 8cm；雌花序近穗状，生下部叶腋，较短，纤细，稀缩短成簇生状，小团伞花簇稀疏地着生于序轴上；雄花无梗或具短梗，在芽时直径约 1mm，开放后径约 2mm，花被片 4，在近中部合生，裂片卵形，内凹，外面疏生微糙毛，退化雌蕊近杯状，顶端凹陷至中空，中央有柱头残迹；雌花具短梗。瘦果卵形，双凸透镜状，长近 1mm，顶端稍钝，熟时变灰褐色，多少有疣点，果梗上部有关节；宿存花被片 4，在基部合生，外面疏生微糙毛，内面 2 枚椭圆状卵形，与果近等大，外面 2 枚狭卵形，或倒卵形，伸达内面花被片的中下部。花期 6 ～ 8 月，果期 8 ～ 9 月。

生境分布：平安、互助、乐都、民和。生于山坡、河谷林带，海拔 1800 ～ 3900m。

羽裂荨麻

分　　类：木兰纲　蔷薇目　荨麻科　荨麻属
学　　名：*Urtica triangularis* subsp. *pinnatifida* (Hand.-Mazz.) C. J. Chen
别　　名：粗根荨麻。

形态特征：叶边缘除在上部为粗牙齿或锐裂锯齿外，在下部具数对半裂至深裂的羽裂片，其最下对最大，裂片常在外缘有数枚不规则的牙齿状锯齿（在内缘的较少或无）。雌花被外面2枚狭卵形，常有刺毛。瘦果熟时具较粗的疣点，有时其中一面具1条纵棱。花期6～8月，果期8～9月。

生境分布：互助、乐都、民和、循化。生于山坡、河滩、林缘、草甸、田边，海拔1800～3300m。

薰倒牛

分　　类：木兰纲　无患子目　薰倒牛科　薰倒牛属

学　　名：*Biebersteinia heterostemon* Maxim.

别　　名：臭婆娘。

形态特征：一年生草本。高 30～150cm。全株有棕褐色密腺毛和白色短柔毛。根直立，细圆柱状，红褐色。叶互生，长 7～26cm、宽 4～16cm，矩圆状倒披针形，向基部渐变狭，三回羽状分裂，小裂片条状披针形，尖头，长约 1cm、宽 1～2mm，两面有疏微柔毛；叶柄长达 10cm，有腺毛和短柔毛；鲜叶搓碎时，发出难闻的气味。圆锥花序顶生于茎的顶端，长达 40cm；花黄色，整齐，多数；萼片卵形，短渐尖，长 4～5mm；花瓣淡黄色，倒卵形，略短于萼片，顶端波状。蒴果不开裂，顶端无喙，成熟时果瓣不向上翻卷。花期 7～8 月，果期 8～9 月。

生境分布：平安、互助、乐都、民和、化隆、循化。生于山坡、田边、河滩、草地，海拔 1800～3800m。

小果白刺

分　　类：木兰纲　无患子目　白刺科　白刺属
学　　名：*Nitraria sibirica* Pall.
别　　名：西伯利亚白刺、卡密、酸胖、白刺。
形态特征：落叶灌木。高 0.5～1.5m。多分枝，弯曲或直立，有时横卧，被沙埋压形成小沙丘；枝上可生不定根；小枝灰白色，不孕枝先端刺状。叶无柄，在嫩枝上 4～6 片簇生，倒披针形，长 6～15mm、宽 2～5mm，先端钝，基部窄楔形，无毛或嫩时被柔毛。蝎尾状花序顶生；萼片 5，绿色；花瓣 5，白色。核果近球形或椭圆形，两端钝圆，长 6～8mm，熟时暗红色或红色。花期 5～6 月，果期 7～8 月。

生境分布：平安、互助、乐都、民和、化隆、循化。生于湖滨滩地、河滩、草原、山坡、灌丛、路边，海拔 1700～2700m。

白刺

分　　类：木兰纲　无患子目　白刺科　白刺属
学　　名：*Nitraria tangutorum* Bobrov.
别　　名：唐古特白刺、酸胖。

形态特征：落叶灌木。高1～2m。多分枝，弯、平卧或开展；不孕枝先端刺针状；嫩枝白色。叶在嫩枝上2～3片簇生，宽倒披针形，长18～30mm、宽6～8mm，先端圆钝，基部渐窄成楔形，全缘，稀先端齿裂。花排列较密集。核果卵形，有时椭圆形，熟时深红色，果汁玫瑰色，长8～12mm、直径6～9mm。果核狭卵形，长5～6mm，先端短渐尖。花期5～6月，果期7～8月。

生境分布：乐都、民和、循化。生于干山坡、河谷、河滩、戈壁滩、冲积扇前缘，海拔1700～2500m。

骆驼蓬

分　　类：木兰纲　无患子目　白刺科　骆驼蓬属
学　　名：*Peganum harmala* Linn.
别　　名：臭古朵、臭骨朵。
形态特征：多年生草本。高30～70cm。无毛。根多数，粗达2cm。茎直立或开展，由基部多分枝。叶互生，卵形，全裂为3～5条形或披针状条形裂片，裂片长1～3.5cm、宽1.5～3mm。花单生枝端，与叶对生；萼片5，裂片条形，长1.5～2cm，有时仅顶端分裂；花瓣黄白色，倒卵状矩圆形，长1.5～2cm、宽6～9mm；雄蕊15，花丝近基部宽展；子房3室，花柱3。蒴果近球形；种子三棱形，稍弯，黑褐色、表面被小瘤状突起。花期5～6月，果期7～9月。
生境分布：平安、互助、乐都、民和、化隆、循化。生于干山坡、田边、草地、沙丘、荒地，海拔1800～3200m。

五尖槭

分　　类：木兰纲　无患子目　无患子科　槭属
学　　名：*Acer maximowiczii* Pax.
别　　名：马氏槭、马斯槭、紫叶五尖槭。

形态特征：落叶乔木。高5～8m。当年生枝紫色或红紫色；多年生草本枝深褐色或灰褐色。叶纸质，卵形或三角卵形，长8～11cm、宽6～9cm，边缘微裂并有紧贴的双重锯齿，锯齿粗壮，齿端有小尖头，基部近于心脏形，稀截形，叶片5裂；中央裂片三角形、卵形，先端尾状锐尖；侧裂片卵形，先端锐尖；基部两个小裂片卵形，先端钝尖，裂片之间的凹缺锐尖；上面深绿色，无毛；下面淡绿色或黄绿色，在侧脉的脉腋和主脉的基部有红褐色的短柔毛；叶柄长5～7cm，稀达10cm，紫绿色，细瘦，无毛。花黄绿色，单性，雌雄异株，常成长4～5cm且无毛而下垂的总状花序，总花梗长1～1.5cm，顶生于着叶的小枝，先发叶，后开花；雄花有萼片5，长圆卵形，先端钝形，长3mm、宽1mm；花瓣5，倒卵形，与萼片等；雄蕊8，微短于花瓣；花盘位于雄蕊的内侧，微裂；子房不发育；花梗长3～4mm，细瘦，无毛；雌花萼片5，椭圆形或长椭圆形，先端钝圆，长3mm；花瓣5，卵状长圆形，先端钝圆，长于萼片；花梗长5mm，细瘦。翅果紫色，成熟后黄褐色；小坚果稍扁平，直径约6mm；翅连同小坚果长2.3～2.5cm，张开成钝角；果梗长6mm，细瘦，无毛。花期5月，果期9月。

生境分布：民和、循化。生于林中、山坡林缘、疏林下，海拔1800～2600m。

四蕊槭

分　　类：木兰纲　无患子目　无患子科　槭属

学　　名：*Acer stachyophyllum* subsp. *betulifolium* (Maxim.) P. C. DeJong.

别　　名：红色木、红色槭、菱叶红色木、大齿槭、蒿苹四蕊槭、桦叶四蕊槭。

形态特征：落叶乔木。高7～12m。树皮平滑，深灰色或淡褐色。小枝近于圆柱形，淡绿色，无毛。叶纸质，菱形或长圆卵形，长5～7cm、宽3～4cm，基部阔楔形或近于圆形，微分裂或不分裂，边缘有较粗的钝锯齿，下面无毛，由基部生出的侧脉仅1对；总状果序淡紫色，常长10～18cm，果梗长1.5～2.5cm，翅果长3～4cm，张开常成钝角，翅较宽，常宽1.2～1.6cm。花期4～5月，果期8～9月。

生境分布：互助、循化。生于山沟灌丛、林下，海拔2200～2600m。

苦条槭

分　　类：木兰纲　无患子目　无患子科　槭属
学　　名：*Acer tataricum* subsp. *theiferum* (W. P. Fang) Y. S. Chen & P. C. DeJong.
别　　名：茶条槭、华北茶条槭、茶条、茶条枫。
形态特征：灌木或乔木。高5～6m。雌雄同株。树皮灰色，粗糙；皮孔卵形或圆形。小枝细瘦，后脱落；冬芽细小，鳞片5～10枚，近边缘具长柔毛，覆叠。叶薄纸质、卵形或椭圆状卵形，长5～8cm、宽2.5～5cm，不分裂或不明显的3～5裂，边缘有不规则的锐尖重锯齿，下面有白色疏柔毛。伞房花序，长3cm，有白色疏柔毛；花梗稍具长柔毛；萼片5，卵形，长1.5～2mm，近边缘具长柔毛；花瓣5，白色或浅绿色，长圆形卵形；雄蕊8；花丝无毛；花盘无毛，位于雄蕊外侧；子房有疏柔毛，翅果较大，长2.5～3.5cm，张开近于直立或成锐角；花柱无毛。果实黄绿色，小坚果嫩时被长柔毛，脉纹显著，长8mm，宽5mm；翅连同小坚果长2.5～3.5cm，宽8～10mm，张开近于直立或成锐角。花期4～5月，果期8～9月。

生境分布：民和、循化。生于山沟林下、林缘、路旁，海拔1800～2400m。

文冠果

分　　类：木兰纲　无患子目　无患子科　文冠果属

学　　名：*Xanthoceras sorbifolium* Bunge.

形态特征：落叶灌木或小乔木。高2～5m。小枝粗壮，褐红色，无毛，顶芽和侧芽有覆瓦状排列的芽鳞。叶连柄长15～30cm；小叶4～8对，膜质或纸质，披针形或近卵形，两侧稍不对称，长2.5～6cm、宽1.2～2cm，顶端渐尖，基部楔形，边缘有锐利锯齿，顶生小叶通常3深裂，腹面深绿色，无毛或中脉上有疏毛，背面鲜绿色，嫩时被绒毛和成束的星状毛；侧脉纤细，两面略突起。花序先叶抽出或与叶同时抽出，两性花的花序顶生，雄花序腋生，长12～20cm，直立，总花梗短，基部常有残存芽鳞；花梗长1.2～2cm；苞片长0.5～1cm；萼片长6～7mm，两面被灰色绒毛；花瓣白色，基部紫红色或黄色，有清晰的脉纹，长约2cm、宽7～10mm，爪之两侧有须毛；花盘的角状附属体橙黄色，长4～5mm；雄蕊长约1.5cm，花丝无毛；子房被灰色绒毛。蒴果长达6cm；种子长达1.8cm，黑色而有光泽。花期春季，果期秋初。

生境分布：循化。生于林缘，海拔2100～2300m。

维管植物门 TRACHEOPHYTA

瓦松

分　　类：木兰纲　虎耳草目　景天科　瓦松属
学　　名：*Orostachys fimbriata* (Turcz.) A. Berger.
别　　名：瓦花、流苏瓦松。
形态特征：二年生或多年生草本。高 10～40cm。全株粉绿色，无毛，密生紫红色斑点。根多分枝，须根状。茎直立，不分枝。基生叶莲座状，肉质，匙状线形至倒披针形，长 2～4cm、宽 4～5mm，绿色带紫色或具白粉，边缘流苏状，先端具半圆形软骨质附属物，中央有 1 针状尖刺；茎生叶互生，无柄，线形至披针形，长 2～3cm、宽 2～5mm，先端长渐尖，全缘。总状花序，紧密，下部有分枝组成尖塔形；花小，两性；苞片线状渐尖，叶片状；萼片 5，长圆形，长 1～3mm；花瓣 5，淡红色，披针状椭圆形，长 5～6mm，基部稍连合；雄蕊 10，2 轮，与花瓣等长或稍短，花药紫色；心皮 5，分离，每心皮基部附生 1 枚鳞片，近四方形。蓇葖果长圆形，长约 5mm，喙细，长约 1mm；种子多数，细小，卵形。花期 8～9 月，果期 9～11 月。

生境分布：互助、乐都、循化。生于山坡灌丛、疏林下、石崖，海拔 1900～3500m。

小丛红景天

分　　类：木兰纲　虎耳草目　景天科　红景天属
学　　名：*Rhodiola dumulosa* (Franch.) S. H. Fu.
别　　名：雾灵景天。
形态特征：小半灌木。高6～22cm。小主轴木质，分枝，具残枝。茎丛生，被乳突，基部为褐色鳞片包被。叶互生，长椭圆状披针形至线形，长9～16mm、宽约1.6mm，先端急尖，基部渐狭。聚伞花序具4～7朵花；花序分枝，花梗被乳突；萼片5，披针状线形，长约5mm、宽约1mm，先端急尖，无毛；花瓣白色或淡红色，狭卵形至近椭圆形，长7.5～8.5mm、宽3～3.4mm，先端渐尖，基部与子房稍合生，具羽状脉，无毛；雄蕊10，长4.5～6mm，其花丝中部以下与花瓣合生；鳞片5，近方形至梯形，长0.5～0.6mm、宽约0.6mm，先端微凹；心皮5，狭卵状披针形，长5～6.5mm，基部合生，子房近半下位，花柱长约1mm，直立或稍外弯。花果期6～8月。
生境分布：互助、乐都、循化。生于高山岩隙、林缘、草甸，海拔2500～4100m。

对叶红景天

分　　类：木兰纲　虎耳草目　景天科　红景天属

学　　名：*Rhodiola subopposita* (Maxim.) Jacobsen.

形态特征：多年生草本。高8～26cm。无毛。根状茎较粗壮；枯茎宿存。茎丛生，基部为鳞片包被。叶对生或互生，椭圆形、长椭圆形至狭倒卵形，长1.4～2cm、宽5～9mm，先端钝，边缘具圆齿，基部渐狭成长约1mm的柄。雌雄异株；聚伞花序具4～12花；花梗长约4mm；雌花萼片4～5，狭卵形，长1.4～2mm、宽0.4～0.9mm，先端钝，单脉，花瓣4～5，浅红色至黄色，近长椭圆形至舌形，长约3.4mm、宽约1mm，先端钝，无爪，具羽状脉，无雄蕊，鳞片4～5，梯形，长约0.6mm、宽0.6～0.7mm，先端具3齿，心皮4～5，长约6mm，基部稍合生，子房近上位，花柱长约1mm，外弯；雄花雄蕊8～10。果红色，长7mm；种子狭卵形，长约2.6mm，具翅。花果期6～9月。

生境分布：互助。生于高山流石坡，海拔3800～4100m。

唐古红景天

分　　类：木兰纲　虎耳草目　景天科　红景天属
学　　名：*Rhodiola tangutica* (Maximowicz) S. H. Fu
别　　名：唐古特红景天。

形态特征：多年生草本。高 10～30cm。主根粗长，有分枝；根颈无残留的老枝，先端被三角形鳞片。花茎多数，丛生。花茎上的叶互生，无柄；叶片线形，长 1～1.5cm、宽约 1mm，先端钝渐尖。花序紧密，伞房状；雌雄异株；雄株花茎高 10～17cm，花序下有苞叶，萼片 5，线状长圆形，先端钝，花瓣 5，浅红色，长圆状披针形，雄蕊 10，2 轮，对瓣者长约 2.5mm，对萼者长约 4.5mm，鳞片 5，四方形，先端微缺，心皮 5，狭披针形，不育；雌株花茎高 15～30cm，花萼、花瓣、鳞片与雄花基本相同，心皮发育成 5 枚蓇葖果。蓇葖果长约 1cm，紫红色，喙长约 1mm，直立或稍外弯；种子多数，有网纹，具翅，淡褐色。花期 5～8 月，果期 8 月。

生境分布：互助、乐都、化隆。生于高山流石坡、草甸、灌丛、石缝，海拔 3100～4100m。

保护级别：列入 2021 年《国家重点保护野生植物名录》二级。

云南红景天

分　　类：木兰纲　虎耳草目　景天科　红景天属
学　　名：*Rhodiola yunnanensis* (Franch.) S. H. Fu
别　　名：肿果红景天、圆叶红景天、菱叶红景天。
形态特征：多年生草本。根颈粗、长，直径可达 2cm，不分枝或少分枝，先端被卵状三角形鳞片。花茎单生或少数着生，无毛，高可达 100cm，直立，圆。3 叶轮生，稀对生，卵状披针形、椭圆形、卵状长圆形至宽卵形，长 4～7cm、宽 2～4cm，先端钝，基部圆楔形，边缘多少有疏锯齿，稀近全缘，下面苍白绿色，无柄。聚伞圆锥花序，长 5～15cm，宽 2.5～8cm，多次三叉分枝；雌雄异株，稀两性花；雄花小，多，萼片 4，披针形，长 0.5mm，花瓣 4，黄绿色，匙形，长 1.5mm，雄蕊 8，较花瓣短，鳞片 4，楔状四方形，长 0.3mm，心皮 4，小；雌花萼片、花瓣各 4，绿色或紫色，线形，长 1.2mm，鳞片 4，近半圆形，长 0.5mm，心皮 4，卵形，叉开的，长 1.5mm，基部合生。蓇葖星芒状排列，长 3～3.2mm，基部 1mm 合生，喙长 1mm。花期 5～7 月，果期 7～8 月。
生境分布：循化。生于山坡林下，海拔 2300～2400m。
保护级别：列入 2021 年《国家重点保护野生植物名录》二级。

费菜

分　　类：木兰纲　虎耳草目　景天科　费菜属
学　　名：*Phedimus aizoon* (Linn.) 't Hart
别　　名：土三七、三七景天、养心草。

形态特征：多年生肉质草本。高20～80cm。根状茎粗壮，近木质化；茎直立。叶互生，狭叶，先端渐尖，植株被微乳头状突起。聚伞花序顶生，分枝平展；花密生；萼片5，披针形，长短不等，长约为花瓣的1/2，先端钝；花瓣5，黄色，长圆状披针形；雄蕊10，较花瓣短；心皮5，基部合生，腹面有囊状突起。蓇葖果排成五角星状；种子平滑，边缘有宽翅。花期6～8月，果期8～9月。

生境分布：平安、互助、乐都、民和、循化。生于山谷林下，海拔2200～3200m。

隐匿景天

分　　类：木兰纲　虎耳草目　景天科　景天属
学　　名：*Sedum celatum* Fröd.

形态特征：二年生草本。无毛。主根圆锥形。花茎直立，自基部分枝，高3～9cm。叶披针形或狭卵形，长5～7mm，有钝或近浅裂的距，先端渐尖。花序伞房状，有3～9花；苞片叶形；花为不等的五基数；花梗长2～6.5mm，无距，先端长渐尖；花瓣黄色，披针形，长3.5～4.5mm，合生0.2～0.3mm，先端渐尖有长突尖头；雄蕊10，2轮，内轮的生于距花瓣基部0.5～0.7mm处，外轮的长约3mm；鳞片宽匙形，长约0.4mm、宽约0.5mm，先端微缺；心皮半长圆形，长3.5～3.8mm，基部合生0.6～0.7mm，有胚珠6～8；胎座镰刀形，上部外侧3～5裂。种子倒卵状长圆形，长0.7～1mm，有狭翅及乳头状突起。花期7月，果期8～9月。

生境分布：循化。生于高山草甸、山坡，海拔2800～4200m。

美丽茶藨子

分　　类：木兰纲　虎耳草目　茶藨子科　茶藨子属
学　　名：Ribes pulchellum Turcz.
别　　名：小叶茶藨、碟花茶藨子。
形态特征：落叶灌木。高1～2.5m。小枝灰褐色，皮稍纵向条裂，嫩枝褐色或红褐色，有光泽，被短柔毛，老时毛脱落，在叶下部的节上常具1对小刺，节间无刺或小枝上散生少数细刺。叶宽卵圆形，长、宽各为1.5～3cm，基部近截形至浅心脏形，上面暗绿色，下面色较浅，两面具短柔毛，老时毛较稀疏，掌状3裂，有时5裂，边缘具粗锐或微钝单锯齿，或混生重锯齿；叶柄长1～2cm，具短柔毛或混生稀疏短腺毛。花单性，雌雄异株，形成总状花序；雄花序长5～7cm，具8～20朵疏松排列的花；雌花序短，长2～3cm，具8～10朵密集排列的花；花序轴和花梗具短柔毛，常疏生短腺毛，老时均逐渐脱落；花梗长2～4mm；苞片披针形或狭长圆形，长3～4mm，先端稍钝或微尖，边缘有稀疏短柔毛或短腺毛，具单脉；花萼浅绿黄色至浅红褐色，无毛或近无毛，萼筒碟形，长1.5～2mm、宽大于长；萼片宽卵圆形，长1.5～2mm，长于花瓣，先端稍钝；花瓣很小，鳞片状，长1～1.5mm；雄蕊长于花瓣，花药白色，雌花中雄蕊败育；子房近球形，无毛，雄花中无子房；花柱先端2裂。果实球形，直径5～8mm，红色，无毛。花期5～6月，果期8～9月。

生境分布：互助、循化。生于林下，海拔2000～2800m。

维管植物门 TRACHEOPHYTA

长果茶藨子

分　　类：木兰纲　虎耳草目　茶藨子科　茶藨子属
学　　名：*Ribes stenocarpum* Maxim.
别　　名：长果茶藨子、狭果茶藨子、长果醋栗。
形态特征：落叶灌木。高1～3m。老枝灰色或灰褐色，小枝棕色，幼时具柔毛，老时脱落，皮呈条状或片状剥落；在叶下部的节上具1～3粗壮刺，刺长0.8～2cm，节间散生稀疏小针刺或无刺。叶近圆形或宽卵圆形，长2～3cm、宽2.5～4cm，掌状3～5深裂，边缘具粗钝锯齿；叶柄长1～3cm，具柔毛和稀疏腺毛。花两性，2～3组成总状花序或单生于叶腋；花序轴长3～7mm，无毛或具疏腺毛；花梗长3～5mm，无毛，稀疏生短腺毛；苞片成对生于花梗节上，宽卵圆形，长2～3mm，宽几与长相等，边缘有疏腺毛，具3脉；花萼浅绿色或绿褐色，外面无毛，萼筒钟形，长4～6mm、宽3～5mm，萼片舌形或长圆形，长5～7mm，宽2～4mm，先端圆钝，花期开展或反折，果期常直立；花瓣长圆形或舌形，长4～6mm、宽2～3mm，先端圆钝，白色；花托内部无毛；雄蕊稍长或几与花瓣近等长，花丝白色，花药卵圆形或卵状长圆形，伸出花瓣；子房长圆形，花柱长于雄蕊，分裂几达中部，无毛。果实长圆形，长2～2.5cm、直径约1cm，浅绿色有红晕或红色，无毛。花期5～6月，果期7～8月。

生境分布：平安、互助、乐都、民和、化隆、循化。生于山坡、石隙，海拔2300～3300m。

川赤芍

分　　类：木兰纲　虎耳草目　芍药科　芍药属

学　　名：*Paeonia anomala* subsp. *veitchii* (Lynch) D. Y. Hong & K. Y. Pan

别　　名：单花赤芍、光果赤芍、毛赤芍。

形态特征：多年生草本。高30～80cm，少有1m以上。根圆柱形，直径1.5～2cm。茎无毛。叶为二回三出复叶，叶片轮廓宽卵形，长7.5～20cm；小叶成羽状分裂，裂片窄披针形至披针形，宽4～16mm，顶端渐尖，全缘，表面深绿色，沿叶脉疏生短柔毛，背面淡绿色，无毛；叶柄长3～9cm。花2～4朵，生茎顶端及叶腋，有时仅顶端一朵开放，而叶腋有发育不好的花芽，直径4.2～10cm；苞片2～3，分裂或不裂，披针形，大小不等；萼片4，宽卵形，长1.7cm、宽1～1.4cm；花瓣6～9，倒卵形，长3～4cm、宽1.5～3cm，紫红色或粉红色；花丝长5～10mm；花盘肉质，仅包裹心皮基部；心皮2～5，密生黄色绒毛。蓇葖果长1～2cm，密生黄色绒毛。花期5～6月，果期7月。

生境分布：平安、互助、乐都、民和、化隆、循化。生于灌丛、山坡、林下，海拔2300～3200m。

长梗金腰

分　　类：木兰纲　虎耳草目　虎耳草科　金腰属
学　　名：*Chrysosplenium axillare* Maxim
别　　名：腋花金腰子。

形态特征：多年生草本。高18～30cm。不育枝发达，出自叶腋。花茎无毛。无基生叶；茎生叶数枚，互生，中上部者具柄，叶片阔卵形至卵形，长0.9～2.9cm、宽1～1.7cm，边缘具12圆齿，基部圆状宽楔形，无毛，叶柄长0.4～1.9cm，无毛，下部者较小，鳞片状，无柄。单花腋生，或疏聚伞花序；苞叶卵形至阔卵形，长0.28～1.5cm、宽0.12～1.2cm，边缘具10～12圆齿，基部宽楔形至圆形，无毛，柄长1～7mm；花梗长6～19mm，纤细，无毛；花绿色，直径7.2mm；萼片在花期开展，近扁菱形，长1.9～2.8mm、宽2.8～3.3mm，先端钝或微凹，且具褐色疣点，无毛；雄蕊长约12mm；子房半下位，花柱长0.5～0.9mm；花盘明显8裂。蒴果先端微凹，2果瓣近等大，肿胀，喙长0.7mm；种子黑棕色，近卵球形，长约1.6mm，光滑无毛，有光泽。花果期7～9月。

生境分布：互助、循化。生于林下、灌丛和石隙，海拔2900～3800m。

毛金腰

分　　类：木兰纲　虎耳草目　虎耳草科　金腰属

学　　名：*Chrysosplenium pilosum* Maxim.

形态特征：多年生草本。高14～16cm。不育枝出自茎基部叶腋，密被褐色柔毛，其叶对生，具褐色斑点，近扇形，长0.7～1.6cm、宽0.7～2cm，先端钝圆，边缘具不明显的5～9波状圆齿，基部宽楔形，腹面疏生褐色柔毛，背面无毛，边缘具褐色睫毛，叶柄长4～8mm，具褐色柔毛，顶生者阔卵形至近圆形，长5.8～6mm、宽6.5～6.6mm，边缘具不明显的7波状圆齿，两面无毛。茎生叶对生，扇形，长约8.5mm、宽约10.5mm，先端近截形，具不明显的6波状圆齿，基部楔形，两面无毛；叶柄长约3.5mm，具褐色柔毛。花茎疏生褐色柔毛；聚伞花序长约2cm，花序分枝无毛；苞叶近扇形，长0.95～1.3cm、宽0.85～1.1cm，先端钝圆至近截形，边缘具3～5波状圆齿不明显，两面无毛，柄长1～2mm，疏生褐色柔毛；花梗无毛；萼片具褐色斑点，阔卵形至近阔椭圆形，长1.8～2.2mm、宽约2mm，先端钝；雄蕊8，长约1mm；子房半下位，花柱长约1mm；无花瓣。蒴果长约5.5mm，2果瓣不等大，喙长1～1.1mm；种子黑褐色，阔椭球形，长约1mm，具纵沟和纵肋，纵沟较深，纵肋17，肋上具微乳头突起。花期6～7月。

生境分布：互助。生于林下，海拔2400～2600m。

柔毛金腰

分　　类：木兰纲　虎耳草目　虎耳草科　金腰属
学　　名：*Chrysosplenium pilosum* var. *valdepilosum* Ohwi
别　　名：柔毛金腰子。

形态特征：多年生草本。高4～6.5cm。不育枝出自茎基部叶腋，其叶对生，阔卵形至近圆形，长5～7mm，边缘具6～11圆齿，两面和边缘均被柔毛，或仅边缘具柔毛；茎生叶对生，匙形至狭扇形，长4～5mm、宽4～6mm，先端钝，基部楔形，具4～5圆齿，腹面无毛，背面疏生柔毛，叶柄长3～6mm，被褐色柔毛。花茎疏生褐色柔毛；聚伞花序长8～9mm；苞叶匙形，长5～6mm，具3～4圆齿，背面疏生柔毛；萼片近圆形，长1.6～1.9mm、宽1.7～1.8mm，无毛；雄蕊长约1mm，8枚；子房近上位，2心皮不等长，花柱长0.5～0.6mm。蒴果长约4.3mm，2果瓣不等大，喙长0.5～0.6mm。种子褐色，长约0.6mm，具17纵肋，纵肋上具微乳突。花果期6～7月。

生境分布：循化。生于林下，海拔2600～2800m。

中华金腰

分　　类：木兰纲　虎耳草目　虎耳草科　金腰属
学　　名：*Chrysosplenium sinicum* maxim.
别　　名：华金腰子、中华金腰子、金钱苦叶草。

形态特征：多年生草本。高10～33cm。不育枝发达，出自茎基部叶腋，无毛，其叶对生，叶片通常阔卵形、近圆形，稀倒卵形，长0.5～1.7cm、宽0.8～1.7cm，先端钝，边缘具钝齿，稀为锯齿，基部宽楔形至近圆形；两面无毛，有时顶生叶背面疏生褐色乳头状突起，叶柄长0.5～17mm，顶生叶腋部具褐色卷曲髯毛；花茎上叶通常对生，叶片近圆形至阔卵形，长6～11mm、宽7～12mm，先端钝圆，边缘具钝齿，基部宽楔形，无毛；叶柄长6～10mm，近叶腋部有时具褐色乳头状突起。聚伞花序长2.2～3.8cm，具4～10花；花茎及花序分枝无毛；苞叶阔卵形、卵形至近狭卵形，长4～18mm、宽9～10mm，边缘具钝齿，基部宽楔形至偏斜形，无毛，柄长1～7mm，近苞腋部具褐色乳头状突起；花梗无毛；花黄绿色；萼片在花期直立，阔卵形至近阔椭圆形，长0.8～2mm、宽1～2.5mm，先端钝；雄蕊8，长约1mm；子房半下位；花柱长约0.5mm；无花盘。蒴果长7～10mm，果瓣明显不等大，叉开，喙长0.2～1.2mm；种子黑褐色，椭球形至阔卵球形，长0.6～1mm，被微乳头状突起，有光泽。花期6～7月，果期7～8月。

生境分布：互助、民和。生于林缘草地，海拔2300～2600m。

黑亭阁草

分　　类：木兰纲　虎耳草目　虎耳草科　亭阁草属
学　　名：*Micranthes atrata* (Engl.) Losinsk.
别　　名：黑花虎耳草、黑虎耳草。
形态特征：多年生草本。高 7～25cm。根茎很短。叶基生；叶柄长 1～2cm；叶片卵形或阔卵形，长 1.2～2.5cm、宽 0.8～1.8cm，先端急尖或稍钝，两面近无毛，边缘具圆齿状锯齿和睫毛。花葶 1 或数条丛生，疏被白色卷曲柔毛；聚伞花序圆锥状或总状，长 3～9cm，具有 7～25 朵花；花梗被柔毛；萼片卵形或三角状卵形，先端急尖或稍渐尖，在花期反曲，3～7 脉于先端汇合成一疣点；花瓣白色，卵形至椭圆形，先端钝或微凹，基部狭缩成爪状；雄蕊长 3～5.9mm，花丝钻形，花药黑紫色；心皮 2，大部分合生，黑紫色，子房阔卵球形，花柱 2。花期 7～8 月。

生境分布：互助、乐都。生于灌丛、高山草甸、石隙，海拔 3000～3800m。

黑蕊亭阁草

分　　类：木兰纲　虎耳草目　虎耳草科　亭阁草属
学　　名：*Micranthes melanocentra* (Franch.) Losinsk.
别　　名：黑心虎耳草、黑蕊虎耳草。
形态特征：多年生草本。高4～20cm。茎直立，疏被白色卷曲腺毛。叶均基生，具柄，叶片卵形、菱状卵形至长圆状卵形，长1.3～3.5cm、宽0.9～1.9cm，基部楔形或圆形，边缘有锯齿。聚伞花序伞房状，长4.5～6cm，具2～17朵花，或为单花；花梗紫色；萼片花期反曲；花瓣白色，基部具2个橙黄色斑点，卵形、宽卵形至卵状椭圆形，长4～6mm、宽2.5～5mm，基部具爪；子房阔卵球形，长2.8～4mm，花柱2，长0.5～3mm。花果期7～9月。

生境分布：互助、乐都、循化。生于高山草甸、高山碎石隙、高山灌丛，海拔3000～3800m。

类毛瓣虎耳草

分　　类：木兰纲　虎耳草目　虎耳草科　虎耳草属

学　　名：*Saxifraga montanella* H. Smith.

形态特征：多年生草本。高3～8.3cm。丛生。茎被褐色卷曲长柔毛。基生叶具柄，叶片卵形至披针形，长0.7～1.15cm、宽3.5～6mm，先端急尖，无毛，叶柄长约7mm，边缘具褐色卷曲长柔毛；茎生叶无柄，椭圆形至长圆形，长0.85～1.1cm、宽2.9～5mm，先端稍钝，仅边缘具卷曲长柔毛。花单生于茎顶；花梗长0.5～1.1cm，被褐色卷曲长柔毛；萼片在花期直立，卵形至椭圆形，长2.8～7mm、宽2.4～3.8mm，先端钝，仅边缘具褐色卷曲长柔毛，5～9脉于先端不汇合；花瓣黄色，倒卵形至狭倒卵形，长0.93～1.25cm、宽3.8～8.2mm，先端钝圆，基部具长0.2～0.6mm的爪，或无爪，8～13脉，具2痂体，基部的背面和边缘多少具褐色卷曲柔毛；雄蕊长4～6mm，花丝钻形；子房近上位，卵球形，长3～5mm，花柱2，长0.7～2.3mm。花果期7～9月。

生境分布：互助。生于高山灌丛、高山草甸，海拔3200～4200m。

山地虎耳草

分　　类：木兰纲　虎耳草目　虎耳草科　虎耳草属

学　　名：*Saxifraga sinomontana* J. T. Pan & Gornall

形态特征：多年生草本。高15～25cm。茎丛生，有锈色长柔毛，有时变无毛，不分枝，近等距地生叶。基生叶的叶片匙形、狭倒卵形或倒披针形，长1.2～2.5cm、宽2.5～4cm，全缘，无毛，叶柄长1～3cm，下部鞘状并有长柔毛；茎生叶无柄，披针形至条形，向上渐变小。花序具2～8花，密生锈色长柔毛；萼片5，直立，狭卵形至阔卵形，长3～4.5mm；花瓣5，黄色，狭倒卵形，长0.7～1.2cm，先端钝或圆形；雄蕊10，长3～5mm，花丝钻形；心皮2，合生至上部。花果期5～10月。

生境分布：互助、乐都、循化。生于高山灌丛、草甸、流石坡，海拔2700～4100m。

唐古特虎耳草

分　　类：木兰纲　金虎耳草目　虎耳草科　虎耳草属
学　　名：*Saxifraga tangutica* Engl.
别　　名：甘青虎耳草。

形态特征：多年生草本。高 20～25cm。茎丛生，幼时密生有锈色长柔毛，后变无毛，不分枝，疏生叶。基生叶约 3；叶片狭卵形，长约 2cm、宽 6～8mm；叶柄长 2～4cm，下部鞘状，有长纤毛；下部茎生叶似基生叶，中部以上茎生叶渐变小，有短柄或无柄，披针形至条形。圆锥花序长 2～3cm，下部分枝长 1～1.5cm，有 2～3 花，有长柔毛；萼片 5，直立，后期反曲，卵形，长约 3.5mm；花瓣 5，黄色，卵形，长约 4mm，有不明显的爪；雄蕊 10，比花瓣稍短，花丝钻形；心皮 2，合生至上部。花果期 6～10 月。

生境分布：平安、互助、乐都、民和、循化。生于高山灌丛草甸、湖边沼泽、石隙，海拔 2900～4100m。

打碗花

分　　类：木兰纲　茄目　旋花科　打碗花属
学　　名：*Calystegia hederacea* Wall.
别　　名：小旋花、兔耳草。

形态特征：一年生草本。高8～30cm。全体不被毛，植株通常矮小，常自基部分枝，具细长白色的根。茎细，平卧，有细棱。基部叶片长圆形，长2～3cm，宽1～2.5cm，顶端圆，基部戟形，上部叶片3裂，中裂片长圆形或长圆状披针形，侧裂片近三角形，全缘或2～3裂，叶片基部心形或戟形；叶柄长1～5cm。花腋生，1朵，花梗长于叶柄，有细棱；苞片宽卵形，长0.8～1.6cm，顶端钝或锐尖至渐尖；萼片长圆形，长0.6～1cm，顶端钝，具小短尖头，内萼片稍短；花冠淡紫色或淡红色，钟状，长2～4cm，冠檐近截形或微裂；雄蕊近等长，花丝基部扩大，贴生花冠管基部，被小鳞毛；子房无毛，柱头2裂，裂片长圆形，扁平。蒴果卵球形，长约1cm，宿存萼片与蒴果近等长或稍短；种子黑褐色，长4～5mm，表面有小疣。花期3～9月，果期6～9月。

生境分布：民和。生于田埂地中、农田，海拔1700～2000m。

田旋花

分　　类：木兰纲　茄目　旋花科　旋花属
学　　名：*Convolvulus arvensis* Linn.
别　　名：中国旋花、旋花、箭叶旋花、小旋花、野牵牛、拉拉菀、田福花。
形态特征：多年生草本。根茎横走；茎平卧或缠绕，有纵纹及棱角，无毛或上部被疏柔毛。单叶互生；叶柄长1～2cm；叶片卵状长圆形至披针形，长2.8～7cm，宽1～3cm，先端钝或具小尖头，基部大多戟形，或为箭形及心形，全缘或3裂，侧裂片展开，微尖，中裂片卵状椭圆形、狭三角形或披针状长圆形，微尖或近圆；基部叶脉掌状。花1至多朵生于叶腋；总花梗长3～8cm；苞片2，线形；花萼5，有毛，稍不等，内萼片边缘膜质；花冠漏斗形，白色或粉红色，或白色具粉红或红色的瓣中带，或粉红色具红色或白色的瓣中带，5浅裂；雄蕊5，稍不等长，花丝基部扩大，有小鳞毛；雌蕊较雄蕊稍长，子房有毛，2室，柱头2，线形。蒴果卵状球形或圆锥形，无毛；种子4，卵圆形，暗褐色或黑色。花果期6～9月。
生境分布：平安、互助、乐都、民和、化隆、循化。生于干旱坡地、弃耕地、路边，海拔1800～3500m。

刺旋花

分　　类：木兰纲　茄目　旋花科　旋花属

学　　名：*Convolvulus tragacanthoides* Turcz.

形态特征：匍匐有刺亚灌木。高4～10cm。全体被银灰色绢毛。茎密集分枝，形成披散垫状；小枝坚硬，具刺；叶狭线形或稀倒披针形，长0.5～2cm、宽0.5～4mm，先端圆形，基部渐狭，无柄，均密被银灰色绢毛。花2～5朵密集于枝端，稀单花，花枝有时伸长，无刺，花柄长2～5mm，密被半贴生绢毛；萼片长5～7mm，椭圆形或长圆状倒卵形，先端短渐尖，或骤细成尖端，外面被棕黄色毛；花冠漏斗形，长15～25mm，粉红色，具5条密生毛的瓣中带，5浅裂；雄蕊5，不等长，花丝丝状，无毛，基部扩大，较花冠短一半；雌蕊较雄蕊长；子房有毛，2室，每室2胚珠；花柱丝状，柱头2，线形。蒴果球形，有毛，长4～6mm；种子卵圆形，无毛。花期5～7月。

生境分布：循化。生于干旱坡地、河滩，海拔1800～2100m。

菟丝子

分　　类：木兰纲　茄目　旋花科　菟丝子属
学　　名：*Cuscuta chinensis* Lam.
别　　名：无娘藤、豆阎王、黄丝。

形态特征：一年生寄生草本。茎缠绕，黄色，纤细，直径约1mm，无叶。花序侧生，少花或多花簇生成小伞形或小团伞花序，近于无总花序梗；苞片及小苞片小，鳞片状；花梗稍粗壮，长仅1mm；花萼杯状，中部以下连合，裂片三角状，长约1.5mm，顶端钝；花冠白色，壶形，长约3mm，裂片三角状卵形，顶端锐尖或钝，向外反折，宿存；雄蕊着生花冠裂片弯缺微下处；鳞片长圆形，边缘长流苏状；子房近球形，花柱2，等长或不等长，柱头球形。蒴果球形，直径约3mm，几乎全为宿存的花冠所包围，成熟时整齐的周裂；种子2～49，淡褐色，卵形，长约1mm，表面粗糙。

生境分布：互助、民和。寄生于豆科、菊科、蒺藜科等多种植物上，海拔1900～3200m。

金灯藤

分　　类：木兰纲　茄目　旋花科　菟丝子属
学　　名：*Cuscuta japonica* Choisy.
别　　名：日本菟丝子。

形态特征：一年生寄生缠绕草本。茎较粗壮，肉质，直径1～2mm，黄色，常带紫红色瘤状斑点，无毛，多分枝，无叶。花无柄或几无柄，形成穗状花序，长达3cm，基部常多分枝；苞片及小苞片鳞片状，卵圆形，长约2mm，顶端尖，全缘，沿背部增厚；花萼碗状，肉质，长约2mm，5裂几达基部，裂片卵圆形或近圆形，相等或不相等，顶端尖，背面常有紫红色瘤状突起；花冠钟状，淡红色或绿白色，长3～5mm，顶端5浅裂，裂片卵状三角形，钝，直立或稍反折，短于花冠筒2～2.5倍；雄蕊5，着生于花冠喉部裂片之间，花药卵圆形，黄色，花丝无或几无；鳞片5，长圆形，边缘流苏状，着生于花冠筒基部，伸长至冠筒中部或中部以上；子房球状，平滑，无毛，2室，花柱细长，合生为一，与子房等长或稍长，柱头2裂。蒴果卵圆形，长约5mm，近基部周裂；种子1～2，光滑，长2～2.5mm，褐色。花期8月，果期9月。

生境分布：循化。寄生于忍冬、荨麻等植物上，海拔1900～2100m。

山莨菪

分　　类：木兰纲　茄目　茄科　山莨菪属
学　　名：*Anisodus tanguticus* (Maxim.) Pascher.
别　　名：唐古特山莨菪、黄花山莨菪。

形态特征：多年生草本。高30～130cm。根粗壮。茎直立，多分枝。叶互生，叶柄长1.5～5cm；叶片卵形、椭圆形或椭圆状披针形，长10～18cm，宽3～8cm，先端渐尖，边缘波状或有时具不规则三角状齿，两面无毛。花单生于叶腋，紫色，俯垂；花梗粗壮；花萼宽钟状，不整齐5裂，果时增大成杯状；花冠宽钟形，长3.5～4.5cm、径4～5cm，5浅裂；雄蕊5，花丝短，着生在花冠近基部；花盘环状，边缘具5个波状浅裂；子房圆锥形。蒴果近球形，包藏于杯状宿存萼中；宿存萼厚革质，长5～7.5cm，径3.5～5cm，有10条突起的纵脉和明显的网脉，果梗粗壮，长4～7cm；种子圆肾形。花期6月，果期7～8月。

生境分布：平安、互助、化隆。生于山谷、山坡、田边、村庄附近、牲口弃圈内，海拔2200～3900m。

曼陀罗

分　　类：木兰纲　茄目　茄科　曼陀罗属
学　　名：*Datura stramonium* Linn.
别　　名：醉心花闹羊花、野麻子、洋金花、万桃花、狗核桃、枫茄花。

形态特征：草本或半灌木状。高 0.5～1.5m。全体近于平滑或在幼嫩部分被短柔毛。茎粗壮，圆柱状，淡绿色或带紫色，下部木质化。叶广卵形，顶端渐尖，基部不对称楔形，边缘有不规则波状浅裂，裂片顶端急尖，有时亦有波状牙齿，侧脉每边 3～5 条，直达裂片顶端，长 8～17cm、宽 4～12cm；叶柄长 3～5cm。花单生于枝叉间或叶腋，直立，有短梗；花萼筒状，长 4～5cm，筒部有 5 棱角，两棱间稍向内陷，基部稍膨大，顶端紧围花冠筒，5 浅裂，裂片三角形，花后自近基部断裂，宿存部分随果实的增大而增大并向外反折；花冠漏斗状，下半部带绿色，上部白色或淡紫色，檐部 5 浅裂，裂片有短尖头，长 6～10cm，檐部直径 3～5cm；雄蕊不伸出花冠，花丝长约 3cm，花药长约 4mm；子房密生柔针毛，花柱长约 6cm。蒴果直立生，卵状，长 3～4.5cm、直径 2～4cm，表面生有坚硬针刺或有时无刺而近平滑，成熟后淡黄色，规则 4 瓣裂；种子卵圆形，稍扁，长约 4mm，黑色。花期 6～10 月，果期 7～11 月。

生境分布：平安、互助、乐都、民和、化隆、循化。生于荒地、田埂，海拔 1800～2500m。

天仙子

分　　类：木兰纲　茄目　茄科　天仙子属
学　　名：*Hyoscyamus niger* Linn.
别　　名：米罐子、马铃草、黑莨菪、牙痛草、骆驼籽、小天仙子。
形态特征：二年生草本。高30～70cm。全株生有短腺毛和长柔毛。根粗壮，肉质。茎基部有莲座状叶丛。茎生叶互生，矩圆形，长4～10cm、宽2～6cm；基生者可达25cm，基部半抱茎或截形，边缘羽状深裂或浅裂。花单生于叶腋，在茎上端聚集成顶生的穗状聚伞花序；花萼筒状钟形，长约1.5cm，5浅裂，裂片大小不等，果时增大成壶状，基部圆形；花冠漏斗状，黄绿色，基部和脉纹紫堇色，5浅裂；雄蕊5；子房近球形。蒴果卵球状，直径1.2cm，顶端盖裂，藏于宿萼内；种子近圆盘形。花期6～7月，果期8～9月。

生境分布：平安、互助、乐都、民和、化隆、循化。生于田边、荒地、村庄附近，海拔1800～3300m。

北方枸杞

分　　类：木兰纲　茄目　茄科　枸杞属

学　　名：*Lycium chinense* var. *potaninii* (Pojarkova) A. M. Lu

别　　名：红珠子刺、地仙、枸棘、苦杞、枸忌。

形态特征：多分枝灌木，高 1～2m。枝条细弱，弯曲或俯垂，淡灰色，具纵纹，小枝顶端成棘刺状，短枝顶端棘刺长达 2cm。叶披针形、矩圆状披针形或条状披针形，长 1.5～5cm，先端尖，基部楔形，叶柄长 0.4～1cm。花在长枝 1～2 腋生，花梗长 1～2cm，花萼长 3～4mm，常 3 中裂或 4～5 齿裂，具缘毛；花冠漏斗状，淡紫色，冠筒向上骤宽，较冠檐裂片稍短或近等长，5 深裂，裂片卵形，平展或稍反曲，边缘毛稀疏，基部耳不显著；雄蕊稍长于花冠，花丝近基部密被一圈绒毛并成椭圆状毛丛，与毛丛等高处花冠筒内壁密被一环绒毛，花柱稍长于雄蕊。浆果卵圆形，红色，长 0.7～1.5cm；种子扁肾形，长 2.5～3mm，黄色。花期 5～9 月，果期 8～11 月。

生境分布：互助、乐都、民和。生于山坡、河谷，海拔 1800～2300m。

野海茄

分　　类：木兰纲　茄目　茄科　茄属
学　　名：*Solanum japonense* Nakai.
别　　名：台白英、玉山茄。

形态特征：草质藤本。长0.5～1.2m。无毛或小枝被疏柔毛。叶三角状宽披针形或卵状披针形，通常长3～8.5cm，宽2～5cm，先端长渐尖，基部圆或楔形，边缘波状，有时3～5裂，侧裂片短而钝，中裂片卵状披针形，先端长渐尖，无毛或在两面均被具节疏柔毛或仅脉上被疏柔毛，中脉明显，侧脉纤细，通常每边5条；在小枝上部的叶较小，卵状披针形，长2～3cm；叶柄长0.5～2.5cm，无毛或具疏柔毛。聚伞花序顶生或腋外生，疏毛，总花梗长1～1.5cm，近无毛，花梗长6～8mm，无毛，顶膨大；萼浅杯状，直径约2.5mm，5裂，萼齿三角形，长约0.5mm；花冠紫色，直径约1cm，花冠筒隐于萼内，长不及1mm，冠檐长约5mm，基部具5个绿色的斑点，先端5深裂，裂片披针形，长4mm；花丝长约0.5mm，花药长圆形，长2.5～3mm，顶孔略向前；子房卵形，直径不及1mm，花柱纤细，长约5mm，柱头头状。浆果圆形，直径约1cm，成熟后红色；种子肾形，直径约2mm。花期6～9月，果期9～11月。

生境分布：互助、乐都、民和、化隆、循化。生于田边、荒地、河滩灌丛、水边，海拔1700～2800m。

龙葵

分　　类：木兰纲　茄目　茄科　茄属
学　　名：*Solanum nigrum* Linn.
别　　名：野海椒、苦葵、野辣虎、黑茄子、野茄子、野辣椒、野葡萄。
形态特征：一年生草本。高约60cm。茎无棱。叶互生，卵形，基部宽楔形或近截形，渐狭至叶柄，先端尖或长尖；叶大小相差很大，通常长4～7cm、宽3～5cm，大者长可达13cm、宽至7cm；叶缘具波状疏锯齿，每边3～4齿，齿宽约5mm，长3～4mm；叶柄长15～35mm，大叶的柄长可达5cm。伞状聚伞花序侧生，花柄下垂，每花序有4～10花，花白色；萼圆筒形，外疏被细毛，裂片5，卵状三角形；花冠无毛，裂片轮状伸展，5片，呈长方卵形；雄蕊5，着生花冠筒口，花丝分离，内面有细柔毛；雌蕊1，子房2室，球形，花柱下半部密生长柔毛，柱头圆形。浆果球状，有光泽，成熟时红色或黑色；种子扁圆形。花期6～7月，果期8～9月。

生境分布：平安、互助、乐都、民和、循化。生于田边、水边，海拔1800～3300m。

乌头叶蛇葡萄

分　　类：木兰纲　葡萄目　葡萄科　蛇葡萄属

学　　名：*Ampelopsis aconitifolia* Bge.

形态特征：木质藤本。小枝圆柱形，有纵棱纹，被疏柔毛。卷须二至三叉分枝，相隔2节间断与叶对生。叶为掌状5小叶，小叶3～5羽裂，披针形或菱状披针形，长4～9cm、宽1.5～6cm，顶端渐尖，基部楔形，中央小叶深裂，或有时外侧小叶浅裂或不裂，上面绿色无毛或疏生短柔毛，下面浅绿色，无毛或脉上被疏柔毛；小叶有侧脉3～6对，网脉不明显；叶柄长1.5～2.5cm，无毛或被疏柔毛。花序为疏散的伞房状复二歧聚伞花序，通常与叶对生或假顶生；花序梗长1.5～4cm，无毛或被疏柔毛，花梗长1.5～2.5mm，几无毛；花蕾卵圆形，高2～3mm，顶端圆形；萼碟形，波状浅裂或几全缘，无毛；花瓣5，卵圆形，高1.7～2.7mm，无毛；雄蕊5，花药卵圆形，长宽近相等；花盘发达，边缘呈波状；子房下部与花盘合生，花柱钻形，柱头扩大不明显。果实近球形，直径0.6～0.8cm，有种子2～3；种子倒卵圆形，顶端圆形，基部有短喙，种脐在种子背面中部近圆形，种脊向上渐狭呈带状，腹部中棱脊微突出，两则洼穴呈沟状，从基部向上斜展达种子上部1/3。花期5～6月，果期8～9月。

生境分布：民和、循化。生于山坡灌丛，海拔1700～2700m。

蝎虎驼蹄瓣

分　　类：木兰纲　蒺藜目　蒺藜科　骆驼蹄瓣属
学　　名：*Zygophyllum mucronatum* Maxim.
别　　名：草霸王、鸡大腿、念念、蝎虎草、蝎虎霸王。
形态特征：多年生草本。高15～25cm。根木质。茎多数，多分枝，细弱，平卧或开展，具沟棱和粗糙皮刺。托叶小，三角状，边缘膜质，细条裂；叶柄及叶轴具翼，翼扁平，有时与小叶等宽；小叶2～3对，条形或条状矩圆形，长约1cm，顶端具刺尖，基部稍钝。花1～2朵腋生，花梗长2～5mm；萼片5，狭倒卵形或矩圆形，长5～8mm、宽3～4mm；花瓣5，倒卵形，稍长于萼片，上部近白色，下部橘红色，基部渐窄成爪；雄蕊长于花瓣，花药矩圆形，橘黄色，鳞片长达花丝的一半。蒴果披针形、圆柱形，稍具5棱，先端渐尖或锐尖，下垂，5心皮，每室有种子1～4。种子椭圆形或卵形，黄褐色，表面有密孔。花期6～8月，果期7～9月。

生境分布：乐都、化隆、循化。生于山坡平滩地、湖积平原、河流阶地、湖积平原、荒漠，海拔1800～2500m。

霸王

分　　类：木兰纲　蒺藜目　蒺藜科　骆驼蹄瓣属
学　　名：*Zygophyllum xanthoxylum* (Bunge) Maxim.

形态特征：落叶小灌木。高 70～150cm。枝端具刺，小枝灰白色，无毛。复叶具 2 小叶，对生或簇生，长 4～6cm；小叶肉质，条形至条状倒卵形，长 0.2～2cm，顶端圆。花单生于叶腋，黄白色；萼片 4，倒卵形，长 4～6mm；花瓣 4，近圆形，基部楔状狭窄成爪；雄蕊 8，长于花瓣，花丝基部有附属体；子房 3 室，花丬肉质。蒴果通常有 3 宽翅，连翅长 2～4cm，近圆形，不开裂。花期 4～5 月，果期 5～9 月。

生境分布：平安、互助、乐都、民和、循化。生于河流阶地、山沟、干山坡、河谷，海拔 1800～2600m。

刺柏

分　　类：松纲　柏目　柏科　刺柏属
学　　名：*Juniperus formosana* Hayata.
别　　名：台湾柏、刺松、矮柏木、山杉、台桧、山刺柏。
形态特征：常绿小乔木，高达12m。树皮褐色，纵裂，呈长条薄片脱落。树冠塔形。大枝斜展或直伸；小枝下垂，三棱形。叶全部刺形，坚硬且尖锐，长12~20mm，宽1.2~2mm，3叶轮生，先端尖锐，基部不下延；表面平凹，中脉绿色而隆起，两侧各有1条白色气孔带，较绿色的边带宽；背面深绿色而光亮，有纵脊。雌雄同株或异株。球果近圆球形，肉质，直径6~10mm，顶端有3条皱纹和三角状钝尖突起，淡红色或淡红褐色，成熟后顶稍开裂，有种子1~3；种子半月形，有3棱。花期4月，果2年成熟。
生境分布：互助、乐都、民和、循化。生于河谷、半阴坡，海拔1900~2900m。

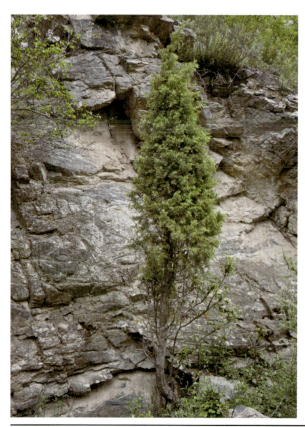

祁连圆柏

分　　类：松纲　柏目　柏科　刺柏属
学　　名：*Juniperus przewalskii* Kom.
别　　名：柴达木圆柏、陇东圆柏、祁连山圆柏、秀巴（藏语音译）。

形态特征：常绿乔木，稀灌木状。高5～18m。树干微扭曲或直。树皮带灰色或褐灰色，裂成不规则的条片脱落。大枝平展或稍斜升；小枝不下垂，生鳞叶；一年生的二、三回分枝近等长，近四棱形，径1.2～1.5mm，一回分枝圆，径约2mm。叶二型，刺叶与鳞叶；幼树常全为刺叶，壮龄树兼有刺叶与鳞叶，大树则几乎全为鳞叶；刺叶3枚交叉轮生，开展，长4～8mm，三角状披针形，先端锐尖，腹面凹，有白粉带，中脉隆起，背面拱圆或上部常有钝脊；鳞叶交互对生，菱状卵形，长1.5～2.8mm，上部渐狭，先端钝尖，背面微被蜡粉，拱圆，在基部或近基部有卵形腺体。球果宽卵形，长9～13mm，绿色，被一薄层白粉，翌年成熟，熟后蓝黑色或黑色，有种子1；种子扁方圆形，径6～10mm，顶端具钝尖头，两侧有明显的棱脊，周围有树脂槽。

生境分布：平安、互助、乐都、民和、化隆、循化。生于阳坡，海拔2100～3800m。

垂枝祁连圆柏

分　　类：松纲　柏目　柏科　刺柏属

学　　名：*Juniperus przewalskii* Kom. f. *pendula* Cheng et L. K. Fu

形态特征：常绿乔木，稀灌木状。高5～18m。小枝细长，下垂如柳，一年生枝的一、二回分枝较长。叶二型，刺叶与鳞叶，幼树常全为刺叶，壮龄树兼有刺叶与鳞叶，大树则几乎全为鳞叶；刺叶3枚交叉轮生，开展，长4～8mm，三角状披针形，先端锐尖，腹面凹，有白粉带，中脉隆起，背面拱圆，上部常有钝脊；鳞叶交互对生，菱状卵形，长1.5～2.8mm，上部渐狭，先端钝尖，背面微被蜡粉，拱圆，在基部或近基部有卵形腺体。球果宽卵形，长9～13mm，绿色，被一薄层白粉，翌年成熟，熟后蓝黑色或黑色，有种子1；种子扁方圆形。

生境分布：平安、互助、乐都、民和、化隆、循化。生于山坡、河谷、林下，海拔2100～3600m。

木贼麻黄

分　　类：松纲　麻黄目　麻黄科　麻黄属
学　　名：*Ephedra equisetina* Bunge.
别　　名：木麻黄、山麻黄、龙沙、狗骨、卑相、卑盐。
形态特征：直立小灌木。高达1m。木质茎明显、直立或部分呈匍匐状。小枝细，对生或轮生，直径约1mm，节间短，通常长1.5～2.5cm，纵槽纹不明显，多被白粉，呈蓝绿色或灰绿色。叶膜质鞘状，大部合生，仅上部约1/4分离，裂片2，钝三角形，长1.5～2mm。雄球花单生或3～4集生于节上，苞片3～4对，基部约1/3合生，雄花有6～8雄蕊，花丝全部合生，微外露，花药2(稀3)；雌球花常两个对生于节上，苞片3对，最上一对约2/3合生，雌花1～2朵，珠被管长达2mm，弯曲。雌球花成熟时苞片肉质，红色，长卵形或卵圆形，长8～10mm、直径4～5mm；种子通常1，窄长卵形。花期6～7月，果熟期8～9月。

生境分布：循化。生于干旱山坡、岩石缝隙，海拔2300～2900m。

巴山冷杉

分　　类：松纲　松目　松科　冷杉属
学　　名：*Abies fargesii* Franch.
别　　名：洮河冷杉、华枞、川枞、太白冷杉、鄂西冷杉。
形态特征：常绿乔木。高达 40m。树皮粗糙，暗灰色或暗灰褐色，块状开裂；冬芽卵圆形或近圆形，有树脂；一年生枝红褐色或微带紫色，微有凹槽，无毛，稀凹槽内疏生短毛。叶在枝条下面列成 2 列，上面的叶斜展或直立，稀上面中央的叶向后反曲，条形，上部较下部宽，长 1.7～3cm、宽 1.5～4mm，直或微曲，先端钝且有凹缺，稀尖，上面深绿色，有光泽，无气孔线，下面沿中脉两侧有 2 条粉白色气孔带；横切面上面至下面两侧边缘有 1 层连续排列的皮下细胞，稀两端角部 2 层，下面中部一层树脂道 2 个，中生。球果柱状矩圆形或圆柱形，长 5～8cm，径 3～4cm，成熟时淡紫色、紫黑色或红褐色；中部种鳞肾形或扇状肾形，长 0.8～1.2cm、宽 1.5～2cm，上面宽厚，边缘内曲；苞鳞倒卵状楔形，上部圆，边缘有细缺齿，先端有急尖的短尖头，尖头露出或微露出；种子倒三角状卵圆形，种翅楔形，较种子短或等长。
生境分布：循化。生于山坡，海拔 2500～3000m。

维管植物门 TRACHEOPHYTA

青海云杉

分　　类：松纲　松目　松科　云杉属
学　　名：*Picea crassifolia* Kom.
别　　名：泡松、白松、杆树。
形态特征：常绿乔木。高达23m。小枝有木钉状叶枕，多少有毛或几无毛，间或有白粉；一年生枝淡绿黄色，二至三年生枝常呈粉红色；小枝基部宿存芽鳞的先端常反曲。冬芽圆锥形。叶在枝上螺旋状着生，枝条下面和两侧的叶向上伸展，锥形，长1.2～2.2cm、粗2～2.5mm，先端钝，横切面四方形，四面有粉白色气孔线。球果单生侧枝顶端，下垂，圆柱形或矩圆状圆柱形，幼果紫红色，熟前种鳞背部变绿，上部边缘仍呈紫红色，熟后褐色，长7～11cm；种鳞倒卵形，先端圆，腹面有2枚上端有翅的种子；苞鳞短小；种翅倒卵形，膜质，淡褐色。花期4～5月，果期9～10月。
生境分布：平安、互助、乐都、民和、化隆、循化。生于河谷、山坡、林下、河滩，海拔1800～3800m。

青杆

分　　类：松纲　松目　松科　云杉属
学　　名：*Picea wilsonii* Mast.
别　　名：细叶松、方叶松、白杆云杉、细叶云杉、华北云杉。
形态特征：常绿乔木。高达 50m，胸径达 1.3m。树皮灰色或暗灰色，裂成不规则鳞状块片脱落。树冠塔形；一年生枝淡黄绿色或淡黄灰色，无毛，稀有疏生短毛，二、三年生枝淡灰色、灰色或淡褐灰色；小枝基部宿存芽鳞的先端紧贴小枝。冬芽卵圆形，无树脂，芽鳞排列紧密，淡黄褐色或褐色，先端钝，背部无纵脊，光滑无毛。叶排列较密，在小枝上部向前伸展，小枝下面的叶向两侧伸展，四棱状条形，直或微弯，较短，通常长 0.8～1.8cm、宽 1.2～1.7mm，先端尖，横切面四棱形或扁菱形，四面各有气孔线 4～6 条，微具白粉。球果卵状圆柱形或圆柱状长卵圆形，成熟前绿色，熟时黄褐色或淡褐色，长 5～8cm、径 2.5～4cm；中部种鳞倒卵形，长 1.4～1.7cm、宽 1～1.4cm，先端圆或有急尖头，或呈钝三角形，或具突起截形尖头，基部宽楔形，鳞背露出部分无明显的槽纹，较平滑；苞鳞匙状矩圆形，先端钝圆，长约 4mm；种子倒卵圆形，长 3～4mm，连翅长 1.2～1.5cm，种翅倒宽披针形，淡褐色，先端圆；子叶 6～9，条状钻形，长 1.5～2cm，棱上有极细的齿毛；初生叶四棱状条形，长 0.4～1.3cm，先端有渐尖的长尖头，中部以上有整齐的细齿毛。花期 5～6 月，果期 9～10 月。

生境分布：平安、互助、乐都、民和、循化。生于阴坡，海拔 1800～2700m。

华山松

分　　类：松纲　松目　松科　松属
学　　名：*Pinus armandii* Franch.
别　　名：五叶松、立叶松、白松、五须松、青松。
形态特征：常绿乔木。高达35m，胸径可达1m。幼树树皮灰绿色，老则裂成方形厚块片固着树上。树冠广圆锥形。小枝平滑无毛，冬芽小，圆柱形，栗褐色。叶5针一束，长8～15cm，质柔软，边有细锯齿；树脂道多为3，中生或背面2个边生，腹面1个中生；叶鞘早落。球果圆锥状长卵形，长10～20cm，柄长2～5cm，成熟时种鳞张开种子脱落；种子无翅或近无翅。花期4～5月，果熟期翌年9～10月。
生境分布：民和、循化。生于沟谷林中，海拔2100～2600m。

油松

分　　类：松纲　松目　松科　松属
学　　名：*Pinus tabuliformis* Carriere
别　　名：油松节、巨果油松、紫翅油松、东北黑松、短叶马尾松、红皮松、短叶松。
形态特征：常绿乔木。高达25m，胸径约1m。树皮灰棕色，呈鳞片状开裂，裂缝红褐色。树冠在壮年期呈塔形或广卵形，在老年期呈盘状伞形。上枝粗壮，无毛，褐黄色。冬芽圆形，端尖，红棕色，在顶芽旁常轮生有3～5个侧芽。叶2针1束，罕3针1束，长10～15cm，树脂道5～8或更多，边生；叶鞘宿存。雄球花橙黄色，雌球花绿紫色。当年小球果的种鳞顶端有刺，球果卵形，长4～9cm。无柄或有极短枘，可宿存枝上达数年之久；种鳞的鳞背肥厚，横脊显著，鳞脐有刺；种子卵形，长6～8mm，淡褐色，有斑纹；翅长约1cm，黄白色，有褐色条纹；子叶8～12。花期5～6月，果熟期翌年10月。
生境分布：互助、乐都、民和、循化。生于阴坡、林中，海拔2100～2800m。

参考文献：

蔡照光，黄葆宁，郎百宁，等．青藏高原草场及草场主要植物图谱［M］．北京：农业出版社，1989．

陈又生．中国高等植物彩色图鉴：第7卷·被子植物［M］．北京：科学出版社，2016．

金效华，李剑武，叶德平．中国野生兰科植物原色图鉴［M］．河南：河南科学技术出版社，2019．

金效华．中国高等植物彩色图鉴：第9卷·被子植物［M］．北京：科学出版社，2016．

李振宇．中国高等植物彩色图鉴：第6卷·被子植物［M］．北京：科学出版社，2016．

刘博，林秦文．中国高等植物彩色图鉴：第5卷·被子植物［M］．北京：科学出版社，2016．

卢学峰，韩强，张胜邦．青海祁连山自然保护区常见野生植物观察手册［M］．西宁：青海民族出版社，2017．

卢学峰，马天龙，张胜邦．青海孟达国家级自然保护区常见野生植物图谱［M］．西宁：青海民族出版社，2018．

卢学峰，张胜邦．青海野生药用植物［M］．西宁：青海民族出版社，2012．

卢学峰，张胜邦．青海野生植物图谱精选［M］．西宁：青海民族出版社，2010．

马玉寿，徐海峰，杨时海．三江源区草地植物图集［M］．北京：科学出版社，2012．

牛洋，王辰，彭建生．青藏高原野花大图鉴［M］．重庆：重庆大学出版社，2018．

青海木本植物志编委会．青海木本植物志［M］．西宁：青海人民出版社，1987．

孙海群，蔡佩云，石红霄，等．三江源国家公园主要植物图谱［M］．西宁：青海民族出版社，2019．

孙海群，高万里，严作庆，等．大通县常见植物图谱［M］．西宁：青海民族出版社，2019．

王立亚，康海军．三江源区草地资源及主要植物图谱［M］．西宁：青海人民出版社，2011．

王文采，刘冰．中国高等植物彩色图鉴：第3卷·被子植物［M］．北京：科学出版社，2016．

吴玉虎，李忠虎．喀喇昆仑山—昆仑山地区植物检索表［M］．西宁：青海民族出版社，2014．

吴玉虎，王玉金．喀喇昆仑山—昆仑山地区植物名录［M］．西宁：青海民族出版社，2013．

吴玉虎．青海植物检索表［M］．西宁：青海民族出版社，2018．

吴玉虎．青藏高原维管束植物及其生态地理分布［M］．北京：科学出版社，2008．

徐守成，马明呈．青海大通北川河源区国家级自然保护区植物图谱精选［M］．西宁：青海人民出版社，2015．

杨仕兵，李文渊，周玉碧．青海班玛县药用植物图鉴［M］．西宁：青海人民出版社，2020．

于胜祥．中国高等植物彩色图鉴：第4卷·被子植物［M］．北京：科学出版社，2016．

张李，左勤．中国高等植物彩色图鉴：第1卷·苔藓植物［M］．北京：科学出版社，2016．

张胜邦，卢学峰，董旭．青海常见野生植物识别手册［M］．西宁：青海民族出版社，2013．

张胜邦，卢学峰．青海澜沧江源种子植物［M］．西宁：青海民族出版社，2012．

张胜邦，卢学峰．青海玛可河种子植物［M］．西宁：青海民族出版社，2011．

张胜邦，卢学峰．青海栽培植物图谱［M］．西宁：青海民族出版社，2020．

张胜邦，陈世龙，等．青海野生植物系列丛书－青海西宁常见野生植物图鉴［M］．北京：中国林业出版社，

2023.

张树仁. 中国高等植物彩色图鉴：第8卷·被子植物[M]. 北京：科学出版社，2016.

张宪春，成晓. 中国高等植物彩色图鉴：第2卷·蕨类植物 — 裸子植物[M]. 北京：科学出版社，2016.

郑万钧. 中国树木志：第一卷至第四卷[M]. 北京：中国林业出版社，1983.

中国科学院西北高原生物研究所. 青海经济植物志[M]. 西宁：青海人民出版社，1987.

中国科学院西北高原生物研究所. 青海植物志：第一卷至第四卷.[M]. 西宁：青海人民出版社，1997.

中文名索引

A

阿尔泰狗娃花 /112
阿拉善马先蒿 /319
矮卫矛 /190
矮泽芹 /58
凹舌兰 /91
奥地利真藓 /2

B

巴山冷杉 /538
巴天酸模 /184
霸王 /533
白苞筋骨草 /291
白背叶楤木 /66
白刺 /495
白花草木樨 /248
白花刺续断 /202
白花长瓣铁线莲 /426
白花枝子花 /295
白桦 /261
白蓝翠雀花 /431
白屈菜 /398
百里香 /310
半扭卷马先蒿 /328
薄荷 /306
宝盖草 /302
宝兴冷蕨 /27
北柴胡 /56
北方枸杞 /528
北方盔花兰 /93
北极果 /217
北水苦荬 /335
北天门冬 /77
北重楼 /349
贝加尔唐松草 /442
萹蓄 /180
扁秆荆三棱 /373
扁果草 /435
变刺小檗 /391
变色苦荬菜 /126
并头黄芩 /309
播娘蒿 /152

C

苍耳 /139
藏杏 /466
糙皮桦 /262
糙叶黄芪 /238
草地老鹳草 /288

草甸马先蒿 /327
草玉梅 /418
长瓣铁线莲 /425
长盖铁线蕨 /43
长梗喉毛花 /269
长梗金腰 /511
长果茶藨子 /509
长花天门冬 /76
长叶微孔草 /147
朝天委陵菜 /463
车轴草 /285
齿叶扁核木 /465
稠李 /470
臭草 /382
臭樱 /468
川赤芍 /510
川鄂乌头 /412
川西绿绒蒿 /406
穿龙薯蓣 /198
垂枝祁连圆柏 /536
刺柏 /534
刺儿菜 /120
刺芒龙胆 /271
刺旋花 /522
刺叶提灯藓 /5
粗根鸢尾 /86

D

达乌里秦艽 /272
打碗花 /520
大苞点地梅 /228
大车前 /333
大唇拟鼻花马先蒿 /326
大果榆 /489
大花肋柱花 /281
大花野豌豆 /257
大花益母草 /303
大火草 /419
单脉大黄 /182
地钱 /13
地榆 /480
灯笼草 /294
丁座草 /329
东方草莓 /457
东方泽泻 /52
东陵绣球 /194
独行菜 /156
短茎马先蒿 /320

短筒兔耳草 /331
短尾铁线莲 /424
短腺小米草 /316
短叶锦鸡儿 /239
堆花小檗 /388
对叶红景天 /503
对叶兰 /100
钝叶蔷薇 /476
多刺绿绒蒿 /407
多裂委陵菜 /462
多鳞鳞毛蕨 /31

E

峨眉蔷薇 /475
鹅绒藤 /266
鄂西香茶菜 /300
二色补血草 /173
二叶兜被兰 /106
二叶舌唇兰 /103
二叶獐牙菜 /282

F

发草 /379
费菜 /506

G

甘草 /244
甘菊 /119
甘蒙锦鸡儿 /241
甘青青兰 /297
甘青铁线莲 /430
甘青微孔草 /146
甘肃贝母 /342
甘肃大戟 /351
甘肃棘豆 /251
甘肃耧斗菜 /421
甘肃马先蒿 /322
甘肃山梅花 /196
甘肃山楂 /453
甘肃桃 /469
甘肃雪灵芝 /166
刚毛忍冬 /206
高山大戟 /352
高山大帽藓 /6
高山冷蕨 /26
高山露珠草 /372
高山鸟巢兰 /99
高山铁角蕨 /19
高山绣线菊 /487
高山野决明 /254
高山长蒴藓 /8
高乌头 /413
高原香薷 /299
疙瘩七 /70
狗尾草 /385

菰帽悬钩子 /478
管花秦艽 /275
灌木小甘菊 /117
光果莸 /293
光皮冬瓜杨 /356
光岩蕨 /49
光药大黄花 /315
广布铁角蕨 /20
广布小红门兰 /105
广布野豌豆 /258
鬼箭锦鸡儿 /240

H

海乳草 /229
蕲菜 /158
合瓣鹿药 /79
黑柴胡 /57
黑弹树 /445
黑蕊亭阁草 /516
黑蕊无心菜 /167
黑亭阁草 /515
红花绿绒蒿 /409
红花岩生忍冬 /208
红花羊柴 /243
红花紫堇 /399
红桦 /260
红毛五加 /67
红瑞木 /192
红砂 /187
红枝卷柏 /51
喉毛花 /270
湖北花楸 /484
虎榛子 /264
互叶醉鱼草 /338
花苜蓿 /247
花叶对叶兰 /101
花叶海棠 /461
华北鳞毛蕨 /33
华北珍珠梅 /483
华马先蒿 /324
华瑞香 /368
华山松 /541
华西忍冬 /211
黄甘青报春 /233
黄花补血草 /172
黄花角蒿 /290
黄花婆罗门参 /137
黄花软紫草 /144
黄堇 /401
黄毛楤木 /65
黄蔷薇 /474
黄瑞香 /366
黄缨菊 /140

中文名索引 INDEX

灰白风毛菊 /130
灰果蒲公英 /135
灰绿藜 /164
灰枸子 /450
灰枝紫菀 /113
回旋扁蕾 /278
茴茴蒜 /440
火烧兰 /92

J

芨芨草 /383
鸡冠茶 /481
鸡腿堇菜 /361
荠 /150
假苇拂子茅 /378
尖齿糙苏 /308
尖齿鳞毛蕨 /30
尖唇鸟巢兰 /98
尖叶平藓 /3
碱毛茛 /434
剑叶蹄盖蕨 /22
箭头唐松草 /443
箭竹 /380
胶黄芪状棘豆 /252
角盘兰 /95
金灯藤 /524
金花忍冬 /205
金露梅 /454
近多鳞鳞毛蕨 /35
荆芥 /307
九龙卷柏 /50
菊叶香藜 /161
具刚毛荸荠 /375
具鳞水柏枝 /186
卷茎蓼 /177
卷叶黄精 /80
绢毛木姜子 /341
蕨 /29

K

苦苣菜 /132
苦马豆 /253
苦荞麦 /176
苦条槭 /499
库页悬钩子 /479
块茎岩黄芪 /245
宽叶独行菜 /157
宽叶羌活 /59
宽叶荨麻 /491
款冬 /138
葵花大蓟 /121

L

赖草 /381
蓝侧金盏花 /416

蓝果忍冬 /204
蓝花卷鞘鸢尾 /87
蓝堇草 /436
狼把草 /115
狼毒 /370
老鹳草 /289
类毛瓣虎耳草 /517
类叶升麻 /414
冷地卫矛 /189
冷蕨 /24
栗花灯芯草 /376
砾玄参 /339
镰萼喉毛花 /268
蓼子朴 /124
烈香杜鹃 /221
裂叶堇菜 /364
鳞叶龙胆 /276
瘤果滇藁本 /61
柳兰 /371
六叶葎 /284
龙葵 /530
陇东海棠 /460
陇南铁线蕨 /45
陇蜀杜鹃 /223
芦苇 /384
露蕊乌头 /433
卵叶山葱 /73
轮叶黄精 /82
骆驼蓬 /496
绿花党参 /143

M

麻花艽 /277
麻叶荨麻 /490
马蔺 /83
马衔山黄芪 /236
曼陀罗 /526
蔓孩儿参 /168
牦牛儿苗 /287
猫头刺 /249
毛叉苔 /10
毛刺锦鸡儿 /242
毛茛状金莲花 /444
毛梗红毛五加 /68
毛花忍冬 /210
毛建草 /296
毛金腰 /512
毛叶耳蕨 /37
毛樱桃 /472
毛榛 /263
毛柱山梅花 /197
美丽茶藨子 /508
蒙古白头翁 /439

547

蒙古荚蒾 /201
蒙古栎 /265
蒙古绣线菊 /488
蒙古莸 /292
迷果芹 /64
密花翠雀花 /432
密花棘豆 /250
密花香薷 /298
岷山报春 /234
岷县龙胆 /274
木贼 /17
木贼麻黄 /537

N

南方山荷叶 /394
拟耧斗菜 /438
牛蒡 /109
扭柄花 /347

O

欧地笋 /305
欧亚旋覆花 /122

P

攀缘天门冬 /74
泡沙参 /142
披散问荆 /16
披针叶野决明 /255
皮叶苔 /14
平车前 /332
婆婆纳 /336
葡匐栒子 /451

Q

七叶一枝花 /348
祁连山附地菜 /148
祁连圆柏 /535
奇花柳 /357
千里香杜鹃 /224
浅裂鳞毛蕨 /34
茜草 /286
羌活 /60
鞘柄菝葜 /350
秦岭槲蕨 /41
青藏黄芪 /237
青海绿绒蒿 /411
青海鸢尾 /84
青海云杉 /539
青杄 /540
蜻蜓兰 /104
瞿麦 /165
全缘叶绿绒蒿 /408

R

日本续断 /203
柔毛金腰 /513
肉果草 /311

乳白香青 /108
乳苣 /127
蕤核 /464
三春水柏枝 /185
三脉紫菀 /111
沙棘 /193
山丹 /344
山地虎耳草 /518
山楂 /340
山荆子 /459
山莨菪 /525
山梅花 /195
山生柳 /358
山西杓兰 /88
山杨 /355
山野豌豆 /256
山羽藓 /7
杉叶藻 /330
陕甘花楸 /485
陕西耳蕨 /38
蛇果黄堇 /400
蛇苔 /12
深裂蒲公英 /136
升麻 /415
湿生扁蕾 /279
石地钱 /11
石生孩儿参 /170
匙叶小檗 /393
绥草 /107
疏花软紫草 /145
双花堇菜 /362
水金凤 /216
水晶兰 /219
水苦荬 /337
水麦冬 /55
水栒子 /452
四川臭樱 /467
四萼猕猴桃 /214
四蕊槭 /498
四数獐牙菜 /283
松下兰 /218
宿根亚麻 /354
酸模叶蓼 /179

T

唐古红景天 /504
唐古特虎耳草 /519
唐古特忍冬 /209
唐古特瑞香 /369
唐古特延胡索 /403
桃儿七 /396
藤山柳 /215
天蓝韭 /72

中文名索引 INDEX

天山报春 /231
天山花楸 /486
天山瓦韦 /42
天仙子 /527
天祝黄堇 /404
田旋花 /521
莛子藨 /212
头花杜鹃 /222
透明鳞荸荠 /374
秃疮花 /405
突脉金丝桃 /353
菟丝子 /523
托叶樱桃 /471
驼绒藜 /163
椭圆叶花锚 /280

W

洼瓣花 /345
瓦松 /501
歪头菜 /259
弯管列当 /318
弯茎假苦菜 /110
莴草 /377
卫矛 /188
文冠果 /500
问荆 /15
乌饭瑞香 /367
乌头叶蛇葡萄 /531
无距耧斗菜 /420
五福花 /199
五尖槭 /497
五脉绿绒蒿 /410
舞鹤草 /78

X

西北蔷薇 /473
西北铁角蕨 /21
西北沼委陵菜 /449
西北针茅 /386
西伯利亚蓼 /178
西伯利亚铁线莲 /429
西藏杓兰 /89
西藏点地梅 /227
西藏沙棘 /447
西藏玉凤花 /94
西南独缀草 /171
西宁冷蕨 /25
西域鳞毛蕨 /32
薤蘘 /159
稀叶珠蕨 /47
喜马拉雅沙参 /141
细叶小檗 /392
细叶益母草 /304
狭萼报春 /232

狭叶五加 /69
夏至草 /301
鲜黄小檗 /390
藓生马先蒿 /323
线叶龙胆 /273
香芸火绒草 /128
小车前 /334
小丛红景天 /502
小大黄 /181
小点地梅 /226
小顶冰花 /346
小果白刺 /494
小红菊 /118
小米草 /317
小香蒲 /387
小叶金露梅 /456
小叶巧玲花 /314
小叶忍冬 /207
小叶鼠李 /448
小叶铁线莲 /428
小叶绣球藤 /427
小阴地蕨 /18
小银莲花 /417
蝎虎驼蹄瓣 /532
斜茎黄芪 /235
缬草 /213
星毛短舌菊 /116
星叶草 /397
兴安胡枝子 /246
秀丽梅 /477
旋覆花 /123
穴丝荠苈 /154
血满草 /200
熏倒牛 /493

Y

鸦葱 /133
鸦跖花 /437
羊齿天门冬 /75
羊耳蒜 /96
野草莓 /458
野海茄 /529
野芝麻菜 /155
一把伞南星 /53
异花孩儿参 /169
异蕊芥 /153
异叶囊瓣芹 /63
异叶提灯藓 /4
银粉背蕨 /46
银露梅 /455
淫羊藿 /395
蚓果芥 /149
隐匿景天 /507

549

隐序南星 /54
硬叶柳 /359
硬叶山兰 /102
硬叶水毛茛 /423
油松 /542
榆中贝母 /343
羽节蕨 /28
羽裂荨麻 /492
羽叶点地梅 /230
羽叶丁香 /313
玉龙蕨 /36
玉竹 /81
原沼兰 /97
圆穗蓼 /174
圆叶小堇菜 /363
云南红景天 /505
云生毛茛 /441

Z

杂配藜 /160
窄叶鲜卑花 /482
掌裂兰 /90
掌叶铁线蕨 /44
掌叶橐吾 /129
真藓 /1
蜘蛛岩蕨 /48
直茎黄堇 /402
直立茴芹 /62
直穗小檗 /389
中国黄花柳 /360
中国马先蒿 /321
中国沙棘 /446
中华耳蕨 /39
中华花葱 /225
中华荚果蕨 /40
中华金腰 /514
中华苦荬菜 /125
中华蹄盖蕨 /23
中亚卫矛 /191
中亚紫菀木 /114
钟帽藓 /9
重齿风毛菊 /131
帚状鸦葱 /134
皱叶鹿蹄草 /220
皱叶酸模 /183
皱褶马先蒿 /325
珠芽蓼 /175
蛛丝蓬 /162
竹节参 /71
竹灵消 /267
准噶尔鸢尾 /85
紫丁香 /312
紫花地丁 /365

紫花耧斗菜 /422
紫花碎米荠 /151

学名索引

A

Abies fargesii Franch./538
Abietinella abietina (Hedw.) M. Fleisch./7
Acanthocalyx alba (Hand.-Mazz.) M. J. Connon/202
Acer maximowiczii Pax./497
Acer stachyophyllum subsp. *betulifolium* (Maxim.) P. C. DeJong./498
Acer tataricum subsp. *theiferum* (W. P. Fang) Y. S. Chen & P. C. DeJong./499
Aconitum henryi E. Pritz./412
Aconitum sinomontanum Nakai./413
Actaea asiatica Hara./414
Actaea cimicifuga Linn./415
Actinidia tetramera Maxim./214
Adenophora himalayana Feer./141
Adenophora potaninii Korsh./142
Adiantum fimbriatum Christ/43
Adiantum pedatum Linn. Sp./44
Adiantum roborowskii Maxim./45
Adonis coerulea Maxim./416
Adoxa moschatellina Linn./199
Ajuga lupulina Maxim./291
Aleuritopteris argentea (S. G. Gmel.) Fée./46
Alisma orientale (Samuel.) Juz./52
Allitim cyaneum Regel./72
Allium ovalifolium Hand.-Mzt./73
Ampelopsis aconitifolia Bge./531
Anaphalis lactea Maxim./108
Androsace gmelinii (Linn.) Roem. & Schult./226
Androsace mariae Kanitz./227
Androsace maxima Linn./228
Anemone exigua Maxim./417
Anemone rivularis Buch.-Ham./418
*Anemone tomentos*a (Maxim.) Pei./419
Anisodus tanguticus (Maxim.) Pascher./525
Apometzgeria pubescens (Schrank.) Kuwah./10
Aquilegia ecalcarata Maxim./420
Aquilegia oxysepala var. *kansuensis* Brühl./421
Aquilegia viridiflora var. *atropurpurea* (Willdenow) Finet & Gagnepain./422
Aralia chinensis Linn./65
Aralia chinensis var. *nuda* Nakai/66
araxacum maurocarpum Dahlst./135
Arctium lappa Linn./109
Arctous alpinus (Linn.) Nied./217
Arisaema erubescens (Wall.) Schott./53
Arisaema wardii C. Marquand & Airy Shaw/54
Arnebia guttata Bge./144
Arnebia szechenyi Kanitz./145
Askellia flexuosa (Ledeb.) W. A. Weber/110
Asparagus brachyphyllus Turcz./74
Asparagus filicinus D.Don./75
Asparagus longiflorus Franch./76
Asparagus przewalskyi N. A. Ivanova ex Grubov & T. V. Egorova/77
Asplenium aitchisonii Fraser-Jenk. & R. Reichst./19
Asplenium anogrammoides Christ./20

Asplenium nesii Christ./21
Aster ageratoides Turcz./111
Aster altaicus Willd./112
Aster poliothamnus Diels./113
Asterothamnus centraliasiaticus Novopokr./114
Astragalus laxmannii Jacq./235
Astragalus mahoschanicus Hand.-Mazz./236
Astragalus peduncularis Royle./237
Astragalus scaberrimus Bunge./238
Athyrium attenuatum (Clarke) Tagawa/22
Athyrium sinense Rupr./23

B

Batrachium trichophyllum (Chaix ex Vill.) Bosch./423
Beckmannia syzigachne (Steud.) Fern./377
Berberis aggregata C. K. Schneid./388
Berberis dasystachya Maxim./389
Berberis diaphana Maxim./390
Berberis mouillacana C. K. Schneider./391
Berberis poiretii Schneid./392
Berberis vernae Schneid./393
Betula albosinensis Burkill/260
Betula platyphylla Sukaczev/261
Betula utilis D. Don/262
Bidens tripartita Linn./115
Biebersteinia heterostemon Maxim./493
Bistorta macrophylla (D. Don) Soják/174
Bistorta vivipara (Linn.) Gray/175
Bolboschoenus planiculmis (F. Schmidt) T. V. Egorova./373
Botrychium lunaria (Linn.) Sw./18
Brachanthemum pulvinatum (Hand.-Mazz.) Shih/116
Braya humilis (C. A. Mey.) B. L. Rob/149
Bryum argenteum Hedw./1
Bryum austriacum Köckinger/2
Buddleja alternifolia Maxim/338
Bupleurum chinense DC./56
Bupleurum smithii H. Wolff/57

C

Calamagrostis pseudophragmites (Haller f.) Koeler./378
Calystegia hederacea Wall./520
Cancrinia maximowiczii C.Winkl./117
Capsella bursa-pastoriss (Linn.) Medic./150
Caragana brevifolia Kom./239
Caragana jubata (Pall.) Poiret./240
Caragana opulens Kom./241
Caragana tibetica Kom./242
Cardamine tangutorum O. E. Schulz./151
Caryopteris mongholica Bunge./292
Caryopteris tangutica Maxim./293
Celtis bungeana Bl./445
Chamaesium paradoxum H. Wolff/58
Chamerion angustifolium (Linn.) Holub/371
Chelidonium majus Linn./398
Chenopodiastrum hybridum (Linn.) S. Fuentes, Uotila & Borsch/160
Chrysanthemum chanetii H. Lév./118
Chrysanthemum lavandulifolium (Fischer ex Trautv.) Makino/119
Chrysosplenium axillare Maxim/511
Chrysosplenium pilosum Maxim./512
Chrysosplenium pilosum var. *valdepilosum* Ohwi/513

Chrysosplenium sinicum maxim./514
Circaea alpina Linn./372
Circaeaster agrestis Maxim./397
Cirsium arvense var. *integrifolium* C. Wimm. & Grabowski/120
Cirsium souliei (Franch.) Mattf./121
Clematis brevicaudata DC./424
Clematis macropetala var. *albiflora* (Maxim.) Hand.-Mazz./426
Clematis macropetala Ledeb./425
Clematis montana var. *sterilis* Hand-Mazz./427
Clematis nannophylla Maxim./428
Clematis sibirica Miller./429
Clematis tangutica (Maxim.) Korsh./430
Clematoclethra scandens (Franch.) Maxim./215
Clinopodium polycephalum (Vaniot) C. Y. Wu & Hsuan ex P. S. Hsu/294
Codonopsis viridiflora Maxim./143
Comarum salesovianum (Steph.) Aschers. & Graebn./449
Comastoma falcatum (Turcz. ex Kar. & Kir) Toyok./268
Comastoma pedunculatum (Royle ex D. Don) Holub./269
Comastoma pulmonarium (Turcz.) Toyokuni./270
Conocephalum conicum (Linn.) Dum./12
Convolvulus arvensis Linn./521
Convolvulus tragacanthoides Turcz./522
Corethrodendron multijugum (Maxim.) B. H. Choi & H. Ohashi/243
Cornus alba Linn./192
Cornus bretschneideri L. Henry./193
Corydalis livida Maxim./399
Corydalis ophiocarpa Hook. f. & Thomson/400
Corydalis pallida (Thunb.) Pers./401
Corydalis stricta Stephan ex Fisch./402
Corydalis tangutica Peshkova./403
Corydalis tianzhuensis M. S. Yang et C. J. Wang./404
Corylus mandshurica Maxim./263
Cotoneaster acutifolius Turcz./450
Cotoneaster adpressus Boisi./451
Cotoneaster multiflorus Bge./452
Crataegus kansuensis Wils./453
Cryptogramma stelleri (Gmel.) Prantl/47
Cuscuta chinensis Lam./523
Cuscuta japonica Choisy./524
Cymbaria mongolica Maxim./315
Cynanchum chinense R. Br./266
Cypripedium shanxiense S. C. Chen/88
Cypripedium tibeticum King ex Rolfe/89
Cystopteris fragilis (Linn.) Bernh./24
Cystopteris kansuana (Linn.) C. Chr./25
Cystopteris montana (Lam.) Bernh./26
Cystopteris moupinensis Franch./27

D

Dactylorhiza hatagirea (D. Don) Soó/90
Dactylorhiza viridis (Linn.) R. M. Bateman, Pridgeon & M. W. Chase/91
Daphne giraldii Nitsche./366
Daphne myrtilloides Nitsche./367
Daphne rosmarinifolia Rehd./368
Daphne tangutica Maxim./369
Dasiphora fruticosa (Linn.) Rydb./454
Dasiphora glabra (G. Lodd.) Soják/455
Dasiphora parvifolia (Fisch. ex Lehm.) Juz./456
Datura stramonium Linn./526
Delphinium albocoeruleum Maxim./431

Delphinium densiflorum Duthie ex Huth./432
Deschampsia cespitosa (Linn.) P. Beauv./379
Descurainia sophia (Linn.) Webb ex Prantl/152
Dianthus superbus Linn./165
Dicranostigma leptopodum (Maxim.) Fedde./405
Dioscorea niponica Makino/198
Diphylleia sinensis H. L. Li./394
Dipsacus japonicus Miq./203
Dontostemon pinnatifidus (Willdenow) Al-Shehbaz & H. Ohba/153
Draba draboides (Maximowicz) Al-Shehbaz/154
Dracocephalum heterophyllum Benth./295
Dracocephalum rupestre Hance./296
Dracocephalum tanguticum Maxim./297
Drynaria baronii (Christ) Diels/41
Dryopteris acutodentata Ching/30
Dryopteris barbigera (T. Moore et Hook.) O. Ktze./31
Dryopteris blanfordii (Bak.) C. Chr./32
Dryopteris goeringiana (Kunze) Koidz./33
Dryopteris komarovii Koidz./35
Dryopteris sublaeta Ching et Y. P. Hsu./34
Dysphania schraderiana (Roemer & Schultes) Mosyakin & Clemants/161

E

Eleocharis pellucida J. Presl & C. Presl./374
Eleocharis valleculosa var. *setosa* Ohwi./375
Eleutherococcus giraldii (Harms) Nakai/67
Eleutherococcus giraldii var. *hispodus* Hoo/68
Eleutherococcus wilsonii (Harms) Nakai/69
Elsholtzia densa Benth./298
Elsholtzia feddei Levl./299
Encalypta alpina Smith./6
Ephedra equisetina Bunge./537
Epimedium brevicornu Maxim./395
Epipactis helleborine (Linn.) Crantz./92
Equisetum arvense Linn./15
Equisetum diffusum D. Don/16
Equisetum hyemale Linn./17
Eremogone kansuensis (Maxim.) Dillenb. & Kadereit/166
Erodium stephanianum Willd./287
Eruca vesicaria (Linn.) Cav./155
Euonymus alatus (Thunb.) Sieb./188
Euonymus frigidus Wall./189
Euonymus nanus M. Bieb./190
Euonymus semenovii Regel & Herder/191
Euphorbia kansuensis Prokh/351
Euphorbia stracheyi Boiss./352
Euphrasia pectinata Ten./317
Euphrasia regelii Wettst./316

F

Fagopyrum tataricum (Linn.) Gaertn./176
Fallopia convolvulus (Linn.) Á. Löve./177
Fargesia spathacea Franch./380
Fragaria orientalis Losinsk./457
Fragaria vesca Linn./458
Fritillaria przewalskii Maxim./342
Fritillaria yuzhongensis G. D. Yu & Y. S. Zhou./343

G

Gagea serotina (Linn.) Ker Gawl./345

Gagea terraccianoana Pascher./346
Galearis roborowskii Maxim. S. C. Chen P. J. Cribb S. W. Gale./93
Galium hoffmeisteri (Klotzsch) Ehrendorfer & Schonbeck-Temesy ex R. R. Mill/284
Galium odoratum (Linn.) Scop./285
Gentiana aristata Maxim./271
Gentiana dahurica Fischer/272
Gentiana lawrencei var. *farreri* (Balf. f.) T. N. Ho./273
Gentiana purdomii C. Marquand./274
Gentiana siphonantha Maxim. ex Kusn./275
Gentiana squarrosa Ledeb./276
Gentiana straminea Maxim./277
Gentianopsis contorta (Royle) Ma./278
Gentianopsis paludosa (Hook. f.) Ma./279
Geranium pratense Linn./288
Geranium wilfordii Maxim./289
Glycyrrhiza uralensis Fisch./244
Gymnaconitum gymnandrum (Maxim.) Wei Wang & Z. D. Chen/433
Gymnocarpium jessoense Koidz./28

H

Habenaria tibexica Schltr.ex Limpricht/94
Halenia elliptica D. Don./280
Halerpestes sarmentosa (Adams) Komarov & Alissova/434
Halogeton arachnoideus Moq./162
Hansenia forbesii (H. Boissieu) Pimenov & Kljuykov/59
Hansenia weberbaueriana (Fedde ex H. Wolff) Pimenov & Kljuykov/60
Hedysarum algidum L. R. Xu/245
Herminium monorchis (Linn.) R. Br., W. T. Aiton/95
Hippophae rhamnoides subsp. *sinensis* Rousi./446
Hippophae tibetana Schlechtendal./447
Hippuris vulgaris Linn./330
Hydrangea bretschneideri Dippel/194
Hymenidium wrightianum (H.Boissieu) Pimenov & Kljuykov/61
Hyoscyamus niger Linn./527
Hypericum przewalskii Maxim./353
Hypopitys monotropa Crantz./218

I

Incarvillea sinensis var. *przewalskii* (Batalin) C. Y. Wu & W. Q. Yin/290
Inula britannica Linn./122
Inula japonica Thunb./123
Inula salsoloides (Turcz.) Ostenf./124
Iris lactea Pall./83
Iris qinghainica Y. T. Zhao/84
Iris songarica Schrenk ex Fisch.& C. A. Mey./85
Iris tigridia Bunge ex Ledeb./86
Iris zhaoana M. B. Crespo, Alexeeva & Y. E Xiao/87
Isodon henryi (Hemsley) Kudo/300
Isopyrum anemonoides Kar. & Kir./435
Ixeris chinensis (Thunb.) Nakai/125
Ixeris chinensis subsp. *versicolor* (Fisch. ex Link) Kitam./126

J

Juncus castaneus Sm./376
Juniperus formosana Hayata./534
Juniperus przewalskii Kom. f. pendula Cheng et L. K. Fu/536
Juniperus przewalskii Kom./535

K

Knorringia sibirica (Laxm.) Tzvelev./178

Krascheninnikovia ceratoides (Linn.) Gueldenst./163

L

Lactuca tatarica (Linn.) C. A. Mey./127
Lagopsis supina (Steph.) Ikonn.-Gal./301
Lagotis brevituba Maxim./331
Lamium amplexicaule Linn./302
Lancea tibetica Hook. f. et Thoms./311
Leontopodium haplophylloides Hand.-Mazz./128
Leonurus macranthus Maxim./303
Leonurus sibiricus Linn./304
Lepidium apetalum Willd./156
Lepidium latifolium Linn./157
Lepisorus clathratus (C. B. Clarke) Ching/42
Leptopyrum fumarioides (Linn.) Reichb./436
Lespedeza davurica (Laxm.) Schindl./246
Leymus secalinus (Georgi) Tzvelev./381
Ligularia przewalskii (Maxim.) Diels./129
Lilium pumilum Redouté./344
Limonium aureum Hill./172
Limonium bicolor (Bunge) Kuntze./173
Lindera reflexa Hemsl./340
Linum perenne Linn./354
Liparis campylostalix Rchb. f./96
Litsea sericea (Nees) Hook. f./341
Lomatogonium macranthum (Diels & Gilg) Fern/281
Lonicera caerulea Linn./204
Lonicera chrysantha Turcz./205
Lonicera hispida Pall. ex Roem. et Schultz./206
Lonicera microphylla Willd. ex Roem. & Schult./207
Lonicera rupicola var. *syringantha* (Maxim.) Zabel/208
Lonicera tangutica Maxim./209
Lonicera trichosantha Bur. & Franch./210
Lonicera webbiana Wall. ex DC./211
Lycium chinense var. *potaninii* (Pojarkova) A. M. Lu/528
Lycopus europaeus Linn./305
Lysimachia maritima (Linn.) Galasso, Banfi & Soldano/229

M

Maianthemum bifolium (Linn.) F. W. Schmidt/78
Maianthemum tubiferum (Batalin) LaFrankie/79
Malaxis monophyllos (Linn.) Sw/97
Malus baccata (Linn.) Borkh./459
Malus kansuensis (Batal.) Schneid./460
Malus transitoria (Batalin) Schneider./461
Marchantia polymorpha Linn./13
Meconopsis henrici Bur. & Franch./406
Meconopsis horridula Hook. f. & Thoms./407
Meconopsis integrifolia (Maxim.) Franch./408
Meconopsis punicea Maxim./409
Meconopsis quintuplinervia Regel./410
Meconopsis xcookei G. Taylor./411
Medicago ruthenica (Linn.) Trautv/247
Melica scabrosa Trin./382
Melilotus albus Desr./248
Mentha canadensis Linn./306
Micranthes atrata (Engl.) Losinsk./515
Micranthes melanocentra (Franch.) Losinsk./516
Microula pseudotrichocarpa W. T. Wang/146
Microula trichocarpa (Maxim.) I. M. Johnst./147

学名索引 INDEX

Mnium heterophyllum Schwägr./4
Mnium spinosum Schwägr./5
Monotropa uniflora Linn./219
Mpatiens nolitangere Linn./216
Myricaria paniculata P. Y. Zhang/185
Myricaria squamosa Desv./186

N

Neotrinia splendens (Trin.) M. Nobis, P. D. Gudkova & A. Nowakl./383
Neottia acuminata Schltr./98
Neottia listeroides Lindl./99
Neottia puberula (Maxim.) Szlach./100
Neottia puberula var. *macula* (Tang & F. T. Wang) S. C. Chen./101
Nepeta cataria Linn./307
Nitraria sibirica Pall./494
Nitraria tangutorum Bobrov./495

O

Odontostemma melanandrum (Maxim.) Rabeler & W. L. Wagner./167
Oreorchis nana Schltr./102
Orobanche cernua Loefli./318
Orostachys fimbriata (Turcz.) A. Berger./501
Ostryopsis davidiana Decne./264
Oxybasis glauca (Linn.) S. Fuentes, Uotila & Borsch/164
Oxygraphis glacialis (Fisch. ex DC.) Bunge./437
Oxytropis aciphylla Ledeb./249
Oxytropis imbricata Kom./250
Oxytropis kansuensis Bunge./251
Oxytropis tragacanthoides Fisch./252

P

Paeonia anomala subsp. *veitchii* (Lynch) D. Y. Hong & K. Y. Pan/510
Panax bipinnatifidus Seemann/70
Panax japonicus var. *major* (Burkill) C. Y. Wu & Feng/71
Paraquilegia microphylla (Royle) Drumm. & Hutch./438
Paris polyphylla Smith./348
Paris verticillata M.-Bieb/349
Pedicularis alaschanica Maxim./319
Pedicularis artselaeri Maxim./320
Pedicularis chinensis Maxim./321
Pedicularis kansuensis Maxim./322
Pedicularis muscicola Maxim./323
Pedicularis oederi var. *sinensis* (Maxim.) Hurus/324
Pedicularis plicata Maxim./325
Pedicularis rhinanthoides subsp. *labellata* (Jacq.) P. C. Tsoong/326
Pedicularis roylei Maxim./327
Pedicularis semitorta Maxim./328
Peganum harmala Linn./496
Pentarhizidium intermedium (C. Christensen) Hayata./40
Persicaria lapathifolia (Linn.) Delarbre/179
Phedimus aizoon (Linn.) 't Hart/506
Philadelphus incanus Koehne/195
Philadelphus kansuensis (Rehd.) S. Y. Hu/196
Philadelphus subcanus Koehne/197
Phlomoides dentosa (Franch.) Kamelin & Makhm./308
Phragmites australis (Cav.) Trin. ex Steud./384
Picea crassifolia Kom./539
Picea wilsonii Mast./540
Pimpinella smithii Wolff/62
Pinus armandii Franch./541

Pinus tabuliformis Carriere/542
Plagiobryum demissum (Hook.) Lindb./3
Plantago depressa Willd./332
Plantago major Linn./333
Plantago minuta Pall./334
Platanthera chlorantha Cust. ex Reichb./103
Platanthera souliei Kraenzl./104
Polemonium chinense (Brand) Brand/225
Polygonatum cirrhifolium (Wall.) Royle/80
Polygonatum odoratum (Mill.) Druce./81
Polygonatum verticillatum (Linn.) All./82
Polygonum aviculare Linn./180
Polystichum glaciale Christ/36
Polystichum mollissimum Ching./37
Polystichum shensiense Christ./38
Polystichum sinense Christ./39
Pomatosace filicula Maxim./230
Ponerorchis chusua (D. Don) Soó/105
Ponerorchis cucullata (Linn.) X. H. Jin, Schuit. & W. T. Jin/106
Populus davidiana Dode/355
Populus purdomii var. *rockii* (Rehd.) C. F. Fang & H. L. Yang./356
Potentilla multifida Linn./462
Potentilla supina Linn./463
Primula nutans Georgi/231
Primula stenocalyx Maxim./232
Primula tangutica var. *flavescens* Chen & C. M. Hu/233
Primula woodwardii Balf. f./234
Prinsepia uniflora (Maxim.) Batali/464
Prinsepia uniflora var. *serrata* Rehd/465
Prunus holosericea (Batal.) Kost/466
Prunus hypoleuca (Koehne) J. Wen/468
Prunus hypoxantha (Koehne) J. Wen/467
Prunus kansuensis (Rehd.) Skeels/469
Prunus padus Linn./470
Prunus stipulacea (Maxim.) Yü & Li/471
Prunus tomentosa Thunb./472
Pseudostellaria davidii (Franch.) Pax/168
Pseudostellaria heterantha (Maxim.) Pax/169
Pseudostellaria rupestris (Turcz.) Pax/170
Pteridium aquilinum var. *latiusculum* (Desv.) Underw. ex A. Heller/29
Pternopetalum heterophyllum Hand.-Mazz./63
Pulsatilla ambigua (Turcz.ex Hayek) Juz./439
Pyrola rugosa H. Andr./220

Q

Quercus mongolica Fischer ex Ledebour/265

R

Ranunculus chinensis Bunge./440
Ranunculus nephelogenes Edgew./441
Reaumuria soongarica (Pall.) Maxim./187
Reboulia hemisphaerica (Linn.) Raddi./11
Rhamnus parvifolia Bunge./448
Rheum pumilum Maxim./181
Rheum univerve Maxim./182
Rhodiola dumulosa (Franch.) S. H. Fu./502
Rhodiola subopposita (Maxim.) Jacobsen./503
Rhodiola tangutica (Maximowicz) S. H. Fu/504
Rhodiola yunnanensis (Franch.) S.H.Fu/505
Rhododendron anthopogonoides Maxim./221

Rhododendron capitatum Maxim./222
Rhododendron przewalskii Maxim./223
Rhododendron thymifolium Maxim./224
Ribes pulchellum Turcz./508
Ribes stenocarpum Maxim./509
Rorippa indica (Linn.) Hiern./158
Rosa davidii Crép./473
Rosa hugonis Hemsl./474
Rosa omeiensis Rolfe./475
Rosa sertata Rolfe./476
Rubia cordifolia Linn./286
Rubus amabilis Focke./477
Rubus pileatus Focke./478
Rubus sachalinensis Lévl./479
Rumex crispus Linn./183
Rumex patientia Linn./184

S

Salix atopantha C. K. Schneid./357
Salix oritrepha C. K. Schneid./358
Salix sclerophylla Anderss/359
Salix sinica (Hao) C. Wang & C. F. Fang/360
Sambucus adnata Wall. ex DC./200
Sanguisorba officinalis Linn./480
Saussurea cana Ledeb./130
Saussurea katochaete Maxim./131
Saxifraga montanella H. Smith./518
Saxifraga sinomontana J. T. Pan & Gornall/517
Saxifraga tangutica Engl./519
Scrophularia incisa Weinm/339
Scutellaria scordifolia Fisch. ex Schrank./309
Sedum celatum Fröd./507
Selaginella jiulongensis (H. S. Kung & al.) M. H. Zhang & X. C. Zhang/50
Selaginella sanguinolenta (Linn.) Spring./51
Setaria viridis (Linn.) Beauv/385
Shivparvatia forrestii (Diels) Rabeler/171
Sibbaldianthe bifurca (Linn.) Kurtto & T. Erikss./481
Sibiraea angustata (Rehd.) Hand.-Mazz./482
Sinopodophyllum hexandrum (Royle) Ying/396
Smilax stans Maxim/350
Solanum japonense Nakai./529
Solanum nigrum Linn./530
Sonchus oleraceus Linn./132
Sorbaria kirilowii (Regel & Tiling) Maxim./483
Sorbus hupehensis Schneid./484
Sorbus koehneana Schneid./485
Sorbus tianschanica Rupr./486
Sphaerophysa salsula (Pall.) DC./253
Sphallerocarpus gracilis (Besser) Koso-Pol./64
Spiraea alpina Pall./487
Spiraea mongolica Maxim./488
Spiranthes sinensis (Pers.) Ames./107
Stellera chamaejasme Linn./370
Stipa sareptana var. *krylovii* (Roshev.) P. C. Kuo & Y. H. Sun/386
Streptopus obtusatus Fass&t./347
Swertia bifolia Batalin/282
Swertia tetraptera Maxim./283
Syringa oblata Lindl./312
Syringa pinnatifolia Hemsley./313
Syringa pubescens subsp. *microphylla* (Diels) M. C. Chang & X. L. Chen/314

T

Takhtajaniantha austriaca (Willd.) Zaika, Sukhor. & N. Kilian/133
Takhtajaniantha pseudodivaricata (Lipsch.) Zaika, Sukhor. & N. Kilian/134
Taraxacum scariosum (Tausch) Kirschner & Štepanek/136
Targionia hypophylla Linn./14
Thalictrum baicalense Turcz./442
Thalictrum simplex Linn./443
Thermopsis alpina (Pall.) Ledeb./254
Thermopsis lanceolata R. Br./255
Thlaspi arvense Linn./159
Thymus mongolicus Ronn./310
Tragopogon orientalis Linn./137
Trematodon brevicollis Hornschuch./8
Triglochin palustris Linn. /55
Trigonotis petiolaris Maxim./148
Triosteum pinnatifidum Maxim./212
Trollius ranunculoides Hemsl./444
Tussilago farfara Linn./138
Typha minima Funck./387

U

Ulmus macrocarpa Hance./489
Urtica cannabina Linn./490
Urtica laetevirens Maxim./491
Urtica triangularis subsp. *pinnatifida* (Hand.-Mazz.) C. J. Chen/492

V

Valeriana officinalis Linn./213
Venturiella sinensis C.Muell./9
Veronica anagallis-aquatica Linn./335
Veronica polita Fries./336
Veronica undulata Wall./337
Viburnum mongolicum (Pall.) Rehd./201
Vicia amoena Fisch.ex DC./256
Vicia bungei Ohwi./257
Vicia cracca Linn./258
Vicia unijuga A. Br./259
Vincetoxicum inamoenum Maxim./267
Viola acuminata Ledeb/361
Viola biflora Linn./362
Viola biflora var. *rockiana* (W. Becker) Y. S. Chen/363
Viola dissecta Ledeb./364
Viola philippica Cav./365

W

Woodsia andersonii (Bedd.) Christ./48
Woodsia glabella R. Br. ex Richards./49

X

Xanthium strumarium Linn./139
Xanthoceras sorbifolium Bunge./500
Xanthopappus subacaulis C. Winkl./140
Xylanche himalaica (Hook. f. & Thomson) G. Beck/329

Z

Zygophyllum mucronatum Maxim./532
Zygophyllum xanthoxylum (Bunge) Maxim./533

青海海东野生植物名录

真藓门 BRYOPHYTA
黑藓纲 ANDREAEOPSIDA
一、黑藓目 ANDREAEALES
（一）黑藓科 Andreaceae

1. 黑藓属 Andreaea

   (1) 欧黑藓 Andreaea rupestris Hedw.

   分布于互助。生于林下岩石上。

   (2) 王氏黑藓 Andreaea wangiana P. C. Chen

   分布于互助。生于。

真藓纲 BRYOPSIDA
一、珠藓目 BARTRAMIALES
（一）珠藓科 Bartramiaceae

1. 平珠藓属 Plagiopus

   (1) 平珠藓 Plagiopus oederi Limpr.

   分布于互助。生于糙皮桦林下、林缘、潮湿的树干基部、高山湿润的具土岩面和溪边近水湿处，海拔 2700～4100m。

二、真藓目 BRYALES
（二）真藓科 Bryaceae

2. 短月藓属 Brachymenium

   (2) 短月藓 Brachymenium nepalense Hook.

   分布于互助。生于中等海拔林内树枝上。

3. 真藓属 Bryum

   (3) 真藓 Bryum argenteum Hedw.

   分布于互助。生于有机质丰富及肥沃的土壤上或阴湿具土岩面，海拔 2200～3500m。

   (4) 奥地利真藓 Bryum austriacum Köckinger

   分布于互助。生于高山草甸上腐殖质和富营养化土壤的先锋植物，海拔 3700～3800m。

4. 平蒴藓属 Plagiobryum

   (5) 尖叶平蒴藓 Plagiobryum demissum (Hook.) Lindb.

   分布于互助。生于高山草甸上腐殖质和富营养化土壤，海拔 3600～4300m。

   青藏高原特有种。

5. 大叶藓属 Rhodobryum

   (6) 狭边大叶藓 Rhodobryum ontariense (Kindb.) Paris

   分布于互助。生于林下或沟溪旁碎石间，海拔 2700～2800m。

（三）提灯藓科 Mniaceae

6. 缺齿藓属 Mielichhoferia

   (7) 缺齿藓 Mielichhoferia mielichhoferi (Funck) Loeske

   分布于循化。生于散射光下的阴湿环境中，常见于湿地，海拔 2500～2600m。

7. 提灯藓属 Mnium

   (8) 异叶提灯藓 Mnium heterophyllum Schwaegr.

   分布于互助、循化。生于散射光下的阴湿环境中，常见于湿地，海拔 2500～2700m。

   (9) 刺叶提灯藓 Mnium spinosum (Voit) Schwagr.

   分布于互助、民和、循化。生于散射光下的阴湿环境中，常见于湿地，海拔 2700～4100m。

8. 立灯藓属 Orthomnion

   (10) 柔叶立灯藓 Orthomnion dilatatum (Mitt.) P. C. Chen

   分布于互助。生于暖湿山地灌木下的水边，林间的腐木树干或林地，稀见于具土岩面。海拔 2000～2900m

9. 匐灯藓属 Plagiomnium

   (11) 匐灯藓 Plagiomnium cuspidatum (Hedw.) T. J. Kop.

   分布于互助。生于林边土坡、草丛、沟谷边或河滩地，海拔 2000～3000m。

10. 丝瓜藓属 Pohlia

    (12) 泛生丝瓜藓 Pohlia cruda (Hedw.) Lindb.

    分布于互助。生于山地红桦、糙皮桦林、沟溪旁碎石间及高山灌丛下、腐木或湿地具土岩面。

三、曲尾藓目 DICRANALES
（四）曲尾藓科 Dicranaceae

11. 小曲尾藓属 Dicranella

    (13) 南亚小曲尾藓 Dicranella coarctata (Müll. Hal.) Bosch & Sande Lac.

    分布于互助。生于阴坡石壁和土坡上，海拔 3600～3700m。

12. 高领藓属 Glyphomitrium

    (14) 尖叶高领藓 Glyphomitrium acuminatum Broth.

    分布于互助。生于树干或树枝上，有时见于岩面上。

13. 曲背藓属 Oncophorus

    (15) 曲背藓 Oncophorus wahlenbergii Brid.

    分布于互助。生于高寒阴湿的糙皮桦林下或朽木上，海拔 2700～3200m。

14. 山毛藓属 Oreas

    (16) 山毛藓 Oreas martiana (Hopp. & Hornsch.) Brid.

    分布于互助。常成垫状生于高山阴湿的岩壁，或生于岩穴、石隙生于上。

15. 苞领藓属 Holomitrium

    (17) 柱鞘苞领藓 Holomitrium cylindraceum (P. Beauv.) Wijk & Marg.

    分布于互助。生于生林内树枝，树干基部或石面上。

四、葫芦藓目 FUNARIALES
（五）大帽藓科 Encalyptaceae

16. 大帽藓属 Encalypta

    (18) 高山大帽藓 Encalypta alpina Smith.

分布于互助。生于高山地区土坡上，海拔 3700 ～ 5000m。

（六）葫芦藓科 Funariaceae

17．葫芦藓属 *Funaria*

（19）葫芦藓 *Funaria hygrometrica* Hedw.

分布于互助。生于林地、林缘，或路边土壁、岩面薄土上，或洞边、墙边土地等阴凉湿润地方上，海拔 2500 ～ 3900m。

（20）小口葫芦藓 *Funaria microstoma* Bruch. ex Schimp.

分布于互助。生于高寒地区林地、火烧后的林地、低海拔林内开阔地、居住区周围的墙角，或草地、岩壁、树基或林间倒木上。

青藏高原特有种。

五、紫萼藓目 GRIMMIALES

（七）紫萼藓科 Grimmiaceae

18．长齿藓属 *Niphotrichum*

（21）长齿藓 *Niphotrichum canescens* (Hedw.) Bednarek-Ochyra & Ochyra

分布于互助。生于高山岩面或沙土。

（八）缩叶藓科 Ptychomitriaceae

19．缩叶藓属 *Ptychomitrium*

（22）狭叶缩叶藓 *Ptychomitrium linearifolium* Reimers

分布于互助。生于山地溪边或河滩杂木林下开阔岩面上，海拔 2000 ～ 2500m。

六、灰藓目 HYPNALES

（九）柳叶藓科 Amblystegiaceae

20．拟细湿藓属 *Campyliadelphus*

（23）仰叶拟细湿藓 *Campyliadelphus stellatus* (Hedw.) Kand

分布于互助。生于沼泽边湿土或潮湿岩面。

21．牛角藓属 *Cratoneuron*

（24）牛角藓 *Cratoneuron filicinum* (Hedw.) Spruce

分布于互助。生于钙质和水湿阴冷沼泽地或小溪流水中，海拔 2800 ～ 2900m。

（十）牛舌藓科 Anomodontaceae

22．羊角藓属 *Herpetineuron*

（25）羊角藓 *Herpetineuron toccoae* (Sull. & Lesq.) Cardot

分布于互助。生于阴湿林内。老树干或背阴的岩壁上，有时也伴有其他藓类生于圆柏林下。

（十一）青藓科 Brachytheciaceae

23．青藓属 *Brachythecium*

（26）羽枝青藓 *Brachythecium plumosum* (Hedw.) Bruch & Schimp.

分布于互助。生于高山杜鹃丛下或林下湿土上或岩面薄土上，海拔 2000 ～ 3600m。

24．毛尖藓属 *Cirriphyllum*

（27）毛尖藓 *Cirriphyllum piliferum* (Hedw.) Grout

分布于互助。生于沟谷杂木林下、糙皮桦林下、高山灌木丛下或温湿山区林下，常见于腐木和石上。

25．褶叶藓属 *Palamocladium*

（28）深绿褶叶藓 *Palamocladium euchloron* (Müll. Hal.) Wijk & Margad.

分布于互助。生于白桦、糙皮桦、油松林下的树干基部或岩石薄土上或湿热林内上石生。

（十二）湿原藓科 Calliergonaceae

26．大湿原藓属 *Calliergoniella*

（29）大湿原藓 *Calliergonella cuspidata* (Hedw.) Loeske

分布于互助。生于酸性沼泽或潮湿草原，阴湿的红桦、糙皮桦林下、瀑布下或青杆林下的朽木树桩上。

27．范氏藓属 *Warnstorfia*

（30）范氏藓 *Warnstorfia exannulata* (Bruch & Schimp.) Loeske

分布于互助。生于沼泽地或高山林区溪流中，常半水生或水生。

（十三）绢藓科 Entodontaceae

28．绢藓属 *Entodon*

（31）厚角绢藓 *Entodon concinnus* (De Not.) Paris

分布于互助。生于山地林下土坡、树基或石面上，海拔 2000 ～ 4200m。

（32）深绿绢藓 *Entodon luridus* (Griff.) A. Jaeger

分布于互助。生于潮湿岩面或树干上。

（33）长柄绢藓 *Entodon macropodus* (Hedw.) Müll. Hal.

分布于互助。生于低海拔至 2600m 山地林中树干、树基、腐木或岩石上。

（34）锦叶绢藓 *Entodon pylaisioides* R.L.Hu & Y. F. Wang

分布于互助。生于糙皮桦林下或岩石上，海拔 2600 ～ 3200m。

（十四）塔藓科 Hylocomiaceae

29．拟垂枝藓属 *Rhytidiadelphus*

（35）大拟垂枝藓 *Rhytidiadelphus triquetrus* (Hedw.) Warnst.

分布于互助。生于湿润林地腐木或腐殖土、青杆林、糙皮桦林下和林缘，海拔 2800 ～ 3000m。

（十五）灰藓科 Hypnaceae

30．灰藓属 *Hypnum*

（36）大灰藓 *Hypnum plumaeforme* Wilson

分布于互助。生于腐木、树干、树基、岩面薄土、土壤、草地、砂土及黏土上。

31．假丛灰锦藓属 *Pseudostereodon*

（37）假丛灰藓 *Pseudostereodon procerrimum* (Molendo) M. Fleisch.

分布于平安、互助、乐都、民和、循化。生于林下岩面薄土、石缝中，海拔 3200 ～ 3700m。

（十六）毛锦藓科 Pylaisiadelphaceae

32．小锦藓属 *Brotherella*

（38）弯叶小锦藓 *Brotherella falcata* (Dozy & Molk.) M.Fleisch.

分布于互助。生于杂木林下，多附生于树干或朽木上。

（十七）垂枝藓科 Rhytidiaceae

33. 垂枝藓属 *Rhytidium*

(39) 垂枝藓 *Rhytidium rugosum* (Hedw.) Kindb.

分布于互助。生于散射光下的阴湿环境中，常见于湿地、河滩杂木林下、糙皮桦林下和高山柳类，杜鹃灌丛。海拔 3400～3500m。

（十八）蝎尾藓科 Scorpidiaceae

34. 水灰藓属 *Hygrohypnum*

(40) 圆蒴水灰藓 *Hygrohypnum luridum* var. *subsphaericarpum* (Brid.) C. E. O. Jensen

分布于互助。生于山涧湿石上。

（十九）鳞叶藓科 Taxiphyllaceae

35. 叉羽藓属 *Leptopterigynandrum*

(41) 叉羽藓 *Leptopterigynandrum austroalpinum* Müll. Hal.

分布于循化。生于树干或含石灰质岩面，海拔界于 2900～4500m。

（二十）羽藓科 Thuidiaceae

36. 山羽藓属 *Abietinella*

(42) 山羽藓 *Abietinella abietina* (Hedw.) M. Fleisch.

分布于互助、循化。生于针叶阔叶林下、高山灌丛中，散射光下的阴湿或较干燥林地，海拔 2100～3900m。

37. 毛羽藓属 *Bryonoguchia*

(43) 毛羽藓 *Bryonoguchia molkenboeri* (Sande Lac.) Z. Iwats. & Inoue

分布于互助。生于林下岩石及腐殖土，也见于朽木树干基部或寒冷湿润林地、倒木或湿地面，海拔 2000～3100m。

38. 小羽藓属 *Haplocladium*

(44) 细叶小羽藓 *Haplocladium microphyllum* (Hedw.) Broth.

分布于互助。生云杉或林下、树和倒木上，海拔 2000～2800m。

39. 羽藓属 *Thuidium*

(45) 大羽藓 *Thuidium cymbifolium* Dozy & Molk.

分布于互助、循化。生于不同类型林地、腐木、树基和阴湿具土岩面，海拔 2000～3200m。

(46) 细枝羽藓 *Thuidium delicatulum* (Hedw.) Schimp.

分布于互助。生于生长于红桦，糙皮桦，油松，青杆等针阔叶林下或树干基部、倒木、岩石上。

(47) 羽藓 *Thuidium tamariscinum* (Hedw.) Schimp.

分布于互助。生长于红桦，糙皮桦、油松、青杆等针阔叶林下。

七、树灰藓目 HYPNODENDRALES

（二十一）卷柏藓科 Racopilaceae

40. 卷柏藓属 *Racopilum*

(48) 薄壁卷柏藓 *Racopilum cuspidigerum* (Schwägr.) Ångström

分布于互助。生于岩石及树干。

八、丛藓目 POTTIALES

（二十二）小烛藓科 Bruchiaceae

41. 小炬藓属 *Eobruchia*

(49) 四川小炬藓 *Eobruchia sichuaniana* W. Z. Ma, S. He & hevock

分布于互助。生于高山流石滩灌丛下，海拔 3600～3800m。

42. 长蒴藓属 *Trematodon*

(50) 高山长蒴藓 *Trematodon brevicollis* Hornschuch

分布于互助。生于高山流石滩灌丛下，海拔 3600～3800m。

青海特有种。

（二十三）牛毛藓科 Ditrichaceae

43. 角齿藓属 *Ceratodon*

(51) 角齿藓 *Ceratodon purpureus* (Hedw.) Brid.

分布于互助。生于空旷而潮湿的沙质地上或林下，也出现在云杉林下，海拔 2000～3800m。

（二十四）树生藓科 Erpodiaceae

44. 树生藓属 *Venturiella*

(52) 钟帽藓 *Venturiella sinensis* C. Muell.

分布于互助。生于阔叶树树干上，海拔 2400～2500m。

（二十五）丛藓科 Pottiaceae

45. 丛本藓属 *Anoectangium*

(53) 阔叶丛本藓 *Anoectangium clarum* Mitt.

分布于民和、循化。生于林缘，石壁上或高山草甸土上，海拔 1700～3700m。

(54) 扭叶丛本藓 *Anoectangium stracheyanum* Mitt.

分布于互助。生于林内岩石、具土岩面、滴水石壁，或高寒地区草甸中，海拔 2200～3200m。

46. 净口藓属 *Gymnostomum*

(55) 净口藓 *Gymnostomum calcareum* Nees & Hornsch.

分布于互助。生于岩面、冰碛岩下、石灰泉流水岩面、岩缝，或岩面薄土上。

47. 拟合睫藓属 *Pseudosymblepharis*

(56) 狭叶拟合睫藓 *Pseudosymblepharis angustata* (Mitt.) Hilp.

分布于互助。生于阴湿的岩石和岩面薄土上。

48. 石芽藓属 *Stegonia*

(57) 石芽藓 *Stegonia latifolia* (Schwägr.) Vent. ex Broth.

分布于互助。生于高山流石滩灌丛下，海拔 3600～3800m。

49. 赤藓属 *Syntrichia*

(58) 亚高山赤藓 *Syntrichia submontana* (Broth.) Ochyra

分布于互助。生于林内岩面，高山林地或灌丛土面，海拔 2700～3200m。

50. 墙藓属 *Tortula* Hedw

(59) 北地链齿藓 *Tortula leucostoma* Hook. & Grev.

分布于互助。生于阴湿的岩面上，沟旁土坡上，林地上或树干上。

(60) 墙藓 *Tortula subulata* Hedw.

分布于互助。生于林下土壤上或河滩丛下的岩石上，海拔 2700～3200m。

九、桧藓目 RHIZOGONIALES
（二十六）桧藓科 Rhizogoniaceae
51. 桧藓属 *Pyrrhobryum*

（61）大桧藓 *Pyrrhobryum dozyanum* (Sande Lac.) Manuel

分布于互助。生于阴坡红桦林下、林缘，或低林湿地、树基地或具岩面上，海拔 2400～2500m。

十、壶藓目 SPLACHNALES
（二十七）寒藓科 Meeseaceae
52. 薄囊藓属 *Leptobryum*

（62）薄囊藓 *Leptobryum pyriforme* (Hedw.) Wilson

分布于互助。生于溪边湿润处或路旁湿土坡上。

53. 寒藓属 *Meesia*

（63）小寒藓 *Meesia minor*

分布于互助。常与其他苔藓植物混生在沼泽湿地中。青海特有种。

（64）三叶寒藓 *Meesia triquetra* (Richt.) Ångström

分布于互助、门源。常与其他苔藓植物混生在沼泽湿地中。

54. 沼寒藓属 *Paludella*

（65）沼寒藓 *Paludella squarrosa* (Hedw.) Brid.

分布于互助。生于沼泽地或泥炭藓群落。

（二十八）壶藓科 Splachnaceae
55. 壶藓属 *Splachnum*

（66）红壶藓 *Splachnum rubrum* Hedw.

分布于互助。生于河滩杂木林下，海拔 2700～2800m。

56. 小壶藓属 *Tayloria*

（67）何氏小壶藓 *Tayloria hornschuchii* (Grev. et Arnott.) Broth.

分布于互助。生于河谷林下及林缘，海拔 3600～3800m。

57. 并齿藓属 *Tetraplodon*

（68）并齿藓 *Tetraplodon mnioides* (Hedw.) Bruch & Schimp.

分布于互助。生于沼泽湿地山区富含氮的土壤或鸟兽粪便上。

十一、美姿藓目 TIMMIALES
（二十九）美姿藓科 Timmiaceae
58. 美姿藓属 *Timmia*

（69）北方美姿藓 *Timmia megapolitana* var. *bavarica* (Hessl.) Brid.

分布于互助。生于高寒山区针叶林土面，海拔 2100～4200m。

金发藓纲 POLYTRICHOPSIDA
一、金发藓目 PPOLYTRICHALES
（一）金发藓科 Polytrichaceae
1. 仙鹤藓属 *Atrichum*

（1）小仙鹤藓 *Atrichum crispulum* Schimp. ex Besch.

分布于互助。生于河谷林下、糙皮桦林下及林缘，海拔 1800～3100m。

2. 异蒴藓属 *Lyellia*

（2）异蒴藓 *Lyellia crispa* R. Brown

分布于互助。生于河谷林下及林缘，海拔 2700～3700m。

3. 小金发藓属 *Pogonatum*

（3）苞叶小金发藓 *Pogonatum spinulosum* Mitt.

分布于互助。生于云杉林、桦木林、河滩杂木林下、林边土壁、坡土壁和林地上，海拔 2000～2200m。

4. 拟金发藓属 *Polytrichastrum*

（4）拟金发藓 *Polytrichastrum alpinum* (Hedw.) G. L. Sm.

分布于互助。生于林下或路边土坡上，海拔 2200～4600m。

地钱门 MARCHANTIOPHYTA
叶苔纲 JUNGERMANNIOPSIDA
一、叶苔目 JUNGERMANNIALES
（一）羽苔科 Plagiochilaceae
1. 羽苔属 *Plagiochila*

（1）卵叶羽苔 *Plagiochila ovalifolia* Mitt.

分布于互助。生于林间腐木、石面或湿土上，海拔 2900～3000m。

二、叉苔目 METZGERIALES
（二）绿片苔科 Aneuraceae
2. 片叶苔属 *Riccardia*

（2）多枝片叶苔 *Riccardia chamaedryfolia* (With.) Grolle

分布于互助。生于林下地湿草丛、岩石或树基上，海拔 2700～3200m。

（三）叉苔科 Metzgeriaceae
3. 毛叉苔属 *Apometzgeria*

（3）毛叉苔 *Apometzgeria pubescens* (Schrank.) Kuwah.

分布于大通。生于林下地湿草丛、岩石或树基上，海拔 2700～3200m。

地钱纲 MARCHANTIOPSIDA
一、地钱目 MARCHANTIALES
（一）疣冠苔科 Aytoniaceae
1. 石地钱属 *Reboulia*

（1）石地钱 *Reboulia hemisphaerica* (Linn.) Raddi.

分布于互助、循化。生于石壁和土坡上，海拔 2600～3900m。

（二）蛇苔科 Conocephalaceae
2. 蛇苔属 *Conocephalum*

（2）蛇苔 *Conocephalum conicum* (Linn.) Dum.

分布于互助、民和、循化。生于生溪边林下阴湿碎石或土上，海拔 2800～3100m。

（三）地钱科 Marchantiaceae
3. 地钱属 *Marchantia*

（3）地钱 *Marchantia polymorpha* Linn.

分布于互助、乐都、民和、循化。生于阴湿的墙角、溪边，海拔 2600～3200m。

（四）皮叶苔科 Targioniaceae

4．皮叶苔属 *Targionia*

(4) 皮叶苔 *Targionia hypophylla* Linn.

分布于互助。多生长在阴湿的碎石或土上，海拔 2700～2800m。

维管植物门 TRACHEOPHYTA

木贼纲 EQUISETOPSIDA

一、木贼目 EQUISETALES

（一）木贼科 Equisetaceae

1．木贼属 *Equisetum*

(1) 问荆 *Equisetum arvense* Linn.

分布于平安、互助、乐都、民和、化隆、循化。生于林下、河滩、草甸，海拔 1700～3800m。

(2) 披散问荆 *Equisetum diffusum* D. Don

分布于民和。生于坡林下阴湿处、湿地、溪边、路边等，海拔 2300～2600m。

(3) 木贼 *Equisetum hyemale* Linn.

分布于互助、乐都、民和。生于坡林下阴湿处、湿地、溪边等，喜阴湿的环境，海拔 1900～3400m。

(4) 节节草 *Equisetum ramosissimum* Desf.

分布于互助、乐都、民和。生于沼泽地、河滩、河岸等，海拔 1900～3400m。

二、瓶尔小草目 Ophioglossales

（二）瓶尔小草科 Ophioglossaceae

2．小阴地蕨属 *Botrychium*

(5) 小阴地蕨 *Botrychium lunaria* (Linn.) Sw.

分布于互助。生于林下、灌丛，海拔 2500～3800m。

三、水龙骨目 Polypodiales

（三）铁角蕨科 Aspleniaceae

3．铁角蕨属 *Asplenium*

(6) 高山铁角蕨 *Asplenium aitchisonii* Fraser-Jenk. & R. Reichst.

分布于平安、互助、民和。生于山沟、潮湿处的岩石上，海拔 2500～4100m。

(7) 广布铁角蕨 *Asplenium anogrammoides* Christ.

分布于平安、互助。生于较为阴湿的岩缝或岩石苔藓丛中，海拔 2400～3400m。

(8) 变异铁角蕨 *Asplenium varians* Wall.ex Hook. et Grev.

分布于平安。生于林下阴湿处岩石上，海拔 3200～3400m。

(9) 西北铁角蕨 *Asplenium nesii* Christ.

分布于平安、互助、民和、循化。生于林下阴湿处岩石上，海拔 2600～4000m。

（四）蹄盖蕨科 Athyriaceae

4．蹄盖蕨属 *Athyrium*

(10) 剑叶蹄盖蕨 *Athyrium attenuatum* (Clarke) Tagawa

分布于互助、循化。生于林下、灌丛等，海拔 2200～3300m。

(11) 中华蹄盖蕨 *Athyrium sinense* Rupr.

分布于互助、循化。生于林下、灌丛等，海拔 2300～3300m。

（五）冷蕨科 Cystopteridaceae

5．冷蕨属 *Cystopteris*

(12) 皱孢冷蕨 *Cystopteris dickieana* Sim.

分布于互助、乐都。生于阴坡灌丛、岩石缝隙，海拔 2800～4100m。

(13) 冷蕨 *Cystopteris fragilis* (Linn.) Bernh.

分布于互助、乐都、循化。生于草地山坡石缝、云杉林下，海拔 3000～3900m。

(14) 西宁冷蕨 *Cystopteris kansuana* C. Chr.

分布于平安、互助、循化。生于林缘、草甸灌丛、荫蔽石缝，海拔 3000～4100m。

青藏高原特有种。

(15) 高山冷蕨 *Cystopteris montana* (Lam.) Bernh. ex Desv.

分布于互助、乐都、循化。生于林缘、林下、阴坡灌丛中，海拔 2300～3800m。

(16) 宝兴冷蕨 *Cystopteris moupinensis* Franch.

分布于互助、民和、循化。生于针阔叶混交林下阴湿处或阴湿石上，海拔 2300～3300m。

(17) 膜叶冷蕨 *Cystopteris pellucida* (Franch.) Ching ex C. Chr.

分布于互助。生于林下、阴湿处岩石上，海拔 2400～3000m。

6．羽节蕨属 *Gymnocarpium*

(18) 羽节蕨 *Gymnocarpium jessoense* (Koidz.) Koidz.

分布于平安、互助、民和、循化。生于山坡、林下、灌丛、河滩，海拔 2300～2800m。

（六）碗蕨科 Dennstaedtiaceae

7．蕨属 *Pteridium*

(19) 蕨 *Pteridium aquilinum* var. *latiusculum* (Desv.) Underw. ex Heller

分布于平安、互助、乐都、民和、化隆、循化。生于山地阳坡及森林边缘阳光充足的地方，海拔 2000～3100m。

（七）鳞毛蕨科 Dryopteridaceae

8．鳞毛蕨属 *Dryopteris*

(20) 尖齿鳞毛蕨 *Dryopteris acutodentata* Ching

分布于互助。生于灌丛石缝中、林下、水沟边，海拔 2700～3600m。

(21) 多鳞鳞毛蕨 *Dryopteris barbigera* (T. Moore et Hook.) O. Ktze.

分布于循化。生于灌丛石缝中、林下、林缘，海拔 2500～3800m。

(22) 西域鳞毛蕨 *Dryopteris blanfordii* (Bak.) C. Chr.

分布于互助、循化。生于灌丛石缝中、林下、林缘，海拔 2400～2600m。

青藏高原特有种。

(23) 黑鳞西域鳞毛蕨 Dryopteris blanfordii subsp. nigrosquamosa (Ching) Fraser-Jenkins

分布于互助。生于灌丛石缝中、林下、林缘，海拔 2400～2600m。

(24) 华北鳞毛蕨 Dryopteris goeringiana (Kunze) Koidz.

分布于互助、乐都、民和、循化。生于阔叶林下或灌丛中，海拔 2200～3600m。

(25) 近多鳞鳞毛蕨 Dryopteris komarovii Kosshinsky

分布于互助、乐都、民和、循化。生于灌丛石缝中、林下、水沟边，海拔 2600～4100m。

青藏高原特有种。

(26) 浅裂鳞毛蕨 Dryopteris sublaeta Ching et Y. P. Hsu

分布于互助、循化。生于阔叶林下。海拔 2200～2600m。

9．耳蕨属 Polystichum

(27) 薄叶耳蕨 Polystichum bakerianum (Atkins. ex Bak.) Diels

分布于民和。生于高山针叶林下、高山栎林下或草甸上，海拔 3100～4000m。

青藏高原特有种。

(28) 栗鳞耳蕨 Polystichum castaneum (Clarke) Nayar et Kaur

分布于互助。生于岩石缝隙中石缝、岩壁上，海拔 3000～3700m。

青藏高原特有种。

(29) 玉龙蕨 Polystichum glaciale Chris

分布于互助。生于高山灌丛石缝中，海拔 3800～3900m。

(30) 毛叶耳蕨 Polystichum mollissimum Ching.

分布于互助、乐都。生于山坡、灌丛、林下，海拔 2700～3400m。

(31) 陕西耳蕨 Polystichum shensiense Christ.

分布于互助、乐都、民和、循化。生于岩石缝隙中石缝、岩壁上，海拔 3100～3900m。

(32) 中华耳蕨 Polystichum sinense Christ

分布于平安、互助、乐都、民和。生于岩石缝隙中石缝、岩壁上，海拔 3100～3800m。

（八）球子蕨科 Onocleaceae

10．东方荚果蕨属 Pentarhizidium

(33) 中华荚果蕨 Pentarhizidium intermedium (C. Christensen) Hayata

分布于循化。生于林下，海拔 2200～3000m。

（九）水龙骨科 Polypodiaceae

11．槲蕨属 Drynaria

(34) 秦岭槲蕨 Drynaria baronii Diels

分布于平安、互助、乐都、民和、化隆、循化。生于山坡林下岩石上，海拔 2100～3800m。

12．瓦韦属 Lepisorus

(35) 天山瓦韦 Lepisorus clathratus (C. B. Clarke) Ching

分布于平安、互助、乐都、民和、化隆、循化。生于山坡荫处岩石缝、沟边岩缝中，海拔 1800～3800m。

（十）凤尾蕨科 Pteridaceae

13．铁线蕨属 Adiantum

(36) 长盖铁线蕨 Adiantum fimbriatum Christ

分布于互助、民和、循化。生于林缘、山沟石缝、溪边山谷湿石上等，海拔 2200～3000m。

(37) 掌叶铁线蕨 Adiantum pedatum Linn.

分布于互助、乐都、民和、循化。生于山沟、林下、田边、石缝等，海拔 2200～2800m。

(38) 陇南铁线蕨 Adiantum roborowskii Maxim.

分布于互助、民和。生于林下石缝中、悬崖上和沟边石上等，海拔 2300～2600m。

14．粉背蕨属 Aleuritopteris

(39) 银粉背蕨 Aleuritopteris argentea (Gmel.) Fee

分布于平安、互助、乐都、民和、化隆、循化。生于石缝中或墙缝中等，海拔 2000～3500m。

(40) 陕西粉背蕨 Aleuritopteris argentea var. obscura (Christ) Ching

分布于互助、乐都、民和、循化。生于林下、田边、山沟、石缝等，海拔 2300～4000m。

15．珠蕨属 Cryptogramma

(41) 稀叶珠蕨 Cryptogramma stelleri (Gmel.) Prantl

分布于平安、互助、循化。生于阴坡石崖下，岩石缝隙、林下等，海拔 2600～3900m。

（十一）岩蕨科 Woodsiaceae

16．岩蕨属 Woodsia

(42) 西疆岩蕨 Woodsia alpina (Boltan) Gray

分布于民和。生于阴坡林下石缝中或岩壁上，海拔 3600～3700m。

(43) 蜘蛛岩蕨 Woodsia andersonii (Bedd.) Christ.

分布于平安、互助、乐都、循化。生于针叶林或针阔叶混交林下的岩石缝隙中石缝、岩壁上，海拔 2500～3900m。

(44) 光岩蕨 Woodsia glabella R. Br. ex Richards.

分布于互助、民和。生于针叶林或针阔叶混交林下的岩石缝隙中石缝中或岩壁上，海拔 2700～3900m。

石松纲 LYCOPODIOPSIDA
一、卷柏目 SELAGINELLALES
（一）卷柏科 Selaginellaceae

1．卷柏属 Selaginella

(1) 九龙卷柏 Selaginella jiulongensis (H. S. Kung & al.) M. H. Zhang & X. C. Zhang

分布于互助、乐都、民和、化隆、循化。生于岩石下阴湿处及石缝中，海拔 2500～2600m。

(2) 红枝卷柏 Selaginella sanguinolenta (Linn.) Spring.

分布于互助、乐都、民和、化隆、循化。生于岩石下阴湿处及石缝中，海拔 2700～3000m。

木兰纲 MAGNOLIOPSIDA
一、菖蒲目 ACORALES
（一）菖蒲科 Acoraceae

青海海东野生植物名录 LIST OF WILD PLANTS IN HAIDONG, QINGHAI

1. 菖蒲属 *Acorus*

    (1) 菖蒲 *Acorus calamus* Linn.

    分布于民和、循化。生于水边、沼泽湿地，海拔 2200～2500m。

二、泽泻目 ALISMATALES
（二）泽泻科 Alismataceae

2. 泽泻属 *Alisma*

    (2) 东方泽泻 *Alisma orientale* (Samuel.) Juz.

    分布于互助、民和。生于沼泽、河滩，海拔 2200～3000m。

3. 慈姑属 *Sagittaria*

    (3) 野慈姑 *Sagittaria trifolia* Linn.

    分布于平安。生于沼泽、河滩，海拔 2000～2300m。

（三）天南星科 Araceae

4. 天南星属 *Arisaema*

    (4) 一把伞南星 *Arisaema erubescens* (Wall.) Schott

    分布于民和、循化。生于林下、灌丛、草坡、荒地均有生长，海拔 2300～3300m。

    (5) 隐序南星 *Arisaema wardii* C. Marquand & Airy Shaw

    分布于民和、循化。生于林下或草地，海拔 2200～3300m。

5. 浮萍属 *Lemna*

    (6) 浮萍 *Lemna minor* Linn.

    分布于民和、化隆、循化。生于淡水池塘、湖泊、沼泽，海拔 2200～2800m。

    (7) 品藻 *Lemna trisulca* Linn.

    分布于乐都、民和、循化。生于淡水池溏、湖泊、沼泽，海拔 2200～2800m。

6. 紫萍属 *Spirodela*

    (8) 紫萍 *Spirodela polyrhiza* (Linn.) Schleid.

    分布于民和、化隆、循化。生于淡水池塘、湖泊、沼泽，海拔 2200～2800m。

（四）水麦冬科 Juncaginaceae

7. 水麦冬属 *Triglochin*

    (9) 海韭菜 *Triglochin maritima* Linn.

    分布于平安、互助、乐都、民和、循化、化隆。生于沼泽、滩地、湖泊、河流及湿地，海拔 2000～4100m。

    (10) 水麦冬 *Triglochin palustris* Linn.

    分布于平安、互助、乐都、民和、循化、化隆。生于沼泽、滩地、潮白及湿地，海拔 2200～4100m。

（五）眼子菜科 Potamogetonaceae

8. 眼子菜属 *Potamogeton*

    (11) 光叶眼子菜 *Potamogeton lucens* Linn.

    分布于平安。生于淡水池沼、河滩，海拔 2000～2900m。

    (12) 小眼子菜 *Potamogeton pusillus* Linn.

    分布于西宁（南川河）、民和（耳海）。生于渠道、湖泊和河滩，海拔 2200～4100m。

9. 篦齿眼子菜属 *Stuckenia*

    (13) 钝叶菹草 *Stuckenia amblyophylla* (C. A. Meyer) Holub

    分布于民和（小泊湖 3219m）。生于湖泊、河水中，海拔 2800～4100m。

    (14) 篦齿眼子菜 *Stuckenia pectinata* (Linn.) Börner

    分布于平安、互助、乐都、民和、循化、化隆。生于池塘、湖泊和河流浅滩，海拔 2800～4100m。

10. 角果藻属 *Zannichellia*

    (15) 角果藻 *Zannichellia palustris* Linn.

    分布于民和。生于淡水和半咸水的湖泊、池沼，海拔 2200～3800m。

三、伞形目 APIALES
（六）伞形科 Apiaceae

11. 丝瓣芹属 *Acronema*

    (16) 尖瓣芹 *Acronema chinense* H. Wolff

    分布于互助、乐都。生于灌丛、林缘，海拔 2400～4100m。

12. 当归属 *Angelica*

    (17) 青海当归 *Angelica nitida* H. Wolff

    分布于互助、乐都、民和。生于灌丛、草甸、山坡草地、林缘，海拔 2400～4100m。

    青藏高原特有种。

13. 峨参属 *Anthriscus*

    (18) 峨参 *Anthriscus sylvestris* (Linn.) Hoffm.

    分布于互助、民和。生于山坡林下，海拔 2300～3700m。

14. 柴胡属 *Bupleurum*

    (19) 线叶柴胡 *Bupleurum angustissimum* (Franch.) Kitag.

    分布于互助。生于山沟河边草地，海拔 2500～2700m。

    (20) 紫花阔叶柴胡 *Bupleurum boissieuanum* H. Wolff

    分布于循化。生于林下、阴湿地，海拔 2000～2400m。

    (21) 北柴胡 *Bupleurum chinense* DC.

    分布于互助、乐都、循化。生长于向阳山坡路边、岸旁或草丛，海拔 2200～2700m。

    (22) 紫花鸭跖柴胡 *Bupleurum commelynoideum* H. Boissieu

    分布于互助、民和。生于阳坡草丛中、半阴坡灌丛，海拔 2600～4000m。

    (23) 密花柴胡 *Bupleurum densiflorum* Rupr.

    分布于互助。生于阴坡灌丛草甸、沙丘，海拔 2500～4000m。

    (24) 长茎柴胡 *Bupleurum longicaule* Wall. ex DC.

    分布于民和。生于河谷、山麓草地，海拔 2600～3300m。

    (25) 空心柴胡 *Bupleurum longicaule* var. *franchetii* H. Boissieu

    分布于民和。生于山坡草地。海拔 2400～2600m。

(26) 秦岭柴胡 *Bupleurum longicaule* var. *giraldii* H. Wolff

分布于互助、乐都。生于山坡草地、草甸、滩地。海拔 2600～4100m。

(27) 竹叶柴胡 *Bupleurum marginatum* Wall. ex DC.

分布于循化。生于干山坡、灌丛，海拔 1800～3800m。

(28) 有柄柴胡 *Bupleurum petiolulatum* Franch.

分布于互助。生于山坡草地、混交林下，海拔 2800～3800m。

青藏高原特有种。

(29) 黑柴胡 *Bupleurum smithii* H. Wolff

分布于互助、乐都、民和、循化。生于灌丛、山坡草地、林缘、田边，海拔 2400～3800m。

(30) 小叶黑柴胡 *Bupleurum smithii* var. *Parvifolium* R. H. Shan & Yin Li

分布于互助、乐都、民和、循化。生于林缘、林下、高山草甸、灌丛、山坡草地、沙丘、田边，海拔 2300～4100m。

(31) 银州柴胡 *Bupleurum yinchowense* R. H. Shan & Yin Li

分布于互助、乐都、民和。生于阳坡、山沟草地，海拔 1800～3000m。

15．葛缕子属 *Carum*

(32) 田葛缕子 *Carum buriaticum* Turcz.

分布于平安、互助、乐都、民和。生于河边、田边、山坡草地、林缘、灌丛、田边、路边、林下，海拔 1700～3800m。

(33) 葛缕子 *Carum carvi* Linn.

分布于平安、互助、乐都、民和、化隆、循化。生于林下、山坡灌丛、田边、河漫滩、草甸、林下、林缘，海拔 2000～4100m。

(34) 细葛缕子 *Carum carvi* f. *gracile* (Lindl.) Wolff

分布于乐都、循化。生于阳坡草地、河滩，海拔 2200～3400m。

16．矮泽芹属 *Chamaesium*

(35) 矮泽芹 *Chamaesium paradoxum* H. Wolff

分布于互助。生于河滩草地、沼泽、灌丛、高山草甸、林下，海拔 3600～3900m。

青藏高原特有种。

17．阿魏属 *Ferula*

(36) 河西阿魏 *Ferula hexiensis* K. M. Shen

分布于循化。生于河谷草地，海拔 1800～2400m。

18．镰叶前胡属 *Haloselinum*

(37) 镰叶前胡 *Haloselinum falcaria* (Turcz.) Pimenov

分布于平安。生于干旱山坡，海拔 2800～3500m。

19．羌活属 *Hansenia*

(38) 宽叶羌活 *Hansenia forbesii* (H. Boissieu) Pimenov & Kljuykov

分布于平安、互助、乐都、民和、化隆、循化。生于高山灌丛、高山碎石缝、草甸、林下、林缘，海拔 2300～4100m。

(39) 澜沧羌活 *Hansenia forrestii* (H. Wolff) Pimenov & Kljuykov

分布于乐都。生于高山灌丛、高山碎石缝、草甸、林下、林缘，海拔 2600～3100m。

青藏高原特有种。

(40) 羌活 *Hansenia weberbaueriana* (Fedde ex H. Wolff) Pimenov & Kljuykov

分布于互助、乐都、民和。生于林下、灌丛、草甸，海拔 2300～3800m。

20．独活属 *Heracleum*

(41) 独活 *Heracleum hemsleyanum* Diels

分布于循化。生于山坡灌丛，海拔 2800～3000m。

21．滇藁本属 *Hymenidium*

(42) 松潘滇藁本 *Hymenidium davidii* (Franch.) Pimenov & Kljuykov

分布于互助、乐都、民和、循化。生于林下、灌丛、林缘、河漫滩、沟谷、石隙，海拔 2300～4100m。

(43) 鸡冠滇藁本 *Hymenidium cristatum* (H. Boissieu) Pimenov & Kljuykov

分布于互助、循化。生于林下，海拔 2000～3900m。

(44) 青藏滇藁本 *Hymenidium pulszkyi* (Kanitz) Pimenov & Kljuykov

分布于互助、乐都。生于高山灌丛、草甸、高山碎石隙，海拔 3800～4100m。

青藏高原特有种。

(45) 青海滇藁本 *Hymenidium szechenyii* (Kanitz) Pimenov & Kljuykov

分布于互助。生于草甸化草原、草甸、高山碎石坡石隙，海拔 3200～4100m。

青藏高原特有种。

(46) 粗茎滇藁本 *Hymenidium wilsonii* (H. Boissieu) Pimenov & Kljuykov

分布于互助、乐都。生于灌丛、草甸、湖边草地、阳坡草地，海拔 2800～4100m。

青藏高原特有种。

(47) 瘤果滇藁本 *Hymenidium wrightianum* (H. Boissieu) Pimenov & Kljuykov

分布于互助。生于高山草甸、山坡草地、沟谷河滩，海拔 3000～3800m。

青藏高原特有种。

22．岩风属 *Libanotis*

(48) 兰州岩风 *Libanotis lanzhouensis* K. T. Fu ex R. H. Shan & M. L. Sheh

分布于民和。生于山坡路旁，海拔 1700～1800m。

23．北藁本属 *Ligusticum*

(49) 长茎藁本 *Ligusticum thomsonii* C. B. Clarke

分布于互助、乐都。生于林下、林缘、高山灌丛、草甸、山坡、田边、沼地灌丛，海拔 2600～4100m。

青藏高原特有种。

24. 茴芹属 Pimpinella

(50) 直立茴芹 Pimpinella smithii Wolff

分布于互助、乐都、循化。生于灌丛、林下、林缘、河滩、田边，海拔 2200～3700m。

25. 囊瓣芹属 Pternopetalum

(51) 羊齿囊瓣芹 Pternopetalum filicinum (Franch.) Hand.-Mazz.

分布于互助、循化。生于林下，海拔 2300～3800m。

(52) 异叶囊瓣芹 Pternopetalum heterophyllum Hand.-Mazz.

分布于循化。生于沟边，林下、灌丛中荫蔽潮湿处，海拔 1800～2800m。

26. 变豆菜属 Sanicula

(53) 首阳变豆菜 Sanicula giraldii H. Wolff

分布于平安、互助、乐都、民和、循化。生于林下、林缘、灌丛，海拔 2300～3600m。

27. 西风芹属 Seseli

(54) 粗糙西风芹 Seseli squarrulosum R. H. Shan & M. L. Sheh

分布于互助、乐都。生于山坡草地、灌丛、河滩、田边，海拔 2200～3600m。

28. 迷果芹属 Sphallerocarpus

(55) 迷果芹 Sphallerocarpus gracilis (Besser) Koso-Pol.

分布于平安、互助、乐都、民和、化隆、循化。生于山沟边、滩地、山麓、林间地、农田、灌丛、草甸、湖滨沙地，海拔 1800～4100m。

29. 东俄芹属 Tongoloa

(56) 大东俄芹 Tongoloa elata H. Wolff

分布于互助、循化。生于河滩、林下、石崖缝隙，海拔 2600～3200m。

30. 窃衣属 Torilis

(57) 小窃衣 Torilis japonica (Houtt.) DC.

分布于民和、循化。生于林下、山坡草丛、河滩，海拔 1800～3500m。

（七）五加科 Araliaceae

31. 楤木属 Aralia

(58) 黄毛楤木 Aralia chinensis Linn.

分布于循化。生于森林、灌丛或林缘路边，海拔 2700～2900m。

(59) 白背叶楤木 Aralia chinensis var. nuda Nakai

分布于循化。生于林缘，海拔 2000～2500m。

(60) 龙眼独活 Aralia fargesii Franch.

分布于循化。生于森林下或溪边，海拔 2800～2900m。

32. 五加属 Eleutherococcus

(61) 红毛五加 Eleutherococcus giraldii (Harms) Nakai

分布于互助、民和、循化。生于林下、灌木林中，海拔 2300～2800m。

(62) 毛梗红毛五加 Eleutherococcus giraldii var. hispodus Hoo

分布于民和、循化。生于山坡灌丛，海拔 2400～3700m。

(63) 毛狭叶五加 Eleutherococcus wilsonii var. Pilosulus (Rehder) P. S. Hsu & S. L. Pan

分布于互助、乐都、民和、循化。生于林下、灌丛，海拔 1800～3000m。

(64) 刺五加 Eleutherococcus senticosus (Rupr. & Maxim.) Maxim.

分布于互助。生于森林或灌丛中，海拔 2000～2200m。

(65) 狭叶五加 Eleutherococcus wilsonii (Harms) Nakai

分布于互助。生于林下、林缘，海拔 2200～2600m。

33. 人参属 Panax

(66) 疙瘩七 Panax bipinnatifidus Seemann

分布于互助。生于林下，海拔 2400～2800m。

保护等级 列入2021年《国家重点保护野生植物名录》二级。列入《世界自然保护联盟濒危物种红色名录》（2022年，3.1版），濒危（EN）。

(67) 竹节参 Panax japonicus (T. Nees) C. A. Meyer

分布于互助、民和、循化。生于林下，海拔 2400～3000m。

保护等级 列入2021年《国家重点保护野生植物名录》二级。

四、天门冬目 ASPARAGALES
（八）石蒜科 Amaryllidaceae

34. 葱属 Allium

(68) 矮韭 Allium anisopodium Ledeb.

分布于民和、循化。生于山坡、草地或沙丘，海拔 1800～1900m。

(69) 蓝苞葱 Allium atrosanguineum Schrenk

分布于互助。生于高山流石滩、山坡、灌丛、沼泽草甸，海拔 3400～4100m。

(70) 野葱 Allium chrysanthum Regel

分布于互助、乐都。生于高山草甸、高山灌丛中，海拔 3200～3600m。

(71) 天蓝韭 Allitim cyaneum Regel.

分布于互助、乐都、民和、循化。生于高山流石滩、草甸、山坡、灌丛，海拔 2900～3900m。

(72) 金头韭 Allium herderianum Regel.

分布于乐都。生于干旱山坡、干草原、灌丛中，海拔 3100～3900m。

青藏高原特有种。

(73) 高原韭 Allium jacquemontii Regel

分布于平安、乐都。生于干旱山坡、干草原、灌丛中，海拔 2000～3900m。

(74) 蒙古韭 Allium mongolicum Regel

分布于互助。生于山坡、沙滩，海拔 2800～3100m。

(75) 卵叶山葱 *Allium ovalifolium* Hand. -Mzt.

分布于互助、民和、循化。生于林下、灌丛中，海拔 2000～3800m。

(76) 白脉韭 *Allium ovalifolium* var. *leuconeurum* J. M. Xu

分布于乐都、循化。生于阴湿山坡、沟边或林下，海拔 2000～2500m。

青藏高原特有变种。

(77) 碱韭 *Allium polyrhizum* Turcz. ex Regel

分布于平安、互助、乐都。生于干旱山坡、草原、滩地、盐湖边、河滩，海拔 2700～3800m。

(78) 青甘韭 *Allium przewalskianum* Regel

分布于平安、互助、乐都。生于阳坡、河谷石崖、山坡田边及林缘，海拔 2300～4100m。

(79) 野韭 *Allium ramosum* Linn.

分布于乐都、民和、化隆。生于干山坡，海拔 1800～3600m。

(80) 高山韭 *Allium sikkimense* Baker

分布于平安、互助、乐都。生于山坡灌丛中、高山草甸、林缘，海拔 2900～4100m。

(81) 唐古韭 *Ailium tanguticum* Regel

分布于互助、乐都。生于阳坡、灌丛、林下、滩地、沙丘，海拔 2300～3500m。

(82) 细叶韭 *Allium tenuissimum* Linn.

分布于平安、乐都、民和、化隆。生于干旱山坡，海拔 1800～3600m。

(83) 茖葱 *Allium victorialis* Linn.

分布于循化。生于阴湿坡山坡、林下、草地或沟边，海拔 2000～2400m。

(84) 永登韭 *Allium yongdengense* J. M. Xu

分布于乐都。生于向阳山坡，海拔 2300～3300m。

（九）天门冬科 Asparagaceae

35. 天门冬属 *Asparagus*

(85) 攀缘天门冬 *Asparagus brachyphyllus* Turcz.

分布于平安、乐都。生于山坡、田边及草滩，海拔 2200～3700m。

(86) 羊齿天门冬 *Asparagus filicinus* D. Don.

分布于互助、民和、循化。生于林下、林缘、山坡，海拔 2200～3200m。

(87) 戈壁天门冬 *Asparagus gobicus* Ivanova ex Grubov

分布于互助、乐都、循化。生于干旱山坡，海拔 2300～3200m。

(88) 长花天门冬 *Asparagus longiflorus* Franch.

分布于互助、乐都、循化。生于山坡草地、河岸、河滩、田边、林缘，海拔 2200～3800m。

(89) 北天门冬 *Asparagus przewalskyi* N. A. Ivanova ex Grubov & T. V. Egorova

分布于平安、互助、乐都、民和、循化。生于灌木丛中、干旱山坡；海拔 2000～2200m。

36. 舞鹤草属 *Maianthemum*

(90) 舞鹤草 *Maianthemum bifolium* (Linn.) F. W. Schmidt

分布于平安、互助、乐都、民和、循化。生于林下，海拔 1900～2800m。

(91) 鹿药 *Maianthemum japonicum* (A. Gray) LaFrankie

分布于循化。生于林下荫湿处或岩缝中，海拔 2400～2500m。

(92) 合瓣鹿药 *Maianthemum tubiferum* (Batalin) LaFrankie

分布于民和、循化。生于林下，海拔 2400～2500m。

37. 黄精属 *Polygonatum*

(93) 卷叶黄精 *Polygonatum cirrhifolium* (Wall.) Royle

分布于平安、互助、乐都、民和、循化。生于林下、林缘、灌丛、山坡草丛、碎石堆中，海拔 2400～3900m。

(94) 独花黄精 *Polygonatum hookeri* Baker

分布于互助。生于林下、山坡草地或冲积扇上，海拔 2600～4100m。

青藏高原特有种。

(95) 大苞黄精 *Polygonatum megaphyllum* P. Y. Li.

分布于互助、循化。生于灌丛中，海拔 1900～2900m。

(96) 玉竹 *Polygonatum odoratum* (Mill.) Druce.

分布于互助、民和、循化。生于林下，海拔 2400～2800m。

(97) 青海黄精 *Polygonatum qinghaiense* Z. L. Wu & Y. C. Yang

分布于互助、循化。生于山坡草地、河滩、沙地，海拔 3600～4100m。

青海特有种。

(98) 新疆黄精 *Polygonatum roseum* (Ledeb.) Kunth

分布于互助。生于山坡阴处，海拔 2500～3700m。

(99) 黄精 *Polygonatum sibiricum* Redouté

分布于互助、民和、循化。生于林下、灌丛或山坡阴处，海拔 1900～3100m。

(100) 轮叶黄精 *Polygonatum verticillatum* (Linn.) All.

分布于互助、乐都、民和、循化。生于林下、林缘、山坡草地、灌丛、河滩草丛，海拔 2400～3600m。

（十）阿福花科 Asphodelaceae

38. 萱草属 *Hemerocallis*

(101) 北萱草 *Hemerocallis esculenta* Koidz.

分布于互助、民和。生于山坡下部林间空地、农田边，海拔 2100～2200m。

（十一）鸢尾科 Iridaceae

39. 射干属 *Belamcanda*

(102) 射干 *Belamcanda chinensis* (Linn.) Redouté

分布于民和、循化。生于林缘或山坡草地，海拔 2300～2500m。

40. 鸢尾属 *Iris*

(103) 野鸢尾 *Iris dichotoma* Pall.

分布于互助、民和、循化。生于沙质草地、山坡石隙等向阳干燥处，海拔 1800～2300m。

(104) 玉蝉花 *Iris ensata* Thunb.

分布于互助、民和。生于山坡草地，林缘或疏林下，海拔 1800～3800m。

(105) 锐果鸢尾 *Iris goniocarpa* Baker

分布于平安、互助、乐都、民和、化隆、循化。生于高山草地、灌丛，海拔 3000～4100m。

(106) 喜盐鸢尾 *Iris halophila* Pall.

分布于乐都、民和。生于草甸草原、山坡荒地、砾质坡地及潮湿的盐碱地上，海拔 2500～3500m。

(107) 马蔺 *Iris lactea* Pall.

分布于平安、互助、乐都、民和、化隆、循化。生于干旱山坡、高山草地、荒地、湿地，海拔 1700～3800m。

(108) 天山鸢尾 *Iris loczyi* Kanitz

分布于平安、互助、乐都、民和、循化、化隆。生于干旱山坡、高山草地、寒漠砾地，海拔 1800～4100m。

(109) 青海鸢尾 *Iris qinghainica* Y. T. Zhao

分布于平安、循化。生于高原山坡及向阳草地，海拔 2300～3500m。

青藏高原特有种。

(110) 紫苞鸢尾 *Iris ruthenica* Ker Gawl.

分布于民和。生于高寒草甸、山地灌丛，海拔 2500～3900m。

(111) 准噶尔鸢尾 *Iris songarica* Schrenk ex Fisch. & C. A. Mey.

分布于互助、乐都、民和、循化。生于向阳的高山草地、坡地及石质山坡，海拔 2300～3800m。

(112) 粗根鸢尾 *Iris tigridia* Bunge ex Ledeb.

分布于循化。生于固定沙丘、沙质草原或干山坡上，海拔 2300～3400m。

(113) 蓝花卷鞘鸢尾 *Iris zhaoana* M. B. Crespo, Alexeeva & Y. E Xiao

分布于循化。生于石质山坡或干山坡，海拔 2400～2500m。

（十二）兰科 Orchidaceae

41. 虾脊兰属 *Calanthe*

(114) 戟形虾脊兰 *Calanthe nipponica* Makino

分布于互助。生于山坡林下、灌丛中，海拔 2600～2700m。

保护等级 列入《濒危野生动植物种国际贸易公约》附录Ⅱ；列入《世界自然保护联盟濒危物种红色名录》（2022 年，3.1 版），易危 (VU)。

42. 珊瑚兰属 *Corallorrhiza*

(115) 珊瑚兰 *Corallorhiza trifida* Chatel.

分布于互助。生于山坡林下、灌丛中，海拔 2200～4000m。

保护等级 列入《濒危野生动植物种国际贸易公约》附录Ⅱ；列入《世界自然保护联盟濒危物种红色名录》（2022 年，3.1 版），近危 (NT)。

43. 杓兰属 *Cypripedium*

(116) 黄花杓兰 *Cypripedium flavum* P. F. Hunt & Summerh

分布于民和、循化。生于林缘、灌丛中或草地上多石湿润之地，海拔 2300～2700m。

保护等级 列入 2021 年《国家重点保护野生植物名录》二级；列入《濒危野生动植物种国际贸易公约》附录Ⅱ；列入《世界自然保护联盟濒危物种红色名录》（2022 年，3.1 版），易危 (VU)。

(117) 毛杓兰 *Cypripedium franchetii* E. H. Wilson

分布于互助、乐都。生于疏林下或灌木林中湿润、腐殖质丰富和排水良好的地方，也见于湿润草坡上，海拔 2500～3900m。

保护等级 列入 2021 年《国家重点保护野生植物名录》二级；列入《濒危野生动植物种国际贸易公约》附录Ⅱ；列入《世界自然保护联盟濒危物种红色名录》（2022 年，3.1 版），易危 (VU)。

(118) 紫点杓兰 *Cypripedium guttatum* Sw.

分布于循化。生于山坡林下、林缘或灌丛草地，海拔 2700～4000m。

保护等级 列入 2021 年《国家重点保护野生植物名录》二级；列入《濒危野生动植物种国际贸易公约》附录Ⅱ；列入《世界自然保护联盟濒危物种红色名录》（2022 年，3.1 版），濒危 (EN)。

(119) 绿花杓兰 *Cypripedium henryi* Rolfe

分布于互助、民和。生于疏林、林缘、灌丛坡地上湿润和腐殖质丰富之地，海拔 2500～2800m。

保护等级 列入 2021 年《国家重点保护野生植物名录》二级；列入《濒危野生动植物种国际贸易公约》附录Ⅱ；列入《世界自然保护联盟濒危物种红色名录》（2022 年，3.1 版），近危 (NT)。

(120) 大花杓兰 *Cypripedium macranthos* Swartz

分布于循化。生于山坡林下，海拔 3200～3700m。

保护等级 列入 2021 年《国家重点保护野生植物名录》二级；列入《濒危野生动植物种国际贸易公约》附录Ⅱ；列入《世界自然保护联盟濒危物种红色名录》（2022 年，3.1 版），濒危 (EN)。

(121) 山西杓兰 *Cypripedium shanxiense* S. C. Chen

分布于平安、互助、民和、循化。生于山坡林下、灌丛或草丛中，海拔 2200～3500m。

保护等级 列入 2021 年《国家重点保护野生植物名录》二级；列入《濒危野生动植物种国际贸易公约》附录Ⅱ；列入《世界自然保护联盟濒危物种红色名录》（2022 年，3.1 版），易危 (VU)。

(122) 西藏杓兰 *Cypripedium tibeticum* King ex Rolfe

分布于循化。生于山坡林下，海拔 2900～3100m。

保护等级 列入 2021 年《国家重点保护野生植物名录》二级；列入《濒危野生动植物种国际贸易公约》附录Ⅱ；列入《世界自然保护联盟濒危物种红色名录》（2022 年，3.1 版），无危 (LC)。

44. 掌裂兰属 *Dactylorhiza*

(123) 掌裂兰 Dactylorhiza hatagirea (D. Don) Soó

分布于民和、循化。生于山坡灌丛或河滩草地，海拔 2500～3000m。

保护等级 列入《濒危野生动植物种国际贸易公约》附录Ⅱ。

(124) 凹舌兰 Dactylorhiza viridis (Linn.) R. M. Bateman, Pridgeon & M. W. Chase

分布于互助、乐都、民和、循化。生于山坡林下、灌丛下或山谷林缘湿地，海拔 2300～3800m。

保护等级 列入《濒危野生动植物种国际贸易公约》附录Ⅱ。

45．火烧兰属 Epipactis

(125) 火烧兰 Epipactis helleborine (Linn.) Crantz

分布于平安、互助、乐都、民和、化隆、循化。生于山坡林下或林缘草地，海拔 2200～2800m。

保护等级 列入《濒危野生动植物种国际贸易公约》附录Ⅱ。

46．盔花兰属 Galearis

(126) 卵唇盔花兰 Galearis cyclochila (Franch. & Sav.) Soó

分布于互助、民和。生于山坡林下、灌丛中，海拔 2800～2900m。

保护等级 列入《濒危野生动植物种国际贸易公约》附录Ⅱ。

(127) 北方盔花兰 Galearis roborowskyi (Maxim.) S. C. Chen, P. J. Cribb & S. W. Gale

分布于乐都。生于山坡林下、灌丛下及高山草地上，海拔 2900～3200m。

保护等级 列入《濒危野生动植物种国际贸易公约》附录Ⅱ；列入《世界自然保护联盟濒危物种红色名录》（2022年，3.1版），近危 (NT)。

(128) 河北盔花兰 Galearis tschiliensis (Schltr.) P. J. Cribb, S. W. Gale & R. M. Bateman

分布于互助、乐都。生于山坡林下、灌丛和山麓草地上，海拔 2800～4100m。

保护等级 列入《濒危野生动植物种国际贸易公约》附录Ⅱ；列入《世界自然保护联盟濒危物种红色名录》（2022年，3.1版），易危 (vu)。

47．斑叶兰属 Goodyera

(129) 小斑叶兰 Goodyera repens (Linn.) R. Br.

分布于互助。生于山坡林下阴湿处或沟谷林下，海拔 2200～3500m。

保护等级 列入《濒危野生动植物种国际贸易公约》附录Ⅱ；列入《世界自然保护联盟濒危物种红色名录》（2022年，3.1版），无危 (LC)。

48．玉凤花属 Habenaria

(130) 小花玉凤花 Habenaria acianthoides Schltr.

分布于循化。生于山坡林下、灌丛下或山坡路旁，海拔 1900～2000m。

保护等级 列入《濒危野生动植物种国际贸易公约》附录Ⅱ；列入《世界自然保护联盟濒危物种红色名录》（2022年，3.1版），易危 (VU)。

(131) 西藏玉凤花 Habenaria tibexica Schltr. ex Limpricht

分布于平安、互助、乐都。生于山坡林下、灌丛下的阴湿处或沟边岩石缝中，海拔 3000～3600m。

保护等级 列入《濒危野生动植物种国际贸易公约》附录Ⅱ；列入《世界自然保护联盟濒危物种红色名录》（2022年，3.1版），近危 (NT)。

青藏高原特有种。

49．角盘兰属 Herminium

(132) 裂瓣角盘兰 Herminium alaschanicum Maxim.

分布于互助、乐都、民和。生于山坡草地、高山栎林下或山谷峪坡灌丛草地，海拔 2600～4100m。

保护等级 列入《濒危野生动植物种国际贸易公约》附录Ⅱ；列入《世界自然保护联盟濒危物种红色名录》（2022年，3.1版），近危 (NT)。

(133) 角盘兰 Herminium monorchis (Linn.) R. Br., W. T. Aiton

分布于平安、互助、民和、循化。生于山坡林下、林缘、灌丛、草地、河滩及沼泽地上，海拔 2300～3000m。

保护等级 列入《濒危野生动植物种国际贸易公约》附录Ⅱ；列入《世界自然保护联盟濒危物种红色名录》（2022年，3.1版），近危 (NT)。

50．羊耳蒜属 Liparis

(134) 羊耳蒜 Liparis campylostalix Rchb. f.

分布于互助。生于河边林下阴湿处，海拔 2500～2700m。

保护等级 列入《濒危野生动植物种国际贸易公约》附录Ⅱ。

51．原沼兰属 Malaxis

(135) 原沼兰 Malaxis monophyllos (Linn.) Sw.

分布于平安、互助、乐都、民和。生于山坡林下、林缘路边、灌丛和草地上，海拔 2000～3500m。

保护等级 列入《濒危野生动植物种国际贸易公约》附录Ⅱ。

52．鸟巢兰属 Neottia

(136) 尖唇鸟巢兰 Neottia acuminata Schltr.

分布于互助、乐都。生于山坡云杉林或杂木林下，海拔 2200～3600m。

保护等级 列入《濒危野生动植物种国际贸易公约》附录Ⅱ；列入《世界自然保护联盟濒危物种红色名录》（2022年，3.1版），无危 (LC)。

(137) 北方鸟巢兰 Neottia camtschatea (Linn.) Rchb. F.

分布于互助。生于林下、林缘、湿润处，海拔 2300～3200m。

保护等级 列入《濒危野生动植物种国际贸易公约》附录Ⅱ；列入《世界自然保护联盟濒危物种红色名录》（2022年，3.1版），无危 (LC)。

(138) 高山鸟巢兰 Neottia listeroides Lindl.

分布于互助。生于山坡林下、河滩草地，海拔 2600～3900m。

保护等级 列入《濒危野生动植物种国际贸易公约》

附录Ⅱ；列入《世界自然保护联盟濒危物种红色名录》（2022年，3.1版），无危(LC)。

(139) 对叶兰 *Neottia puberula* (Maxim.) Szlach.

分布于互助、民和。生于山坡林下阴湿处、林缘、沟谷灌丛下，海拔2000～3200m。

保护等级 列入《濒危野生动植物种国际贸易公约》附录Ⅱ。

(140) 花叶对叶兰 *Neottia puberula* var. *maculata* (Tang & F. T. Wang) S. C. Chen

分布于互助。生于山坡林下阴湿处、林缘、沟谷灌丛下，海拔2600～2700m。

保护等级 列入《濒危野生动植物种国际贸易公约》附录Ⅱ；列入《世界自然保护联盟濒危物种红色名录》（2022年，3.1版），易危(VU)。

53. 山兰属 *Oreorchis*

(141) 硬叶山兰 *Oreorchis nana* Schltr.

分布于循化。生于高山草地、林下、灌丛中或岩石积土上，海拔2800～3000m。

保护等级 列入《濒危野生动植物种国际贸易公约》附录Ⅱ；列入《世界自然保护联盟濒危物种红色名录》（2022年，3.1版），近危(NT)。

54. 舌唇兰属 *Platanthera*

(142) 细距舌唇兰 *Platanthera bifolia* (Linn.) Rich.

分布于互助。生于山坡或河边林下，海拔2200～2300m。

保护等级 列入《濒危野生动植物种国际贸易公约》附录Ⅱ；列入《世界自然保护联盟濒危物种红色名录》（2022年，3.1版），无危(LC)。

(143) 二叶舌唇兰 *Platanthera chlorantha* Cust. ex Rchb.

分布于互助、循化。生于山坡林下或草丛中，海拔2300～3200m。

保护等级 列入《濒危野生动植物种国际贸易公约》附录Ⅱ；列入《世界自然保护联盟濒危物种红色名录》（2022年，3.1版），无危(LC)。

(144) 蜻蜓兰 *Platanthera souliei* Kraenzl.

分布于互助、乐都。生于山坡林下或灌丛中，海拔2300～3800m。

保护等级 列入《濒危野生动植物种国际贸易公约》附录Ⅱ；列入《世界自然保护联盟濒危物种红色名录》（2022年，3.1版），近危(NT)。

55. 小红门兰属 *Ponerorchis*

(145) 广布小红门兰 *Ponerorchis chusua* (D. Don) Soó

分布于平安、互助、乐都、民和、循化。生于山坡林下、灌丛或河滩草地上，海拔2400～4000m。

保护等级 列入《濒危野生动植物种国际贸易公约》附录Ⅱ；列入《世界自然保护联盟濒危物种红色名录》（2022年，3.1版），无危(LC)。

(146) 川西兜被兰 *Ponerorchis compacta* (Schltr.) X. H. Jin, Schuit. & W. T. Jin

分布于互助。生于潮湿林缘草地，海拔2400～4100m。

保护等级 列入《濒危野生动植物种国际贸易公约》附录Ⅱ；列入《世界自然保护联盟濒危物种红色名录》（2022年，3.1版），近危(NT)。

(147) 二叶兜被兰 *Ponerorchis cucullata* (Linn.) X. H. Jin, Schuit. & W. T. Jin

分布于互助、乐都。生于山坡林下、灌丛、林缘或沟谷阴湿石缝中，海拔2200～3800m。

保护等级 列入《濒危野生动植物种国际贸易公约》附录Ⅱ。

(148) 密花兜被兰 *Ponerorchis cucullata* var. *calcicola* (W. W. Smith) Soo

分布于互助。生于山坡林下、阴湿处、岩石缝隙中或河边草地，海拔3500～4000m。

保护等级 列入《濒危野生动植物种国际贸易公约》附录Ⅱ。列入《世界自然保护联盟濒危物种红色名录》（2022年，3.1版），近危(NT)。

(149) 齿片无柱兰 *Ponerorchis pulchella* (Hand.-Mazz.) Soó

分布于互助、乐都、民和。生于山坡林下、灌丛或河滩草地上，海拔3000～3700m。

保护等级 列入《濒危野生动植物种国际贸易公约》附录Ⅱ；列入《世界自然保护联盟濒危物种红色名录》（2022年，3.1版），无危(LC)。

56. 绶草属 *Spiranthes*

(150) 绶草 *Spiranthes sinensis* (Pers.) Ames

分布于平安、互助、乐都、民和、循化。生于山坡林下、灌丛、草地或河滩沼泽草甸中，海拔2000～3600m。

保护等级 列入《濒危野生动植物种国际贸易公约》附录Ⅱ；列入《世界自然保护联盟濒危物种红色名录》（2022年，3.1版），无危(LC)。

五、菊目 ASTERALES

（十三）菊科 Asteraceae

57. 蓍属 *Achillea*

(151) 齿叶蓍 *Achillea acuminata* (Ledeb.) Sch. Bip.

分布于民和。生于河滩、灌丛中，海拔2500～2900m。

(152) 高山蓍 *Achillea alpina* Linn.

分布于平安、循化。生于山坡草地、灌丛间、林缘，海拔1800～2500m。

58. 和尚菜属 *Adenocaulon*

(153) 和尚菜 *Adenocaulon himalaicum* Edgew.

分布于互助、循化。生于林下，海拔2300～2500m。

59. 亚菊属 *Ajania*

(154) 蓍状亚菊 *Ajania achilleoides* (Turcz.) Poljakov ex Grubov

分布于互助。生于草原和荒漠草原，海拔2400～2600m。

(155) 新疆亚菊 *Ajania fastigiata* C. Winkl.

分布于乐都。生于草原和荒漠草原，海拔2400～3600m。

(156) 灌木亚菊 *Ajania fruticulosa* (Ledeb.) Poljak.

分布于平安、互助、乐都、民和、化隆、循化。生于干旱山坡、荒地，海拔 2000～3500m。

(157) 多花亚菊 *Ajania myriantha* (Franch.) Y. Ling ex C. Shih

分布于平安、互助、乐都、循化。生于山坡、柏林下，海拔 2500～4100m。

(158) 丝裂亚菊 *Ajania nematoloba* (Hand. -Mazz.) Y. Ling & C. Shih

分布于平安、循化。生于干旱山坡，海拔 2100～2400m。

(159) 细裂亚菊 *Ajania przewalskii* Poljak.

分布于互助、乐都、民和、循化。生于山坡灌丛中、山坡草地、河谷阶地，海拔 3000～4000m。

(160) 分枝亚菊 *Ajania ramosa* (C. C. Chang) C. Shih

分布于互助。生于阳坡石崖上或灌丛中，海拔 2000～4100m。

(161) 柳叶亚菊 *Ajania salicifolia* (Mattf. ex Rehder & Kobuski) Poljakov

分布于互助、乐都、民和。生于林缘、山坡灌丛中、田边、路边，海拔 2000～3500m。

(162) 细叶亚菊 *Ajania tenuifolia* (Jacquem. ex DC.) Tzvelev

分布于互助、乐都、循化、循化。生于河滩、草甸裸地、多石山坡，海拔 2400～4100m。

60. 香青属 *Anaphalis*

(163) 黄腺香青 *Anaphalis aureopunctata* Lingelsh. & Borza

分布于互助、乐都、民和。生于林下、灌丛中、草滩和山坡，海拔 1800～4000m。

(164) 青海二色香青 *Anaphalis bicolor* var. *kokonorica* Ling

分布于平安、互助、乐都。生于干旱山坡、阳坡石缝中、灌丛中、河滩，海拔 2400～3800m。

(165) 淡黄香青 *Anaphalis flavescens* Hand. -Mazz.

分布于互助、乐都。生于河滩、山坡、高山草地、高山流石滩，海拔 2600～4100m。

(166) 纤枝香青 *Anaphalis gracilis* Hand. -Mazz.

分布于互助。生于高山草甸，海拔 2400～4100m。

(167) 铃铃香青 *Anaphalis hancockii* Maxim.

分布于互助、乐都。生于河滩草地、山谷、山坡、灌丛中及高山草甸，海拔 2800～4100m。

(168) 乳白香青 *Anaphalis lactea* Maxim.

分布于互助、乐都、民和。生于亚高山及低山草地及针叶林下，海拔 2600～4100m。

(169) 珠光香青 *Anaphalis margaritacea* (Linn.) Benth. & Hook. f.

分布于互助、乐都、民和、循化。生于河滩、田边、山坡及灌丛中，海拔 1900～3600m。

(170) 线叶珠光香青 *Anaphalis margaritacea* var. *angustifolia* (Franch & Savatier) Hayata

分布于互助、民和。生于林下，海拔 2400～2700m。

(171) 香青 *Anaphalis sinica* Hance

分布于乐都、民和。生于低山或亚高山灌丛、草地、山坡和溪岸，海拔 2400～4100m。

(172) 灰叶香青 *Anaphalis spodiophylla* Ling & Y. L. Chen

分布于互助。生于山野路旁向阳地，海拔 2800～2900m。

青藏高原特有种。

(173) 西藏香青 *Anaphalis tibetica* Kitam.

分布于乐都。生于高山及亚高山针叶林下、灌丛中或山坡阳地，海拔 3000～4100m。

青藏高原特有种。

(174) 三脉香青 *Anaphalis triplinervis* (Sims) C. B. Clarke

分布于平安。生于低山或亚高山灌丛、草地、山坡和溪岸，海拔 2500～3600m。

青藏高原特有种。

(175) 绿香青 *Anaphalis viridis* Cummins

分布于平安。生于山顶、山坡岩石或草地上，海拔 2600～3600m。

青藏高原特有种。

61. 牛蒡属 *Arctium*

(176) 牛蒡 *Arctium lappa* Linn.

分布于平安、互助、乐都、民和、化隆、循化。生于荒地、田边、宅旁和路边，海拔 2200～3600m。

62. 蒿属 *Artemisia*

(177) 阿坝蒿 *Artemisia abaensis* Y. R. Ling & S. Y. Zhao

分布于平安。生于湖边、沟边及路旁等，海拔 2500～2700m。

青藏高原特有种。

(178) 碱蒿 *Artemisia anethifolia* Web. ex Stechm.

分布于乐都、循化。生于干山坡、干河谷、碱性滩地、盐渍化草原附近、荒地及固定沙丘附近，海拔 2000～3400m。

(179) 莳萝蒿 *Artemisia anethoides* Mattf.

分布于乐都。生于干旱山坡、草原、荒漠，海拔 2200～3600m。

(180) 黄花蒿 *Artemisia annua* Linn.

分布于平安、互助、乐都、民和。生于路边、田边、阴山坡，海拔 2200～3200m。

(181) 艾 *Artemisia argyi* H. Lév. & Vaniot.

分布于平安、互助、乐都、民和、循化。生于荒地、路旁河边及山坡等，海拔 1700～3100m。

(182) 班玛蒿 *Artemisia baimaensis* Y. R. Ling & Z. C. Zhuo

分布于互助。生于河谷林缘，海拔 3200～3600m。

青藏高原特有种。

(183) 米蒿 *Artemisia dalai-lamae* Krasch.

分布于平安、乐都。生于干山坡、荒漠、洪积扇，海拔 2300～3800m。

(184) 纤杆蒿 *Artemisia demissa* Krasch.

分布于平安、互助。生于山谷、山坡、路旁、草坡及沙质或砾质草地上，海拔 3200～4100m。

(185) 沙蒿 *Artemisia desertorum* Spreng.

分布于平安、互助、乐都、民和。生于田边、河岸、湖滨、滩地、山坡、林缘，海拔 2400～4100m。

(186) 矮沙蒿 *Artemisia desertorum* var. *foetida* (Jacq. ex DC.) Ling & Y. R. Ling

分布于平安、互助、乐都。生于山坡、石质地，海拔 2200～4100m。

青藏高原特有变种。

(187) 杭爱龙蒿 *Artemisia dracunculus* var. *changaica* (Krasch.) Y. R. Ling

分布于乐都。生于山坡、滩地，海拔 2400～3800m。

(188) 牛尾蒿 *Artemisia dubia* Wall. ex Bess.

分布于平安、互助、乐都、民和、循化。生于河滩、河谷阶地、田边，海拔 2200～4000m。

(189) 无毛牛尾蒿 *Artemisia dubia* var. *subdigitata* (Mattf.) Y. R. Ling

分布于平安、互助、乐都、循化。生于山坡、河边、路旁、沟谷、林缘等，海拔 2000～3800m。

(190) 冷蒿 *Artemisia frigida* Willd.

分布于平安、互助、乐都、化隆、循化。生于森林草原、草原、荒漠草原及干旱与半干旱地区的山坡、路旁、砾质旷地、固定沙丘、戈壁、高山草甸等，海拔 2200～4100m。

(191) 紫花冷蒿 *Artemisia frigida* var. *atropurpurea* Pamp.

分布于互助。生于干旱山坡、林下、河滩，海拔 2400～3500m。

(192) 细裂叶莲蒿 *Artemisia gmelinii* Web. ex Stechm.

分布于平安。生于阳坡砾石地、山坡、河岸阶地、河滩，海拔 2300～4100m。

(193) 臭蒿 *Artemisia hedinii* Ostenf.

分布于平安、互助、乐都、民和、化隆、循化。生于湖边草地、河滩、砾质坡地、田边、路旁、林缘等，海拔 2000～4100m。

(194) 锈苞蒿 *Artemisia imponens* Pamp.

分布于乐都。生于山坡、林缘及草地上，海拔 3400～4100m。

(195) 狭裂白蒿 *Artemisia kanashiroi* Kitam.

分布于互助。生于田边、路旁、山坡等处，海拔 2300～2700m。

(196) 野艾蒿 *Artemisia lavandulifolia* DC.

分布于互助。生于路旁、林缘、山坡、草地、山谷、灌丛等处，海拔 2300～3400m。

(197) 白叶蒿 *Artemisia leucophylla* (Turcz. ex Bess.) C. B. Clarke

分布于互助、乐都。生于林区田边及山坡，海拔 2400～3600m。

(198) 黏毛蒿 *Artemisia mattfeldii* Pamp.

分布于互助、循化。生于林缘、草地、荒坡、路旁等，海拔 2600～4100m。

(199) 无绒粘毛蒿 *Artemisia mattfeldii* var. *etomentosa* Hand. -Mazz.

分布于互助。生于林缘、草地、荒坡、路旁等，海拔 2600～4100m。

(200) 蒙古蒿 *Artemisia mongolica* (Fisch. ex Bess.) Nakai

分布于互助、乐都。生于沟谷、干旱山坡、田边、渠边、灌丛、林缘，海拔 2200～3300m。

(201) 小球花蒿 *Artemisia moorcroftiana* Wall. ex DC.

分布于乐都。生于山坡、台地、干河谷、砾质坡地、亚高山或高山草原和草甸等，海拔 2800～4100m。

(202) 西南牡蒿 *Artemisia parviflora* Buch. -Ham. ex D. Don

分布于互助、乐都、民和。生于山顶、山坡、河岸，海拔 2100～3300m。

(203) 纤梗蒿 *Artemisia pewzowii* C. Winkler

分布于乐都。生于荒漠草原、砾质坡地等，海拔 2500～4100m。

青藏高原特有种。

(204) 褐苞蒿 *Artemisia phaeolepis* Krasch.

分布于互助。生于山坡、沟谷、路旁、草地、荒滩、草甸、林缘灌丛等，海拔 2900～4100m。

(205) 灰苞蒿 *Artemisia roxburghiana* Bess.

分布于平安、互助、乐都、民和、循化。生于干旱滩地、河滩灌丛、阴坡碎石中、阳坡岩石缝、田边，海拔 2200～4100m。

(206) 猪毛蒿 *Artemisia scoparia* Waldst. & Kit.

分布于平安、互助、乐都。生于山坡、荒地、田边，海拔 2200～4100m。

(207) 大籽蒿 *Artemisia sieversiana* Ehrhart ex Willd.

分布于平安、互助、乐都、民和、循化、化隆。生于田边、荒地、河滩、半阴坡、林缘和林中空地，海拔 2000～4100m。

(208) 白莲蒿 *Artemisia stechmanniana* Besser

分布于平安、互助、乐都。生于河滩、田边、山坡、林缘，海拔 2300～4100m。

(209) 直茎蒿 *Artemisia stricta* Edgeworth

分布于平安、互助、乐都、民和。生于河滩、田边、滩地、干旱山坡，海拔 2700～4100m。

(210) 阴地蒿 *Artemisia sylvatica* Maxim.

分布于平安。生于山坡及林缘，海拔 2300～2600m。

(211) 川藏蒿 *Artemisia tainingensis* Hand. -Mazz.

分布于乐都。生于阳坡林缘、滩地，海拔 3400～4000m。

青藏高原特有种。

(212) 甘青蒿 *Artemisia tangutica* Pamp.

分布于平安、互助、乐都。生于山谷、林缘、河滩、田边，海拔 2000～2900m。

(213) 毛莲蒿 *Artemisia vestita* Wall. ex Bess

分布于平安、互助、乐都。生于阳山坡、河边、田边、林缘及林下，海拔 2300～4000m。

(214) 腺毛蒿 *Artemisia viscida* (Mattf.) Pamp.

分布于乐都。生于灌丛或高山草原，海拔 2600～3800m。

青藏高原特有种。

(215) 北艾 *Artemisia vulgaris* Linn.

分布于互助。生于亚高山地区的草原、森林草原、林缘、谷地、荒坡及路旁等，海拔 2000～3100m。

63．假苦菜属 *Askellia*

(216) 弯茎假苦菜 *Askellia flexuosa* (Ledeb.) W. A. Weber

分布于互助、民和、循化。生于山坡、河滩草地、河滩卵石地、冰川河滩地、水边沼泽地，海拔 1700～3200m。

64．紫菀属 *Aster*

(217) 三脉紫菀 *Aster ageratoides* Turcz.

分布于平安、互助、乐都、民和、循化。生于河滩、田边、山坡、灌丛中、林下，海拔 2500～3800m。

(218) 阿尔泰狗娃花 *Aster altaicus* Willd.

分布于平安、互助、乐都、民和、化隆、循化。生于河滩、山坡、荒地，海拔 2200～4100m。

(219) 星舌紫菀 *Aster asteroides* (DC.) Kuntze

分布于平安、互助、乐都。生于高山灌丛、湿润草地或冰碛物上，海拔 2700～4100m。

青藏高原特有种。

(220) 青藏狗娃花 *Aster boweri* Hemsl.

分布于互助。生于高山坡地、滩地、湖边滩地，海拔 2500～4100m。

(221) 圆齿狗娃花 *Aster crenatifolius* Hand. -Mazz.

分布于平安、互助、循化。生于河滩、田边、山坡草地，海拔 2200～4000m。

(222) 重冠紫菀 *Aster diplostephioides* (DC.) Benth. ex C. B. Clarke

分布于平安、互助、乐都、循化。生于灌丛中、草甸、滩地、河谷阶地，海拔 2800～4100m。

(223) 狭苞紫菀 *Aster farreri* W. W. Smith & Jeffrey

分布于互助、乐都、循化。生于灌丛中、林下、高山草甸，海拔 2600～4100m。

(224) 萎软紫菀 *Aster flaccidus* Bunge

分布于平安、互助、乐都、民和、化隆、循化。多生于高山地区。生于河滩、草甸、高山草甸、高山流石滩，海拔 2600～4100m。

(225) 狗娃花 *Aster hispidus* Thunb.

分布于乐都、化隆。多生于荒地、路旁、林缘及草地，海拔 2300～3500m。

(226) 灰枝紫菀 *Aster poliothamnus* Diels

分布于平安、乐都、民和、循化。生于干山坡、峡谷阳坡石崖上和林间空地，海拔 2200～3800m。

(227) 缘毛紫菀 *Aster souliei* Franch.

分布于乐都、循化。生于林缘、灌丛中、高山草甸，海拔 3100～4100m。

青藏高原特有种。

(228) 察瓦龙紫菀 *Aster tsarungensis* (Griers.) Y. Ling

分布于互助、乐都、循化。多生于高山及亚高山草甸及山谷草地，海拔 2600～4100m。

青藏高原特有种。

65．紫菀木属 *Asterothamnus*

(229) 中亚紫菀木 *Asterothamnus centraliasiaticus* Novopokr.

分布于乐都、循化。生于干山坡、洪积扇、河岸、荒漠中的水边，海拔 1800～2800m。

66．鬼针草属 *Bidens*

(230) 小花鬼针草 *Bidens parviflora* willd.

分布于化隆、循化。生于路边荒地、林下及水沟边，海拔 2000～2800m。

(231) 狼把草 *Bidens tripartita* Linn.

分布于化隆、循化。生于水中，海拔 1900～2600m。

67．短舌菊属 *Brachanthemum*

(232) 星毛短舌菊 *Brachanthemum pulvinatum* (Hand. -Mazz.) Shih

分布于民和、循化。生于洪积扇、干河滩、干旱山坡、盐碱滩，海拔 2000～3000m。

68．小甘菊属 *Cancrinia*

(233) 灌木小甘菊 *Cancrinia maximowiczii* C. Winkl.

分布于互助、乐都、民和、循化。生于多砾石的山坡及河岸冲积扇上，海拔 1800～3200m。

69．飞廉属 *Carduus*

(234) 节毛飞廉 *Carduus acanthoides* Linn.

分布于互助、乐都、民和。生于山坡、草地、林缘、灌丛中、或山谷、山沟、水边或田间，海拔 2200～4000m。

(235) 丝毛飞廉 *Carduus crispus* Linn.

分布于互助、乐都、民和。生于山坡草地、田间、荒地河旁及林下，海拔 2200～4000m。

(236) 飞廉 *Carduus nutans* Linn.

分布于乐都。生于山谷、田边或草地，海拔 2400～3300m。

70．天名精属 *Carpesium*

(237) 矮天名精 *Carpesium humile* C. Winkl.

分布于互助、民和。生于山谷、灌丛中、林间空地、林缘，海拔 2300～3700m。

(238) 高原天名精 *Carpesium lipskyi* C. Winkl.

分布于平安、互助、民和。生于林缘及山坡灌丛中，海拔 2300～3700m。

(239) 粗齿天名精 *Carpesium tracheliifolium* Lessing

分布于循化。生于林下，海拔 2000～2500m。

71．菊属 *Chrysanthemum*

(240) 小红菊 *Chrysanthemum chanetii* H. Lév.

分布于互助、乐都、循化。生于林下、旱山坡、河滩、草甸、灌丛、海拔2400～2500m。

(241) 甘菊 *Chrysanthemum lavandulifolium* (Fischer ex Trautv & ter) Makino

分布于互助、循化。生山坡、岩石上、河谷、河岸、荒地及黄土丘陵地，海拔2000～2800m。

72. 岩参属 *Cicerbita*

(242) 抱茎岩参 *Cicerbita auriculiformis* (C. Shih) N. Kilian

分布于民和。生于山坡林、灌丛或草地，海拔1700～2000m。

(243) 川甘岩参 *Cicerbita roborowskii* (Maxim.) Beauverd

分布于互助、乐都、民和。生于山坡林、灌丛或草地，海拔2300～4100m。

73. 蓟属 *Cirsium*

(244) 丝路蓟 *Cirsium arvense* (Linn.) Scop.

分布于互助、乐都、民和。生于沟边水湿地、田间或湖滨地区，海拔1800～4100m。

(245) 藏蓟 *Cirsium arvense* var. *alpestre* auct. non al. Ling

分布于民和、循化。生于荒地、农田、河滩，海拔1800～4100m。

(246) 刺儿菜 *Cirsium arvense* var. *integrifolium* Wimm. & Grab.

分布于平安、互助、乐都、民和、化隆、循化。生于荒地、农田、水沟边，海拔1800～2700m。

(247) 牛口刺 *Cirsium shansiense* Petr.

分布于循化。生于田边、路旁，海拔1800～3700m。

(248) 葵花大蓟 *Cirsium souliei* (Franch.) Mattf.

分布于平安、互助、乐都、民和、化隆、循化。生于山坡路旁、林缘、荒地、河滩、田间、水旁潮湿地，海拔2200～3800m。

74. 垂头菊属 *Cremanthodium*

(249) 盘花垂头菊 *Cremanthodium discoideum* Maxim.

分布于平安、互助、乐都、民和、化隆。生于高山草地、灌丛中，海拔3000～4100m。

青藏高原特有种。

(250) 细裂垂头菊 *Cremanthodium dissectum* Griers.

分布于循化。生于高山草地、灌丛中，海拔3500～4100m。

青藏高原特有种。

(251) 车前状垂头菊 *Cremanthodium ellisii* (Hook. f.) Kitam.

分布于平安、互助、乐都、民和、化隆、循化。生于高山草地、灌丛中，海拔3000～4100m。

(252) 矮垂头菊 *Cremanthodium humile* Maxim.

分布于平安、互助、乐都、民和、化隆。生于高山流石滩地，海拔3500～4100m。

青藏高原特有种。

(253) 条叶垂头菊 *Cremanthodium lineare* Maxim.

分布于循化。生于沼泽草甸、河岸滩地、水沟边，海拔3100～4100m。

青藏高原特有种。

(254) 长柄垂头菊 *Cremanthodium petiolatum* S. W. Liu

分布于互助。生于高山草甸、水边，海拔3700～4100m。

青藏高原特有种。

75. 假还阳参属 *Crepidiastrum*

(255) 黄瓜菜 *Crepidiastrum denticulatum* (Houtt) Pak & Kawano

分布于互助、循化。生于山坡、林下，海拔2000～3000m。

76. 还羊参属 *Crepis*

(256) 北方还阳参 *Crepis crocea* (Lam.) Babc.

分布于乐都。生于山坡、农田撂荒地、黄土丘陵地，海拔2300～4000m。

77. 多榔菊属 *Doronicum*

(257) 狭舌多榔菊 *Doronicum stenoglossum* Maxim.

分布于互助、乐都。生于灌丛中、林下，海拔2700～4100m。

青藏高原特有种。

78. 紊蒿属 *Elachanthemum*

(258) 紊蒿 *Elachanthemum intricatum* (Franch.) Y. Ling & Y. R. Ling

分布于循化。生于干旱山坡、滩地，海拔1800～2200m。

79. 飞蓬属 *Erigeron*

(259) 飞蓬 *Erigeron acris* Linn.

分布于互助、民和、循化。生于河滩、田边、灌丛、山坡草地，海拔2500～3900m。

(260) 小蓬草 *Erigeron canadensis* Linn.

分布于循化。多生于旷野、荒地、田边和路旁，为一种常见的杂草。海拔1800～3200m。

80. 旋覆花属 *Inula*

(261) 欧亚旋覆花 *Inula britannica* Linn.

分布于化隆。生于水边、河边，海拔2000～2100m。

(262) 旋覆花 *Inula japonica* Thunb.

分布于互助、乐都、民和、循化。生于水边、农田边，海拔1900～2600m。

(263) 蓼子朴 *Inula salsoloides* (Turcz.) Ostenf.

分布于互助、乐都、民和、循化。生于河滩、湖边沙地、水边，海拔1800～3600m。

81. 苦荬菜属 *Ixeris*

(264) 中华苦荬菜 *Ixeris chinensis* (Thunb.) Nakai

分布于平安、互助、乐都、民和、循化。生于盐碱滩、旱山坡、路旁、河滩，海拔1800～3600m。

(265) 变色苦荬菜 *Ixeris chinensis* subsp. *versicolor* (Fisch. ex Link) Kitam.

分布于平安、互助、乐都、民和、循化。生于河边、田边、山坡，海拔1800～2900m。

82. 疆千里光属 *Jacobaea*

(266) 琥珀千里光 *Jacobaea ambracea* (Turcz. ex DC.) B. Nord.

分布于互助。生于草坡和岩石山坡，海拔 2300～2500m。

(267) 额河千里光 *Jacobaea argunensis* (Turcz.) B. Nord.

分布于平安、互助、乐都、循化。生于高寒草甸、宽谷山坡、河漫滩，海拔 2200～3900m。

83. 麻花头属 *Klasea*

(268) 麻花头 *Klasea centauroides* (Linn.) Cass. ex Kitag.

分布于互助。生于山坡林缘、草原、草甸、路旁或田间，海拔 2200～3200m。

(269) 缢苞麻花头 *Klasea centauroides* subsp. *strangulata* (Iljin) L. Martins

分布于互助、乐都、民和、循化。生于山坡、草地、路旁、河滩地及田间，海拔 2200～3200m。

84. 莴苣属 *Lactuca*

(270) 乳苣 *Lactuca tatarica* (Linn.) C. A. Mey.

分布于平安、互助、乐都、民和、循化。生于河滩、沙滩、田边、山坡荒地，海拔 1800～2800m。

85. 大丁草属 *Leibnitzia*

(271) 大丁草 *Leibnitzia anandria* (Linn.) Turcz.

分布于互助、民和、循化。生于山坡，海拔 2000～4100m。

86. 火绒草属 *Leontopodium*

(272) 美头火绒草 *Leontopodium calocephalum* (Franch.) Beauv.

分布于互助、乐都、循化、化隆。生于较湿润的沼泽地、草地和林下，海拔 2600～3800m。

(273) 戟叶火绒草 *Leontopodium dedekensii* (Bureau & Franch.) Beauverd

分布于乐都、民和。生于河谷、山坡、灌丛中、林下，海拔 2300～4100m。

青藏高原特有种。

(274) 坚杆火绒草 *Leontopodium franchetii* Beauv.

分布于平安。生于高山干燥草地、石砾坡地和河滩湿地，海拔 2700～2900m。

(275) 香芸火绒草 *Leontopodium haplophylloides* Hand.-Mazz.

分布于互助、乐都、循化。生于高山草地、石砾地、灌丛或针叶林外缘，海拔 2600～3800m。

(276) 长叶火绒草 *Leontopodium junpeianum* Kitam.

分布于平安、互助、乐都、民和、循化。生于草地、河滩、山坡、高山草甸、山顶倒石堆，海拔 3200～4100m。

(277) 火绒草 *Leontopodium leontopodioides* (Willd.) Beauv.

分布于平安、互助、乐都、民和、循化。生于干旱草原、黄土坡地、石砾地、山区草地，海拔 1800～3900m。

(278) 矮火绒草 *Leontopodium nanum* (Hook. f. & Thomson ex C. B. Clarke) Hand.-Mazz.

分布于互助。生于湿润草地、泥炭地或石砾坡地，海拔 3000～4100m。

(279) 黄白火绒草 *Leontopodium ochroleucum* Beauv.

分布于互助。生于高山和亚高山的湿润或干燥草地、沙地、石砾地或雪线附近的岩石上，海拔 2600～4100m。

青藏高原特有种。

(280) 银叶火绒草 *Leontopodium souliei* Beauverd

分布于互助、乐都、循化。生于高山、亚高山林地、灌丛、湿润草地和沼泽地，海拔 3200～4100m。

青藏高原特有种。

87. 橐吾属 *Ligularia*

(281) 刚毛橐吾 *Ligularia achyrotricha* (Diels) Ling

分布于民和。生于山坡、林缘，海拔 2600～3900m。

(282) 大齿橐吾 *Ligularia macrodonta* Y. Ling

分布于循化。生于高山草甸，海拔 2600～3800m。

(283) 掌叶橐吾 *Ligularia przewalskii* (Maxim.) Diels

分布于平安、互助、乐都、民和、化隆、循化。生于河滩、山麓、林缘、林下及灌丛，海拔 2000～3900m。

(284) 箭叶橐吾 *Ligularia sagitta* (Maxim.) Mattf.

分布于平安、互助、乐都、循化。生于山坡、林缘、灌丛中，海拔 1900～4000m。

(285) 唐古特橐吾 *Ligularia tangutorum* Pojark.

分布于平安、互助、乐都、民和、循化。生于山坡、灌丛中、林下，海拔 2700～4000m。

(286) 黄帚橐吾 *Ligularia virgaurea* (Maxim.) Mattf.

分布于平安、互助、乐都、民和、循化。生于河滩、沼泽草甸、阴坡湿地及灌丛中，海拔 2700～4100m。

88. 毛鳞菊属 *Melanoseris*

(287) 祁连毛鳞菊 *Melanoseris qiliangshanensis* S. W. Liu & T. N. Ho

分布于互助。生于河边、林下，海拔 2100～2300m。

89. 耳菊属 *Nabalus*

(288) 多裂耳菊 *Nabalus tatarinowii* subsp. *macrantha* (Stebbins) N. Kilian

分布于循化。生于山坡、山谷林下、草丛中或潮湿地，海拔 1800～3600m。

90. 毛冠菊属 *Nannoglottis*

(289) 毛冠菊 *Nannoglottis carpesioides* Maximowicz

分布于互助、民和、循化。生于林下或灌丛中，海拔 2400～3700m。

91. 栉叶蒿属 *Neopallasia*

(290) 栉叶蒿 *Neopallasia pectinata* (Pall.) Poljakov

分布于乐都、化隆、循化。生于荒漠、河谷砾石地及山坡荒地，海拔 2100～3600m。

92. 猬菊属 *Olgaea*

(291) 刺疙瘩 *Olgaea tangutica* Iljin

分布于互助、民和、化隆、循化。生于山坡、山谷灌丛或草坡、河滩地及荒地或农田中，海拔 1900～3500m。

93. 蟹甲草属 Parasenecio

(292) 三角叶蟹甲草 Parasenecio deltophyllus (Maxim.) Y. L. Chen

分布于互助、乐都、民和、循化。生于河滩、山坡草丛中、林下，海拔 2400～3800m。

(293) 太白山蟹甲草 Parasenecio pilgerianus (Diels) Y. L. Chen

分布于循化。生于林下，海拔 2000～2500m。

(294) 蛛毛蟹甲草 Parasenecio roborowskii (Maxim.) Y. L. Chen

分布于平安、互助、乐都、民和、循化。生于田边、水边、山坡、灌丛中、林下，海拔 2200～2800m。

94. 帚菊属 Pertya

(295) 两色帚菊 Pertya discolor Rehd.

分布于民和、循化。生于林下或灌丛中，海拔 2000～4100m。

(296) 华帚菊 Pertya sinensis Oliv.

分布于循化。生于山坡或溪边灌丛或针叶林中，海拔 2100～2500m。

95. 蜂斗菜属 Petasites

(297) 毛裂蜂斗菜 Petasites tricholobus Franch.

分布于互助、民和、化隆。生于林下、灌丛中、山坡湿地，海拔 2000～4000m。

96. 毛连菜属 Picris

(298) 日本毛莲菜 Picris japonica Thunb.

分布于互助、乐都、民和、循化。生于干旱山坡、山前滩地、荒漠、河谷阶地，海拔 2100～4000m。

97. 漏芦属 Rhaponticum

(299) 顶羽菊 Rhaponticum repens (Linn.) Hidalgo

分布于平安、互助、乐都、民和、循化、化隆。生于田边、路边、干旱山坡、河滩砾石地，海拔 1800～3000m。

(300) 漏芦 Rhaponticum uniflorum (Linn.) DC.

分布于乐都、民和、循化。生于山坡丘陵地、松林下或桦木林下，海拔 2300～3000m。

98. 风毛菊属 Saussurea

(301) 草地风毛菊 Saussurea amara (Linn.) DC.

分布于互助。生于水边、田边、山谷，海拔 2200～3600m。

(302) 漂亮风毛菊 Saussurea bella Y. Ling

分布于乐都、循化。生于河滩沙地、山坡草地及山坡石地，海拔 3600～4100m。

青藏高原特有种。

(303) 异色风毛菊 Saussurea brunneopilosa Hand.-Mazz.

分布于互助、乐都、化隆。生于高山碎石带、高山草甸、灌丛、滩地，海拔 3000～4100m。

(304) 灰白风毛菊 Saussurea cana Ledeb.

分布于平安、互助、乐都、民和。生于干旱山坡、谷底、海拔 1800～3800m。

(305) 抱茎风毛菊 Saussurea chingiana Hand.-Mazz.

分布于平安、互助、乐都。生于林下、林间、山坡草地、田间及河边，海拔 2600～3500m。

(306) 狭头风毛菊 Saussurea dielsiana Koidz.

分布于互助。生于山坡草地，海拔 2800～3000m。

(307) 柳叶菜风毛菊 Saussurea epilobioides Maxim.

分布于平安、互助、乐都、民和、循化。生于山坡草丛和灌丛中，海拔 2300～4100m。

(308) 球花雪莲 Saussurea globosa F. H. Chen

分布于互助。生于高山草坡及草坪、山顶、荒坡、草甸，海拔 3100～4100m。

(309) 纤细风毛菊 Saussurea graciliformis Lipsch.

分布于互助、乐都。生于河滩、山坡石隙、林下，海拔 2600～3400m。

(310) 长毛风毛菊 Saussurea hieracioides Hook. f.

分布于互助、乐都、民和。生于高寒草甸、山坡草地、宽谷河滩，海拔 3000～4100m。

青藏高原特有种。

(311) 风毛菊 Saussurea japonica (Thunb.) DC.

分布于互助、循化。生于高山草甸，海拔 2300～3600m。

(312) 重齿风毛菊 Saussurea katochaete Maxim.

分布于互助、乐都、循化。生于河滩、灌丛、高山草甸及高山流石滩，海拔 3700～3800m。

青藏高原特有种。

(313) 水母雪兔子 Saussurea medusa Maxim.

分布于互助。生于高山流石滩，海拔 3700～4100m。

保护等级 列入 2021 年《国家重点保护野生植物名录》二级；列入《世界自然保护联盟濒危物种红色名录》（2022 年，3.1 版），数据缺乏 (DD)。

(314) 小风毛菊 Saussurea minuta C. Winkl.

分布于互助、循化。生于高山流石滩、高山草甸、灌丛中，海拔 3200～4100m。

青藏高原特有种。

(315) 蒙古风毛菊 Saussurea mongolica (Franch.) Franch.

分布于乐都、民和。生于山坡、林下、灌丛中、路旁及草坡，海拔 2700～4100m。

(316) 钝苞雪莲 Saussurea nigrescens Maxim.

分布于互助、乐都。生于灌丛中、山谷草地、山坡，海拔 2700～4100m。

(317) 小花风毛菊 Saussurea parviflora (Poir.) DC.

分布于平安、互助、乐都、循化。生于林下、灌丛中、山坡、谷底，海拔 2300～4000m。

(318) 西北风毛菊 Saussurea petrovii Lipsch.

分布于民和。生于草地，海拔 1800～2700m。

(319) 褐花雪莲 Saussurea phaeantha Maxim.

分布于互助、乐都、化隆、循化。生于沼泽地、灌丛中、高山草甸、流石滩，海拔 3300～4100m。

青藏高原特有种。

(320) 弯齿风毛菊 *Saussurea przewalskii* Maxim.

分布于平安、互助、乐都、循化。生于阴坡、杜鹃灌丛中和林下，海拔 2400～4100m。

青藏高原特有种。

(321) 美丽风毛菊 *Saussurea pulchra* Lipsch.

分布于互助、乐都、循化。生于山坡草地、滩地、河滩、高山草甸，海拔 2700～4100m。

(322) 折苞风毛菊 *Saussurea recurvata* (Maxim.) Lipsch.

分布于互助、民和。生于林缘、灌丛或山坡草地，海拔 2600～2900m。

(323) 柳叶风毛菊 *Saussurea salicifolia* (Linn.) DC.

分布于循化。生于高山灌丛、草甸、山沟阴湿处，海拔 2500～3600m。

(324) 星状雪兔子 *Saussurea stella* Maxim.

分布于互助、乐都。生于河滩草甸、水边、高山阴湿山坡及沼泽草甸，海拔 2400～4100m。

青藏高原特有种。

(325) 林生风毛菊 *Saussurea sylvatica* Maxim.

分布于互助。生于林下、灌丛中及山坡草丛中，海拔 2700～4100m。

(326) 唐古特雪莲 *Saussurea tangutica* Maxim.

分布于互助、化隆。生于高山流石滩、高山草甸，海拔 3800～4100m。

青藏高原特有种。

(327) 打箭风毛菊 *Saussurea tatsienensis* Franch.

分布于互助。生于灌丛中、高山草甸和山坡，海拔 2800～4100m。

(328) 西藏风毛菊 *Saussurea tibetica* C. Winkl.

分布于循化。生于沼泽草甸、高山草甸，海拔 3200～4100m。

青藏高原特有种。

(329) 乌苏里风毛菊 *Saussurea ussuriensis* Maxim.

分布于民和、循化。生于林下及灌丛中，海拔 2400～4100m。

(330) 变裂风毛菊 *Saussurea variiloba* Y. Ling

分布于循化。生于山坡，海拔 2400～2500m。

99. 蛇鸦葱属 *Scorzonera*

(331) 华北鸦葱 *Scorzonera albicaulis* Bunge

分布于乐都、互助、化隆、循化。生于山谷或山坡杂木林下或林缘、灌丛中，或生荒地、火烧迹或田间，海拔 1900～3400m

(332) 桃叶鸦葱 *Scorzonera sinensis* Lipsch. & Krasch. ex Lipsch.

分布于互助。生于山坡、丘陵地、沙丘、荒地或灌木林下，海拔 2300～2500m。

100. 千里光属 *Senecio*

(333) 异羽千里光 *Senecio diversipinnus* Y. Ling.

分布于平安、互助、乐都。生于开旷草坡和岩石山坡，海拔 2300～4000m。

(334) 北千里光 *Senecio dubitabilis* C. Jeffrey & Y. L. Chen

分布于互助。生于河边、田边、山坡、荒地，海拔 2200～3600m。

(335) 天山千里光 *Senecio thianschanicus* Regel & Schmalh.

分布于互助、乐都、循化。生于河滩、山谷、水边、灌丛林缘，海拔 2700～4100m。

101. 稀莶属 *Siegesbeckia*

(336) 腺梗豨莶 *Sigesbeckia pubescens* Makino

分布于循化。生于农田边，海拔 1800～2000m。

102. 华蟹甲属 *Sinacalia*

(337) 华蟹甲 *Sinacalia tangutica* (Maxim.) B. Nord.

分布于互助、乐都、民和、循化。生于水边、河滩、林缘、林下，海拔 2300～3600m。

103. 苦苣菜属 *Sonchus*

(338) 长裂苦苣菜 *Sonchus brachyotus* DC.

分布于互助、乐都。生于山地草坡、河边或碱地，海拔 2400～4100m。

(339) 苦苣菜 *Sonchus oleraceus* Linn.

分布于互助、乐都。生于荒地、田边，海拔 1700～3200m。

(340) 全叶苦苣菜 *Sonchus transcaspicus* Nevski

分布于互助、民和。生于山坡草地、水边湿地或田边，海拔 2400～3600m。

(341) 苣荬菜 *Sonchus wightianus* DC.

分布于平安、互助、乐都、民和、化隆、循化。生于荒地、田边，海拔 1800～4000m。

104. 绢毛苣属 *Soroseris*

(342) 空桶参 *Soroseris erysimoides* (Hand. -Mazz.) C. Shih

分布于平安、互助、乐都、民和、化隆、循化。生于高山灌丛、草甸或流石滩或碎石带，海拔 3000～4100m。

(343) 皱叶绢毛菊 *Soroseris hookeriana* (C. B. Clarke) Stebbins

分布于互助、民和。生于高山灌丛、草甸及河滩，海拔 2600～4100m。

青藏高原特有种。

105. 合头菊属 *Syncalathium*

(344) 盘状合头菊 *Syncalathium disciforme* (Mattf.) Y. Ling

分布于循化。生于高山流石滩、山坡沙石地、路边碎石堆，海拔 3500～4100m。

青藏高原特有种。

(345) 合头菊 *Syncalathium kawaguchii* (Kitam.) Y. Ling

分布于循化。生于河滩砂地，海拔 4000～4100m。

青藏高原特有种。

(346) 紫花合头菊 *Syncalathium porphyreum* (Marqd. & Shaw) Y. Ling

分布于循化。生于山坡裸地，海拔 3500～4100m。

青藏高原特有种。

106. 鸦葱属 *Takhtajaniantha*

(347) 鸦葱 *Takhtajaniantha austriaca* (Willd.) Zaika, Sukhor. & N. Kilian

分布于互助、民和、化隆、循化。生于干山坡、田边，海拔1800～3400m。

(348) 帚状鸦葱 *Takhtajaniantha pseudodivaricata* (Lipsch.) Zaika, Sukhor. & N. Kilian

分布于乐都、民和、化隆、循化。生于荒漠砾石地、干山坡、石质残丘、戈壁和沙地，海拔1800～2800m。

107. 蒲公英属 *Taraxacum*

(349) 白花蒲公英 *Taraxacum albiflos* Kirschner & Štepanek

分布于互助、乐都、循化。生于山坡湿润草地、沟谷、河滩草地以及沼泽草甸处，海拔2600～4100m。

(350) 丽花蒲公英 *Taraxacum calanthodium* Dahlst.

分布于互助、乐都。生于高山草地，海拔2300～4100m。

(351) 粉绿蒲公英 *Taraxacum dealbatum* Hand.-Mazz.

分布于乐都。生于河漫滩草甸、农田水边，海拔2200～4100m。

(352) 多裂蒲公英 *Taraxacum dissectum* (Ledeb.) Ledeb.

分布于互助、乐都、民和。生于林下、山坡草地、河谷阶地，海拔2200～4100m。

(353) 川甘蒲公英 *Taraxacum lugubre* Dahlst.

分布于互助、循化。生于山坡草地、碎石地、滩地，海拔2500～4100m。

(354) 灰果蒲公英 *Taraxacum maurocarpum* Dahlst.

分布于互助、乐都。生于山坡草地、河滩、水边、路边，海拔2000～3800m。

(355) 蒲公英 *Taraxacum mongolicum* Hand.-Mazz.

分布于平安、互助、乐都、民和、化隆、循化。生于山坡草地、路边、田野、河滩，海拔1800～4000m。

(356) 白缘蒲公英 *Taraxacum platypecidum* Diels

分布于互助、乐都。生于山坡碎石地、草地、山顶，海拔2600～4100m。

(357) 深裂蒲公英 *Taraxacum scariosum* (Tausch) Kirschner & Štepanek

分布于平安、互助、乐都、民和、化隆、循化。生于河滩、山坡、高山草甸，海拔2000～3900m。

(358) 拉萨蒲公英 *Taraxacum sherriffii* V. Soest

分布于乐都。生于山坡草地，海拔2600～4100m。

青藏高原特有种。

108. 狗舌草属 *Tephroseris*

(359) 狗舌草 *Tephroseris kirilowii* (Turcz. ex DC.) Holub

分布于互助。生于草地山坡或山顶阳处。海拔2500～4100m。

109. 婆罗门参属 *Tragopogon*

(360) 黄花婆罗门参 *Tragopogon orientalis* Linn.

分布于民和。生于山坡、草地和路旁，海拔1700～1800m。

110. 款冬属 *Tussilago*

(361) 款冬 *Tussilago farfara* Linn.

分布于互助、循化。生于河边或山坡，海拔1800～2200m。

111. 苍耳属 *Xanthium*

(362) 苍耳 *Xanthium strumarium* Linn.

分布于平安、互助、乐都、民和、化隆、循化。生于水边、荒地、农田及路边，海拔1800～3600m。

112. 黄缨菊属 *Xanthopappus*

(363) 黄缨菊 *Xanthopappus subacaulis* C. Winkl.

分布于互助、循化。生于阳坡、荒地，海拔1800～2800m。

113. 黄鹌菜属 *Youngia*

(364) 无茎黄鹌菜 *Youngia simulatrix* (Babcock) Babcock & Stebbins

分布于乐都、循化。生于河滩、沙地、山坡、沼地、田边，海拔2700～4100m。

青藏高原特有种。

（十四）桔梗科 Campanulaceae

114. 沙参属 *Adenophora*

(365) 喜马拉雅沙参 *Adenophora himalayana* Feer

分布于互助、乐都。生于林下空地、山坡、草地、灌丛，海拔2400～3900m。

青藏高原特有种。

(366) 川藏沙参 *Adenophora liliifolioides* Pax & Hoffm.

分布于循化。生于山坡、田边，海拔3200～3900m。

(367) 宁夏沙参 *Adenophora ningxianica* D. Y. Hong ex S. Ge & D. Y. Hong

分布于互助。生于山坡阴处、沟谷灌丛或岩石缝中，海拔2600～2800m。

(368) 石沙参 *Adenophora polyantha* Nakai

分布于循化。生于阳坡开旷草地，海拔2500～2600m。

(369) 泡沙参 *Adenophora potaninii* Korsh.

分布于平安、互助、乐都、民和、化隆、循化。生于山坡、田边、灌丛，海拔2200～2900m。

(370) 长柱沙参 *Adenophora stenanthina* (Ledeb.) Kitagawa

分布于互助、乐都、民和。生于柏林下、灌丛、草坡、河谷，海拔2600～3900m。

(371) 林沙参 *Adenophora stenanthina* subsp. *sylvatica* D. Y. Hong

分布于互助、乐都、循化。生于柏林下、灌丛、草坡、河谷，海拔2400～3900m。

青藏高原特有亚种。

(372) 皱叶沙参 *Adenophora stenanthina* var. *crispata* (Korsh.) Y. Z. Zhao

分布于乐都。生于林下、山坡、灌丛，海拔2500～3600m。

115. 风铃草属 *Campanula*

(373) 钻裂风铃草 Campanula aristata Wall.

分布于互助。生于林缘、草甸、灌丛，海拔3200～4100m。

116. 党参属 Codonopsis

(374) 党参 Codonopsis pilosula (Franch.) Nannf.

分布于互助、民和、循化。生于林下、林边及灌丛中，海拔2300～3300m。

(375) 素花党参 Codonopsis pilosula var. modesta (Nannf.) L. T. Shen

分布于互助、民和、循化。生于林下灌丛，海拔2300～3300m。

(376) 绿花党参 Codonopsis viridiflora Maxim.

分布于平安、互助、乐都、民和、循化。生于灌丛、河滩、山坡、田边、林下，海拔2400～3800m。

117. 蓝钟花属 Cyananthus

(377) 蓝钟花 Cyananthus hookeri C. B. Clarke

分布于互助。生于山坡和路旁、草甸，海拔3500～4000m。

青藏高原特有种。

118. 刺萼参属 Echinocodon

(378) 刺萼参 Echinocodon draco (Pamp.) D. Y. Hong

分布于民和。生于山坡草地，海拔3200～4000m。

保护等级 列入2021年《国家重点保护野生植物名录》二级。

六、紫草目 BORAGINALES
（十五）紫草科 Boraginaceae

119. 牛舌草属 Anchusa

(379) 狼紫草 Anchusa ovata Lehmann

分布于平安、互助、乐都、民和、循化。生于田边水边，海拔1700～3000m。

120. 软紫草属 Arnebia

(380) 黄花软紫草 Arnebia guttata Bge.

分布于循化。生于干旱山坡、河滩，海拔1700～1900m。

(381) 疏花软紫草 Arnebia szechenyi Kanitz

分布于乐都、循化。生于干旱山坡、河滩，海拔1800～3100m。

121. 糙草属 Asperugo

(382) 糙草 Asperugo procumbens Linn.

分布于乐都、民和。生于农田路边、村舍附近、河滩、阳坡草地、山坡、滩地草丛中，海拔2000～4100m。

122. 斑种草属 Bothriospermum

(383) 狭苞斑种草 Bothriospermum kusnezowii Bunge ex A. DC.

分布于互助、乐都、民和、循化。生于山坡、水沟边、河漫滩、田埂，海拔1800～3900m。

123. 琉璃草属 Cynoglossum

(384) 倒提壶 Cynoglossum amabile Stapf & Drumm.

分布于乐都、民和。生于河谷地带草地，海拔2300～3800m。

(385) 大果琉璃草 Cynoglossum divaricatum Stephan ex Lehm.

分布于平安、乐都。生于山坡、草地、石滩及路边，海拔1900～2600m。

(386) 甘青琉璃草 Cynoglossum gansuense Y. L. Liu

分布于平安、互助、乐都、民和、循化。生于林边草丛中、路边，海拔2300～3500m。

(387) 西南琉璃草 Cynoglossum wallichii G. Don

分布于互助、乐都、民和。生于干旱山坡，海拔2600～4100m。

(388) 倒钩琉璃草 Cynoglossum wallichii var. glochidiatum (Wall. ex Benth.) Kazmi

分布于互助、乐都。生于林下、渠边、河滩、灌丛边、田边、河漫滩草地，海拔2600～4100m。

124. 齿缘草属 Eritrichium

(389) 针刺齿缘草 Eritrichium acicularum Y. S. Lian & J. Q. Wang

分布于乐都。生于阳性干旱山坡、芨芨草草原，海拔2400～3400m。

(390) 互助齿缘草 Eritrichium huzhuense X. F. Lu & G. R. Zheng

分布于互助。

青海特有种。

125. 鹤虱属 Lappula

(391) 蓝刺鹤虱 Lappula consanguinea (Fisch. & C. A. Mey.) Gürke

分布于乐都。生于河滩、弃耕地、村舍边、干旱山坡、田边，海拔2200～3800m。

(392) 异刺鹤虱 Lappula heteracantha (Ledeb.) Gürke

分布于平安。生于洪积扇，海拔2200～3200m。

(393) 蒙古鹤虱 Lappula intermedia (Ledeb.) Popov

分布于平安、互助、乐都、民和、化隆、循化。生于干旱山坡、田边，海拔1700～3500m。

(394) 山西鹤虱 Lappula shanshiensis Kitag.

分布于乐都。生于山坡草地、田间或村边，海拔2200～3200m。

126. 长柱琉璃草属 Lindelofia

(395) 长柱琉璃草 Lindelofia stylosa (Kar. & Kir.) Brand

分布于互助。生于村舍、田边、山地草坡、河谷或林边，海拔2000～2500m。

127. 微孔草属 Microula

(396) 尖叶微孔草 Microula blepharolepis (Maxim.) I. M. Johnst.

分布于互助。生于林缘、林下、滩地，海拔2300～3900m。

青藏高原特有种。

(397) 疏散微孔草 Microula diffusa (Maxim.) I. M. Johnst.

分布于互助、循化。生于干山坡沙丘、河滩、沙质草地，海拔2800～4000m。

青藏高原特有种。

(398) 甘青微孔草 Microula pseudotrichocarpa W. T.

Wang

分布于互助、乐都、民和。生于林下、林缘、灌丛、滩地、林间草地、田边，海拔2400～4100m。

(399) 柔毛微孔草 *Microula rockii* I. M. Johnst.

分布于互助。生于高山草地裸处、灌丛、滩地，海拔3600～4100m。

青藏高原特有种。

(400) 微孔草 *Microula sikkimensis* (C. B. Clarke) Hemsl.

分布于互助、乐都、民和。生于路边、灌丛、田边、林下、林缘、灌丛、草甸、草甸破坏处、河滩草地、砾石堆、山坡草地、弃耕地，海拔2300～4100m。

(401) 宽苞微孔草 *Micorula tangutica* Maxim.

分布于互助、乐都、化隆。生于草甸、高山流石坡、雪线附近寒漠土上，海拔2800～4100m。

青藏高原特有种。

(402) 长叶微孔草 *Microula trichocarpa* (Maxim.) I. M. Johnst.

分布于互助、乐都、民和、循化。生于林缘、河滩、灌丛，海拔2400～3800m。

(403) 长果微孔草 *Microula turbinata* W. T. Wang

分布于民和。生于湖边，海拔2400～4000m。

128. 紫筒草属 *Stenosolenium*

(404) 紫筒草 *Stenosolenium saxatile* (Pall.) Turcz.
分布于乐都、民和。生于干旱坡地、半荒漠化草原，海拔2000～2700m。

129. 附地菜属 *Trigonotis*

(405) 附地菜 *Trigonotis peduncularis* (Trev.) Benth. ex Baker & Moore

分布于互助、乐都、民和、循化。生于林下、林缘灌丛边、河滩、草甸，海拔2000～3800m。

(406) 大花附地菜 *Trigonotis peduncularis* var. *macrantha* W. T. Wang

分布于循化。生于河滩，海拔2500～2900m。

(407) 祁连山附地菜 *Trigonotis petiolaris* Maxim.

分布于互助、循化。生于林缘灌丛、山坡灌丛，海拔2600～3400m。

青藏高原特有种。

(408) 西藏附地菜 *Trigonotis tibetica* (C. B. Clarke) I. M. Johnst.

分布于互助、乐都、循化。生于草甸裸地、河滩灌丛边、砾石堆、圆柏林下，海拔2500～4100m。

青藏高原特有种。

七、十字花目 BRASSICALES
（十六）十字花科 Brassicaceae

130. 寒原荠属 *Aphragmus*

(409) 寒原荠 *Aphragmus oxycarpus* (Hook. f. & Thorns.) Jafri

分布于互助。生于山坡、河滩草甸及碎石地。海拔3900～4100m。

青藏高原特有种。

131. 南芥属 *Arabis*

(410) 硬毛南芥 *Arabis hirsuta* (Linn.) Scop.

分布于互助、循化。生于沟谷林缘，海拔2200～2800m。

132. 肉叶荠属 *Braya*

(411) 大花蚓果芥 *Braya fengii* (Al-Shehbaz) Al-Shehbaz & D. A. German

分布于平安、互助、乐都、民和、循化、化隆。生于山麓草甸、河滩砾石处，海拔1700～4100m。

(412) 蚓果芥 *Braya humilis* (C. A. Mey.) B. L. Rob.

分布于平安、互助、乐都、民和、循化。黄南、果洛。生于高山草甸，海拔2600～3600m。

(413) 窄叶蚓果芥 *Braya piasezkii* (Maxim.) Al-Shehbaz & D. A. German

分布于平安、互助、乐都、民和、循化、化隆。生于山坡、山沟、林下林缘、灌丛、草地及田边荒地，海拔1700～4100m。

133. 荠属 *Capsella*

(414) 荠 *Capsella bursa-pastoris* (Linn.) Medic

分布于互助、乐都、民和、循化。生于农田、地边、沟边、园林、灌木间及路边荒地，海拔1700～3900m。

134. 碎米荠属 *Cardamine*

(415) 弯曲碎米荠 *Cardamine flexuosa* With.

分布于乐都。生于田边、路旁及草地，海拔2800～3600m。

(416) 大叶碎米荠 *Cardamine macrophylla* Willd.

分布于互助、民和、生于林缘、林下、灌丛及河滩湿地，海拔2400～3900m。

(417) 紫花碎米荠 *Cardamine tangutorum* O. E. Schulz

分布于平安、互助、乐都、民和、化隆、循化。生于高山山沟草地及林下阴湿处，海拔1800～4100m。

135. 垂果南芥属 *Catolobus*

(418) 垂果南芥 *Catolobus pendulus* (Linn.) Al-Shehbaz

分布于互助、民和。海拔2500～3600m。

136. 离子芥属 *Chorispora*

(419) 离子芥 *Chorispora tenella* (Pall.) DC.

分布于循化。生于干旱山坡、荒地、田边、路旁、弃耕地，海拔1900～2200m。

137. 播娘蒿属 *Descurainia*

(420) 播娘蒿 *Descurainia sophia* (Linn.) Webb ex Prantl

分布于平安、互助、乐都、民和、循化、化隆。生于田边、路旁、河边及山坡沙质草地，海拔2100～4100m。

138. 花旗杆属 *Dontostemon*

(421) 腺异蕊芥 *Dontostemon glandulosus* (Kar. & Kir.) O. E. Schulz

分布于互助。生于河滩、湖滨沙砾地和沙质草甸，海拔1900～4100m。

(422) 小花花旗杆 *Dontostemon micranthus* C. A. Mey.

分布于互助。生于山坡草地、河滩、沙丘、山沟，海拔2800～3300m。

(423) 异蕊芥 *Dontostemon pinnatifidus* (Willdenow) Al-Shehbaz & H. Ohba

分布于互助、乐都。生于山坡草甸、灌丛中，海拔 2100～4100m。

139. 葶苈属 *Draba*

(424) 穴丝荠 *Draba draboides* (Maximowicz) Al-Shehbaz

分布于互助。生于祁连山高山砾石地和草甸及矮灌丛边，海拔 3500～4100m。

(425) 毛葶苈 *Draba eriopoda* Turcz. ex Ledeb.

分布于平安、互助、乐都、民和、化隆、循化。生于林缘、灌丛、河滩、山坡、温湿草地，海拔 1900～4100m。

(426) 苞序葶苈 *Draba ladyginii* Pohle

分布于互助、乐都、循化。生于河滩、山坡、林缘、灌丛草甸和湿润草原中，海拔 2500～4100m。

(427) 锥果葶苈 *Draba lanceolata* Royle

分布于互助、乐都。生于河滩沙质草地及岩石缝，海拔 2200～4100m。

青藏高原特有种。

(428) 光锥果葶苈 *Draba lanceolata* Royle var. *leiocarpa* O. E. Schulz

分布于互助、乐都。生于阴坡或河滩灌丛及湿润砂砾地，海拔 2700～4100m。

(429) 毛叶葶苈 *Draba lasiophylla* Royle

分布于循化。生于高山流石坡，海拔 2400～4100m。

(430) 蒙古葶苈 *Draba mongolica* Turcz.

分布于互助、循化。生于山顶石缝、草坡、灌丛及山沟水边湿地，海拔 2900～4100m。

(431) 葶苈 *Draba nemorosa* Linn.

分布于互助、乐都、循化、果洛。生于荒地、草坡及林缘，海拔 2000～4000m。

(432) 宽叶葶苈 *Draba nemorosa* f. *latifolia*

分布于平安、互助、乐都、民和、循化、化隆。林下或林缘地区，海拔 1700～4100m。

(433) 喜山葶苈 *Draba oreades* Schrenk

分布于互助、乐都、循化。生于高山灌丛和草甸山坡，海拔 3000～4100m。

(434) 长纤毛喜山葶苈 *Draba oreades* var. *tafellii* O. E. Schulz

分布于互助、乐都、循化、海北、海南。生于高山灌丛、草甸中，海拔 3500～4100m。

(435) 半抱茎葶苈 *Draba subamplexicaulis* C. A. Mey.

分布于互助。生于山坡草甸、岩石下阴处，海拔 2300～4100m。

140. 芝麻菜属 *Eruca*

(436) 野芝麻菜 *Eruca vesicaria* (Linn.) Cav.

分布于互助、民和、循化。生于浅山阴坡、油菜田，海拔 2000～3000m。

141. 糖芥属 *Erysimum*

(437) 红紫桂竹香 *Erysimum roseum* (Maxim.) Polatschek.

分布于互助、乐都、化隆。生于高山草甸、灌丛和高山岩屑碎石坡及湖滨、河滩湿润沙砾地，海拔 2800～4100m。

青藏高原特有种。

142. 山俞菜属 *Eutrema*

(438) 泉沟子荠 *Eutrema fontanum* (Maxim.) Al-Shehbaz & Warwick

分布于互助、化隆、循化。生于高山流石滩、高寒草甸、河谷草地，海拔 3500～4100m。

青藏高原特有种。

(439) 密序山萮菜 *Eutrema heterophyllum* (W. W. Smith) H. Hara

分布于互助、乐都。生于山坡草甸或灌丛边．海拔 2600～4100m。

143. 四棱荠属 *Goldbachia*

(440) 四棱荠 *Goldbachia laevigata* (M. Bieb) DC.

分布于乐都。生于水渠边或田边，海拔 2800～4000m。

144. 独行菜属 *Lepidium*

(441) 独行菜 *Lepidium apetalum* Willd.

分布于平安、互助、乐都、民和、化隆、循化。生于农田边、林边荒地及路边，海拔 1800～4100m。

(442) 楔叶独行菜 *Lepidium cuneiforme* C. Y. Wu

分布于乐都、贵德、兴海、泽库。生于山坡、河滩、村旁、路边等处，海拔 1800～3700m。

(443) 宽叶独行菜 *Lepidium latifolium* Linn.

分布于平安、互助、乐都、民和、化隆、循化。生于农田边、田埂、水渠傍及荒地，海拔 1700～3100m。

(444) 柱毛独行菜 *Lepidium ruderale* Linn.

分布于乐都。生于沙地或草地，海拔 2600～3900m。

145. 高河菜属 *Megacarpaea*.

(445) 高河菜 *Megacarpaea delavayi* Franch.

分布于循化。生于山坡灌丛间，海拔 2600～4100m。

青藏高原特有种。

(446) 短羽裂高河菜 *Megacarpaea delavayi* var. *pinnatifida* P. Danguy

分布于乐都、循化。生于山坡灌丛间，海拔 3000～4100m。

146. 双果荠属 *Megadenia*

(447) 双果荠 *Megadenia pygmaea* Maxim.

分布于互助、乐都、循化。生于灌丛、林下和石崖下阴湿处，海拔 2800～4000m。

青藏高原特有种。

147. 念珠芥属 *Neotorularia*

(448) 短梗念珠芥 *Neotorularia brevipes* (Kar. & Kir.) Hedge & J. Léonard

分布于乐都。生于田边、河边、山坡荒地，海拔

2300～3400m。

148．蔊菜属 *Rorippa*

(449) 广州蔊菜 *Rorippa cantonieusus* (Lour.) Ohwi

分布于互助。海拔2000～2300m。

(450) 蔊菜 *Rorippa indica* (Linn.) Hiern.

分布于互助。生于林缘沟谷及河滩，海拔2200～3800m。

(451) 沼生蔊菜 *Rorippa palustris* (Linn.) Besser

分布于乐都、民和。生于潮湿环境或近水处、溪岸、路旁、田边、山坡草地及草场，海拔1800～3900m。

(452) 柔毛蔊菜 *Rorippa villosa* R. F. Huang

分布于互助。生于林下、林缘、灌丛、沟谷河滩，海拔2300～2400m。

149．大蒜芥属 *Sisymbrium*

(453) 垂果大蒜芥 *Sisymbrium heteromallum* C. A. Mey.

分布于互助、乐都、民和。生于林下、林缘、灌丛、沟谷河滩，海拔2500～4100m。

(454) 全叶大蒜芥 *Sisymbrium luteum* (Maxim.) O. E. Schulz

分布于循化。生于林缘山坡或灌丛边，海拔1900～3300m。

150．丛菔属 *Solms-laubachia*

(455) 柔毛藏芥 *Solms-laubachia villosa* (Maxim.) D. A. German & Al-Shehbaz

分布于互助、乐都、循化。生于高山碎石坡、高寒灌丛、高寒草甸，海拔4000～4100m。

青藏高原特有种。

151．涩芥属 *Strigosella*

(456) 涩芥 *Strigosella africana* (Linn.) Botsch.

分布于互助、民和、循化。生于田边、沟边、山坡及河滩，海拔2100～3700m。

(457) 刚毛涩芥 *Strigosella hispida* (Litv.) Botsch.

分布于互助、乐都、民和。生于田埂、干旱山坡、河滩及盐碱地，海拔2200～3300m。

152．菥蓂属 *Thlaspi*

(458) 菥蓂 *Thlaspi arvense* Linn.

分布于平安、互助、乐都、民和、化隆、循化。生于田边、路边、宅旁、沟边以及山坡荒地，海拔1800～3800m。

153．阴山荠属 *Yinshania*

(459) 阴山荠 *Yinshania acutangula* (O. E. Schulz.) Y. H. Zhang

分布于互助。生于林缘沟谷及河滩，海拔2300～3800m。

八、石竹目 CARYOPHYLLALES

（十七）苋科 Amaranthaceae

154．苋属 *Amaranthus*

(460) 反枝苋 *Amaranthus retroflexus* Linn.

分布于民和、循化。生于山坡，海拔1800～2300m。

155．滨藜属 *Atriplex*

(461) 中亚滨藜 *Atriplex centralasiatica* Iljin

分布于民和。生于干旱河滩、山麓、湖滨、盐碱化荒漠砾地，海拔1900～4100m。

(462) 滨藜 *Atriplex patens* (Litv.) Iljin

分布于互助、民和。生于路边、田边沙土地，海拔2800～3300m。

(463) 西伯利亚滨藜 *Atriplex sibirica* Linn.

分布于民和。生于田边、干旱盐碱地，海拔1900～3700m。

156．轴藜属 *Axyris*

(464) 轴藜 *Axyris amaranthoides* Linn.

分布于互助、乐都。生于山沟、河滩草丛，海拔2100～4100m。

(465) 杂配轴藜 *Axyris hybrida* Linn.

分布于互助。生于田边、沙质河滩、山坡、山麓洪积扇，海拔2400～4100m。

157．沙冰藜属 *Bassia*

(466) 地肤 *Bassia scoparia* (Linn.) A. J. Scott

分布于乐都。生于田边、路边荒地、草滩、水沟边，海拔2300～3300m。

158．珍珠柴属 *Caroxylon*

(467) 珍珠柴 *Caroxylon passerinum* (Bunge) Akhani & Roalson

分布于循化。生于砾质河滩、山前砾质平原，海拔2200～3900m。

159．麻叶藜属 *Chenopodiastrum*

(468) 杂配藜 *Chenopodiastrum hybridum* (Linn.) S. Fuentes, Uotila & Borsch

分布于互助、乐都。生于林缘、灌丛、田边，海拔2300～3500m。

160．藜属 *Chenopodium*

(469) 尖头叶藜 *Chenopodium acuminatum* Willd.

分布于民和。生于路旁湿地、住宅附近、河岸草地、田边、荒地、沟边，海拔1700～3700m。

(470) 藜 *Chenopodium album* Linn.

分布于平安、互助、乐都、民和、化隆、循化。生于农田、地边、路边、荒地，海拔1700～4100m。

(471) 小白藜 *Chenopodium iljinii* Golosk.

分布于乐都、循化。生于湖滩、沟谷、河滩、田边上的盐碱荒地，海拔2500～4100m。

161．虫实属 *Corispermum*

(472) 蒙古虫实 *Corispermum mongolicum* Iljin.

分布于循化。生于湖滨沙丘、沙地，海拔1900～3200m。

(473) 菊叶香藜 *Dysphania schraderiana* (Roemer & Schultes) Mosyakin & Clemants

分布于平安、互助、乐都、民和、化隆、循化。生于田边、宅旁、荒地、半干旱山坡、河滩、林缘草地、沟渠边，海拔2200～4100m。

162．雾冰藜属 *Grubovia*

(474) 雾冰藜 *Grubovia dasyphylla* (Fisch. & C. A. Mey.)

Freitag & G. Kadereit

分布于循化。生于沙滩、盐碱荒地、沙丘，海拔 2000～3700m。

163．盐生草属 *Halogeton*

(475) 蛛丝蓬 *Halogeton arachnoideus* Moq.

分布于平安、互助、乐都、循化。生于荒漠盐碱滩地、沙地、干旱山坡及谷地，海拔 2000～3400m。

(476) 盐生草 *Halogeton glomeratus* (Bieb.) C. A. Mey.

分布于互助。生于荒漠盐碱沙地，海拔 2800～3000m。

164．猪毛菜属 *Kali*

(477) 猪毛菜 *Kali collinum* (Pall.) Akhani & Roalson

分布于平安、互助、乐都、民和、化隆、循化。生于田边、路边荒地、半干旱山坡、河滩，海拔 1700～4100m。

(478) 薄翅猪毛菜 *Kali pellucidum* (Litv.) Brullo, Giusso & Hrusa

分布于循化。生于荒漠砂砾滩地、干旱砾质山坡，海拔 2300～3200m。

(479) 刺沙蓬 *Kali tragus* Scop.

分布于互助。生于荒漠盐碱沙地、沙质山坡和干旱河滩，海拔 2200～3300m。

165．盐爪爪属 *Kalidium*

(480) 尖叶盐爪爪 *Kalidium cuspidatum* (Ung.-Sternb.) Grub.

分布于化隆。生于盐湖边及盐碱滩地，海拔 1900～4100m。

(481) 黄毛头 *Kalidium cuspidatum* var. *sinicum* A. J. Li

分布于循化。生于荒漠山丘、干旱山坡、砾质洪积扇边缘，海拔 1700～3900m。

166．驼绒藜属 *Krascheninnikovia*

(482) 华北驼绒藜 *Krascheninnikovia arborescens* (Losinsk.) Czerep.

分布于平安、乐都、民和、循化。生于固定沙丘、荒坡、沙地，海拔 1700～3600m。

(483) 驼绒藜 *Krascheninnikovia ceratoides* (Linn.) Gueldenst.

分布于平安、互助、乐都、民和、化隆、循化。生于干旱山坡、干旱河谷、荒漠平原、河滩，海拔 2500～4100m。

(484) 垫状驼绒藜 *Krascheninnikovia compacta* (Losinsk.) Grubov

分布于乐都。生于高寒荒漠山坡、湖滩、荒漠平原，海拔 2200～4100m。

167．红叶藜属 *Oxybasis*

(485) 灰绿藜 *Oxybasis glauca* (Linn.) S. Fuentes, Uotila & Borsch

分布于平安、互助、乐都、民和、化隆、循化。生于田边、宅院、河湖岸边等盐碱荒地，海拔 1700～4100m。

168．碱蓬属 *Suaeda*

(486) 碱蓬 *Suaeda glauca* (Bunge) Bunge

分布于平安、互助、乐都。生于荒地、半干旱山坡，海拔 2200～2800m。

(487) 奇异碱蓬 *Suaeda paradoxa* Bunge

分布于民和。生于阳坡荒地、水沟边湿润盐碱地，海拔 1800～2800m。

(488) 平卧碱蓬 *Suaeda prostrata* Pall.

分布于民和、循化。生于盐漠、盐湖湖边滩地、荒漠低洼重盐碱地，海拔 2000～4100m。

(489) 盐地碱蓬 *Suaeda salsa* (Linn.) Pall.

分布于循化。生于湖边盐渍地，海拔 2300～3800m。

169．合头藜属 *Sympegma*

(490) 合头藜 *Sympegma regelii* Bunge

分布于民和。生于干旱阳坡、低山荒漠、盐碱山谷、山麓盐碱滩地，海拔 1700～3600m

（十八）石竹科 Caryophyllaceae

170．无心菜属 *Arenaria*

(491) 福禄草 *Arenaria przewalskii* Maxim.

分布于互助、乐都、循化。生于山坡、高山湿草地、冰川边缘、冰斗间、山坡草地、高山草甸，海拔 3300～4100m。

171．卷耳属 *Cerastium*

(492) 原野卷耳 *Cerastium arvense* Linn.

分布于民和、循化。生于灌丛草甸、山地阳坡、高山草甸、河滩、山坡，海拔 2300～4100m。

(493) 卷耳 *Cerastium arvense* subsp. *strictum* Gaudin

分布于互助、乐都、民和、循化。生于灌丛草甸、山地阳坡、高山草甸、河滩、山坡，海拔 2400～4100m。

(494) 簇生泉卷耳 *Cerastium fontanum* subsp. *vulgare* (Hartman) Greuter & Burd &

分布于互助、乐都、循化。生于山坡草地、山地阳坡、灌丛、河漫滩、山坡、草甸、林下，海拔 2000～4100m。

(495) 山卷耳 *Cerastium pusillum* Ser.

分布于互助。生于高山草甸、阳坡，海拔 2700～4100m。

172．石竹属 *Dianthus*

(496) 瞿麦 *Dianthus superbus* Linn.

分布于互助、乐都、民和、循化。生于高山草地、山坡、灌丛，海拔 3000～3500m。

173．老牛筋属 *Eremogone*

(497) 藓状雪灵芝 *Eremogone bryophylla* (Fernald) Pusalkar & D. K. Singh

分布于乐都。生于高山顶部、山坡岩石缝隙，海拔 3800～4100m。

青藏高原特有种。

(498) 甘肃雪灵芝 *Eremogone kansuensis* (Maxim.) Dillenb. & Kadereit

分布于互助、乐都。生于山顶、山坡、高山宽谷、高山顶部、高山草甸、流石坡、砾石带，海拔 3000 ~ 4100m。

青藏高原特有种。

174. 石头花属 *Gypsophila*

(499) 细叶石头花 *Gypsophila licentiana* Hand. -Mazz.

分布于互助。生于山坡、石隙、阳坡、半阴坡，海拔 2200 ~ 2800m。

(500) 紫萼石头花 *Gypsophila patrinii* Ser.

分布于乐都、民和。生于山坡、河岸沙荒地、阴坡、岩石缝中，海拔 2200 ~ 2700m。

(501) 麦蓝菜 *Gypsophila vaccaria* (Linn.) Sm.

分布于互助。生于菜地、田中、田边、河谷地带，海拔 2300 ~ 3000m。

175. 薄朔草属 *Lepyrodiclis*

(502) 薄蒴草 *Lepyrodiclis holosteoides* (C. A. Meyer) Fenzl. ex Fisher & C. A. Meyer

分布于互助、乐都、民和、循化。生于山坡草地、荒地、田野、草地边缘、林间空地、山坡、河滩、草地，海拔 2000 ~ 4100m。

176. 齿缀草属 *Odontostemma*

(503) 黑蕊无心菜 *Odontostemma melanandrum* (Maxim.) Rabeler & W. L. Wagner

分布于互助。生于高山草甸、河边岩石上、流石滩、高寒草甸砾石带，海拔 3800 ~ 4100m。

青藏高原特有种。

(504) 四齿齿缀草 *Odontostemma quadridentatum* (Maxim.) Rabeler & W. L. Wagner

分布于循化。生于高山灌丛草甸，海拔 3500 ~ 3700m。

177. 孩儿参属 *Pseudostellaria*

(505) 蔓孩儿参 *Pseudostellaria davidii* (Franch.) Pax

分布于循化。生于山坡、林缘、石隙，海拔 2100 ~ 3800m。

(506) 异花孩儿参 *Pseudostellaria heterantha* (Maxim.) Pax

分布于互助、民和。生于山坡林下、灌丛、山坡草地，海拔 2600 ~ 3800m。

(507) 石生孩儿参 *Pseudostellaria rupestris* (Turcz.) Pax

分布于循化。生于云杉林下、山坡石隙，海拔 2000 ~ 2200m。

(508) 细叶孩儿参 *Pseudostellaria sylvatica* (Maxim.) Pax

分布于循化。生于灌丛、林缘、林下，海拔 2500 ~ 4000m。

178. 独缀草属 *Shivparvatia*

(509) 西南独缀草 *Shivparvatia forrestii* (Diels) Rabeler

分布于互助。生于山间石缝、碎石带、河漫滩、河边，海拔 3700 ~ 3900m。

青藏高原特有种。

179. 蝇子草属 *Silene*

(510) 女娄菜 *Silene aprica* Turcz. ex Fisch. & C. A. Mey.

分布于互助、乐都、民和、循化。生于山坡、灌丛、林下、山坡草地、河边或岩石上、滩地、冰川边缘，海拔 2000 ~ 4100m。

(511) 麦瓶草 *Silene conoidea* Linn.

分布于互助、民和。生于麦田、路旁菜地、山坡、河谷、田间，海拔 2000 ~ 3800m。

(512) 隐瓣蝇子草 *Silene gonosperma* (Rupr.) Bocquet

分布于互助、民和、循化。生于高山砾石带、山坡草地、灌丛草甸、河边滩地，海拔 2500 ~ 4100m。

(513) 细蝇子草 *Silene gracilicaulis* C. L. Tang

分布于互助、乐都、民和。生于高山草甸、河滩、石隙、田边、山坡草地、林下、阴坡、山地草丛、河边岩石上，海拔 2400 ~ 4100m。

(514) 禾叶蝇子草 *Silene graminifolia* Otth

分布于互助、乐都、民和。生于高山草地，海拔 2700 ~ 4100m。

(515) 喜马拉雅蝇子草 *Silene himalayensis* (Rohrb.) Majumdar

分布于互助、循化。生于高山草甸、河滩、碎石带、砾石流，海拔 2600 ~ 4100m。

(516) 长梗蝇子草 *Silene pterosperma* Maxim

分布于互助、民和。生于岩石裸露地，海拔 2200 ~ 4100m。

(517) 蔓茎蝇子草 *Silene repens* Patrin

分布于平安、互助、乐都、民和、循化。生于山顶倒石堆、阳坡草地，海拔 2200 ~ 4100m。

(518) 腺毛蝇子草 *Silene yetii* Bocquet

分布于互助。生于山坡、草甸、阴坡、高山砾石带、滩地，海拔 2000 ~ 4100m。

青藏高原特有种。

180. 牛漆姑属 *Spergularia*

(519) 牛漆姑 *Spergularia marina* (Linn.) Grisebach

分布于互助、民和。生于河岸、阶地、河谷、荒地，海拔 1800 ~ 2900m。

181. 繁缕属 *Stellaria*

(520) 贺兰山繁缕 *Stellaria alaschanica* Y. Z. Zhao

分布于互助。生于阴坡、草甸、灌丛、河滩、山坡草地，海拔 2200 ~ 4100m。

(521) 叉歧繁缕 *Stellaria dichotoma* Linn.

分布于互助。生于阳坡灌丛，海拔 2400 ~ 4100m。

(522) 银柴胡 *Stellaria dichotoma* var. *lanceolata* Bge.

分布于互助、乐都。生于疏林、林缘和潮湿地区，海拔 2400 ~ 4100m。

(523) 翻白繁缕 *Stellaria discolor* Turcz.

分布于互助。生于沟谷湿润处，海拔 2400 ~ 2500m。

(524) 禾叶繁缕 *Stellaria graminea* Linn.

分布于互助。生于山坡岩石缝隙、山坡草地、林下灌丛、阳坡草甸、山坡、灌丛、河滩、田边，海拔 2500 ~ 4100m。

(525) 繁缕 *Stellaria media* (Linn.) Villars

分布于平安、互助、乐都。山顶潮湿处、山坡草甸、林缘林下、灌丛草地，海拔 2300～3900m。

(526) 沼生繁缕 *Stellaria palustris* Retzius

分布于互助、民和。生于林下草地、田边，海拔 2300～2600m。

(527) 亚伞花繁缕 *Stellaria subumbellata* Edgew.

分布于互助。生于山沟林下，海拔 3000～4000m。

青藏高原特有种。

(528) 湿地繁缕 *Stellaria uda* F. N. Williams

分布于互助。生于沟谷河滩、高寒灌丛、山坡草地，海拔 2600～4100m。

青藏高原特有种。

(529) 伞花繁缕 *Stellaria umbellata* Turcz.

分布于互助。生于河谷、河滩、石隙、草甸、山坡、林下，海拔 2300～4100m。

(530) 千针万线草 *Stellaria yunnanensis* Franch.

分布于循化。生于丛林或林缘岩石间，海拔 1900～3000m。

（十九）白花丹科 Plumbaginaceae

182．补血草属 *Limonium*

(531) 黄花补血草 *Limonium aureum* (Linn.) Hill.

分布于平安、互助、乐都、民和。生于荒漠、半荒漠化草原上、草原、冲积扇、河漫滩、干山坡、田埂、盐碱滩地、湖滨草地，海拔 1900～3000m。

(532) 二色补血草 *Limonium bicolor* (Bunge) Kuntze

分布于平安、互助、乐都、民和。生于路边、干山坡、农田边，海拔 2000～2400m。

(533) 星毛补血草 *Limonium potaninii* Ikonn. -Gal.

分布于民和。生于山坡和砂地上，海拔 2000～3500m。

183．鸡娃草属 *Plumbagella*

(534) 鸡娃草 *Plumbagella micrantha* (Ledeb.) Spach

分布于平安、互助、乐都。生于高山草地、河岸阶地草甸之中裸地、河漫滩、田间路边、林边，海拔 2200～4100m。

（二十）蓼科 Polygonaceae

184．拳参属 *Bistorta*

(535) 圆穗蓼 *Bistorta macrophylla* (D. Don) Soják

分布于平安、互助、乐都、民和、化隆、循化。生于高寒草甸、灌丛、高山流石坡，海拔 3000～4100m。

(536) 狭叶圆穗蓼 *Bistorta macrophyllum* var. *stenophyllum* (Meissn.) A. J. Li

分布于乐都。生于高寒草甸，海拔 3200～4100m。

(537) 大海蓼 *Bistorta milletii* H. Lév.

分布于互助、乐都。生于山坡草地、草甸、河边，海拔 2500～2600m。

(538) 支柱蓼 *Bistorta suffulta* (Maxim.) H. Gross

分布于互助、乐都、民和。生于阴湿林下、灌丛、沟谷，海拔 2300～3800m。

(539) 细叶珠芽蓼 *Bistorta tenuifolia* (H. W. Kung) Miyam. & H. Ohba

分布于互助。生于林缘、草地、河谷、湿地，海拔 3000～4100m。

(540) 珠芽蓼 *Bistorta vivipara* (Linn.) Gray

分布于平安、互助、乐都、民和、化隆、循化。生于湿地、草地、灌丛、林缘、林下、河滩，海拔 2000～4100m。

185．荞麦属 *Fagopyrum*

(541) 金荞麦 *Fagopyrum dibotrys* (D. Don) Hara

分布于民和。生于山谷湿地、山坡灌丛，海拔 1800～3600m。

(542) 苦荞麦 *Fagopyrum tataricum* (Linn.) Gaertn.

分布于互助、乐都、民和。生于林缘、灌丛、山坡、河边、田边荒地，海拔 2100～3300m。

186．藤蓼属 *Fallopia*

(543) 木藤蓼 *Fallopia aubertii* (L. Henry) Holub

分布于平安、互助、乐都、循化。生于沟谷、河边山坡，海拔 1800～2400m。

(544) 卷茎蓼 *Fallopia convolvulus* (Linn.) Á. Löve

分布于互助、乐都、循化。生于林缘、灌丛、山坡，海拔 2100～3600m。

(545) 齿翅蓼 *Fallopia dentatoalata* (Schmidt) Holub

分布于互助、乐都。生于林缘、田边，海拔 2000～2700m。

187．西伯利亚蓼属 *Knorringia*

(546) 西伯利亚蓼 *Knorringia sibirica* (Laxm.) Tzvelev

分布于平安、互助、乐都、民和、化隆、循化。生于河滩、湖滨沙砾地、水渠边、沙滩、盐碱草地，海拔 1800～4100m。

188．冰岛蓼属 *Koenigia*

(547) 蓝药蓼 *Koenigia cyanandra* (Diels) Měsíček & Soják

分布于互助。海拔 2500～3700m。

(548) 青藏蓼 *Koenigia fertilis* Maxim.

分布于互助、乐都。生于草甸、灌丛草地，海拔 2600～4100m。

青藏高原特有种。

(549) 硬毛蓼 *Koenigia hookeri* (Meisn.) T. M. Schust. & Reveal

分布于循化。生于高寒草甸、灌丛，海拔 3400～4100m。

青藏高原特有种。

(550) 冰岛蓼 *Koenigia islandica* Linn.

分布于互助、乐都、循化。生于河滩、山坡、冷湿草甸、高山草甸，海拔 2100～4100m。

(551) 柔毛蓼 *Koenigia pilosa* Maxim.

分布于平安、互助、民和。生于林缘、林下、草甸、沟谷、阴湿山坡、沼泽草甸，海拔 2200～4100m。

(552) 腺点柔毛蓼 *Koenigia pilosa* var. *hubertii* (Lingelsh.) A. J. Li

分布于互助、乐都。生于林下、林缘、灌丛、沟边湿地，海拔 2200～4100m。

189．蓼属 *Persicaria*

(553) 冰川蓼 *Persicaria glacialis* (Meisn.) H. Hara
分布于民和。生于林缘、灌丛、草甸裸地、高山农田边，海拔 3000～4100m。

(554) 水蓼 *Persicaria hydropiper* (Linn.) Spach
分布于乐都、民和、循化。生于河边、田地水渠边、庭院阴湿处，海拔 1800～2800m。

(555) 酸模叶蓼 *Persicaria lapathifolia* (Linn.) Delarbre
分布于互助、乐都、民和、循化。生于河边、田边水渠旁、林下阴湿地，海拔 1800～2800m。

(556) 密毛酸模叶蓼 *Persicaria lapathifolia* var. *lanatum* (Roxb.) Stew.
分布于乐都。生于河边、田边水渠旁、林下阴湿地，海拔 1900～2500m。

(557) 尼泊尔蓼 *Persicaria nepalensis* (Meisn.) H. Gross
分布于互助、乐都、民和、循化。生于林下、林缘、灌丛、山坡崖下阴湿地，海拔 2000～4100m。

(558) 红蓼 *Persicaria orientalis* (Linn.) Spach
分布于平安、互助、乐都、民和、循化。生于沟边湿地、村边路旁，海拔 1800～4100m。

190. 何首乌属 *Pleuropterus*

(559) 毛脉首乌 *Pleuropterus ciliinervis* Nakai
分布于民和。生于山谷灌丛；山坡石缝，海拔 2500～2600m。

(560) 何首乌 *Pleuropterus multiflorus* (Thunb.) Nakai
分布于循化。生于沟谷、河边山坡，海拔 2500～2600m。

191. 萹蓄属 *Polygonum*

(561) 萹蓄 *Polygonum aviculare* Linn.
分布于平安、互助、乐都、民和、化隆、循化。生于田边、路边荒地、河边、水渠边，海拔 1700～4100m。

192. 大黄属 *Rheum*

(562) 滇边大黄 *Rheum delavayi* Franch.
分布于乐都。生于高山上石砾或草丛下，海拔 3800～4100m。

(563) 河套大黄 *Rheum hotaoense* C. Y. Cheng & Kao
分布于乐都。生于山沟林间，海拔 2300～3500m。

(564) 掌叶大黄 *Rheum palmatum* Linn.
分布于互助、乐都、化隆。生于河谷林缘、坡麓，海拔 2700～4100m。

(565) 歧穗大黄 *Rheum przewalskyi* Losinsk.
分布于互助。生于高山砾石坡、石缝、干旱河滩，海拔 3300～4100m。

(566) 小大黄 *Rheum pumilum* maxim.
分布于平安、互助、乐都、民和、化隆、循化。生于高山流石坡、高山草甸、灌丛，海拔 3000～4100m。

(567) 穗序大黄 *Rheum spiciforme* Royle
分布于互助。生于高山砾石滩、碎石山坡、河滩沙砾地，海拔 3000～4100m。
青藏高原特有种。

(568) 鸡爪大黄 *Rheum tanguticum* Maxim. ex Regel
分布于互助、乐都、民和、循化。生于林缘、林下沟谷或灌丛，海拔 2300～4100m。

(569) 单脉大黄 *Rheum univerve* Maxim.
分布于循化。生于干旱沙石山坡、河谷阶地，海拔 1800～2100m。

193. 酸模属 *Rumex*

(570) 酸模 *Rumex acetosa* Linn.
分布于乐都。生于山麓、山沟、河滩草地、林间、灌丛草甸，海拔 2200～4100m。

(571) 水生酸模 *Rumex aquaticus* Linn.
分布于互助、乐都、化隆。生于水沟边、河滩草地、沼泽草甸、林间湿润草地、灌丛，海拔 2100～3800m。

(572) 皱叶酸模 *Rumex crispus* Linn.
分布于互助、乐都、化隆、循化。生于田边、路边、沟边、村边荒地，海拔 1700～3300m。

(573) 长叶酸模 *Rumex longifolius* DC.
分布于平安、互助、乐都。生于山谷水边、山坡林缘，海拔 2000～3700m。

(574) 尼泊尔酸模 *Rumex nepalensis* Spreng.
分布于互助、乐都、民和。生于林缘、灌丛、河滩、沟边和田边荒地，海拔 2700～4100m。

(575) 巴天酸模 *Rumex patientia* Linn.
分布于平安、互助、乐都、民和、化隆、循化。生于田边、路边、山坡、林间空地、村边荒地，海拔 1800～3300m。

（二十一）柽柳科 Tamaricaceae

194. 水柏枝属 *Myricaria*

(576) 宽苞水柏枝 *Myricaria bracteata* Royle
分布于平安、互助、乐都、民和、循化、化隆。生于河滩、湖边，海拔 2200～4100m。

(577) 水柏枝 *Myricaria germanica* (Linn.) Desv.
分布于互助、乐都。生于路旁及河岸边，海拔 2700～4100m。

(578) 球花水柏枝 *Myricaria laxa* W. W. Smith
分布于循化。生于路旁及河岸边，海拔 2700～3900m。

(579) 三春水柏枝 *Myricaria paniculata* P. Y. Zhang
分布于平安、互助、民和、化隆、循化。生于河漫滩、田边、路旁，海拔 1800～3500m。

(580) 匍匐水柏枝 *Myricaria prostrata* Hook. f. & Thoms. ex Benth. & Hook. f.
分布于化隆。生于泉水边碱滩、河滩草甸、宽谷湖盆、平缓山坡、河漫滩，海拔 3600～4100m。
青藏高原特有种。

(581) 具鳞水柏枝 *Myricaria squamosa* Desv.
分布于平安、互助、乐都、民和、化隆、循化。生于河漫滩、沟谷、河谷石隙，海拔 1800～3200m。

(582) 小花水柏枝 *Myricaria wardii* Marquand.
分布于民和。生于高寒草甸、沟谷阴坡，海拔 2500～3700m。

195. 红砂属 *Reaumuria*

(583) 红砂 *Reaumuria soongarica* (Pall.) Maxim.

分布于平安、互助、乐都、民和、化隆、循化。生于阶地灌丛、盐湖滨滩地、盐碱滩地、干旱山坡、荒漠、半荒漠、戈壁滩地，海拔1700～3000m。

196．柽柳属 *Tamarix*

(584) 甘蒙柽柳 *Tamarix austromongolica* Nakai

分布于互助、乐都、民和、循化。生于河谷、盐碱化河漫滩、灌溉盐碱地边、山坡，海拔1800～3200m。

(585) 柽柳 *Tamarix chinensis* Lour.

分布于互助、乐都。生于河滩、碱滩呈带片状生长，海拔2300～2400m。

(586) 多枝柽柳 *Tamarix ramosissima* Ledeb.

分布于互助。生于干涸河床、洪积扇、河滩、盐碱滩、沙丘，海拔2500～3100m。

九、卫矛目 CELASTRALES
（二十二）卫矛科 Celastraceae

197．卫矛属 *Euonymus*

(587) 卫矛 *Euonymus alatus* (Thunb.) Sieb.

分布于互助、循化。生于山坡林下，海拔1800～2300m。

(588) 冷地卫矛 *Euonymus frigidus* Wall.

分布于民和、循化。生于山坡林下、灌丛中，海拔2200～2800m。

(589) 纤齿卫矛 *Euonymus giraldii* Loes. ex Diels

分布于互助、民和、循化 尖扎。生于山坡林下，海拔2300～3200m。

(590) 白杜 *Euonymus maackii* Rupr.

分布于互助。生于林下、林缘、山坡灌丛，海拔2300～2500m。

(591) 矮卫矛 *Euonymus nanus* M. Bieb.

分布于互助、循化。生于林下、林缘、山坡灌丛，海拔2200～2800m。

(592) 中亚卫矛 *Euonymus semenovii* Regel & Herder

分布于互助、乐都、民和、循化。生于林下、林缘、山坡灌丛、路旁，海拔2300～2800m。

(593) 石枣子 *Euonymus sanguineus* Loes. ex Diels

分布于互助、民和、循化。海拔2200～2600m。

(594) 疣点卫矛 *Euonymus verrucosoides* Loes.

分布于互助、民和、循化。生于山坡林下、林缘，海拔1700～2500m。

198．梅花草属 *Parnassia*

(595) 黄花梅花草 *Parnassia lutea* Batalin

分布于互助、循化。生于灌丛草甸和灌丛，海拔3700～4100m。

青藏高原特有种。

(596) 细叉梅花草 *Parnassia oreophila* Hance

分布于互助、乐都、循化。生于草甸、滩地、山坡、山沟潮湿处，海拔2500～3800m。

(597) 梅花草 *Parnassia palustris* Linn.

分布于循化。生长在林下潮湿处或水沟旁，海拔2000～3600m。

(598) 白花梅花草 *Parnassia scaposa* Mattfeld

分布于循化。生于河谷、高山草甸或灌丛中，海拔3700～4100m。

青藏高原特有种。

(599) 三脉梅花草 *Parnassia trinervis* Drude

分布于乐都、化隆。生于灌丛草甸、河滩地、山坡，海拔2800～4100m。

(600) 绿花梅花草 *Parnassia viridiflora* Batalin

分布于互助。生于沼泽草甸、山沟，海拔3400～4100m。

十、山茱萸目 CORNALES
（二十三）山茱萸科 Cornaceae

199．山茱萸属 *Cornus*

(601) 红瑞木 *Cornus alba* Linn.

分布于互助。生于林缘或灌丛，海拔2200～2600m。

(602) 沙梾 *Cornus bretschneideri* L. Henry

分布于互助、民和。生于林下或林缘，海拔1800～2400m。

(603) 红椋子 *Cornus hemsleyi* C. K. Schneider & Wangerin

分布于民和、循化。生于林缘或灌丛，海拔2200～2600m。

(604) 毛梾 *Cornus walteri* Wangerin

分布于民和。生于杂木林或密林下，海拔2200～2600m。

（二十四）绣球科 Hydrangeaceae

200．绣球花属 *Hydrangea*

(605) 东陵绣球 *Hydrangea bretschneideri* Dippel

分布于互助、循化。生于山坡、林下，海拔2000～2600m。

201．山梅花属 *Philadelphus*

(606) 山梅花 *Philadelphus incanus* Koehne

分布于互助、循化。生于山沟林下，海拔2000～2700m。

(607) 甘肃山梅花 *Philadelphus kansuensis* (Rehd.) S. Y. Hu

分布于互助、民和、循化。生于阴坡林中、灌丛、河谷，海拔2300～3300m。

(608) 疏花山梅花 *Philadelphus laxiflorus* Rehder

分布于民和。生于山坡或山谷林中或灌丛中，海拔1800～2000m。

(609) 太平花 *Philadelphus pekinensis* Rupr.

分布于民和。生于山沟道旁，海拔2500～3300m。

(610) 绢毛山梅花 *Philadelphus sericanthus* Koehne

分布于互助。生于山地灌丛中，海拔2600～3500m。

(611) 毛柱山梅花 *Philadelphus subcanus* Koehne

分布于互助、循化。生于山沟道旁，海拔2000～2600m。

十一、薯蓣目 DIOSCOREALES
（二十五）薯蓣科 Dioscoreaceae

202．薯蓣属 Dioscorea

(612) 穿龙薯蓣 *Dioscorea niponica* Makino

分布于互助、循化。生于林下、林缘，海拔 2200～2700m。

十二、川续断目 DIPSACALES
（二十六）五福花科 Adoxaceae

203．五福花属 *Adoxa*

(613) 五福花 *Adoxa moschatellina* Linn.

分布于互助、循化。生于林下灌丛，海拔 2500～2800m。

(614) 西藏五福花 *Adoxa xizangensis* K. Yao

分布于互助、循化。生于林下灌丛，海拔 2600～3600m。

204．接骨木属 *Sambucus*

(615) 血满草 *Sambucus adnata* Wall. ex DC.

分布于平安、互助、乐都、民和、化隆、循化。生于山沟林下、林内、沟沿、灌丛、河滩，海拔 1800～2600m。

(616) 接骨草 *Sambucus javanica* Reinw. ex Blume

分布于民和。生于山坡、林下、沟边和草丛中，海拔 2500～2700m。

205．荚蒾属 *Viburnum*

(617) 蒙古荚蒾 *Viburnum mongolicum* (Pall.) Rehd.

分布于平安、互助、乐都、民和、循化。生于山坡、干坡、林内、路边、山地半阴坡，海拔 2000～2700m。

(618) 陕西荚蒾 *Viburnum schensianum* Maxim.

分布于互助、循化。生于灌丛，海拔 1800～2600m。

（二十七）忍冬科 Caprifoliaceae

206．刺续断属 *Acanthocalyx*

(619) 白花刺续断 *Acanthocalyx alba* (Hand. -Mazz.) M. J. Connon

分布于互助、乐都。生于山坡草地、灌丛草甸，海拔 2800～3800m。

青藏高原特有种。

207．翼首花属 *Bassecoia*

(620) 匙叶翼首花 *Bassecoia hookeri* (C. B. Clarke) V. Mayer & Ehrend.

分布于民和。生于山坡草地、石崖缝中，海拔 3200～4100m。

青藏高原特有种。

208．川续断属 *Dipsacus*

(621) 日本续断 *Dipsacus japonicus* Miq.

分布于平安、互助、乐都、民和、循化。生于河边、田边、水沟边、山坡、路边，海拔 1800～3200m。

209．忍冬属 *Lonicera*

(622) 蓝果忍冬 *Lonicera caerulea* Linn.

分布于互助、乐都、民和。生于河滩林下、林缘、灌丛、山沟林下、河谷、桦木林、阴山灌丛，海拔 2200～3200m。

(623) 金花忍冬 *Lonicera chrysantha* Turcz.

分布于互助、乐都、民和、循化。生于林下、阴坡林间、山沟林间、山麓沟地、河谷山坡、河边水沟边，海拔 2000～3700m。

(624) 线叶金花忍冬 *Lonicera chrysantha* var. *linearifolia* S. W. Liu & T. N. Ho

分布于互助。生于河谷，海拔 2400～3400m。

青海特有变种。

青藏高原特有种。

(625) 葱皮忍冬 *Lonicera ferdinandi* Franch.

分布于互助、民和、循化。生于山坡林下，海拔 1800～4100m。

(626) 锈毛忍冬 *Lonicera ferruginea* Rehd.

分布于循化。生于山坡疏、密林中或灌丛中，海拔 2000～2400m。

(627) 刚毛忍冬 *Lonicera hispida* Pall. ex Roem. & Schult.

分布于平安、互助、乐都、民和、循化。生于河谷、阴坡、石崖、林缘、山坡灌丛中、林下、河滩、草甸、阳坡，海拔 2000～3700m。

(628) 金银忍冬 *Lonicera maackii* (Rupr.) Maxim.

分布于循化。生于林中或林缘溪流附近的灌木丛中，海拔 1800～3000m。

(629) 小叶忍冬 *Lonicera microphylla* Willd. ex Roem. & Schult.

分布于互助、乐都、民和、循化。生于林缘、林下、河谷、山坡、岩石上、河漫滩、阴坡、山顶、砂石滩，海拔 2000～3800m。

(630) 红脉忍冬 *Lonicera nervosa* Maxim.

分布于互助、乐都、民和、循化。生于阴坡灌丛、林下、河谷、河滩、林间空地、山麓桦木林下、林缘，海拔 2000～3200m。

(631) 岩生忍冬 *Lonicera rupicola* Hook. f. & Thomson

分布于互助、乐都、民和、化隆、循化。生于山坡灌丛、山坡草甸、流水浅石隙中、阳坡石缝、林下，海拔 3000～4100m。

(632) 红花岩生忍冬 *Lonicera rupicola* var. *syringantha* (Maxim.) Zabel

分布于互助、乐都、民和。生于林缘、林下、山坡灌丛、高山草甸、山谷、河谷、山岩、河漫滩、水沟边、林间空地、干山坡、山沟流水线旁、阳坡，海拔 2000～3800m。

(633) 唐古特忍冬 *Lonicera tangutica* Maxim.

分布于平安、互助、乐都、民和、化隆、循化。生于阴沟、林下、杂木林中、山麓林下、河谷、山坡、山谷、灌丛、沟谷内灌丛，海拔 1800～3800m。

(634) 毛花忍冬 *Lonicera trichosantha* Bur. & Franch.

分布于民和、循化。生于林缘、河边、河沟阳地、河谷、山地坡麓、林下，海拔 2500～2800m。

(635) 华西忍冬 *Lonicera webbiana* Wall. ex DC.

分布于互助、乐都、民和、循化。生于坡麓、林冠下、山坡、林下、阴坡、半阴坡灌丛，海拔 2000～3800m。

210．刺参属 *Morina*

(636) 圆萼刺参 *Morina chinensis* Y. Y. Pai

分布于乐都。生于林下灌丛草甸，海拔 2200～4100m。

211．败酱属 *Patrinia*

(637) 异叶败酱 *Patrinia heterophylla* Bunge

分布于民和、循化。生于山地岩缝中、草丛中、路边、沙质坡或土坡上，海拔 1800～2600m。

(638) 岩败酱 *Patrinia rupestris* (Pall.) Juss.

分布于循化。生于石质山坡岩缝、草地、草甸草原、山坡桦树林缘及杨树林下，海拔 2700～2900m。

(639) 败酱 *Patrinia scabiosifolia* Link

分布于民和。生于山坡林下、林缘和灌丛中以及路边、田埂边的草丛中，海拔 2000～2600m。

(640) 糙叶败酱 *Patrinia scabra* Bunge

分布于民和。生于森林草原带的石质丘陵坡地石缝或较干燥的阳坡草丛中，海拔 2000～2300m。

212．莛子藨属 *Triosteum*

(641) 莛子藨 *Triosteum pinnatifidum* Maxim.

分布于平安、互助、乐都、民和、化隆、循化。生于山麓、沟谷、林下、林缘、灌丛、河滩，海拔 2000～3700m。

213．缬草属 *Valeriana*

(642) 细花缬草 *Valeriana meonantha* C. Y. Cheng & H. B. Chen

分布于互助、乐都。生于林缘灌丛、林下，海拔 2300～3800m。

(643) 缬草 *Valeriana officinalis* Linn.

分布于平安、互助、乐都、民和、循化。生于林下、灌丛、草甸，海拔 2000～3800m。

(644) 小缬草 *Valeriana tangutica* Batalin

分布于互助、乐都、民和、循化。生于林下灌丛田边，海拔 2800～4100m。

十三、杜鹃花目 ERICALES
（二十八）猕猴桃科 Actinidiaceae

214．猕猴桃属 *Actinidia*

(645) 四萼猕猴桃 *Actinidia tetramera* Maxim.

分布于循化。生于山谷灌丛、林缘，海拔 2100～2600m。

(646) 显脉猕猴桃 *Actinidia venosa* Rehd.

分布于循化。生于山谷灌丛、林缘，海拔 2200～2400m。

215．藤山柳属 *Clematoclethra*

(647) 藤山柳 *Clematoclethra scandens* (Franch.) Maxim.

分布于民和、循化。生于林下、灌丛，海拔 2100～2600m。

（二十九）凤仙花科 Balsaminaceae

216．凤仙花属 *Impatiens*

(648) 水金凤 *Impatiens nolitangere* Linn.

分布于互助、乐都。生于灌丛，海拔 2000～2800m。

(649) 康定凤仙花 *Impatiens soulieana* Hook. f.

分布于循化。生于次生灌丛中、杂木林下或沟边湿处，海拔 2300～3600m。

青藏高原特有种。

（三十）杜鹃花科 Ericaceae

217．北极果属 *Arctous*

(650) 北极果 *Arctous alpinus* (Linn.) Nied.

分布于互助、乐都。生于云杉或柳树林下或灌木丛中，海拔 2800～4100m。

218．松下兰属 *Hypopitys*

(651) 松下兰 *Hypopitys monotropa* Crantz

分布于互助。生于山地阔叶林或针阔叶混交林下，海拔 2500～3000m。

(652) 毛花松下兰 *Hypopitys hypopitys* var. *hirsuta* Roth

分布于互助。生于林下，海拔 2500～2700m。

219．水晶兰属 *Monotropa*

(653) 水晶兰 *Monotropa uniflora* Linn.

分布于互助。生于河滩、林下，海拔 2200～2800m。

220．鹿蹄草属 *Pyrola*

(654) 紫背鹿蹄草 *Pyrola atropurpurea* Franch.

分布于民和。生于山地针叶林、山地针阔叶林、阔叶林下，海拔 2000～2900m。

(655) 鹿蹄草 *Pyrola calliantha* Andres

分布于互助、民和、循化。生于林下，海拔 2600～3500m。

(656) 皱叶鹿蹄草 *Pyrola rugosa* H. Andr.

分布于互助、循化。生于山地针叶林或阔叶林下，或灌丛下，海拔 1900～3000m。

221．杜鹃花属 *Rhododendron*

(657) 烈香杜鹃 *Rhododendron anthopogonoides* Maxim.

分布于平安、互助、乐都、循化。生于高山山坡，海拔 3000～4100m。

(658) 头花杜鹃 *Rhododendron capitatum* Maxim.

分布于平安、互助、乐都、化隆、循化。生于高山阴坡、灌丛，海拔 2900～3900m。

(659) 甘肃杜鹃 *Rhododendron potaninii* Batalin

分布于民和。生于阴坡，海拔 2500～3000m。

(660) 樱草杜鹃 *Rhododendron primuliflorum* Bureau & Franch.

分布于互助。生于高山阴坡、林下，海拔 3500～4100m。

青藏高原特有种。

(661) 陇蜀杜鹃 *Rhododendron przewalskii* Maxim.

分布于平安、互助、乐都、民和、化隆、循化。生于高山阴坡、灌丛，海拔 2800～3800m。

(662) 互助杜鹃 *Rhododendron przewalskii* subsp. *huzhuense* Fang & S. X. Wang

分布于互助。生于山地阴坡，海拔 2700～3100m。

青海特有亚种。

(663) 黄毛杜鹃 *Rhododendron rufum* Batalin

分布于互助、民和、循化。生于阴坡，海拔 2400～

3200m。

(664) 千里香杜鹃 Rhododendron thymifolium Maxim.

分布于平安、互助、乐都、民和、化隆、循化。生于阴坡，海拔 2700～4100m。

青藏高原特有种。

(665) 簇毛杜鹃 Rhododendron wallichii Hook. f.

分布于互助。生于杜鹃花灌丛，海拔 3300～3500m。

青藏高原特有种。

（三十一）花荵科 Polemoniaceae

222．花荵属 Polemonium

(666) 中华花荵 Polemonium chinense (Brand) Brand

分布于互助、乐都、民和、循化。生于林下、灌丛、林间空地、河漫滩，海拔 2200～3700m。

（三十二）报春花科 Primulaceae

223．点地梅属 Androsace

(667) 阿拉善点地梅 Androsace alaschanica Maxim.

分布于民和、循化。生于山地草原、石质坡地和干旱砂地，海拔 1700～2000m。

(668) 直立点地梅 Androsace erecta Maxim.

分布于互助、乐都、民和、循化。生于高山顶、长江边、低阶地、干山坡、阳坡、阳坡草原、山地阴坡、河漫滩、山坡、洪积扇、草甸化草原，海拔 2600～4000m。

(669) 小点地梅 Androsace gmelinii (Linn.) Roem. & Schult.

分布于互助、乐都、循化。生于半阴坡流石滩、阶地、河滩林下、河谷灌丛下、草甸、河边湿草地，海拔 2400～3800m。

(670) 西藏点地梅 Androsace mariae Kanitz

分布于平安、互助、乐都、民和、化隆、循化。生于阶地草甸、林下、灌丛、路边、石质山地、溪边、干山坡、河滩、寒漠化草场、沙丘，海拔 2000～4100m。

(671) 大苞点地梅 Androsace maxima Linn.

分布于乐都、循化。生于冲积沟、干滩，海拔 2200～4000m。

(672) 垫状点地梅 Androsace tapete Maxim.

分布于民和。生于缓坡滩地、河谷滩地、平坡、河砾地，海拔 2200～4100m。

青藏高原特有种。

(673) 雅江点地梅 Androsace yargongensis Petitm.

分布于互助、循化。生于干沟谷、山顶砾石坡、高山草甸、阴山坡、沼泽化草甸、草地，海拔 3200～4100m。

青藏高原特有种。

224．珍珠菜属 Lysimachia

(674) 海乳草 Lysimachia maritima (Linn.) Galasso, Banfi & Soldano

分布于平安、互助、乐都、民和、化隆、循化。生于河滩沼泽、草甸、盐碱地、沟边、阶地，海拔 2600～3800m。

225．羽叶点地梅属 Pomatosace

(675) 羽叶点地梅保 Pomatosace filicula Maxim.

分布于互助、乐都、民和、化隆、循化。生于高山草地、山坡、河滩、半阳坡、河漫滩、溪边、草甸、荒地，海拔 3100～3800m。

保护级别 列入 2021 年《国家重点保护野生植物名录》二级。列入《世界自然保护联盟濒危物种红色名录》（2022 年，3.1 版），无危 (LC)。

青藏高原特有种。

226．报春花属 Primula

(676) 裂瓣穗状报春 Primula aerinantha Balf. & Purdom

分布于循化。生于林下，海拔 2700～4100m。

(677) 散布报春 Primula conspersa Balf. F. & Purdom

分布于互助、乐都、循化。生于高寒草甸、阴坡草地，海拔 2300～4100m。

(678) 大通报春 Primula farreriana Balf. f.

分布于互助。生于蔽荫的岩缝中，海拔 4000～4100m。

青海特有种。

(679) 苞芽粉报春 Primula gemmifera Batal.

分布于互助、乐都、循化。生于灌丛、河谷、岩石下阴湿地、草甸、林中、沼泽、河滩、流石坡，海拔 2300～4100m。

(680) 天山报春 Primula nutans Georgi

分布于平安、互助、乐都、循化。生于坡地、沼泽草甸、河滩、草地，海拔 2700～4100m。

(681) 狭萼报春 Primula stenocalyx Maxim.

分布于互助、乐都、循化。生于林下、阴坡、灌丛、草甸、流石坡、河滩沼泽，海拔 2300～4100m。

(682) 甘青报春 Primula tangutica Duthie

分布于互助、乐都、民和、化隆、循化。生于阴坡草甸、阴坡山地草甸、山坡、灌丛中、林下、公路边、灌丛草甸、高山石缝、半阴坡灌丛下、河谷、阳坡，海拔 2600～4100m。

(683) 黄甘青报春 Primula tangutica var. flavescens Chen & C. M. Hu

分布于互助。生于石灰岩石缝中，海拔 2600～4000m。

青藏高原特有变种。

(684) 荨麻叶报春 Primula urticifolia Maxim.

分布于互助。生于石灰岩石缝中，海拔 2600～4000m。

青藏高原特有种。

(685) 岷山报春 Primula woodwardii Balf. f.

分布于互助、乐都、循化。生于阴坡、高山草甸阴湿处、高山碎石坡、路边、高山灌丛，海拔 3100～4100m。

十四、豆目 FABALES

（三十三）豆科 Fabaceae

227．黄芪属 Astragalus

(686) 橙花黄芪 Astragalus aurantiacus Handel-Mazz.

分布于乐都、循化。生于山坡草原、沟谷，海拔

1900～3100m。

(687) 地八角 Astragalus bhotanensis Baker

分布于互助。生于河滩灌丛、路旁、草丛，海拔 2200～2800m。

(688) 柴达木黄芪 Astragalus chaidamuensis (S. B. Ho) Podlech & L. Z. Shue

分布于民和。生于砾石河滩、戈壁滩，海拔 1900～3600m。

青藏高原特有种。

(689) 祁连山黄芪 Astragalus chilienshanensis Y. C. Ho

分布于互助。生于林间草地、阴坡灌丛、高山草甸、沼泽草甸，海拔 3200～4100m。

青藏高原特有种。

(690) 金翼黄芪 Astragalus chrysopterus Bunge

分布于互助、乐都、民和、循化。生于山坡、沟谷林下、灌丛，海拔 2000～3800m。

(691) 丛生黄芪 Astragalus confertus Benth. ex Bunge

分布于循化。生于高山草地、沙砾坡、河滩沙地、林缘草甸，海拔 2300～4100m。

(692) 达乌里黄芪 Astragalus dahuricus (Pall.) DC.

分布于民和。生于山坡和河滩草地，海拔 2300～2600m。

(693) 密花黄芪 Astragalus densiflorus Kar. & Kir.

分布于乐都。生于路边、草原，海拔 2800～4100m。

(694) 悬垂黄芪 Astragalus dependens Bunge

分布于循化。生于草地、山坡，海拔 1900～3900m。

(695) 灰叶黄芪 Astragalus discolor Bunge ex Maxim.

分布于循化。生于沟岸、草坡及干草场，海拔 2300～3300m。

(696) 乳白黄芪 Astragalus galactites Pall.

分布于乐都、化隆、循化。生于荒漠草原的半山坡、草滩、沙地，海拔 2000～3400m。

(697) 头序黄芪 Astragalus handelii H. T. Tsai & T. T. Yu

分布于互助。生于河边沙滩、山坡草甸、冲积砾滩，海拔 3200～4100m。

青藏高原特有种。

(698) 乌拉特黄芪 Astragalus hoantchy Franch.

分布于循化。生于干热河谷阳坡石隙，海拔 1800～2900m。

(699) 帕米尔黄芪 Astragalus kuschakevitschii B. Fedtsch. ex O. Fedtsch.

分布于互助。生于山坡草地，海拔 3600～3700m。

(700) 兰州黄芪 Astragalus lanzhouensis Podlech & L. Z. Shue

分布于循化。生于山坡水沟边、山顶砾石坡湿处，海拔 2400～2600m。

(701) 斜茎黄芪 Astragalus laxmannii Jacq.

分布于平安、互助、乐都、民和、化隆、循化。生于林缘沟谷、河滩灌丛、山坡草地、草原，海拔 1900～3800m。

(702) 乐都黄芪 Astragalus lepsensis var. leduensis Y. H. Wu

分布于乐都。生于高寒草甸、高山流石坡、河滩灌丛，海拔 2800～4100m。

青海特有变种。

(703) 甘肃黄芪 Astragalus licentianus Hand.-Mazz.

分布于互助、乐都、循化。生于阴坡草甸、灌丛、高山草甸，海拔 3000～4100m。

(704) 黄花黄芪 Astragalus luteolus H. T. Tsai & T. T. Yu

分布于互助。生于山坡、路旁，海拔 2400～3500m。

青藏高原特有种。

(705) 马衔山黄芪 Astragalus mahoschanicus Hand.-Mazz.

分布于平安、互助、乐都、民和、化隆、循化。生于林缘灌丛、高山草甸、草原带、荒漠草原带的山地阴坡、河滩草地、沙地，海拔 2000～4100m。

(706) 草木樨状黄芪 Astragalus melilotoides Pall.

分布于平安、互助、乐都、民和、循化、化隆。生于干旱山坡草地、沟谷、河滩、田边，海拔 1800～2900m。

(707) 蒙古黄芪 Astragalus membranaceus var. mongholicus (Bunge) P. K. Hsiao

分布于循化。生于山坡、河谷林间草地、林缘灌丛、河滩草甸，海拔 2400～3600m。

(708) 民和黄芪 Astragalus minhensis X. Y. Zhu & C. J. Chen

分布于民和。生于山坡草地，海拔 2400～2600m。

青藏高原特有种。

(709) 单蕊黄芪 Astragalus monadelphus Bunge ex Maxim.

分布于互助、乐都、民和。生于山坡、沟谷、林缘草地、灌丛，海拔 2800～3800m。

(710) 青藏黄芪 Astragalus peduncularis Royle

分布于循化。生于山地草坡、河谷两岸，海拔 3500～3700m。

青藏高原特有种。

(711) 川青黄芪 Astragalus peterae H. T. Tsai & T. T. Yu

分布于平安、互助、乐都、民和、化隆、循化。生于山坡林缘、阴坡灌丛、高山草甸、河边草丛，海拔 2000～4100m。

(712) 多枝黄芪 Astragalus polycladus Bureau & Franch.

分布于平安、互助、乐都、民和、化隆、循化。生于山坡、河谷、河滩、林缘草甸、荒漠草原地带，海拔 1900～4100m。

(713) 黑紫花黄芪 Astragalus przewalskii Bunge

分布于互助、乐都、民和。生于山坡、沟谷林下、林缘草甸，海拔 2900～4100m。

(714) 小米黄芪 Astragalus satoi Kitag.

分布于民和、化隆。生于沟谷草地、草原带阳坡，海拔 2000～2700m。

(715) 糙叶黄芪 *Astragalus scaberrimus* Bunge

分布于平安、互助、乐都、民和、化隆、循化。生于草原带山坡、草滩及田边、河滩沙质地，海拔 1800～3600m。

(716) 肾形子黄芪 *Astragalus skythropos* Bunge

分布于平安、互助、乐都、化隆、循化。生于高山草甸、阴坡灌丛草甸，海拔 3100～4100m。

(717) 笔直黄芪 *Astragalus strictus* Graham ex Benth.

分布于互助、民和。高寒草甸、高寒灌丛、山麓砾石、沟谷草地，海拔 2300～4100m。

(718) 东俄洛黄芪 *Astragalus tongolensis* Ulbr.

分布于循化。生于灌丛、林间空地、半阴坡，海拔 2800～4100m。

青藏高原特有种。

(719) 变异黄芪 *Astragalus variabils* Bunge ex Maxim.

分布于民和、循化。生于河边沙地、山坡，海拔 1800～3000m。

(720) 云南黄芪 *Astragalus yunnanensis* Franch.

分布于乐都。生于阴坡灌丛、高山草甸、河边草甸、疏林，海拔 3000～4100m。

青藏高原特有种。

(721) 小黄芪 *Astragalus zacharensis* Bunge

分布于民和。生于山坡石砾地，海拔 2100～3600m。

228. 锦鸡儿属 *Caragana*

(722) 短叶锦鸡儿 *Caragana brevifolia* Kom.

分布于平安、互助、乐都、民和、化隆、循化。生于沟谷林缘、灌丛，海拔 1800～3800m。

(723) 沙地锦鸡儿 *Caragana davazamcii* Sanchir

分布于循化。生于荒漠化草原带沙地、沙丘，海拔 2000～3500m。

(724) 密叶锦鸡儿 *Caragana densa* Kom.

分布于互助。生于峡谷、山顶，海拔 3000～4100m。

青藏高原特有种。

(725) 川西锦鸡儿 *Caragana erinacea* Kom.

分布于民和。生于砾质干山坡、溪流河岸、林缘灌丛，海拔 2500～4100m。

(726) 鬼箭锦鸡儿 *Caragana jubata* (Pall.) Poir.

分布于平安、互助、乐都、民和、化隆、循化。生于阴山坡、高山灌丛，海拔 2400～4100m。

(727) 沧江锦鸡儿 *Caragana kozlowi* Kom.

分布于乐都。生于灌丛、阳坡草缘、阴山坡，海拔 2500～4000m。

青藏高原特有种。

(728) 白毛锦鸡儿 *Caragana licentiana* Hand.-Mazz.

分布于互助、乐都、民和。生于山坡灌丛、草原砾质坡地，海拔 1800～2800m。

(729) 中间锦鸡儿 *Caragana liouana* Zhao Y. Chang & Yakovlev

分布于循化。生于半固定和固定沙地、黄土丘陵，海拔 2200～3200m。

(730) 小叶锦鸡儿 *Caragana microphylla* Lam.

分布于循化。生于河滩地，海拔 1800～3000m。

(731) 甘蒙锦鸡儿 *Caragana opulens* Kom.

分布于平安、互助、乐都、民和、化隆、循化。生于草原石质坡地、灌丛、干山坡、林缘陡坡，海拔 1800～3600m。

(732) 矮锦鸡儿 *Caragana pygmaea* (Linn.) DC.

分布于互助、民和。生于沙丘、山坡灌丛、干山坡，海拔 2400～4100m。

(733) 荒漠锦鸡儿 *Caragana roborovskyi* Kom.

分布于平安、互助、乐都、民和、化隆、循化。生于荒漠带、半荒漠带草原、干山坡、沙砾带，海拔 1700～3200m。

(734) 狭叶锦鸡儿 *Caragana stenophylla* Pojark.

分布于互助、乐都。生于山地半荒漠草原地带的干山坡，海拔 2700～4100m。

(735) 青甘锦鸡儿 *Caragana tangutica* Maxim. ex Kom.

分布于互助、乐都。生于山地灌丛草甸、阳坡疏林、山沟林间，海拔 2100～3800m。

(736) 毛刺锦鸡儿 *Caragana tibetica* Kom.

分布于平安、互助、乐都。生于草原、半荒漠地带的干旱阳坡、河谷滩地，海拔 2200～3700m。

229. 羊柴属 *Corethrodendron*

(737) 红花羊柴 *Corethrodendron multijugum* (Maximowicz) B. H. Choi & H. Ohashi

分布于平安、互助、乐都、民和、化隆、循化。生于阳坡、沟谷、河滩、沙砾地，海拔 1800～3900m。

230. 甘草属 *Glycyrrhiza*

(738) 甘草 *Glycyrrhiza uralensis* Fisch.

分布于平安、互助、乐都、民和、化隆、循化。生于盐碱化沙地、沙质草原、田埂、路边、河边山麓，海拔 1800～3000m。

保护级别 列入 2021 年《国家重点保护野生植物名录》二级；列入《世界自然保护联盟濒危物种红色名录》（2022 年，3.1 版），无危（LC）。

231. 米口袋属 *Gueldenstaedtia*

(739) 米口袋 *Gueldenstaedtia verna* (Georgi) Boriss.

分布于平安、互助、乐都、民和、化隆、循化。生于阳坡草地、河岸沙地，海拔 2000～3700m。

232. 岩黄芪属 *Hedysarum*

(740) 块茎岩黄芪 *Hedysarum algidum* L. R. Xu

分布于平安、互助、乐都、民和、化隆、循化。生于高山草甸、阴坡灌丛、河滩草地，海拔 2500～3900m。

(741) 锡金岩黄芪 *Hedysarum sikkimense* Benth. ex Baker

分布于互助。生于高山草甸、高寒灌丛、林缘草地，海拔 3500～4100m。

青藏高原特有种。

(742) 唐古特岩黄芪 *Hedysarum tanguticum* B. Fedtsch.

分布于互助。生于高山草甸、灌丛草甸、山坡湿地、分水岭、林间草地，海拔 3400～4100m。

233. 山黧豆属 *Lathyrus*

(743) 毛山黧豆 *Lathyrus palustris* var. *pilosus* (Chamisso) Ledebour

分布于互助、乐都。生于林缘灌丛，海拔 2400～2700m。

(744) 牧地山黧豆 *Lathyrus pratensis* Linn.

分布于民和、循化。生于草甸、草地，海拔 2200～2700m。

(745) 山黧豆 *Lathyrus quinquenervius* (Miq.) Litv.

分布于平安、互助、乐都、民和、化隆、循化。生于林缘、河谷草地、田边、草坡，海拔 1800～2600m。

234. 胡枝子属 *Lespedeza*

(746) 胡枝子 *Lespedeza bicolor* Turcz.

分布于循化。生于山坡草地、林缘灌丛，海拔 1800～2000m。

(747) 兴安胡枝子 *Lespedeza davurica* (Laxm.) Schindl.

分布于平安、互助、乐都、民和、化隆、循化。生于干山坡、河滩沙砾地、灌丛沙砾地、田边草地，海拔 1800～2900m。

(748) 多花胡枝子 *Lespedeza floribunda* Bunge

分布于循化。生于路边、干山坡、田边、林缘灌丛，海拔 1800～2500m。

(749) 尖叶铁扫帚 *Lespedeza juncea* (L. f.) Pers.

分布于循化。生于山坡灌丛，海拔 1800～2500m。

(750) 牛枝子 *Lespedeza potaninii* Vassilcz.

分布于平安、互助、乐都、民和、化隆、循化。生于砾石性草原、干山坡、河滩砾地，海拔 1900～2700m。

235. 苜蓿属 *Medicago*

(751) 青海苜蓿 *Medicago archiducis-nicolai* Širj.

分布于平安、互助、乐都。生于河谷草甸、河滩砾地、林缘灌丛，海拔 2000～4100m。

(752) 天蓝苜蓿 *Medicago lupulina* Linn.

分布于平安、互助、乐都、民和、化隆、循化。生于山坡、沟谷草地、田边、水边湿地，海拔 2000～4100m。

(753) 花苜蓿 *Medicago ruthenica* (Linn.) Trautv.

分布于平安、互助、乐都、民和、化隆、循化。生于干旱山坡草甸、田边，海拔 1900～3700m。

(754) 苜蓿 *Medicago sativa* Linn.

分布于乐都、民和、化隆、循化。生于呈半野生状态。生于田边、路旁、旷野、草原、河岸及沟谷等地，海拔 3500～4000m。

236. 草木樨属 *Melilotus*

(755) 白花草木樨 *Melilotus albus* Medik.

分布于平安、互助、乐都、循化。生于河滩疏林、山坡草地，海拔 2500～3000m。

(756) 细齿草木樨 *Melilotus dentatus* (Waldst. & Kit.) Pers.

分布于平安。生于水沟边、山坡草地，海拔 2200～2600m。

(757) 印度草木樨 *Melilotus indicus* (Linn.) Allioni

分布于互助。生于林边、渠边、田边，海拔 3100～3700m。

(758) 草木樨 *Melilotus suaveolens* Ledeb.

分布于平安、互助、乐都、民和。逸生。生于河滩疏林、山麓林缘、山沟林下，海拔 2800～3000m。

237. 棘豆属 *Oxytropis*

(759) 猫头刺 *Oxytropis aciphylla* Ledeb.

分布于循化。生于盐碱荒漠、沙丘、干山坡，海拔 1800～2200m。

(760) 二色棘豆 *Oxytropis bicolor* Bunge

分布于互助、乐都、民和、循化。生于干旱山坡草地、山脊、沙砾滩地、渠边，海拔 1800～3600m。

(761) 蓝花棘豆 *Oxytropis coerulea* (Pall.) DC.

分布于互助。生于林缘沙地，海拔 2200～2500m。

(762) 华西棘豆 *Oxytropis giraldii* Ulbr.

分布于循化。生于高寒草甸、林缘灌丛，海拔 2200～4100m。

(763) 小花棘豆 *Oxytropis glabra* (Lam.) DC.

分布于平安、互助、乐都、民和、化隆、循化。生于草原带湖盆边缘、沙丘盐湿地、河滩沙地、沙丘、草地，海拔 2200～4000m。

(764) 细叶棘豆 *Oxytropis glabra* var. *tannis* Palib.

分布于平安、互助、乐都。生于河滩盐渍地、砾地水沟边、芨芨草草原，海拔 2800～3400m。

(765) 密花棘豆 *Oxytropis imbricata* Kom.

分布于平安、互助、乐都、民和、化隆、循化。生于山坡草地、河滩沙地、山坡石隙、河岸石砾裸地、林间草地，海拔 1800～3900m。

(766) 甘肃棘豆 *Oxytropis kansuensis* Bunge

分布于平安、互助、乐都、民和、化隆、循化。生于高山草甸、山沟林下、阴坡灌丛、河滩草甸、沙砾滩地，海拔 2300～3900m。

(767) 宽苞棘豆 *Oxytropis latibracteata* Jurtzev

分布于平安、互助、乐都、民和、化隆、循化。生于高寒草甸、高寒草原、荒漠带河滩草地、林缘灌丛、干旱阳坡草地、石隙、砾地，海拔 2500～4100m。

(768) 米尔克棘豆 *Oxytropis merkensis* Bunge

分布于平安、互助、乐都、民和、化隆、循化。生于砾石质山坡草地，海拔 2600～4100m。

(769) 窄膜棘豆 *Oxytropis moellendorffii* Bunge

分布于互助。生于山坡路旁或山顶阳坡岩石上，海拔 2400～3000m。

(770) 多叶棘豆 *Oxytropis myriophylla* (Pall.) DC.

分布于循化。生于砂地、平坦草原、干河沟、丘陵地、轻度盐渍化沙地、石质山坡，海拔 1800～2000m。

(771) 黄毛棘豆 *Oxytropis ochrantha* Turcz.

分布于互助、乐都、民和、循化。生于阴坡草丛、河滩草甸、干山坡，海拔2300～4100m。

(772) 黄花棘豆 *Oxytropis ochrocephala* Bunge

分布于平安、互助、乐都、民和、化隆、循化。生于林缘草地、沟谷灌丛、河滩草甸、高山草甸、山坡砾沙地，海拔1800～4100m。

(773) 长苞黄花棘豆 *Oxytropis ochrolongibracteata* X. Y. Zhu & H. Ohashi

分布于乐都。生于高寒草甸，海拔2700～4100m。青藏高原特有种。

(774) 少花棘豆 *Oxytropis pauciflora* Bunge

分布于互助。生于山坡草地、砾石带、高山草地、灌丛，海拔3500～4100m。

(775) 微柔毛棘豆 *Oxytropis puberula* Boriss.

分布于平安、互助、乐都。生于田边草地，海拔2800～4100m。

(776) 祁连山棘豆 *Oxytropis qilianshanica* C. W. Chang & C. L. Zhang

分布于乐都。生于高山草甸，海拔2800～4100m。青藏高原特有种。

(777) 青海棘豆 *Oxytropis qinghaiensis* Y. H. Wu

分布于化隆。生于高山草甸、林缘、灌丛，海拔3000～4100m。青藏高原特有种。

(778) 洮河棘豆 *Oxytropis taochensis* Kom.

分布于乐都、民和、化隆、循化。生于高寒草甸、高寒灌丛、沟谷阴坡，海拔1800～3900m。

(779) 胶黄芪状棘豆 *Oxytropis tragacanthoides* Fisch.

分布于循化。生于砾石坡、沙砾地、干山坡，海拔1800～2000m。

(780) 兴隆山棘豆 *Oxytropis xinglongshanica* C. W. Chang

分布于循化。生于阴坡草地，海拔2200～2700m。

(781) 云南棘豆 *Oxytropis yunnanensis* Franch.

分布于互助。生于灌丛、河滩、高山草地、阴坡灌丛草地，海拔3300～4100m。

238. 蔓黄芪属 *Phyllolobium*

(782) 蔓黄芪 *Phyllolobium chinense* Fisch. ex DC.

分布于互助。生于沟岸、草坡及干草场，海拔2200～2500m。

(783) 蒺藜叶蔓黄芪 *Phyllolobium tribulifolium* (Benth. ex Bunge) M. L. Zhang & Podlech

分布于互助。生于山坡及沟谷林缘、灌丛、干旱砾石坡、河滩草地、阳坡石隙，海拔2400～4100m。

239. 苦参属 *Sophora*

(784) 苦豆子 *Sophora alopecuroides* Linn.

分布于平安、互助、乐都、民和、化隆、循化。生于沙滩、戈壁滩、沙丘，海拔1700～3300m。

240. 苦马豆属 *Sphaerophysa*

(785) 苦马豆 *Sphaerophysa salsula* (Pall.) DC.

分布于平安、互助、民和、化隆、循化。生于河谷滩地的沙质土壤、干旱山坡、水渠边，海拔1800～2800m。

241. 野决明属 *Thermopsis*

(786) 高山野决明 *Thermopsis alpina* (Pall.) Ledeb.

分布于平安、互助、乐都、民和、化隆、循化。生于阴坡杜鹃灌丛、山地阴坡灌丛，海拔2600～3800m。

(787) 披针叶野决明 *Thermopsis lanceoelata* R. Br.

分布于平安、互助、乐都、民和、化隆、循化。生于干山坡草地、田埂、路边及沙砾滩地，海拔1700～3800m。

(788) 蒙古野决明 *Thermopsis lanceolata* var. *mongolica* (Czefr.) Q. R. Wang & X. Y. Zhu

分布于互助。生于山麓干草原、砾质荒漠和盐渍砂滩上，海拔2600～3000m。

242. 高山豆属 *Tibetia*

(789) 高山豆 *Tibetia himalaica* (Baker) H. P. Tsui

分布于平安、互助、乐都、民和、化隆、循化。生于高山草甸、河谷阶地、林缘灌丛、滩地，海拔2300～4100m。

243. 野豌豆属 *Vicia*

(790) 山野豌豆 *Vicia amoena* Fisch. ex DC.

分布于平安、互助、乐都、民和、化隆、循化。生于林缘灌丛、草地、沟谷、河边草甸、田埂，海拔1800～3800m。

(791) 狭叶山野豌豆 *Vicia amoena* var. *oblongifolia* Regel

分布于乐都、民和。生于林下、灌丛，海拔1900～2800m。

(792) 大花野豌豆 *Vicia bungei* Ohwi

分布于互助、循化。生于林缘草地、沟谷、河滩草地、田边湿沙地，海拔1700～2800m。

(793) 新疆野豌豆 *Vicia costata* Ledeb.

分布于平安、互助、乐都、民和、化隆、循化。生于林缘灌丛、河滩、田边，海拔1800～3900m。

(794) 广布野豌豆 *Vicia cracca* Linn.

分布于平安、互助、乐都、民和、化隆、循化。生于林缘灌丛、河滩草甸、沟谷草地、田边，海拔1700～2800m。

(795) 阿尔泰野豌豆 *Vicia lilacina* Ledeb.

分布于民和、循化。生于峡谷和阳坡石崖石隙、河滩，海拔1800～3600m。

(796) 大龙骨野豌豆 *Vicia megalotropis* Ledeb.

分布于乐都、循化。生于阴坡草丛、阳坡疏林下、阳坡草甸，海拔2600～4100m。

(797) 多茎野豌豆 *Vicia multicaulis* Ledeb.

分布于循化。生于林缘灌丛、阳坡、田埂，海拔2600～3900m。

(798) 救荒野豌豆 *Vicia sativa* Linn.

分布于平安、互助、乐都、循化、化隆。生于沟谷林下、山坡草地、田埂，海拔1800～3300m。

(799) 歪头菜 *Vicia unijuga* A. Br.

分布于平安、互助、乐都、民和、化隆、循化。生于林下、林缘草甸、河谷灌丛、河边、山坡湿地，海拔1800～3400m。

（三十四）远志科 Polygalaceae

244．远志属 *Polygala*

(800) 西伯利亚远志 *Polygala sibirica* Linn.

分布于乐都、民和。生于干山坡、林下、灌丛、河谷坡地，海拔1800～4000m。

(801) 远志 *Polygala tenuifolia* Willd.

分布于互助、民和、循化。生于干山坡、岩石隙中，海拔2000～2700m。

十五、壳斗目 FAGALES

（三十五）桦木科 Betulaceae

245．桦木属 *Betula*

(802) 红桦 *Betula albosinensis* Burkill

分布于平安、互助、乐都、民和、化隆、循化。生于山坡、沟谷，海拔2500～3600m。

(803) 白桦 *Betula platyphylla* Sukaczev

分布于平安、互助、乐都、民和、化隆、循化。生于山坡、河谷林带，海拔2300～3600m。

(804) 糙皮桦 *Betula utilis* D. Don

分布于平安、互助、乐都、民和、化隆、循化。生于山坡、沟谷，海拔2500～3900m。

246．榛属 *Corylus*

(805) 毛榛 *Corylus mandshurica* Maxim.

分布于民和、循化。生于林下、林缘，海拔2000～3500m。

247．虎榛子属 *Ostryopsis*

(806) 虎榛子 *Ostryopsis davidiana* Decne.

分布于互助、乐都、民和、循化。生于林缘、山坡、河边，海拔2000～3100m。

（三十六）壳斗科 Fagaceae

248．栎属 *Quercus*

(807) 蒙古栎 *Quercus mongolica* Fischer ex Ledebour

分布于循化。生于林地半阳坡，海拔2000～2600m。

十六、龙胆目 GENTIANALES

（三十七）夹竹桃科 Apocynaceae

249．鹅绒藤属 *Cynanchum*

(808) 牛皮消 *Cynanchum auriculatum* Royle ex Wight

分布于乐都。生于山坡林缘及路旁灌木丛中或河流、水沟边潮湿地，海拔4100～4100m。

(809) 鹅绒藤 *Cynanchum chinense* R. Br.

分布于平安、互助、乐都、民和、循化。生于黄河边滩地草丛、干阳坡、河滩、路边、田边、坡地，海拔1800～2400m。

(810) 白首乌 *Cynanchum bungei* Decne.

分布于循化。生于山坡、山谷或河坝、路边的灌木丛中或岩石隙缝中，海拔1800～2400m。

(811) 地梢瓜 *Cynanchum thesioides* (Freyn) K. Schum.

分布于平安、乐都、民和、循化。生于山坡、河滩、半荒漠化草原，海拔1800～3200m。

250．白前属 *Vincetoxicum*

(812) 大理白前 *Vincetoxicum forrestii* (Schltr.) C. Y. Wu & D. Z. Li

分布于乐都。生于山地、灌木林缘、干旱草地或路边草地上，有时也有在林下或沟谷林下水边草地上，海拔1900～3600m。

(813) 华北白前 *Vincetoxicum mongolicum* Maxim.

分布于民和、化隆、循化。生于田边沟旁、干旱山坡、河滩沙石地，海拔1700～3600m。

(814) 竹灵消 *Vincetoxicum inamoenum* Maxim.

分布于民和、循化。生于山坡灌丛、河谷阶地、林下路边、山坡草地，海拔1900～2500m。

（三十八）龙胆科 Gentianaceae

251．百金花属 *Centaurium*

(815) 百金花 *Centaurium pulchellum* var. *altaicum* (Griseb.) Kitag. & Hara

分布于民和。生于河边，海拔1700～2500m。

252．喉毛花属 *Comastoma*

(816) 镰萼喉毛花 *Comastoma falcatum* (Turcz. ex Kar. & Kir.) Toyok.

分布于互助、乐都、化隆、循化。生于高山草甸、高山流石滩、山坡草地、沼泽草甸，海拔3200～4100m。

(817) 长梗喉毛花 *Comastoma pedunculatum* (Royle ex D. Don) Holub

分布于互助、乐都。生于山坡草地、沼泽草甸、高山草甸，海拔3700～3800m。

(818) 皱边喉毛花 *Comastoma polycladum* (Diels & Gilg) T N. Ho

分布于平安、互助、民和、循化。生于高山草甸、山坡草地、河滩，海拔2500～4100m。

(819) 喉毛花 *Comastoma pulmonarium* (Turcz.) Toyok.

分布于平安、互助、乐都、民和、化隆、循化。生于林下、灌丛、山坡、河滩、高山草地，海拔2600～3900m。

253．龙胆属 *Gentiana*

(820) 高山龙胆 *Gentiana algida* Pall.

分布于乐都、循化。生于高山草甸、宽谷河滩，海拔3200～4100m。

(821) 开张龙胆 *Gentiana aperta* Maxim.

分布于互助、乐都、民和、化隆。生于山坡草地、草滩、沼泽草甸、灌丛下，海拔2600～4100m。

(822) 刺芒龙胆 *Gentiana aristata* Maxim.

分布于平安、互助、乐都、民和、化隆、循化。生于山坡草地、河滩草地、沼泽草地、高山草地、灌丛中，海拔2700～3900m。

(823) 白条纹龙胆 *Gentiana burkillii* H. Smith

分布于民和、循化。生于山坡草地、谷地、沟边，海拔2200～4100m。

青藏高原特有种。

(824) 达乌里秦艽 *Gentiana dahurica* Fischer

分布于平安、互助、乐都、民和、化隆、循化。生于干草原、阳坡、河谷阶地、林中干旱山坡、沙丘、田边，海拔 2500～3900m。

(825) 南山龙胆 *Gentiana grumii* Kusnez.

分布于互助。生于山坡草地、河滩草甸、沼泽草甸，海拔 2900～4100m。

青藏高原特有种。

(826) 湖边龙胆 *Gentiana lawrencei* Burkill

分布于互助。生于高山草甸、山谷草滩，海拔 2200～4100m。

青藏高原特有种。

(827) 线叶龙胆 *Gentiana lawrencei* var. *farreri* (Balf. f.) T. N. Ho

分布于互助、乐都。生于高山草甸、山谷草滩，海拔 3000～4100m。

青藏高原特有变种。

(828) 蓝白龙胆 *Gentiana leucomelaena* Maxim. ex Kusn.

分布于互助。生于沼泽草甸、河滩草甸、河滩草甸、高山草甸，海拔 2500～4100m。

(829) 云雾龙胆 *Gentiana nubigena* Edgew.

分布于互助、乐都。生于高山流石滩、高山草甸，海拔 2800～4100m。

青藏高原特有种。

(830) 黄管秦艽 *Gentiana officinalis* Harry Sm.

分布于平安、乐都、民和、循化。生于灌丛中、山坡、河滩、田边，海拔 1900～4100m。

(831) 假水生龙胆 *Gentiana pseudoaquatica* Kusn.

分布于互助、乐都、民和、化隆。生于河滩、沼泽草甸、灌丛草甸、林下，海拔 2300～4100m。

(832) 假鳞叶龙胆 *Gentiana pseudosquarrosa* H. Smith

分布于互助。生于山坡草地、河岸滩地、高山草甸，海拔 3200～4100m。

(833) 偏翅龙胆 *Gentiana pudica* Maxim.

分布于互助、乐都、化隆、循化。生于山顶草地、山坡草地、滩地，海拔 2600～4100m。

(834) 岷县龙胆 *Gentiana purdomii* C. Marquand

分布于民和、循化。生于山顶草地、草甸、沼泽，海拔 2400～4100m。

(835) 管花秦艽 *Gentiana siphonantha* Maxim. ex Kusn.

分布于互助、乐都、循化。生于河滩、山坡草甸、灌丛中，海拔 3000～4100m。

(836) 匙叶龙胆 *Gentiana spathulifolia* Maxim. ex Kusn.

分布于互助、循化。生于山坡草地，海拔 2200～4100m。

(837) 鳞叶龙胆 *Gentiana squarrosa* Ledeb.

分布于互助、乐都、化隆、循化。生于山坡、干草原、河滩、荒地、高山草甸，海拔 2200～3600m。

(838) 麻花艽 *Gentiana straminea* Maxim.

分布于平安、互助、乐都、民和、化隆、循化。生于山坡草地、河滩、灌丛、林缘、高山草甸，海拔 2000～4100m。

(839) 三歧龙胆 *Gentiana trichotoma* Kusn.

分布于互助。生于高山草甸、灌丛，海拔 2800～4100m。

青藏高原特有种。

(840) 三色龙胆 *Gentiana tricolor* Diels & Gilg

分布于互助。生于河滩草甸、湖边草甸，海拔 2200～4100m。

(841) 蓝玉簪龙胆 *Gentiana veitchiorum* Hemsl.

分布于化隆。生于山顶草甸、草滩、河岸草地，海拔 3200～4100m。

(842) 泽库秦艽 *Gentiana zekuensis* T. N. Ho & S. W. Liu

分布于民和。生于灌丛、草甸，海拔 2500～4000m。

青藏高原特有种。

254. 假龙胆属 *Gentianella*

(843) 黑边假龙胆 *Gentianella azurea* (Bunge) Holub

分布于平安、互助、乐都、化隆、循化。生于高山流石滩、高山草甸、山坡草地、湖边沼泽，海拔 2700～4100m。

255. 扁蕾属 *Gentianopsis*

(844) 扁蕾 *Gentianopsis barbata* (Froel.) Ma

分布于乐都、民和、化隆。生于沼泽、河滩、山坡、灌丛中，海拔 2700～4100m。

(845) 细萼扁蕾 *Gentianopsis barbata* var. *stenocalyx* H. W. Li ex T. N. Ho

分布于乐都。生于高山草甸、半阴坡草甸、灌丛中、林中、河滩、沼泽地，海拔 3300～4100m。

青藏高原特有变种。

(846) 回旋扁蕾 *Gentianopsis contorta* (Royle) Ma

分布于互助、循化。生于山坡、疏林下，海拔 2200～3200m。

(847) 湿生扁蕾 *Gentianopsis paludosa* (Hook. f.) Ma

分布于平安、互助、乐都、民和、化隆、循化。生于山坡草地、山麓、灌丛中、河滩，海拔 2000～3900m。

(848) 卵叶扁蕾 *Gentianopsis paludosa* var. *ovatodeltoidea* (Burk.) Ma ex T. N. Ho

分布于民和、化隆。生于山坡、灌丛中，海拔 2800～2900m。

256. 花锚属 *Halenia*

(849) 花锚 *Halenia corniculata* (Linn.) Cornaz

分布于乐都。生于河边，海拔 2200～4100m。

(850) 椭圆叶花锚 *Halenia elliptica* D. Don

分布于平安、互助、乐都、民和、化隆、循化。生于林中空地、林缘、灌丛中、山坡草地、河滩、水边，海拔 1900～3800m。

257. 肋柱花属 *Lomatogonium*

(851) 云南肋柱花 *Lomatogonium forrestii* (Balf. F.) Fern.

分布于平安、乐都。生于水边、河滩、草坡、林下及灌丛下，海拔 2600～3000m。

(852) 大花肋柱花 *Lomatogonium macranthum* (Diels & Gilg) Fern.

分布于互助、循化。生于高山草甸、河谷阶地、林下空地、山坡，海拔 2500～4100m。

青藏高原特有种。

(853) 辐状肋柱花 *Lomatogonium rotatum* (Linn.) Fries ex Nym.

分布于互助、乐都、民和。生于山坡草地、灌丛中，海拔 2300～4100m。

258. 翼萼蔓属 *Pterygocalyx*

(854) 翼萼蔓 *Pterygocalyx volubilis* Maxim.

分布于互助、循化。生于灌丛、山坡草丛，海拔 2500～2800m。

259. 华龙胆属 *Sinogentiana*

(855) 条纹华龙胆 *Sinogentiana striata* (Maxim.) Adr. Favre & Y. M. Yuan

分布于平安、互助、乐都。生于高山灌丛、河谷灌丛和林下，海拔 2200～3900m。

260. 獐牙菜属 *Swertia*

(856) 二叶獐牙菜 *Swertia bifolia* Batalin

分布于平安、互助、乐都、化隆、循化。生于山坡草甸、灌丛中、流石滩，海拔 3200～4000m。

(857) 歧伞獐牙菜 *Swertia dichotoma* Linn.

分布于平安、互助、乐都、民和、循化。生于阴坡林下、水沟边、田边、山坡，海拔 2200～3300m。

(858) 北方獐牙菜 *Swertia diluta* (Turcz.) Benth. & Hook. f.

分布于互助、民和、化隆。生于山坡脚下，海拔 2300～3600m。

(859) 红直獐牙菜 *Swertia erythrosticta* Maxim.

分布于平安、互助、乐都。生于林缘、水边、山坡，海拔 2600～3200m。

(860) 抱茎獐牙菜 *Swertia franchetiana* Harry Sm.

分布于平安、互助、乐都、化隆。生于林缘、山坡草地、河滩，海拔 2300～3800m。

青藏高原特有种。

(861) 四数獐牙菜 *Swertia tetraptera* Maxim.

分布于平安、互助、乐都、民和、化隆、循化。生于山顶草地、山坡湿地、山麓、河滩、灌丛中，海拔 2000～3900m。

(862) 华北獐牙菜 *Swertia wolfgangiana* Gruning

分布于互助。生于高山草甸、阴坡灌丛中，海拔 3400～4100m。

（三十九）茜草科 Rubiaceae

261. 拉拉藤属 *Galium*

(863) 北方拉拉藤 *Galium boreale* Linn.

分布于互助、乐都、民和、循化。生于灌丛草甸，海拔 2600～4000m。

(864) 硬毛拉拉藤 *Galium boreale* var. *ciliatum* Nalai

分布于乐都、民和。生于灌丛草甸，海拔 2600～4000m。

(865) 四叶葎 *Galium bungei* Steud.

分布于循化。生于山谷林下溪旁草中，海拔 1800～2000m。

(866) 小红参 *Galium elegans* Wall. ex Roxb.

分布于循化。生于路边，海拔 1800～2000m。

(867) 单花拉拉藤 *Galium exile* Hook. f.

分布于互助、循化。生于灌丛，海拔 2500～4100m。

(868) 六叶葎 *Galium hoffmeisteri* (Klotzsch) Ehrendorfer & Schonbeck-Temesy ex R. R. Mill

分布于循化。生于山坡、沟边、河滩、草地的草丛或灌丛中及林下，海拔 2500～2600m。

(869) 三脉猪殃殃 *Galium kamtschaticum* Steller ex Roem. & Schult.

分布于循化。生于山坡草地、沟谷，海拔 2500～2700m。

(870) 喀喇套拉拉藤 *Galium karataviense* (Pavlov) Pobed.

分布于乐都。生于阴坡林下、林缘、灌丛，海拔 2800～3500m。

(871) 车轴草 *Galium odoratum* (Linn.) Scop.

分布于循化。生于林下，海拔 2500～2700m。

(872) 圆锥拉拉藤 *Galium paniculatum* (Bunge) Pobed.

分布于甘德。生于干山坡，海拔 4300～4100m。

(873) 林猪殃殃 *Galium paradoxum* Maxim.

分布于互助。生于山沟林下，海拔 2300～2400m。

(874) 拉拉藤 *Galium spurium* Linn.

分布于互助、乐都、民和、循化。生于河边、滩地、田边，海拔 2300～4100m。

(875) 准噶尔拉拉藤 *Galium soongaricum* Schrenk

分布于互助、乐都。生于灌丛草甸，海拔 2300～4000m。

(876) 蓬子菜 *Galium verum* Linn.

分布于平安、乐都、民和、化隆。生于高山草甸、灌丛、河滩、山坡草地、路边，海拔 2100～4100m。

(877) 毛蓬子菜 *Galium verum* var. *tomentosum* (Nakai) Nakai

分布于乐都。生于山坡、田边、河滩，海拔 2900～3500m。

(878) 毛果蓬子菜 *Galium verum* var. *trachycarpum* DC.

分布于互助。生于田边、山坡、路边、河滩，海拔 2400～4100m。

(879) 粗糙蓬子菜 *Galium verum* var. *trachyphyllum* Wallroth

分布于循化。生于山坡、河滩、田边，海拔 2300～3600m。

262. 茜草属 *Rubia*

(880) 茜草 *Rubia cordifolia* Linn.

分布于平安、互助、乐都、民和、循化。生于疏林、林缘、灌丛或草地上，海拔 1800～4100m。

(881) 金线茜草 *Rubia membranacea* Diels

分布于民和。生于疏林、林缘、灌丛或草地上，海拔2500～3000m。

(882) 林生茜草 *Rubia sylvatica* (Maxim.) Nakai

分布于民和。生于较潮湿的林中或林缘，海拔2000～4100m。

十七、牻牛儿苗目 GERANIALES
（四十）牻牛儿苗科 Geraniaceae

263. 牻牛儿苗属 *Erodium*

(883) 牻牛儿苗 *Erodium stephanianum* Willd.

分布于平安、互助、乐都、民和。生于山坡草地、田边、路边，海拔1700～3800m。

264. 老鹳草属 *Geranium*

(884) 丘陵老鹳草 *Geranium collinum* Steph. ex Willd.

分布于民和。生于山地森林草甸和亚高山或高山，海拔2800～3000m。

(885) 粗根老鹳草 *Geranium dahuricum* DC.

分布于互助、乐都、民和。生于山坡草地、田边，海拔1800～3200m。

(886) 毛蕊老鹳草 *Geranium platyanthum* Duthie

分布于互助、民和、循化。生于林下、林缘灌丛间、山谷、河滩、草丛中，海拔1800～3100m。

(887) 草地老鹳草 *Geranium pratense* Linn.

分布于互助、乐都。生于林下、灌丛、山坡草地、河滩，海拔2400～3900m。

(888) 蓝花老鹳草 *Geranium pseudosibiricum* J. Mayer

分布于民和、循化。生于山地草、河谷泛滥地、林缘等，海拔1800～2000m。

(889) 甘青老鹳草 *Geranium pylzowianum* Maxim.

分布于互助、民和、循化。生于河谷、灌丛草地、高山草甸、林缘，海拔2900～3900m。

(890) 鼠掌老鹳草 *Geranium sibiricum* Linn.

分布于平安、互助、民和、循化。生于山坡草地、林间草地、林缘、灌丛、河滩、阶地、路旁，海拔2100～3700m。

(891) 老鹳草 *Geranium wilfordii* Maxim.

分布于民和。生于山坡草地、林缘，海拔2200～2400m。

十八、唇形目 LAMIALES
（四十一）紫葳科 Bignoniaceae

265. 角蒿属 *Incarvillea*

(892) 密生波罗花 *Incarvillea compacta* Maxim.

分布于互助、民和、循化。生于阳山坡石隙，海拔2400～4100m。

(893) 黄波罗花 *Incarvillea lutea* Bur. & Franch.

分布于平安、互助、乐都、民和、循化。生于阳性干旱山坡灌丛下，海拔1900～4100m。

(894) 角蒿 *Incarvillea sinensis* Lam.

分布于互助、乐都。生于高山草甸、砾石滩、路旁，海拔2200～3400m。

(895) 黄花角蒿 *Incarvillea sinensis* var. *przewalskii* (Batalin) C. Y. Wu & W. Q. Yin

分布于平安、互助、民和。生于砾石滩、路旁，海拔2000～3000m。

(896) 丛枝角蒿 *Incarvillea sinensis* subsp. *variabilis* (Batalin) Grierson

分布于互助、循化。生于高山草甸、砾石滩、路旁，海拔1900～2200m。

（四十二）唇形科 Lamiaceae

266. 筋骨草属 *Ajuga*

(897) 白苞筋骨草 *Ajuga lupulina* Maxim.

分布于平安、互助、乐都、民和、化隆、循化。生于河谷滩地、山坡灌丛、高山草甸、河滩，海拔2900～3900m。

267. 莸属 *Caryopteris*

(898) 蒙古莸 *Caryopteris mongholica* Bunge

分布于民和、循化。生于干旱山坡，海拔1900～3000m。

(899) 光果莸 *Caryopteris tangutica* Maxim.

分布于平安、互助、乐都、民和、循化。生于山坡灌丛，海拔1800～3000m。

268. 风轮菜属 *Clinopodium*

(900) 灯笼草 *Clinopodium polycephalum* (Vaniot) C. Y. Wu & Hsuan ex P. S. Hsu

分布于民和、循化。生于山谷坡地，海拔2000～2600m。

(901) 麻叶风轮菜 *Clinopodium urticifolium* (Hance) C. Y. Wu & Hsuan ex H. W. Li

分布于乐都、民和。生于山坡、草地、路旁、林下，海拔2500～4000m。

269. 青兰属 *Dracocephalum*

(902) 白花枝子花 *Dracocephalum heterophyllum* Benth.

分布于平安、互助、乐都、民和、化隆、循化。生于山坡、河滩、田边、沙丘，海拔1800～3900m。

(903) 岷山毛建草 *Dracocephalum purdomii* W. W. Sm.

分布于互助、乐都、民和、循化。生于河滩、水沟边、林下，海拔2000～3800m。

(904) 毛建草 *Dracocephalum rupestre* Hance

分布于平安、互助、乐都、民和。生于灌丛中或林下，海拔2300～3800m。

(905) 香青兰 *Dracocephalum moldavica* Linn.

分布于民和。生于沟谷草原、林缘灌丛，海拔1800～3400m。

(906) 甘青青兰 *Dracocephalum tanguticum* Maxim.

分布于平安、互助、乐都、民和、化隆、循化。生于阳坡、阳坡林下、河谷，海拔2000～3900m。

270. 香薷属 *Elsholtzia*

(907) 密花香薷 *Elsholtzia densa* Benth.

分布于平安、互助、乐都、民和、化隆、循化。生于荒地、田边、路边、水沟边，海拔1800～3800m。

(908) 高原香薷 *Elsholtzia feddei* Lévl.

分布于平安、互助、乐都、民和、化隆、循化。生于荒地、田边、路边、水沟边，海拔1800～3900m。

(909) 鸡骨柴 *Elsholtzia fruticosa* (D. Don) Rehd.

分布于平安。生于河谷中，海拔 2600～4100m。

(910) 淡黄香薷 *Elsholtzia luteola* Diels

分布于平安。生于林边、草坡或溪沟边潮湿地，海拔 2300～2600m。

(911) 川滇香薷 *Elsholtzia souliei* Lévl.

分布于平安。生于山坡、草丛，海拔 2300～3600m。

(912) 海州香薷 *Elsholtzia splendens* Nakai ex F. Maekawa

分布于民和。生于山坡、草丛，海拔 1800～2000m。

271．鼬瓣花属 *Galeopsis*

(913) 鼬瓣花 *Galeopsis bifida* Boenn.

分布于互助、乐都、民和、循化。生于田边、河滩、荒地、路边，海拔 1900～4100m。

(914) 欧鼬瓣花 *Galeopsis tetrahit* Linn.

分布于互助、民和。生于田边、河滩、荒地、路边，海拔 2400～3500m。

272．香茶菜属 *Isodon*

(915) 拟缺香茶菜 *Isodon excisoides* (Sun ex C. H. Hu) H. Hara

分布于循化。生于山谷中、灌丛中，海拔 2700～2900m。

(916) 鄂西香茶菜 *Isodon henryi* (Hemsley) Kudo

分布于民和、循化。生于山谷中、灌丛中，海拔 2200～2600m。

273．夏至草属 *Lagopsis*

(917) 夏至草 *Lagopsis supina* (Steph.) Ikonn. -Gal.

分布于互助、乐都、民和、循化。河谷草原、水沟荒地，海拔 1700～2500m。

274．野芝麻属 *Lamium*

(918) 宝盖草 *Lamium amplexicaule* Linn.

分布于互助、乐都、民和。生于田边、田间、水沟边，海拔 2100～4100m。

275．益母草属 *Leonurus*

(919) 益母草 *Leonurus japonicus* Houttuyn

分布于互助、乐都、民和、循化。生于荒地、田边、水沟边，海拔 2000～3000m。

(920) 大花益母草 *Leonurus macranthus* Maxim.

分布于互助、循化。生于草坡及灌丛中，海拔 2300～3000m。

(921) 细叶益母草 *Leonurus sibiricus* Linn.

分布于互助、民和。生于山坡、田边、路边，海拔 2300～2600m。

(922) 錾菜 *Leonurus pseudomacranthus* Kitagawa

分布于互助。生于草坡湿地，海拔 1900～2000m。

276．地笋属 *Lycopus*

(923) 欧地笋 *Lycopus europaeus* Linn.

分布于化隆。生于荒滩、田边、路边，海拔 2000～2200m。

277．薄荷属 *Mentha*

(924) 薄荷 *Mentha canadensis* Linnaeus

分布于平安、互助、乐都、民和、循化。生于田边、水沟边，海拔 1900～3800m。

278．荆芥属 *Nepeta*

(925) 荆芥 *Nepeta cataria* Linn.

分布于民和。生于宅旁或灌丛中，海拔 2300～3300m。

(926) 蓝花荆芥 *Nepeta coerulescens* Maxim.

分布于互助。生于山坡多石处、河谷阶地、田边，海拔 2300～4100m。

(927) 康藏荆芥 *Nepeta prattii* Lév.

分布于平安、互助、乐都、民和、循化。生于灌丛中、山坡草地、田地，海拔 2000～3900m。

(928) 多花荆芥 *Nepeta stewartiana* Diels

分布于互助、乐都、民和、循化。生于灌丛、草地山坡上，海拔 2400～3900m。

(929) 细花荆芥 *Nepeta tenuiflora* Diels

分布于互助。生于林缘、草地山坡上，海拔 2500～2700m。

青藏高原特有种。

279．糙苏属 *Phlomoides*

(930) 尖齿糙苏 *Phlomoides dentosa* (Franch.) Kamelin & Makhm.

分布于互助、乐都、民和、循化。生于干旱山坡、田边、河滩，海拔 1800～2800m。

280．鼠尾草属 *Salvia*

(931) 甘西鼠尾草 *Salvia przewalskii* Maxim.

分布于互助、民和、循化。生于河谷林下、山坡草地、河滩、林缘，海拔 1900～3800m。

(932) 黏毛鼠尾草 *Salvia roborowskii* Maxim.

分布于平安、互助、乐都、民和、循化、化隆。生于山谷、林中空地、河滩及田边，海拔 2700～4100m。

281．黄芩属 *Scutellaria*

(933) 甘肃黄芩 *Scutellaria rehderiana* Diels

分布于循化。生于山坡，海拔 2100～2600m。

(934) 并头黄芩 *Scutellaria scordifolia* Fisch. ex Schrank

分布于互助、民和、循化。生于田边、路边、水沟边、山坡、林下，海拔 1800～2800m。

(935) 沙滩黄芩 *Scutellaria strigillosa* Hemsl.

分布于民和。生于山地草坡、松林下，海拔 2300～2500m。

282．水苏属 *Stachys*

(936) 甘露子 *Stachys sieboldii* Miq.

分布于平安、互助、乐都、民和、化隆、循化。生于林下、河滩草地、田边、水沟边，海拔 2000～4100m。

283．百里香属 *Thymus*

(937) 百里香 *Thymus mongolicus* Ronn.

分布于平安、民和、化隆、循化。生于河滩、干山坡，海拔 1900～3000m。

（四十三）狸藻科 Lentibulariaceae
284. 捕虫堇属 *Pinguicula*

(938) 高山捕虫堇 *Pinguicula alpina* Linn.

分布于乐都、循化。生于林下，海拔 2700～3100m。

285. 狸藻属 *Utricularia*

(939) 狸藻 *Utricularia vulgaris* Linn.

分布于循化。生于水中，海拔 2800～3400m。

（四十四）通泉草科 Mazaceae
286. 野胡麻属 *Dodartia*

(940) 野胡麻 *Dodartia orientalis* Linn.

分布于民和。生于山坡及田野，海拔 2000～3200m。

287. 肉果草属 *Lancea*

(941) 肉果草 *Lancea tibetica* Hook. f. & Thoms.

分布于平安、互助、乐都、民和、化隆、循化。生于高山灌丛、草甸、河漫滩、弃耕地、砾石滩地、林缘灌丛边草地及疏林内，海拔 2200～4100m。

（四十五）木樨科 Oleaceae
288. 丁香属 *Syringa*

(942) 紫丁香 *Syringa oblata* Lindl.

分布于互助、乐都、民和、循化。生于山地灌丛中，海拔 2000～2500m。

(943) 白丁香 *Syringa oblata* var. *alba* Hort. ex Rehd.

分布于互助、乐都、民和、循化。生于山地灌丛中，海拔 2000～2500m。

(944) 羽叶丁香 *Syringa pinnatifolia* Hemsley

分布于循化。生于山坡、干河滩，海拔 2100～2500m。

(945) 华丁香 *Syringa protolaciniata* P S Green & M. C. Chang

分布于循化。生于山坡、干河滩，海拔 2100～2500m。

(946) 小叶巧玲花 *Syringa pubescens* subsp. *microphylla* (Diels) M. C. Chang & X. L. Chen

分布于互助、乐都、民和、循化。生于山坡灌丛，海拔 2000～2500m。

（四十六）列当科 Orobanchaceae
289. 大黄花属 *Cymbaria*

(947) 光药大黄花 *Cymbaria mongolica* Maxim.

分布于平安、乐都、民和、化隆、循化。生于干旱山坡、滩地、田边，海拔 1800～3200m。

290. 小米草属 *Euphrasia*

(948) 短腺小米草 *Euphrasia regelii* Wettst.

分布于平安、互助、乐都、民和、循化。生于草甸、河滩、林缘及林下、河边沼泽化草甸，海拔 1800～3900m。

(949) 小米草 *Euphrasia pectinata* Ten.

分布于互助、乐都、循化。生于高山草甸、山谷流水旁、林缘及林下、河漫滩，海拔 1800～3800m。

291. 豆列当属 *Mannagettaea*

(950) 矮生豆列当 *Mannagettaea hummelii* H. Smith

分布于互助、循化。常寄生于锦鸡儿属 Caragana Fabr. 柳属 Salix Linn. 或其它植物的根上，海拔 3200～4100m。

青藏高原特有种。

292. 疗齿草属 *Odontites*

(951) 疗齿草 *Odontites vulgaris* Moench

分布于平安、乐都、民和、循化。生于河滩草地湿处及黄河边干旱山坡阴处，海拔 1900～2500m。

293. 列当属 *Orobanche*

(952) 弯管列当 *Orobanche cernua* Loefl.

分布于互助、循化。常寄生于蒿属 (Artemisia spp.) 植物根上，海拔 2000～2600m。

(953) 西藏列当 *Orobanche clarkei* Hook. f.

分布于循化。生于砂砾半灌木丛中，海拔 2900～3400m。

青藏高原特有种。

(954) 列当 *Orobanche coerulescens* Steph.

分布于民和。常寄生于蒿 Artemisia Linn. 植物的根上；生于砂丘、山坡及沟边草地上，海拔 2400～4100m。

294. 马先蒿属 *Pedicularis*

(955) 阿拉善马先蒿 *Pedicularis alaschanica* Maxim.

分布于平安、互助、乐都、民和、化隆、循化。生于阳性干旱山坡、田边、路旁、草甸化草原、河漫滩，海拔 1800～3900m。

(956) 鸭首马先蒿 *Pedicularis anas* Maxim.

分布于平安、互助、乐都。生于高山灌丛、草甸、林边，海拔 3200～4000m。

(957) 刺齿马先蒿 *Pedicularis armata* Maxim.

分布于乐都。生于山坡灌丛，海拔 3600～4100m。

(958) 短茎马先蒿 *Pedicularis artselaeri* Maxim.

分布于循化。生于山坡草丛中、林下，海拔 1800～2200m。

(959) 短唇马先蒿 *Pedicularis brevilabris* Franch.

分布于互助、乐都。生于林下、林缘灌丛草甸、河滩灌丛下，海拔 2300～4100m。

(960) 碎米蕨叶马先蒿 *Pedicularis cheilanthifolia* Schrenk

分布于互助、循化。生于高山灌丛及草甸、高山草甸破坏处、河滩、杨柏林下、云杉林下、路旁，海拔 2500～4100m。

(961) 鹅首马先蒿 *Pedicularis chenocephala* Diels

分布于互助。生于高山灌丛、草甸，海拔 4200～4100m。

青藏高原特有种。

(962) 中国马先蒿 *Pedicularis chinensis* Maxim.

分布于平安、互助、乐都、民和、循化。生于高山灌丛、河滩草地或灌丛湿处、林缘灌丛、林间空地湿草地，海拔 1800～3600m。

(963) 凸额马先蒿 *Pedicularis cranolopha* Maxim.

分布于互助。生于林缘灌丛、草甸、河滩潮湿处、干旱石质山坡，海拔3000～4100m。

青藏高原特有种。

(964) 弯管马先蒿 *Pedicularis curvituba* Maixm.

分布于互助、乐都、民和。生于阳性山坡、河滩地、田边、路旁，海拔2700～4100m。

(965) 美观马先蒿 *Pedicularis decora* Franch.

分布于循化。生于荒草坡上及疏林中，海拔2300～3700m。

(966) 极丽马先蒿 *Pedicularis decorissima* Diels

分布于平安、互助。生于河谷、阳坡灌丛，海拔2600～3400m。

青藏高原特有种。

(967) 草莓状马先蒿 *Pedicularis fragarioides* Tsoong

分布于循化。生于山顶草地，海拔2800～3000m。

青藏高原特有种。

(968) 硕大马先蒿 *Pedicularis ingens* Maxim.

分布于循化。生于山谷、河边灌丛、山坡草地、草甸，海拔2800～4100m。

青藏高原特有种。

(969) 甘肃马先蒿 *Pedicularis kansuensis* Maxim.

分布于平安、互助、乐都、民和、化隆、循化。生于林下、林缘、弃耕地、河滩、阳坡、草甸、灌丛，海拔1800～4100m。

(970) 密花甘肃马先蒿 *Pedicularis kansuensis* subsp. *kokonorica* Tsoong

分布于平安、互助、民和。生于林下、林缘、弃耕地、河滩、阳坡、草甸、灌丛，海拔2400～4100m。

青藏高原特有亚种。

(971) 卡里马先蒿 *Pedicularis kariensis* Bonati

分布于民和、循化。生于多石而湿润的草地上，海拔3600～4000m。

青藏高原特有种。

(972) 毛颏马先蒿 *Pedicularis lasiophrys* Maxim.

分布于互助、乐都。生于高山灌丛、草甸、沼泽滩地、林缘灌丛、林下、路旁、石缝、高山碎石带边草甸，海拔2500～4100m。

(973) 长花马先蒿 *Pedicularis longiflora* Rudolph.

分布于民和、循化。生于沼泽草甸、滩地，海拔2700～4100m。

(974) 管状长花马先蒿 *Pedicularis longiflora* var. *tubiformis* (Klotzsch) P. C. Tsoong

分布于平安、互助、乐都、民和。生于沼泽草甸、滩地，海拔2100～4100m。

青藏高原特有变种。

(975) 藓生马先蒿 *Pedicularis muscicola* Maxim.

分布于平安、互助、民和、乐都、化隆、循化。生于林下、林缘，海拔1800～3600m。

(976) 藓状马先蒿 *Pedicularis muscoides* H. L. Li

分布于互助。生于林缘、草地，海拔2500～3600m。

青藏高原特有种。

(977) 欧亚马先蒿 *Pedicularis oederi* Vahl

分布于互助、乐都、循化。生于林下、林缘，海拔3600～4100m。

(978) 华马先蒿 *Pedicularis oederi* var. *sinensis* (Maxim.) Hurus.

分布于互助、乐都、民和、化隆、循化。生于高山灌丛、草甸、沼泽草甸土丘上、流石滩草甸和石隙中，海拔2800～4100m。

(979) 等裂马先蒿 *Pedicularis paiana* Li

分布于循化。生于高山荒草坡中，偶见林下隙地，海拔2100～4100m。

青藏高原特有种。

(980) 绵穗马先蒿 *Pedicularis pilostachya* Maxim.

分布于互助、乐都。生于高山流石滩、高山草甸，海拔3000～4100m。

(981) 皱褶马先蒿 *Pedicularis plicata* Maxim.

分布于平安、互助、化隆、循化。生于高山灌丛、草甸、山地阴湿处石壁，海拔2900～4100m。

(982) 青藏马先蒿 *Pedicularis przewalskii* Maxim.

分布于互助、乐都。生于高山灌丛、灌丛边草甸，海拔3000～4100m。

(983) 侏儒马先蒿 *Pedicularis pygmaea* Maxim.

分布于互助、乐都。生于山坡草甸、河边沼泽草甸，海拔3400～4100m。

青藏高原特有种。

(984) 拟鼻花马先蒿 *Pedicularis rhinanthoides* Schrenk ex Fisch. & C. A. Mey.

分布于互助、循化。生于高山草甸湿处、沼泽草甸、林缘溪流处、河滩灌丛，海拔2700～4100m。

(985) 大唇拟鼻花马先蒿 *Pedicularis rhinanthoides* subsp. *labellata* (Jacq.) P. C. Tsoong

分布于互助、乐都、循化。生于高山草甸湿处、沼泽草甸、林缘溪流处、河滩灌丛，海拔2700～3900m。

(986) 聚齿马先蒿 *Pedicularis roborowskii* Maxim.

分布于乐都、民和、循化。生于林下、灌丛草甸，海拔2400～3700m。

(987) 草甸马先蒿 *Pedicularis roylei* Maxim.

分布于互助、循化。生于高山草甸、灌丛，海拔3600～4100m。

青藏高原特有种。

(988) 粗野马先蒿 *Pedicularis rudis* Maxim.

分布于平安、互助、乐都、民和、循化。生于山坡、灌丛、林缘、林下，海拔2700～3700m。

(989) 半扭卷马先蒿 *Pedicularis semitorta* Maxim.

分布于互助、乐都、民和。生于沙棘或圆柏林下、干旱山坡、温性草原河滩，海拔3000～3900m。

(990) 团花马先蒿 *Pedicularis sphaerantha* Tsoong

分布于互助、乐都。生于高山草甸、灌丛、流石滩，海拔3200～4100m。

青藏高原特有种。

(991) 穗花马先蒿 *Pedicularis spicata* Pall.

分布于乐都、民和、循化。生于林下、林缘、河滩、山坡灌丛，海拔 2100～3900m。

(992) 红纹马先蒿 *Pedicularis striata* Pall.

分布于循化。生于水边滩地，海拔 3000～3200m。

(993) 蛛丝红纹马先蒿 *Pedicularis striata* subsp. *arachnoidea* (Franch.) Tsoong

分布于民和、循化。生于水边滩地，海拔 1900～2500m。

(994) 四川马先蒿 *Pedicularis szetchuanica* Maxim.

分布于互助、循化、民和。生于圆柏林下、山脊草甸、高山灌丛草甸、河滩灌丛草甸，海拔 3200～4100m。

(995) 细茎马先蒿 *Pedicularis tenera* Li

分布于乐都。生于阳坡沙地，海拔 2700～4100m。青藏高原特有种。

(996) 三叶马先蒿 *Pedicularis ternata* Maxim.

分布于互助、乐都、民和。生于高山灌丛、河滩林下、草甸，海拔 3000～4100m。

(997) 扭旋马先蒿 *Pedicularis torta* Maxim.

分布于民和。生于河边草地、草甸，海拔 2300～2700m。

(998) 轮叶马先蒿 *Pedicularis verticillata* Linn.

分布于平安、互助、乐都。生于山坡草甸、灌丛、河边、阳处，海拔 3300～4100m。

(999) 唐古特轮叶马先蒿 *Pedicularis verticillata* subsp. *tangutica* (Bonati) Tsoong

分布于平安、互助、乐都。生于山坡草甸、灌丛、河边，海拔 3000～4100m。

295．松蒿属 *Phtheirospermum*

(1000) 松蒿 *Phtheirospermum japonicum* (Thunb.) Kanitz

分布于循化。生于山坡草地，海拔 1800～2000m。

296．丁座草属 *Xylanche*

(1001) 丁座草 *Xylanche himalaica* (Hook. f. & Thomson) G. Beck

分布于平安、互助。常寄生于杜鹃花属 *Rhododendron* Linn. 植物根上，海拔 2800～3900m。

（四十七）车前科 Plantaginaceae

297．杉叶藻属 *Hippuris*

(1002) 杉叶藻 *Hippuris vulgaris* Linn.

分布于互助、乐都。生于湖边、沼泽草甸，海拔 2200～3800m。

(1003) 四叶杉叶藻 *Hippuris tetraphylla* L. f.

分布于乐都。生于湖边、沼泽草甸，海拔 2000～4100m。

298．兔耳草属 *Lagotis*

(1004) 短筒兔耳草 *Lagotis brevituba* Maxim.

分布于互助、化隆。生于高山流石滩及草甸处，海拔 3700～4100m。

299．车前属 *Plantago*

(1005) 车前 *Plantago asiatica* Linn.

分布于互助、乐都、循化。生于山坡、田边、路边，海拔 1700～3800m。

(1006) 平车前 *Plantago depressa* Willd.

分布于互助、乐都、民和、循化。生于灌丛草甸、山坡、田边、路边，海拔 1700～3900m。

(1007) 大车前 *Plantago major* Linn.

分布于乐都、民和。生于山坡、田边、路边，海拔 1700～2800m。

(1008) 小车前 *Plantago minuta* Pall.

分布于乐都、民和、循化。生于山坡、田边、路边，海拔 1700～3200m。

300．细穗玄参属 *Scrofella*

(1009) 细穗玄参 *Scrofella chinensis* Maxim.

分布于平安、民和。生于高山灌丛，河滩草地，沼泽滩地，林缘，海拔 2800～3900m。

301．婆婆纳属 *Veronica*

(1010) 北水苦荬 *Veronica anagallis-aquatica* Linn.

分布于互助、乐都、循化。生于沼泽地、水中，海拔 2200～3400m。

(1011) 两裂婆婆纳 *Veronica biloba* Linn.

分布于互助、乐都、民和、循化。生于沼泽地、水中，海拔 2300～3900m。

(1012) 长果婆婆纳 *Veronica ciliata* Fisch

分布于互助、乐都、民和。生于高山灌丛、草甸及草甸破坏处、林下、阳性干旱山坡、流石滩草甸，海拔 2400～4100m。

(1013) 毛果婆婆纳 *Veronica eriogyne* H. Winkl.

分布于互助、乐都、民和。生于高山灌丛、河滩灌丛、草地、草甸、林下，海拔 2500～4100m。

青藏高原特有种。

(1014) 棉毛婆婆纳 *Veronica lanuginosa* Benth. ex Hook. f.

分布于互助。生于山坡草地，海拔 2800～3800m。

青藏高原特有种。

(1015) 光果婆婆纳 *Veronica rockii* H. L. Li

分布于平安、互助、乐都、民和、循化。生于林下，林缘灌丛，林间空地，河滩灌丛，海拔 2200～4100m。

(1016) 阿拉伯婆婆纳 *Veronica persica* Poir.

分布于民和。生于山坡荒野杂草，海拔 1900～2000m。

(1017) 婆婆纳 *Veronica polita* Fries

分布于互助、乐都、循化。生于山坡草地、河边滩地，海拔 2000～3400m。

(1018) 小婆婆纳 *Veronica serpyllifolia* Linn.

分布于互助、乐都、民和。生于山坡草地，海拔 2200～2500m。

(1019) 四川婆婆纳 *Veronica szechuanica* Batalin

分布于民和、循化。生于河滩地，海拔，海拔 2500～2800m。

(1020) 水苦荬 *Veronica undulata* Wall.

分布于互助、民和。生于水边及沼地，海拔 2200～2600m。

(1021) 唐古拉婆婆纳 *Veronica vandellioides* Maxim.

分布于平安、互助、乐都、民和。生于林缘、灌丛、河滩，林下，海拔 2200～4100m。

（四十八）玄参科 Scrophulariaceae
302．醉鱼草属 *Buddleja*

(1022) 巴东醉鱼草 *Buddleja albiflora* Hemsl.

分布于民和。生于山地灌木丛中或林缘，海拔 2000～2800m。

(1023) 互叶醉鱼草 *Buddleja alternifolia* Maxim.

分布于互助、乐都、民和、化隆、循化。生于渠岸、住宅边、山坡、阳坡林下，海拔 1700～3000m。

303．玄参属 *Scrophularia*

(1024) 砾玄参 *Scrophularia incisa* Weinm.

分布于互助、民和、循化。生于山坡林边、干旱山坡、沙质草滩，海拔 1800～3500m。

十九、樟目 LAURALES
（四十九）樟科 Lauraceae
304．山胡椒属 *Lindera*

(1025) 山橿 *Lindera reflexa* Hemsl.

分布于循化。生于溪旁和山地阳坡杂木林中或林缘，海拔 2400～2800m。

305．木姜子属 *Litsea*

(1026) 木姜子 *Litsea pungens* Hemsl.

分布于循化。生于溪旁和山地阳坡杂木林中或林缘，海拔 2400～2800m。

(1027) 绢毛木姜子 *Litsea sericea* (Nees) Hook. f.

分布于循化。生于山谷、山麓，海拔 2300～2700m。

二十、百合目 LILIALES
（五十）百合科 Liliaceae
306．七筋姑属 *Clintonia*

(1028) 七筋姑 *Clintonia udensis* Trautv. & Mey.

分布于循化。生于林下，海拔 2500～2800m。

307．贝母属 *Fritillaria*

(1029) 甘肃贝母 *Fritillaria przewalskii* Maxim.

分布于平安、互助、乐都、民和、循化。生于高山灌丛、草地、林缘，海拔 2400～4000m。

保护级别 列入 2021 年《国家重点保护野生植物名录》二级；列入《世界自然保护联盟濒危物种红色名录》（2022 年，3.1 版），易危（VU）。

(1030) 新疆贝母 *Fritillaria walujewii* Regel

分布于互助。生于林下、草地或沙滩石缝中，海拔 2000～2200m。

保护级别 列入 2021 年《国家重点保护野生植物名录》二级；列入《世界自然保护联盟濒危物种红色名录》（2022 年，3.1 版），濒危（EN）。

(1031) 榆中贝母 *Fritillaria yuzhongensis* G. D. Yu & Y. S. Zhou

分布于循化。生于灌丛，海拔 2400～2600m。

保护级别 列入《国家重点保护野生植物名录》二级；列入《世界自然保护联盟濒危物种红色名录》（2022 年，3.1 版），未予评估（NE）。

308．百合属 *Lilium*

(1032) 野百合 *Lilium brownii* F. E. Brown ex Miellez

分布于互助、民和。生于山坡、灌木林下、路边、溪旁或石缝中，海拔 2000～2200m。

(1033) 山丹 *Lilium pumilum* Redouté

分布于平安、互助、乐都、民和、循化。生于干山坡、山坡农田边，海拔 1900～3500m。

309．顶冰花属 *Gagea*

(1034) 尖果洼瓣花 *Gagea oxycarpa* (Franch.) Zarrei & Wilkin

分布于互助。生于山坡、草地或疏林下，海拔 2900～3600m。

(1035) 少花顶冰花 *Gagea pauciflora* Turcz.

分布于互助、乐都。生于山坡灌丛、草丛、河滩，海拔 2300～4100m。

(1036) 洼瓣花 *Gagea serotina* (Linn.) Ker Gawl.

分布于互助、循化。生于高山草甸、山坡灌丛、山坡岩石缝中，海拔 2600～4100m。

(1037) 小顶冰花 *Gagea terraccianoana* Pascher

分布于互助、乐都。生山林缘、灌丛中和山地草原等处，海拔 2300～2500m。

310．扭柄花属 *Streptopus*

(1038) 扭柄花 *Streptopus obtusatus* Fass & t.

分布于互助、民和、循化。生于林下，海拔 1800～2600m。

（五十一）藜芦科 Melanthiaceae
311．重楼属 *Paris*

(1039) 七叶一枝花保护 *Paris polyphylla* Smith

分布于循化。生于林下，海拔 2300～2500m。

保护级别 列入《国家重点保护野生植物名录》二级。

(1040) 北重楼 *Paris verticillata* M. -Bieb.

分布于循化。生于林下，海拔 2000～2700m。

（五十二）菝葜科 Smilacaceae
312．菝葜属 *Smilax*

(1041) 防己叶菝葜 *Smilax menispermoidea* A. DC.

分布于循化。生于林下，海拔 2200～2300m。

(1042) 鞘柄菝葜 *Smilax stans* Maxim.

分布于互助、循化。生于林下，海拔 2200～2500m。

二十一、金虎尾目 MALPIGHIALES
（五十三）大戟科 Euphorbiaceae
313．大戟属 *Euphorbia*

(1043) 乳浆大戟 *Euphorbia esula* Linn.

分布于乐都。生于地边，海拔 2000～3500m。

(1044) 泽漆 *Euphorbia helioscopia* Linn.

分布于平安、互助、乐都、循化。生于林缘、阳坡、田边、河滩，海拔 2200～3800m。

(1045) 地锦草 *Euphorbia humifusa* Willd. ex Schltdl.

分布于平安、互助、乐都、民和、循化。生于干草原、山坡草地、河滩、田边，海拔 1900～3300m。

(1046) 甘肃大戟 *Euphorbia kansuensis* Prokh.

分布于民和、循化。生于山坡草甸、砂砾地、高山流石坡，海拔2100～3200m。

(1047) 甘青大戟 *Euphorbia micractina* Boiss.

分布于互助、乐都、民和、循化。生于灌丛、草甸、林缘、山坡林下，海拔2400～4100m。

(1048) 钩腺大戟 *Euphorbia sieboldiana* Morr. & Decne.

分布于互助。生于林缘、灌丛、林下、山坡、草地，海拔2600～2800m。

(1049) 高山大戟 *Euphorbia stracheyi* Boiss.

分布于互助、乐都。生于山坡灌丛、草甸、裸地、河滩沙地，海拔2900～4100m。

(1050) 大果大戟 *Euphorbia wallichii* Hook. f.

分布于化隆。生于山麓，海拔3400～4000m。

（五十四）金丝桃科 Hypericaceae

314. 金丝桃属 *Hypericum*

(1051) 突脉金丝桃 *Hypericum przewalskii* Maxim.

分布于平安、互助、乐都、民和、化隆、循化。生于林下、河滩灌丛、田边，海拔2000～3500m。

（五十五）亚麻科 Linaceae

315. 亚麻属 *Linum*

(1052) 短柱亚麻 *Linum pallescens* Bunge

分布于平安、乐都、民和。生于干山坡草地、河谷、林缘、河滩，海拔1800～3800m。

(1053) 宿根亚麻 *Linum perenne* Linn.

分布于乐都、化隆、循化。生于山坡草地、林间草地、荒地、沙丘，海拔1800～2800m。

（五十六）杨柳科 Salicaceae

316. 杨属 *Populus*

(1054) 青杨 *Populus cathayana* Rehder

分布于平安、互助、乐都、民和、化隆、循化。生于山坡、山脊、沟谷地带，海拔1700～3700m。

(1055) 宽叶青杨 *Populus cathayana* var. *latifolia* (C. Wang et C. Y. Yu) C. Wang et Tung

分布于互助、乐都、民和、化隆、循化。生于山坡、沟谷地带，海拔1700～1900m。

(1056) 山杨 *Populus davidiana* Dode

分布于平安、互助、乐都、民和、化隆、循化。生于山坡、山脊、沟谷地带，海拔2000～3200m。

(1057) 胡杨 *Populus euphratica* Oliv.

分布于贵德。生于山谷、河谷、沙地，海拔2300～2800m。

(1058) 民和杨 *Populus minhoensis* S. F. Yang & H. F. Wu

分布于民和。生于山谷、河岸，海拔1800～2500m。

青海特有种。

(1059) 冬瓜杨 *Populus purdomii* Rehd.

分布于互助、循化。生于山坡、山谷、河流两岸，海拔2200～2800m。

(1060) 光皮冬瓜杨 *Populus purdomii* var. *rockii* (Rehd.) C. F. Fang & H. L. Yang

分布于互助、循化。生于山坡、山谷、溪流边，海拔2800～3000m。

(1061) 小叶杨 *Populus simonii* Carr.

分布于互助、乐都、民和。生于山谷溪流边，海拔1900～3400m。

(1062) 垂枝小叶杨 *Populus pendula* Schneid.

分布于互助。生于山谷溪流边，海拔2200～3400m。

(1063) 川杨 *Populus szechuanica* Schneid.

分布于循化。生于山坡，海拔2000～3900m。

317. 柳属 *Salix*

(1064) 秦岭柳 *Salix alfredii* Goerz ex Rehder & Kobuski

分布于互助、乐都、循化。生于山坡、山谷、林下，海拔2000～3800m。

(1065) 奇花柳 *Salix atopantha* C. K. Schneid.

分布于乐都、循化。生于山坡、山谷、河滩中，海拔2100～3700m。

(1066) 庙王柳 *Salix biondiana* Seemen ex Diels

分布于互助、乐都、循化。生于山坡、山谷、河流两岸，海拔2600～4100m。

(1067) 黄花柳 *Salix caprea* Linn.

分布于互助。生于山坡或林中，海拔2300～2500m。

(1068) 乌柳 *Salix cheilophila* C. K. Schneid.

分布于互助、循化。生于山坡溪流边，海拔1800～4100m。

(1069) 秦柳 *Salix chingiana* Hao ex Fang & Skvortsov

分布于循化。生于山坡、山谷，海拔2600～3100m。

(1070) 腹毛柳 *Salix delavayana* Hand.-Mazz.

分布于互助。生于高山灌丛，海拔2600～4100m。

(1071) 银背柳 *Salix ernestii* C. K. Schneider

分布于互助。生于山坡上，海拔2600～2800m。

(1072) 吉拉柳 *Salix gilashanica* C. Wang & P. Y. Fu

分布于循化。生于山坡，海拔3200～3600m。

青藏高原特有种。

(1073) 川柳 *Salix hylonoma* C. K. Schneid.

分布于平安、互助、循化。生于山坡、林下，海拔2700～2900m。

(1074) 贵南柳 *Salix juparica* Goerz & Rehd. & Kobuski

分布于互助、循化。生于山坡、林中，海拔2700～4100m。

青藏高原特有种。

(1075) 光果贵南柳 *Salix juparica* var. *tibetica* (Goerz ex Rehder & Kobuski) C. F. Fang

分布于互助、循化。生于山坡、林中，海拔2700～4100m。

青藏高原特有变种。

(1076) 拉马山柳 *Salix lamashanensis* K. S. Hao & C. F. Fang & A. K. Skvortsov

分布于民和。生于山坡、山谷，海拔 1900～3400m。

(1077) 长花柳 *Salix longiflora* Anderss.

分布于乐都、民和、循化。生于山坡林下，海拔 2200～4100m。

(1078) 丝毛柳 *Salix luctuosa* Lévl.

分布于民和、循化。生于河边、山沟及山坡等处，海拔 2000～3500m。

(1079) 岷江柳 *Salix minjiangensis* N. Chao

分布于循化。生于山谷，海拔 2400～2600m。

(1080) 坡柳 *Salix myrtillacea* Andersson

分布于互助、乐都。生于山坡、山谷、林中、灌丛中、溪流边，海拔 2400～4100m。

(1081) 新山生柳 *Salix neoamnematchinensis* T. Y. Ding & C. F. Fang

分布于平安、互助、乐都、民和、循化、化隆。生于山坡灌丛、沟谷林缘、河岸林下、阴坡高山灌丛，海拔 2400～4100m。

青藏高原特有种。

(1082) 迟花柳 *Salix opsimantha* Schneid.

分布于循化。生于山坡、山谷、林中，海拔 2500～3000m。

(1083) 山生柳 *Salix oritrepha* C. K. Schneid.

分布于平安、互助、乐都、民和、化隆、循化。生于山坡、山谷、草地中，海拔 2100～4100m。

(1084) 青山生柳 *Salix oritrepha* var. *amnematchinensis* (K. S. Hao exC. F. Fang & A. K. Skvortsov) G. H. Zhu

分布于平安、互助、乐都、民和、化隆、循化。生于山坡、山谷、草地中，海拔 2100～4100m。

青藏高原特有变种。

(1085) 康定柳 *Salix paraplesia* C. K. Schneid.

分布于互助、乐都、循化。生于山坡、山谷、林中河流两岸，海拔 2100～4000m。

(1086) 毛枝康定柳 *Salix paraplesia* var. *pubescens* C. Wang & C. F. Fang

分布于循化。生于山谷、林缘，海拔 1800～2200m。

青藏高原特有变种。

(1087) 曲毛柳 *Salix plocotricha* Schneid.

分布于循化。生于灌木林中，海拔 1900～2100m。

(1088) 大苞柳 *Salix pseudospissa* Gorz

分布于互助。生于山坡、灌丛，海拔 2700～4100m。

青藏高原特有种。

(1089) 青皂柳 *Salix pseudowallichiana* Goerz ex Rehder & Kobuski

分布于互助、乐都、循化。生于山坡、山谷、林中、溪流边，海拔 2500～3200m。

青藏高原特有种。

(1090) 青海柳 *Salix qinghaiensis* Y. L. Chou

分布于互助。生于河边，海拔 2300～3100m。

青藏高原特有种。

(1091) 川滇柳 *Salix rehderiana* C. K. Schneid.

分布于互助、乐都、民和、循化。生于山坡、山谷、林下、灌丛中，海拔 2300～3800m。

(1092) 灌柳 *Salix rehderiana* var. *dolia* (C. K. Schneid.) N. Chao

分布于互助、乐都。生于山谷、水边、林下，海拔 2700～3900m。

(1093) 硬叶柳 *Salix sclerophylla* Anderss

分布于互助。生于山坡林中、高山河滩、山顶灌丛，海拔 2400～2800m。

(1094) 近硬叶柳 *Salix sclerophylloides* Y. L. Chou

分布于互助。生于高山草地、山谷、山坡、灌丛，海拔 2800～4100m。

青藏高原特有种。

(1095) 中国黄花柳 *Salix sinica* (Hao) C. Wang & C. F. Fang

分布于平安、互助、乐都、民和、循化。生于山坡、山谷、林下、溪流边，海拔 2200～3400m。

(1096) 红皮柳 *Salix sinopurpurea* C. Wang & C. Y. Yang

分布于循化。生于山坡、山谷、河边，海拔 2100～2600m。

(1097) 匙叶柳 *Salix spathulifolia* Seemen

分布于互助、乐都、循化。生于山坡、林中、溪流边，海拔 2200～4000m。

(1098) 周至柳 *Salix tangii* K. S. Hao ex C. F. Fang & A. K. Skvortsov

分布于循化。生于山坡、林下，海拔 2500～3100m。

(1099) 洮河柳 *Salix taoensis* Goerz ex Rehder & Kobuski

分布于互助、乐都、循化。生于山谷水边，海拔 2200～4100m。

（五十七）堇菜科 Violaceae

318. 堇菜属 *Viola*

(1100) 鸡腿堇菜 *Viola acuminata* Ledeb.

分布于循化。生于林下、林下潮湿处，海拔 1700～2500m。

(1101) 双花堇菜 *Viola biflora* Linn.

分布于互助、乐都、循化、化隆。生于阴坡灌丛下、山沟草地、山坡岩石缝隙、草甸、林下、林缘、河滩，海拔 2400～3200m。

(1102) 圆叶小堇菜 *Viola biflora* var. *rockiana* (W. Becker) Y. S. Chen

分布于平安、互助、乐都、循化。生于草甸、灌丛、林下、山坡草地、河滩，海拔 2300～3700m。

(1103) 鳞茎堇菜 *Viola bulbosa* Maxim.

分布于互助、乐都、民和。生于滩地、草原、高山草甸、水沟阶地、林下、荒地，海拔 2300～4100m。

(1104) 南山堇菜 *Viola chaerophylloides* (Royle) W. Beck.

分布于民和。生于林缘、山坡草地、溪谷潮湿处、阳坡多草处，海拔1800～2000m。

(1105) 裂叶堇菜 *Viola dissecta* Ledeb.

分布于平安、互助、循化。生于林缘、山顶灌丛下、山坡草地、高阶地，海拔1800～3200m。

(1106) 紫花地丁 *Viola philippica* Cav.

分布与于乐都。生于林缘、山坡草地，海拔2000～2100m。

(1107) 早开堇菜 *Viola prionantha* Bunge

分布于平安、互助、乐都、民和、循化。生于林缘、灌丛、山坡草地、水渠边、路边，海拔1800～2800m。

(1108) 深山堇菜 *Viola selkirkii* Pursh ex Gold

分布于乐都。生于林缘、溪谷、沟旁阴湿处，海拔2600～2700m。

二十二、锦葵目 MALVALES
（五十八）锦葵科 Malvaceae
319. 木槿属 *Hibiscus*

(1109) 野西瓜苗 *Hibiscus trionum* Linn.

分布于循化。生于滩地、水边、路边、田边，海拔1800～2400m。

320. 锦葵属 *Malva*

(1110) 野葵 *Malva verticillata* Linn.

分布于互助、乐都、民和、循化。生于田边荒地、村舍路边、河滩，海拔1800～4100m。

(1111) 中华野葵 *Malva verticillata* var. *rafiqii* Abedin

分布于民和。生于山坡草地、农田边、河边，海拔2000～3800m。

（五十九）瑞香科 Thymelaeaceae.
321. 瑞香属 *Daphne*

(1112) 黄瑞香 *Daphne giraldii* Nitsche.

分布于平安、互助、乐都、民和、循化。生于高山灌丛、草甸、林下、林间空地，海拔2000～3200m。

(1113) 乌饭瑞香 *Daphne myrtilloides* Nitsche

分布于循化。生于河谷山地、半阴坡灌丛，海拔2500～2600m。

(1114) 凹叶瑞香 *Daphne retusa* Hemsl.

分布于互助、乐都、循化。生于河谷山地、半阴坡灌丛，海拔3000～4100m。

(1115) 华瑞香 *Daphne rosmarinifolia* Rehd.

分布于循化。生于灌木林中、林缘、石砾山地、河漫滩，海拔1700～3000m。

青藏高原特有种。

(1116) 唐古特瑞香 *Daphne tangutica* Maxim.

分布于平安、互助、乐都、民和、循化。生于林下、阴坡灌丛、高山草甸、林缘，海拔2600～3800m。

322. 狼毒属 *Stellera*

(1117) 狼毒 *Stellera chamaejasme* Linn.

分布于平安、互助、乐都、民和、化隆、循化。生于山坡草地、滩地、田边、道旁，海拔1800～3900m。

二十三、桃金娘目 MYRTALES
（六十）千屈菜科 Lythraceae
323. 千屈菜属 *Lythrum*

(1118) 千屈菜 *Lythrum salicaria* Linn.

分布于平安、互助、乐都、民和、化隆、循化。生于林下、林缘、阴山灌丛、河滩，海拔1700～2200m。

（六十一）柳叶菜科 Onagraceae
324. 柳兰属 *Chamaenerion*

(1119) 柳兰 *Chamerion angustifolium* (Linn.) Holub

分布于平安、互助、乐都、民和、化隆、循化。生于林下、林缘、阴山灌丛、河滩，海拔1800～3900m。

(1120) 毛脉柳兰 *Chamerion angustifolium* subsp. *circumvagum* (Mosquin) Hoch

分布于平安、互助、乐都、化隆、循化。生于山地较为潮湿处，海拔3600～4100m。

325. 露珠草属 *Circaea*

(1121) 高山露珠草 *Circaea alpina* Linn.

分布于平安、互助、乐都、化隆、循化。生于柏林下阴湿处、灌丛下、石隙、河边、田边，海拔2300～3900m。

(1122) 高寒露珠草 *Circaea alpina* subsp. *micrantha* (Skvortsov) Boufford

分布于互助。生于沟谷石砾草坡，海拔3200～4100m。

青藏高原特有亚种。

326. 柳叶菜属 *Epilobium*

(1123) 毛脉柳叶菜 *Epilobium amurense* Hausskn.

分布于平安、互助、乐都、化隆、循化。生于林下、林缘、山沟草地、河滩，海拔2300～3100m。

(1124) 沼生柳叶菜 *Epilobium palustre* Linn.

分布于平安、互助、乐都、民和、化隆、循化。生于山谷灌丛、草甸、山坡草地、河漫滩、林下、林缘，海拔2300～4100m。

(1125) 阔柱柳叶菜 *Epilobium platystigmatosum* C. Robinson

分布于互助。生于山沟草坡、山沟林下、沟谷溪边潮湿处，海拔2300～2400m。

(1126) 短梗柳叶菜 *Epilobium royleanum* Hausskn.

分布于互助、乐都、民和、循化。生于林下、林缘、山坡草地、河漫滩，海拔1800～4100m。

(1127) 亚革质柳叶菜 *Epilobium subcoriaceum* Hausskn.

分布于互助。生于溪流边砾石地、湖边、荒坡湿处，海拔2400～3700m。

二十四、禾本目 POALES
（六十二）莎草科 Cyperaceae
327. 扁穗草属 *Blysmus*

(1128) 华扁穗草 *Blysmus sinocompressus* Tang & F. T. Wang

分布于平安、互助、乐都、民和、化隆、循化。生于沟谷、溪边、河滩潮湿处和沼泽地上，海拔1900～4100m。

328. 三棱草属 *Bolboschoenus*

(1129) 扁秆荆三棱 *Bolboschoenus planiculmis* (F. Schmidt) T. V. Egorova

分布于民和。生于水边湿地或浅水处，海拔 1700～2000m。

329. 薹草属 *Carex*

(1130) 团穗薹草 *Carex agglomerata* C. B. Clarke

分布于互助、乐都、民和、循化。生于山沟林下、山谷阴处或山坡灌丛下，海拔 1900～3000m。

(1131) 矮生嵩草 *Carex alatauensis* S. R. Zhang

分布于互助、乐都。生于亚高山草甸带山坡阳处，海拔 3200～4100m。

(1132) 祁连薹草 *Carex allivescens* V. I. Krecz.

分布于互助。生于田边、山沟、山坡林下，海拔 2300～2800m。

(1133) 北疆薹草 *Carex arcatica* Meinsh.

分布于互助。生于沼泽地、河岸阶地或水边。海拔 2600～4000m。

(1134) 干生薹草 *Carex aridula* V. Krecz.

分布于乐都、民和。生于山坡、高山草甸或沟边滩地，海拔 2300～4100m。

(1135) 黑穗薹草 *Carex atrata* Linn.

分布于平安、互助。生于山坡、草坡，海拔 2600～3800m。

(1136) 尖鳞薹草 *Carex atrata* subsp. *pullata* (Boott) Kük.

分布于互助。生于山坡、草坡或林下，海拔 2600～3800m。

(1137) 黑褐穗薹草 *Carex atrofusca* subsp. *minor* (Boott) T. Koyama

分布于平安、互助、乐都、民和、循化、化隆。生于高山灌丛草甸及流石滩下部和杂木林下，海拔 2600～4100m。

(1138) 青绿薹草 *Carex breviculmis* R. Br.

分布于民和、循化。生于河滩，海拔 1800～2000m。

(1139) 线叶嵩草 *Carex capillifolia* (Decne.) S. R. Zhang

分布于平安、互助、乐都、民和、循化、化隆。生于高山草甸、山麓、山坡、林间、灌丛、草甸化草原、河谷、溪边、河滩，海拔 2400～4100m。

(1140) 细秆薹草 *Carex capilliculmis* S. R. Zhang

分布于互助。生于高寒灌丛、山坡林下，海拔 2400～4100m。

(1141) 藏东薹草 *Carex cardiolepis* Nees

分布于互助、民和。生于山坡林下、灌木丛中潮湿处或河滩草地、砾石地，海拔 2600～4100m。

(1142) 绿穗薹草 *Carex chlorostachys* Steven

分布于互助、民和。生于高山坡灌木丛中、草地、河边、湖边等，海拔 1900～3300m。

(1143) 高原嵩草 *Carex coninux* (F. T. Wang & Tang) S. R. Zhang

分布于互助。生于高山草甸或沼泽草甸，海拔 2500～4100m。

(1144) 密生薹草 *Carex crebra* V. I. Krecz.

分布于互助、乐都。生于高山灌丛草甸阳处，海拔 2300～4100m。

(1145) 赤箭嵩草 *Carex deasyi* (C. B. Clarke) O. Yano & S. R. Zhang

分布于互助。生于沼泽草甸、水边、河滩、灌丛、山顶、山坡，海拔 2500～4100m。

(1146) 白颖薹草 *Carex duriuscula* subsp. *rigescens* (Franch) S. Y. Liang & Y. C. Tang

分布于互助、民和。生于山坡、半干旱地区或草原上，海拔 2000～4100m。

(1147) 无脉薹草 *Carex enervis* C. A. Mey.

分布于互助。生于山坡、沼泽、沼泽草甸，海拔 2500～4100m。

(1148) 箭叶薹草 *Carex ensifolia* Turcz. ex Ledeb.

分布于循化。生于湖边、河滩、沼泽草甸或阳坡，海拔 2300～4100m。

(1149) 三脉嵩草 *Carex esenbeckii* Kunth

分布于互助。生于高山灌丛草甸及冷杉林下的岩石上，海拔 3200～3900m。

青藏高原特有种。

(1150) 蕨状嵩草 *Carex filispica* S. R. Zhang

分布于互助。生于林下或河边岩石上，海拔 2400～4100m。

青藏高原特有种。

(1151) 红嘴薹草 *Carex haematostoma* Nees

分布于互助。生于高山灌丛草甸、林边，流石滩下部石缝中或山坡水边，海拔 2600～4100m。

青藏高原特有种。

(1152) 点叶薹草 *Carex hancockiana* Maxim.

分布于互助、循化。生于林中草地、水旁湿处和高山草甸，海拔 2000～4100m。

(1153) 禾叶嵩草 *Carex hughii* S. R. Zhang

分布于乐都、循化。生于山顶、山坡、灌丛、草甸，海拔 3600～4100m。

(1154) 无穗柄薹草 *Carex ivanoviae* T. V. Egorova

分布于平安、互助、乐都、民和、循化、化隆。生于山坡草地、河边或湖边草地，海拔 2600～4100m。

(1155) 甘肃薹草 *Carex kansuensis* Nelmes

分布于平安、互助、乐都、民和、化隆、循化。生于高山灌丛草甸、湖泊岸边、湿润草地，海拔 2600～4100m。

(1156) 喜马拉雅嵩草 *Carex kokanica* (Regel) S. R. Zhang

分布于平安、互助、乐都、民和、化隆、循化。生于高山草甸、高山灌丛草甸、沼泽草甸、河漫滩等，海拔 2800～4100m。

(1157) 岷山嵩草 *Carex kokanica* subsp. *minshanica* (F. T. Wang & T. Tang ex Y. C. Yang) S. R. Zhang

分布于互助。生于高山灌丛草甸，海拔 2900～3800m。

青藏高原特有亚种。

(1158) 明亮薹草 *Carex laeta* Boott

分布于互助、民和。生于高山灌丛草甸、林边或河边草地，海拔 2400～3700m。

(1159) 大披针薹草 *Carex lanceolata* Boott

分布于互助。生于林下、林缘草地、阳坡干燥草地，海拔 2600～3300m。

(1160) 亚柄薹草 *Carex lanceolata* var. *subpediformis* Kük.

分布于循化。生于林下、山坡草地、路旁，海拔 2600～3200m。

(1161) 膨囊薹草 *Carex lehmannii* Drejer

分布于互助、乐都、民和。生于沟边、林下、山坡草地，海拔 2200～4100m。

(1162) 丝叶嵩草 *Carex macroprophylla* (Y. C. Yang) S. R. Zhang

分布于互助、乐都。生于河滩、山顶、山坡、山谷、林下、灌丛、沙丘、草甸化草原，海拔 2400～4100m。

(1163) 窄叶薹草 *Carex montis-everesti* Kukenth.

分布于互助。生于山坡、河漫滩、灌丛、草甸或草原，海拔 3800～4100m。

青藏高原特有种。

(1164) 青藏薹草 *Carex moorcroftii* Falc. ex Boott

分布于平安、互助、乐都、民和、化隆、循化。生于高山灌丛草甸、高山草甸、湖边草地或低洼处，海拔 2100～4100m。

(1165) 嵩草 *Carex myosuroides* Vill.

分布于平安、互助、乐都、民和、循化、化隆。生于河漫滩、湿润草地、林下、沼泽草甸和灌丛草甸，海拔 2100～4100m。

(1166) 大花嵩草 *Carex nudicarpa* (Y. C. Yang) S. R. Zhang

分布于互助、化隆。生于沙丘、沙地、河滩、湖边、平缓山坡，海拔 2500～4100m。

青藏高原特有种。

(1167) 圆囊薹草 *Carex orbicularis* Boott

分布于互助。生于河漫滩或湖边盐生草甸，沼泽草甸，海拔 2800～4100m。

(1168) 高山嵩草 *Carex parvula* O. Yano

分布于平安、互助、民和、化隆、循化。生于高山灌丛草甸和高山草甸，海拔 3200～4100m。

(1169) 柄状薹草 *Carex pediformis* C. A. Mey

分布于互助、乐都、民和。生于草原、山坡、疏林下或林间坡地，海拔 2600～4100m。

(1170) 无味薹草 *Carex pseudofoetida* Kük.

分布于互助。生于山坡、潮湿处和草甸，海拔 3200～4100m。

青藏高原特有种。

(1171) 甘肃嵩草 *Carex pseuduncinoides* (Noltie) O. Yano & S. R. Zhang

分布于乐都。生于高山灌丛中、河漫滩、潮湿草地、山坡阴处和林边草地，海拔 2500～4100m。

(1172) 糙喙薹草 *Carex scabrirostris* Kük.

分布于互助、乐都、民和。生于阴坡草甸、灌丛、林下、草原或峡谷的潮湿阴坡上，海拔 2600～4100m。

(1173) 紫喙薹草 *Carex serreana* Hand.-Mazz.

分布于民和。生于林下或潮湿处，海拔 1900～4100m。

(1174) 短轴嵩草 *Carex vidua* Boott ex C. B. Clarke

分布于互助、乐都。生于阴坡草甸、滩地、灌丛，海拔 3200～4100m。

(1175) 泽库薹草 *Carex zekogensis* Y. C. Yang

分布于乐都。生山坡草地、阳坡、林下、水边、路旁，海拔 2800～3900m。

青海特有种。

330. 荸荠属 Eleocharis

(1176) 透明鳞荸荠 *Eleocharis pellucida* J. Presl & C. Presl

分布于化隆。生于河边、湖边浅水中，海拔 2000～2100m。

(1177) 单鳞苞荸荠 *Eleocharis uniglumis* (Link) Schult.

分布于民和。生于河边、水边或沼泽地中，海拔 1800～2200m。

(1178) 具刚毛荸荠 *Eleocharis valleculosa* var. *setosa* Ohwi

分布于民和。生于湖边或沼泽地，海拔 2500～3200m。

331. 细莞属 Isolepis

(1179) 细莞 *Isolepis setacea* (Linn.) R. Br.

分布于民和、循化。生于河滩、水中或沼泽地，海拔 1900～3900m。

332. 水葱属 Schoenoplectus

(1180) 三棱水葱 *Schoenoplectus triqueter* (Linn.) Palla

分布于民和。生于河滩地，海拔 1900～2300m。

333. 蔺藨草属 Trichophorum

(1181) 双柱头蔺藨草 *Trichophorum distigmaticum* (Kukenthal) T. V. Egorova

分布于互助、民和。生于高山草原、平缓阳坡、半阳坡潮湿处或水边，海拔 3200～4100m。

（六十三）灯芯草科 Juncaceae

334. 灯芯草属 Juncus

(1182) 葱状灯芯草 *Juncus allioides* Franch.

分布于平安、互助、民和。生于山坡、草地和林下潮湿处，海拔 2000～4100m。

(1183) 走茎灯芯草 *Juncus amplifolius* A. Camus

分布于互助、民和。生于高山湿草地、林下石缝及河边，海拔 2200～3900m。

(1184) 小花灯芯草 *Juncus articulatus* Linn.

分布于民和、循化。生于草甸、沙滩、河边、沟边湿地，海拔 1800～2300m。

(1185) 小灯芯草 *Juncus bufonius* Linn.

分布于平安、互助、乐都、民和、化隆、循化。生于湿草地、湖岸、河边、沼泽地，海拔 2000～4100m。

(1186) 栗花灯芯草 *Juncus castaneus* Sm.

分布于平安、互助、乐都、民和、化隆、循化。生于山地湿草甸、沼泽地，海拔 2200～4100m。

(1187) 灯芯草 *Juncus effusus* Linn.

分布于互助、乐都、民和、循化。生于河边、池旁、水沟、草地及沼泽湿处，海拔 2000～2300m。

(1188) 扁茎灯芯草 *Juncus gracillimus* V. Krecz. et Gontsch.

分布于民和。生于河岸、塘边、田埂上、沼泽及草原湿地，海拔 1900～4000m。

(1189) 川甘灯芯草 *Juncus leucanthus* Royle ex D. Don

分布于互助。生于高山草甸、阴坡湿地，海拔 2700～4100m。

(1190) 多花灯芯草 *Juncus modicus* N. E. Brown

分布于互助。生于山谷、山坡阴湿岩石缝中和林下湿地，海拔 2600～3200m。

(1191) 单枝灯芯草 *Juncus potaninii* Buchenau

分布于互助、乐都。生于山坡林下阴湿地或岩石裂缝中，海拔 2400～3900m。

(1192) 长柱灯芯草 *Juncus potaninii* Buchenau

分布于互助。生于高山潮湿草地，海拔 2800～4100m。

(1193) 锡金灯芯草 *Juncus sikkimensis* Hook. f.

分布于互助。生于山坡草丛、林下、沼泽湿，海拔 3200～4100m。

青藏高原特有种。

(1194) 陕甘灯芯草 *Juncus tanguticus* Samuelsson

分布于互助。生于高山灌丛、草甸，海拔 2700～3200m。

(1195) 展苞灯芯草 *Juncus thomsonii* Buchenau

分布于平安、互助、乐都、民和、循化、化隆。生于高山草甸、池边、沼泽地及林下潮湿处，海拔 2200～4100m。

(1196) 西藏灯芯草 *Juncus tibeticus* T. V. Egorova

分布于互助。生于高山灌丛草地、林缘，海拔 2800～3500m。

(1197) 贴苞灯芯草 *Juncus triglumis* Linn.

分布于平安、互助。生于高山灌丛、草甸，海拔 2200～4100m。

335．地杨梅属 *Luzula*

(1198) 多花地杨梅 *Luzula multiflora* (Ehrhart) Lej.

分布于互助。生于林下、灌丛、草甸，海拔 2800～3900m。

（六十四）禾本科 Poaceae

336．羽茅属 *Achnatherum*

(1199) 展序芨芨草 *Achnatherum brandisii* (Mez) Z. L. Wu

分布于互助、乐都、循化。生于林缘、山坡草地、河边滩地，海拔 3700～3800m。

青藏高原特有种。

(1200) 短芒芨芨草 *Achnatherum breviaristatum* Keng et P. C. Kuo

分布于互助。生于山坡草地和干燥河谷中，海拔 2400～2500m。

保护等级 列入 2021 年《国家重点保护野生植物名录》二级。列入《世界自然保护联盟濒危物种红色名录》（2022 年，3.1 版），易危 (VU)。

(1201) 中华芨芨草 *Achnatherum chinense* (Hitchcock) Tzvelev

分布于互助、乐都、循化。生于干旱山坡、路旁草丛中和林缘草地，海拔 1800～2400m。

(1202) 细叶芨芨草 *Achnatherum chingii* (Hitchc.) Keng ex P. C. Kuo

分布于互助、乐都。生于山坡林缘、林下、草地，海拔 2100～3800m。

(1203) 异颖芨芨草 *Achnatherum inaequiglume* Keng ex P. C. Kuo

分布于乐都。生于山坡草地，海拔 2000～3300m。

(1204) 醉马草 *Achnatherum inebrians* (Hance) Keng ex Tzvelev

分布于平安、互助、乐都、民和、化隆、循化。生于高草原、山坡草地、田边、路旁、河滩，海拔 1900～4100m。

(1205) 京芒草 *Achnatherum pekinense* (Hance) Ohwi

分布于互助、乐都、循化。生于低矮山坡草地、林下、河滩及路旁，海拔 2300～3400m。

(1206) 光药芨芨草 *Achnatherum psilantherum* Keng ex Tzvelev

分布于互助、乐都。生于山坡草地、河岸草丛及河滩，海拔 2000～4100m。

(1207) 毛颖芨芨草 *Achnatherum pubicalyx* (Ohwi) Keng ex P. C. Kuo

分布于互助。生于山坡草地及林下，海拔 2400～2700m。

(1208) 羽茅 *Achnatherum sibiricum* (Linn.) Keng ex Tzvelev

分布于平安、互助、乐都、民和、化隆。生于山坡草地、林缘及路旁，海拔 2200～3400m。

337．冰草属 *Agropyron*

(1209) 光穗冰草 *Agropyron cristatum* var. *pectinatum* (M. Bieberstein) Roshevitz ex B. Fedtschenko

分布于民和。生于山坡上，海拔 2000～2300m。

338．剪股颖属 *Agrostis*

(1210) 华北剪股颖 *Agrostis clavata* Trin.

分布于乐都。生于林下、林边、丘陵、河沟以及路旁潮湿地方，海拔 2400～3700m。

(1211) 巨序剪股颖 *Agrostis gigantea* Roth

分布于互助、乐都、民和。生于潮湿处，山坡，山谷和草地上，海拔 1800～3600m。

(1212) 广序剪股颖 *Agrostis hookeriana* C. B. Clarke ex Hook. f.

分布于互助。生于灌丛、林下、水沟边湿润处，海拔 2400～4000m。

(1213) 甘青剪股颖 *Agrostis hugoniana* Rendle

分布于乐都、民和。多生于灌丛、高山草地、河滩、林缘，海拔 2400～4100m。

(1214) 小花剪股颖 *Agrostis micrantha* Steud.

分布于互助。生于山坡、山麓、草地、田边、河边、灌丛下和林缘处，海拔 2200～3700m。

(1215) 岩生剪股颖 *Agrostis sinorupestris* L. Liu ex S. M. Phillips & S. L. Lu

分布于互助、乐都。生于山坡草甸、高山灌丛、山谷林缘、河滩草地，海拔 3200～4100m。

339. 三芒草属 *Aristida*

(1216) 三芒草 *Aristida adscensionis* Linn.

分布于循化。生于干山坡、黄土坡、河滩沙地及石隙内，海拔 1800～2000m。

(1217) 三刺草 *Aristida triseta* Keng

分布于互助、乐都。生于山坡草地、干旱草原、灌丛林下，海拔 2700～4100m。

保护等级 列入 2021 年《国家重点保护野生植物名录》二级。列入《世界自然保护联盟濒危物种红色名录》（2022 年，3.1 版），无危 (LC)。

340. 燕麦属 *Avena*

(1218) 野燕麦 *Avena fatua* Linn.

分布于平安、互助、乐都、民和、循化、化隆。生于荒芜田野或田间杂草丛中，海拔 1700～4100m。

341. 茵草属 *Beckmannia*

(1219) 茵草 *Beckmannia syzigachne* (Steud.) Fernald

分布于平安、互助、乐都、民和。生于水沟边、河滩、林缘、路边草丛，海拔 1800～3000m。

342. 孔颖草属 *Bothriochloa*

(1220) 白羊草 *Bothriochloa ischaemum* (Linnaeus) Keng

分布于循化、化隆。生于山坡草地和荒地，海拔 1800～3600m。

343. 短柄草属 *Brachypodium*

(1221) 草地短柄草 *Brachypodium pratense* Keng ex P. C. Keng

分布于乐都、循化。生于草地，海拔 2700～3400m。

(1222) 小颖短柄草 *Brachypodium sylvaticum* (Huds.) Beauv.

分布于互助。生于山坡、林下，海拔 2300～4100m。

(1223) 细株短柄草 *Brachypodium sylvaticum* var. *gracile* (Weigel) Keng

分布于互助、乐都。生于草地，海拔 2300～3700m。

344. 雀麦属 *Bromus*

(1224) 大麦状雀麦 *Bromus hordeaceus* Linn.

分布于民和。生于路旁草地，海拔 1700～1800m。

(1225) 无芒雀麦 *Bromus inermis* Layss.

分布于互助。生于路边、河岸、山坡草地，海拔 2200～3800m。

(1226) 雀麦 *Bromus japonicus* Thunb.

分布于乐都。生于山坡草地、田埂、林缘、河漫滩，海拔 2400～4100m。

(1227) 多节雀麦 *Bromus plurinodis* Keng

分布于互助、乐都。生于沟边、河边林下、阴坡灌丛，海拔 2700～3900m。

(1228) 疏花雀麦 *Bromus remotiflorus* (Steud.) Ohwi

分布于互助。生于山坡、林缘、河边，海拔 2700～4100m。

(1229) 华雀麦 *Bromus sinensis* Keng ex P. C. Keng

分布于互助。生于阳坡草地或裸露石隙边，海拔 2900～4100m。

(1230) 旱雀麦 *Bromus tectorum* Linn.

分布于互助、乐都、化隆、循化。生于荒野干旱山坡、路旁、河滩、草地，海拔 2300～4100m。

345. 拂子茅属 *Calamagrostis*

(1231) 拂子茅 *Calamagrostis epigeios* (Linn.) Roth

分布于互助。生于沟渠旁，海拔 2300～3900m。

(1232) 远东拂子茅 *Calamagrostis extremiorientalis* (Tzvel.) Prob.

分布于乐都。生于河边、田边、路边，海拔 2400～2600m。

(1233) 假苇拂子茅 *Calamagrostis pseudophragmites* (Haller f.) Koeler

分布于乐都、民和。生于山坡草地或河岸阴湿之处，海拔 1700～2800m。

346. 虎尾草属 *Chloris*

(1234) 虎尾草 *Chloris virgata* Sw.

分布于乐都、民和、循化。生于路旁荒野、河岸沙地，海拔 1800～2600m。

347. 隐子草属 *Cleistogenes*

(1235) 小尖隐子草 *Cleistogenes mucronata* Keng

分布于民和。生于山坡碎石中或山麓冲积地，海拔 1700～1800m。

(1236) 糙隐子草 *Cleistogenes squarrosa* (Trin.) Keng

分布于民和。生于于干旱草原、丘陵坡地、沙地、固定或半固定沙丘、山坡等处，海拔 1800～3700m。

(1237) 无芒隐子草 *Cleistogenes songorica* (Roshev.) Ohwi

分布于乐都。生于干旱草原、荒漠或半荒漠沙质地，海拔 2300～3200m。

348. 发草属 *Deschampsia*

(1238) 发草 *Deschampsia cespitosa* (Linn.) P. Beauv.

分布于互助、乐都、民和、循化。生于高山草甸、灌丛、河滩地、林缘、路旁、田边、山坡草地，海拔 2300～3500m。

(1239) 滨发草 *Deschampsia littoralis* (Gaud.) Reuter

分布于互助、乐都。生于高山草甸、灌丛、河滩、草丛、林下，海拔 3400～4100m。

(1240) 短枝发草 Deschampsia cespitosa subsp. *ivanovae* (Tzvelev) S. M. Phillips & Z. L. Wu

分布于互助、循化。生于高山草甸、河滩、林缘草地、灌丛草甸，海拔 2700～4100m。

青海特有变种。

349. 野青茅属 *Deyeuxia*

(1241) 野青茅 *Deyeuxia pyramidalis* (Host) Veldkamp

分布于互助。生于林缘，海拔 2800～3300m。

(1242) 黄花野青茅 *Deyeuxia flavens* Keng

分布于互助、乐都。生于高山草甸、林间草地、河谷草丛、灌丛中，海拔 2800～4100m。

(1243) 糙野青茅 *Deyeuxia scabrescens* (Griseb.) Hook. f.

分布于互助、民和。生于高山草地、林下、灌丛、山坡、河滩，海拔 2300～4100m。

350. 马唐属 *Digitaria*

(1244) 止血马唐 *Digitaria ischaemum* (Schreb.) Schreb.

分布于民和。生于田野、河边润湿的地方，海拔 1700～1800m。

351. 稗属 *Echinochloa*

(1245) 稗 *Echinochloa crus-galli* (Linn.) P. Beauv.

分布于乐都。生于路边、山坡、田埂、水沟边、农田中，海拔 2200～3200m。

(1246) 无芒稗 *Echinochloa crus-galli* var. *mitis* (Pursh) Peterm.

分布于乐都。生于水边、路边草地，海拔 2200～2300m。

352. 披碱草属 *Elymus*

(1247) 狭穗鹅观草 *Elymus angustispiculatus* S. L. Chen & G. Zhu

分布于循化。生于山坡草地，海拔 2200～2500m。

青海特有种。

(1248) 黑紫披碱草 *Elymus atratus* (Nevski) Hand.-Mazz.

分布于互助。生于山地阴坡高寒灌丛草甸、河谷滩地、沟谷山地，海拔 3100～4100m。

保护等级 列入 2021 年《国家重点保护野生植物名录》二级。列入《世界自然保护联盟濒危物种红色名录》（2022 年，3.1 版），无危（LC）。

(1249) 毛盘草 *Elymus barbicallus* (Ohwi) S. L. Chen

分布于民和。生于林缘，海拔 1800～3600m。

(1250) 短柄鹅观草 *Elymus brevipes* (Keng) S. L. Chen

分布于互助、乐都。生于山坡草地、草甸，海拔 3200～4100m。

保护级别 列入 2021 年《国家重点保护野生植物名录》二级；列入《世界自然保护联盟濒危物种红色名录》（2022 年，3.1 版），无危（LC）。

(1251) 短颖鹅观草 *Elymus burchan-buddae* (Nevski) Tzvelev

分布于互助、乐都、化隆。生于山坡草地、草甸、河滩、林缘、灌丛，海拔 2800～4100m。

(1252) 披碱草 *Elymus dahuricus* Turcz.

分布于平安、互助、乐都、民和、化隆、循化。生于山坡、草地、河滩、沟沿、林缘、路旁、灌丛，海拔 1800～4100m。

(1253) 圆柱披碱草 *Elymus dahuricus* var. *cylindricus* Franch.

分布于乐都、民和、循化。生于山坡、沟谷、林缘、路旁，海拔 1800～3800m。

(1254) 青紫披碱草 *Elymus dahuricus* var. *violeus* C. P. Wang & H. L. Yang

分布于循化。生于山沟及山坡草地，海拔 1700～1900m。

(1255) 岷山鹅观草 *Elymus durus* (Keng) S. L. Chen

分布于互助。生于山坡草地、灌丛、砾石滩，海拔 3000～4100m。

(1256) 直穗鹅观草 *Elymus gmelinii* (Ledebour) Tzvelev

分布于乐都、民和。生于河滩、林缘，海拔 2000～2600m。

(1257) 本田鹅观草 *Elymus hondae* (Kitagawa) S. L. Chen

分布于循化。生于林下、林缘，海拔 2200～3700m。

(1258) 鹅观草 *Elymus kamoji* (Ohwi) S. L. Chen

分布于互助、循化。生于山坡或湿润草地上，海拔 1800～2500m。

(1259) 垂穗披碱草 *Elymus nutans* Griseb.

分布于平安、互助、乐都、民和、循化、化隆。生于山坡、草原、林缘、灌丛、田边、路旁、河渠、湖岸，海拔 2600～4100m。

(1260) 缘毛鹅观草 *Elymus pendulinus* (Nevski) Tzvelev

分布于互助、循化。生于河边林下、林区阴湿处，海拔 2200～2600m。

(1261) 毛秆鹅观草 *Elymus pendulinus* subsp. *pubicaulis* (Keng) S. L. Chen

分布于互助。生于河边林下，海拔 2500～2600m。

(1262) 多秆鹅观草 *Elymus pendulinus* subsp. *multiculmis* (Kitagawa) A. Love

分布于循化。生于林区阴湿处，海拔 1800～2200m。

(1263) 宽叶鹅观草 *Elymus platyphyllus* (Keng) A. Love ex D. F. Cui

分布于民和。生于林区阴湿处，海拔 1800～2200m。

(1264) 老芒麦 *Elymus sibiricus* Linn.

分布于平安、互助、乐都、民和、化隆、循化。生于山坡、路旁、河滩、沟谷、林缘、灌丛，海拔 2200～4100m。

(1265) 细弱披碱草 *Elymus sibiricus* var. *gracilis* L. B. Cai

分布于互助。生于山坡、河谷、林下、草地、灌丛，海拔 3200～4100m。

(1266) 中华鹅观草 *Elymus sinicus* (Keng) S. L. Chen

分布于乐都、循化。生于山坡、草原、林缘、田边，海拔 2200～3600m。

(1267) 肃草 *Elymus strictus* (Keng) S. L. Chen

分布于互助、乐都、循化。生于山坡草地、河滩、沟谷、林缘，海拔 2200～3800m。

(1268) 麦䒌草 *Elymus tangutorum* (Nevski) Hand-Magg.

分布于循化。生于山坡、草地，海拔 2200～4000m。

(1269) 西藏鹅观草 *Elymus tibeticus* (Melderis) G. Singh

分布于互助、循化。生于林区谷地，海拔 2000～2200m。

青藏高原特有种。

353. 九顶草属 *Enneapogon*

(1270) 九顶草 *Enneapogon desvauxii* P. Beauvois

分布于乐都、循化。生于山坡草地、河滩砾地，海拔 2800～4100m。

354. 画眉草属 *Eragrostis*

(1271) 大画眉草 *Eragrostis cilianensis* (All.) Vignolo-Lutati ex Janch.

分布于乐都、循化。生于荒芜草地、田边、路旁，海拔 1800～2800m。

(1272) 小画眉草 *Eragrostis minor* Host

分布于循化。生于荒芜田野、草地、路旁，海拔 2200～2800m。

(1273) 多秆画眉草 *Eragrostis multicaulis* Steudel

分布于乐都。生于路边水渠边，海拔 2000～2200m。

(1274) 黑穗画眉草 *Eragrostis nigra* Nees ex Steud.

分布于乐都、民和、化隆、循化。生于山坡草地、田间、道旁，海拔 1800～3600m。

(1275) 画眉草 *Eragrostis pilosa* (Linn.) Beauv.

分布于乐都。生于荒芜田野草地上，海拔 1800～2100m。

355. 箭竹属 *Fargesia*

(1276) 箭竹 *Fargesia spathacea* Franch.

分布于民和、循化。生于山坡林下、林缘，海拔 2300～2700m。

(1277) 华西箭竹 *Fargesia nitida* (Mitford) Keng f. ex Yi

分布于循化。生于林区，海拔 2500～3500m。

356. 羊茅属 *Festuca*

(1278) 远东羊茅 *Festuca extremiorientalis* Ohwi

分布于互助。生于林下，海拔 3600～3800m。

(1279) 玉龙羊茅 *Festuca forrestii* St. -Yves

分布于民和。生于高山草甸、阳山坡、沟谷、草地，海拔 3200～4100m。

(1280) 弱须羊茅 *Festuca leptopogon* Stapf

分布于互助。生于河边，海拔 3600～3800m。

(1281) 素羊茅 *Festuca modesta* Nees ex Steud.

分布于互助、乐都。生于山坡林缘、灌丛草甸、山沟林下，海拔 2300～4100m。

(1282) 微药羊茅 *Festuca nitidula* Stapf

分布于互助。生于高山草甸、河滩湿草地、灌丛，海拔 2500～4100m。

(1283) 羊茅 *Festuca ovina* Linn.

分布于乐都。生于山坡草地、高山草甸、河岸沙滩地，海拔 3200～4100m。

(1284) 糙毛紫羊茅 *Festuca rubra* subsp. *villosa* (Mert. & Koch. ex Rochl.) S. L. Lu

分布于民和、互助。生于高寒沟谷山坡草地，海拔 2300～4100m。

青藏高原特有亚种。

(1285) 毛稃羊茅 *Festuca rubra* subsp. *arctica* (Hackel) Govoruchin

分布于互助、乐都、民和。生于阳山坡、灌丛草甸、林下草丛、沼泽、河滩，海拔 2100～4100m。

(1286) 中华羊茅 *Festuca sinensis* Keng ex E. B. Alexeev

分布于互助、乐都、循化。生于湿草地、林缘、山坡、山谷及草甸，海拔 2100～4100m。

357. 异燕麦属 *Helictotrichon*

(1287) 高秆山燕麦 *Helictotrichon altius* (Hitchc.) Ohwi

分布于民和。生于山坡草丛、阴坡灌丛，海拔 2500～3400m。

(1288) 变绿山燕麦 *Helictotrichon junghuhnii* (Buse) Henrard

分布于民和、循化。生于山坡草地、林下、潮湿处，海拔 2000～2900m。

(1289) 藏山燕麦 *Helictotrichon tibeticum* (Roshev.) Holub

分布于平安、互助、乐都、民和、循化、化隆。生于高山草原、高山草甸、灌丛、林下及湿润草地，海拔 2800～4100m。

358. 仲彬草属 *Kengyilia*

(1290) 大颖仲彬草 *Kengyilia grandiglumis* (Keng) J. L. Yang & al.

分布于互助。生于山坡草地、河滩、山谷、沙丘、湖岸、田边，海拔 2300～4100m。

青海特有种。

359. 洽草属 *Koeleria*

(1291) 洽草 *Koeleria macrantha* (Ledebour) Schultes

分布于平安、互助、乐都、民和、化隆、循化。生于林缘、灌丛、山坡草地、草原、河边、路旁，海拔 2300～4000m。

(1292) 小花洽草 *Koeleria micrathera* (É. Desv.) Griseb.

分布于互助。生于山坡、滩地、路旁、草甸草原，海拔 3100～3600m。

(1293) 芒洽草 *Koeleria litvinowii* Domin

分布于互助、乐都、民和。生于山坡草地、林缘、河滩、灌丛、草甸，海拔 2200～4100m。

(1294) 矮洽草 *Koeleria litvinowii* var. *tafelii* (Dom.) P. C. Kuo & Z. L. Wu

分布于乐都。生于高山草甸、河滩，海拔 3200～4100m。

青藏高原特有亚种。

360. 赖草属 *Leymus*

(1295) 窄颖赖草 *Leymus angustus* (Trin.) Pilger

分布于互助、民和、循化。生于山坡草地、林缘、河滩、盐生草甸，海拔 2200～4100m。

(1296) 毛穗赖草 *Leymus paboanus* (Claus) Pilger

分布于互助。生于草甸、河岸、沟沿、山坡，海拔 2700～4100m。

(1297) 赖草 *Leymus secalinus* (Georgi) Tzvelev

分布于平安、互助、乐都、民和、化隆、循化。生于山坡草地、河滩湖岸、林缘路旁，海拔 1700～3300m。

(1298) 天山赖草 *Leymus tianschanicus* (Drob.) Tzvel.

分布于互助。生于山坡草地，海拔 2400～3200m。

361. 黑麦草属 *Lolium*

(1299) 欧黑麦草 *Lolium persicum* Boiss. & Hoh.

分布于民和。生于田边，海拔 1900～3100m。

(1300) 毒麦 *Lolium temulentum* Linn.

分布于乐都、循化。生于田边，海拔 2000～3100m。

362. 臭草属 *Melica*

(1301) 柴达木臭草 *Melica kozlovii* Tzvelev

分布于乐都、民和。生于山坡、路边及谷底湿处，海拔 2000～3800m。

青藏高原特有种。

(1302) 甘肃臭草 *Melica przewalskyi* Roshev.

分布于互助、乐都。生于林下、灌丛、路旁，海拔 2300～4100m。

(1303) 臭草 *Melica scabrosa* Trin. .

分布于互助、乐都、民和、化隆、循化。生于山坡、荒野、路旁，海拔 1700～3600m。

(1304) 藏臭草 *Melica tibetica* Roshev.

分布于互助。生于高山草甸、灌丛下或山地阴坡，海拔 2400～4100m。

363. 粟草属 *Milium*

(1305) 粟草 *Milium effusum* Linn.

分布于循化。生于林下、阴湿处，海拔 1900～3500m。

364. 芨芨草属 *Neotrinia*

(1306) 芨芨草 *Neotrinia splendens* (Trin.) M. Nobis, P. D. Gudkova & A. Nowak

分布于平安、互助、乐都、民和、化隆、循化。生于微碱性的草滩、石质山坡、干山坡、林缘草地、荒漠草原，海拔 1700～3500m。

365. 固沙草属 *Orinus*

(1307) 青海固沙草 *Orinus kokonorica* (Hao) Keng

分布于乐都。生于干旱山坡及高山草原，海拔 2200～4100m。

保护等级 列入 2021 年《国家重点保护野生植物名录》二级。列入《世界自然保护联盟濒危物种红色名录》（2022 年，3.1 版）濒危物种红色名录》（2022 年，3.1 版），无危 (LC)。

青藏高原特有种。

366. 落芒草属 *Piptatherum*

(1308) 落芒草 *Piptatherum tibeticum* Roshev.

分布于互助、循化。生于高山灌丛、山地阳坡、农田路旁、林缘，海拔 2200～4100m。

(1309) 小花落芒草 *Piptatherum munroi* var. *parviflorum* (Z. L. Wu) S. M. Phillips & Z. L. Wu

分布于门源。生于冲积滩地，海拔 2600～2800m。

青藏高原特有变种。

(1310) 藏落芒草 *Piptatherum tibeticum* Roshevitz

分布于互助、循化。生于路旁田边、山坡草地、林缘，海拔 2100～3900m。

367. 狼尾草属 *Pennisetum*

(1311) 狼尾草 *Pennisetum alopecuroides* (Linn.) Spreng.

分布于互助、民和。生于山地林缘草甸、阳坡山麓灌丛草甸，海拔 2600～4000m。

(1312) 白草 *Pennisetum flaccidum* Griseb.

分布于平安、互助、民和、循化、化隆。生于山坡、河滩、田边、灌丛、路旁、水沟边，海拔 1800～4000m。

(1313) 陕西狼尾草 *Pennisetum shaanxiense* S. L. Chen & Y. X. Jin.

分布于互助。生长于路边、田边、山坡、河沟边，海拔 2200～3900m。

368. 芦苇属 *Phragmites*

(1314) 芦苇 *Phragmites australis* (Cav.) Trin. ex Steud.

分布于平安、互助、乐都、民和、循化。生于湖边、沼泽、沙地、河岸、田边等处，海拔 1700～2100m。

369. 早熟禾属 *Poa*

(1315) 阿拉套早熟禾 *Poa albertii* Regel

分布于互助、乐都、民和、化隆。生于河漫滩、草甸草原、林下，海拔 2100～4100m。

(1316) 高寒早熟禾 *Poa albertii* subsp. *kunlunensis* (N. R. Cui) Olonova & G. Zhu

分布于民和。生于高寒草原、河滩草甸、山坡砾地、河谷阶地、山沟溪水边草地、山顶岩隙、滩地沼泽草甸，海拔 2600～4100m。

青藏高原特有亚种。

(1317) 早熟禾 *Poa annua* Linn.

分布于互助、乐都。生于灌丛草甸、林下、林缘、沟旁、河漫滩，海拔 2200～4100m。

(1318) 阿洼早熟禾 *Poa araratica* Trautv.

分布于平安、互助、乐都、民和、化隆、循化。生于山坡灌丛、草地、草甸、草原、疏林，海拔 2200～4100m。

(1319) 堇色早熟禾 *Poa araratica* subsp. *ianthina* (Keng ex Shan Chen) Olonova & G. H. Zhu

分布于互助、乐都、民和。生于山坡草地、林下、灌丛、草甸、河滩，海拔 2600～4100m。

(1320) 糙叶早熟禾 *Poa asperifolia* Bor

分布于互助。生于山坡草地、河滩、林边，海拔 3400～4100m。

(1321) 渐尖早熟禾 *Poa attenuata* Trin.

分布于乐都。生于高山草甸、河岸沙滩、山坡灌丛，海拔 2100～4100m。

(1322) 达呼里早熟禾 *Poa attenuata* var. *dahurica* (Trinius) Grisebach

分布于海晏。生于河谷荒漠砾地、砾石河滩沙棘灌丛、平坦沙窝、河谷湿地、丘陵缓坡，海拔 3200～4000m。

(1323) 胎生早熟禾 *Poa attenuata* var. *vivipara*

分布于乐都。生于山坡、草甸、河谷、灌丛、林下、高山碎石带、河滩砾石中，海拔 2600～4100m。

(1324) 波密早熟禾 *Poa bomiensis* C. Ling

分布于互助、乐都。生于山谷、河滩、草地、灌丛、高山草甸、坡麓、山坡，海拔 3000～4100m。

青藏高原特有种。

(1325) 法氏早熟禾 *Poa faberi* Rendle

分布于互助、乐都、民和。生于石质山坡、山沟林下、河滩、草甸，海拔 1800～4000m。

(1326) 毛颖早熟禾 *Poa faberi* var. *longifolia* (Keng) Olonova & G. H. Zhu

分布于互助、乐都。生于林下、山坡灌丛、河边、林缘，海拔 2300～4000m。

(1327) 喜马早熟禾 *Poa hylobates* Bor

分布于互助、乐都。生于山沟林下、路旁、草甸、滩地、石缝中、山坡灌丛，海拔 2300～4100m。

(1328) 疏穗早熟禾 *Poa lipskyi* Roshev.

分布于互助。生于林缘、山坡草地。海拔 2300～4100m。

(1329) 中亚早熟禾 *Poa litwinowiana* Ovcz.

分布于互助、乐都、民和、化隆。生于河漫滩、草甸草原、林下，海拔 2100～4100m。

(1330) 东川早熟禾 *Poa mairei* Hack.

分布于互助。生于山坡草地，海拔 2500～3000m。

(1331) 林地早熟禾 *Poa nemoralis* Linn.

分布于互助。生于林间湿草地、田边，海拔 2400～3300m。

(1332) 尼泊尔早熟禾 *Poa nepalensis* (G. C. Wall. ex Griseb.) Duthie

分布于民和。生于河滩，海拔 1800～4000m。

(1333) 小早熟禾 *Poa parvissima* Kuo ex D. F. Cui

分布于乐都、民和。生于高地草原，海拔 2000～4100m。

(1334) 草地早熟禾 *Poa pratensis* Linn.

分布于互助、乐都、民和、循化。生于山坡草地、草原、灌丛、河漫滩、林下、路旁、河边，海拔 2000～4100m。

(1335) 高原早熟禾 *Poa pratensis* subsp. *alpigena* (Lindm.) Hiitonen

分布于互助、乐都、民和。生于高山草地、高山草甸、林下草地、河漫滩、河旁，海拔 2200～4100m。

(1336) 细叶早熟禾 *Poa pratensis* subsp. *angustifolia* (Linnaeus) Lejeun

分布于乐都、民和。生于灌丛草甸、较平缓的山坡草地，海拔 2800～4100m。

(1337) 窄颖早熟禾 *Poa pratensis* subsp. *stenachyra* (Keng ex P. C. Keng & G. Q. Song) Soreng & G. H. Zhu

分布于乐都。生于山坡草甸、水沟旁，海拔 2700～4100m。

青藏高原特有亚种。

(1338) 锡金早熟禾 *Poa sikkimensis* (Stapf) Bor

分布于互助、乐都、民和。生于山坡砾石地、河滩草地、田边、林下、林缘，海拔 1900～4100m。

(1339) 硬质早熟禾 *Poa sphondylodes* Trin.

分布于民和。生于山坡草原干燥沙地，海拔 2200～4100m。

(1340) 四川早熟禾 *Poa szechuensis* Rendle

分布于互助、乐都、民和。生于高寒草甸、山沟林下、河滩林缘，海拔 1800～4100m。

(1341) 垂枝早熟禾 *Poa szechuensis* var. *debilior* (Hitchc.) Soreng & G. H. Zhu

分布于互助、乐都。生于河边草地、河滩、山坡林缘、灌丛，海拔 2400～3700m。

(1342) 罗氏早熟禾 *Poa szechuensis* var. *rossbergiana* (K. S. Hao) Soreng & G. Zhu

分布于平安。生于草甸、灌丛、湖边湿沙地，海拔 3200～4100m。

青海特有种。

(1343) 普通早熟禾 *Poa trivialis* Linn.

分布于民和。生于潮湿的山坡草地，海拔 2500～2700m。

(1344) 山地早熟禾 *Poa versicolor* subsp. *orinosa* (Keng) Olonova & G. H. Zhu

分布于互助、乐都。生于山坡草地、河滩、灌丛、林缘、山沟潮湿处，海拔 2400～4100m。

(1345) 低山早熟禾 *Poa versicolor* subsp. *stepposa* (Krylov) Tzvelev

分布于民和。生于干燥山坡草地，海拔 2100～3300m。

(1346) 多变早熟禾 *Poa versicolor* subsp. *varia* (Keng ex L. Liu) Olonova & G. Zhu

分布于民和。生于阴坡草地、高寒灌丛，海拔 1900～4100m。

370. 棒头草属 *Polypogon*

(1347) 长芒棒头草 *Polypogon monspeliensis* (Linn.) Desf.

分布于互助、乐都、民和、循化。生于河滩、潮湿地、水沟边，海拔 1800～3100m。

371. 新麦草属 *Psathyrostachys*

(1348) 单花新麦草 *Psathyrostachys kronenburgii* (Hack.)

Nevski

分布于乐都。生于山坡、河岸、田埂，海拔2100～3200m。

372．细柄茅属 *Ptilagrostis*

(1349) 双叉细柄茅 *Ptilagrostis dichotoma* Keng ex Tzvelev

分布于互助、乐都。生于高山草甸、山坡草地、河滩、灌丛中，海拔3200～4500。

373．碱茅属 *Puccinellia*

(1350) 展穗碱茅 *Puccinellia diffusa* Krecz..

分布于民和。生于河边砾石地、碱草滩、草地，海拔1900～4100m。

(1351) 碱茅 *Puccinellia distans* (Jacq.) Parl.

分布于民和。生于沟边、路边、草丛、河滩、林下，海拔1900～4100m。

(1352) 星星草 *Puccinellia tenuiflora* (Griseb.) Scribn. & Merr.

分布于民和。生于河滩、水沟旁、农田边、渠岸、芨芨草滩中，海拔1800～4100m。

(1353) 纤细碱茅 *Puccinellia tenuissima* (Litv. ex V. I. Krecz.) Litv. ex Pavlov

分布于民和。生于低洼潮湿草地、盐渍沼泽，海拔1800～3600m。

374．狗尾草属 *Setaria*

(1354) 金色狗尾草 *Setaria pumila* (Poir.) Roem. r & Schult.

分布于乐都。生于水沟边、路旁、田边，海拔2100～2500m。

(1355) 狗尾草 *Setaria viridis* (Linn.) Beauv.

分布于平安、乐都、民和、化隆、循化。生于山坡、河滩、田边、路旁、水沟边、荒野，海拔1700～3500m。

(1356) 巨大狗尾草 *Setaria viridis* subsp. *pycnocoma* (Steud.) Tzvelev

分布于循化。生于田边、水沟边，海拔1800～3700m。

375．针茅属 *Stipa*

(1357) 狼针草 *Stipa baicalensis* Roshev.

分布于民和。生于山坡草地，海拔1900～4100m。

(1358) 短花针茅 *Stipa breviflora* Griseb.

分布于乐都、民和。生于山坡、石质山坡、河谷阶地，海拔2200～3800m。

(1359) 长芒草 *Stipa bungeana* Trin.

分布于平安、互助、乐都、民和、化隆、循化。生于石质山坡、黄土丘陵、河谷阶地、路旁，海拔1800～3900m。

(1360) 大针茅 *Stipa grandis* P. Smirn.

分布于乐都。生于干山坡、干草原，海拔2700～3400m。

(1361) 疏花针茅 *Stipa penicillata* Hand.-Mazz.

分布于互助。生于林缘、阳坡、河谷阶地，海拔2700～4100m。

(1362) 甘青针茅 *Stipa przewalskyi* Roshev.

分布于互助、乐都、民和。生于林缘、山坡草地、路旁，海拔1900～3300m。

(1363) 紫花针茅 *Stipa purpurea* Griseb.

分布于乐都、民和。生于高山山坡草甸、山前洪积扇、河谷阶地，海拔2700～4100m。

(1364) 西北针茅 *Stipa sareptana* var. *krylovii* (Roshev.) P. C. Kuo & Y. H. Sun

分布于平安、互助、乐都、循化。生于干山坡、平滩地、河谷阶地、山前洪积扇、路边，海拔2200～3600m。

(1365) 戈壁针茅 *Stipa tianschanica* var. *gobica* (Roshev.) P. C. Kuo & Y. H. Sun

分布于平安、民和、化隆、循化。生于石砾山坡或戈壁滩上，海拔2200～3900m。

376．锋芒草属 *Tragus*

(1366) 虱子草 *Tragus berteronianus* Schult.

分布于乐都、民和。生于山坡，海拔1800～3200m。

377．穗三毛草属 *Trisetum*

(1367) 长穗三毛草 *Trisetum clarkei* (Hook. f.) R. R. Stewart

分布于互助、乐都、民和。生于高山林下、灌丛、山坡草地、草原，海拔2300～4100m。

(1368) 西伯利亚三毛草 *Trisetum sibiricum* Rupr.

分布于互助、乐都。生于山坡草地、草原、灌丛、草甸等处，海拔2200～4100m。

(1369) 穗三毛草 *Trisetum spicatum* (Linn.) Richt.

分布于互助、乐都。生于山坡草地、高山草原、高山草甸、林下、灌丛潮湿处，海拔2300～4100m。

（六十五）香蒲科 Typhaceae

378．香蒲属 *Typha*

(1370) 无苞香蒲 *Typha laxmannii* Lepech.

分布于互助、乐都、循化。生于淡水池沼、湖泊和渠边，海拔2200～3300m。

(1371) 小香蒲 *Typha minima* Funck

分布于民和、化隆。生于淡水池沼、湖泊和河边，海拔2000～2100m。

二十五、毛茛目 RANUNCULALES
（六十六）小檗科 Berberidaceae

379．小檗属 *Berberis*

(1372) 堆花小檗 *Berberis aggregata* C. K. Schneid.

分布于互助、循化。生于阳坡、山谷灌丛，海拔2000～2600m。

(1373) 短柄小檗 *Berberis brachypoda* Maxim.

分布于民和。生于灌丛、林缘，海拔2400～2600m。

(1374) 秦岭小檗 *Berberis circumserrata* (Schneid.) Schneid.

分布于平安、互助、民和、化隆。生于山坡、阶地，海拔2200～4000m。

(1375) 直穗小檗 Berberis dasystachya Maxim.

分布于平安、互助、乐都、民和、化隆、循化。生于山坡灌丛、杨树林下、河边、河谷，海拔1800～3800m。

(1376) 多花直穗小檗 Berberis dasystachya var. pluriflora P. Y. Li

分布于循化。生于林缘、灌丛，海拔2200～3100m。

(1377) 鲜黄小檗 Berberis diaphana Maxim.

分布于平安、互助、乐都、民和、化隆、循化。生于河谷、山坡、林中，海拔2300～3900m。

(1378) 松潘小檗 Berberis dictyoneura C. K. Schneid.

分布于乐都。生于路边、河边草坡、灌丛中或林缘，海拔2600～3700m。

(1379) 置疑小檗 Berberis dubia C. K. Schneid.

分布于民和。生于山坡、河谷，海拔2200～4000m。

(1380) 大黄檗 Berberis francisci-ferdinandi Schneid.

分布于互助。生于山坡灌丛中、疏林下、林缘、山沟或草坡，海拔2600～4000m。

(1381) 甘肃小檗 Berberis kansuensis C. K. Schneid.

分布于互助、乐都、民和、循化。生于灌丛、山坡、林缘、沟谷，海拔1800～3900m。

(1382) 变刺小檗 Berberis mouillacana C. K. Schneider

分布于平安。生于河滩、云杉林下、灌丛中、林缘、山坡路旁、林中，海拔2600～2800m。

(1383) 细叶小檗 Berberis poiretii Schneid.

分布于互助、民和、循化。生于山坡、河岸、林下，海拔1700～2500m。

(1384) 延安小檗 Berberis purdomii C. K. Schneid.

分布于循化。生于河谷、山坡灌丛，海拔1800～2500m。

(1385) 匙叶小檗 Berberis vernae C. K. Schneid.

分布于互助、乐都、民和。生于河漫滩、山麓、沟谷、河谷灌丛，海拔2200～3500m。

(1386) 变绿小檗 Berberis virescens Hook. f. & Thoms.

分布于民和、循化。生于阳坡、河滩灌丛，海拔1800～3200m。

(1387) 金花小檗 Berberis wilsoniae Hemsley

分布于循化。生于阳坡，海拔2200～3700m。

380. 山荷叶属 Diphylleia

(1388) 南方山荷叶 Diphylleia sinensis H. L. Li

分布于循化。生于林缘、林下，海拔2400～2600m。

381. 淫羊藿属 Epimedium

(1389) 淫羊藿 Epimedium brevicornu Maxim.

分布于民和、循化。生于灌丛下、林下，海拔2200～2500m。

382. 桃儿七属 Sinopodophyllum

(1390) 桃儿七 Sinopodophyllum hexandrum (Royle) Ying

分布于平安、互助、乐都、民和、循化。生于山坡、灌丛、阴坡林下，海拔2600～3600m。

保护级别 列入2021年《国家重点保护野生植物名录》二级。列入《濒危野生动植物种国际贸易公约》附录Ⅱ；列入《世界自然保护联盟濒危物种红色名录》（2022年，3.1版），无危（LC）。

（六十七）星叶草科 Circaeasteraceae

383. 星叶草属 Circaeaster

(1391) 星叶草 Circaeaster agrestis Maxim.

分布于平安、互助、乐都、民和、循化。生于山谷沟边、林中或湿草地，海拔2300～3600m。

（六十八）罂粟科 Papaveraceae

384. 白屈菜属 Chelidonium

(1392) 白屈菜 Chelidonium majus Linn.

分布于互助。生于林下、林缘，海拔2200～2700m。

385. 紫堇属 Corydalis

(1393) 灰绿黄堇 Corydalis adunca Maxim.

分布于互助、乐都、民和、循化。生于河边、灌丛下阴湿处、阴坡林下、山前洪积扇，海拔1700～4100m。

(1394) 斑花黄堇 Corydalis conspersa Maxim.

分布于循化。生于高山草甸、河漫滩、沼泽、高山倒石堆，海拔3800～4100m。

青藏高原特有种。

(1395) 曲花紫堇 Corydalis curviflora Maxim. ex Hemsl.

分布于乐都、循化。生于高山草甸、灌丛中、云杉林下，海拔2600～4100m。

(1396) 叠裂黄堇 Corydalis dasyptera Maxim.

分布于互助、乐都。生于林下、高山砾石带、阴坡灌丛中、碎石带，海拔2700～4100m。

青藏高原特有种。

(1397) 娇嫩黄堇 Corydalis delicatula D. G. Long

分布于互助。生于干沟、水边、路旁，海拔2400～3000m。

青藏高原特有种。

(1398) 紫堇 Corydalis edulis Maxim.

分布于循化。生于干沟、水边、路旁，海拔2800～3000m。

(1399) 赛北紫堇 Corydalis impatiens (Pall.) Fisch

分布于互助、乐都、民和、循化。生于山麓、岩石缝隙、林下、阴坡灌丛中，海拔2300～4100m。

(1400) 紫苞黄堇 Corydalis laucheana Fedde

分布于互助。生于山坡、河谷、灌丛、田边，海拔2700～3800m。

(1401) 条裂黄堇 Corydalis linarioides Maxim.

分布于互助、乐都、循化。生于阴坡草地、河漫滩、灌丛下、灌丛草甸，海拔2800～4100m。

(1402) 红花紫堇 Corydalis livida Maxim.

分布于互助、乐都、循化。生于林下、高山砾石带、阴坡灌丛中、碎石带，海拔2500～3800m。

(1403) 暗绿紫堇 Corydalis melanochlora Maxim.

分布于互助。生于高山流石坡、砾石带，海拔 2900～4100m。

(1404) 蛇果黄堇 Corydalis ophiocarpa Hook. f. & Thomson

分布于互助、循化。生于河滩、河边石隙，海拔 2300～3700m。

(1405) 黄堇 Corydalis pallida (Thunb.) Pers.

分布于民和。生于林缘、河岸或多石坡地，海拔 2200～2400m。

(1406) 半裸茎黄堇 Corydalis potaninii Maxim.

分布于平安、互助、乐都、民和、循化、化隆。生于山坡草地，海拔 3000～4100m。

青藏高原特有种。

(1407) 假北紫堇 Corydalis pseudosibirica Lidén & Z. Y. Su

分布于互助、乐都、民和、化隆、循化。生于山麓、岩石缝隙、林下、阴坡灌丛中，海拔 2300～4100m。

青藏高原特有种。

(1408) 粗糙黄堇 Corydalis scaberula Maxim.

分布于互助。生于高山草甸、高山流石坡、砾石带，海拔 3800～4100m。

青藏高原特有种。

(1409) 草黄堇 Corydalis straminea Maxim. ex Hemsl.

分布于互助、乐都、民和、循化。生于阴坡灌丛草甸、林下石崖、阴坡林下，海拔 2600～3800m。

(1410) 直茎黄堇 Corydalis stricta Stephan ex Fisch.

分布于互助、化隆。生于山坡草地、阴坡、沙地、岩石缝隙，海拔 3200～3800m。

(1411) 唐古特延胡索 Corydalis tangutica Peshkova

分布于互助。生于高山砾石带、山坡草地、灌丛、林下，海拔 3000～4100m。

青藏高原特有种。

(1412) 天祝黄堇 Corydalis tianzhuensis M. S. Yang & C. J. Wang

分布于平安、互助、乐都。生于山坡林下、山坡草甸、流石滩地，海拔 2500～3800m。

青藏高原特有种。

(1413) 糙果紫堇 Corydalis trachycarpa Maxim.

分布于互助。生于潮湿草甸、山麓、岩石缝隙、流石坡，海拔 3100～4100m。

386. 秃疮花属 *Dicranostigma*

(1414) 秃疮花 Dicranostigma leptopodum (Maxim.) Fedde

分布于化隆。生于林边，海 3100～3400m。

387. 角茴香属 *Hypecoum*

(1415) 角茴香 Hypecoum erectum Linn.

分布于循化。生于山坡草地或河边砂地，海 1800～3400m。

(1416) 细果角茴香 Hypecoum leptocarpum Hook. f. & Thomson

分布于平安、互助、乐都、民和、化隆、循化。生于河谷滩地、山地阳坡、阴坡灌丛，海拔 2200～4100m。

388. 绿绒蒿属 *Meconopsis*

(1417) 川西绿绒蒿 Meconopsis henrici Bur. & Franch.

分布于互助、循化。生于高山灌丛下，海拔 3200～4100m。

青藏高原特有种。

(1418) 多刺绿绒蒿 Meconopsis horridula Hook. f. & Thomson

分布于互助、乐都、循化。生于山坡、高山砾石带、高山倒石堆、河滩，海拔 3700～4100m。

青藏高原特有种。

(1419) 全缘叶绿绒蒿 Meconopsis integrifolia (Maxim.) Franch.

分布于互助、乐都、循化。生于高山草甸、阳坡草甸，海拔 3200～4100m。

(1420) 长叶绿绒蒿 Meconopsis lancifolia (Franch.) Franch. ex Prain

分布于互助。生于林下和高山草地，海拔 3300～4100m。

(1421) 红花绿绒蒿 Meconopsis punicea Maxim.

分布于互助、循化。生于山坡草地、高山灌丛、草甸，海拔 3300～3800m。

保护级别 列入 2021 年《国家重点保护野生植物名录》二级；列入《世界自然保护联盟濒危物种红色名录》（2022 年，3.1 版），无危（LC）

(1422) 五脉绿绒蒿 Meconopsis quintuplinervia Regel

分布于互助、乐都、民和、循化。生于山坡草地、阴坡草地、阴坡高山草甸、灌丛，海拔 2500～4000m。

(1423) 总状绿绒蒿 Meconopsis racemosa Maxim.

分布于互助、循化。生于灌丛、林下草地、高山倒石堆、山坡草甸、砂砾地，海拔 3200～4100m。

(1424) 单叶绿绒蒿 Meconopsis simplicifolia (D. Don) Walp. Rep. Bot. Syst.

分布于循化。生于湖畔、山坡，海拔 3800～4100m。

青藏高原特有种。

(1425) 青海绿绒蒿 Meconopsis xcookei G. Taylor

分布于循化。生于山坡灌丛，海拔 3500～3600m。

青海特有种。

389. 罂粟属 *Papaver*

(1426) 野罂粟 Papaver nudicaule Linn.

分布于平安、互助、乐都、民和、循化、化隆。生于山地阴坡，海拔 2800～3000m。

（六十九）毛茛科 Ranunculaceae

390. 乌头属 *Aconitum*

(1427) 西伯利亚乌头 Aconitum barbatum var. hispidum (DC.) Seringe

分布于平安、民和。生于灌丛、山坡、林间，海拔 2200～3000m。

(1428) 褐紫乌头 *Aconitum brunneum* Hand. -Mazz.

分布于平安、循化。生于灌丛、山坡、林间，海拔 2200～4000m。

(1429) 祁连山乌头 *Aconitum chilienshanicum* W. T. Wang

分布于循化。生于河滩灌丛、阴坡，海拔 3000～4000m。

青藏高原特有种。

(1430) 伏毛铁棒锤 *Aconitum flavum* Hand. -Mazz.

分布于平安、互助、乐都、民和、循化。生于山坡、灌丛、林缘、沙砾地，海拔 2200～4100m。

(1431) 川鄂乌头 *Aconitum henryi* E. Pritz.

分布于互助、乐都、民和、循化。生于山地草地中，海拔 2400～2600m。

(1432) 白喉乌头 *Aconitum leucostomum* Vorosch.

分布于互助。生于山地草坡或山谷沟边，海拔 2400～2800m。

(1433) 铁棒锤 *Aconitum pendulum* Busch

分布于平安、互助、乐都、化隆囊谦。生于山坡、河滩、水边沙砾地，海拔 2600～4100m。

(1434) 高乌头 *Aconitum sinomontanum* Nakai

分布于平安、互助、乐都、民和、化隆、循化。生于灌丛、山坡、岩石下，海拔 2200～3700m。

(1435) 毛果高乌头 *Aconitum sinomontanum* var. *pilocarpum* W. T. Wang.

分布于互助。生于草甸、林下、灌丛、河谷，海拔 2600～3800m。

青藏高原特有变种。

(1436) 甘青乌头 *Aconitum tanguticum* (Maxim.) Stapf

分布于平安、互助、乐都、民和、化隆。生于高山草甸，海拔 3000～4100m。

青藏高原特有变种。

(1437) 新都桥乌头 *Aconitum tongolense* Ulbr.

分布于循化。生于山地草坡，海拔 2800～3000m。

青藏高原特有种。

391. 类叶升麻属 *Actaea*

(1438) 类叶升麻 *Actaea asiatica* Hara

分布于互助、循化。生于山坡林下、沟谷，海拔 2100～2800m。

(1439) 升麻 *Actaea cimicifuga* Linn.

分布于平安、互助、乐都、循化。生于林缘、山坡、灌丛、林下，海拔 2700～3700m。

(1440) 多小叶升麻 *Actaea cimicifuga* var. *foliolosa* Hsiao

分布于乐都。生于林缘、山坡、灌丛、林下，海拔 2400～2800m。

(1441) 兴安升麻 *Actaea dahurica* Turcz. ex Fisch. et C. A. Mey.

分布于互助。生于林缘、山坡、灌丛、林下，海拔 2400～2500m。

392. 金盏花属 *Adonis*

(1442) 甘青侧金盏花 *Adonis bobroviana* Sim.

分布于互助、循化。生于阴坡，海拔 2200～4100m。

(1443) 蓝侧金盏花 *Adonis coerulea* Maxim.

分布于互助、乐都、化隆、循化。生于山坡草地、灌丛、河滩，海拔 2200～4100m。

393. 银莲花属 *Anemone*

(1444) 展毛银莲花 *Anemone demissa* Hook. f. & Thoms.

分布于化隆。生于高山草甸、灌丛，海拔 2700～4100m。

(1445) 小银莲花 *Anemone exigua* Maxim.

分布于平安、互助、循化。生于山坡、林下、灌丛，海拔 2000～3200m。

(1446) 叠裂银莲花 *Anemone imbricata* Maxim.

分布于互助。生于高山草甸、灌丛、高山流石坡，海拔 3200～4100m。

青藏高原特有种。

(1447) 钝裂银莲花 *Anemone obtusiloba* D. Don.

分布于互助、乐都、民和、化隆。生于草甸、河谷、阴坡、灌丛，海拔 2600～4100m。

(1448) 疏齿银莲花 *Anemone geum* subsp. *ovalifolia* (Bruhl) R. P. Chaudhary

分布于互助、乐都、民和。生于林缘、草丛、河滩、草甸、高山流石坡，海拔 2200～4100m。

(1449) 草玉梅 *Anemone rivularis* Buch. -Ham. ex DC.

分布于平安、互助、乐都、民和、化隆、循化。生于河滩、山坡、草甸，海拔 2300～4000m。

(1450) 小花草玉梅 *Anemone rivularis* var. *flore-minore* Maxim.

分布于平安、互助、乐都、循化。生于河滩、山坡、草甸，海拔 2400～4100m。

(1451) 大火草 *Anemone tomentosa* (Maxim.) Pei

分布于互助、民和、循化。生于河漫滩、田边、林缘山坡，海拔 1800～2600m。

(1452) 匙叶银莲花 *Anemone trullifolia* Hook. f. & Thoms.

分布于化隆。生于草甸，海拔 2900～4100m。

青藏高原特有种。

(1453) 条叶银莲花 *Anemone coelestina* var. *linearis* (Brühl) Ziman & B. E. Dutton

分布于化隆、循化。生于河滩、山坡草地、草甸，海拔 2700～4100m。

394. 耧斗菜属 *Aquilegia*

(1454) 无距耧斗菜 *Aquilegia ecalcarata* Maxim.

分布于互助、乐都、民和、循化。生于灌丛、河谷、林缘、山坡，海拔 1800～3800m。

(1455) 尖萼耧斗菜 *Aquilegia oxysepala* Trautv. & C. A. Mey.

分布于互助。生于林下，海拔 2600～3200m。

(1456) 甘肃耧斗菜 *Aquilegia oxysepala* var. *kansuensis*

Brühl

分布于互助、民和。生于林下，海拔 2300～2500m。

(1457) 耧斗菜 *Aquilegia viridiflora* Pall.

分布于互助、乐都、民和、循化。生于河漫滩、石隙，海拔 1800～3600m。

(1458) 紫花耧斗菜 *Aquilegia viridiflora* var. *atropurpurea* (Willdenow) Finet & Gagnepain

分布于互助、乐都、循化。生于林中、林缘岩石缝或小溪边，海拔 2000～2600m。

395. 水毛茛属 *Batrachium*

(1459) 硬叶水毛茛 *Batrachium trichophyllum* (Chaix ex Vill.) Bosch

分布于民和。生于河滩沼泽，海拔 1800～2700m。

396. 美花草属 *Callianthemum*

(1460) 美花草 *Callianthemum pimpinelloides* (D. Don) Hook. f. & Thomson

分布于互助。生于灌丛、山坡、草甸，海拔 2600～4100m。

青藏高原特有种。

397. 铁线莲属 *Clematis*

(1461) 芹叶铁线莲 *Clematis aethusifolia* Turcz.

分布于平安、互助、乐都、循化。生于山坡、灌丛、林缘、石隙，海拔 2000～2800m。

(1462) 甘川铁线莲 *Clematis akebioides* (Maxim.) Veitch

分布于互助、民和、循化。生于林下、河谷、灌丛、石隙，海拔 1800～3300m。

(1463) 短尾铁线莲 *Clematis brevicaudata* DC.

分布于平安、互助、乐都、民和、循化。生于林缘、河谷、山坡草地、灌丛，海拔 2200～3000m。

(1464) 粗齿铁线莲 *Clematis grandidentata* (Rehder & E. H. Wilson) W. T. Wang

分布于民和、循化。生于山坡或山沟灌丛中，海拔 2400～2600m。

(1465) 粉绿铁线莲 *Clematis glauca* Willd.

分布于平安、互助、乐都、民和、循化。生于滩地、山坡、水沟边，海拔 2000～3200m。

(1466) 薄叶铁线莲 *Clematis gracilifolia* Rehd. & Wils.

分布于循化。生于山坡林中阴湿处或沟边，海拔 2400～2600m。

(1467) 黄花铁线莲 *Clematis intricata* Bunge

分布于平安、互助、民和、循化。生于林缘、灌丛、河谷、山坡草地、田埂，海拔 2200～4100m。

(1468) 长瓣铁线莲 *Clematis macropetala* Ledeb.

分布于平安、互助、乐都、民和、循化。生于灌丛、山坡、林缘、山沟，海拔 2300～3100m。

(1469) 白花长瓣铁线莲 *Clematis macropetala* var. *albiflora* (Maxim.) Hand. -Mazz.

分布于互助。生于灌丛、山坡、林缘、山沟，海拔 2600～2700m。

(1470) 小叶绣球藤 *Clematis montana* var. *sterilis* Hand. -Mazz.

分布于循化。生于山坡林下，海拔 2500～3000m。

(1471) 小叶铁线莲 *Clematis nannophylla* Maxim.

分布于平安、互助、乐都、民和、化隆、循化。生于山地阳坡、山坡、沟内，海拔 1800～2700m。

(1472) 长花铁线莲 *Clematis rehderiana* Craib

分布于互助、乐都、循化。生于河滩、山坡，海拔 1800～4000m。

青藏高原特有种。

(1473) 西伯利亚铁线莲 *Clematis sibirica* Miller

分布于互助。生于山坡林缘、林下、河滩，海拔 2500～2700m。

(1474) 甘青铁线莲 *Clematis tangutica* (Maxim.) Korsh.

分布于平安、互助、乐都、民和、化隆、循化。生于林下、疏林中、河边、湖滨、山坡、灌丛、林缘、河滩，海拔 1700～4100m。

(1475) 绿叶铁线莲 *Clematis viridis* (W. T. Wang & M. C. Chang) W. T. Wang

分布于乐都。生于河谷地带，海拔 3400～3500m。

青藏高原特有种。

398. 翠雀属 *Delphinium*

(1476) 白蓝翠雀花 *Delphinium albocoeruleum* Maxim.

分布于平安、互助、乐都、民和、化隆、循化。生于高山草甸、砾石流、灌丛、河滩，海拔 2800～3700m。

(1477) 宽距翠雀花 *Delphinium beesianum* W. W. Sm.

分布于互助。生于灌丛间，海拔 2700～4100m。

青藏高原特有种。

(1478) 蓝翠雀花 *Delphinium caeruleum* Jacquem. ex Cambess.

分布于互助、乐都、灌丛、草甸、沙丘、河滩，海拔 2700～4100m。

(1479) 美叶翠雀花 *Delphinium calophyllum* W. T. Wang R

分布于乐都、循化。生于高山草甸，海拔 3500～4000m。

青海特有种。

(1480) 密花翠雀花 *Delphinium densiflorum* Duthie ex Huth

分布于互助。生于倒石堆、草甸，海拔 3700～4100m。

青藏高原特有种。

(1481) 腺毛翠雀 *Delphinium grandiflorum* var. *gilgianum* (Pilg. ex Gilg) Finet & Gagnep.

分布于乐都。生于山坡草地，海拔 2500～3400m。

(1482) 甘肃翠雀花 *Delphinium kansuense* W. T. Wang

分布于平安。生于山坡、灌丛，海拔 2700～3000m。

(1483) 大通翠雀花 *Delphinium pylzowii* Maxim.

分布于互助、乐都、化隆、循化。生于山坡、草甸、沼泽、河滩，海拔 2500～4100m。

(1484) 三果大通翠雀花 Delphinium pylzowii var. trigynum W. T. Wang

分布于互助。生于山坡、草甸、沼泽、河滩，海拔 3300～4100m。

(1485) 五果翠雀花 Delphinium sinopentagynum W. T. Wang

分布于互助。生于山沟林下，海拔 2300～2400m。青藏高原特有种。

(1486) 疏花翠雀花 Delphinium sparsiflorum Maxim.

分布于互助、乐都。生于山坡，海拔 2300～3700m。

399. 人字果属 Dichocarpum

(1487) 人字果 Dichocarpum sutchuenense (Franch.) W. T. Wang & P. K. Hsiao

分布于循化。生于林下，海拔 2300～2600m。

400. 露蕊乌头属 Gymnaconitum

(1488) 露蕊乌头 Gymnaconitum gymnandrum (Maxim.) Wei Wang & Z. D. Chen

分布于平安、互助、乐都、民和、化隆、循化。生于山坡、草甸、灌丛、河滩、沼泽、田埂，海拔 2000～4100m。青藏高原特有种。

401. 碱毛茛属 Halerpestes

(1489) 碱毛茛 Halerpestes sarmentosa (Adams) Kom.

分布于互助、民和、循化。生于林下、沼泽、水沼、林缘湿地，海拔 2000～3300m。

(1490) 三裂碱毛茛 Halerpestes tricuspis (Maxim.) Hand.-Mazz.

分布于互助、民和、循化。生于河漫滩、湿草地、河边、沼泽草甸，海拔 1800～4100m。

(1491) 浅三裂碱毛茛 Halerpestes tricuspis var. intermedia W. T. Wang

分布于互助、民和。生于河漫滩，海拔 3100～4100m。青藏高原特有变种。

402. 北扁果草属 Isopyrum

(1492) 扁果草 Isopyrum anemonoides Kar. & Kir.

分布于互助、民和、循化。生于山坡、林下、河漫滩，海拔 2600～3600m。

403. 蓝堇草属 Leptopyrum

(1493) 蓝堇草 Leptopyrum fumarioides (Linn.) Reichb.

分布于互助、民和。生于村舍附近、田边，海拔 2200～2500m。

404. 鸦跖花属 Oxygraphis

(1494) 鸦跖花 Oxygraphis glacialis (Fisch. ex DC.) Bunge

分布于互助、循化。生于河漫滩、草甸、沼泽、山坡、倒石堆，海拔 2300～4100m。

405. 拟耧斗菜属 Paraquilegia

(1495) 乳突拟耧斗菜 Paraquilegia anemonoides (Willd.) Engl. ex Ulbr.

分布于平安、互助、民和。生于山坡石隙，海拔 2300～4100m。

(1496) 拟耧斗菜 Paraquilegia microphylla (Royle) Drumm. & Hutch.

分布于互助、乐都、循化。生于山顶石隙、灌丛、山坡，海拔 2900～4100m。

406. 白头翁属 Pulsatilla

(1497) 蒙古白头翁 Pulsatilla ambigua (Turcz. ex Hayek) Juz.

分布于平安、循化。生于山坡、石隙、草地，海拔 2400～3400m。

(1498) 白头翁 Pulsatilla chinensis (Bunge) Regel

分布于循化。生于山坡石隙，海拔 2100～2200m。

407. 毛茛属 Ranunculus

(1499) 鸟足毛茛 Ranunculus brotherusii Freyn

分布于互助、乐都。生于高山草甸、山坡草地、河滩、沼泽草甸、高山流石坡、水沟边、山间盆地，海拔 2600～4100m。

(1500) 茴茴蒜 Ranunculus chinensis Bunge

分布于平安、互助、乐都、民和、循化。生于山坡、潮湿地、水渠边，海拔 2100～3600m。

(1501) 基隆毛茛 Ranunculus hirtellus Royle

分布于循化。生于半阴坡草甸、路边，海拔 2300～4100m。青藏高原特有种。

(1502) 毛茛 Ranunculus japonicus Thunb.

分布于乐都、民和、循化。生于路边、田边荒地，海拔 1800～2500m。

(1503) 伏毛茛 Ranunculus japonicus var. propinquus (C. A. Mey.) W. T. Wang

分布于民和。生于山坡草地，海拔 2500～2600m。

(1504) 棉毛茛 Ranunculus membranaceus Royle

分布于互助。生于水沟边、湿地、河漫滩、草地，海拔 2600～4100m。

(1505) 浮毛茛 Ranunculus natans C. A. Mey.

分布于乐都。生于湖滨和河谷水湿地或沼泽，海拔 2300～3500m。

(1506) 云生毛茛 Ranunculus nephelogenes Edgew.

分布于互助、循化。生于高山草甸、林中潮湿处、河滩、水沟边、沼泽草甸、湿地，海拔 2200～3900m。

(1507) 长茎毛茛 Ranunculus nephelogenes var. longicaulis (Trautv.) W. T. Wang

分布于互助。生于山地阴坡、河滩、林中潮湿处、水渠边，海拔 2400～4100m。

(1508) 美丽毛茛 Ranunculus pulchellus C. A. Mey.

分布于互助、循化。生于沼泽草甸、山坡、河滩，海拔 2600～4100m。

(1509) 深齿毛茛 Ranunculus popovii var. stracheyanus (Maximowicz) W. T. Wang

分布于互助。生于水边、河边湿地，海拔 2600～4100m。

(1510) 高原毛茛 Ranunculus tanguticus (Maxim.) Ovcz.

分布于平安、互助、乐都、民和、化隆、循化。生于河边、河滩、沼泽草甸、草甸、草地、水沟边、山地阴坡灌丛，海拔 2000～4100m。

(1511) 毛果高原毛茛 Ranunculus tanguticus var. dasycarpus (Maxim.) L. Liou

分布于互助、民和。生于阳坡、林缘、高山灌丛，海拔 2500～4100m。

青藏高原特有变种。

408．唐松草属 Thalictrum

(1512) 直梗高山唐松草 Thalictrum alpinum var. elatum Ulbr.

分布于互助、乐都。生于高山草甸、山坡草地、河谷，海拔 2800～4100m。

(1513) 欧洲唐松草 Thalictrum aquilegiifolium Linnaeus

分布于循化。生于山坡草地、林缘，海拔 2200～4100m。

(1514) 唐松草 Thalictrum aquilegiifolium var. sibiricum Linnaeus

分布于循化。生于山坡草地、林缘，海拔 2200～2300m。

(1515) 贝加尔唐松草 Thalictrum baicalense Turcz.

分布于平安、互助、乐都、民和、化隆、循化。生于河漫滩、灌丛、林下，海拔 1900～2800m。

(1516) 腺毛唐松草 Thalictrum foetidum Linn.

分布于互助。生于高寒草甸、山坡草地、灌丛，海拔 2200～4100m。

(1517) 丝叶唐松草 Thalictrum foeniculaceum Bunge

分布于民和。生于路旁、干旱山坡，海拔 1700～1900m。

(1518) 亚欧唐松草 Thalictrum minus Linn.

分布于互助、乐都、民和、循化。生于山坡草地、灌丛草甸、水沟边、林缘，海拔 2200～3700m。

(1519) 东亚唐松草 Thalictrum minus var. hypoleucum (Siebold & Zucc.) Miq.

分布于互助、循化。生于山坡、谷地、林缘，海拔 2400～3100m。

(1520) 稀蕊唐松草 Thalictrum oligandrum Maxim.

分布于互助。生于林下倒腐木，海拔 2300～3700m。

(1521) 瓣蕊唐松草 Thalictrum petaloideum Linn.

分布于互助、乐都、循化。生于山坡、灌丛、河滩、水边、林缘，海拔 1800～4100m。

(1522) 长柄唐松草 Thalictrum przewalskii Maxim.

分布于平安、互助、乐都、民和、循化。生于林下、灌丛、石隙、河漫滩、山坡、山沟，海拔 1800～3900m。

(1523) 芸香叶唐松草 Thalictrum rutifolium Hook. f. & Thomson

分布于互助。生于山坡、河漫滩、林缘、灌丛、石隙，海拔 2600～4100m。

(1524) 箭头唐松草 Thalictrum simplex Linn.

分布于平安、互助、乐都。生于草地、山坡，海拔 1800～3100m。

(1525) 短梗箭头唐松草 Thalictrum simplex var. brevipes H. Hara

分布于平安、互助、乐都。生于山坡草地、沟边，海拔 2200～3000m。

(1526) 展枝唐松草 Thalictrum squarrosum Stephan ex Willd.

分布于乐都、循化。生于田边、草地，海拔 1800～3900m。

(1527) 细唐松草 Thalictrum tenue Franch.

分布于互助、循化。生于干旱山坡、田边；海拔 1900～3000m。

(1528) 钩柱唐松草 Thalictrum uncatum Maxim.

分布于互助、乐都、民和、循化。生于山坡、灌丛、林下、路旁，海拔 2300～3500m。

(1529) 弯柱唐松草 Thalictrum uncinulatum Franch. ex Lecoy.

分布于互助。生于山地草坡或林边，海拔 2300～2400m。

409．金莲花属 Trollius

(1530) 金莲花 Trollius chinensis Bunge

分布于互助。生于山坡草地、灌丛、草地、河滩、高山草甸，海拔 2400～2600m。

(1531) 矮金莲花 Trollius farreri Stapf

分布于互助、乐都、化隆、循化。生于山坡灌丛、草甸、河漫滩、高山流石坡，海拔 2300～4100m。

(1532) 大叶矮金莲花 Trollius farreri var. major W. T. Wang

分布于互助。生于山坡草地、灌丛、草地、河滩、高山草甸，海拔 2300～2500m。

青藏高原特有变种。

(1533) 小金莲花 Trollius pumilus D. Don

分布于互助、循化。生于山坡湿地、草甸、河滩、草地，海拔 2500～4100m。

(1534) 青藏金莲花 Trollius pumilus var. tanguticus Brühl

分布于互助。生于山坡草地、灌丛、草地、河滩、高山草甸，海拔 2500～4100m。

(1535) 毛茛状金莲花 Trollius ranunculoides Hemsl.

分布于互助、乐都、民和、循化。生于山坡草甸、林下、沼泽草甸，海拔 2600～4100m。

二十六、蔷薇目 ROSALES

（七十）大麻科 Cannabaceae

410．朴树属 Celtis

(1536) 黑弹树 Celtis bungeana Bl.

分布于互助、循化。生于沟谷、林地山坡，海拔 1800～2300m。

411．葎草属 Humulus

(1537) 啤酒花 Humulus lupulus Linn.

分布于互助、循化。生于林缘、山谷、沟边、灌丛、荒地，海拔2200～2400m。

（七十一）胡颓子科 Elaeagnaceae

412. 胡颓子属 *Elaeagnus*

(1538) 木半夏 *Elaeagnus multiflora* Thunb.

分布于循化。生于疏林、灌木林中，海拔2300～2400m。

(1539) 牛奶子 *Elaeagnus umbellate* Thunb.

分布于循化。生于向阳山坡林缘、沟谷灌丛，海拔2200～2500m。

413. 沙棘属 *Hippophae*

(1540) 中国沙棘 *Hippophae rhamnoides* subsp. *sinensis* Rousi

分布于平安、互助、乐都、民和、化隆、循化。生于灌丛、山坡、河滩，海拔2200～3900m。

(1541) 西藏沙棘 *Hippophae tibetana* Schlechtendal

分布于互助、乐都、民和、化隆、循化。生于山坡灌丛、草甸、河滩，海拔2800～4100m。

青藏高原特有种。

（七十二）鼠李科 Rhamnaceae

414. 鼠李属 *Rhamnus*

(1542) 柳叶鼠李 *Rhamnus erythroxylum* Pallas

分布于循化。生于山沟林缘、流水沟边，海拔2000～2400m。

(1543) 淡黄鼠李 *Rhamnus flavescens* Y. L. Chen & P. K. Chou

分布于循化。生于河边林缘，海拔2000～3800m。

(1544) 小叶鼠李 *Rhamnus parvifolia* Bunge

分布于互助、民和、循化。生于河边林缘、山坡灌丛、林下，海拔2000～2900m。

(1545) 甘青鼠李 *Rhamnus tangutica* J. J. Vassil.

分布于互助、民和、循化。生于林下、林缘，海拔2000～3700m。

415. 枣属 *Ziziphus*

(1546) 酸枣 *Ziziphus jujuba* var. *spinosa* (Bunge) Hu ex H. F. Chow.

分布于循化。生于向阳、干燥山坡、丘陵，海拔2100～2300m。

（七十三）蔷薇科 Rosaceae

416. 龙牙草属 *Agrimonia*

(1547) 龙牙草 *Agrimonia pilosa* Ledeb.

分布于互助、乐都、民和、循化。生于林缘、田边、路边、河滩、灌丛，海拔1800～3700m。

417. 蕨麻属 *Argentina*

(1548) 蕨麻 *Argentina anserina* (Linn.) Rydb.

分布于平安、互助、乐都、民和、化隆、循化。生于草甸、河漫滩、水沟边、路旁和畜圈附近，海拔2000～4100m。

(1549) 西南蕨麻 *Argentina lineata* (Trevir.) Soják

分布于互助。生于林下、河漫滩、山坡草地、灌丛，海拔2100～2200m。

418. 地蔷薇属 *Chamaerhodos*

(1550) 地蔷薇 *Chamaerhodos erecta* (Linn.) Bunge

分布于乐都、民和、化隆、循化。生于高山灌丛中、河滩草地、砾石地、林下，海拔2000～3400m。

(1551) 砂生地蔷薇 *Chamaerhodos sabulosa* Bunge

分布于民和。生于阳坡草地、沙地、湖岸草地，海拔2400～3300m。

419. 无尾果属 *Coluria*

(1552) 无尾果 *Coluria longifolia* Maxim.

分布于互助、循化。生于山坡、河滩草甸、高山草甸、沟底沼泽湿地、流石滩草甸，海拔2600～4100m。

420. 沼委陵菜属 *Comarum*

(1553) 西北沼委陵菜 *Comarum salesovianum* (Steph.) Asch. & Gr.

分布于平安、互助、乐都、民和、化隆、循化。生于山坡、河滩灌丛中、水沟、砾石滩地、路边，海拔1900～3800m。

421. 栒子属 *Cotoneaster*

(1554) 尖叶栒子 *Cotoneaster acuminatus* Lindl.

分布于平安、乐都、民和、循化。生于林下、林缘，海拔2000～3800m。

(1555) 灰栒子 *Cotoneaster acutifolius* Turcz.

分布于平安、互助、乐都、民和、循化。生于河谷地带、河滩林下、林缘、山坡，海拔2000～3800m。

(1556) 匍匐栒子 *Cotoneaster adpressus* Bois.

分布于平安、互助、乐都、民和、化隆、循化。生于阳坡岩石缝隙、山坡、林地、山顶岩石处，海拔1800～4100m。

(1557) 川康栒子 *Cotoneaster ambiguus* Rehd. et Wils.

分布于民和。生于山坡林缘，海拔2500～2700m。

(1558) 散生栒子 *Cotoneaster divaricatus* Rehder & E. H. Wilson

分布于平安、互助、乐都、民和、化隆、循化。生于山坡、水沟边、林缘，海拔1800～3900m。

(1559) 细弱栒子 *Cotoneaster gracilis* Rehder & E. H. Wilson

分布于互助、民和、循化。生于灌丛，海拔1800～2400m。

(1560) 钝叶栒子 *Cotoneaster hebephyllus* Diels

分布于循化。生于沟谷地带、林间空地灌丛中、林下，海拔2000～4100m。

(1561) 平枝栒子 *Cotoneaster multiflorus* Bunge

分布于乐都、循化。生于干旱石质山坡、灌丛中，海拔2500～3800m。

(1562) 小叶栒子 *Cotoneaster microphyllus* Wall. ex Lindl.

分布于循化。生于谷地、山坡、阶地、山沟林间，海拔2200～2600m。

(1563) 水栒子 *Cotoneaster multiflorus* Bge.

分布于平安、互助、乐都、民和、化隆、循化。生于河滩、谷地、山坡、阶地、道旁、林下、山沟林间，海拔1800～3700m。

(1564) 准噶尔栒子 *Cotoneaster soongoricus* (Regel &

Herder) Popov

分布于乐都、循化。生于干旱山坡、林下、林缘、河谷，海拔 1700～3000m。

(1565) 毛叶水栒子 *Cotoneaster submultiflorus* Popov

分布于平安、互助、乐都、民和、化隆、循化。生于河谷滩地、灌丛、林缘，海拔 1700～4100m。

(1566) 细枝栒子 *Cotoneaster tenuipes* Rehder & E. H. Wilson

分布于民和。生于林下，海拔 2400～3800m。

(1567) 西北栒子 *Cotoneaster zabelii* C. K. Schneid.

分布于互助、民和、循化。生于山沟流水边、灌丛，海拔 2000～3800m。

422. 山楂属 *Crataegus*

(1568) 甘肃山楂 *Crataegus kansuensis* E. H. Wilson

分布于互助、民和、循化。生于林下、林缘、山坡、阶地，海拔 2100～2800m。

423. 金露梅属 *Dasiphora*

(1569) 伏毛金露梅 *Dasiphora arbuscula* (D. Don) Soják

分布于互助、乐都、民和。生于山谷中、沙丘、山沟林缘、灌丛，海拔 2000～4100m。

青藏高原特有种。

(1570) 金露梅 *Dasiphora fruticosa* (Linn.) Rydb.

分布于平安、互助、乐都、民和、化隆、循化。生于山坡、河漫滩、山谷、灌丛，海拔 2500～3800m。

(1571) 白毛金露梅 *Dasiphora fruticosa* var. *albicans* Rehd. & Wils.

分布于互助、乐都、民和、循化。生于山谷中、沙丘、山沟林缘、灌丛，海拔 2000～4100m。

(1572) 垫状金露梅 *Dasiphora fruticosa* var. *pumila* Hook. f.

分布于乐都。生于平缓山坡及阶地、路边、冰川砾石坡草甸，海拔 3800～4100m。

青藏高原特有变种。

(1573) 银露梅 *Dasiphora glabra* (G. Lodd.) Soják

分布于平安、互助、乐都、民和、化隆、循化。生于山坡、河漫滩、林区路边、草甸、林缘灌木林地，海拔 2400～3700m。

(1574) 伏毛银露梅 *Dasiphora glabra* var. *veitchii* (Wils.) Hand.-Mazz.

分布于互助。生于山坡、河谷、河滩、林下、草甸、灌丛、田边，海拔 3300～3400m。

(1575) 白毛银露梅 *Dasiphora mandshurica* (Maxim.) Juz.

分布于互助、乐都、民和、循化。生于山坡、河谷、河滩、林下、草甸、灌丛、田边，海拔 1800～4100m。

(1576) 小叶金露梅 *Dasiphora parvifolia* (Fisch. ex Lehm.) Juz.

分布于平安、互助、乐都、民和、化隆、循化。生于干旱山坡、河漫滩、灌丛、草甸、山坡沟谷林缘或林中，海拔 1800～4100m。

(1577) 白毛小叶金露梅 *Dasiphora parvifolia* var. *hypoleuca* Hand.-Mazz.

分布于互助、乐都、民和。生于干山坡、石砾草滩、高山草甸、阶地，海拔 2400～4100m。

424. 蛇莓属 *Duchesnea*

(1578) 蛇莓 *Duchesnea indica* (Andr.) Focke.

分布于循化。山沟、坡地多有散生，海拔 2300～2500m。

425. 草莓属 *Fragaria*

(1579) 纤细草莓 *Fragaria gracilis* Losinsk.

分布于互助、乐都、民和、化隆、循化。生于山沟林下、林间草丛、河滩、田边、路边，海拔 2000～3700m。

(1580) 西南草莓 *Fragaria moupinensis* (Franch.) Cardot

分布于民和、循化。生于林间、灌丛中，海拔 2500～3000m。

(1581) 东方草莓 *Fragaria orientalis* Losinsk.

分布于平安、互助、乐都、民和、化隆、循化。生于林缘、灌木林下、山坡沟谷、河滩、路边，海拔 1900～3800m。

(1582) 五叶草莓 *Fragaria pentaphylla* Lozinsk.

分布于民和。生于河边、草甸、山坡草地，海拔 2700～3900m。

(1583) 野草莓 *Fragaria vesca* Linn.

分布于互助、民和。生于山坡草地、山沟林下、河滩，海拔 1900～2800m。

426. 路边青属 *Geum*

(1584) 路边青 *Geum aleppicum* Jacq.

分布于平安、互助、乐都、民和、循化。生于山坡林下、林缘、河滩、灌丛、草甸、农田边，海拔 1800～3800m。

(1585) 柔毛路边青 *Geum japonicum* var. *chinense* F. Bolle.

分布于民和、循化。生于山坡林下、林缘、灌丛，海拔 2000～2500m。

427. 苹果属 *Malus*

(1586) 山荆子 *Malus baccata* (Linn.) Borkh.

分布于互助、循化。生于山坡林中，海拔 2200～2500m。

(1587) 变叶海棠 *Malus bhutanica* (W. W. Sm.) J. B. Phipps

分布于互助、循化。生于河滩灌丛、沟底、山坡，海拔 2200～3700m。

(1588) 陇东海棠 *Malus kansuensis* (Batal.) Schneid.

分布于循化。生于林中、林缘，海拔 2400～2600m。

(1589) 毛山荆子 *Malus manshurica* (Maxim.) Kom.

分布于民和、循化。生于灌丛旁，海拔 2100～2600m。

(1590) 花叶海棠 *Malus transitoria* (Batalin) C. K. Schneid.

分布于互助、乐都、民和、化隆、循化。生于河滩灌丛、沟底、山坡，海拔 1800～2800m。

(1591) 长圆果花叶海棠 *Malus transitoria* var. *centralasi-*

atica (Vassilcz.) T. T. Yu

分布于平安。生于山坡、低阶地，海拔 2500～3400m。

(1592) 少毛花叶海棠 *Malus transitoria* var. *glabrescens* T. T. Yu & T. C. Ku

分布于循化。生于山坡、低阶地，海拔 2100～2200m。

青藏高原特有变种。

428．委陵菜属 *Potentilla*

(1593) 星毛委陵菜 *Potentilla acaulis* Linn.

分布于互助、循化。生于干旱山坡、草地、沙丘，海拔 2300～3900m。

(1594) 蛇莓委陵菜 *Potentilla centigrana* Maxim.

分布于循化。生于荒地、河岸阶地、林缘及林下湿地，海拔 2300～2500m。

(1595) 委陵菜 *Potentilla chinensis* Ser.

分布于乐都、循化。生于山坡草地，海拔 2000～4000m。

(1596) 楔叶委陵菜 *Potentilla cuneata* Wall. ex Lehm.

分布于互助。生于山坡草地、山谷、河滩，海拔 3200～4100m。

(1597) 翻白草 *Potentilla discolor* Bge.

分布于乐都。生于荒地、山谷、沟边、山坡草地、草甸及疏林下，海拔 3000～3300m。

(1598) 匍枝委陵菜 *Potentilla flagellaris* Willd. ex Schlecht.

分布于互助、民和、循化。生于干山坡、沟谷水沟边，海拔 2200～3800m。

(1599) 腺粒委陵菜 *Potentilla granulosa* Yü & Li

分布于民和、循化。生于山坡草地、河漫滩、农田边，海拔 2500～4100m。

青藏高原特有种。

(1600) 柔毛委陵菜 *Potentilla griffithii* Hook. f.

分布于互助、乐都、民和。生于荒地、山坡草地、林缘及林下，海拔 2500～4100m。

(1601) 薄毛委陵菜 *Potentilla inclinata* Vill.

分布于互助。生于山坡草地，海拔 2400～2600m。

(1602) 腺毛委陵菜 *Potentilla longifolia* D. F. K. Schltdl.

分布于平安、互助。生于林下、河漫滩、山坡草地、灌丛，海拔 2100～4100m。

(1603) 多茎委陵菜 *Potentilla multicaulis* Bunge

分布于互助、乐都、循化。生于阳性山坡草地、沙丘、撂荒地、疏林下、林缘、河滩、田边、路边，海拔 1800～4100m。

(1604) 多裂委陵菜 *Potentilla multifida* Linn.

分布于平安、互助、乐都、民和。生于山坡草地、河漫滩、林缘、草甸、灌丛，海拔 2200～3800m。

(1605) 掌叶多裂委陵菜 *Potentilla multifida* var. *ornithopoda* (Tausch) Th. Wolf

分布于互助、循化。生于沟边、河滩、路边、山坡草地、林缘灌丛，海拔 2100～4100m。

(1606) 羽毛委陵菜 *Potentilla plumosa* Yü & Li

分布于平安。生于河滩、山坡草地、石崖、水渠边，海拔 2600～4100m。

(1607) 华西委陵菜 *Potentilla potaninii* Th. Wolf

分布于互助、乐都、民和、化隆。生于山坡草地、林缘灌丛、河漫滩，海拔 2200～4000m。

(1608) 钉柱委陵菜 *Potentilla saundersiana* Royle

分布于互助、乐都。生于高山草地、河滩、阶地和平缓山坡、山沟潮湿处、路边、灌丛、山顶石砾滩地，海拔 2200～4100m。

(1609) 丛生钉柱委陵菜 *Potentilla saundersiana* var. *caespitosa* (Lehm.) Th. Wolf

分布于互助、乐都。生于高山草甸、流石滩潮湿处、山坡、灌丛，海拔 2400～4100m。

(1610) 绢毛委陵菜 *Potentilla sericea* Linn.

分布于乐都、化隆。生于山坡草地、草原、湖岸岩缝、砾石滩地、林间石岩，海拔 2100～4100m。

(1611) 等齿委陵菜 *Potentilla simulatrix* Th. Wolf

分布于互助、乐都、循化。生于山沟林下、山坡、水沟边，海拔 2200～3500m。

(1612) 西山委陵菜 *Potentilla sischanensis* Bge. ex Lehm.

分布于互助、乐都、民和、化隆、循化。生于干旱山坡，海拔 1700～3600m。

(1613) 齿裂西山委陵菜 *Potentilla sischanensis* var. *peterae* (Hand. -Mazz.) T. T. Yu & C. L. Li

分布于平安、乐都、民和、循化。生于山坡草地、路边、河边，海拔 1700～3600m。

(1614) 混叶委陵菜 *Potentilla subdigitata* T. T. Yu & C. L. Li

分布于循化。生于山坡草地、沟谷，海拔 3400～3800m。

(1615) 朝天委陵菜 *Potentilla supina* Linn.

分布于乐都、民和、循化。生于山坡草地、杂草丛中，海拔 1800～2800m。

(1616) 菊叶委陵菜 *Potentilla tanacetifolia* D. F. K. Schltdl.

分布于平安、互助、乐都、民和、循化。生于山坡草地、田埂、路边、河边、山谷林缘，海拔 2100～4100m。

(1617) 密枝委陵菜 *Potentilla virgata* Lehm.

分布于民和。生于河岸草地、农田边、冲积扇地，海拔 1800～3100m。

(1618) 羽裂密枝委陵菜 *Potentilla virgata* var. *pinnatifida* (Lehm.) T. T. Yu & C. L. Li

分布于互助。生于林下、灌丛，海拔 2600～3500m。

429．扁核木属 *Prinsepia*

(1619) 蕤核 *Prinsepia uniflora* Batal.

分布于循化。生于山坡，海拔 1800～2200m。

(1620) 齿叶扁核木 *Prinsepia uniflora* var. *serrata* Rehd.

分布于民和、循化。生于山坡路边及山沟丘陵，海拔 1800～2800m。

430. 李属 Prunus

(1621) 野杏 *Prunus armeniaca* var. *ansu* Maxim.

分布于互助、循化。生于山沟林下，海拔 2200～2900m。

(1622) 志丹杏 *Prunus armeniaca* var. *zhidanensis* (C. Z. Qiao & Y. P. Zhu) L. T. Lu

分布于循化。生于干山坡，海拔 2000～2500m。

(1623) 锥腺樱桃 *Prunus conadenia* (Koehne) Yü & Li

分布于循化。生于山坡、沟谷中，海拔 2000～2500m。

(1624) 山桃 *Prunus davidiana* (Carr.) C. de Vos

分布于循化。生于山坡，海拔 2100～2300m。

(1625) 藏杏 *Prunus holosericea* (Batal.) Kost.

分布于循化。生于干山坡，海拔 2000～2200m。

(1626) 四川臭樱 *Prunus hypoxantha* (Koehne) J. Wen

分布于民和、循化。生于山坡、灌丛中，海拔 2300～2600m。

(1627) 臭樱 *Prunus hypoleuca* (Koehne) J. Wen

分布于民和、循化。生于山坡、灌丛中，海拔 2300～2600m。

(1628) 甘肃桃 *Prunus kansuensis* (Rehd.) Skeels

分布于民和、循化。生于山坡及林内，海拔 1800～2200m。

保护级别 列入 2021 年《国家重点保护野生植物名录》二级。

(1629) 稠李 *Prunus padus* Linn.

分布于民和、循化。生于山坡、山沟或灌丛中，海拔 2200～2600m。

(1630) 多毛樱桃 *Prunus polytricha* (Koehne) Yü & Li

分布于循化。生于山坡林中或溪边林缘，海拔 2000～3300m。

(1631) 刺毛樱桃 *Cerasus setulosa* (Batalin) Yü & Li

分布于民和、循化。生于山坡灌木丛中，海拔 2200～2600m。

(1632) 山杏 *Prunus sibirica* Linn.

分布于民和。生于干燥向阳山坡上、丘陵草原或与落叶乔灌木混生，海拔 1800～2000m。

(1633) 托叶樱桃 *Prunus stipulacea* Maxim.

分布于互助、乐都、民和、循化。生于河谷、山坡林下或灌木丛中，海拔 2000～3500m。

(1634) 毛樱桃 *Prunus tomentosa* Thunb.

分布于互助、循化。生于林下、山间河谷、山坡，海拔 2200～3000m。

431. 梨属 Pyrus

(1635) 木梨 *Pyrus xerophila* Yü

分布于民和、循化。生于山坡，海拔 1900～2600m。

432. 蔷薇属 Rosa

(1636) 腺齿蔷薇 *Rosa albertii* Regel

分布于乐都、互助。生于林缘、山坡林下，海拔 2400～3500m。

(1637) 美蔷薇 *Rosa bella* Rehd. & Wils.

分布于互助。生于山坡灌丛中，山脚下或河沟旁等处，海拔 2000～2100m。

(1638) 西北蔷薇 *Rosa davidii* Crép.

分布于互助、乐都、循化。生于山坡、林下，海拔 2100～2900m。

(1639) 陕西蔷薇 *Rosa giraldii* Crép.

分布于互助、乐都、循化。生于林下灌丛及河滩，海拔 1800～3100m。

(1640) 细梗蔷薇 *Rosa graciliflora* Rehder & E. H. Wilson

分布于平安、乐都。生于山坡灌丛、林下，海拔 2600～3700m。

(1641) 黄蔷薇 *Rosa hugonis* Hemsl.

分布于互助、民和、循化。生于山坡灌丛、林间，海拔 1800～2600m。

(1642) 玉山蔷薇 *Rosa morrisonensis* Hayata

分布于循化。生于林缘灌丛、林下，海拔 2200～2300m。

(1643) 华西蔷薇 *Rosa moyesii* Hemsl. & E. H. Wilson

分布于互助、乐都、民和、化隆、循化。生于山坡灌丛、河谷沟边、林下、公路边，海拔 1800～3700m。

(1644) 峨眉蔷薇 *Rosa omeiensis* Rolfe

分布于互助、乐都、民和、循化。生于山坡灌丛下、山沟林间、路边、高山草甸、阴山崖下、河谷、林缘，海拔 2200～3900m。

(1645) 扁刺峨眉蔷薇 *Rosa omeiensis* f. *pteracantha* Rehd. & Wils.

分布于平安。生于林缘灌丛、林下，海拔 2500～3500m。

(1646) 钝叶蔷薇 *Rosa sertata* Rolfe

分布于互助、循化。生于林下，海拔 2200～3400m。

(1647) 刺梗蔷薇 *Rosa setipoda* Hemsl. & E. H. Wilson

分布于互助。生于河边灌丛，海拔 2000～3000m。

(1648) 扁刺蔷薇 *Rosa sweginzowii* Koehne

分布于互助、乐都、民和、循化。生于山坡、河谷、林下、河滩灌丛，海拔 1800～3200m。

(1649) 腺叶扁刺蔷薇 *Rosa sweginzowii* var. *glandulosa* Cardot

分布于民和、循化。生于河谷灌丛，海拔 2600～3900m。

(1650) 秦岭蔷薇 *Rosa tsinglingensis* Pax. & Hoffm..

分布于互助、乐都、循化。生于桦木林下或灌丛中，海拔 2500～3000m。

(1651) 藏边蔷薇 *Rosa webbiana* Wall. ex Royle

分布于互助、乐都。生于山坡、路边、河滩，海拔 2300～3000m。

(1652) 小叶蔷薇 *Rosa willmottiae* Hemsl.

分布于互助、民和。生于山坡、河谷、林下，海拔 2100～3700m。

(1653) 多腺小叶蔷薇 Rosa willmottiae var. glandulifera T. T. Yu & T. C. Ku

分布于乐都。生于林边、林下，海拔 3000～3800m。

433. 悬钩子属 Rubus

(1654) 秀丽莓 Rubus amabilis Focke

分布于互助、民和、循化。生于山沟林下、山坡河谷，海拔 2000～2600m。

(1655) 小果秀丽莓 Rubus amabilis var. microcarpus Yü & Lu

分布于循化。生于山坡灌丛，海拔 2800～3000m。

(1656) 周毛悬钩子 Rubus amphidasys Focke ex Diels

分布于互助。生于山坡灌丛，海拔 2000～2200m。

(1657) 紫色悬钩子 Rubus irritans Focke

分布于平安、互助、乐都、化隆、循化。生于山坡、草甸、灌丛、林下、路边，海拔 2600～3800m。

(1658) 腺花茅莓 Rubus parvifolius var. adenochlamys (Focke) Migo

分布于民和、循化。生于山坡灌丛，海拔 1800～2200m。

(1659) 多腺悬钩子 Rubus phoenicolasius Maxim.

分布于互助。生于林下，海拔 2400～3400m。

(1660) 菰帽悬钩子 Rubus pileatus Focke

分布于互助、民和、循化。生于山沟林下，海拔 2000～2600m。

(1661) 五叶鸡爪茶 Rubus playfairianus Hemsl. ex Focke

分布于循化。生于山坡路旁、溪边及灌木丛中，海拔 1800～2200m。

(1662) 库页悬钩子 Rubus sachalinensis Lévl.

分布于平安、互助、乐都。生于半山坡、山沟、林下，海拔 2200～3400m。

(1663) 直立悬钩子 Rubus stans Focke

分布于互助。生于山坡林下、山沟湿地，海拔 2100～2300m。

434. 地榆属 Sanguisorba

(1664) 地榆 Sanguisorba officinalis Linn.

分布于互助、乐都、民和、循化。生于山坡、田边路旁、草甸、河漫滩、水沟边，海拔 2000～3400m。

(1665) 长蕊地榆 Sanguisorba officinalis var. longifila (Kitagawa) Yü & Li

分布于民和。生于山坡、田边路旁、草甸、河漫滩、水沟边，海拔 2000～3400m。

435. 山莓草属 Sibbaldia

(1666) 隐瓣山莓草 Sibbaldia procumbens var. aphanop & ala (Hand.-Mazz.) Yü & Li

分布于互助、乐都。生于沼泽、河滩、草甸、高山灌丛，海拔 2600～4100m。

(1667) 纤细山莓草 Sibbaldia tenuis Hand.-Mazz.

分布于互助。生于多水草甸、云杉林下，海拔 2500～3400m。

(1668) 四蕊山莓草 Sibbaldia tetrandra Bge.

分布于互助。生于高山流石滩、碎石带草甸、山坡石缝，海拔 3800～4100m。

436. 毛莓草属 Sibbaldianthe

(1669) 毛莓草 Sibbaldianthe adpressa (Bunge) Juz.

分布于互助、乐都、民和、循化。生于山坡、河滩、林间、高山草甸、河边岩隙、砾石地、干旱山坡，海拔 1900～4100m。

(1670) 鸡冠茶 Sibbaldianthe bifurca (Linn.) Kurtto & T. Erikss.

分布于平安、互助、乐都、民和、化隆、循化。生于干山坡、撂荒地、路边、河滩上、灌丛草甸，海拔 2100～3800m。

(1671) 矮生二裂委陵菜 Sibbaldianthe bifurca var. humilior Rupr. & Osten-Sacken

分布于互助、循化。生于山坡草地、河滩、路边、沙土地、阶地，海拔 1800～4100m。

437. 鲜卑花属 Sibiraea

(1672) 窄叶鲜卑花 Sibiraea angustata (Rehd.) Hand.-Mazz.

分布于平安、互助、乐都。生于山坡草丛、灌丛、高山草甸、河滩、林下、沟谷、水沟边，海拔 2500～3800m。

(1673) 鲜卑花 Sibiraea laevigata (Linn.) Maxim.

分布于互助、乐都、民和。生于高山灌丛、林下山坡、沙滩、河滩、草甸，海拔 2300～4100m。

438. 珍珠梅属 Sorbaria

(1674) 高丛珍珠梅 Sorbaria arborea Schneid.

分布于民和。生于阴坡灌林中、林下、河谷、林边、峡谷，海拔 2000～3500m。

(1675) 华北珍珠梅 Sorbaria kirilowii (Regel & Tiling) Maxim.

分布于互助、乐都、民和、循化。生于山坡灌丛、河谷阶地、河边，海拔 1900～2600m。

439. 花楸属 Sorbus

(1676) 北京花楸 Sorbus discolor (Maxim.) Maxim.

分布于民和。生于山地阳坡阔叶混交林中，海拔 2000～2500m。

(1677) 湖北花楸 Sorbus hupehensis C. K. Schneid.

分布于互助、民和、循化。生于阴坡灌林中、林下、河谷、林边、峡谷，海拔 2000～3500m。

(1678) 陕甘花楸 Sorbus koehneana C. K. Schneid.

分布于平安、互助、乐都、民和、化隆、循化。生于山坡、林下、灌丛、河漫滩、山沟林间、道旁、山谷，海拔 2000～3800m。

(1679) 泰山花楸 Sorbus pohuashanensis (Hance) Hedl.

分布于互助、乐都。生于山坡或山谷杂木林内，海拔 2400～2600m。

(1680) 太白花楸 Sorbus tapashana Schneid.

分布于民和、循化。生于山坡林内、山谷、森林上限，海拔 2200～3800m。

(1681) 天山花楸 Sorbus tianschanica Rupr.

分布于互助、乐都。生于山坡、林下、沼泽地，海拔 2200～3800m。

440．绣线菊属 *Spiraea*

(1682) 高山绣线菊 *Spiraea alpina* Pall.

分布于平安、互助、乐都、民和、化隆、循化。生于阴坡灌丛、高山草甸、河漫滩、河谷阶地、山顶，海拔 2900～4100m。

(1683) 耧斗菜叶绣线菊 *Spiraea aquilegifolia* Pallas.

分布于互助。生于沟内，海拔 2000～2100m。

(1684) 长芽绣线菊 *Spiraea longigemmis* Maxim.

分布于民和。生于干燥有石砾坡地或田野路边，海拔 2600～3600m。

(1685) 蒙古绣线菊 *Spiraea lasiocarpa* Kar. & Kir.

分布于平安、互助、乐都、民和、化隆、循化。生于山坡、林下、林缘、河滩灌丛中、河谷、沟谷中，海拔 2000～4100m。

(1686) 毛枝蒙古绣线菊 *Spiraea mongolica* var. *tomentulosa* Yü

分布于乐都。生于山坡灌丛，海拔 3200～4100m。

(1687) 南川绣线菊 *Spiraea rosthornii* E. Pritz. ex Diels

分布于互助、乐都、民和、循化。生于山坡林中、山沟林下、林缘灌丛中、河边、路边，海拔 2000～3900m。

（七十四）榆科 Ulmaceae

441．榆属 *Ulmus*

(1688) 黑榆 *Ulmus davidiana* Planch.

分布于循化。生于沟谷阳坡，海拔 1900～2100m。

(1689) 春榆 *Ulmus davidiana* var. *japonica* (Rehder) Nakai

分布于循化。生于河岸、溪旁、沟谷、山麓及排水良好的冲积地和山坡，海拔 2000～2300m。

(1690) 旱榆 *Ulmus glaucescens* Franch.

分布于民和、循化。生于河谷的山坡、石崖上，海拔 2000～2600m。

(1691) 毛果旱榆 *Ulmus glaucescens* var. *lasiocarpa* Rehd.

分布于循化。生于河谷或山坡，海拔 2500～2600m。

(1692) 大果榆 *Ulmus macrocarpa* Hance

分布于循化。生于河谷或山坡，海拔 1900～2000m。

(1693) 榆树 *Ulmus pumila* Linn.

分布于平安、互助、乐都、民和、化隆、循化。生于山坡、山谷、川地、丘陵及沙岗等处，海拔 1700～2500m。

（七十五）荨麻科 Urticaceae

442．墙草属 *Parietaria*

(1694) 墙草 *Parietaria micrantha* Ledeb.

分布于平安、循化。生于林下、岩石缝隙，海拔 2700～3900m。

443．荨麻属 *Urtica*

(1695) 麻叶荨麻 *Urtica cannabina* Linn.

分布于互助、乐都、民和、循化。生于村舍边、路边、河边，海拔 1800～3100m。

(1696) 宽叶荨麻 *Urtica laetevirens* Maxim.

分布于平安、互助、乐都、民和。生于河滩、岩石下，海拔 1800～3900m。

(1697) 齿叶荨麻 *Urtica laetevirens* Maxim. subsp. *dentata* (Hand.-Mazz.) C. J. Chen

分布于互助。生于岩石下潮湿处、林下，海拔 2100～3600m。

(1698) 羽裂荨麻 *Urtica triangularis* subsp. *pinnatifida* (Hand.-Mazz.) C. J. Chen

分布于互助、乐都、民和、循化。生于山坡、河滩、林缘、田边，海拔 1800～3300m。

(1699) 毛果荨麻 *Urtica triangularis* Hand.-Mazz. subsp. *trichocarpa* C. J. Chen

分布于互助、乐都。生于山坡、林缘、灌丛、草甸、田边、河滩、沟谷，海拔 2500～3800m。

二十七、檀香目 SANTALALES

（七十六）檀香科 Santalaceae

444．百蕊草属 *Thesium*

(1700) 百蕊草 *Thesium chinense* Turcz.

分布于互助、化隆。生于沙质草滩、沙砾质河滩，海拔 2300～4100m。

(1701) 长花百蕊草 *Thesium longiflorum* Hand.-Mazz.

分布于互助。生于沙质草滩、沙砾质河滩，海拔 2200～4100m。

(1702) 长叶百蕊草 *Thesium longifolium* Turcz.

分布于互助、民和。生于林下、沟谷、石质山坡、草地灌丛，海拔 2200～3800m。

(1703) 急折百蕊草 *Thesium refractum* C. A. Mey.

分布于乐都。生于草甸和多砂砾的坡地，海拔 2100～3200m。

(1704) 砾地百蕊草 *Thesium saxsatis* Turcz. ex DC.

分布于乐都。生于山坡、沙砾地、草地，海拔 2300～3600m。

445．槲寄生属 *Viscum*

(1705) 线叶槲寄生 *Viscum fargesii* Lecomte

分布于互助、民和。生于山麓、河谷阔叶林中，寄生于山杨或山楂等植物上，海拔 1800～2200m。

二十八、无患子目 SAPINDALES

（七十七）熏倒牛科 Biebersteiniaceae

446．熏倒牛属 *Biebersteinia*

(1706) 熏倒牛 *Biebersteinia heterostemon* Maxim.

分布于平安、互助、乐都、民和、化隆、循化。生于山坡、田边、河滩、草地草原，海拔 1800～3800m。

（七十八）白刺科 Nitrariaceae

447．白刺属 *Nitraria*

(1707) 小果白刺 *Nitraria sibirica* Pall.

分布于平安、互助、乐都、民和、化隆、循化。生于湖滨滩地、河滩、荒漠草原、黏土砾地、山坡、灌丛、沙丘、路边，海拔 1700～2700m。

(1708) 白刺 *Nitraria tangutorum* Bobrov

分布于乐都、民和、循化。生于干山坡、河谷、河滩、戈壁滩、冲积扇前缘，海拔 1700～2500m。

448. 骆驼蓬属 *Peganum*

(1709) 骆驼蓬 *Peganum harmala* Linn.

分布于平安、互助、乐都、民和、化隆、循化。生于干山坡、田边、草地、沙丘、荒地，海拔 1800～3200m。

(1710) 多裂骆驼蓬 *Peganum multisectum* (Maxim.) Bobrov

分布于平安、互助、乐都、民和、化隆、循化。生于干山坡、田边、草地、沙丘、荒地，海拔 1700～3900m。

（七十九）芸香科 Rutaceae

449. 白鲜属 *Dictamnus*

(1711) 白鲜 *Dictamnus dasycarpus* Turcz.

分布于循化。生于半阴坡山麓疏林下，海拔 1800～2300m。

450. 花椒属 *Zanthoxylum*

(1712) 毛叶花椒 *Zanthoxylum bungeanum* var. *pubescens* Huang

分布于循化。生于半阴坡山麓疏林下，海拔 1800～2500m。

（八十）无患子科 Sapindaceae

451. 槭属 *Acer*

(1713) 葛萝槭 *Acer davidii* subsp. *grosseri* (Pax) P. C. de Jong

分布于循化。生于山坡林下，海拔 1800～2000m。

(1714) 五尖槭 *Acer maximowiczii* Pax

分布于民和、循化。生于林中、山坡林缘、疏林下，海拔 1800～2600m。

(1715) 四蕊槭 *Acer stachyophyllum* subsp. *betulifolium* (Maximowicz) P. C. de Jong

分布于互助、循化。生于山沟灌丛、林下，海拔 2200～2600m。

(1716) 苦条槭 *Acer tataricum* subsp. *theiferum* (W. P. Fang) Y. S. Chen & P. C. de Jong

分布于民和、循化。生于山沟林下、林缘、路旁，海拔 1800～2400m。

452. 文冠果属 *Xanthoceras*

(1717) 文冠果 *Xanthoceras sorbifolium* Bunge

分布于循化。生于林缘，海拔 2100～2300m。

二十九、虎耳草目 SAXIFRAGALES

（八十一）景天科 Crassulaceae

453. 八宝属 *Hylotelephium*

(1718) 狭穗八宝 *Hylotelephium angustum* (Maxim.) H. Ohba

分布于平安、互助、乐都、民和、循化。生于灌丛、疏林下，海拔 2000～3500m。

454. 瓦松属 *Orostachys*

(1719) 瓦松 *Orostachys fimbriatus* (Turcz.) A. Berger

分布于互助、乐都、循化。生于山坡灌丛、疏林下、石崖，海拔 1900～3500m。

455. 红景天属 *Rhodiola*

(1720) 小丛红景天 *Rhodiola dumulosa* (Franch.) S. H. Fu.

分布于互助、乐都、循化。生于高山岩隙、林缘、高山草甸，海拔 2500～4100m。

(1721) 喜马红景天 *Rhodiola himalensis* (D. Don) S. H. Fu

分布于互助。生于高山岩隙、高山草甸、灌丛下，海拔 3000～4100m。

保护等级 列入 2021 年《国家重点保护野生植物名录》二级。

青藏高原特有种。

(1722) 狭叶红景天 *Rhodiola kirilowii* (Regel) Maxim.

分布于互助、乐都、循化。生于高山岩隙、林下、山坡灌丛、石缝，海拔 2300～4100m。

(1723) 大果红景天 *Rhodiola macrocarpa* (Praeg.) S. H. Fu

分布于循化。生于山坡，海拔 3600～4000m。

(1724) 四裂红景天 *Rhodiola quadrifida* (Pall.) Fisch. et Mey.

分布于互助、乐都。生于高山碎石隙、高山草甸，海拔 2800～4100m。

保护等级 列入 2021 年《国家重点保护野生植物名录》二级；列入《世界自然保护联盟濒危物种红色名录》（2022 年，3.1 版），无危 (LC)

(1725) 对叶红景天 *Rhodiola subopposita* (Maxim.) Jacobsen

分布于互助。生于高山流石坡，海拔 3800～4100m。

(1726) 唐古红景天 *Rhodiola tangutica* (Maximowicz) S. H. Fu

分布于互助、乐都、化隆。生于高山流石坡、高山草甸、高山灌丛、石缝，海拔 3100～4100m。

保护等级 列入 2021 年《国家重点保护野生植物名录》二级；列入《世界自然保护联盟濒危物种红色名录》(2022 年，3.1 版)，易危 (VU)

青藏高原特有种。

(1727) 云南红景天 *Rhodiola yunnanensis* (Franch.) S. H. Fu

分布于循化。生于山坡林下，海拔 2300～2400m。

保护等级 列入 2021 年《国家重点保护野生植物名录》二级。《世界自然保护联盟濒危物种红色名录》(2022 年，3.1 版)，无危 (LC)。

456. 费菜属 *Phedimus*

(1728) 费菜 *Phedimus aizoon* (Linn.) 't Hart

分布于平安、互助、乐都、循化。生于山谷林下，海拔 2200～3200m。

(1729) 乳毛费菜 *Phedimus aizoon* var. *scabrus* (Maxim.) H. Ohba & al.

分布于互助、乐都、循化。生于山沟林下、林缘、河边、田边、路边，海拔2200～3600m。

(1730) 堪察加费菜 Phedimus kamtschaticus (Fischer & C. A. Meyer) 't Hart

分布于乐都。生于多石山坡，海拔2200～3600m。

457．景天属 Sedum

(1731) 隐匿景天 Sedum celatum FrÖd.

分布于循化。生于高山草甸、山坡，海拔2800～4100m。

青藏高原特有种。

(1732) 大炮山景天 Sedum erici-magnusii Fröd.

分布于乐都。生于山坡草地，海拔3600～4100m。

青藏高原特有种。

(1733) 高原景天 Sedum przewalskii Maxim.

分布于平安、互助、乐都、循化、化隆。生于高山阳坡草地、石崖、石缝，海拔3000～4100m。

青藏高原特有种。

(1734) 阔叶景天 Sedum roborowskii Maxim.

分布于乐都、循化。生于山顶阳坡石缝中、岩石上，海拔2500～4100m。

(1735) 甘南景天 Sedum ulricae Fröd.

分布于互助。生于石缝中，海拔4000～4100m。

（八十二）茶藨子科 Grossulariaceae

458．茶藨子属 Ribes

(1736) 长刺茶藨子 Ribes alpestre Wall. ex Decne.

分布于互助、乐都。生于林缘、阴坡、水渠边、山谷，海拔2400～4000m。

(1737) 大刺茶藨子 Ribes alpestre var. gigantem Janczewski

分布于互助。生于阔叶混交林下、林缘，海拔2500～3800m。

(1738) 陕西茶藨子 Ribes giraldii Jancz.

分布于互助。生于山坡、河谷，海拔2000～2500m。

(1739) 冰川茶藨子 Ribes glaciale Wall.

分布于循化。生于高山灌丛、岩隙、江岸坡地，海拔2100～4100m。

(1740) 糖茶藨子 Ribes himalense Royle ex Decne.

分布于互助、乐都、民和、循化。生于灌丛、林下、河滩，海拔2300～4100m。

(1741) 异毛茶藨子 Ribes himalense var. trichophyllum T. C. Ku

分布于互助。生于山坡路边草地、沟谷杂木林下或云杉林缘以及沟底潮湿处灌丛中，海拔2600～3900m。

(1742) 裂叶茶藨子 Ribes laciniatum Hook. f. & Thomson

分布于互助。生于林缘、河谷，海拔2800～3800m。

(1743) 门源茶藨子 Ribes menyuanense J. T. Pan

分布于互助。生于山麓，海拔2800～3600m。

青海特有种。

(1744) 天山茶藨子 Ribes meyeri Maxim.

分布于互助、乐都。生于山坡疏林内、沟边云杉林下或阴坡路边灌丛中，海拔2500～3800m。

(1745) 宝兴茶藨子 Ribes moupinense Franch.

分布于互助、循化。生于山谷林中，海拔2300～3700m。

(1746) 东方茶藨子 Ribes orientale Desfontaines

分布于互助、乐都、循化。生于灌丛、林缘、山坡、河谷，海拔2700～4100m。

(1747) 美丽茶藨子 Ribes pulchellum Turcz.

分布于互助、循化。生于林下，海拔2000～2800m。

(1748) 青藏茶藨子 Ribes qingzangense J. T. Pan

分布于互助。生于林下、河谷，海拔2600～3700m。

青藏高原特有种。

(1749) 长果茶藨子 Ribes stenocarpum maxim.

分布于平安、互助、乐都、民和、化隆、循化。生于山坡石隙，海拔2300～3300m。

(1750) 细枝茶藨子 Ribes tenue Jancz.

分布于互助。生于河谷，海拔3200～3800m。

（八十三）芍药科 Paeoniaceae

459．芍药属 Paeonia

(1751) 川赤芍 Paeonia anomala subsp. veitchii (Lynch) D. Y. Hong & K. Y. Pan

分布于平安、互助、乐都、民和、循化。生于灌丛、山坡、林下，海拔2300～3200m。

(1752) 毛叶草芍药 Paeonia obovata subsp. willmottiae (Stapf) D. Y. Hong & K. Y. Pan

分布于循化。生于山坡草地及林缘，海拔2300～2600m。

保护等级 列入2021年《国家重点保护野生植物名录》二级。

（八十四）虎耳草科 Saxifragaceae

460．落新妇属 Astilbe

(1753) 落新妇 Astilbe chinensis (Maxim.) Franch. & Savat.

分布于民和、循化。生于沟边，海拔2200～2600m。

461．金腰属 Chrysosplenium

(1754) 长梗金腰 Chrysosplenium axillare Maxim.

分布于互助、循化。生于林下、灌丛和石隙，海拔2900～3800m。

(1755) 肾叶金腰 Chrysosplenium griffithii Hook. f. & Thoms.

分布于循化。生于林下、岩石下阴湿处，海拔2800～4100m。

(1756) 裸茎金腰 Chrysosplenium nudicaule Bunge

分布于互助。生于草甸、河边阴湿处、石隙，海拔3400～4100m。

(1757) 毛金腰 Chrysosplenium pilosum Maxim.

分布于互助。生于林下，海拔 2400～2600m。

(1758) 柔毛金腰 *Chrysosplenium pilosum* var. *valdepilosum* Ohwi

分布于循化。生于林下，海拔 2600～2800m。

(1759) 中华金腰 *Chrysosplenium sinicum* maxim.

分布于互助、民和。生于林缘草地，海拔 2300～2600m。

(1760) 单花金腰 *Chrysosplenium uniflorum* Maxim.

分布于互助、循化。生于高山草甸、石隙、阳坡灌丛、河边阴湿岩隙，海拔 3100～4100m。

462．亭阁草属 *Micranthes*

(1761) 黑亭阁草 *Micranthes atrata* (Engl.) Losinsk.

分布于互助、乐都。生于灌丛、高山草甸、石隙，海拔 3000～3800m。

(1762) 黑蕊亭阁草 *Micranthes melanocentra* (Franch.) Losinsk.

分布于互助、乐都、循化。生于高山草甸、高山碎石隙、高山灌丛，海拔 3000～3800m。

463．虎耳草属 *Saxifraga*

(1763) 紫花虎耳草 *Saxifraga bergenioides* Marquand

分布于循化。生于灌丛、高山草甸和高山碎石隙，海拔 3600～4100m。

青藏高原特有种。

(1764) 异叶虎耳草 *Saxifraga diversifolia* Wall. ex Ser.

分布于互助。生于林下、林缘、灌丛、高山草甸和石隙，海拔 3200～3600m。

(1765) 优越虎耳草 *Saxifraga egregia* Engl.

分布于互助、乐都。生于湖边灌丛、林下、高山草甸，海拔 2800～4100m。

(1766) 唐古拉虎耳草 *Saxifraga hirculoides* Decne

分布于平安、互助、循化。生于高山草甸，海拔 3800～4100m。

(1767) 山羊臭虎耳草 *Saxifraga hirculus* Linn.

分布于互助。生于高山草甸，海拔 3800～4100m。

(1768) 四数花虎耳草 *Saxifraga monantha* H. Smith

分布于乐都。生于潮湿岩石上，海拔 2700～4100m。

青藏高原特有种。

(1769) 类毛瓣虎耳草 *Saxifraga montanella* H. Smith

分布于互助。生于高山灌丛、高山草甸，海拔 3200～4100m。

青藏高原特有种。

(1770) 矮生虎耳草 *Saxifraga nana* Engl.

分布于互助、循化。生于高山流石坡、阳坡石缝，海拔 3600～4100m。

青藏高原特有种。

(1771) 青藏虎耳草 *Saxifraga przewalskii* Engl. ex Maxim.

分布于互助、乐都、化隆。生于阴坡灌丛草甸、高山碎石隙，海拔 3700～4100m。

(1772) 狭瓣虎耳草 *Saxifraga pseudohirculus* Engl.

分布于互助、循化。生于阴坡灌丛、高山碎石隙，海拔 3100～4100m。

(1773) 山地虎耳草 *Saxifraga sinomontana* J. T. Pan & Gornall

分布于互助、乐都、循化。生于高山灌丛、高山草甸、高山流石坡，海拔 2700～4100m。

(1774) 唐古特虎耳草 *Saxifraga tangutica* Engl.

分布于平安、互助、乐都、民和、循化。生于高山灌丛草甸、湖边沼泽、石隙，海拔 2900～4100m。

(1775) 爪瓣虎耳草 *Saxifraga unguiculata* Engl.

分布于互助、乐都。生于灌丛、高山草甸、石崖下、高山碎石隙，海拔 3200～4100m。

三十、茄目 SOLANALES

（八十五）旋花科 Convolvulace

464．打碗花属 *Calystegia*

(1776) 打碗花 *Calystegia hederacea* Wall.

分布于民和。生于田埂地中、农田，海拔 1700～2000m。

(1777) 旋花 *Calystegia sepium* (Linn.) R. Br.

分布于平安、互助、乐都、民和、化隆、循化。生于路旁、溪边草丛、农田边或山坡林缘，海拔 1800～2600m。

465．旋花属 *Convolvulus*

(1778) 银灰旋花 *Convolvulus ammannii* Desr.

分布于平安、乐都、民和、化隆、循化。生于田边、路边、沟谷阶地、河滩、干旱山坡，海拔 1700～3400m。

(1779) 田旋花 *Convolvulus arvensis* Linn.

分布于平安、互助、乐都、民和、化隆、循化。生于干旱坡地、路边、黄河阶地、农田边、弃耕地，海拔 1800～3500m。

(1780) 刺旋花 *Convolvulus tragacanthoides* Turcz.

分布于循化。生于干旱坡地、河滩，海拔 1800～2100m。

466．菟丝子属 *Cuscuta*

(1781) 菟丝子 *Cuscuta chinensis* Lam.

分布于互助、民和。寄生于寄生于豆科、菊科、蒺藜科等多种植物上，海拔 1900～3200m。

(1782) 欧洲菟丝子 *Cuscuta europaea* Linn.

分布于互助、乐都、民和。寄生于豆科、菊科、藜科为甚，海拔 2500～4100m。

(1783) 金灯藤 *Cuscuta japonica* Choisy

分布于循化。寄生于忍冬、荨麻等植物上，海拔 1900～2100m。

（八十六）茄科 Solanaceae

467．山莨菪属 *Anisodus*

(1784) 山莨菪 *Anisodus tanguticus* (Maxim.) Pascher

分布于平安、互助、化隆。生于山谷、山坡、田边、村庄附近、牲口弃圈内，海拔 2200～3900m。

468．曼陀罗属 *Datura*

(1785) 曼陀罗 *Datura stramonium* Linn.

分布于平安、互助、乐都、民和、化隆、循化。生于荒地、田埂，海拔1800～2500m。

469. 天仙子属 *Hyoscyamus*

(1786) 天仙子 *Hyoscyamus niger* Linn.

分布于平安、互助、乐都、民和、化隆、循化。生于田边、荒地、村庄附近，海拔1800～3300m。

470. 枸杞属 *Lycium*

(1787) 宁夏枸杞 *Lycium barbarum* Linn.

分布于互助、乐都、民和、循化。生于山坡、河谷、水边、田边，海拔1800～3500m。

(1788) 北方枸杞 *Lycium chinense* var. *potaninii* (Pojarkova) A. M. Lu

分布于互助、乐都、民和。生于山坡、河谷，海拔1800～2300m。

(1789) 截萼枸杞 *Lycium truncatum* Y. C. Wang

分布于民和。生于山坡、路旁或田边，海拔1800～1900m。

471. 茄属 *Solanum*

(1790) 野海茄 *Solanum japonense* Nakai

分布于互助、乐都、民和、化隆、循化。生于田边、荒地、河滩灌丛、水边，海拔1700～2800m。

(1791) 龙葵 *Solanum nigrum* Linn.

分布于平安、互助、乐都、民和、化隆、循化。生于田边、水边，海拔1800～3300m。

(1792) 青杞 *Solanum septemlobum* Bunge

分布于互助、乐都、民和、循化。生于田边、水边、山坡，海拔2100～2800m。

(1793) 红果龙葵 *Solanum villosum* Mill.

分布于乐都、循化。生于田间、村舍边，海拔1800～2500m。

三十一、葡萄目 VITALES

（八十七）葡萄科 Vitaceae

472. 蛇葡萄属 *Ampelopsis*

(1794) 乌头叶蛇葡萄 *Ampelopsis aconitifolia* Bge.

分布于民和、循化。生于山坡灌丛，海拔1700～2700m。

(1795) 掌裂草葡萄 *Ampelopsis aconitifolia* var. *palmiloba* (Carr.) Rehd.

分布于循化。生于灌丛、林下，海拔2100～2300m。

三十二、蒺藜目 ZYGOPHYLLALES

（八十八）蒺藜科 Zygophyllaceae

473. 蒺藜属 *Tribulus*

(1796) 蒺藜 *Tribulus terrester* Linn.

分布于平安、乐都、民和、化隆、循化。生于干旱坡地、干旱草原、河滩沙地，海拔1800～3300m。

474. 驼蹄瓣属 *Zygophyllum*

(1797) 蝎虎驼蹄瓣 *Zygophyllum mucronatum* Maxim.

分布于乐都、化隆、循化。生于山坡平滩地、湖积平原、河流阶地、湖积平原、荒漠，海拔1800～2500m。

(1798) 霸王 *Zygophyllum xanthoxylum* (Bunge) Maxim.

分布于平安、互助、乐都、民和、循化。生于荒漠中的沙质河流阶地、山沟、干山坡、黄土陡壁、河谷，海拔1800～2600m。

松纲 PINOPSIDA

一、柏目 CUPRESSALES

（一）柏科 Cupressaceae

1. 刺柏属 *Juniperus*

(1) 密枝圆柏 *Juniperus convallium* Rehder & E. H. Wilson

分布于循化。生于阳坡、半阳坡，海拔3200～3800m。

(2) 刺柏 *Juniperus formosana* Hayata

分布于互助、民和、循化。生于河谷、半阴坡，海拔1900～2900m。

(3) 滇藏方枝柏 *Juniperus indica* Bertoloni

分布于循化。生于阳山坡、林中，海拔3000～3800m。

(4) 祁连圆柏 *Juniperus przewalskii* Komarov

分布于平安、互助、乐都、民和、化隆、循化。生于阳坡，海拔2100～3800m。

(5) 垂枝祁连圆柏 *Juniperus przewalskii* Kom. f. *pendula* Cheng et L. K. Fu

分布于互助。生于山坡、河谷、林下，海拔2100～3600m。

青海特有变型。

(6) 方枝柏 *Juniperus saltuaria* Rehder & E. H. Wilson

分布于循化。生于阳山坡、林中，海拔2400～3800m。

(7) 高山柏 *Juniperus squamata* Buchanan-Hamilton ex D. Don

分布于互助、循化。生于山顶、沟底、河边，海拔2600～3800m。

(8) 大果圆柏 *Juniperus tibetica* Komarov

分布于互助。生于阳坡、山脊、山脚、散林中或组成纯林。海拔2300～3800m。

二、麻黄目 EPHEDRALES

（二）麻黄科 Ephedraceae

2. 麻黄属 *Ephedra*

(9) 木贼麻黄 *Ephedra equisetina* Bunge

分布于循化。生于干旱山坡、岩石缝隙，海拔2300～2900m。

(10) 中麻黄 *Ephedra intermedia* Schrenk ex Mey.

分布于平安、民和、循化。生于岩石缝隙、干山坡、干河谷、荒漠草原、戈壁沙丘、田边、路边、盐渍地，海拔1700～3800m。

(11) 矮麻黄 *Ephedra minuta* Florin

分布于互助、乐都、民和。生于阳坡、岩石缝隙、沙砾地、林缘，海拔2400～3800m。

(12) 单子麻黄 *Ephedra monosperma* Gmel. ex Mey.

分布于互助、乐都、民和、循化。生于砾石滩、高山碎石丛、岩石缝隙，海拔 1800～3800m。

(13) 膜果麻黄 *Ephedra przewalskii* Stapf

分布于循化。生于荒漠、戈壁沙滩，海拔 2700～3700m。

(14) 草麻黄 *Ephedra sinica* Stapf

分布于民和。生于干山坡、石崖缝、河滩地、沙丘、草原，海拔 2300～3800m。

三、松目 PINALES
（三）松科 Pinaceae

3．冷杉属 *Abies*

(15) 巴山冷杉 *Abies fargesii* Franch.

分布于循化。生于山坡，海拔 2500～3000m。

(16) 紫果冷杉 *Abies recurvata* Mast.

分布于循化。生于高山、谷地或沟溪河旁，呈片状、带状或散生于河岸、沟底、阴坡、半阴坡、半阳坡、山脊等。海拔 2900～3800m。

青藏高原特有种。

4．落叶松属 *Larix*

(17) 红杉 *Larix potaninii* Batalin

分布于循化。生于山坡，海拔 3600～3800m。

5．云杉属 *Picea*

(18) 云杉 *Picea asperata* Mast.

分布于民和。生于阴坡，海拔 2400～3700m。

(19) 麦吊云杉 *Picea brachytyla* (Franch.) Pritz.

分布于民和。生于山坡，海拔 2700～3700m。

(20) 青海云杉 *Picea crassifolia* Kom.

分布于平安、互助、乐都、民和、化隆、循化。生于河谷、山坡、林下、河滩，海拔 1800～3800m。

(21) 大果青杆 *Picea neoveitchii* Mast.

分布于互助、乐都。生于阴坡、河岸、滩地，海拔 2300～2800m。

(22) 紫果云杉 *Picea purpurea* Mast.

分布于平安、乐都、民和。生于阴坡、河岸、滩地，海拔 2400～3800m。

(23) 青杆 *Picea wilsonii* Mast.

分布于平安、互助、乐都、民和、循化。生于阴坡，海拔 1800～2700m。

6．松属 *Pinus*

(24) 华山松 *Pinus armandii* Franch.

分布于民和、循化。生于沟谷林中，海拔 2100～2600m。

(25) 油松 *Pinus tabuliformis* Carriere

分布于互助、乐都、民和、循化。生于阴坡、林中，海拔 2100～3200m。

(26) 高山松 *Pinus densata* Mast.

分布于互助。海拔 2100～2800m。